W0256044

Abb. 1. Aufbereiten von Erzen durch Sieben und Setzen nach einem Holzschnitt aus dem Bergwerksbuch von G. Agricola.

Die Vorbereitung des Hochofenmöllers

einschließlich der des Hochofenkokses

Von

Dr.-Ing. W. Luyken

Bergassessor a. D.
Apl. Professor an der Rheinisch-Westfälischen
Technischen Hochschule Aachen

Mit 155 Abbildungen

Springer-Verlag
Berlin / Göttingen / Heidelberg
1953

ISBN-13:978-3-642-92603-7 e-ISBN-13:978-3-642-92602-0
DOI: 10.1007/978-3-642-92602-0

Softcover reprint of the hardcover 1st edition 1953

Vorwort.

Dieses Buch gründet sich auf meine langjährige Tätigkeit beim Kaiser-Wilhelm-Institut für Eisenforschung in Düsseldorf und auf meine Vorlesung über „Möllervorbereitung" an der Rheinisch-Westfälischen Technischen Hochschule in Aachen. Veranlaßt wurde es dadurch, daß infolge des Fehlens eines neuzeitlichen Lehrbuches der Eisenhüttenkunde den Studierenden des Eisenhüttenfaches das sehr umfangreiche und breit verteilte Schrifttum über die Verfahren, die die Verbesserung der Möllerstoffe zum Ziel haben, teilweise schwer zugänglich ist und daß dadurch die Ausbildung für dieses Teilgebiet des Eisenhüttenwesens beeinträchtigt wird.

Der Wunsch, dem Nachwuchs der Hochöfner eine geeignete Übersicht zu geben, war für den Umfang des Buches bestimmend. Es mußte auf eine erschöpfende Darstellung aller technischen Einzelheiten und auf eine vollständige Nennung der einschlägigen Veröffentlichungen verzichtet werden; der Verfasser ist aber bemüht gewesen, unter bevorzugter Berücksichtigung der im Hochofen- und Erzausschuß des Vereins deutscher Eisenhüttenleute erstatteten Berichte insbesondere diejenigen Quellen zu zitieren, die das jeweilige Sondergebiet eingehend behandeln und durch das in ihnen aufgeführte spezielle Schrifttum zu einem tiefergreifenden Studium überzuleiten vermögen.

Da die Wahl unter den sehr zahlreichen Verfahren zur Verbesserung des Hochofenmöllers nicht von ihren technischen oder metallurgischen Auswirkungen bestimmt wird, sondern allein von ihrem wirtschaftlichen Erfolg abhängig sein sollte, erschien es notwendig, auf die Verarbeitungskosten, die betriebswirtschaftlichen Zusammenhänge und die Beurteilung der Wirtschaftlichkeit einzugehen. Die zur Zeit noch sehr stark schwankenden Preise machten es freilich nicht möglich, für den gegenwärtigen Zeitraum voll zutreffende Kosten- und Wertangaben zu machen, aber es dürfte doch eine geeignete Anleitung zu einer eigenen Urteilsbildung über die wirtschaftlichen Auswirkungen der einzelnen Verfahren vermittelt worden sein.

Der Verfasser hofft im übrigen, daß das vorliegende Buch nicht allein den Studierenden willkommen sein wird, sondern auch bei manchem in der eisenschaffenden Industrie Tätigen Interesse finden wird, weil die seit langem anhaltende Verschlechterung des Möllers zunehmend nach einer Antwort auf die Frage drängt, ob es wirtschaftlich richtig ist, den Weg der „klassischen" Erzeugung des Roheisens zu verlassen und sich dafür anderen Arbeitsweisen, wie beispielsweise dem Schwel-Verhüttungsverfahren im Niederschachtofen, zuzuwenden und weil für derartige Überlegungen das Buch einen geschlossenen Querschnitt durch diejenigen Methoden gibt, die der Möllerverschlechterung Einhalt gebieten oder zu bieten bemüht sind, indem sie den Blashochofen in der Schachtarbeit und in der Schlackenmenge entlasten, die Durchgasung seiner schweren Beschickungssäule erleichtern und die Reduktionsverhältnisse günstig beeinflussen.

Daß auch der Hochofenkoks mitbehandelt wurde, hat seinen Grund darin, daß seine Erzeugung, angefangen bei der Veredlung der Kokskohle, und seine Eignung für den Hochofenbetrieb, eine Darstellung verdienten, dann aber auch wegen der vielen Parallelen, die sich zwischen ihm und dem Möller hinsichtlich seiner Vorbereitung, der Auswirkung dieser Vorbereitung auf den Betrieb des Hochofens und bei der Abhängigkeit zwischen der Güte des Möllers und dem Koksverbrauch ergeben.

Für dieses Buch sind mir von einigen Seiten Unterlagen zur Verfügung gestellt worden, wofür ich an dieser Stelle meinen Dank sage.

Ruhhof über Wesel, im Juli 1953.

Walter Luyken.

Inhaltsverzeichnis.

A. Einleitung.

Von den Blashochöfen der Eisenhütten werden gewaltige Mengen von Erzen und gleichartigen Rohstoffen verarbeitet, wobei diese Stoffe auf Grund chemischer, metallurgischer und wirtschaftlicher Überlegungen derart mengenmäßig zugeteilt und mit Zuschlagstoffen gemischt werden, daß der an der Gicht aufgegebene „Möller" die Erschmelzung eines handelsüblichen Roheisens bei geeigneter Schlackenführung ermöglicht. Wenn von den Erzen auch ein Teil unmittelbar dem Möller so zugesetzt werden kann, wie sie die bergmännische Gewinnungsarbeit hervorgebracht hat, so erfordert der überwiegende Teil der Fördererze doch vor dem Einsatz in den Ofen eine Umarbeitung, die in vielen Fällen eine recht tiefgreifende ist. Es kommt dabei eine große Zahl von Verfahren zur Anwendung, unter denen diejenige Gruppe im Vordergrund steht, durch die der Gehalt der Erze durch Anreicherung der begehrten Erzminerale in den Konzentraten gesteigert wird und die lästigen und wertmindernden Schlackenbildner möglichst weitgehend entfernt werden. Von alters her sind diese Verfahren unter dem Begriff „*Aufbereitung*" zusammengefaßt worden und seit langem wird die Kenntnis dieser Verfahren in einem als Aufbereitungskunde zusammengefaßten Lehrstoff vermittelt. In den letzten Jahrzehnten sind die Aufbereitungsverfahren immer zahlreicher geworden und, da gleichzeitig die Förderung von Erzen mit geringen Metallgehalten sehr stark zugenommen hat, ist die Bedeutung der Aufbereitung in der Eisenerzeugung wesentlich gestiegen.

Die mit der Aufbereitung verbundene Entstehung von feinkörnigen Konzentraten hat in Verbindung mit dem sich steigernden Anfall an Gichtstaub der *Stückigmachung* durch Brikettieren oder Sintern einen wichtigen Platz in der Verbesserung der Möllerstoffe verschafft, die ihrerseits wieder zahlreiche technische Ausführungsarten zur Entwicklung kommen ließ. Nimmt man noch die *Erzvorbereitung* hinzu, die durch Brechen, Sieben, Mischen oder Trocknen erreicht werden kann, so ergibt sich insgesamt ein umfangreiches Gebiet der Verfahrenstechnik, dessen Zusammenfassung als *Möllervorbereitung* zweckmäßig erscheinen mußte.

Alle auf den Hochofenmöller zu seiner verbesserten Verhüttbarkeit angewandten Arbeitsweisen, welche der bergmännischen Gewinnung der Erze folgen, fallen somit unter den Begriff der Möllervorbereitung.

Diese gliedert sich in:

a) *Erzvorbereitung* (im englischen Sprachgebrauch „beneficiation"), bei der die Erze gebrochen, gesiebt, gemischt oder getrocknet, aber nicht angereichert werden,

b) *Erzaufbereitung* (im englischen Sprachgebrauch „concentration"), bei der die Erze unter Abscheidung von unerwünschter oder schädlicher Gangart angereichert werden,

c) *Stückigmachung*, bei der feinkörnige Erze, Gichtstaub und sonstige feinkörnige Hochofeneinsatzstoffe durch Brikettieren oder Sintern in Stückform gebracht werden,

d) *Vorbereitung sonstiger Einsatzstoffe*, wie Brennen des Zuschlagkalkes.

Eine gute Kenntnis der auf diesem Gebiet bestehenden technischen Möglichkeiten und wirtschaftlichen Zusammenhänge ist für den Eisenhüttenmann sehr wichtig, weil er bei richtigem Gebrauch der vorbereitenden Maßnahmen neben bedeutenden Ersparnissen auch zu einer Gütesteigerung seiner Erzeugnisse gelangen kann.

Hinsichtlich der Gasdurchlässigkeit und Gasverteilung hat der *Koks* im Hochofenbetrieb eine ähnliche Bedeutung wie die Möllerstoffe selbst. Da außerdem bei seiner Herstellung gleichartige Verfahren angewandt werden wie bei der Veredlung der Möllerstoffe, sind in diesem Buche diejenigen Arbeitsweisen mitbesprochen, die zur Verbesserung der Kokskohle und eines aus dieser erzeugten Kokses, der sich nach seiner Beschaffenheit den Bedingungen des Hochofens anpaßt, dienen können.

In *geschichtlicher* Hinsicht sei bemerkt, daß die Vorbereitung der Möllerstoffe wohl ebenso alt wie die Feuergewinnung der Metalle in den Stück- oder Schachtöfen ist. Über den Stand der Aufbereitungstechnik in Deutschland am Ausgang des Mittelalters sind wir durch das Werk von Georg Agricola: „De re metallica, libri XII" gut unterrichtet. Dieses im Jahre 1556 bei Froben und Bischof in *Basel* erschienene Buch wurde 1928 durch die Agricola-Gesellschaft beim Deutschen Museum in München in deutscher Sprache neu herausgegeben. Im 8. Buche dieses Werkes wird „von der Vorbereitung der Erze für das Schmelzen" berichtet, und zwar in folgenden Unterabschnitten: „Das Klauben und Scheiden der Erze. Das Rösten in Röststadeln, in Öfen und in Haufen. Das Trockenpochen. Das Sieben. Die Mahlmühle für Gold- und Zinnerze. Das Amalgamieren der Golderze. Das Waschen der trockengepochten Erze in Schlämmgräben, in Trögen und auf Herden. Das Siebsetzen. Das Naßpochen. Das Verwaschen der Golderze. Acht Verfahren zum Verwaschen der Zinnerze. Das Verwaschen der Bleierze. Das Rösten der Zinnerzgraupen."

Das Werk des Agricola enthält viele Holzschnitte, die die Arbeitsgänge und das benutzte Werkzeug anschaulich wiedergeben und gleichzeitig von hohem künstlerischen Wert sind. Ein Teil derselben ist von den hoch angesehenen Holzschneidern Hans Rudolf Manuel Deutsch und Zacharias Specklin angefertigt. Ein Beispiel dieser Holzschnitte ist die Abb. 1, die das Absieben verschiedener Korngrößen aus dem Fördererz in den von Hand bedienten Kastensieben *C*, *K* und *M* und die Weiterverarbeitung der erhaltenen Kornklassen durch Stauchen der mit ihnen gefüllten Setzsiebe in die mit Wasser gefüllten Fässer *P*, *S* und *X* zeigt. Der Transport des Erzes von Sieb zu Sieb wird durch die von Wasser durchströmten Rinnen erleichtert.

Bei dem Werk des Agricola handelt es sich um eine der bemerkenswertesten Großtaten deutschen Kulturlebens, auf das wir als Deutsche stolz sein dürfen. Die Bedeutung des Werkes geht daraus hervor, daß es in 100 Jahren 8 Auflagen erlebte; es erschien

1556 lateinisch bei Froben und Bischof in Basel,
1557 deutsch ,, ,, ,, ,, ,, ,,
1561 lateinisch ,, ,, ,, ,, ,, ,,
1563 italienisch ,, ,, ,, ,, ,, ,,
1580 deutsch ,, Feyerabendt in Frankfurt a. Main,
1621 lateinisch ,, Ludwig König in Basel,
1621 deutsch ,, ,, ,, ,, ,,
1657 lateinisch ,, Emanuel ,, ,, ,,

Im Jahre 1912 wurde das Werk ferner von Herbert Hoover, dem früheren Präsidenten der Vereinigten Staaten von Nordamerika, ins Englische übertragen und in England gedruckt.

Seit dem Beginn der Neuzeit ging die Entwicklung der Aufbereitung lange in ruhigen Bahnen, bis die Einführung der Dampfkraft, der Elektrotechnik und der technischen Chemie auch für diesen Zweig der Verfahrenstechnik sich schnell folgende Neuerungen brachte. Den letzten Anstoß zur Weiterentwicklung der Aufbereitungsverfahren brachte der sehr hohe Metallbedarf der letzten Jahrzehnte und die zunehmende Verarmung der geförderten Erze, deren Anreicherung eine wirtschaftliche Notwendigkeit wurde.

Die Stückigmachung ist dagegen früher so gut wie unbekannt gewesen und erst seit etwa 40 bis 50 Jahren von den Eisenhüttenleuten zur schnellen Entwicklung gebracht worden.

B. Die Forderungen des Hochofens an den Möller.

Der Hochofen muß nach der Verwendung eines Möllers von idealer Beschaffenheit streben. Diese ist vorhanden, wenn

1. die Korngröße der Möllerstoffe eine gleichmäßige Durchgasung der Beschickung bei geringer Windpressung zuläßt,

2. die Möllerstoffe die Erschmelzung der herzustellenden Roheisensorte bei vollkommener Güte gestatten,
3. die entstehende Schlacke von der gewünschten Beschaffenheit ist,
4. die Möllerstoffe leicht reduzierbar sind,
5. die Schlackenmenge nicht unnötig hoch ist, was gleichbedeutend mit einem hohen Möllerausbringen ist,
6. die durch Austreibung von Feuchtigkeit, gebundenem Wasser und Kohlensäure aus den Möllerstoffen zu bewirkende Schachtarbeit in mäßigen Grenzen bleibt,
7. die Möllerstoffe von hoher Gleichmäßigkeit in physikalischer und chemischer Hinsicht sind.

Im Folgenden sollen zu diesen Forderungen Gesamtbetrachtungen gegeben werden, um die Nachteile, die dem Betriebe entstehen, wenn sie nur zum Teil erfüllt sind, und die Vorteile, die ihm aus einer Verbesserung der Möllerstoffe erwachsen, aufzuzeigen. Es wird dabei noch nicht auf Einzelheiten eingegangen, vielmehr nur eine Übersicht gegeben.

Selbstverständlich können die Wünsche des Hochofen-Betriebes nur unter Beachtung der wirtschaftlichen Zusammenhänge erfüllt werden; diese sind daher in einem Kapitel, das der Wirtschaftlichkeit der Möllervorbereitung gewidmet ist, gesondert abgehandelt.

Was zunächst die Stück- oder Korngröße der Erze und sonstigen Möllerstoffe anbetrifft, so sollten sie vor allem frei sein von so feinen Anteilen, die mit dem Gichtgas als Staub ausgeworfen werden; anderseits sind sehr grobe Stücke unerwünscht, die infolge ihrer Größe im Kern unreduziert in die Formenebene gelangen. Welche Korngröße mit Rücksicht auf die Reduktion des Eisens als obere Grenze zu gelten hat, ist von der Reduzierbarkeit der Möllerstoffe und der Betriebsweise des Ofens abhängig. Ein leicht reduzierbares Erz kann in gröberer Körnung eingesetzt werden als ein schwer reduzierbares.

Sehr treffend und anschaulich sind diese Zusammenhänge von T. P. Colclough[1] behandelt worden. Er prägte den Begriff des kritischen Durchmessers und versteht darunter denjenigen Durchmesser eines Erzstückes von Kugelgestalt, das gerade so groß ist, daß sein Mittelpunkt die Reaktionstemperatur zwischen Eisenoxyd und Gas mit 700° erreicht hat, bevor die Temperatur der Umgebung 900° überschreitet. Diese Forderung ist dadurch veranlaßt, daß andernfalls die durch die Reduktion im Innern gebildete Kohlensäure unter Bindung von Kohlenstoff wieder zu Kohlenoxyd zerfallen würde. Bei der Annahme, daß die Erzstücke Kugelform haben, würde bei denjenigen, die einen größeren Durchmesser als den kritischen besitzen, die Reduktion

[1] Colclough, T. P.: Blast Furn. Bd. 33 (1945) Nr. 9, S. 1101/05, Nr. 10, S. 1253/57.

durch Kohlenoxyd nur eine Kugelschale erfassen, deren Stärke gleich der Hälfte des kritischen Durchmessers ist. Der unreduzierte Kern solcher Stücke wird dann in den unteren Zonen des Ofens durch Kohlenstoff direkt reduziert. Mit steigendem Korndurchmesser steigt damit der unerwünschte Anteil an direkt zu reduzierendem Gut und ferner der Koksverbrauch.

Abb. 2 veranschaulicht diese Zusammenhänge, wobei auf der Abszisse das Verhältnis des tatsächlichen Korndurchmessers zum kritischen Durchmesser angegeben ist; in der Reihe darunter sind außerdem für die Abszissenwerte 1, 2, 4, 8 und 12 die Stücke im Schnitt gezeichnet, wodurch sich die jeweilig durch Kohlenoxyd reduzierbare Erzmenge ergibt. Der Verlauf der gestrichelten Kurve des Gewichtsanteils des Reduktionskohlenstoffs am Gesamtkohlenstoff in Abb. 2 zeigt weiter, daß der Kohlenstoffverbrauch bis zu einem Verhältnis des tatsächlichen zum kritischen Durchmesser von 4 sehr stark ansteigt und danach nur in geringem Maße zunimmt. Auch die anteilige Reduktion durch Kohlenoxyd, die durch die ausgezogene Kurve in Abb. 2 erfaßt ist, zeigt zunächst eine starke Beeinflussung, während sie mit großem Verhältniswert der beiden genannten Durchmesser zu einem flachen Verlauf übergeht. Nach Colclough hat sich an amerikanischen Hochöfen gezeigt, daß tatsächlich ein deutlicher Erfolg dann erzielt wurde, wenn man mit der Korngröße der Möllerstoffe den kritischen Durchmesser erreichte oder sich ihm doch stark näherte.

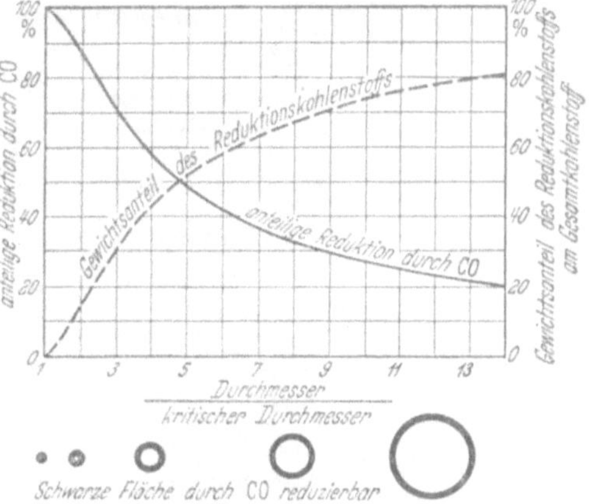

Abb. 2. Beziehung zwischen der Korngröße und der Reduktion von Möllerstoffen durch Kohlenoxyd (nach Colclough).

Wird ein Ofen auf hohe spezifische Durchsatzleistung betrieben, so läßt dieser Umstand an sich eine kleine Körnung wegen der in kurzer Zeit zu bewirkenden Reduktion wünschenswert sein, wobei allerdings zu beachten ist, daß die in der Zeiteinheit dem Ofen zugeführte größere Windmenge zusammen mit der kleinstückigeren Beschickung die Windpressung erheblich steigern würde, was kostenmäßig nachteilig ist. Wird aber die Betriebsgeschwindigkeit gering gehalten, so steht eine reichliche Reaktionszeit zur Verfügung; gleichzeitig kann verhältnismäßig feines Korn verarbeitet werden, weil die dichte Schüttung keine besonderen Nachteile veranlaßt.

Die im Ofen zwischen den festen Stoffen durchströmenden Gase haben die zweifache Aufgabe, nämlich *Wärme zu übertragen* und *chemisch zu reagieren.* Große Gasgeschwindigkeit beschleunigt beide Vorgänge, so daß an sich eine Erhöhung der Windgeschwindigkeit und die Herabminderung des für den Wind nötigen Kraftbedarfs anzustreben ist. Für eine schnelle Wärmeübertragung in den Schachtöfen ist die kleinere Körnung der gröberen überlegen, weil die Übertragung eine Funktion der Oberfläche ist und diese nach den kleinen Korngrößen hin stark zunimmt. H. Wendeborn[2] hat z. B. festgestellt, daß ein Möller mit einer Korngröße von 20 mm viermal so schnell auf die Schmelztemperatur gebracht wird wie ein Möller von 85 mm Stückgröße der Einsatzstoffe.

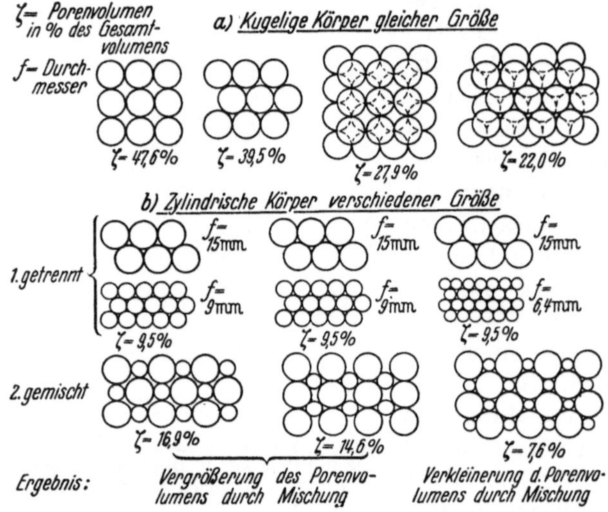

Abb. 3. Beispiele für die Lagerung von Körpern gleicher und verschiedener Größe (nach Wagner, Holschuh und Barth).

Für die leichte Durchgasung der Möllersäule ist von Bedeutung, ob die Beschickung sich dicht packt oder ob in ihr viel freier Raum zwischen den einzelnen Körnern oder Stücken vorhanden ist. Das Verhältnis dieses freien Zwischenraumes zu dem von Substanz erfüllten Raum — der von Substanz umgebene Raum geschlossener Poren ist hierbei als von Substanz erfüllt gedacht — ist, auch wenn nur eine Korngröße vorhanden ist, von der Lagerung abhängig. Sind weiter in einem Schüttgut verschiedene Korngrößen vorhanden, wie es im Betriebe der Fall ist, so kann je nach den Verhältnissen eine Vergrößerung oder Verminderung des freien Zwischenraumes eintreten. A. Wagner, A. Holschuh

[2] Wendeborn, H.: Metall u. Erz Bd. 33 (1936) S. 45 bis 52 u. 70 bis 73.

und W. Barth[3] haben zeichnerisch und rechnerisch die Verhältnisse untersucht, wobei sie von kugeligen und zylindrischen Körpern ausgingen. Abb. 3 zeigt unter a das Verhältnis des freien Zwischenraums zu dem gesamten Volumen für Kugeln. Für die sperrigste Lagerung ergibt sich ein Wert von 47,6 % und für die dichteste Lagerung von 22 %. Unter b ist in der gleichen Abbildung gezeigt, wie bei zylindrischen Körpern von verschiedenem Durchmesser eine Erhöhung des Anteils des freien Zwischenraums wie auch eine Verkleinerung desselben von der Mischung derselben abhängig ist. Bei der betriebsmäßigen Schüttung dürften Fälle der dichteren Packung vorherrschen gegenüber Fällen der Aufweitung des freien Zwischenraums, so daß Kornmischungen im allgemeinen einen geringeren Prozentsatz des freien Raumes haben und einen verhältnismäßig hohen Durchflußwiderstand herbeiführen.

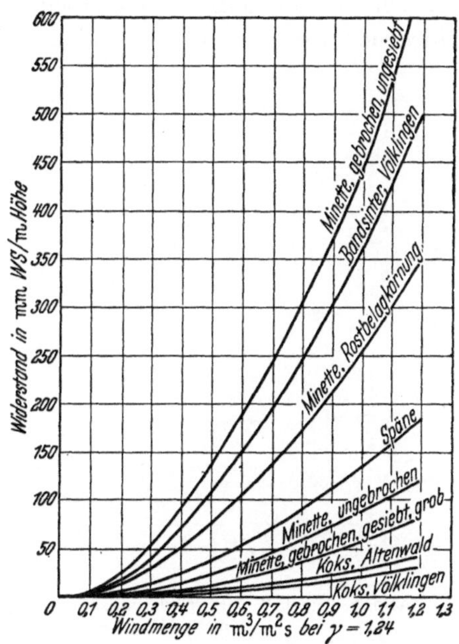

Abb. 4. Durchflußwiderstand von geschüttetem Koks und verschiedenen Möllerstoffen (nach Wagner, Holschuh und Barth).

Die drei genannten Verfasser haben ferner an verschiedenen Rohstoffen experimentell den Durchflußwiderstand von Schüttgut untersucht. Ihre Ergebnisse werden durch Abb. 4 wiedergegeben. Diese weist zunächst nach, daß die beiden verschiedenen Saarkokssorten bei weitem den geringsten Widerstand ergaben. Es wird damit belegt, welche Rolle der Koks in den Hochöfen spielen kann, um eine Auflockerung der Beschickung zu bewirken. Es folgt dann eine grobe Kornklasse (etwa Faustgröße) von Minette, deren gute Gasdurchlässigkeit nach den obigen Ausführungen verständlich ist. Einen höheren, aber doch noch niedrigen Durchflußwiderstand besitzt weiter die ungebrochene Minette, die wahrscheinlich zur Bildung von ungleichmäßigen Hohlräumen oder Kanälen Veranlassung gegeben hat, die als „Durchbläser" wirken. Recht wesentlich höher ist ferner der Widerstand der Rostbelag-Körnung der Minette mit 15 bis 35 mm Korndurchmesser, aber sie ist immerhin doch noch durchlässiger als der Band-

[3] Wagner, A., A. Holschuh u. W. Barth: Arch. Eisenhüttenw. Jahrg. 6 (1932/33) Nr. 4, S. 129 bis 136.

sinter von Völklingen. Daß der letztere einen so hohen Widerstand besitzt, erklärt sich daraus, daß er verhältnismäßig sehr feinkörnig war, denn er hatte allein 30% Raumteile, die feiner als 10 mm waren. Am höchsten ist schließlich der Widerstand der gebrochenen und ungesiebten Minette, die sich demgemäß recht dicht gepackt haben muß.

Aus diesen Feststellungen geht hervor, wie erheblich der Einfluß der Korngrößen und von Korngrößenmischungen auf den Durchgasungswiderstand ist. Wagner und seine Mitarbeiter ziehen mit Recht hieraus den Schluß, daß in den Hochöfen Rohstoffe mit wesentlich verschiedenen Durchflußwiderständen nicht nebeneinander in der gleichen

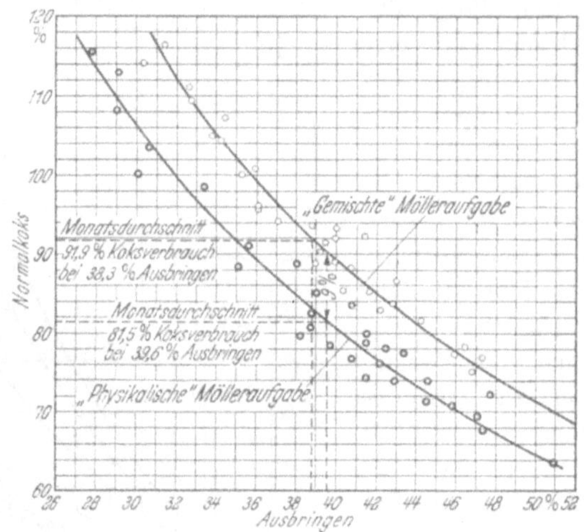

Abb. 5. Einfluß der „physikalischen Mölleraufgabe" auf den Koksverbrauch (nach Wagner, Holschuh und Barth).

Ofenebene liegen dürfen, weil sonst die Gase ganz überwiegend durch denjenigen Schüttstoff gehen würden, der ihnen den geringsten Widerstand entgegensetzt. Damit würden dann die Reduktionswirkungen sehr ungünstig beeinflußt werden. Als Folgerung aus diesen theoretischen Überlegungen ergibt sich die Forderung, den Möller nach Kornklassen zu trennen und jede Körnung für sich in geschlossenen Gichten aufzugeben. Dieses Vorgehen, das als „*physikalische Mölleraufgabe*" bezeichnet wird, bewirkt den Vorteil einer erheblichen Koksersparnis, die nach den Ermittlungen von Wagner und Mitarbeitern bei der Erzeugung von Thomasroheisen eine Höhe von 50 bis 100 kg/t Roheisen erreichte, ohne daß sonst grundlegende Änderungen im Möllerausbringen oder der Vorbereitung des Möllers vorgenommen wurden.

Abb. 5 zeigt in einer Gegenüberstellung die Abhängigkeit des Koksverbrauchs vom Möllerausbringen bei „gemischter" und „physikalischer"

Mölleraufgabe nach Ergebnissen des Betriebes. Danach ist vor allem bei geringem Möllerausbringen die Ersparnis sehr bedeutend; bei einem Ausbringen von 39,6% war die Ersparnis der physikalischen Mölleraufgabe 9%. Ein anderes Beispiel für den Erfolg, den eine nach der Stückgröße getrennte Begichtung haben kann, ist auf S. 293 aufgeführt.

Für die Berechnung des Strömungswiderstandes von Schüttgut ist von Wagner und seinen Mitarbeitern die Formel aufgestellt worden:

$$p = \alpha \cdot \frac{h}{d} \frac{c^2 \cdot \gamma_g}{\zeta^2 \, 2g}. \tag{1}$$

In dieser Gleichung bedeuten

α einen Faktor,
h die Höhe des Schüttgutes in m,
d den Durchmesser einer Kugel aus dem gleichen Stoff von der mittleren Größe aller Körner in m,
c die mittlere Geschwindigkeit im Querschnitt F in m/sec,
γ_g das Raumgewicht des durchströmenden Gases in kg/m³,
ζ der lufterfüllte Raum je Raumeinheit in m³/m³,
g die Erdbeschleunigung in m/sec.

Auf Grund geometrischer Beziehungen ist

$$c = \frac{Q}{F};$$

worin Q die Gasmenge in der Zeiteinheit in m³/s bedeutet. Wird der Widerstand als Funktion der Zähigkeitskräfte berechnet, so erhält die Gleichung 1 durch die aus der Hydrodynamik bekannte, dimensionslose Reynoldsche Zahl

$$R = \frac{c \cdot d \cdot \gamma_g}{\mu \cdot \zeta}$$

die Form

$$p = \alpha \cdot R \cdot \frac{h \cdot \mu \cdot c}{d^2 \cdot \zeta \cdot 2g}. \tag{2}$$

Mit steigendem Wert von R fällt der Wert des Faktors α und bleibt, wenn R größer als 4000 ist — was meist der Fall ist —, bei etwa 10 konstant.

H. Bansen[4] hat den Widerstand geschütteter Stoffe durch Messungen festgestellt. Abb. 6 zeigt mit von ihm ermittelten Kurven die Abhängigkeit zwischen der Korngröße und dem Druck bei verschiedenen Windgeschwindigkeiten W_t. Das Kurvenbündel macht deutlich, daß nach den kleinen Körnungen hin eine sehr starke Steigerung des Druckes stattfinden muß, wenn gleiche Windgeschwindigkeiten erreicht werden sollen. Wesentlich ist ferner, daß die Kurve 1 der größten Wind-

[4] Bansen, H.: Wärmewertigkeit, Wärme- und Gasfluß. Düsseldorf 1930, Verlag Stahleisen m. b. H.

geschwindigkeit sich erst bei einer Korngröße von 40 mm zu einem flachen Verlauf wendet, während beispielsweise die Kurve 6 ihren Wendepunkt bei einer Korngröße von etwa 15 mm hat. Zu den Zahlenwerten der Windgeschwindigkeit ist noch zu bemerken, daß darunter diejenige Geschwindigkeit verstanden ist, mit der das Gas das leer gedachte Gefäß durchströmen würde.

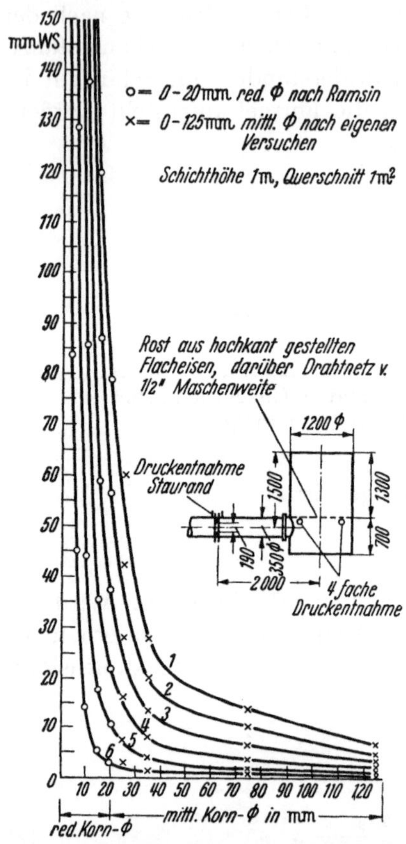

Abb. 6. Abhängigkeit zwischen Korngröße, Windpressung und Windgeschwindigkeit bei geschütteten Stoffen (nach H. Bansen). Schaulinie: 1: 3000 m³/h (gedachte $W_t = 0{,}879$ m/s)
„ 2: 2500 „ („ $W_t = 0{,}733$ „)
„ 3: 2000 „ („ $W_t = 0{,}586$ „)
„ 4: 1500 „ („ $W_t = 0{,}44$ „)
„ 5: 1000 „ („ $W_t = 0{,}293$ „)
„ 6: 500 „ („ $W_t = 0{,}147$ „)

Die beiden Forderungen, die auf einen Möller gerichtet sind, der es im metallurgischen Sinne möglich macht, ein Roheisen der gewünschten Zusammensetzung und gleichzeitig eine geeignete Schlakkenbeschaffenheit zu erhalten, müssen ganz überwiegend dadurch erfüllt werden, daß verschiedene Erze und Zuschlagstoffe im Möller vereinigt werden, weil in dieser Hinsicht die Möglichkeiten der Möllervorbereitung eng begrenzt sind. Selbst die Erzaufbereitung ist nur in einzelnen Fällen in der Lage, Hilfe zu bringen und zwar dadurch, daß beispielsweise Gehalte an Mangan oder Phosphor im Vergleich zum Eisengehalt des Erzes gesteigert oder erforderlichenfalls gesenkt werden. Teilweise mag es der Aufbereitung auch gelingen, die Azidität bzw. Basizität der Möllerstoffe in der gewünschten Richtung zu verändern.

Die Senkung der Schlackenmengen bei der Möllervorbereitung ist aber in vielen Fällen deswegen unbefriedigend, weil sonst die Eisenverluste zu groß werden. Dieser Umstand hat im Zusammenhang mit dem Überwiegen saurer Erze zur Ausbildung des sogenannten sauren Schmelzverfahrens[5] geführt, bei dem Schlacken mit einem Verhältnis $CaO : SiO_2$ von etwa 0,7 bis 0,9 gegenüber dem üblichen Betriebe mit einer Schlackenziffer von 1,2 bis 1,25 anfallen.

[5] Paschke, M.: Stahl u. Eisen Bd. 57 (1937) S. 1114 bis 1117.

Nur in wenigen Fällen ist es der Möllervorbereitung auch möglich, die Reduzierbarkeit der Möllerstoffe zu verbessern. Am günstigsten ist sie bei den Brauneisen- und solchen Roteisenerzen, die ihre Entstehung der Verwitterung oder der Ausscheidung in Binnengewässern oder im Meer verdanken, während die Eisenerze der magmatischen Bildungsvorgänge im allgemeinen schwer reduzierbar sind. Meist sind diese Erze auch sehr hart und besitzen eine relativ hohe Stückigkeit im Förderzustand. Bei ihnen wird durch Brechen die Reduzierbarkeit wesentlich verbessert. Eine Verbesserung der Reduzierbarkeit solcher Erze kann durch Erhitzen erreicht werden, wie auch die karbonatischen Eisenerze durch die bei der Röstung erfolgende Austreibung der Kohlensäure leichter reduzierbar werden. Durch die Sinterung kann in einzelnen Fällen die Reduzierbarkeit der Substanz leiden, der günstige Einfluß des Sinters im Möller ist dagegen ganz überwiegend physikalisch dadurch bedingt, daß die Windverteilung verbessert und dadurch die Ausnutzung der Ofengase wesentlich erhöht wird.

Die Forderung nach Senkung der Menge der Schlackenbildner ist dadurch begründet, daß eine den Betrag von etwa 350 kg/t Roheisen übersteigende Schlackenmenge den Koksverbrauch steigert, während die genannte Menge betrieblich notwendig ist. Einen gewissen Anhalt für die Schlackenmenge, die durch den Möller eingebracht wird, ergibt sich aus dem Wert des *Möllerausbringens*, mit dem der Anteil des Eisens im Möller in % angegeben wird. Es muß aber beachtet werden, ob der Möller viel vergasbare Stoffe enthält, wie Feuchtigkeit, Hydratwasser und Kohlensäure, die zwar das Möllerausbringen erniedrigen, aber keine Schlacke ergeben, oder ob die diesen Wert erniedrigenden Stoffe in die Schlacke eingehen.

Es ist üblich, die Arbeit, die dem Hochofen aus der Vergasung der drei genannten Möllerbestandteile zufällt, als *Schachtarbeit* zu bezeichnen. Verhältnismäßig groß ist diese bei den eisenarmen deutschen Erzen, bei der Minette und vor allem beim Kalkstein, der gegebenenfalls als Zuschlag gegeben werden muß, gering ist dagegen die Schachtarbeit bei Magnetiterzen und beim Sinter, der die vergasbaren Anteile bereits beim Sinterbrand abgegeben hat. Zahlenmäßig umfaßt die Schachtarbeit etwa die Vergasung von 200 bis 800 kg/t Roheisen.

Für die Schachtarbeit ist dann nur eine geringe Koksmenge aufzuwenden, wenn sie bei gleichmäßiger Durchgasung der Beschickungssäule im oberen Teile des Schachtes erfolgt. Dringen kohlensäurehaltige Stoffe dagegen tiefer in den Schacht herunter und muß hier die Kohlensäure ausgetrieben werden, so steigt nach Bansen der Koksverbrauch je 100 kg CO_2 von normal etwa 60 kg auf 102 kg und, wenn die Austreibung der Kohlensäure erst im Gestell erfolgt, so beträgt der Koksbedarf sogar 240 kg/100 kg CO_2.

Der Einfluß, den das Möllerausbringen auf den Koksverbrauch hat, ist schon mit Abb. 5 nachgewiesen worden. Besonders anschaulich wird die bestehende Abhängigkeit noch durch Abb. 7 belegt, die auf Untersuchungen von H. Kegel[6] an einem bestimmten Ofen in einer Berichtszeit von 9 Wochen beruht. Bei diesem Bilde ist auf der linken Ordinate der Koksverbrauch mit steigenden Zahlen, dagegen sind auf der rechten Skala für das Möllerausbringen fallende Werte aufgetragen. Diese Darstellung belegt durch den fast parallelen Verlauf der beiden Kurven, wie stark Koksverbrauch und Möllerausbringen voneinander abhängig sind. Nur in der 14. Woche haben die beiden Kurven einen divergierenden Verlauf, der sich aber aus einer Änderung der Temperatur des Heißwindes erklärte.

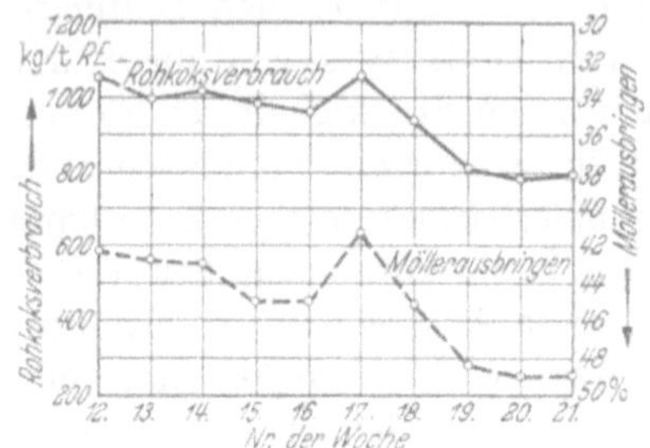

Abb. 7. Abhängigkeit des Rohkoksverbrauchs vom Möllerausbringen bei einem auf Thomaseisen betriebenen Hochofen (nach H. Kegel).

In diesem Falle schwankte das Möllerausbringen zwischen 41 und 49 %. Daß die genannte Abhängigkeit zwischen dem Koksverbrauch und dem Möllerausbringen auch bei einem ärmeren Möller besteht, zeigt Abb. 8 für drei auf Thomasroheisen betriebene Öfen, von denen der Ofen 2 mit einem Ausbringen zwischen 35 und 47 % und der Ofen 3 zwischen 26 und 32 % betrieben wurde. In dieser Abbildung ist stark durchgezogen eine von F. Wesemann[7] für Thomashochöfen ermittelte Kurve des durchschnittlichen Koksverbrauchs. Für die drei Öfen sind die Wochenmittelwerte eingetragen, wobei die den Punkten beigefügten Zahlen der jeweiligen Nummer der Woche entsprechen. Der Koksverbrauch der untersuchten Öfen liegt danach im allgemeinen höher, als er der Kurve des Durchschnitts entspricht. Kegel sieht die Begründung hierfür darin, daß die Öfen mit der niedrigen Heißwindtemperatur von 600° und mit verhältnismäßig geringem Durchsatz betrieben wurden.

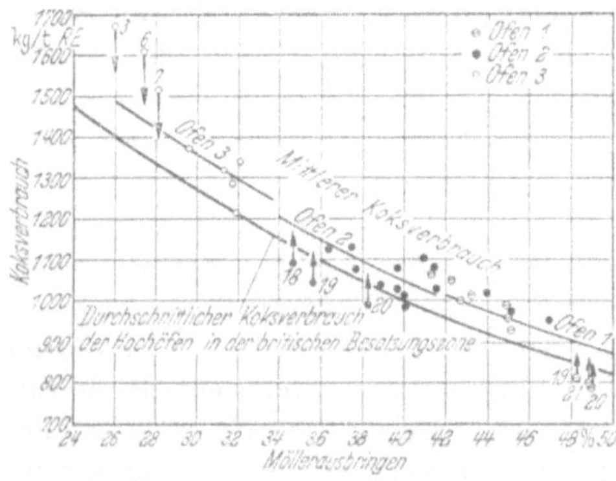

Abb. 8. Abhängigkeit des Koksverbrauchs von 3 verschiedenen, auf Thomasroheisen betriebenen Hochöfen vom Möllerausbringen (nach H. Kegel).

[6] Kegel, H.: Stahl u. Eisen Bd. 70 (1950) S. 733 bis 740.
[7] Wesemann, F.: Stahl u. Eisen Bd. 68 (1948) S. 1 bis 8.

Wenn in Abb. 8 einzelne Punkte sehr stark vom Durchschnitt abweichen, wie dies die Punkte 2, 6 und 7 des Ofens 3, die Punkte 18 bis 20 des Ofens 2 und die Punkte 19 bis 21 des Ofens 1 tun, so ließ sich aus den Betriebsaufschreibungen erkennen, daß besondere Umstände eingewirkt hatten, wie beispielsweise besonders geringe Feuchtigkeit des Kokses. Im Falle des Ofens 3 war in der 2. Woche ein besonders niedriger Koksdurchsatz und in der 6. und 7. Woche eine besonders niedrige Windtemperatur die Veranlassung für den erhöhten Koksverbrauch.

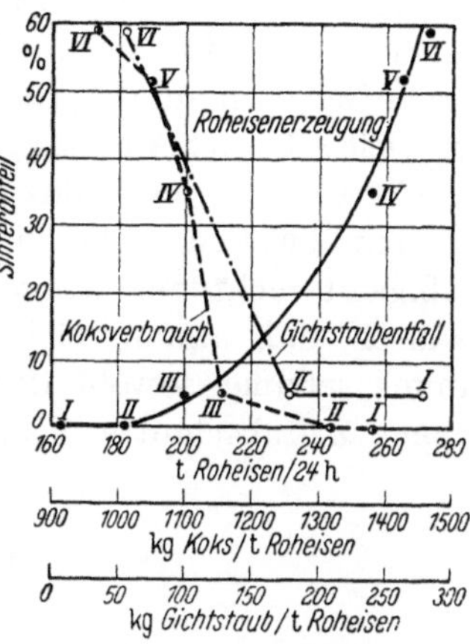

Abb. 9. Einfluß der Möllervorbereitung auf die Roheisenerzeugung, den Koksverbrauch und den Gichtstaubentfall (nach E. W. Shallock).

Gelingt es, den Koksverbrauch zu senken, so ist damit für den Hochöfner der wichtige weitere Vorteil der Steigerung der Roheisenerzeugung verbunden. Als ein Beispiel für diese Zusammenhänge ist in der Zahlentafel 1 und in der zugehörigen Abb. 9 das Ergebnis einer Untersuchung wiedergegeben, über welches E. W. Shallock[8] berichtet hat. Die durch die immer tiefer greifende Vorbereitung des Möllers erreichte Senkung des Koksverbrauchs um 4 bis 30 % ist von einer Steigerung der Roheisenerzeugung von 11 bis 66,5 % begleitet, die insbesondere auch durch die Senkung der zeitabhängigen Kosten einen großen Vorteil darstellt.

Zahlentafel 1. *Einfluß der Möllervorbereitung auf die Roheisenerzeugung und den Koksverbrauch (nach E. W. Shallock).*

Versuch	Roherz gebrochen %	abgesiebt	Sinteranteil %	Steigerung der Roheisenerzeugung %	Senkung des Koksverbrauchs %
I	nein	nein	0	—	—
II	60	nein	0	11	4
III	90	ja	4,8	22	16
IV	95	ja	35	55	20
V	100	ja	52	61	24
VI	100	ja	59	66,5	30

Eine wichtige Forderung des Hochöfners ist schließlich die nach der *Gleichmäßigkeit* der Möllerstoffe und des Kokses in physikalischer und

[8] Shallock, E. W.: Iron Steel Engr. Bd. 18 (1941) Nr. 8, S. 59 bis 63 u. 73.

chemischer Hinsicht. So schätzt man beispielsweise, daß Schwankungen des Eisengehaltes um nur 1 % im Ofen einen Mangel oder Überschuß von 20 kg Koks bei reichen Erzen und bis zu 60 kg Koks/t Roheisen bei armen Erzen herbeiführen können. E. Senfter[9] hat die Auffassung vertreten, daß die durch Erhöhung der Gleichmäßigkeit erzielbare Koksersparnis 50 und mehr kg/t Roheisen betrage. Wie sich Schwankungen in den Gehalten auf den Hochofenprozeß auswirken, kann jedoch wegen der vielen Unsicherheitsfaktoren, die ihm anhaften, nicht genau festgestellt werden; zweifellos sind sie sehr bedeutend und dies wird mit dadurch bewiesen, daß man in neuerer Zeit der Verbesserung der Gleichmäßigkeit nicht nur starke Beachtung geschenkt hat, vielmehr auch dadurch, daß umfangreiche Anlagen geschaffen wurden, um die Zusammensetzung sowohl der Möllerstoffe als auch des Kokses über längere Zeitabschnitte möglichst gleichbleibend zu gestalten.

C. Die Möllerstoffe.

I. Eisenerze.

Eisenerze sind Gesteine oder Mineralaggregate, die Eisen in solcher Menge enthalten und in solcher örtlichen Anhäufung auf natürlicher Lagerstätte auftreten, daß ihre bergmännische Gewinnung für die Zwecke der Eisenerzeugung möglich ist. Andere Erze, die zwar Eisen enthalten, aber, wie beispielsweise die Pyriterze, nicht für die Eisenerzeugung, sondern für die Schwefelgewinnung gefördert werden, gelten nicht als Eisenerze. Ob ein Erz auf seiner Lagerstätte unmittelbar bauwürdig ist oder erst nach Erfüllung von bestimmten wirtschaftlichen, aufbereitungstechnischen oder verkehrsmäßigen Voraussetzungen, ist dabei ohne Bedeutung. Jedes Eisenerz setzt sich zusammen aus den meist kristallisierten homogenen Erzmineralien, die in der Regel undurchsichtig sind, und den die Erze verunreinigenden Gangartmineralien, die meist durchsichtig und im wesentlichen metallfrei sind.

Da nach Berechnungen über den Anteil der einzelnen Elemente in der Erdrinde das Eisen mit 4,7 % unter diesen an vierter Stelle steht, so ist es am Aufbau aller geologischen Schichten stark beteiligt, jedoch ist eine Konzentration des Eisens auf den den durchschnittlichen Gehalt wesentlich übersteigenden Erzlagerstätten nur örtlich vorhanden. Anderseits haben alle natürlichen, die Lagerstätten bildenden Vorgänge zur Entstehung von Eisenerzvorkommen geführt; allerdings sind deren Eisengehalte sehr unterschiedlich. In Sonderfällen nähern sie sich bei den reichen Vorkommen dem theoretischen Metallgehalt des anstehenden

[9] Senfter, E.; Stahl u. Eisen Bd. 62 (1942) S. 1045.

Eisenminerals, während bei minderwertigen, aber nutzbar gemachten Erzen die Gehalte bis auf etwa 18 bis 20 % Fe dann absinken können, wenn ihre sonstige Zusammensetzung und der Standort für die Verhüttung günstig sind. Soweit Gesteine verhüttet werden, die noch wesentlich niedrigere Eisengehalte besitzen, handelt es sich nicht mehr um Erze, sondern um Zuschlagstoffe, wie z. B. eisenschüssige Kalke.

Unter dem Gesichtspunkt der Aufbereitung ist der Gefügeaufbau der Erze sehr wichtig, unter dem die Gestalt, Größe und räumliche Verteilung der Erz- und Gangart-Mineralien verstanden ist. Auf die Bedeutung des Gefügeaufbaus für den Erfolg von Aufbereitungsverfahren wird noch zurückgekommen werden.

Für die wichtigsten Eisenerz-Mineralien sind die folgenden chemischen Formeln, theoretischen oder gefundenen Eisengehalte und Kristallformen zu nennen.

Erz	Formel	Eisengehalt in %		Kristallform
		theoretisch	gefunden	
Magnetit	Fe_3O_4	72,35	—	regulär
Titaneisen	$FeTiO_3$	36,8	—	hexagonal
Eisenglanz	Fe_2O_3	70,0	—	rhomboedrisch
Brauneisenstein	$Fe_2O_3 \cdot H_2O$	62,85	—	rhombisch
Spateisenstein	$FeCO_3$	48,21	—	hexagonal
Chamosit	$3(Fe, Mg)O \cdot Al_2O_3 \cdot 2SiO_2 \cdot 3H_2O$	—	28,5 bis 37,3	?

Die Lagerstätten von *Magnetit* sind vornehmlich als glut- oder schmelzflüssige Anteile von nach außen dringenden Magmen gebildet worden. In Verbindung mit der Abkühlung, Erstarrung und Kristallisation haben Differentiationen stattgefunden, so daß neben fast reinem Magnetit auch Titaneisenerz, Eisenglanz und apatitreiche Verwachsungen auftreten. Das bekannteste und bedeutendste Beispiel dieser Art ist die Magnetit-Apatit-Lagerstätte von *Kiruna* in Nordschweden. Das i. M. 70 m mächtige Vorkommen ist über eine Länge von 15 km bekannt; es ist in mehrere Lagerteile getrennt und enthält bis 800 m Teufe rd. 2 Milliarden t Erze mit Gehalten von etwa 40 bis 65 % Fe. Weitere große Lagerstätten vom Typ Kiruna sind *Grängesberg* in Mittelschweden, die *Adirondacks* im Staate New York sowie *Tofo* und *Algarobo* in Chile.

Magnetit kann in Eisenoxyd übergehen; wenn die Kristallform und das Gitter erhalten bleiben, liegt *Maghemit* vor, der sehr stark magnetisch ist.

Titaneisenerze sind Magnetite mit hohem Titangehalt, der durch mikroskopisch feine, orientierte Einlagerungen von Titaneisen und Eisenspinell veranlaßt ist, die durch Entmischungen im festen Zustand ausgeschieden sind. Die Lagerstätten dieser aus Magmen ausgeschiedenen Erze sind in vielen Fällen unregelmäßig, aber sehr groß (Routivara und Taberg in Schweden haben Erzareale von 300000 und 260000 m^2). Die Gehalte der Erze liegen bei etwa 35 bis 45% Fe und 7 bis 18% TiO_2. Sie sind außerdem vanadiumhaltig; so wird für die Tabergerze ein Gehalt von 0,5% V_2O_3 genannt.

Unter *Eisenglanz* versteht man ein aus Eisenoxyd bestehendes Erz von verhältnismäßig hoher Reinheit, starkem Glanz und Kristallstruktur. Hat der Eisenglanz weniger als 0,2% P, so wird er nach deutschem Sprachgebrauch auch als *Hämatit* bezeichnet. Beide Erzarten sind meist durch Kontaktmetamorphose gebildet. *Roteisenstein* besteht gleichfalls aus Eisenoxyd. Seine Zusammensetzung und seine Bildungsvorgänge sind recht unterschiedlich, jedoch ist seine rote Färbung für ihn kennzeichnend. Unter *Flußeisenstein* versteht man einen Roteisenstein mit etwa 25 bis 35% Fe, der mit Kalk innig verwachsen ist, neutral oder basisch ist und mit Roteisenstein auf der gleichen Lagerstätte gewonnen wird. Ist in einem Roteisenstein das Eisen in einem Gel von Kieselsäure gelöst oder submikroskopisch fein verteilt, so spricht man von *Eisenkiesel*. Ist die Kieselsäure an das Eisen gebunden, so liegt *Fayalit* (Fe_2SiO_4) vor mit theoretisch 54,8% Fe und 45,2% SiO_2. Als Erz kommt ihm keine selbständige Bedeutung zu. *Roter Glaskopf* ist ein Roteisenstein mit nieriger Oberfläche und faseriger Struktur, der meist sekundär aus braunem Glaskopf gebildet ist. *Itabirite* oder Eisenquarzite sind Eisenglimmerschiefer, d. h. geschichtete Gesteine aus Hämatitschichten und Lagen von Quarzkörnern; ihr Eisengehalt ist stark wechselnd, aber es kommen sehr hochwertige Erze vor. Das feinschichtige Gefüge dieser Erze ist durch ihre sedimentäre Entstehung veranlaßt. Hauptverbreitungsgebiete der Itabirite sind Brasilien (Minas Geraes), die Ukraine (Krivoj Rog) und Mandschukuo (Anshan und Miao-er-Kou).

Die rot gefärbten *Laterit*eisenerze (later = Ziegelstein) verdanken ihre Bildung der Zersetzung von basischen und hochbasischen Gesteinen unter Auslaugung ihrer Kieselsäure. Nach Abgabe des Wassergehaltes bilden sie teils mehr teils weniger eisenreiche Hämatite. Übergänge zu Krusten- und Basalteisensteinen sind häufig.

Der *Brauneisenstein* — seltener als Limonit bezeichnet — ist meist sedimentär und teils durch Zersetzung von Rot- oder Spateisenstein im sogenannten „Eisernen Hut" der Lagerstätten gebildet. Reiche Sorten sind in der Regel stückig, während die ärmeren Sorten mit etwa 18 bis 36% Fe mulmig und tonig sind. Der Gehalt an gebundenem

Wasser ist wechselnd *. Brauneisen ist das Erzmineral der meisten oolithischen und bohnerzartigen Erze, die als marine Sedimente außerordentlich weite Verbreitung besitzen; genannt seien hier das lothringisch-luxemburgische Minettegebiet, die Doggererze des fränkischen, schwäbischen und schweizerischen Juras und die der Kreideformation angehörenden Trümmererze von Salzgitter. Auch die *Basalteisenerze*, wie sie in Oberhessen auftreten, bestehen aus Brauneisen; sie enthalten dieses in Form von Konkretionen und von braunem Glaskopf.

Das Eisenkarbonat liefert vier verschiedene Erzsorten. Der *Spateisenstein* tritt auf Gangspalten auf, ist kristallin und enthält isomorph Mangan-, Kalk- und Magnesiumkarbonat beigemengt. Typisch für dieses Erz sind die Spateisensteingänge des Siegerlandes, die durch hydrothermale Vorgänge ausgefüllt wurden. Die *Siderite* sind meist durch Verdrängung (Metamorphose) entstanden; auch sie sind stets manganhaltig. Das größte Vorkommen dieser Art ist der *Erzberg* in der Steiermark. Bei ihm tritt in sehr großen Mengen *Ankerit* auf, der eine Mischung von Eisen-, Kalk- und Magnesiumkarbonat ist; sein Eisengehalt schwankt zwischen 5 und 26 %, ist mithin so niedrig, daß dem Ankerit nur als beibrechendem Nebengestein von Sideriten die Bauwürdigkeit zugestanden werden kann. Die 3. und 4. Ausbildungsform der Karbonate sind der *Ton-* und der *Kohleneisenstein*, die beide als Flözbildungen auftreten. Der erstere ist stark mit Tonerde und Kieselsäure verbunden, während der Kohleneisenstein (Blackband) von Kohlenteilchen sehr stark durchsetzt ist.

Die Eisenkarbonate werden im allgemeinen vor der Verhüttung zur Austreibung der Kohlensäure geröstet, weil damit eine erhebliche Frachtersparnis erreicht wird. Der Siegerländer Spat führt nach dieser Behandlung die Bezeichnung „Rostspat".

Die *Chamositerze* sind schwarzgrüne, wasserhaltige Eisenaluminiumsilikate, die häufig in der Form von Oolithen vorliegen und in ähnlicher Weise wie die oolithischen Brauneisenerze gebildet sind. Ihnen verwandt sind die *Thuringite*, die aber einen etwas höheren Kieselsäuregehalt besitzen. Erze dieser Arten treten beispielsweise im Silur Thüringens in mehreren, ausgedehnten Horizonten auf; ihr Eisengehalt liegt bei etwa 31 bis 33 %.

* Auf Grund des verschiedenen Wassergehaltes wurde eine Zeitlang eine ganze Anzahl von Eisenhydroxyden unterschieden und mit verschiedenen Namen belegt. Nach P. Ramdohr hat sich jedoch durch erzmikroskopische und röntgenographische Untersuchungen ergeben, daß es nur zwei wohldefinierte kristallinische Eisenhydroxyd-Mineralien gibt, die beide die Zusammensetzung $Fe_3O_2 \cdot H_2O$ besitzen. Außerdem gibt es ein wenig beständiges Eisenhydroxydgel. Mineralogisch soll der Name „Limonit" gelten für wasserhaltige Eisenoxydmassen, über deren mineralische Natur und Einheitlichkeit keine Aussage gemacht werden soll.

Zahlentafel 2a. *Analysen deutscher Eisenerze (im Trocknen).*

Bezirk oder Grube	Fe %	Mn %	P %	SiO_2 %	Al_2O_3 %	CaO %	MgO %	S %	V %	TiO_2 %	CO_2 %	H_2O geb. %	Alkalien %	R %	Feuchtigkeit %
Siegerländer Rohspat	31,3	6,5	0,008	15,20	0,75	0,60	1,90	0,28	0,00	Sp.	31,0	0,50	0,25	16,10	0,50
„ Rostspat I	49,6	10,75	0,008	9,20	0,40	1,10	4,80	0,26	Sp.	Sp.	0,20	0,40	0,30	9,80	3,60
„ „ II	43,0	7,50	0,010	19,00	1,40	0,50	2,50	1,00	0,00	Sp.	—	—	—	20,00	2,0
Lahngebiet, Rot I	46,7	0,11	0,59	24,10	2,92	1,77	0,60	0,23	0,00	0,32	0,70	2,27	0,22	25,15	2,60
„ Rot II	40,2	0,40	0,25	21,90	3,93	5,01	1,23	0,19	0,00	0,31	7,60	2,20	0,30	23,10	3,60
„ Flußstein	30,1	0,16	0,17	11,40	2,90	22,70	0,85	0,03	0,00	0,20	16,0	1,65	0,52	12,10	6,0
Dillgebiet, Rot II	36,6	0,16	0,14	23,25	4,10	8,70	1,60	0,02	Sp.	0,55	7,35	1,60	0,95	23,95	1,4
Oberhessischer Basalteisenstein, geläutert	41,5	0,32	0,33	12,60	10,65	0,60	0,36	0,04	0,03	1,2	0,50	12,80	0,40	17,0	11,6
Porta, Roherz	22,9	0,30	0,51	15,26	8,68	9,56	2,50	0,50	—	—	24,85	—	1,70	—	3,7
Damme, Konzentrat	41,4	0,20	0,91	13,50	4,40	5,40	1,60	0,15	0,07	—	—	—	1,50	—	—
Kohlenberg Südbaden	17,3	0,22	0,25	13,40	3,40	30,10	0,90	0,04	0,03	0,15	22,70	2,50	0,40	13,75	5,40
Geißlingen	31,1	0,42	0,29	20,25	5,40	11,05	9,90	0,05	0,07	0,40	9,80	6,15	0,50	21,55	7,10
Pegnitz, Konzentrat	39,5	0,36	0,36	20,25	8,20	0,65	1,0	0,04	0,06	1,05	1,40	8,70	0,50	21,25	2,30
Sulzbach Bayern	51,0	0,60	0,80	9,00	3,0	0,50	—	—	—	—	11,0		—	—	10,0
Erzberg Bayern	46,0	0,23	0,88	18,1	3,5	0,50	0,40	0,10	—	—	9,70		—	19,0	8,0
Friedrike	25,9	0,20	0,48	11,7	6,6	18,2	1,2	0,18	0,06	0,24	17,5	5,7	0,60	14,0	7,8
Hansa	19,3	0,22	0,21	11,45	3,95	23,6	3,95	0,36	0,05	0,17	24,1	4,3	0,44	12,4	7,7
Braune Sumpf	30,1	5,53	0,27	18,10	2,90	12,9	1,2	0,22	0,00	0,22	19,6	2,5	0,60	14,0	2,3
Echte	21,2	0,23	0,46	15,26	9,9	18,6	2,7	0,24	0,07	0,28	16,6	5,7	0,80	17,8	7,8
Salzgitter-Mischerz	37,0	0,26	0,51	23,0	8,3	4,0	1,8	0,20	0,11	0,33	2,4	4,6	1,0	25,7	5,0
Bülken Ilsede	26,2	2,89	0,91	7,55	1,50	22,8	1,7	0,27	Sp.	0,10	18,3	5,2	0,35	8,0	8,3
Lengede Ilsede	38,7	0,46	2,05	7,0	2,9	12,2	1,1	0,15	—	—	—	—	—	8,4	—
Barbecke	27,2	0,35	1,9	13,3	3,1	18,5	1,3	0,10	0,03	—	—	3,5	0,40	—	9,5
Schmiedefeld Thür. Chamositisches Rösterz	43,0	0,40	0,7	17,0	11,0	6,0	2,0	—	—	—	—	—	—	—	—

Zahlentafel 2b. *Analysen von Eisenerzen des europäischen Interessenkreises (ohne deutsche Erze).*

Bezirk oder Grube	Fe %	Mn %	P %	SiO_2 %	CaO %	MgO %	Al_2O_3 %	S %	V %	TiO_2 %	H_2O %	Feuchtigkeit %
a) *Schwedische Erze:*												
Kiruna A[1]	67,0	0,21	0,011	2,14	1,35	0,91	0,62	0,015	0,12	0,65	0,50	—
Kiruna D	60,0	0,23	1,94	2,49	7,21	0,62	2,24	0,014	0,13	0,17	1,07	—
Kiruna G	58,5	0,09	2,63	2,12	8,50	1,20	0,55	0,019	—	—	0,50	—
Gellivara Konzentrat A	70,3	0,17	0,021	1,02	0,29	0,41	0,18	0,056	0,10	0,20	7,35	—
Gellivara (Kaptens) C	64,3	0,06	0,680	5,22	2,29	1,02	0,87	0,073	0,09	0,50	2,88	—
Routivara Konzentrat	58,8	—	0,04	—	—	—	—	—	0,19	8,38	—	—
b) *Norwegische Erze:*												
Sydvaranger Schliche	65,5	0,12	0,011	7,30	0,50	0,50	0,30	0,03	0,00	Sp.	0,20	7,4
Dunderland Schliche	67,4	0,16	0,028	3,20	0,44	0,22	0,65	0,21	0,00	0,30	0,80	5,3
c) *Französische Erze:*												
Kalkige Minette	31,5	—	0,65	4,6	12,4	1,6	4,4	—	0,08	—	—	10,0
Kieselige Minette	32,0	—	0,63	12,8	7,3	1,7	4,5	—	0,08	—	—	10,0
May sur Orne	45,8	0,41	0,14	15,9	0,90	0,15	6,14	0,08	0,06	Sp.	—	—
d) *Spanische Erze:*												
Bilbao Rubio	50,0	0,5	0,04	12,5	1,4	0,7	2,2	0,1	—	—	9,0	8,0
Bilbao Rostspat	51,0	1,0	0,03	12,0	5,0	4,0	0,5	0,4	—	—	1,0	2,0
e) *Nordafrikanische Erze:*												
Marokko Rif	63,0	0,18	0,03	4,0	0,2	0,2	0,7	0,1	—	—	2,5	1,5
Ouenza Campanil	55,0	2,0	0,01	3,0	4,6	0,7	1,0	0,08	—	—	4,0	4,0
f) *Nordamerikanische Erze:*												
Wabana	51,0	0,2	0,9	11,4	3,8	1,4	5,0	0,2	—	—	—	1,4

[1] Erzsorte A bis 0,05% P, Erzsorte B bis 0,10% P, Erzsorte C bis 0,60% P, Erzsorte D bis 2,50% P, Erzsorte G über 2,50% P.

Die *chemische Zusammensetzung* der wichtigsten Eisenerze, soweit sie insbesondere für die Versorgung der deutschen Hochofenwerke in Frage kommen, geht aus den Zahlentafeln 2a und 2b hervor. Weitere umfangreiche Zusammenstellungen von Analysen fast sämtlicher Eisenerzvorkommen der Welt sind im Jahre 1950 von G. Einecke veröffentlicht worden[10]; auf die hier hingewiesen wird. Diese Analysen sind auch zu der Aufstellung der Zahlentafeln 2a und 2b herangezogen worden.

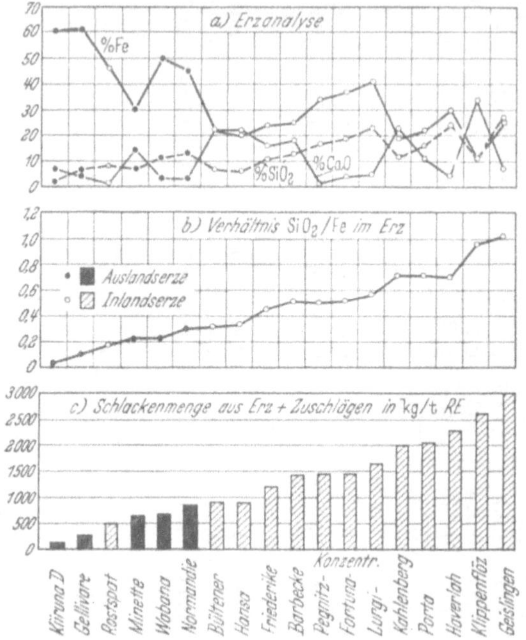

Abb. 10. Schaubildliche Darstellung der Zusammensetzung verschiedener deutscher und ausländischer Eisenerze und ihrer Schlackenmenge bei basischer Verhüttung (nach H. Schumacher).

Für den Betrieb des Hochofens ist besonders wichtig, welche Schlakkenmenge ein Erz im Verhältnis zur Roheisenmenge veranlaßt. Einen guten Einblick in diese Zusammenhänge gibt Abb. 10, mit der H. Schumacher die Analysenwerte, das Verhältnis SiO_2 zu Fe im Erz und die Schlackenmengen aus den Erzen einschließlich der von ihnen benötigten Zuschläge in kg/t Roheisen darstellt[11]. Es handelt sich vorwiegend um deutsche Erze, doch sind einige im deutschen Hochofenmöller häufig mit verarbeitete ausländische Erze zum Vergleich mit

[10] Einecke, G.: Die Eisenerzvorräte der Welt. Verlag Stahleisen m. b. H. Düsseldorf 1950.

[11] Schumacher, H.: Stahl u. Eisen Bd. 66/67 (1947) S. 375 bis 379.

aufgeführt. Das Bild macht deutlich, wie nicht einmal so sehr der niedrige Eisengehalt einiger Inlanderze sie belastet, sondern weit mehr das in ihnen bestehende ungünstige Verhältnis von Kieselsäure zu Eisen. Zu berücksichtigen ist hierbei, daß die Verhältnisse einer basischen Verhüttung den Berechnungen zugrunde liegen.

Der Gebrauchswert der Eisenerze kann durch Gehalte an Eisenbegleitern, unter denen das Mangan der bedeutendste ist, erhöht werden. Auch das Vanadin ist hierzu zu rechnen, über dessen Auftreten in Eisenerzen und sein Verhalten bei ihrer Aufbereitung von W. Luyken und H. Kirchberg[12] berichtet worden ist. Zu den unerwünschten Beigaben eines Eisenerzes gehört das Arsen. Über die Höhe der Arsengehalte in zahlreichen Erzen und die Möglichkeit seiner Austreibung vor der Verhüttung gibt ein Bericht von W. Luyken und L. Heller[13] Auskunft.

Eine für die Vorbereitung und Verhüttung der Eisenerze sehr wichtige Eigenschaft ist ihr *Verhalten bei erhöhten Temperaturen.* F. Hartmann[14] hat in dieser Hinsicht drei verschiedene Erze eingehend untersucht, die ihrer chemischen Zusammensetzung nach in der Zahlentafel 3 aufgeführt sind. Für diese Erze wurde sowohl der Erweichungsbeginn als auch die Temperatur des haltlosen Zusammensinkens bei zwei verschiedenen Belastungen festgestellt. Die ermittelten Werte sind in der Zahlentafel 4 aufgeführt; sie weisen gleichzeitig nach, daß die Belastung von Einfluß ist. Wie zu erwarten war, ist das Verhalten der verschiedenen Erze bei hohen Temperaturen recht unterschiedlich. In der Zahlentafel 5 sind die nach DIN 1063 bestimmten Schmelzpunkte für neutrale und reduzierende Atmosphäre angegeben. Bei der reduzierenden Atmosphäre erniedrigt sich der Schmelzpunkt des Schwedenerzes, während er sich bei dem Doggererz von Freiburg stark erhöht. Die Zahlentafel 5 enthält auch die Werte der Zähflüssigkeit (150 Poise) und der Leichtflüssigkeit (5 Poise). Bei dem Gällivare-Erz lag die Temperatur

Zahlentafel 3. *Chemische Zusammensetzung der auf ihr Verhalten bei höherer Temperatur untersuchten Eisenerze.*

Erz	Fe %	CaO %	MgO %	Al_2O_3 + TiO_2 %	SiO_2 %	CaO : SiO_2 %
Gällivare . .	60,50	2,19	1,49	2,55	4,85	0,45
Minette . . .	31,50	16,07	1,10	4,57	6,14	2,6
Freiburg . .	21,68	21,63	1,01	7,35	16,30	1,3

[12] Luyken, W. u. H. Kirchberg: Mitt. K.-Wilh.-Inst. Eisenforschg. Bd. 27 (1944) Abh. 458, S. 29 bis 42.

[13] Luyken. W. u. L. Heller: Arch. Eisenhüttenw. Bd. 11 (1937/38) Heft 10, S. 475 bis 481.

[14] Hartmann, F.: Stahl u. Eisen Bd. 60 (1940) S. 1021 bis 1027.

Zahlentafel 4. *Verformung der Erze unter Belastung (nach F. Hartmann).*

Erz	Belastung in kg/cm²	Erweichungs-beginn °C	Haltloses Zusammensinken °C
Gällivare	1/2	1220	1270
	2	1135	1180
Minette	1/2	900	1200
	2	870	1150
Freiburg	1/2	1100	1200
	2	1090	1180

Zahlentafel 5. *Schmelzpunkt und Viskosität von Eisenerzen (nach F. Hartmann).*

Erz	Atmosphäre	Schmelzpunkt	Viskosität 150 Poise	Viskosität 5 Poise
Gällivare	neutral (Stickstoff)	1500°	1530°	nicht bestimmbar
	reduzierend (Gichtgas)	1395°	—	—
Minette	neutral	1280°	1280°	1340°
	reduzierend	1240°	—	—
Freiburg	neutral	1210°	1230°	1250°
	reduzierend	1390°	—	—

der Leichtflüssigkeit so hoch, daß sie nicht mehr bestimmt werden konnte.

Auf Grund von Feststellungen verschiedener Stellen hat K. Guthmann[15] die Röst- und Sintertemperaturen mehrerer Eisenerze zusammengestellt, wie dies Abb. 11 zeigt. Es fällt bei dieser Gegenüber-

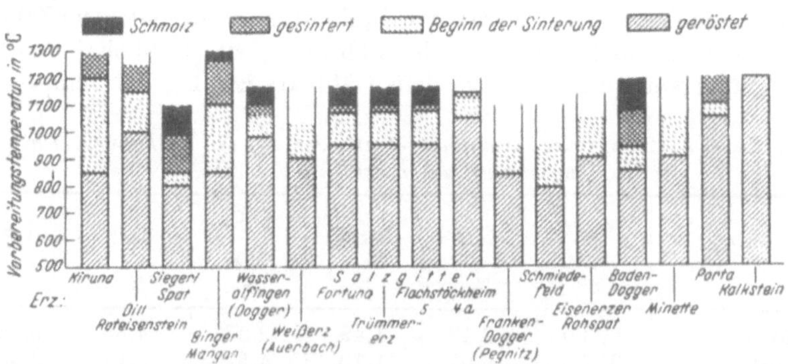

Abb. 11. Röst- und Sintertemperaturen verschiedener Eisenerze (nach K. Guthmann).

stellung auf, daß der Siegerländer Rohspat bei sehr niedriger Temperatur röstet, sintert und Schmolz bildet. Für den Hochofen kommt jedoch

[15] Guthmann, K.: Stahl u. Eisen Bd. 58 (1938) S. 857 bis 865.

praktisch nur der Einsatz von Rostspat in Betracht, der sich wesentlich anders als der Rohspat verhält. Verhältnismäßig niedrig liegen dann die Auswirkungen der Temperatursteigerung bei den kieselsäurereichen Erzen von Pegnitz und von Schmiedefeld sowie bei drei Erzsorten der Salzgitterer Lagerstätte und bei dem Baden-Dogger von Freiburg, der auch Gegenstand der Untersuchungen von Hartmann war.

Die Stückigkeit oder Korngrößenzusammensetzung der Eisenerze bezeichnet man als *mechanische Beschaffenheit*. Üblicherweise unterscheidet man nach der Korngröße die drei folgenden Sorten:

1. Stücke	größer als	50 mm,
2. Geröll	5 bis	50 ,,
3. Feinerz	feiner als	5 ,,

Die *Förderung* an Eisenerzen in der Welt hat betragen:

1913	178 Millionen t			
1925	150 ,, ,,			
1930	90 ,, ,,			
1938	166 ,, ,,	bei einer Roheisenerzeugung von	83	Mill. t
1946	153 ,, ,,	,, ,, ,, ,,	80	,, ,,
1948	219 ,, ,,	,, ,, ,, ,,	113	,, ,,
1950	239 ,, ,,	,, ,, ,, ,,	132	,, ,,
1952	300 ,, ,,	,, ,, ,, ,,	150	,, ,,

Davon entfielen auf das Deutsche Reich:

1923	5,1	Mill. t Roherz	
1936	7,073	,, ,, ,,	mit 2,096 Mill. t Fe

und auf das Bundesgebiet:

1950 10,883 Mill. t Roherz mit 2,939 Mill. t Fe
1951 12,923 ,, ,, ,, ,, 3,474 ,, ,, ,, , aus denen 10,74 Mill. t Fertigerz hergestellt wurden.

Im Jahre 1952 betrug die westdeutsche Roherzförderung 15,4 Mill. t, deren durchschnittlicher Eisengehalt 26,6 % i. F. war. Aus dieser Roherzmenge entstanden durch Aufbereitung 12,5 Mill. t Fertigerz. Der Einsatz an Inlandserzen betrug bei der Roheisenerzeugung des Bundesgebietes 29,9 % des Eiseneinsatzes und bei den auf Thomasroheisen gehenden Hochöfen des Ruhrgebietes 30,6 %.

Über die *Vorräte an Eisenerzen* liegen neuere Schätzungen vor, die von G. Einecke[10]) mit sehr großer Sorgfalt vorgenommen wurden. Er unterscheidet bei seinen Erhebungen zwischen den drei Gruppen:

a) der sicheren Vorräte, die sichtbar und bauwürdig sind,

b) der wahrscheinlichen Vorräte, die aus Aufschlüssen sicher gefolgert und bauwürdig sind,

c) der möglichen Vorräte, die unsicher gefolgert oder zur Zeit unbauwürdig sind.

Auf dieser Grundlage kommt er für die Welt zu dem Ergebnis von rund 95 Milliarden t sicheren und wahrscheinlichen Erzen mit einem Eisengehalt von 40 Milliarden t und von 435 Milliarden t möglichen Vorräten. Die *deutschen* Vorräte betragen 444 Mill. t der 1. Gruppe und rund 2 Milliarden t in der 2. Gruppe, wobei allerdings von Einecke die Bemerkung hinzugefügt wird, daß die Vorräte der 2. Gruppe nur unter dem Zwang der Not als bauwürdig betrachtet worden sind und unter den im Auslande bestehenden Bedingungen in die 3. Reihe gehören würden.

In der letzten Zeit sind für die Einteilung der Erzvorräte von verschiedenen Seiten neue Vorschläge gemacht worden, wobei die Auseinandersetzungen besonders um den Begriff der Bauwürdigkeit und um eine weitere Unterteilung der Gruppe der möglichen Vorräte gehen[16].

Auch von den *United Nations*, Department of Economic Affairs, liegt aus dem Jahre 1950 eine Schätzung der Eisenerzvorräte der Welt unter besonderer Berücksichtigung der Grundstoffe und der Fragen ihrer Nutzbarmachung in unterentwickelten Ländern vor. Das Ergebnis dieser Ermittlungen der UNO sind 54 Milliarden t sichere Vorräte mit durchschnittlich 50% Fe und 240 Milliarden t wahrscheinliche Vorräte mit durchschnittlich 44% Fe.

Im Jahre 1952 fand weiter in *Algier* ein Internationaler Geologen-Kongreß statt. Er erbrachte erweiterte Kenntnisse über die Eisenerzvorräte besonders in Kuba, Brasilien, Indien und Malaya. Das Gesamtergebnis sind 180 Milliarden t an sicheren und wahrscheinlichen Vorräten.

Neuerdings hat die *Wirtschaftsvereinigung Eisen- und Stahlindustrie* in Düsseldorf unter dem Titel „Die Eisenerzwirtschaft der Welt in Zahlen" Zusammenstellungen über die Vorräte, die Förderung, den Außenhandel und den Verbrauch an Eisenerzen gegeben, wobei nicht nur die Mengen, sondern für die Haupteisenländer auch die Eisengehalte der Erze berücksichtigt sind. Dadurch hat die internationale Eisenerzwirtschaft eine sehr vollständige Darstellung erfahren.

II. Mangan- und Manganeisen-Erze.

Entsprechend der Unentbehrlichkeit, die dem Mangan in der Stahlerzeugung zukommt, ist die Versorgung der Hochöfen mit Manganträgern von großer Bedeutung, zumal nur wenige Vorkommen an guten Manganerzen bekannt sind. Es sind dies die folgenden Vorkommen:

[16] Hesemann, J.: Stahl u. Eisen Bd. 72 (1952) S. 281 bis 284.

1. Vorderindien:	Vizepagatam
	Nagpur
	Ihabua u. a. m.
2. Goldküste:	Küstenbezirk
	Norddistrikt
3. Südafrikanische Union:	Postmasburg
4. UdSSR.:	Nikopol (Ukraine)
	Tschiaturi (Georgien)
5. Brasilien:	Minas Geraes
	Bahia
	Matto Grosso.

Bei dieser Verteilungslage, die Staaten mit großer Stahlerzeugung, wie z. B. die westeuropäischen und auch die USA., fast leer ausgehen läßt, haben für diese Länder die Manganeisenerze und die Manganhaltigen Eisenerze in der Versorgung mit Mangan auszuhelfen, wenn die Bezüge aus den erwähnten Hauptgebieten ausbleiben sollten. Mit den Möglichkeiten, die Manganfrage auch beim Fehlen von für die unmittelbare Ferromanganerzeugung geeigneten Erzen zu lösen, haben sich vornehmlich H. Bansen[17] und H. Reinfeld[18] auseinandergesetzt.

Das Mangan, das an der Zusammensetzung der zugänglichen Teile der Erdkruste mit 0,09% beteiligt ist, liegt in den Erzen als Oxyd in verschiedenen Oxydationsstufen vor, oft auch als Hydrat oder als Karbonat, während Sulfide oder Silikate, die in den Hüttenschlacken so häufig sind, in den Erzen kaum auftreten. Die Mineralnamen, die chemischen Formeln, der theoretische Mangangehalt und die Kristallform der Manganerzmineralien sind die folgenden:

Mineral	Formel	theoretischer Metallgehalt	Kristallform
Polianit, Pyrolusit, Psilomelan	MnO_2	63,2	tetragonal
Manganit . . .	$Mn_2O_3 \cdot H_2O$	62,46	rhombisch
Jakobsit	$MnFe_2O_4$	23,8	regulär
Braunit	$3Mn_2O_3 \cdot MnSiO_3$	63,6	tetragonal
Hausmannit . .	Mn_3O_4	72,0	tetragonal
Manganspat. . .	$MnCO_3$	47,8	rhomboedrisch
Rhodonit . . .	$MnSiO_3$	41,9	triklin

In der Zahlentafel 6 sind verschiedene Mangan- und Manganeisenerze nach ihrer Herkunft und der chemischen Zusammensetzung aufgeführt, nicht aber die manganhaltigen Eisenerze, die, wie der Siegerländer Rostspat, schon in den Zahlentafeln 2a und b aufgeführt sind.

[17] Bansen, H.: Stahl u. Eisen Bd. 57 (1937) S. 1109 bis 1114.
[18] Reinfeld, H.: Stahl u. Eisen Bd. 68 (1948) S. 39 bis 43.

Zahlentafel 6. *Analysen von Manganerzen und Eisenmanganerzen*

Bezirk oder Grube	Fe %	Mn %	SiO_2 %	Al_2O_3 %	CaO %	MgO %
a) Für *Ferromangan*-Erzeugung geeignet bei 8% Mn in der						
Bou Arfa I, Norfdarika. . . .	0,4	54,65	0,69	0,40	4,95	0,50
Südafrikanisches Erz, II. Sorte	11,3	47,6	2,93	4,88	0,30	Sp.
Sinai-Manganerz	25,9	30,0	3,8	1,1	1,0	0,5
Tschiaturi-Wascherz	1,1	47,2	7,9	1,19	0,84	0,28
Nikopol Manganerz	1,5	43,4	7,4	1,61	1,19	0,83
Brasilianisches Manganerz . .	4,7	39,6	7,8	8,72	0,37	0,37
Indisches Manganerz	15,55	35,82	8,76	3,35	2,07	Sp.
b) Für *Spiegeleisen*-Erzeugung geeignet bei 5% Mn in der						
Braunsteinbergwerke Dr. Geier Waldalgesheim.	21,6	13,33	7,20	5,5	0,4	1,05
Gießener Braunsteinbergwerke (Fernie).	13,46	11,17	14,96	12,24	0,19	0,34
Hilläng I (Schweden).	33,50	10,50	19,04	—	—	—

Zahlentafel 7. *Die Mangan- und Manganeisenerzförderung der wichtigeren Länder im Jahre 1938, geordnet nach dem Manganinhalt (nach Berg und Friedensburg).*

Land	Erzförderung 1000 t	Mangangehalt %	Manganinhalt 1000 t
UdSSR.	2950	48	1415
Britisch Indien	983	50	492
Deutsches Reich[1] . . .	15010	1,8	266
Südafrikanische Union .	552	41	226
Goldküste	329	52	171
Brasilien	222	47	104
Vereinigte Staaten . . .	744	8	58
Cuba	124	43	53
Ägypten	153	29	44
Französisch Marokko . .	79	40	32
Japan (1936)	68	40 bis 50	31
Philippinen	49	45 bis 54	24
Rumänien	60	30	18
Tschechoslowakei . . .	etwa 100	17	17
Italien	48	31	15
Malaya	32	30	9
Ungarn	22	40	9
Niederl. Indien.	10	54	5
Welt insgesamt	5900[2]	—	—

[1] Einschließlich aller Eisenerze.
[2] Nur Manganerze.

(im Feuchten) nach G. Berg und F. Friedensburg.

P	S	H_2O	Mn / 1000 kg Fe	SiO_2 / 1000 kg Mn	P / 1000 kg Mn	Nutzmangan im Erz	Mn-Ausbringen	Fe (im Roheisen)	Mn (im Roheisen)
%	%	%	t	kg	kg	%	%	%	%
Schlacke und 6% Verlust durch Verstaubung und Verdampfung:									
0,02	—	—	136,6	12,6	0,4	50,1	91,7	0,7	92,3
0,04	—	0,66	4,2	61,6	0,8	42,7	89,8	18,7	74,3
0,19	0,5	2,2	1,2	126,6	6,3	26,4	87,9	44,9	48,1
0,15	0,17	7,0	42,9	167,3	3,2	40,8	86,5	2,3	90,7
0,19	0,09	11,3	28,9	170,5	4,4	37,5	86,4	3,4	89,6
0,06	Sp.	7,85	8,4	197,0	1,5	33,9	85,5	10,8	82,2
0,28	—	1,6	2,3	244,6	7,8	30,0	83,8	30,7	62,3
Schlacke und 3% Verlust durch Verstaubung und Verdampfung:									
0,17	0,082	25,5	0,62	540,1	12,8	11,7	87,4	59,2	33,8
0,042	0,023	23,5	0,80	1339,3	3,8	8,4	75,4	60,6	32,4
0,02	—	—	0,31	1813,3	1,9	7,1	67,8	76,0	17,0

Über die *Förderung* an Mangan- und Manganeisenerzen im Jahre 1938 in den wichtigeren Ländern gibt die Zahlentafel 7 nach dem Manganinhalt geordnet einen Überblick. Daß Deutschland in dieser Zusammenstellung an so günstiger Stelle steht, ist dem Mangangehalt seiner Erze nach nicht gerechtfertigt. Es ist zu beachten, daß im Jahre 1938 die Eisenerzförderung Österreichs als deutsche Förderung erfaßt ist; zieht man diese wieder ab, so rückt Deutschland auf den vierten Platz mit einem gesamten Manganinhalt seiner Eisen- und Eisenmanganerzförderung von 212700 t und einem durchschnittlichen Manganinhalt von nur 1,7%.

Die *Manganerzvorräte* der Welt betragen nach G. Berg und F. Friedensburg[19] 400 bis 500 Mill. t in der Gruppe der sicheren Vorräte und außerdem sind rund 1 Milliarde t wahrscheinliche und mögliche geschätzt. In beiden Gruppen macht der sowjetische Anteil fast 50% aus, während Brasilien und Südafrika einen Anteil von etwa 10% besitzen und die Goldküste und Indien jeweils etwa 5 bis 8%. Neuere Schätzungen nehmen allerdings für die sowjetischen Vorkommen noch höhere Zahlen an, und zwar 1 bis 2 Milliarden t gute Manganerze. Die brasilianischen Vorräte werden dagegen neuerdings als wesentlich niedriger bezeichnet.

[19] Berg, G. u. F. Friedensburg: Die metallischen Rohstoffe. Heft 5, Mangan. Stuttgart 1942.

III. Sonstige Möllerstoffe.

1. Eisenträger.

Außer den Eisenerzen werden ihres Eisengehaltes wegen mehrere andere Rohstoffe dem Hochofen zugeführt, die teils, wie der Gichtstaub, im eigenen Betriebe anfallen, teils Neben- oder Abfallerzeugnisse anderer Industrien sind. In der Zahlentafel 8 sind die wichtigsten dieser Stoffe unter Angabe ihrer chemischen Zusammensetzung aufgeführt, wobei zu berücksichtigen ist, daß gerade diese Stoffe in ihrer chemischen Beschaffenheit sehr stark schwanken oder, wie der Sinter, von der Art des verarbeiteten Sintergutes abhängig sind. Nicht aufgeführt ist der Schrott oder das Umschmelzeisen, die aber vom Möller gewissermaßen unabhängig sind, indem sie nur mit diesen zusammen eingeschmolzen werden.

Zahlentafel 8. *Zusammensetzung verschiedener, im Hochofen als Eisenträger genutzter Rohstoffe.*

Rohstoff	Fe %	Mn %	P %	SiO_2 %	Al_2O_3 %	CaO %	MgO %	S %	Zn %	Cu %
				a) *Kiesabbrände:*						
Sulitjelma . . .	60,8	0,10	0,11	4,3	0,9	0,8	0,7	1,59	1,1	0,5
Rio Tinto	60,4	Sp.	0,02	7,2	0,6	0,5	0,4	0,93	0,1	0,2
Sachtleben (entzinkt) . . .	48,8	0,25	0,03	15,0	3,9	2,3	1,1	2,0	1,4	0,2
				b) *Sonstige Stoffe:*						
Thomaseisen-Gichtstaub[1] . .	39,2	1,28	0,95	11,3	4,4	9,0	1,5	0,58	—	—
Minette-Gichtstaub[2] . .	36,0	1,4	0,61	10,7	5,0	13,8	—	—	—	—
Rotschlamm . .	32,2	—	—	4,3	13,3	13,6	0,8	0,3	—	—
Walzenschlacke .	70,1	0,6	0,04	2,2	2,6	0,8	1,0	0,08	—	0,1

[1] 8,4% C.
[2] 4,0% C.

2. Manganträger.

Die Zahl und Menge derjenigen Rohstoffe, die nicht Erze sind, aber mit einem nenneswerten Mangangehalt im Hochofen eingesetzt werden, ist gering. Es sind dies nur aus manganhaltigen Feinerzen hergestellte Briketts oder Sinter und außerdem SM-Schlacke. Die chemische Zusammensetzung der stückiggemachten Stoffe ist abhängig von dem verarbeiteten Gut und auch die Analysen der Herdfrischschlacken sind starken Schwankungen unterworfen. Als Anhalt für die saure SM-

Schlacke kann gelten ein Bereich von 15 bis 45% FeO, 5 bis 25% MnO und 44 bis 60% SiO_2, während für die Schlacke des basisch geführten Herdfrischens die Gehalte im allgemeinen zwischen 8 und 16% Fe, 4,0 und 9,0% MnO, 8 und 20% P_2O_5, 9 und 16% SiO_2 und 40 bis 50% CaO schwanken.

3. Phosphor-Träger.

Die auf Thomaseisen betriebenen Hochöfen müssen in ihrem Möller ein solches Verhältnis Eisen zu Phosphor führen, daß das Eisen etwa 1,6 bis 2,0% P enthält. Große Lagerstätten, wie das Minettegebiet, Salzgitter und Peine-Ilsede haben zwar in ihren Erzen solche Phosphorgehalte, daß aus ihren Erzen ein Roheisen mit dem gewünschten Gehalt hergestellt werden kann, es kommen aber auch Fälle vor, in denen ein Zusatz an einem besonderen Phosphorträger erwünscht ist. Als solche kommen in Betracht: Thomasschlacke, Erze mit besonders hohen Phosphorgehalten und Phosphate. Als deutsche Erze, in denen der Phosphorgehalt mehr als 2% ihres Eisengehaltes beträgt, seien genannt das südbadische Doggererz, das Portaerz sowie die Erze von Bülten-Lengede, Stederdorf, Barbecke, Damme und Schandelah. Von Auslandserzen mit

Zahlentafel 9. *Chemische Zusammensetzung von Möllerstoffen mit hohen Phosphorgehalten.*

Rohstoff	Herkunft	Tri-calcium-phposhat	Fe %	Mn %	P %	SiO_2 %	Al_2O_3 %	CaO %	MgO %	Nässe %
Thomas-Schlacke .	—	—	11,7	5,5	7,5	7,0	2,10	47,6	1,7	—
Rektor-Erz .	Schweden	—	36,5	0,18	5,6	11,9	—	18,0	—	—
Phosphat-kreide[1] . .	Belgien	—	—	—	3,30	6,2	—	50,0	—	15,0
Phosphat-kreide[1] . .	Frankreich	—	0,75	—	3,50	1,4	0,4	53,3	0,5	12,5
Phosphat von Kalaat es Senam[1]	Tunis	—	—	—	10,50	7,5	0,6	46,0	2,7	5,6
Phosphat von Kalaat el Djerda[1] .	Tunis	56,30	—	—	11,30	4,5	—	47,2	—	2,5
Phosphat von M'Zaita[1]	Constantine	57,10	0,80	0,05	11,50	14,85	—	43,6	—	2,8
Phosphat von Kosseir[1]	Ägypten	50,50	—	—	10,10	15,9	—	43,5	—	2,3
Kola-Phosphat[1] .	UdSSR.	—	1,70	0,10	13,50	10,5	6,5	42,3	0,3	0,5

[1] Die hier mitgeteilten Analysen verdanke ich Herrn L. Goldbecker in Fa. Rohstoffhandel G. m. b. H., Düsseldorf.

besonders hohen Phosphorgehalten sind in der Zahlentafel 2b schon die Sorten D und G von Kiruna genannt worden.

In der Zahlentafel 9 ist die chemische Zusammensetzung einiger Phosphorträger mit der einschränkenden Bemerkung aufgeführt, daß sie in ihrer Beschaffenheit stark schwanken. Das aufgeführte Rektor-Erz entstammt auch der Lagerstätte von Kiruna.

Die Phosphorlagerstätten bestehen nur zum geringen Teil aus Anreicherungen von Apatit, meist sind es anorgane Sedimente oder Ansammlungen von tierischen Exkrementen. Mitteleuropa verfügt nur über wenig bedeutende Vorkommen, unter denen die Phosphatkreiden von Belgien und Nordfrankreich die wichtigsten sind. Phosphatlager von weltwirtschaftlicher Bedeutung sind die Vorkommen in Nordafrika, die Florida- und Tennessee-Phosphate in den USA, das Kola-Phosphat und die Insel- oder Guanophosphate im Indischen und im Stillen Ozean.

4. Zuschlagstoffe.

Kalkstein- und Dolomitvorkommen, die geeignete Zuschläge zu liefern vermögen, sind in geographischer und stratigraphischer breiter Verteilung sowie auch mit solchen Mengen vorhanden, daß die Vorräte zu keinerlei Sorgen Veranlassung geben. Für die Lieferung an Hochofenwerke ist der Standort der Lagerstätte entscheidend, da der chemischen Zusammensetzung und der Stückigkeit nach viele Vorkommen geeignet sind. Aus diesem Grunde sind auch nur in wenigen Fällen für die von den Hochofenwerken bezogenen Kalksteine Analysen mitgeteilt worden, zumal die chemische Zusammensetzung wohl in keinem Falle eine Preisgrundlage bildet. Hinsichtlich der Stückigkeit der Kalksteine werden zum Teil keine bestimmten Bedingungen gestellt, weil die Hochofenwerke selbst über Anlagen verfügen, in denen sie die von ihnen als Hochofenkalk bezogenen Steine nach ihren Wünschen brechen können. Kalkwerke, die über Brechanlagen oder Aufbereitungsbetriebe verfügen, liefern anderseits die sogenannten Hochofen-Schrotten in der Stückgröße 60 bis 120 mm.

Die rheinischen Hochofenwerke beziehen ihre Kalk- und Dolomitsteine aus dem Raum von *Wülfrath, Dornap* und *Gruiten,* wo der mittel- und oberdevonische Massenkalk mächtige Lager bildet. Der nördlich davon auftretende Kohlenkalk des unteren Karbons wird dagegen nicht für Möllerzwecke genutzt. Die westfälischen Hütten erhalten ihre Bezüge überwiegend aus den Massenkalk-Lagern bei *Hohenlimburg, Letmathe* und *Menden,* die für sie frachtlich günstiger gelegen sind.

Die Zusammensetzung von Kalken und Dolomiten aus diesen Vorkommen geht aus der Zahlentafel 10 hervor. Die in ihr aufgeführten Sorten Kalksplitt wurden als Decklage für Sinteranlagen bezogen.

Im allgemeinen kann die Versorgung der Hochofenwerke mit Zuschlagstoffen als eine örtlich gebundene Frage gelten, weswegen sich ein weiteres Eingehen darauf erübrigt.

Zahlentafel 10. *Chemische Zusammensetzung einiger Kalk- und Dolomitsorten von nordwestdeutschen Vorkommen.*

Herkunft	CaO %	MgO %	Al_2O_3 %	SiO_2 %	Fe %	Mn %	P %	Glühverlust %	Analyse durch
Rohstein Dornap .	54,2	0,96	0,6[1]	0,93	—	0,0	Spur	43,3	Rheinisch Westf. Kalkwerke
Rohstein Gruiten .	31,6	18,7	1,9[1]	2,7	—	0,0	,,	45,0	
Rohstein Hönnetal	54,8	0,57	0,35[1]	0,4	—	0,0	,,	43,7	
Dornap, Kalksplitt 15/35 mm	51,0	1,1	0,7	3,0	0,48	—	—	42,0	Bochumer Verein in Bochum
Gruiten, Dolomitgrus . .	29,7	20,3	0,7	2,2	0,91	0,2	0,02	45,5	
Menden, Kalksplitt 15/35 mm	52,6	—	—	0,6	0,32	0,1	0,006	43,0	
Hohenlimburg, Dolomit	29,0	19,3	—	7,0[2]	0,24	—	—	44,45	

[1] Einschließlich Fe_2O_3.
[2] Rückstand.

Statistisch werden die zur Verwendung im Hochofenmöller bezogenen Kalk- und Dolomitsteine nicht gesondert erfaßt, vielmehr gemeinsam mit den von den Stahlwerken benötigten Mengen. Im Jahre 1951 erhielt die Eisen- und Stahlindustrie des Bundesgebietes 2219000 t Kalksteine. Im Juni 1952 gingen vom Gesamtabsatz der Kalkindustrie des Bundesgebietes, der 427400 t betrug, 280800 t = $^2/_3$ der Menge an die Eisen- und Stahlindustrie.

D. Die Bewertung der Hochofeneinsatzstoffe.

I. Die Bewertung von Eisenerzen und anderen Möllerstoffen.

Die Bewertung der Einsatzstoffe der Hochöfen nach metallurgischen Gesichtspunkten ist nicht nur der Gegenstand zahlreicher Veröffentlichungen gewesen, sondern die Meinungen darüber gingen lange Zeit stark auseinander, bevor sich eine Übereinstimmung ergab. Die hier wiedergegebene Behandlung der Bewertungsfrage folgt in erster Linie den Berichten des Verfassers[20, 21], in denen das Problem und seine Lösung nach eingehender Beratung in Fachausschüssen behandelt sind, sowie der Dissertation von E. Krebs[22], der durch Einführung einer Wertstaffel die Durchführung der Rechnung auch den Ungeübten zugänglich macht. Von der metallurgischen Bewertung zu unterscheiden sind die üblichen Verkaufsformeln, nach denen Eisenerze bestimmter Bezirke von den Erzeugern angeboten werden und zu bezahlen sind. Die Preise verstehen sich dann meist frei Grube und sollen zumindest die Förderkosten decken; diese Preise sind aber kein Wertmesser für die Wirtschaftlichkeit der Verhüttung der betreffenden Erze auf einem mehr oder weniger weit gelegenen Hochofenwerk.

Das Wort „bewerten“ wird manchmal im Zusammenhang mit Rohstoffen in dem Sinne einer Ermittlung der ihren Wert beeinflussenden Eigenschaften benutzt. Selbstverständlich muß ein Rohstoff, für den sein Wert oder Preis ermittelt werden soll, nach seiner Zusammensetzung und Beschaffenheit recht genau bekannt sein; die hierauf abzielenden Untersuchungen sind aber noch keine Bewertung, vielmehr erbringen sie nur Unterlagen für diese, die in ihrem Ergebnis einen bestimmten Betrag in Geldeinheiten und nicht Eigenschaften ermittelt.

Ziel der Bewertung ist, für den angebotenen oder benötigten Stoff durch Rechnung denjenigen Wert zu bestimmen, den der Betrieb frei Hochofen aufwenden kann, *ohne daß seine Selbstkosten eine Änderung erfahren.* Es handelt sich somit um die Auffindung des subjektiven Wertes, wie er sich aus den Verhältnissen desjenigen Werkes ergibt, das beschaffen will.

Erreicht wird die Bewertung durch Vergleichen. Die Bewertungsrechnung steht der Selbstkostenberechnung derart gegenüber, daß die letztere der Überwachung der Betriebsvorgänge dient, während die Bewertung die Grundlage für den günstigen Einkauf bildet. Der von ihr gefundene Wert ist der *„anlegbare Preis“*, d. h. derjenige Preis, der ohne die Selbstkosten zu ändern angewandt werden kann. Diesem subjektiven Preis steht der objektive Preis als „Marktpreis“ gegenüber, der sich aus der Gesamtheit der Angebote und Nachfragen herausbildet und dem sich die Verkaufsformeln der Gruben oder die Preisforderungen derselben anzupassen suchen.

Gerade für die Einsatzstoffe des Hochofens ist die Prüfung des Marktpreises sehr wichtig, weil kein Erz wie das andere ist und durch

---

[20] Luyken, W.: Zur Bewertung von Eisenerzen. Mitt. K.-Wilh.-Inst. Eisenforschg. Bd. 17 (1935) S. 1 bis 18.

[21] Luyken, W.: Stahl u. Eisen Bd. 55 (1935) S. 419 bis 423.

[22] Krebs, E.: Die Bewertung der Einsatzstoffe für die Roheisenerzeugung im Hochofen. Arch. Eisenhüttenw. Bd. 14 (1940/41) S. 91 bis 105.

die Anwesenheit oder das Fehlen von Beimengungen an Eisenbegleitern und Schlackenbildnern jedes Erz eine bestimmte Eignung für die Erzeugung einer der verschiedenen Roheisensorten besitzt. Hinzu kommt die oft im Verhältnis zum verlangten Preis sehr hohe Frachtbelastung, deren wirtschaftliche Tragbarkeit ebenfalls erst die Bewertungsrechnung erweisen kann.

Hinsichtlich der bei dieser Rechnung zu benutzenden Preise sei erwähnt, daß der an den Erzeuger bezahlte Preis einschließlich der Fracht der *Anschaffungspreis* ist. Der *Wiederbeschaffungspreis* berücksichtigt die Marktlage für den Zeitpunkt der Wiederbeschaffung. Alle Preise einschließlich derjenigen Preisfeststellungen, die nicht auf Marktpreisen beruhen, sondern aus eigenen Selbstkosten abgeleitet sind, sind, soweit sie in der Bewertungsrechnung Verwendung finden, *Verrechnungspreise*. Da Bewerten ein Vergleichen ist, müssen sich alle benutzten Preise ihrer Höhe nach in den Vergleich einfügen. Verstoßen sie gegen den Grundsatz der Vergleichbarkeit, so sind die Verrechnungspreise falsch, genügen sie ihr aber, so sind sie richtig. Den vorhandenen Möglichkeiten zwangantuende Annahmen dürfen nicht gemacht werden.

Als man zuerst das Problem der Erzbewertung aufwarf, glaubte man so vorgehen zu müssen, daß der Hochofen als einzig und allein mit der betreffenden Erzsorte beschickt angenommen wird. Dabei wurden dem Erz die auf Grund einer Möllerberechnung in bezug auf die zu erzeugende Roheisensorte erforderlichen oder ersparten Zuschlagstoffe belastet oder gutgeschrieben. Weiter wurde vor allem der Berechnung des Koksverbrauchs sehr große Beachtung geschenkt. Der für ein Hochofenwerk metallurgisch begründete Wert eines Erzes läßt sich jedoch unter der Annahme seiner alleinigen Verhüttung nicht ermitteln, was an Hand der Abb. 12 gezeigt sei. Angenommen ist eine Grube A, die ein Erz fördert, welches für die Erzeugung von handelsüblichem Stahleisen einen etwas zu hohen Phosphorgehalt besitzt. Wie können nun die in einiger Entfernung von der Grube gelegenen Hüttenwerke B und C zu einer richtigen Bewertung dieses Erzes für die Erzeugung von Stahleisen gelangen? Nach dem bisherigen Vorgehen muß entweder das Erz als wertlos erklärt werden, weil die Erzeugung von Stahleisen mit einem bestimmten Phosphorgehalt aus ihm allein — auch unter Verwendung von Zusätzen oder Zuschlägen — nicht möglich ist, oder es müßte ihm eine Belastung für seinen geringen Phosphorüberschuß gegeben werden. Dann tritt aber die äußerst wichtige,

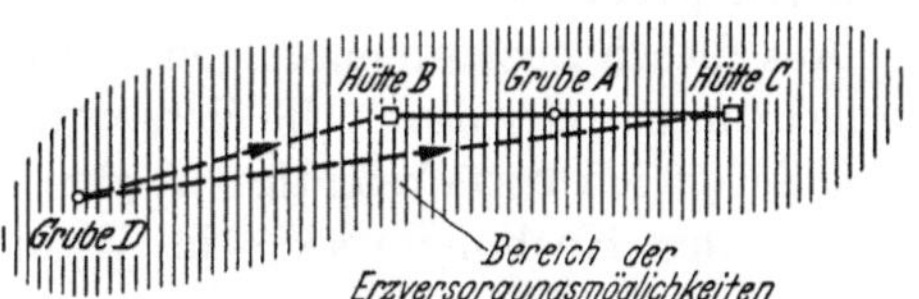

Abb. 12. Die Bedeutung des Erzversorgungsbereiches von Hochofenwerken für die Bewertung von Eisenerzen.

bisher von den Bewertungsvorschlägen nicht behandelte, allerdings auch unmittelbar nicht zu lösende Frage auf, wie hoch in solchen Fällen die Belastung für Phosphorüberschüsse gewählt werden solle oder wie bei ihrer Berechnung vorzugehen sei. Die bisherige Bewertungsart läßt uns also in einem solchen Falle völlig im Stich.

Gemäß Abb. 12 komme nun für die Belieferung der Hüttenwerke B und C mit Erzen noch eine zweite Grube D in Betracht, die ein sehr phosphorarmes Erz zu liefern vermöge, so daß nach Mischung dieses Erzes mit dem der Grube A die Erzeugung des Stahleisens üblicher Zusammensetzung möglich ist. Daraus ergibt sich also schon, daß das Erz der Grube A für die Hütten B und C nicht wertlos sein kann, anderseits sein Wert an den Preis des Erzes D gebunden sein muß. Da die Hütten B und C für den Bezug der beiden Erze frachtlich verschieden liegen, ergibt sich weiter, daß, wenn der Erzpreis ab Grube D für beide Hüttenwerke der gleiche ist und die Roheisenselbstkosten ebenfalls die gleiche Höhe nicht überschreiten dürfen, der Wert des Erzes A auf der frachtlich günstiger gelegenen Hütte B ein höherer sein kann als auf der Hütte C.

Theoretisch besteht an sich die Möglichkeit, daß ein Erz ohne Zusätze und Zuschläge für die Erzeugung einer bestimmten Roheisensorte geeignet ist. Für diesen Fall würde dann die Bestimmung des anlegbaren Preises für dieses Erz allein möglich sein; praktische Bedeutung kommt diesem Fall aber nicht zu, insbesondere dort nicht, wo wegen der freien Wahl unter mehreren Erzen der Bedarf nach einem richtigen Bewertungsverfahren einsetzt.

Aus diesen Zusammenhängen ergibt sich mithin, daß bei der Bewertungsrechnung der durch die Versorgungslage des Hochofenwerkes mögliche Ausgleich berücksichtigt werden muß, wenn der unter den Bedingungen des Hochofenwerkes in Wahrheit gerechtfertigte Wert eines Erzes aufgefunden werden soll.

Die bei der Bewertungsrechnung stets notwendige Kupplung mehrerer Erze als Einsatz des Hochofens findet ihr Gegenstück in der Selbstkostenrechnung solcher Betriebe, bei denen neben dem Haupterzeugnis noch Nebenerzeugnisse anfallen. In derartigen Fällen ist es an sich nur möglich, die Selbstkosten für sämtliche Erzeugnisse zusammen zu berechnen. Um die Selbstkosten für das Haupterzeugnis allein angeben zu können, muß man für die Nebenerzeugnisse Verrechnungspreise einsetzen. Ganz entsprechend sind die Einsatzstoffe des Hochofens technisch gekuppelt und der Wert eines dieser Einsatzstoffe kann nur angegeben werden, wenn für die übrigen Einsatzstoffe Verrechnungspreise vorhanden sind, welche die durch diese Einsatzstoffe bedingten Kosten erfaßbar machen. Daraus ergibt sich, daß bei allen Einsatzstoffen ihre Bewertung in gleicher Weise zu erfolgen hat und an sich in dieser Hinsicht kein Unterschied zwischen Eisenerzen, Schlacken oder Zuschlägen zu machen ist.

Faßt man die vorstehenden Überlegungen zusammen, so kommt man zu folgenden Feststellungen:

1. Es gibt keine absolute oder allgemein gültige Wertbestimmung für Eisenerze, vielmehr kann ihr Wert jeweils nur für ein bestimmtes Hochofenwerk ermittelt werden.

2. Bei der Bewertung eines Erzes für ein bestimmtes Hochofenwerk müssen die durch die Versorgungslage dieses Werkes gegebenen Möglichkeiten des Ausgleichs von Eisenbegleitern, Schlackenbildnern und Schlackenmengen berücksichtigt werden. Es ist also nicht möglich, den Wert eines Eisenerzes richtig zu ermitteln, wenn die Annahme alleiniger Verhüttung zur Grundlage der Berechnung gemacht wird.

3. Die Bewertung erfolgt durch Vergleich mit Roheisenselbstkosten bestimmter Höhe.

4. Da der Möller stets auf eine bestimmte Roheisensorte zugeschnitten ist, bezieht sich der ermittelte Wert auch nur auf die Erzeugung einer bestimmten Roheisensorte aus diesem Erz.

5. Die Bewertung aller Einsatzstoffe eines Hochofens hat nach den gleichen Grundsätzen zu erfolgen wie die eines Eisenerzes.

Im folgenden soll zunächst gezeigt werden, wie stark der Wert eines Eisenerzes für ein bestimmtes Hochofenwerk von der verschiedenen Art des Ausgleichs von Eisenbegleitern und Schalckenbildnern aus anderen Einsatzstoffen abhängig ist. In der Zahlentafel 11 sind die für ein Hüttenwerk zur Erzeugung von Thomas-Roheisen verfügbaren Einsatzstoffe nach ihrer chemischen Zusammensetzung und ihren als vergleichbar anzusehenden Verrechnungspreisen*) zusammengestellt. Unter den aufgeführten Stoffen ist ein Roteisenerz, das zu bewerten ist. In der Zahlentafel 12 ist in der Spalte 4 und 5 ein Grundmöller A aufgeführt, der bei einem Eiseninhalt von 4698,4 kg Fe 178,79 RM kostet. Neben dem Eisen enthält er 83,6 kg Mn und 91,8 kg P, während die Schlacke sich in ihrem Verhältnis $\frac{\mathrm{CaO} + \mathrm{MgO}}{\mathrm{SiO\,2}}$ auf 1,45 stellt. Zur Bewertungsrechnung bedarf es eines Vergleichsmöllers, in den das zu bewertende Erz einzusetzen ist. Dies ist z. B. der Möller B in der Zahlentafel 12, in dem das Roteisenerz an die Stelle des nordfranzösischen Erzes getreten ist. Die übrigen Einsatzstoffe sind unverändert geblieben mit Ausnahme derjenigen, welche infolge ihrer besonderen Zusammensetzung für die Deckung von Fehlmengen an Mangan, Phosphor und Kalk als

*) Es sind in diesem Buche die Reichsmark-Preise von 1935 bis 1939 beibehalten worden, weil die gegenwärtigen Preise zu stark schwanken. In dem genannten Zeitabschnitt entsprach die Kaufkraft der Reichsmark annähernd der Kaufkraft des US-Dollars von 1948 oder von 0,73 $ von 1950.

Zahlentafel 11. *Zusammensetzung und Preise verfügbarer Einsatzstoffe zur Erzeugung von Thomas-Roheisen.*

Einsatzstoff	Zusammensetzung im Feuchten							Verrechnungspreis frei Hochofen	Preis der Einheit Eisen	Preis des Erzes unter Annahme eines Preises von 0,30 DM je % Fe
	Fe	Mn	P	SiO_2	Al_2O_3	CaO	MgO			
	%	%	%	%	%	%	%	DM/t	Pf	DM/t
a) Nordfranzösisches Erz	44,55	0,50	0,62	12,65	5,36	3,0	1,21	13,58	30,48	13,37
b) Nordschwedisches Erz	58,90	0,17	2,03	2,90	2,20	7,1	0,50	22,60	38,37	17,67
c) Mittelschwedisches Erz	60,00	0,28	0,91	7,40	1,20	3,50	0,60	21,50	35,83	18,00
d) Minette	31,50	0,30	0,65	4,60	4,40	12,4	1,60	10,76	34,16	9,45
e) Mittelmeer-Erz	49,10	1,40	0,02	5,90	1,00	3,00	—	19,90	40,53	14,73
f) Walzen- u. Schweißschlacke	57,50	0,30	0,07	8,10	—	0,4	—	18,00	31,30	17,25
g) Siemens-Martin-Schlacke	14,90	7,20	2,90	16,60	2,00	40,8	4,00	8,80	—	—
h) Siegerländer Rostspat	46,00	8,00	—	12,00	4,00	0,5	—	22,40	—	—
i) Manganerz	0,97	47,25	0,17	7,02	1,08	0,95	0,18	44,50	—	—
k) Thomas-Schlacke	11,70	5,50	7,50	7,00	2,10	47,6	1,70	20,00	—	—
l) Roteisenerz	50,00	—	0,20	18,00	2,50	3,0	—	—	—	—
m) Kalkstein	—	—	—	5,00	—	53,00	—	4,50	—	—

eigentliche Träger dieser Stoffe besonders wirkungsvoll sind. Dieser Vergleichsmöller B ist wieder auf die gleiche Roheisenmenge von der gleichen Beschaffenheit abgestellt wie der Möller A bei gleichfalls entsprechender Schlackenbeschaffenheit. Da für das Roteisenerz keine Kosten einzusetzen sind, ergibt sich, daß nunmehr die verbleibenden Möllerkosten 167,58 RM betragen, d. h. um 11,21 RM geringer sind. Bis zu diesem Betrage kann, wenn man die sonstigen Kosten als unbeeinflußt ansieht, der Aufwand für das Roteisenerz gehen, ohne daß die Selbstkosten erhöht würden. Da im Vergleichsmöller 877 kg des Erzes vorhanden sind, ergibt sich aus 11,21:0,877 ein Wert des Roteisenerzes von 12,78 RM/t.

Während im Möller B im wesentlichen nur ein Ersatz eines Erzes, nämlich des nordfranzösischen durch den Roteisenstein, vorgenommen wurde, ist der Möller C (vgl. Spalten 9 bis 11 in Zahlentafel 12) so berechnet, daß außer diesem Ersatz gleichzeitig andere Änderungen vorgenommen wurden. Insbesondere ist der Minetteanteil vermehrt worden, wodurch eine recht bedeutende Verringerung des Kalksteinzusatzes möglich wird. Wegen der Vermehrung der Minette wird weiter eine Kürzung der Schwedenerze notwendig bzw. möglich. Die auf diesen Möller aufbauende Bewertung ergibt dann einen Wert des Roteisenerzes von 15,60 RM/t. Dieser Wert liegt beträchtlich höher als der aus dem Möller B, was einesteils durch die wesentliche Verminderung des besondere Kosten verursachenden Kalksteinzusatzes erreicht wird, andernteils aber dadurch bedingt ist, daß die verhältnismäßig teuren Schwedenerze durch die absolut und auch je Eiseneinheit billigere Minette ersetzt werden.

Die Frage, welcher der beiden ermittelten Werte der richtige ist, kann nur aus den Versorgungsmöglichkeiten des Hochofenwerkes abgeleitet werden. Lassen diese das Fahren mit einer Zusammensetzung des Möllers C zu, ohne daß aus dieser Verwendung der verschiedenen Einsatzstoffe dem Hochofenwerk besondere Nachteile entstehen — etwa durch Verstöße gegen bestehende Vertragsabschlüsse oder größere Lagerhaltung in Schwedenerzen oder durch ein Mißverhältnis in der Verfügbarkeit und dem Verbrauch von Minette —, so ist die Bewertung aus dem Möller C zutreffend und einwandfrei. Lassen anderseits die Versorgungsmöglichkeiten des Hochofenwerkes nur den Möller B zu, der für den neu auftretenden Bedarf von Mangan, Phosphor und Basen ausschließlich die eigentlichen Träger dieser Stoffe, nämlich Manganerz, Thomasschlacke und Kalkstein, heranzuziehen vermag, so ist auch nur der Wert von 12,78 RM gerechtfertigt. Die Berechnung aus dem Möller B darf aber nicht als eine alleinrichtige und ausschließlich anzuwendende Methode gelten, die sogar eine Berechnung aus dem Möller C wegen des erhaltenen abweichenden Wertes als falsch nachweise. Würde

Zahlentafel 12. *Zusammensetzung verschiedener Möller als Unterlage für die Bewertung eines Roteisenerzes.*

	Einsatzstoff	Preis der Einsatzstoffe frei Hochofen	Möller A (Grundmöller)		Möller B			Möller C		
			Zusammensetzung	Kosten des Grundmöllers mit 4698,4 kg Eiseninhalt	Zusammensetzung	mehr oder weniger gegenüber dem Möller A	Kosten des Möllers bei 4698,4 kg Eiseninhalt	Zusammensetzung	mehr oder weniger gegenüber dem Möller A	Kosten des Möllers bei 4698,4 kg Eiseninhalt
		RM/t	kg	RM	kg	kg	RM	kg	kg	RM
1	2	3	4	5	6	7	8	9	10	11
a)	Nordfranzösisches Erz . . .	13,58	1000	13,58	—	−1000	—	—	−1000	—
b)	Nordschwedisches Erz . . .	22,60	1820	41,13	1820	—	41,13	1570	− 250	35,48
c)	Mittelschwedisches Erz . .	21,50	2060	44,29	2060	—	44,29	1440	− 620	30,96
d)	Minette	10,76	1650	17,75	1650	—	17,75	3300	+1650	35,51
e)	Mittelmeererz	19,90	2380	47,36	2380	—	47,36	2380	—	47,36
f)	Walzen- u. Schweißschlacke	18,00	120	2,16	120	—	2,16	120	—	2,16
g)	S. M. Schlacke	8,80	640	5,63	640	—	5,63	640	—	5,63
h)	Siegerländer Rostspat . . .	22,40	200	4,48	200	—	4,48	200	—	4,48
i)	Manganerz	44,50	22	0,98	28	+ 6	1,25	27	+ 5	1,20
k)	Thomas-Schlacke	20,00	—	—	59	+ 59	1,18	59	+ 59	1,18
l)	Roteisenerz	—	—	—	877	+ 877	—	877	+ 877	—
m)	Kalkstein	4,50	317	1,43	415	+ 98	1,87	60	− 257	0,27
		—	10209	178,79	10250	—	167,10	10673	—	164,23
	Schlackenmenge	—	2068	—	2148	—	—	2214	—	—
	Veränderung der Schlackenmenge gegenüber dem Möller A	—	—	—	+80	—	—	+146	—	—
	Veränderung der Kosten durch die veränderte Schlackenmenge	—	—	—	—	—	+0,48	—	—	+0,88
	Verbleibende Kosten . . .	—	—	178,79	—	—	167,58	—	—	165,11
	Wert des Roteisenerzes je t	—	—		$\frac{178,79 - 167,58}{0,877}$		= 12,78 RM	$\frac{178,79 - 165,11}{0,877}$		= 15,60 RM

beispielsweise dem Hochofenwerk tatsächlich mehr Minette oder Martinschlacke zur Verfügung stehen als der Möller A wegarbeitet und der Betrieb gar nicht nach den Möller B künftig arbeiten oder arbeiten wollen, so wäre vielmehr die nach dem Möller B durchgeführte Bewertung unrichtig, weil sie den möglichen Ausgleich an Eisenbegleitern und Schlackenbildnern durch günstige Ausnutzung der Versorgungsmöglichkeiten in einer den wahren Betriebsverhältnissen nicht entsprechenden Weise ausgeschaltet hat.

Die vorstehenden Rechnungen sind, da mehrere Faktoren unberücksichtigt sind, nur ein Ausschnitt. Es ist damit aber besonders eingehend gezeigt, welchen Einfluß die Erzversorgungsmöglichkeiten auf das Ergebnis haben. Es fallen darunter alle unter dem Gesichtspunkt der Wirtschaftlichkeit gegebenen Möglichkeiten zum freien Bezuge von Erzen und anderen Einsatzstoffen des Hochofens, einschließlich bereits lagernder Vorräte und fest abgeschlossener Lieferabkommen, ferner auch die gegebenenfalls erzwungenen Bezüge solcher Stoffe. Dabei rechnen natürlich von diesen Einsatzstoffen nur solche Mengen als Versorgungsmöglichkeiten, die von den erzeugenden Betrieben nach ihrer Erzeugungsfähigkeit oder ihrem Willen zur Lieferung als tatsächlich lieferbar gelten können.

Was weiter die rechnerische Durchführung der Bewertung anbetrifft, so ist sie ebenso wie die Selbstkostenermittlung auf die Leistungseinheit, das ist 1 t Roheisen, abzustellen.

Alsdann können die Betriebskosten je t Roheisen angegeben werden durch die Formel

$$M + V + K = S, \tag{1}$$

wobei unter M die Möllerkosten, unter V die Verarbeitungskosten, unter K der Kapitaldienst einschließlich Verwaltung und unter S die gesamten Selbstkosten verstanden sind. Diese stark zusammengedrängte Form der Kostengleichung läßt sich natürlich weiter aufgliedern. So setzen sich die Möllerkosten aus den verschiedenen Erzen, Schlacken, Zuschlägen und der Gichtstaubgutschrift zusammen, so daß sie sich berechnen lassen nach

$$M = m_a p_a + m_b p_b + m_c p_c \cdots - G. \tag{2}$$

In dieser Gleichung bedeuten m_a, m_b, m_c usw. die Mengen der verschiedenen Einsatzstoffe, bezogen auf 1 t Roheisen und p_a, p_b, p_c die Verrechnungspreise der Einsatzstoffe, bezogen auf die Einheit von 1 t dieser Stoffe. Unter G ist die Gutschrift für den Gichtstaub verstanden.

Ähnlich wie der Wert M in der Formel 2 können auch die Werte V und K der Gleichung 1 aufgeteilt werden. So setzen sich die Verarbeitungskosten zusammen aus den Brennstoffkosten B und der Gutschrift R

für Gichtgas, ferner den Energiekosten E, den Lohn- und Gehaltskosten L, den Sozialkosten O, verschiedenen Einzelkosten P, zu denen beispielsweise Werkstoffkosten, Instandsetzungen, Versuchsanstalt u.a.m. gehören, sowie endlich noch aus einer Last- oder Gutschrift Q für Schlacke. Demgemäß lassen sich die Verarbeitungskosten in die Gleichung fassen:

$$V = B - R + E + L + O + P \pm Q \ldots \quad (3)$$

Die Kosten für Kapitaldienst und Verwaltung unterteilt man zweckmäßig in die fixen Kosten W und die proportionalen Kosten Z. Mithin ergibt sich die Gleichung:

$$K = W + Z \ldots \quad (4)$$

Fügt man die Gleichungen (2), (3) und (4) zusammen, so lautet die Kostengleichung als Grundlage der Bewertungsrechnung jetzt folgendermaßen:

$$m_a p_a + m_b p_b + m_c p_c \cdots - G + B - R + E + L + O \\ + P \pm Q + W + Z = S \ldots \quad (5)$$

Wenn nun ein Einsatzstoff in den bisherigen Möller — den sogenanten Grundmöller — aufgenommen werden soll, so macht dies eine neue Möllerberechnung notwendig. Wegen der Vergleichbarkeit muß dieser neue Möller ein Roheisen gleicher Beschaffenheit ergeben, wie es der bisherige Grundmöller ermöglichte. Von dieser Bedingung wird nur dann abgewichen werden dürfen, wenn die eintretende Änderung in der Zusammensetzung des Roheisens als eine erwünschte oder wenigstens nicht wertmindernde gelten muß.

Nach Durchrechnung des Vergleichsmöllers lautet, wenn der zu bewertende Einsatzstoff mit x bezeichnet wird, die Kostengleichung

$$m_x p_x + m_a' p_a + m_b' p_b + m_c' p_c \cdots - G' + B' - R' + E' \\ + L' + P' \pm Q' + W' + Z' = S \ldots \quad (6)$$

In dieser Gleichung finden wir mit p_a, p_b und p_c zunächst die Verrechnungspreise der verschiedenen Einsatzstoffe unverändert wieder. Die Mengen der einzelnen Einsatzstoffe, bezogen auf die t Roheisen, werden sich jedoch — mindestens teilweise — im Vergleich mit dem Grundmöller verschoben haben, weil der Ausgleich zwischen den Eisenbegleitern und den Schlackenbildnern gewisse, wenn auch zum Teil geringe Verschiebungen unter den einzelnen Einsatzstoffen herbeiführen wird. Für die Mengen der einzelnen Einsatzstoffe im Vergleichsmöller sind daher die Abkürzungen m_a', m_b' und m_c' benutzt worden, unabhängig davon, ob tatsächlich einzelne oder mehrere Einsatzstoffmengen unverändert bleiben. Ihrer Höhe nach ergeben sie sich einschließlich von m_x aus der Aufstellung und Durchrechnung des Vergleichsmöllers. Die Größe S der Gesamtselbstkosten ist endlich aus der Gleichung (5) zu übernehmen, was dadurch gerechtfertigt ist, daß durch die Verarbeitung des Einsatzstoffes x die bisherige Kostenhöhe des Werkes unverändert bleiben soll. Somit sind in der Gleichung (6) alle Größen bekannt mit Ausnahme von p_x und das ist der Wert einer Tonne des Einsatzstoffes x, der demgemäß berechnet werden kann.

Bevor ein vervollständigtes Zahlenbeispiel einer Bewertung gegeben wird, ist es mit Rücksicht auf die Vorausbestimmung des Koksverbrauchs nötig, auf die *Reduzierbarkeit* der Erze einzugehen. Das Suchen nach Reduktionsziffern, die den unterschiedlichen Erzen gerecht werden und ihnen in der Rechnung zugeteilt werden können, hat die Frage nach richtiger Erzbewertung stets begleitet. Auf die zahlreichen, einschlägigen Untersuchungen kann hier nicht eingegangen werden. Aber es verdient Erwähnung, daß auf der einen Seite die Bemühungen zur Auffindung von Reduktionsziffern fortgesetzt werden, während auf der anderen Seite erklärt wird, daß ihnen keine praktische Bedeutung beizumessen sei. Diese letztere Auffassung hat eine Bestätigung durch W. Feldmann, J. Stoecker und W. Eilender[23] erfahren, die nach umfangreichen Versuchen unter den im Hochofen herrschenden Bedingungen feststellten, daß es unmöglich sei, ganz allgemein für das Maß der indirekten Reduktion einen bestimmten Prozentsatz als eine bestimmte Reduktionsziffer anzugeben. Mithin wird man bei der Vorausbestimmung des Koksbedarfs immer überlegen müssen, wie sich das zu bewertende Erz innerhalb des Möllers auswirken wird und, falls es nicht möglich ist, durch einen Probebetrieb entsprechende Erfahrungen zu gewinnen, wird man nur dann einigermaßen das Richtige treffen, wenn man die gesamten Umstände berücksichtigt, d. h. sich aus der chemischen Reduzierbarkeit des gepulverten Erzes, ferner aus seiner Stückigkeit, Festigkeit, Porigkeit und Gasdurchlässigkeit einschließlich des Verhaltens dieser Eigenschaften bei höheren Temperaturen und über den Einfluß des Erzes auf den Ofengang ein Gesamtbild zu machen sucht, wie es bei der Menge, mit der es im Möller Aufnahme finden soll, den Koksverbrauch beeinflussen wird. Dies bedeutet nicht, daß alle Reduktionsziffern aus der Erzbewertung fern zu halten seien, wohl aber diejenigen, die unter einseitiger Prüfung nur einer oder einzelner Eigenschaften des Erzes ermittelt sind.

Auf der Grundlage des in der Zahlentafel 12 genannten Grundmöllers A und der aufgeführten Formeln soll als Zahlenbeispiel die Bewertung des Roteisenerzes vervollständigt werden. Die Kosten des Grundmöllers mit einem Gewicht von 10209 kg und 4698,4 kg Fe machen 178,79 RM aus. Wenn das Roheisen 93 % Fe enthält, so entstehen aus dem Möller

---

[23] Feldmann, W., J. Stoecker u. W. Eilender: Stahl u. Eisen Bd. 53 (1933) S. 289 bis 296.

4698,4:0,93 = 5,052 t Roheisen und die Möllerkosten je t Roheisen betragen 178,79:5,052 = 35,39 RM. Die Selbstkosten mögen sich dann insgesamt stellen auf:

Möllerkosten unter Berückichtigung einer Gichtstaubgutschrift von 0,15 RM	= 35,24 RM
Verarbeitungskosten	= 26,85 „
Kapitaldienst und Verwaltung	= 4,80 „
Gesamtselbstkosten	= 66,89 RM

Das zu bewertende Roteisenerz tritt gemäß dem Vergleichsmöller B an die Stelle des nordfranzösischen Erzes, wobei die fehlenden Mengen an Mangan, Phosphor und Kalk durch Manganerz, Thomasschlacke und Kalkstein beschafft werden. Die Kosten dieses Möllers stellen sich dann gemäß Zahlentafel 12 ohne das zu bewertende Erz auf RM 167,10 und, da wieder 5,052 t Roheisen erzeugt werden, betragen die Möllerkosten jetzt 167,10:5,052 = RM 33,08, die sich bei einer unveränderten Gutschrift für Gichtstaub von RM 0,15 auf RM 32,93 ermäßigen.

Bei der Bestimmung der Verarbeitungskosten tritt die Frage nach dem veränderten Koksverbrauch auf. Das betreffende Werk möge verhältnismäßig gute Übereinstimmung zwischen tatsächlichem und errechnetem Koksverbrauch gefunden haben, wenn Reduktionsziffern zwischen 40 und 55% für die verschiedenen Erze angenommen werden und die gesamte indirekte Reduktion des Möllers unter Berücksichtigung der Erzanteile berechnet wird. Die Veränderung des Brennstoffbedarfs infolge des Ersatzes des nordfranzösischen Erzes durch den Roteisenstein ergibt sich dann aus einer Berechnung nach Zahlentafel 13. In dieser ist berechnet, daß im Möller A 508,3 kg Eisen durch Kohlenstoff unmittelbar zu reduzieren sind, dagegen in Möller B 511 kg. Aus dieser Differenz von 2,7 kg Eisen errechnet sich bei einem Reduktionswärmebedarf von 1800 WE je kg Eisen, einer Wärmemenge von 3196 WE bei 600° Windtemperatur je kg C, 30% Wärmeverlusten und einer Kokswertziffer von 120,5 für den Vergleichsmöller B infolge der veränderten Reduzierbarkeit ein Koksmehrbedarf von 2,38 kg. Hinzu kommt dann noch der Mehrbedarf an Brennstoff für die Mehrschlacke bei Möller B. Gemäß Zahlentafel 12 erhöht sich die Schlackenmenge um 80 kg oder, auf 1 t Roheisen gerechnet, um 80:5,052 = 15,84 kg. Wenn 100 kg erhöhte Schlackenmenge eine Erhöhung des Koksverbrauchs um 40 kg veranlassen, so bedingen die 15,84 kg Mehrschlacke einen zusätzlichen Koksbedarf von 6,34 kg. Der gesamte Mehraufwand an Koks stellt sich dann auf 8,72 kg. Bei einem Kokspreis von 20,— RM je t ergibt sich ein Mehraufwand an Koks von 815 auf 823,72 kg und eine Kostenerhöhung von RM 16,30 auf 16,47, d. h. um RM 0,17. Die Gutschrift für das Gichtgas berechnet sich ferner, da 25% der Kokskosten durch

Zahlentafel 13. *Berechnung des unmittelbar zu reduzierenden Eisens für die Möller A und B.*

	Einsatzstoffe	Eisen-inhalt kg	Eiseninhalt je t Roheisen kg	Reduk-tions-ziffer %	Unmittelbar zu redu-zierender Eiseninhalt kg
		a) Möller A			
a	Nordschwedisches Erz	1072,0	212	40,0	127,2
b	Mittelschwedisches Erz	1236,0	245	40,0	147,0
c	Minette	519,7	103	55,0	46,4
d	Mittelmeererz	1168,6	231	50,0	115,5
e	Walzenschlacke . . .	69,0	13,7	40,0	8,2
f	Siemens-Martin-Schlacke	95,4	18,9	40,0	11,3
g	Siegerländer Rostspat	92,0	18,2	53,0	8,6
h	Kalkstein	—	—	—	—
i	Russisches Manganerz	0,2	—	—	—
k	Nordfranzösisches Erz	445,5	88,2	50,0	44,1
		4698,4	930,0	—	508,3
		b) Möller B			
	Einsatzstoffe a bis h des Möllers A . . .	4252,7	841,8	—	464,2
i	Russisches Manganerz	0,3	—	—	—
l	Thomasschlacke . . .	6,9	1,4	40,0	0,8
m	Roteisenerz	438,5	86,8	47,0	46,0
		4698,4	930,0	—	511,0

den Wert des Gichtgases wieder eingebracht werden, zu $16,47 \cdot 0,25 = 4,12$ RM. Dadurch sind von den Verarbeitungskosten die Werte für B' und R' bestimmt.

Um die Berechnung des Beispiels nicht zu umfangreich werden zu lassen, sei angenommen, daß die übrigen Verarbeitungskosten keine Veränderung erfahren. Alsdann stellen sich die Verarbeitungskosten folgendermaßen:

a) Für den Grundmöller A:

$$V = 16,30 - 4,08 + 14,63 = 26,85 \text{ RM}.$$

b) Für den Vergleichsmöller B:

$$V' = 16,47 - 4,12 + 14,63 = 26,98 \text{ RM}.$$

Es ist ferner dem Einfluß des Vergleichsmöllers auf die Kosten für Kapitaldienst und Verwaltung nachzugehen. Diese Kosten sind zum Teil von der Erzeugung abhängig und zum Teil feste Kosten. Die letzteren sollen RM 2,50 betragen, so daß von den bisherigen Kosten in

Höhe von RM 4,80 RM 2,30 als proportionale Kosten bleiben. Da die Leistung eines Hochofens weitgehend von der Menge des Kokses, die vor den Formen zu verbrennen ist, beeinflußt wird, so sind die Kosten von RM 2,30 im Verhältnis des veränderten Koksbedarfs je t Roheisen umzurechnen. Durch die Steigerung des Koksverbrauchs von 815 kg/t Roheisen um 8,32 kg erhöhen sich die Kosten für Kapitaldienst und Verwaltung auf RM 4,82. Somit lautet die Kostenrechnung für die Bewertung des Roteisensteins:

Gesamtselbstkosten, entsprechend den bisherigen		66,89 RM
Möllerkosten ohne Roteisenstein unter Berücksichtigung einer Gichtstaubgutschrift von RM 0,15	32,93	
Verarbeitungskosten	26,98	
Kapitaldienst und Verwaltung	4,82	64,73 RM
Rest		2,16 RM

Da im Möller B 877 kg Roteisenstein enthalten sind oder je t Roheisen 877:5,052 = 173,6 kg, so ergibt sich der Wert für 1 t Roteisenstein aus $\frac{2{,}16 \cdot 1000}{173{,}6}$ = RM 12,44. Dieser Wert liegt um RM 0,34 niedriger, als er nach Zahlentafel 12 für den Roteisenstein im Möller B ermittelt wurde; die Begründung hierfür ist dadurch ergeben, daß in diesem ausführlicher durchgerechnetem Beispiel der Einfluß der Reduzierbarkeit des Erzes und die sonstigen Kostenerhöhungen für Verarbeitung, Kapitaldienst und Verwaltung berücksichtigt sind.

Es liegt in den Verhältnissen des Hochofenbetriebs begründet, daß die bei einer Änderung des Möllers eintretenden Veränderungen der Verarbeitungskosten und des Kapitaldienstes nicht mit voller Sicherheit berechnet werden können. Dies spricht natürlich weder gegen die Theorie der Erzbewertung, noch gegen ihre praktische Brauchbarkeit, allerdings werden diese Verhältnisse bei ihrer Anwendung stets als störend empfunden werden.

Der begreifliche Wunsch des Hochöfners, bei dem Einkauf eines zu bewertenden Erzes zu einer Senkung der Selbstkosten zu gelangen, hat zu einer Kritik an der dargestellten Bewertungsmethode geführt, als die niedrigsten, jeweils möglichen Selbstkosten in die Rechnung eingesetzt werden müßten. Dieser Einwand ist unberechtigt, wenn der Rechnung durch die vorgenannte Forderung ein unbegründeter Zwang auferlegt wird, weil der Grundsatz der Vergleichbarkeit gilt. Wenn aber die über den Grundmöller berechneten Selbstkosten höher sein sollten, als sie nach Lage der Dinge irgendwie zu sein brauchten, so sind sie nicht verwendbar, weil sie nicht vergleichbar sind. Dies bedeutet, daß in vielen Fällen nicht Verrechnungspreise zu benutzen sind, die aus den Anschaffungspreisen abgeleitet sind, sondern daß gegebenenfalls die benutzten Verrechnungspreise auf den Fall der Wiederbeschaffung abgestellt sein müssen.

Bildet nicht die Bewertung eines Erzes das Ziel der Rechnung, sondern eine Selbstkostensenkung, so müssen für *alle* Einsatzstoffe Preise bekannt sein und es ist dann der Selbstkostenvergleich am Platze, der sich etwa auf folgende Formeln aufbauen würde:

$$M + V + K = S,$$

$$M' + V' + K' = S'.$$

Es werden also auf Grund der unterschiedlichen Möllerkosten M, Verarbeitungskosten V und Kapitalkosten K unterschiedliche Gesamtselbstkosten ermittelt und die Selbstkostensenkung unter Umständen dadurch erreicht, daß der Betrieb des Hochofens auf die ermittelten niedrigsten Selbstkosten umgestellt wird. Sind diese so ermittelten niedrigsten Selbstkosten vergleichbar, so sind sie auch der Bewertungsrechnung zugrunde zu legen.

Von E. Krebs[22] sind die im Vorhergehenden gegebenen Bewertungsrichtlinien anerkannt worden. Um die Wertermittlung zu erleichtern und um sie bei sich häufiger wiederholenden Wünschen nach der Kenntnis anlegbarer Preise zu vereinfachen, berechnet er eine *Wertstaffel*, die die Einzelbestandteile der Erze, soweit sie deren Werte praktisch beeinflussen, umfaßt. Es sind dies Eisen, Mangan, Phosphor, Kieselsäure, Tonerde, Kalk als Karbonat bzw. Oxyd, Magnesiumoxyd und Hydratwasser. Bei der Ermittlung der Wertstaffel besteht die Aufgabe, festzustellen, welche Beträge für die einzelnen Bestandteile anzusetzen sind, ohne daß die Kosten des Roheisens aus dem zu bewertenden Erz geändert werden gegenüber den Kosten desselben Roheisens aus einem Grundmöller. Die Aufgabe wird mit Hilfe einer Probeberechnung gelöst, wobei nach verfügbaren Stoffen die Einzelwerte zunächst geschätzt werden. Die mit diesen geschätzten Zahlen durchgeführte Wertberechnung wird so oft mit den jeweils daraus gefundenen Werten wiederholt, bis das Ergebnis ausreichend mit dem eingesetzten Wert übereinstimmt.

Die Berechnung des Wertes eines Einsatzstoffes mit den von Krebs berechneten Werten der Bestandteile zeigt die Zahlentafel 14, in der die Einzelbestandteile mit ihren Einzelwerten multipliziert sind, so daß die algebraische Summe den Gesamtwert ergibt.

Auch in den USA ist der Bewertungsfrage mit Rücksicht auf den Handel und die Anreicherung der Erze des Oberen-Seengebietes Aufmerksamkeit geschenkt worden. Nach E. W. Davis[24] wird der Wert eines Erzes mit Hilfe von Vergütungen oder Strafen für einzelne Bestand-

[24] Davis, E.W.: Amer. Inst. min. metallurg. Engers. Techn. Publ. Nr. 1202, 13 S.; Metals Techn. Bd. 7 (1940) Nr. 6; vgl. Stahl u. Eisen Bd. 61 (1941) S. 502 bis 503.

Zahlentafel 14. *Beispiel der Bewertung eines Erzes auf der Basis eines Kokspreises von 22,— RM/t* für die *Erzeugung von Thomasroheisen bei einem Basengrad der Schlacke von* $CaO:SiO_2 = 1,25$ *(nach Krebs).*

Erzbestandteil	Gehalt des Erzes %	Werte der Wertstaffel RM/t	Gutschrift RM/t	Lastschrift RM/t
Fe	55,1	+0,317	17,45	—
Mn	0,09	+1,047	0,09	—
P	0,48	+1,388	0,67	—
SiO_2	12,73	—0,442	—	5,62
Al_2O_3	1,49	—0,044	—	0,07
CaO als Karbonat	2,48	+0,105	0,26	—
CaO als freier Kalk. . . .	—	+0,215	—	—
MgO	3,27	+0,300	0,98	—
Summe der Gutschriften . RM/t			19,45	
Summe der Lastschriften . RM/t				5,69
Wert frei Hochofen	+ 19,45 — 5,69 = 13,76 RM/t			

teile des Erzes bestimmt, und zwar werden in Ansatz gebracht

für 1% Fe +0,11944 \$,
für 1% CaO + MgO +0,032 \$,
für 1% $SiO_2 + Al_2O_3$ —0,12774 \$.

Beträgt der Gehalt eines zu bewertenden Erzes a % Fe, b % CaO + MgO und c % $SiO_2 + Al_2O_3$, so errechnet sich sein Wert zu:

$$W = a \cdot 0{,}11944 + b \cdot 0{,}032 - c \cdot 0{,}12774.$$

Hat das Erz 52,55% Fe, 0,25% CaO, 0,18% MgO, 4,28% SiO_2 und 2,28% Al_2O_3, so ist sein Wert

$$W = 52{,}55 \cdot 0{,}11944 + 0{,}43 \cdot 0{,}032 - 6{,}56 \cdot 0{,}12774,$$
$$W = 5{,}452\ \$/\mathrm{t}.$$

Da die Wertstaffeln von Krebs und Davis in den Einzelbestandteilen nicht übereinstimmen, weil Davis die Tonerde mit der Kieselsäure und die Basen Kalzium und Magnesium zusammenfaßt, läßt sich ein einwandfreier Vergleich beider Staffeln nicht durchführen. Setzt man in ihnen die Bewertungszahl für Eisen = 100, so ergibt sich folgende Gegenüberstellung:

Bewertung von:	nach Krebs für Thomaseisen	nach Davis für Stahleisen
Fe	+100 %	+100 %
CaO	+ 33,1%	—
CaO + MgO . .	—	+ 26,8%
SiO_2	—139 %	—
Al_2O_3	— 13,9%	—
$SiO_2 + Al_2O_3$ . .	—	—106,8%

II. Die Bewertung von Hochofenkoks.

Für die Wertermittlung von Koks hat Krebs den Weg gezeigt, zunächst die Asche gleichsam wie einen selbständigen Einsatzstoff ihrer Zusammensetzung entsprechend auf Grund der für die anderen Einsatzstoffe berechneten Wertstaffel zu bewerten, wobei sich natürlich wegen des hohen Kieselsäuregehaltes und der fast völlig fehlenden Metallgehalte ein negativer Wert ergibt, der den Verschlackungskosten der Asche gerecht wird. Damit ist auch der Wert von 1 % Aschegehalt im Koks bekannt. Aus der Gleichung:

$$w_r = \frac{P_v - w_a \cdot a_v}{r_v} \dots \tag{I}$$

ergibt sich dann der Wert des Reinkokses in RM/ %. In dieser Gleichung bedeuten:

P_v den Beschaffungspreis des Vergleichskokses in RM je t,
w_a den Wert der Asche in RM/%,
a_v den Aschengehalt im Vergleichskoks in %,
r_v den Reinkoksgehalt im Vergleichskoks in %.

Der Wert der t des zu bewertenden Kokses mit verändertem Aschengehalt ergibt sich dann aus der Gleichung

$$W = w_r \cdot r + w_a \cdot a \text{ (RM/t frei Hochofen)}, \tag{II}$$

worin bedeuten:

r den Reinkoksgehalt im zu bewertenden Koks,
a den Aschegehalt im zu bewertenden Koks.

Bei dieser Berechnung ist der Schwefel des Kokses nicht berücksichtigt, weil er in der Größe von 1 % als praktisch konstant angesehen ist. Gegebenenfalls muß er wegen seines metallurgisch abweichenden Verhaltens eine Sonderbewertung erfahren.

Der Bewertung eines Kokses liege folgendes Zahlenbeispiel zugrunde:

1. *Vergleichskoks* mit 90,2 % Reinkoksgehalt i. Tr., 8,8 % Asche i. Tr. und 1 % S zum Preise von 20,— RM/t Trockenkoks frei Hochofen.

2. *zu bewertender Koks* mit 87 % Reinkoksgehalt i. Tr., 12 % Asche i. Tr. und 1 % S;

Analyse der Asche: 43,3 % SiO_2, 0,2 % P, 13,5 % Fe, 32,8 % Al_2O_3, 0,5 % Mn, 1,9 % CaO und 1,3 % MgO.

Negativer Wert der Asche als Einsatzstoff: 14,76 RM/t oder 0,1476 RM/ %.

3. Nach Gleichung (I) Wert von 1 % Reinkoks

$$x = \frac{20 - (-0,1476 \cdot 8,8)}{90,2}$$

$$x = 0,236 \text{ RM/ \%}.$$

4. Nach Gleichung (II) ist der Wert des zu bewertenden Kokses:
$W = 0,236 \cdot 87 + (-0,1476 \cdot 12) = 20,53 - 1,77 = \underline{18,76}$ RM/t.

E. Die Erzvorbereitung.

Es ist in der Einleitung schon darauf hingewiesen worden, daß die Erzvorbereitung nicht auf eine Anreicherung unter Abstoßung von unhaltigen Massen abzielt, sondern die Hochofeneinsatzstoffe in anderer Weise für den Hochofenbetrieb geeigneter zu machen sucht. Vier Arbeitsweisen können zur Anwendung gelangen, nämlich das Brechen der Erze, das Sieben, das Mischen und das Trocknen. Im folgenden sind diese 4 Vorbereitungsarten einschließlich der für ihre Ausführung besonders geeigneten Vorrichtungen besprochen.

I. Das Brechen der Erze.

Soweit die Erze als Fördererze und nicht als Konzentrate von den Gruben angeliefert werden, sind sie in der Regel grobstückiger, als sie dem Hochofen erwünscht sind. Sie müssen daher entweder auf der Grube oder auf dem Hochofenwerk gebrochen werden, wobei mit diesem Arbeitsvorgang erreicht werden muß, eine durchschnittliche Stückgröße von etwa 50 m Korndurchmesser zu erhalten und dabei die Bildung von Feinkorn unter etwa 20 m und insbesondere diejenige von Staub möglichst zu vermeiden. Sehr günstig waren beispielsweise die Erfahrungen, die man beim Brechen der lothringischen Minette machte. Nach A. Wagner wurde auf dem Hochofenwerk in Völklingen dadurch eine Koksersparnis von über 9 % erreicht; in Brebach betrug diese Ersparnis 2 bis 5 % und für das Werk der Arbed in Düdelingen ist von A. Wagener eine Ersparnis von 7,5 % genannt worden.

Für dieses Brechen, das die Grobstufe der Zerkleinerung ist und in diesem Kapitel ausschließlich behandelt wird, stehen im wesentlichen vier Maschinenbauarten zur Verfügung, nämlich *Backenbrecher, Kreiselbrecher, Nockenwalzenbrecher und Prallbrecher*. Sie werden in vielen, teils mehr teils weniger voneinander abweichenden Ausführungsarten von verschiedenen Firmen hergestellt. Als ein allgemeiner Begriff der Zerkleinerung ist hier der des Zerkleinerungsgrades zu nennen. Man versteht darunter das Verhältnis des mittleren Korndurchmessers im Aufgabegut zum mittleren Korndurchmesser des gebrochenen Erzes. Es ist üblich, den Zerkleinerungsgrad mit α zu bezeichnen, den Durchmesser des Aufgabegutes mit D und den des gebrochenen Gutes mit d, so daß sich für den Zerkleinerungsgrad die Formel ergibt $\alpha = \frac{D}{d}$. Weniger gebräuchlich ist der Zerkleinerungsquotient q, der dem Verhältnis $\frac{d}{D}$ entspricht.

1. Backenbrecher.

Der erste dieser Bauart wurde im Jahre 1858 von Blake konstruiert. Aus ihm haben sich gewissermaßen mehrere Generationen von Nachfahren entwickelt, die dem Grundprinzip nach sehr ähnlich sind, aber durch ihre Abweichungen vom Urtyp besondere Eigenschaften oder Vorzüge erreichen wollen. Abb. 13 gibt einen Schnitt durch einen Backenbrecher; sie läßt erkennen, wie der Brechvorgang zwischen einer festen und einer schwingenden Brechbacke erreicht wird, wobei das Brechgut während seines Durchgangs durch das Brechmaul zwischen den meist aus Mangan-Hartstahl hergestellten und mit einer kräftigen Zahnteilung versehenen Backen auf Druck beansprucht wird. In den größten Ausführungsformen, die vornehmlich zur Vermeidung von Sprengarbeit an übergroßen Erzbrocken in den Tagebauen Verwendung finden, können bei Maulweiten bis zu $1{,}5 \times 2{,}1$ m Stücke von 3 m^3 Inhalt und etwa

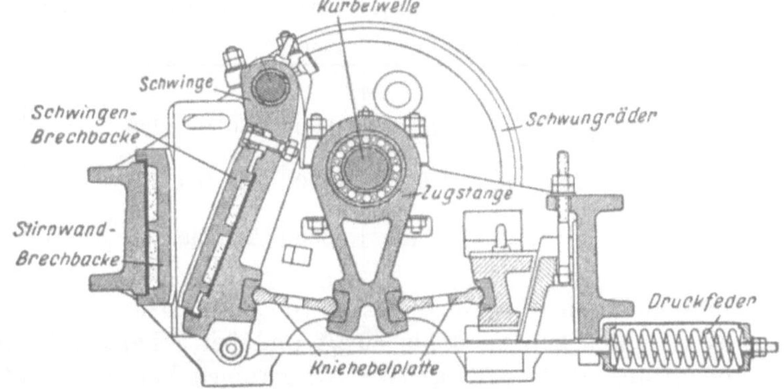

Abb. 13. Backenbrecher mit Antrieb der schwingenden Backe durch Zugstange mit Kniehebelsystem.

10 t Gewicht gebrochen werden; für die Hochofenwerke kommt freilich die Anlieferung solcher Stücke nicht in Betracht, weil ihr Transport Störungen hervorrufen würde. Die Zahlentafel 15 gibt eine Zusammenstellung von Anhaltswerten für drei verschiedene Baugrößen von Backenbrechern, wobei gleichzeitig Angaben über die Durchsatzleistung, den Kraftbedarf und den Zerkleinerungsgrad gemacht sind. Die kleinste der aufgeführten Baugrößen würde auf den Hochofenwerken freilich nur in der Probenahme Verwendung finden können.

Die Backenbrecher haben einen verhältnismäßig geringen Zerkleinerungsgrad von nur etwa 4 bis 6; er wird aber in vielen Fällen ausreichend sein, um aus dem angelieferten Erz unmittelbar die gewünschte Stückgröße herstellen zu können. Eine besondere Eigenart dieser Brecher ist es, daß das in ihnen gebrochene Gut etwa 10 bis 20% Überkorn mit bis zu 50% größerem Durchmesser enthält, als der angegebenen Spaltweite entspricht. Zum Brechen von Korn unter 50 mm werden Steinbrecher im allgemeinen nicht mehr benutzt. Zur überschlägigen Bestimmung der Durchsatzleistung eines Steinbrechers dient die Formel:

$q = \frac{l \cdot d}{80}$, wobei q = t/h, l = Maulweite (breit) in cm und d = Spaltweite in cm ist.

Für die Arbeitsleistung der Backenbrecher kann es sehr störend sein, wenn das Brechgut nicht ungehindert hindurchgeht, sondern sich im unteren Teil des Brechmauls infolge klebriger Beschaffenheit anhäuft. Sonst haben die Backenbrecher den Vorzug einer großen Betriebssicherheit, zu dem noch der Vorteil einer geringen Bauhöhe hinzukommt.

Zahlentafel 15. *Anhaltswerte für Backenbrecher.*

	Maulweite lang mm	Maulweite breit mm	Spaltweite mm	Gewicht bei Stahlgußrahmen t	Bauhöhe mm	Durchsatzleistung t/h	Kraftbedarf kW	Zerkleinerungsgrad
Größere Ausführungsform	900	600	150	25	1900	200 bis 250	50	4 bis 6
Kleinere Ausführungsform	450	275	40	6	1400	12 bis 16	15	
Kleine Sonderausführung .	200	120	25	0,9	800	1,2 bis 2	2,5	

Der Verschleiß wird in Abhängigkeit von der Härte des Erzes bei Mangan-Hartstahlbacken zu 5 bis 30 g/t und bei Schalenhartguß zu 10 bis 100 g/t angegeben. Als günstig für geringen Verschleiß gilt ein Winkel von etwa 66° für die Zahnflanken der Backenzähne.

2. Kreiselbrecher.

Dieses Gerät wird wegen des in einem Brechmantel kreisförmig pendelnden Brechkegels auch Kegel- oder Rundbrecher genannt. Brechmantel und Kegel sind ähnlich den Backen der Steinbrecher mit kräftigen Zahnleisten versehen. Der Brechvorgang kommt dadurch zustande, daß das Gut an der einen Seite des Brechmauls zerdrückt wird, während sich an der gegenüberliegenden Seite des ringförmigen Brechmauls der Spalt entsprechend öffnet und das gebrochene Gut hier nachrutschen kann. Es findet dadurch kein Leerlauf statt, worauf es zurückgeht, daß die Kreiselbrecher geringeres Gewicht, um 10 bis 20% geringeren Kraftbedarf und geringeren Verschleiß haben als Backenbrecher; auch der Ölverbrauch ist geringer. Mit Rücksicht auf die vom Hochofen gewünschte Stückigkeit des Möllers ist ein weiterer Vorzug der Kreiselbrecher, daß sie ein gleichkörnigeres Gut erzeugen. Dieser Umstand veranlaßte seinerzeit, daß für das Brechen der nordschwedischen Erze im Verladehafen *Narwik* 2 Kreiselbrecher aufgestellt wurden. Die gleichsinnige Drehung der Spindel bewirkt ferner einen erschütterungsarmen Lauf, so daß Kegelbrecher auch eher auf fahrbaren Anlagen Aufstellung finden können als Backenbrecher. Ein Nachteil der Kreiselbrecher ist anderseits die größere Bauhöhe und die schwierigere Auswechslung von Ersatzteilen.

Besondere Bedeutung kommt den Kreiselbrechern beim Umschlag von Erzanlieferungen in Hafenanlagen zu, wo sie wegen des erschütterungsfreien Laufs in fahrbare Verladebrücken eingebaut werden. In einem Falle hat eine von den Esch-Werken in Duisburg gebaute Anlage eine stündliche Leistung von mindestens 300 t Erz und dabei ein Gesamtgewicht von 350 t. Die maschinelle Ausrüstung besteht aus einem Sieb zur Vorabscheidung des Feinerzes, zwei Kreiselbrechern und einem nachgeschalteten Sieb, auf dem die 3 Kornklassen 0 bis 10 mm, 10 bis 25 mm und 25 bis 50 mm gebildet werden. Die Brecher haben einen Brechmaul-Dmr. von 1700 mm und gestatten dadurch eine Aufgabestückgröße von 500×700 mm. Je nach der Einstellung der Brechspaltweite kann ein Endkorn von unter 50 bis unter 80 mm erzeugt werden. Das Fahrwerk besitzt 16 Laufräder und kann einen Weg von 30 m/min zurücklegen. Der Gesamtkraftbedarf der Anlage ist etwa 200 bis 220 PS. Anlagen ähnlicher Art sind von der genannten Firma zum Beispiel bei der Phönix AG. in Duisburg-Ruhrort, den Mannesmann-Hüttenwerken in Duisburg-Huckingen, dem Dortmund-Hörder Hüttenverein in Dortmund, der Westfalen-Hütte gleichfalls in Dortmund und der August-Thyssen-Hütte in Duisburg-Hamborn errichtet worden.

Bei den Kreiselbrechern können beschwerliche Ausräumungsarbeiten erforderlich werden, wenn sie mit gefülltem Brechmaul zum Stillstand gekommen sind und in diesem Zustand nicht anlaufen können. Bei einem Brecher von 165 t Gewicht und einer zulässigen Aufgabestückgröße von 1350×2000×1500 mm (Type KB VII/VIII) haben die Esch-Werke neuerdings ein Schwerlast-Anlaufgetriebe eingebaut, welches kurzzeitig ein rd. 7faches Anlaufmoment zur Verfügung stellt und dadurch den Start des gefüllten Brechers möglich macht. Brecher dieser Art liegen außerdem unter einer selbsttätigen Betriebsüberwachung, die aus Signallampen, akustischer Warnung und Schutzrelais besteht.

Die Zahlentafel 16 gibt eine Zusammenstellung von Anhaltswerten für Kreiselbrecher. Auch ihr Zerkleinerungsgrad ist noch gering, wenn auch etwas größer als der der Backenbrecher. Der von den Erzaufbereitungen ausgehende Wunsch, Brecher mit höherem Zerkleinerungsgrad zu erhalten, hat zur Entwicklung von Feinrundbrechern geführt, wie z. B. des Symons-Kegelbrechers; man erreicht mit ihm Zerkleinerungsgrade bis zu 15. Für die Erzvorbereitung sind derartige Werte jedoch meist nicht erforderlich, so daß Brecher dieser Bauart für die Vorbereitung des Möllers geringere Bedeutung haben.

Zahlentafel 16. *Anhaltswerte für Kreiselbrecher.*

	Durchmesser der Brechöffnung mm	Durchmesser verarbeitbarer Stücke mm	Gewicht t	Umdrehungen der Spindel n/min	Bauhöhe mm	Durchsatzleistung t/h	Kraftbedarf kW	Zerkleinerungsgrad
Größere Ausführungsform	1450	400 bis 800	40	110	4500	150 bis 200	60	4 bis 8
Kleinere Ausführungsform	850	150 bis 400	10	140	2200	60 bis 90	25	4 bis 8

3. Nockenwalzenbrecher.

Diese Brecher bestehen aus zwei einzelnen, entgegengesetzt angetriebenen Walzen, von denen eine in einem Gleitrahmen federnd verlagert ist. Beide Walzen, die teilweise aus mehreren Segmenten zusammengebaut sind, tragen schwere Nocken oder Nasen, die das Brechgut zerschlagen und in den Walzspalt hineinziehen. Gegenüber den beiden vorgenannten Brechern hat diese Bauart den Vorzug, daß auch klebrig-feuchtes Gut störungsfrei verarbeitet werden kann; anderseits darf dieses nur mittelfest sein, wie es beispielsweise die Kreideerze von Salzgitter, die Minette und die englischen Doggererze sind.

Kennzeichnend für die Verwendung der Nockenwalzenbrecher ist ihr Einsatz als Vor- und Nachbrecher in der Erzvorbereitungsanlage der „Hütte Braunschweig" in Watenstedt-Salzgitter. Bei Walzendurchmessern von 1500 mm und Walzenbreiten von 1300 mm können Stücke bis zu 700 mm Kantenlänge auf unter 150 mm vorgebrochen werden, wobei die Leistung 300 t/h je Brecher beträgt. Das so vorgebrochene Erz geht dann auf Nachbrecher der gleichen Bauart mit Walzengrößen von 1000 m ⌀ und 800 mm Breite, um eine Stückgröße von 50 mm zu erhalten.

In England werden zur Vorbereitung der Fördererze von Northamptonshire gleichartige Brecher benutzt, deren Walzen 25 t wiegen und 180 Umdrehungen je min machen. Der Verschleiß an den Nocken wird durch Aufschweißen ausgeglichen[25].

4. Prallbrecher.

Bei diesen Maschinen wird das Brechgut nicht auf Druck, sondern durch scharfes An- oder Aufschlagen weitgehend auf Biegefestigkeit beansprucht, wobei alle Stellen von geringerer Festigkeit zur Zerteilung sehr vorteilhaft ausgenutzt werden. Dieses Arbeitsprinzip ist in den

[25] Engng. Min. J. Bd. 150 (1949) Nr. 6, S. 66 bis 69.

letzten Jahren in den Betrieben weitgehend eingeführt worden, nachdem man bei der Entwicklung der Prallmühlen (vgl. Seite 93) die Vorzüge dieser Zerkleinerungsart erkannt hatte. Die Prallbrecher haben eine oder zwei Schlagwalzen, die bei hoher Drehzahl dem Brechgut viel kinetische Energie vermitteln, so daß es teils bei dem Schlag, den es vom Rotor bzw. den an ihm befestigten Schlagleisten erhält, teils bei dem Aufprall auf Platten oder Prallstäbe zertrümmert wird.

Als Brecher dieser Art können die größeren Ausführungsformen der Prallmühlen gelten, die von der Firma Hazemag in Münster gebaut werden. Sie haben in der größten Type einen nutzbaren Einwurfquerschnitt von 1000×1500 mm; bei einer Leistung von 80 bis 250 t/h haben sie einen Kraftbedarf von 60 bis 150 kW und ein Gesamtgewicht von 23,5 t.

Von der Klöckner-Humboldt-Deutz AG. in Köln werden ferner 2 Arten von Prallbrechern als *Erpa*- und *Dupra*-Brecher gebaut. Der letztere hat 2 Schlagwalzen und leistet z. B. bei einer Einwurfsöffnung von 1000×1000 mm und einer Drehzahl von 570 U/min bei einer Motorleistung von 100 bis 200 kW etwa 150 bis 300 t/h, wobei die Endkorngröße 0 bis 80 mm ist; das Gewicht dieses Brechers beträgt 32 t.

Auch von den Esch-Werken in Duisburg und der Westfalia Dinnendahl-Gröppel AG in Bochum werden Prallbrecher gebaut. Während die letztgenannte Firma die Schlagleisten derart ausbildet, daß sie viermal gewendet werden können, hat der Esch-Brecher unterteilte Schlagleisten, die je nach dem Umfang des eingetretenen Verschleißes auszuwechseln sind.

Über den richtigen Einsatz der Prallbrecher entscheidet weitgehend die Abnutzung der Schlagleisten und der Prallflächen; sie kann so groß sein, daß sie die Wirtschaftlichkeit ausschließt. Bei sprödem, mittelhartem Brechgut können die Prallbrecher aber anderen Typen überlegen sein.

II. Das Sieben der gebrochenen Erze.

Für die Aufteilung der gebrochenen Erze nach der Stückgröße sind ebenso wie für Fördererze, da es sich um ein schweres und hartes Massengut handelt, Roste von kräftiger Bauart angebracht, insbesondere soweit es sich um die Ausscheidung des stückigen Gutes handelt, während Siebmaschinen mit Belägen aus gelochten Blechen oder Gitterrosten für die Ausscheidung des körnigen Gutes eingesetzt werden können. Die Roste sind in fast allen Fällen derart bewegt, daß sie das Aufgabegut weiter schieben und sich selbst reinigen. Drei besonders heraustretende Bauarten können unterschieden werden, nämlich Roste mit umlaufenden oder bewegten Querstäben und Roste mit bewegten Längsstäben. Zu der ersten Gruppe gehören die Stangenroste in Bandform, bei denen eine oder zwei die Stangen tragende Ketten um zwei Umkehrrollen gelegt sind. Ein Vertreter dieser Roste ist der Stangensiebrost Patent **Roß**, den Abb. 14 zeigt. Bei ihm ist eine Stabtrommel der Hauptteil; über sie läuft eine endlose Stabkette, die um eine Umlenk- oder Spannrolle geführt ist. Dadurch kann das durchfallende Gut, weil sich die Abstände der Stäbe etwa verdreifachen, sicher aus dem Rost austreten. Durch Regelung der Drehzahl ist es möglich, die Menge des durchgesetzten Gutes zu bestimmen. Außerdem bietet der Rost den Vorteil geringen Raum- und Kraftbedarfs bei großer Leistung; bei etwa 5 Umdrehungen der Trommel je Minute wurden bei der Verarbeitung eines Eisenerzes von 0 bis 300 mm Körnung auf einem Rost von 1200 mm Arbeitsbreite und 120 mm Spaltweite etwa 150 t/h abgesiebt.

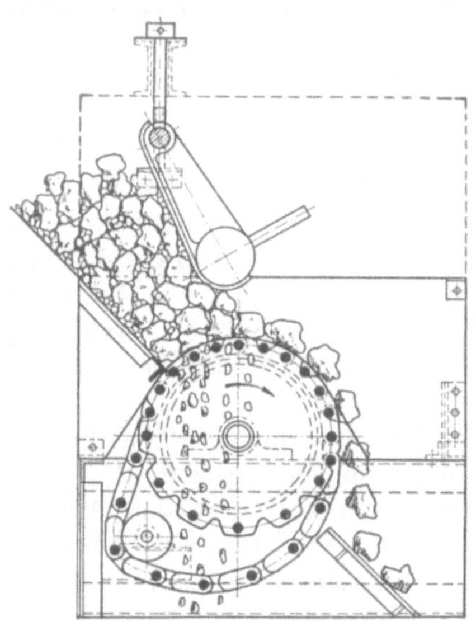

Abb. 14. Stangensiebrost.

Liegt der Nachdruck auf einer vollkommenen Absiebung, so ist es erforderlich, zwei Umkehrrollen zu verwenden, die in etwa gleicher Höhe liegen und durch eine größere Entfernung voneinander eine größere Rostfläche zustande kommen lassen. Abb. 15 zeigt ein derartiges Gerät in der Vorbrechanlage der Erzvorbereitung der Oxfordshire Ironstone Co., Ltd. in England, wo ihm zusammen mit einem Rollenrost die Aufgabe zufällt, aus dem angelieferten Erz das Korn abzusieben, bevor der Vorbrecher das stückige Gut bricht. Wie dieses Bild erkennen läßt, besteht der Rost aus einer endlosen, um zwei Rollen laufenden Stabkette und bei dieser sind die Roststäbe paarweise derart verbunden, daß jeder 2. Stab frei schwingen kann, solange er nicht in der Rostfläche selbst festgehalten wird. Sobald die Umkehrrolle an der Abwurfseite jedoch im Umlauf überschritten ist, schwingt der bewegliche Roststab aus und gewährleistet damit die Selbstreinigung des Rostes.

Als ein Rost mit bewegten Querstäben ist der sogenannte *maschenbewegliche* Rost zu nennen, der von der Firma Stahlbau Rheinhausen gebaut wird. Er eignet sich auch als Entnahmevorrichtung von Bunkern. Die Abb. 16 und 17 zeigen diesen Rost in der Ansicht und im Schema.

Wie aus Abb. 17 zu ersehen ist, besitzt dieser Rost zwei Stabreihen 1 und 2, von denen die Stäbe 1 fest gelagert sind, während zwischen ihnen die Stabreihe 2 durch einen Exzenter gehoben und wieder gesenkt wird. Die Roststäbe selbst haben zahnartige Vorsprünge, so daß auch plattige Stücke nicht durchfallen können. Durch das ständige Umwälzen des

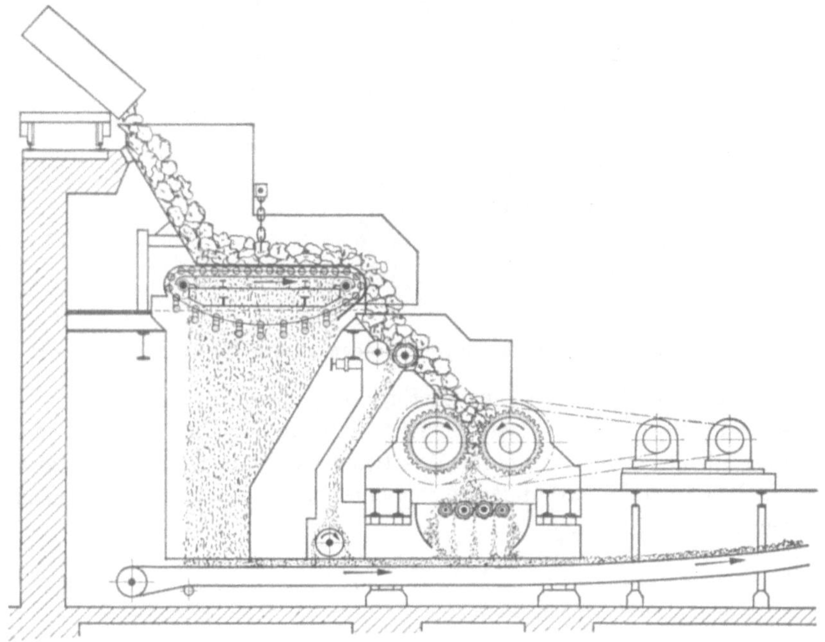

Abb. 15. Stangensiebrost in der Vorbrechanlage der Oxfordshire Ironstone Co., Ltd. (nach C. D. Hendry).

Siebgutes erreicht der maschenbewegliche Rost einen guten Absiebungserfolg. Dabei ist er in der Lage, Stücke bis zu 800 × 800 mm aufzunehmen; die angewandten Maschenweiten liegen zwischen 50 und 200 mm. Als Leistungsbeispiele seien die folgenden Angaben gemacht:

Nutzbare Siebfläche mm	Maschenweite mm	Aufgabegut	Stückgröße mm	Aufgabemenge t/h	Hubzahl min	Kraftbedarf PS
1600 × 2500	120	Schwerspat	0 bis 800	180	45	etwa 5
800 × 2100	50	Tonschiefer	0 ,, 120	50	60	,, 2
1800 × 2600	150	Kalkstein	0 ,, 500	250	40	,, 8

Häufig ist ferner der *Rollenrost* anzutreffen, dessen bekanntester Vertreter der Distl-Suski-Rost ist. Er besteht aus Querstäben, die, wie Abb. 18 zeigt, den Querschnitt eines Bogendreiecks haben und zwischen vorspringenden Rippen Einschnürungen (Kaliber) aufweiscn. Die Drehung dieser Stäbe bewirkt ein ständiges Anheben und Absenken des Gutes, so daß ein befriedigender Sieberfolg erzielt wird. Durch die

Abb. 16. Ansicht des maschenbeweglichen Rostes.

Neigung des Rostes wird eine Beförderung des Gutes erreicht. Die Bogendreieckform der Walzen bewirkt, daß die Maschenweite bei jeder Stellung gleich bleibt. Soll die Maschenweite geändert werden, so ist dies dadurch erreichbar, daß die verschiebbaren Einzellager der Rostwalzen verlagert werden.

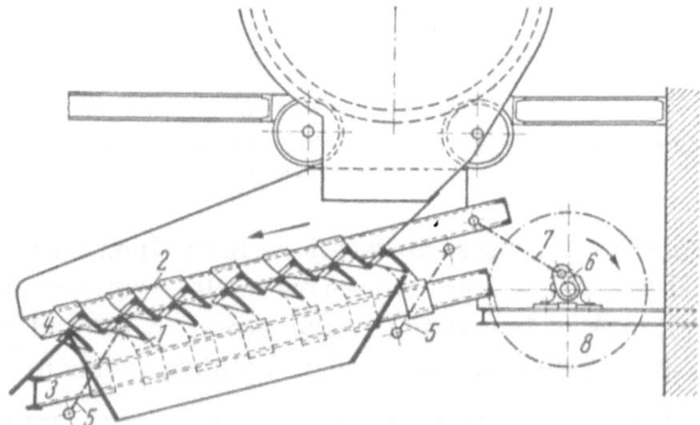

Abb. 17. Arbeitsweise des maschenbeweglichen Rostes.

Als Rost mit bewegten Langstäben ist der Briartsche Stangenrost zu nennen. Bei ihm sind die Stäbe am oberen Ende durch Excenter derart bewegt, daß im Wechsel eine ebene und gewellte Oberfläche zustande kommt und das Gut senkrecht zur Bewegungsrichtung hin und her gewälzt wird. Ein Rost dieser Arbeitsweise war in der Erzvorbereitung in Corby eingebaut, ist dann aber beim Umbau dieser Anlage durch einen Stangenrost in Bandform ersetzt worden.

Als ein weiterer Rost sei noch der *Stückgutabscheider* der Klöckner-Humboldt-Deutz A. G. erwähnt. Es ist eine auf kräftigen Federn verlagerte Schwingrinne, die durch einen Exzenter angestoßen wird.

Neigt das zu verarbeitende Gut dazu, die Roste zuzusetzen, so bietet sich der Selbstreiniger-Rost an, bei dem die Arme eines Drehkreuzes die Ansätze von den Roststäben entfernen.

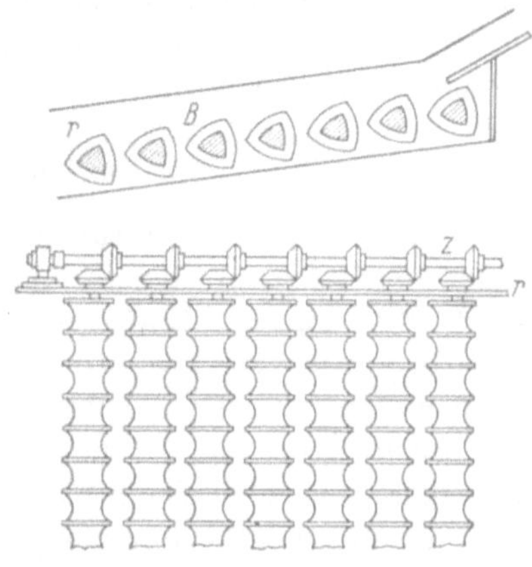

Abb. 18. Bauart eines Kaliberrostes nach Distl-Suski.

Bevor auf die Siebvorrichtungen eingegangen wird, die als Siebbelag gelochte Bleche oder Gitterroste benutzen, sei auf diese *Siebelemente* selbst eingegangen. Die Lochbleche haben neben ihrer für den Siebvorgang günstigen, glatten Oberfläche einige nachteilige Eigenschaften. So ist die freie Siebfläche verhältnismäßig gering, auch ist der Siebdurchgangswiderstand hoch, weil oft zwischen den parallelen Flanken der Löcher Körner eingeklemmt werden. Ein solches Zusetzen mindert den Vorteil der glatten Oberfläche und zwingt zur wiederholten Reinigung des Siebbodens. Weniger bedeutungsvoll ist die beim Verschleiß auftretende Vergrößerung der Maschenweite. Der Verschleiß selbst läßt sich durch Verwendung von Manganhartstahlblechen oder Blechen mit gehärteter Oberfläche (Demantsieb) herabmindern.

Abb. 19. Rastexsieb aus profilierten Stangen.

Gewöhnliche Gewebe aus runden Drähten sind in der Erzvorbereitung als Siebbeläge wegen des zu hohen Verschleißes und der zu geringen Belastbarkeit nicht anwendbar, wohl aber Spezialsiebe, wie das *Rastexsieb*, welches die Fa. Luis Herrmann in Dresden und die Hein, Lehmann & Co. A. G. in Düsseldorf baut. Abb. 19 zeigt dieses Sieb, das aus schmalen profilierten Drähten besteht. Die Verankerung der Profile an den Kreuzungsstellen erreicht eine glatte Oberfläche und die schmalen Profile ergeben eine verhältnismäßig große freie Siebfläche. Gleichzeitig wird durch die Verjüngung der Profile nach unten die Verstopfung der Siebmaschen herabgemindert und dabei doch eine hohe Belastbarkeit erreicht.

Wegen der Siebböden für die Feinklassierung wird auf die Ausführungen auf S. 99 verwiesen.

Als *Siebvorrichtungen* kommen, da die Trommelsiebe und Rätter technisch überholt sind, für Erzvorbereitungsanlagen nur Schwingsiebe in Betracht und unter diesen wieder bevorzugt die Exzenter-Schwingsiebe und Kurbelsiebe, dagegen weniger die hochtourigen Schwingsiebe, bei denen zwischen Antrieb und Eigenschwingung eine Gleichstimmung (Resonanz) angestrebt ist.

1. Exzenterschwingsiebe.

In der einfachsten Form ruht der Siebkasten mit seinem oberen Ende unmittelbar auf einem Exzenter, während das untere Ende pendelnd aufgehängt ist. Dadurch wird an der Aufgabenseite, wo die größte Siebarbeit zu leisten ist, eine den Durchsatz und den Sieberfolg steigernde Hubbewegung erzielt; die Abwurfstelle selbst führt dagegen nur eine Pendelschwingung aus. Für ein solches Sieb von 2 m Breite bei 6 m Kastenlänge wird bei einem Kraftbedarf von 12 bis 15 PS, einer Neigung von 10° und bei 150 Umdrehungen der Exzenterwelle mit einer Leistung von etwa 200 bis 300 t/h zu rechnen sein.

2. Kurbelsiebe.

Werden bei dem vorgenannten Sieb die Exzenter durch eine Kurbelwelle ersetzt, so liegt eine Siebvorrichtung vor, die als „einfaches Kurbelsieb" bezeichnet wird und dem Exzenterschwingsieb nach Bauart und Leistung nahe verwandt ist. Ist aber der Siebkasten am Auslaufende ebenfalls auf eine Kurbel gesetzt, so entsteht das *Doppelkurbelsieb*, welches auf der ganzen Länge dem Siebgut eine gleichmäßige Wurfbewegung erteilt und daher einer geringeren Neigung bedarf als die beiden bereits besprochenen Bauarten von Schwingsieben.

3. Resonanz-Schwingsiebe.

Bei den Klassiervorgängen ist man in den letzten Jahrzehnten immer mehr zu Siebvorrichtungen übergegangen, die dem Siebboden eine aufwärts schwingende Bewegung vermitteln. Als Vertreter dieser Siebart sei hier das Resonanz-Schwingsieb der Fa. Stahlbau Rheinhausen in Rheinhausen besprochen, bei dem der Siebkasten von Lenkerfedern gehalten frei schwingen kann (vgl. Abb. 20). Der Antrieb, der vom Motor über einen Exzenter und Antriebspuffer auf den Siebkasten arbeitet, hat nur die Reibungs- und Dämpfungsverluste zu übertragen, so daß bei einem Eindecker von 1200 × 4500 mm Größe eine Antriebsleistung von 2 kW ausreicht. In der Nähe der Umkehrstellungen der Schwingungen greifen doppelseitig Gummipuffer ein, die die kinetische

Energie kurzzeitig speichern und aus der Umkehrstellung heraus dem Siebkasten eine hohe Beschleunigung erteilen. Es wird dadurch eine besonders kräftige Siebwirkung erreicht. Die Schwingungszahlen betragen 500 bis 1000 Schw./min, der Hub des Kastens 10 bis 30 mm und der Wurfwinkel je nach der Art des Siebgutes etwa 30 bis 60°. Die Änderung der Schwingungszahl erfolgt weitgehend durch ein einfaches Einstellen des Luftspaltes an den Gummipuffern.

Abb. 20. Resonanz-Freischwingsieb, Bauart GU der Firma Stahlbau Rheinhausen in Rheinhausen.

Das genannte Resonanzsieb kann zur Absiebung von Erzen, Kohle und Koks dienen. Bei der bevorzugten Anordnung der Siebböden hintereinander, bei der die Wartung und Zugänglichkeit günstig sind, ist eine ausreichende Bemessung der Siebfläche für den ersten Siebboden mit der kleinsten Maschenweite wichtig, weil dieser die gesamte Aufgabemenge aufnehmen muß.

Auf die weiteren Siebmaschinen, die vornehmlich bei der Absiebung von Feingut, wie es bei einer Zerkleinerung im Betriebe einer Aufbereitungsanlage anfällt, Verwendung finden, ist auf S. 102 eingegangen.

III. Das Mischen der Erze.

Der Betrieb des Hochofens verlangt eine hohe Gleichmäßigkeit nicht nur der mechanischen, sondern vor allem auch der chemischen Beschaffenheit der Rohstoffe. Anderseits sind die Erze auf der natürlichen Lagerstätte fast stets chemisch sehr ungleichartig, so daß ein Mischen selbst solcher Erze notwendig erscheint, die von einem einzelnen Erzvorkommen angeliefert werden. Daneben gibt es Fälle, in denen ein Hochofenwerk Erze von in metallurgischer Hinsicht ähnlicher Beschaffenheit von mehreren kleineren Grubenbetrieben erhält und die Mischung dieser Erze durchführen muß, um für die Zusammenstellung des Möllers eine breitere Grundlage zu haben. Nun werden die Erze sowohl bei der Gewinnung, als auch bei der Verladung auf der Grube sowie bei der mehrfachen Umladung auf dem Hochofenwerk zwar schon in einem gewissen Umfange gemischt, aber dieses systemlose Mischen kann nicht erreichen, daß die in den Möller eingehenden Teilmengen von ständig gleichbleibender Beschaffenheit sind. Diese Verhältnisse haben zur Einschaltung besonderer Mischvorgänge geführt. Zwei Arten des Mischens haben sich bewährt; die eine besteht darin, die auf dem Hochofenwerk eingehenden Erze in mehrere Bunker zu verteilen und sie dann aus mehreren dieser Bunker gleichzeitig auf Förderbänder zu übernehmen und sie von diesen in Bunker für die gemischten Erze zu stürzen. Dieses System wird in der Erzmischanlage der Sophienhütte in Wetzlar in Verbindung mit einer Probenahme angewandt und ist auf S. 358 beschrieben.

Das andere Verfahren des wirkungsvollen Mischens besteht in dem Anschütten der Erze auf dammartige Haufen, den sogenannten Erzbetten. Es ist in Amerika erstmalig auf Kupferhütten angewandt worden und unter der Bezeichnung „*Robins Messiter-Stapelung*" bekannt geworden. Die erste Anwendung dieses Verfahrens in der Eisenindustrie erfolgte in England bei den Appelby-Frodingham-Werken, wo die im Tagebau geförderten Erze von stark schwankender Zusammensetzung sind.

Abb. 21 gibt eine Darstellung dieses Verfahrens. Das gebrochene Erz wird mittels Förderband dem vorbereiteten Lagerplatz zugeführt und über diesem mittels eines Abstreifers abgeworfen. Indem der Abstreifer häufig über die Länge des vorgesehenen Bettes herfährt, wird ein Erzdamm von etwa 6 bis 7 m Höhe und 16 bis 18 m Breite angeschüttet. Sowohl in der Erzvorbereitung Appleby-Frodingham als auch in Corby, wo eine gleichartige Mischanlage besteht, fährt das Verteilerband 270mal über das entstehende Bett, so daß dieses schließlich aus 540 dünnen Lagen aufgebaut ist. Die Länge der Betten ist weitgehend von den Platzverhältnissen abhängig; in Corby beträgt ihre Länge rund 120 m, während sie in Watenstedt bei der Hütte Braunschweig etwa 45 m ist. Abb. 21 zeigt ferner die Wiederaufnahme des Erzes durch eine fahrbare Abbaumaschine, die mittels eines eggenartigen Räumers das Erzbett von einer Stirnseite aus wieder abbaut. Die dreieckige, in der Neigung verstellbare Egge ist bewegt und läßt das Erz einem Querförderer zufallen, der es nach der Seite hin auf ein unter Flur verlagertes Förderband abwirft. Um nicht für jedes Bett eine besondere Abbaumaschine zu benötigen, sind Schiebebühnen vorhanden, mit denen diese Maschinen von einem Feld zu einem anderen verschoben werden können. Die Wirkung dieser Stapelung auf die Mischung der Erze ist verständlicherweise eine sehr vollkommene; die Schwankungen in den Analysenwerten liegen in der Regel unter 1%. Die Zahlentafeln 17 und 18 geben an den Verhältnissen des Erzlagers

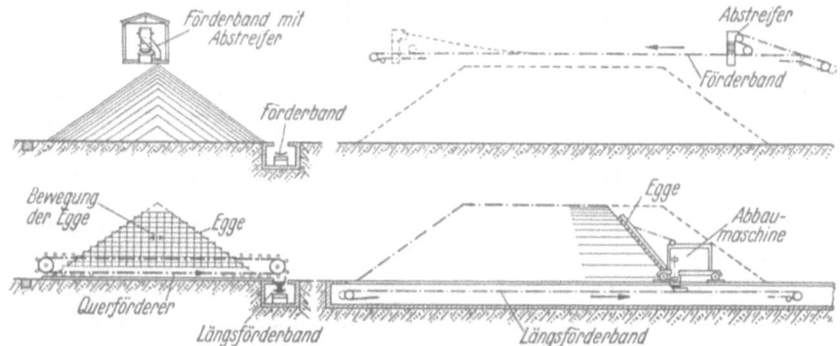

Abb. 21. Mischung von Erzen auf Erzbetten nach Robins-Messiter (oben: Bildung des Erzbettes, unten: Abräumen des gemischten Erzes durch eine Abbaumaschine).

von Frodingham und dem Ergebnis einer Untersuchung eines Erzbettes auf dem Hochofenwerk in Appleby-Frodingham einen guten Beleg für die Wirkung der Mischung auf den Erzbetten.

Zahlentafel 17. *Analysen von Erzbänken an der Abbaufront (Wing Face) des Erzlagers von Frodingham (nach G. D. Elliot).*

Erzbank Nr.	Mächtigkeit m	Fe %	Rückstand %	Kalk %	S %
1	0,18	25,7	28,2	1,4	0,147
2	0,74	28,0	17,4	5,9	0,066
3	0,48	21,7	23,7	8,8	0,555
4	0,61	27,1	6,0	11,9	4,460
5	0,41	22,8	5,5	18,6	0,489
6	0,20	31,8	5,2	7,3	0,266
7	0,48	24,7	2,9	18,8	0,475
8	0,53	22,0	3,9	17,7	0,844
9	0,41	14,1	2,8	31,4	0,122
10	0,30	27,0	6,7	7,8	3,975
11	0,35	26,7	15,5	7,9	0,459
12	0,30	22,5	8,1	17,0	0,060
13	0,15	23,9	10,1	13,5	0,085
14	0,13	16,0	4,4	30,4	0,076
15	0,30	22,3	10,1	16,3	0,054
16	0,10	18,7	27,1	6,5	2,600
17	0,18	13,3	7,2	27,8	1,570
18	0,45	23,7	20,5	5,8	0,075
19	0,30	23,2	14,0	11,9	0,048
20	0,60	20,5	17,1	11,8	0,114

Zahlentafel 18. *Gleichmäßigkeit der Erzzusammensetzung nach dem Mischen auf Erzbetten (nach G. D. Elliot).*

Probe vom Erzbett nach der Entnahme von	Feuchtigkeit %	Fe %	SiO_2 %	CaO %	S %
200 t	11,1	20,3	6,5	21,6	0,386
500 t	10,9	20,8	6,9	22,1	0,368
800 t	11,5	20,1	6,7	21,9	0,443
1100 t	11,7	20,3	6,3	22,2	0,394
1400 t	11,4	20,6	6,6	22,8	0,372
1700 t	11,9	20,2	6,2	22,2	0,465
2000 t	11,5	20,1	6,3	22,3	0,479
2300 t	11,5	20,6	6,8	22,7	0,323
Durchschnitt .	11,4	20,4	6,6	22,2	0,404

Die Größe der Erzmengen, die in den einzelnen Anlagen in den Erzbetten gelagert werden können, ist unterschiedlich. Die Erzvorbereitung in Watenstedt besitzt 16 Erzbetten von je 3000 t Inhalt oder eine gesamtem Lagermöglichkeit von fast 50000 t. In Corby vermögen 4 Erzbetten von etwa 120 m Länge rund 40000 t aufzunehmen. Diese großen Mengen bedeuten gleichzeitig eine erwünschte Abpufferung des Hüttenbetriebes gegen die Anlieferung aus den Grubenbetrieben.

Wenn auch der Erfolg der Robins-Messiter-Stapelung nicht zu bestreiten ist, so bleibt doch noch der Wunsch nach ihrer Vervollkommnung bestehen. Unerwünscht hoch sind nämlich der Kraftbedarf des Querförderers mit etwa 50 PS und der Verschleiß, der an den pflugscharartigen Kratzern dieses Fördermittels auftritt. Dieser kann bei harten Erzsorten ein wöchentliches Auswechseln der Kratzerenden notwendig machen; bei weichen Erzen ist dagegen der Verschleiß geringer, aber es ergibt sich dann ein unerwünschter Abrieb an den Erzen. Auch der Platzbedarf der Erzbetten ist verhältnismäßig sehr hoch.

Die Betriebskosten der Erzbetten der Hütte Braunschweig stellten sich nach Unterlagen der Werksleitung im Monat Juli 1943, in dem die Anlage allerdings nur 202000 t durchsetzte, folgendermaßen[26]:

Energie	0,01 RM/t
Löhne und Gehälter	0,09 ,,
Gefolgschaftsnebenkosten . . .	0,01 ,,
Betriebsstoffe	0,01 ,,
Instandsetzung	0,01 ,,
Sonstige Gemeinkosten . . .	0,02 ,,
Kapitaldienst	0,09 ,,
Allgemeinkosten	0,03 ,,
Insgesamt	0,27 RM/t

[26] Kozina, B.: Beitrag zur Weiterentwicklung der Erzmischeinrichtungen in der Roheisenerzeugung. Unveröffentlichte Dissertation Berlin 1948.

Von B. Kozina ist der Vorschlag gemacht worden, die Robins-Messiter-Stapelung in der Richtung zu verbessern, daß nicht Erzbetten, sondern Möllerbetten gebildet werden, wodurch er erreichen will, daß die Erze einmal weniger „angefaßt" werden müssen. Außerdem sollen in Anlehnung an die zur Zeit der Holzkohlen-Hochöfen üblichen Mischkammern zur Verringerung des Platzbedarfs lange Kammern mit senkrechten Wänden errichtet werden und zur Erniedrigung des Kraftbedarfs soll der Möller aus diesen Kammern durch kleine Eimerkettenbagger entnommen werden. Dieser Vorschlag löst aber das Bedenken aus, daß die einzelnen Möllerbestandteile schichtenweise nacheinander so aufgetragen werden müßten, daß der bereits ausgefüllte Teil des Raumes im vertikalen und schrägen Schnitt jeweils die verlangte Zusammensetzung des Möllers hat, was nur durch Einsatz von sorgfältiger Handarbeit erreichbar erscheint.

IV. Das Trocknen der Erze.

Die Trocknung von Erzen ausschließlich zu dem Zwecke, sie als Möllerstoffe besser vorzubereiten, ist verhältnismäßig selten. Als ein Beispiel dieser Art kann die Verarbeitung der Doggererze Mittelenglands genannt werden, die tonig-lehmig sind und bei der Gewinnung im Tagebau je nach der Witterung 15 bis 23 % Feuchtigkeit besitzen. Da diese Erze zu störenden Ansätzen und sogar zu Verstopfungen in den Transport- und Begichtungsvorrichtungen führen, wird auf dem Hochofenwerk in *Appleby-Frodingham* das Gut unter 70 mm Korngröße in einem Trommeltrockner „halbgetrocknet", d. h. sein Feuchtigkeitsgehalt wird auf 12 % herabgedrückt. Der benutzte Trockner, System Buell, ist 13 m lang und hat 2,4 m ⌀; die mit 5° geneigte Trommel macht 5 U/min. Sie wird mit Gichtgas geheizt und ist in der von den Büttner-Trocknern bekannten Art durch Einbauten in zahlreiche Rieselsysteme unterteilt. Die Durchsatzleistung der beiden vorhandenen Trommeln beträgt je 40 t/h und die Arbeitstemperatur schwankt je nach dem Feuchtigkeitsgehalt des aufgegebenen Erzes zwischen 600 und 800°. Zahlentafel 19

Zahlentafel 19. *Betriebskennzahlen der Erztrocknungsanlage der Appleby-Frodingham-Werke.*

Erzdurchsatz	t/h	38,8
Erzaustrag	t/h	31,8
Feuchtigkeit des Aufgabegutes	%	18,15
Feuchtigkeit des Austrags	%	12,0
Gichtgasverbrauch	Nm^3/h	2970
Gichtgasverbrauch	Nm^3/t	76,5
Heizwert des Gichtgases	kcal	945
Wärmeverbrauch	kcal/t	72292
Gewichtsausbringen	%	82

gibt die Auswertung der Ergebnisse einer Betriebsperiode in diesem Trommeltrockner. Der niedrige Wert des Gewichtsausbringens beweist, daß sich im Ofen erhebliche Mengen Staub gebildet haben.

Eine derartige Trocknung macht die Verbindung mit einer Entstaubung notwendig. Damit diese störungsfrei arbeitet, ist es weiter erforderlich, dafür zu sorgen, daß nicht bei Unterschreitung des Taupunktes Verkrustungen eintreten und die Leitungen sich verstopfen. In Frodingham erreicht man dies dadurch, daß ein Teil der Heizgase den Abgasen zugeteilt wird. Das Trocknen bewirkt außerdem eine Erhöhung des Feinerzanteils, wie dies aus der Zahlentafel 20[27] zu ersehen ist. Das getrocknete Erz wird in die beiden Körnungen über und unter 12 mm zerlegt; das gröbere Gut, das 70% der Menge ausmacht, wird mit den übrigen Erzen dem Hochofen zugeführt, während das Feinerz unter 12 mm, das 30% der Menge ausmacht, gesintert wird. Ist die Trocknung zu stark, indem der Feuchtigkeitsgehalt wesentlich unter 12% gedrückt wird, so steigt der Anfall an Feinerz stark an.

Zahlentafel 20. *Veränderung der Korngrößen des Erzes durch die Trocknung.*

Körnung	Siebanalyse von Erzproben (Angaben in %)	
	Aufgabegut	getrockn. Erz
feiner als 19 mm	45	52
,, ,, 6 ,,	19	24
,, ,, 20 μ	1	~4

Auf dem genannten Werk hat sich die Trocknung seit 16 Jahren gut bewährt, und es ist beabsichtigt, ihre Leistungsfähigkeit etwa zu verdreifachen.

Über die Trocknung von Gichtstaubschlamm auf dem Hochofenwerk des früheren Dortmund-Hörder-Hüttenvereins, die dort der Brikettierung vorausgeht, ist von M. Fischer berichtet worden[28]. Verwendet wird ein Kontakttrockner der Maschinenfabrik Fr. Haas in Lennep, der bei 4,6 m Länge einen Durchmesser von 3,6 m hat und bei einem Nässegehalt des Schlammes von 30% 18 t/h leistet. Das Trockengut hat unter 1% Feuchtigkeit und der Verbrauch an Gichtgas stellt sich auf 325 m^3 je t Schlamm.

Die Trocknung des Doggererzes in der Aufbereitungsanlage in Pegnitz, die dort der Magnetscheidung vorausgeht, ist auf S. 150 behandelt.

[27] Stahl u. Eisen Bd. 71 (1951) S. 781 bis 782.
[28] Fischer, M.: Stahl u. Eisen Bd. 58 (1938) S. 1296 bis 1297.

F. Die Aufbereitung der Eisenerze und der Kokskohle.

Es ist einleitend darauf hingewiesen worden, daß die Aufbereitung im Gegensatz zur Erzvorbereitung die Abscheidung der unhaltigen Gangart unter Gewinnung eines Konzentrates bewirkt. Dazu ist meist eine weitgehende Zerkleinerung notwendig, es wird tiefer in die Substanz eingegriffen, die Kosten erhöhen sich, aber es werden auch hüttenmännisch gesehen größere Vorteile erreicht.

Nun gibt es eine Vielzahl von Anreicherungsverfahren, die mit unterschiedlichen Betriebskosten verbunden sind, aber auch Konzentrate von unterschiedlicher Güte herzustellen in der Lage sind, was in vielen Fällen metallurgische Auswirkungen haben kann. Aus diesem Grunde ist es richtig, daß auch der Hüttenmann über diese Verfahren und ihre Möglichkeiten unterrichtet ist, damit er seinerseits begründete Anregungen zur Wahl des in metallurgischer Hinsicht günstigen Verfahrens zu geben vermag und keine unbilligen Forderungen stellt, die den wirtschaftlichen Gegebenheiten der Aufbereitung widersprechen. Mit Rücksicht auf diese Zusammenhänge ist im folgenden auch die technische und wirtschaftliche Erfolgsrechnung der Aufbereitung verhältnismäßig eingehend behandelt.

Einige Begriffe des Aufbereiters mögen zunächst besprochen werden. Es ist üblich, das aufzubereitende Gut mit Roherz, Haufwerk, Rohkohle zu bezeichnen. Es besteht aus Reinerz bzw. Reinkohle und Gangart bzw. Asche; auch spricht man vom Unhaltigen oder vom tauben Gut. Durch die Trennung des Rohgutes nach dem Gehalt entstehen die Konzentrate und die Berge oder Abgänge, in vielen Fällen außerdem ein Erzeugnis mit einem solchen Gehalt, daß es weder als Konzentrat gelten noch als Berge abgeworfen werden kann. Man nennt diese Menge, die in der Hauptsache aus verwachsenem Gut besteht, Zwischengut, wenn sie in der Aufbereitungsanlage durch einen weiteren Trennungsvorgang verbessert wird, und Mittelgut, wenn sie nicht weiter angereichert, sondern unmittelbar einer Verwendung zugeführt wird, die ihren Metall- oder Kohlengehalt noch nutzbar macht.

Der aufzubereitende Stoff wird als Gut bezeichnet, aus dem die genannten Erzeugnisse entstehen. Unter Setzgut oder Magnetscheidegut versteht man mithin das Aufgabegut, das den Setzmaschinen oder den Magnetscheidern zugeführt wird und aus dem beispielsweise Setzkonzentrat und Setzberge entstehen.

Es bleibt noch zu erwähnen, daß die Trennung nach dem Gehalt als Sortierung zu unterscheiden ist von der Trennung nach der Korngröße, die als Klassierung bezeichnet wird.

I. Die Ermittlung des aufbereitungstechnischen Erfolges.

Um einen Trennungsvorgang auswerten und den Anreicherungserfolg berechnen zu können, sind vom *Fachausschuß für Erzaufbereitung* Abkürzungen geschaffen und Formeln für die Erfassung des Aufbereitungsergebnisses festgelegt worden[29]; von denen die wichtigeren im folgenden besprochen seien.

1. Gewichte und Metallgehalte:

	Gewicht kg	Metallgehalt %
Aufgabegut	q_a	a
Konzentrat	q_c	c
Zwischengut	q_z	z
Berge (Abgänge)	q_b	b
Höchstmöglicher Metallgehalt .	q_r	r

Der höchstmögliche Metallgehalt ist für die Eisen- und Manganerze im Zusammenhang mit ihrer Besprechung bereits angegeben worden.

2. Die *Reinerz*gehalte sind in dem Aufbereitungsgut und in den aus ihm gewonnenen Erzeugnissen höher als die Metallgehalte und können berechnet werden aus den Formeln (in Prozent):

für das Aufgabegut $\frac{a}{r} \cdot 100 = a_r$

„ „ Konzentrat $\frac{c}{r} \cdot 100 = c_r$

„ die Berge $\frac{b}{r} \cdot 100 = b_r$

3. Das Verhältnis der Gewichtsmengen des erzeugten Konzentrates zur Aufgabemenge ist das *Gewichtsausbringen*. Es wird mit v abgekürzt, und es ist somit (in Prozent):

$$v = \frac{q_c \cdot 100}{q_a}.$$

Es ist möglich, das Gewichtsausbringen auch dann zu bestimmen, wenn nur die Gehalte des Aufgabegutes, des Konzentrates und der Berge bekannt sind und zwar nach der Formel:

$$v = \frac{(a - b) \cdot 100}{c - b}.$$

Diesem *tatsächlichen* Gewichtsausbringen steht das *vollständige* oder ideale Gewichtsausbringen v_{opt} gegenüber, bei dem alles Reinerz frei von Gangart ins Konzentrat hereingebracht wird. Es ist gleich dem

---

[29] Metall u. Erz Bd. 25 (1928) S. 77.

oben bereits für den Reinerzgehalt des Aufgabegutes genannten Wert, also

$$v_{\text{opt}} = a_r = \frac{a}{r} \cdot 100.$$

4. Neben dem Gewichtsausbringen steht das *Metallausbringen m*, unter dem das Verhältnis der in das Konzentrat übergeführten Metallmengen zu der im Aufgabegut vorhandenen Metallmenge verstanden ist. Es läßt sich errechnen aus (in Prozent):

$$m = \frac{c \cdot q_c}{a \cdot q_a} \cdot 100 \text{ oder } = \frac{v \cdot c}{a} \cdot 100.$$

5. Weder das Gewichtsausbringen noch das Metallausbringen sind ein Maßstab für den Anreicherungserfolg, wie die einfache Überlegung beweist, daß, wenn aus einem Aufbereitungsgut nur ein ganz kleiner Teil fortgenommen und der Rest als Konzentrat betrachtet wird, sowohl der Wert des Gewichts- als auch des Metallausbringens sehr hoch ist, obwohl anreicherungsmäßig kaum eine Leistung vorliegt. Dagegen ist ein Maßstab des Anreicherungserfolges wohl der Trennungsgrad η[30], der sich ergibt aus (in Prozent):

$$\eta = \frac{m - v}{100 - v_{\text{opt}}} \cdot 100.$$

In Worten ist somit der Trennungsgrad gleich dem Verhältnis der Differenz von Metall- und Gewichtsausbringen eines Trennungsvorganges zu der Differenz einer vollkommenen Trennung, bei der das Metallausbringen gleich 100 % und das Gewichtsausbringen gleich seinem idealen Wert ist. Der Trennungsgrad läßt sich anderseits auch ermitteln aus der Formel

$$\eta = m - w;$$

dies bedeutet, daß er gleich der Differenz des Metallausbringens und dem Bergeausbringen im Konzentrat — das ist der Bergeverbleib w — ist. Der letztgenannte Wert ergibt sich in Prozent der Gesamtberge aus

$$w = \frac{(100 - c_r) \cdot v}{100 \cdot a_r}.$$

6. Eine letzte Kennzahl für technische Auswertungen ist der *Leistungsgrad L*, mit dem erfaßt wird, in welchem Umfange eine Aufbereitungsmaschine den nach den Verwachsungsverhältnissen möglichen Aufbereitungserfolg erreicht hat. Aus dem Erzgefüge bzw. den im Aufgabegut bestehenden Verwachsungen ergibt sich eine physikalisch mögliche Anreicherbarkeit, die hinter der idealen Anreicherung mehr oder minder stark zurückbleiben muß, aber anderseits auch betriebsmäßig

[30] Luyken, W.: Mitt. K.-Wilh.-Inst. Eisenforschg. Bd. 6 (1924) S. 17 bis 20.

nicht restlos erreicht wird. Dieser letztere Unterschied wird von dem Leistungsgrad erfaßt durch den Quotienten des Trennungsgrades der betrieblichen und des der physikalisch möglichen Anreicherung. Hierfür lautet die Formel:

$$L = \frac{\eta_{\max} \text{ der betrieblichen Trennung}}{\eta_{\max} \text{ der physikalisch möglichen Trennung}} \cdot 100.$$

Beispiele für den Trennungs- bzw. Leistungsgrad enthält die Zahlentafel 28 auf S. 124. Die in ihr aufgeführten Versuche wurden mit einem künstlichen Gemisch von reinem Bleiglanz und reinem Quarz ausgeführt, wodurch im physikalischen Sinne ein Trennungsgrad von 100 % erreichbar ist. Bei dem Versuch 6 dieser Zahlentafel hat der benutzte Rillenherd bei der Scheidung einen Trennungsgrad von 98,7 % erreicht, was bedeutet, daß der Leistungsgrad

$$L = \frac{98{,}7 \cdot 100}{100} = 98{,}7\,\%$$

war. Wenn bei den anderen, in der Zahlentafel 28 genannten Versuchen die Trennungsgrade und damit auch der Leistungsgrad des Herdes geringer war, so ist dies in der Betriebsweise des Herdes begründet, die diesem nicht besonders gut angepaßt war, nicht aber in seiner Konstruktion.

Sowohl in der Erzaufbereitung als auch noch stärker in der Kohlenaufbereitung hat es sich als zweckmäßig erwiesen, Anreicherungsergebnisse graphisch darzustellen, um die verschiedenen Möglichkeiten der Konzentratbildung vollständig auswerten zu können. Abb. 22 zeigt die in der Erzaufbereitung übliche Abtragung der Metallgehalte auf der Ordinate von der Länge 1 in einer Hundertteilung und die Abtragung der Werte des Gewichtsausbringens auf der Abszisse gleichfalls von der Länge 1 für die Werte von 0 bis 100 %. Der Abbildung liegt die Annahme zugrunde, daß bei einem Trennungsvorgang — beispielsweise einer Trennung nach dem spezifischen Gewicht — das Aufgabegut in fünf Erzeugnisse mit fallenden Metallgehalten zerlegt wird, die nach Gehalt und Menge eingetragen sind. Die entstandenen Flächen entsprechen den Metallmengen der einzelnen Erzeugnisse. Ihre Summe muß gleich der in der Aufgabe enthaltenen Metallmenge sein, d. h. gleich $a \cdot 100$ oder gleich dem Inhalt des Rechtecks $ABCD$. Die Linie CD entspricht

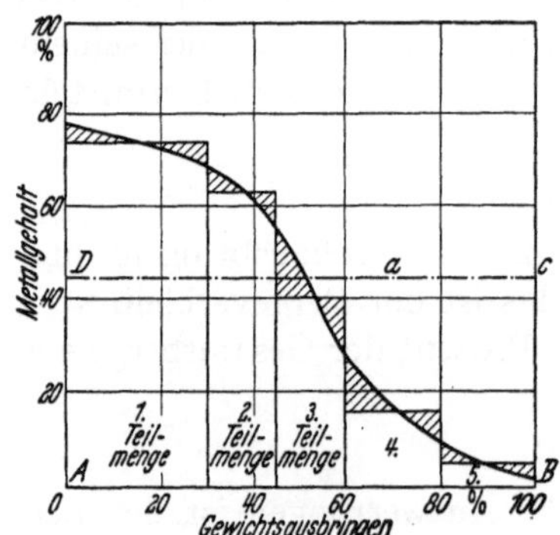

Abb. 22. Graphische Darstellung eines Anreicherungsvorganges durch die Grundkurve.

dabei dem Durchschnittsgehalt des Roherzes. Die einzelnen Erzeugnisse bilden von links nach rechts eine absteigende Treppe. Durch Flächenausgleichung, wie sie in Abb. 22 zeichnerisch wiedergegeben ist, läßt sich die eingezeichnete, fortlaufende Kurve entwickeln. Es ist dies die *Grund-* oder *Differential-Kurve*, die für jedes beliebige Gewichtsausbringen angibt, welchen Metallgehalt die zuletzt dem Konzentrat hinzugefügte kleinste Teilmenge hat.

Um weiter für jedes beliebige Gewichtsausbringen den zugehörigen Metallgehalt des Konzentrates angeben zu können, muß man alle Teilmengen bis zu diesem Gewichtsausbringen addieren und die Summe entspricht dann der Metallmenge des Konzentrates. Dividiert man diese Summe durch v, so erhält man den Konzentratgehalt. Führt man diese Rechnung für mehrere Trennungsvorgänge durch, so kann man aus den gefundenen Werten eine zweite Kurve erhalten, die *Konzentratkurve*, die für jedes Gewichtsausbringen den zugehörigen Gehalt des Konzentrates angibt. Abb. 23 zeigt diese Kurve II, die aus der Grundkurve I entstanden ist. Dieses Bild zeigt außerdem noch die Bergekurve III, die für jedes beliebige Gewichtsausbringen den Gehalt der Berge abzulesen gestattet. Sie entsteht in der Weise aus der Kurve I, daß zu ihrer Ermittlung die geringhaltigen Erzeugnisse von rechts nach links addiert worden sind.

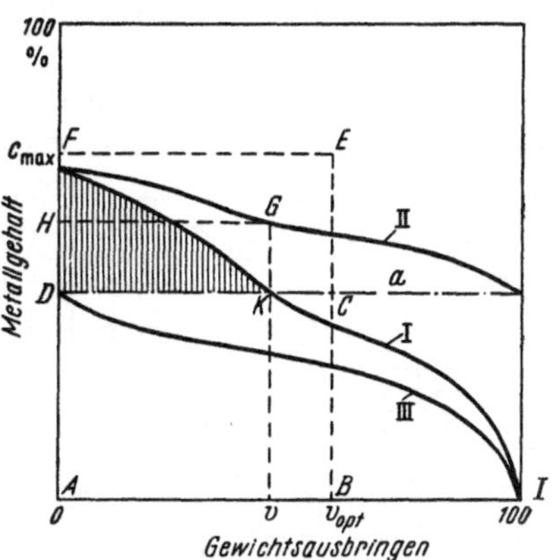

Abb. 23. Anreicherungskurven für die Darstellung von Erzaufbereitungsvorgängen.

Die in Abb. 23 wiedergegebene graphische Darstellung eines Aufbereitungsvorganges bezeichnet man als „Anreicherungscharakteristik". In ihr entspricht die Kurve II der Funktion $c = f(v)$ und die Kurve III der Funktion $b = f(v)$. Ferner entspricht die oberhalb der Linie a des Durchschnittgehaltes liegende gestrichelte Fläche der eigentlichen Anreicherungsleistung; denn bis zu dem Gewichtsausbringen v sind nur solche Teilmengen ins Konzentrat hereingebracht worden, die reicher als der Durchschnitt waren. Werden noch weitere Teilmengen zum Konzentrat hinzugenommen, so können diese nur ärmer als der Durchschnittsgehalt sein und dies würde eine Minderung der Anreicherungsleistung veranlassen. Beim Schnittpunkt der Grundkurve mit der Linie des Durchschnittsgehaltes und für das diesem Punkt entsprechende Gewichtsausbringen muß der Trennungsgrad einen Höchstwert erreichen.

Die Abb. 23 bringt weiter noch einen Vergleich der erreichten und der vollkommenen Anreicherungsleistung. Zunächst entspricht der Linienzug *FEBI* dem Verlauf eines idealen Trennungsvorganges: das erzeugte Konzentrat hat bis zu einem Gewichtsausbringen v_{opt} den theoretischen Höchstgehalt — z. B. 70 % Fe bei einem Roteisenerz — und bei dem Gewichtsausbringen v_{opt} ist alles Reinerz ins Konzentrat hereingebracht, so daß bei weiterer Steigerung des Gewichtsausbringens nur noch Teilmengen mit dem Metallgehalt 0 = Strecke *BI* zum Konzentrat hinzukommen. Damit stellt das Rechteck *DCEF* die vollkommene Anreicherungsleistung dar. Anderseits entspricht die gestrichelte Fläche und das ihr nach der Konstruktion inhaltsgleiche Rechteck *DKGH* der erreichten Leistung. Das Verhältnis dieser beiden Rechtecke bildet den Trennungsgrad.

Die Abb. 24 zeigt neben der Grundkurve I und der Kurve II für einen bestimmten Anreicherungsfall wieder den Linienzug der idealen Anreicherung, in diesem Falle unter Bildung eines Konzentrates mit 70 % Metall aus einem Aufgabegut mit 30 % Metall. Das ideale Gewichtsausbringen berechnet sich zu

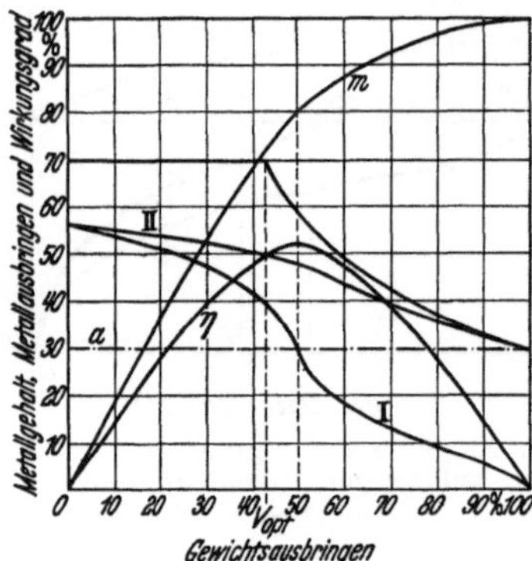

Abb. 24. Die Kurven des Metallausbringens und des Trennungsgrades zu einer Anreicherungscharakteristik.

$$v_{\text{opt}} = \frac{a}{r} = \frac{30 \cdot 100}{70} = 42{,}87\,\%.$$

Steigt das Gewichtsausbringen über den Wert von v_{opt} noch weiter an, so fallen die Konzentratgehalte durch die Hinzunahme metallfreier Berge gemäß der eingezeichneten Kurve von 70 % auf 30 % Metall zurück.

Bei der Abb. 24 beginnen im Nullpunkt die zwei Kurven des Metallausbringens *m* und des Trennungsgrades η, deren Verlauf aufschlußreich ist. Die Kurve des Trennungsgrades erreicht bei demjenigen Gewichtsausbringen *v* einen maximalen Wert, bei dem die Grundkurve I die Linie des Durchschnittgehaltes schneidet; dies bedeutet, daß man als Vergleichsmaßstab an sich den maximalen Wert des Trennungsgrades bestimmen muß, um einen einwandfreien Maßstab zu haben. Daß die Werte des Metallausbringens für Vergleiche wenig geeignet sind, beweist der Verlauf der Kurve *m*; sofern man nur ein hohes Gewichtsausbringen wählt, ist es leicht, einen hohen Wert des Metallausbringens zu erzielen; dabei kann aber der Anreicherungserfolg sehr gering sein.

Ein Zahlenbeispiel möge noch die Überlegenheit der Auswertung eines Anreicherungsversuches mit Hilfe des Trennungsgrades belegen.

Die Abgänge einer Magnetiterz-Aufbereitung waren apatithaltig und es sollte der Phosphorgehalt nutzbar gemacht werden. Bei zwei verschiedenen Versuchen ergaben sich die in der Zahlentafel 21 aufgeführten Ergebnisse. Würde man sich bei dem Vergleich allein auf das Phosphorausbringen stützen, so würde der Versuch I der bessere sein. Bei dem Versuch II sind aber sowohl das Konzentrat reicher als auch die Berge

Zahlentafel 21. *Auswertung von zwei Trennungsversuchen zur Anreicherung des Phosphors aus einem Erzabfall.*

Versuch	Aufgabe % P	Konzentrat % P	Berge % P	Gewichtsausbringen an Konzentrat %	Phosphorausbringen %	Trennungsgrad %
I	1,85	12,5	0,185	13,5	91,22	86,63
II	1,78	13,5	0,18	12,0	91,01	87,68

ärmer. Da die Konzentratmenge geringer war, ist auch das Phosphorausbringen geringer, aber wie in der letzten Spalte die Werte des Trennungsgrades zeigen, war der Erfolg des Versuches II der bessere.

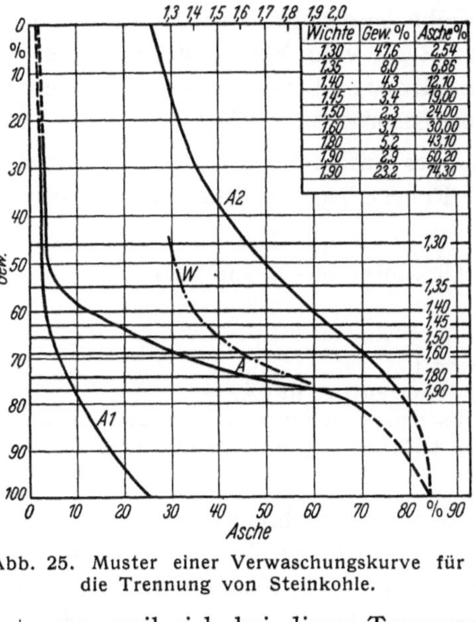

Abb. 25. Muster einer Verwaschungskurve für die Trennung von Steinkohle.

Die Abb. 23 und 24 zeigten die Anordnung der Anreicherungskurven, wie sie in der *Erz*aufbereitung üblich geworden ist. In der *Kohlen*aufbereitung ist eine abweichende Art der Darstellung gebräuchlich, wie sie Abb. 25 zeigt[31,32]. Bei ihr sind in Anlehnung an die Zerlegung von Kohle durch einen Setzvorgang die Gewichtsmengen auf der Ordinate von der Länge 1 von oben nach unten fallend aufgetragen, weil sich bei dieser Trennung die Reinkohle oben befindet, während die schweren Berge sich unten absetzen. Die Aschengehalte sind dann auf der Abszisse aufgetragen. Es ist üblich, den mutmaßlichen Verlauf der Kurven an ihrem Anfang und ihrem Ende zu stri-

[31] Reinhardt: Z. Glückauf (1926) S. 485 u. 521.
[32] Wüster, R.: Z. Glückauf (1925) S. 61.

cheln und rechts oben die Gewichtsmengen der Wichtestufen anzugeben. Im übrigen ist die Bedeutung der drei Kurven I, II und III die gleiche wie bei den Erzanreicherungskurven. Die Kohlenaufbereiter unterscheiden zwischen „Waschkurven", die durch einen laboratoriumsmäßigen Setzversuch ermittelt sind und den „Verwachsungskurven", deren Unterlage eine Schwimm- und Sinkscheidung ist, die in einer schweren Lösung vorgenommen wird. Eine Erweiterung des Kurvenbildes durch eine *Mittelwert*-Kurve ist von F. W. Mayer[33] gegeben worden; sie vermindert die Rechenarbeit, bringt eine größere Ablesegenauigkeit und erweitert die Anwendungsmöglichkeit.

II. Die wirtschaftliche Erfolgsrechnung in der Aufbereitung.

Das Endziel der Aufbereitung ist die Erreichung eines möglichst großen wirtschaftlichen Erfolges. Als Unterlage für diese Ermittlungen benutzt man zweckmäßig wieder die Anreicherungskurve II, die der Funktion $c = f(v)$ entspricht und aus der eine Wertkurve entsteht, indem man den Verkaufswert V je t Konzentrat in Abhängigkeit von der unterschiedlichen Anreicherungshöhe berechnet. Für die Bestimmung des Verkaufswertes wird in der Regel eine Verkaufsformel oder ein Verkaufsvertrag zu benutzen sein oder es muß eine Bewertungsrechnung ausgeführt werden, wie sie schon besprochen worden ist.

Der wirtschaftliche Erfolg x eines Aufbereitungsvorganges läßt sich bei einer Verarbeitung von 100 t Roherz berechnen nach der Gleichung

$$100 \cdot x = V \cdot v - 100 \cdot S$$

Wirtschaftl. Erfolg = Gesamterlös—Gesamtkosten.

In dieser Gleichung sind:

V der Verkaufspreis/t Konzentrat,
v das Gewichtsausbringen an Konzentrat in %,
S die sich aus den bergmännischen Gewinnungs- und den Aufbereitungskosten, bezogen auf die t Roherz, zusammensetzenden Gesamtkosten.

Da eine Aufbereitung auf unterschiedlich hohe Gehalte anreichern kann, ist es wichtig, daß ermittelt wird, für welche Anreicherungshöhe das Produkt $V \cdot v$ einen maximalen Wert hat. Hierzu stützt man sich mit Vorteil auf die Kurve II der Anreicherungscharakteristik, die auf S. 69 besprochen worden ist. Aus dieser Kurve, die der Funktion $c = f(v)$ entspricht, wird zweckmäßig eine Wertkurve entwickelt, indem man für den Bereich der verschiedenen, in Betracht kommenden Konzentrate ihren Verkaufspreis oder -wert berechnet. Indem man die gefundenen

[33] Mayer, F. W.: Z. Glückauf (1943) S. 211.

Werte mit dem Gewichtsausbringen multipliziert, ergeben sich die erzielbaren Erlöse in Abhängigkeit vom Ausbringen und gleichzeitig ein Höchstwert des Erlöses. Zeichnet man die gefundenen Beträge in das Schaubild einer Erzcharakteristik ein, so erhält man durch ihre Verbindung die Erlöskurve *E*, wie sie in der Abb. 26 eingezeichnet ist. Diese Kurve beginnt bei einem Gewichtsausbringen von 0% bei dem Erlös 0 und erreicht bei irgendeinem Gewichtsausbringen den maximalen Wert und endet bei einem Gewichtsausbringen von 100% bei demjenigen Erlös, der für das Roherz erzielbar ist. In Abb. 26 sind auch die Gestehungskosten eingetragen. Diese setzen sich aus den Aufbereitungs- und Gewinnungskosten zusammen, die beide als konstant angesehen werden können, weil die Anreicherungshöhe im wesentlichen von der Einstellung bestimmter Schieber, Drehzahlen oder Erreger-Stromstärken abhängig ist, deren Kosten im Rahmen der gesamten Aufbereitungskosten praktisch fast keine Bedeutung hat. Es ergibt sich so, daß zwischen einem Gewichtsausbringen von 40 und 80% der Erlös die Kosten übersteigt. Die schraffierte Fläche entspricht den erzielbaren Überschüssen und diese besitzen bei einem Gewichtsausbringen von 60% den Höchstwert. Aus dem Schnittpunkt der Ordinate dieses Maximums mit der Konzentratkurve — die in der Abbildung mit *V* bezeichnet ist — ergibt sich ferner, welchen Metallgehalt das Konzentrat aufweisen muß.

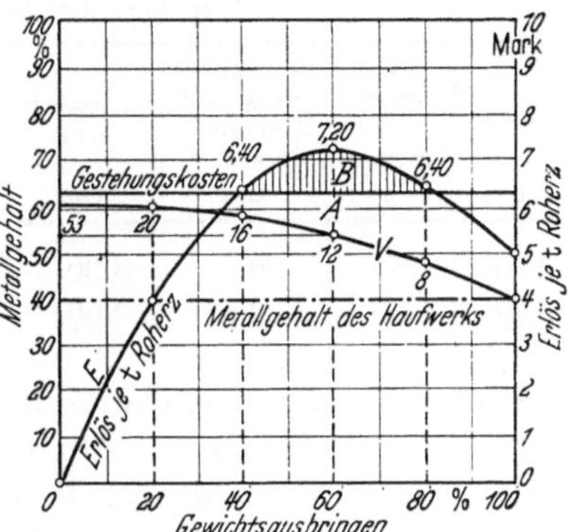

Abb. 26. Graphische Gewinnermittlung durch Vergleich des Erlöses mit den Gestehungskosten.

Zu beachten ist noch insbesondere, daß die Rechnung auf die Mengeneinheit des *Roherzes* bezogen sein muß. Daß man den Gesamtgewinn nicht etwa auf die t Fertigerz beziehen darf, belegt die Zahlentafel 22. In ihr ist angenommen, daß aus 100 t Roherz in einem Falle 50 t und in einem anderen Falle 30 t Versanderz hergestellt werden. Obwohl dieses 2. Konzentrat wesentlich wertvoller ist, ist der Gesamterlös geringer und, da in beiden Fällen die Verarbeitungskosten gleich sind, ist im ersten Falle der Gesamtgewinn mit 500 RM höher als im 2. Falle. Bezieht man nun den Gewinn auf das Fertigerz, so ist dieser im Falle 2 um 3,33 RM höher, was nicht den wahren Verhältnissen entspricht. Der Gewinn je t Roherz und der Gesamtgewinn sind dagegen unmittelbar proportional, wie ein Vergleich zeigt.

In Abb. 26 sind die aus der Summe $G + A$ sich zusammensetzenden Gestehungskosten (im Beispiel 6,30 RM) in einer Parallelen zur Abszissenachse eingetragen. Damit ergibt sich aus diesem Bilde folgendes:

a) der Erlös ist bei einem Gewichtsausbringen zwischen etwa 40 und 80 % größer als die Summe der Gewinnungs- und Aufbereitungskosten,

b) der Gewinn, dargestellt durch die Strecke *A—B*, ist bei einem Gewichtsausbringen von 60 % am größten,

c) es entsteht dabei ein Konzentrat mit 53 % Fe.

Zahlentafel 22. *Nachweis der richtigen Ermittlung des Gewinnes je t Roherz bei Aufbereitungsvorgängen.*

Aufgabe t	Versanderzmenge t	Verkaufspreis je t Versanderz DM	Gesamterlös DM	Gesamtunkosten DM	Gesamtgewinn DM	Gewinn je t Fertigerz DM	Gewinn je t Roherz DM
100	50	20,—	1000,—	500,—	500,—	10,—	5,—
100	30	30,—	900,—	500,—	400,—	13,33	4,—

Eine nicht unerhebliche Bedeutung kommt in wirtschaftlicher Hinsicht noch der *Fracht* zu, falls das Konzentrat nicht frei Grube abgenommen wird, sondern noch Frachtkosten zu tragen sind. Eine höhere Anreicherung unter Minderung der ausgebrachten Menge kann dann das wirtschaftliche Ergebnis verbessern. Auch in diesem Falle ist das graphische Verfahren mit Vorteil anwendbar und es ist zweckmäßig, die Höhe der Fracht auf die t Aufgabegut umzurechnen. Liegt auf der Tonne Versanderz eine Fracht B, so stellt sich die Frachtbelastung F je t Aufgabegut auf

$$F = B \cdot v.$$

In Abb. 27 ist bei einer Fracht in Höhe von 1,80 RM je t Versanderz mit der Linie NM die Frachtbelastung in Abhängigkeit vom Gewichtsausbringen eingezeichnet. Es ergibt sich nicht nur eine Minderung des Gewinnes, sondern auch seine Verlagerung zu einem geringeren Gewichtsausbringen und damit zu etwas höherer Anreicherung. Die Lage des höchsten Gewinnes ergibt sich, indem an die Erlöskurve eine Tangente parallel zur Linie G gezogen wird, wie dies Abb. 27 schematisch darstellt. Mit steigenden Frachtkosten, die sich bildlich in einer stärkeren Steigung der Unkostenlinie ausdrücken, verlagert sich der Punkt des höchsten Gewinnes immer mehr vom Maximum der Erlöskurve nach der Seite der reicheren Konzentrate. Auch die Ermittlung der tragbaren Frachtbelastung ist sehr einfach, indem von dem Punkte N aus eine Tangente an die Erlöskurve gezogen wird; ihr Schnittpunkt mit der Ordinate für ein Gewichtsausbringen von 100 % läßt erkennen, welche

Gesamtkosten noch ohne Verlust — allerdings bei völligem Verzicht auf Gewinn — getragen werden könnten.

Bei den Abb. 26 und 27 sind aus Gründen der Übersichtlichkeit in einem sehr weiten Bereich des Gewichtsausbringens die wirtschaftlichen Auswirkungen dargestellt worden. In der Praxis engt sich der Raum der zweifelhaften Konzentratbildung stark ein, ohne daß sich grundsätzlich eine Änderung der Verhältnisse ergibt.

Eingehendere Berichte über die im Vorstehenden behandelten Zusammenhänge zwischen Anreicherungshöhe und wirtschaftlichem Erfolg sind von Luyken[34] und Bierbrauer[35] gegeben worden.

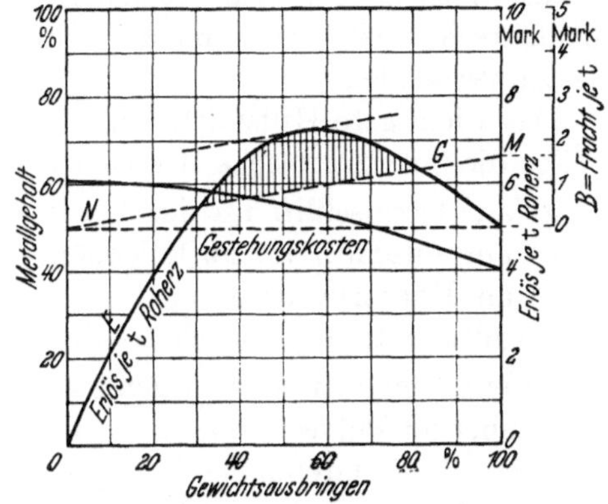

Abb. 27. Einfluß der Fracht auf die wirtschaftlich günstigste Anreicherung.

III. Die Untersuchung der Erze und Kohlen.

1. Die mikroskopische Untersuchung.

Es ist im vorhergehenden Abschnitt zum Ausdruck gekommen, daß die betriebsmäßige Konzentratbildung sich weitgehend von dem idealen Ablauf einer Trennung unterscheidet. Der Grund sind in erster Linie die Verwachsungsverhältnisse, weniger dagegen unscharfe Unterschiede in der für die Trennung ausgenutzten physikalischen Eigenschaft oder Unvollkommenheiten in der Arbeitsweise der benutzten Scheidevorrichtungen. Um die Aufbereitung mit einem möglichst großen Erfolg ausführen zu können, ist es nötig, die Erze und Kohlen genau zu untersuchen, um zu wissen, welche Erz- und Gangartminerale oder welche Gefügebestandteile bei der Kohle vorliegen und welche Strukturen im engeren Sinne — d. h. nach Kornform, Korngröße, Kornbindung und Raumerfüllung — vorhanden sind. Im Vordergrunde steht dabei die Feststellung der Erzmineralien und des Gefüges unter technischen Gesichtspunkten, denn von den Unterschieden in den physikalischen Eigenschaften der festgestellten Mineralien ist die Wahl der anzuwenden-

[34] Luyken, W.: Mitt. K.-Wilh.-Inst. Eisenforschg. Bd. 9 (1927) S. 1 bis 12; Luyken, W. u. E. Bierbrauer: Metall u. Erz Bd. 23 (1926) S. 249 bis 261.

[35] Bierbrauer, E.: Z. Glückauf Bd. 63 (1927) S. 149 bis 159 u. S. 194 bis 201.

den Trennungsmethode abhängig und von dem Gefüge hängt der Umfang der notwendigen Zerkleinerung ab. Genaue Kenntnis der Erze macht es sogar möglich, eine weitgehend zutreffende Voraussage über die erzielbare Konzentratbildung nach Anreicherungshöhe und Metallverlusten zu geben. Damit sichert man sich auch dagegen, unvermeidbare Verluste als vermeidbar anzusehen und sich abzumühen, um sie zu vermeiden.

Das wichtigste Hilfsmittel für die Erzuntersuchung ist fast in allen Fällen die mikroskopische Beobachtung; sie kann durchgeführt werden:

a) am Dünnschliff im durchfallenden Licht,
b) am Anschliff im auffallenden Licht,
c) an Körnerpräparaten,
d) mittels Röntgendurchstrahlung von Dünnschliffen.

Außerdem können in schwierigen Fällen Debye-Scherrer-Aufnahmen, ausgeführt an Pulverpräparaten, erweiterte Kenntnisse vermitteln.

Folgende Feststellungen lassen sich in vielen Fällen durch das Mikroskop machen:

1. die Mineralzusammensetzung,
2. Gefügeuntersuchungen,
3. Untersuchung von Aufbereitungsproben auf Fehlaustragungen,
4. Korngrößenmessungen,
5. Beurteilung des Aufschlusses,
6. Beurteilung besserer Anreicherungsmöglichkeiten.

Im folgenden sollen die Untersuchungsmethoden kurz behandelt werden. Die Beobachtung am *Dünnschliff*, die bei der Gesteinsuntersuchung die erste Stelle einnimmt, hat bei den Erzen und Kohlen in der Anschliff-Untersuchung eine gute Ergänzung erfahren, weil die wichtigsten Erzmineralien opak, d. h. undurchsichtig sind. Unter den Bezeichnungen *Erzmikroskopie* und *Kohlenmikroskopie* haben sich für die Untersuchung polierter Anschliffe selbständige Fachgebiete herausgebildet, die weitgehend ihre eigenen mikroskopischen Geräte und Arbeitsweisen entwickelt haben. Eine gute Übersicht über dieses Sondergebiet der Mineralogie gibt das vor kurzem erschienene „Erzmikroskopische Praktikum“ [36].

Immerhin läßt der Dünnschliff eine Bestimmung der Gangartmineralien zu, die dem Aufbereiter genau so bekannt sein müssen wie die Erzmineralien. Weiter spricht für den Dünnschliff, daß die Erzmineralien, wenn sie selbst auch ihrer Art nach nicht bestimmt werden können, doch ihrer Korngröße und ihrer Kornform nach festgelegt werden können.

---

[36] Schneiderhöhn, H.: Erzmikroskopisches Praktikum. Stuttgart: E. Schweitzerbartsche Verlagsbuchhdlg. 1952.

Mikroaufnahmen von Dünnschliffen sind die Abb. 28, 29 und 30. Bei dem oolithischen kalkigen Erz der Grube Hansa (Abb. 28) kann mit Hilfe eines Mikrometers beispielsweise die Größe der Ooide gemessen werden und daraus leitet sich dann der Umfang einer notwendigen Zerkleinerung ab, falls das Erz hoch angereichert werden müßte. Diese

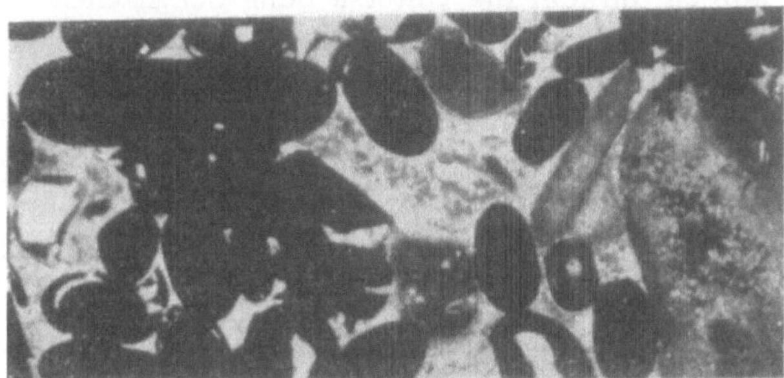

Abb. 28. Oolithischer Eisenkalk von der Grube Hansa bei Harzburg. Dünnschliffaufnahme ×25. Schwarz: Ooide; dunkelgrau: eisenhaltige Konkretionen: hell: karbonatische Grundmasse; weiß: Quarz.

Anreicherung würde aber zum weitgehenden Verlust des in der Grundmasse reichlich vorhandenen Kalkes führen, während die Kieselsäure, die als Quarz den Kern einzelner Ooide bildet, wahrscheinlich überwiegend mit ins Konzentrat gelangen würde. Abb. 29 zeigt in der undurchsichtigen und nicht bestimmbaren Hauptmasse Schwerspat als

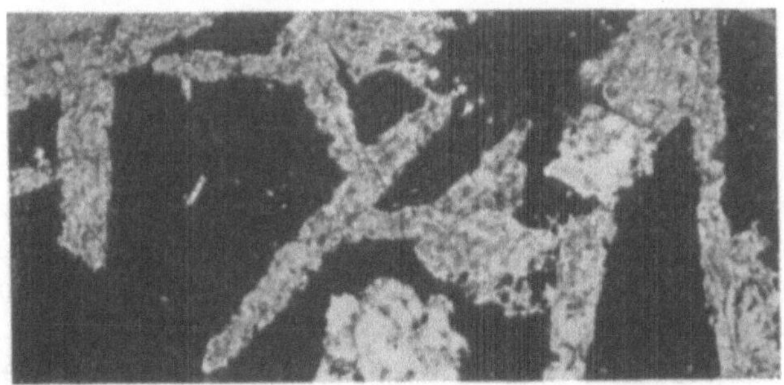

Abb. 29. Manganhaltiges Brauneisenerz von der Grube Stahlberg bei Schmalkalden/Thür. Dünnschliffaufnahme ×25. Schwarz: Brauneisenstein; hell: Schwerspat.

vorherrschendes Gangartmineral, das in Form feiner Plättchen vorliegt, die im Dünnschliff ebenso wie im Bruch als Nadeln oder Leisten erscheinen und dem Erz die Bezeichnung „Nadelerz" eingebracht haben. Abb. 30 ist von einem Eisensandstein aufgenommen; auch in diesem Falle ist die die Quarzkörner verkittende Grundmasse an sich ihrer mineralischen Beschaffenheit nach nicht bestimmbar, dagegen ergibt sich wohl die Erkennung des Quarzes als Gangartmineral und der Korngröße nach. Wie stark die Größe wechselt, ergibt sich mit dem ersten Blick.

Ein Vorteil der *Anschliffe* ist u. a. der, daß sie leichter und schneller als Dünnschliffe herstellbar sind. Mit aus diesem Grunde sind auch bei kohlenpetrographischen Arbeiten von den Aufbereitern Anschliffe bevorzugt worden, obwohl die Untersuchung der Kohlen vom Dünnschliff ausgegangen ist und in England und Amerika seine Verwendung noch vorherrschend ist. Unterschieden werden die Erzmineralien im Mikroskop im wesentlichen nach dem Reflexionsvermögen und außerdem nach der Farbe und der Härte, die aus der Bildung von Relief erkannt werden kann. Zusätzlich können die Kristallform und die Spaltbarkeit als kennzeichnende Merkmale helfen. Ein zusätzliches Hilfs-

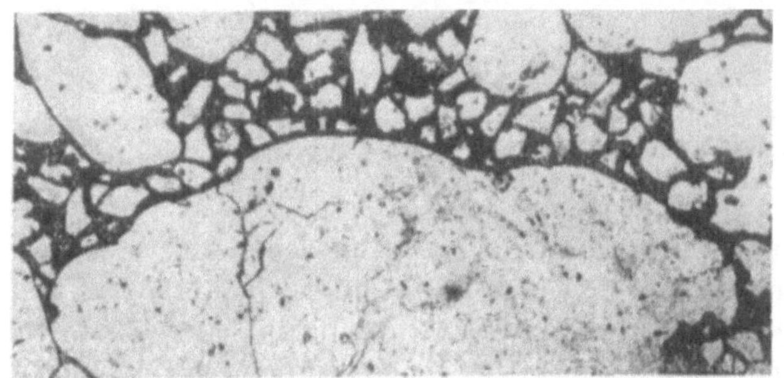

Abb. 30. Eisensandstein von Grunsruh. Dünnschliffaufnahme × 25
Schwarz: Brauneisen; hell: Quarz.

mittel kann bei den erzmikroskopischen Arbeiten das *Ätzen* der polierten Schliffflächen sein, wofür zahlreiche Reagenzien in Betracht kommen. Es ist jedoch bei diesem Verfahren Vorsicht geboten, da mancherlei Möglichkeiten der Täuschung gegeben sind und fast stets das optische Ansprechen schneller und bei genügender Erfahrung zuverlässiger ist. Eine besondere Bedeutung hat bei vornehmlich monomineralischen Schliffen die *Strukturätzung*, mit welcher es gelingt, Korngrenzen, Zwillingsbildungen u. dgl. mehr sichtbar zu machen.

Neben der üblichen Betrachtung im Hellfeld ist in vielen Fällen auch die Untersuchung der Anschliffe im Dunkelfeld von Nutzen, vor allem weil sie die Gemengteile in der natürlichen Farbe zeigt. Gute Dunkelfeldbeleuchtung erreicht man mit dem „*Epikondensor*“ von Zeiß oder mit dem „*Ultropak*“ von E. Leitz, Wetzlar.

Sollen im Mikroskop quantitative Bestimmungen gemacht werden, so sind diese unter Benutzung eines *Integrationstisches* möglich. Über seine Verwendung bei kohlenpetrographischen Arbeiten ist von F. L. Kühlwein, E. Hoffmann und E. Krüpe berichtet worden[37].

[37] Kühlwein, F. L., E. Hoffmann u. E. Krüpe: Glückauf (1934) S. 777 bis 784 u. 805 bis 810.

Sowohl die Dünnschliff- als auch die Anschliff-Beobachtung lassen insbesondere bei den sedimentären und metasomatischen Eisenerzen und gleichfalls bei den kaum Politur annehmenden oxydischen Manganerzen häufig noch Zweifel über die Zusammensetzung einzelner Gefügebestandteile und zwar insbesondere über die Höhe ihres Metallgehaltes bestehen. In solchen Fällen kann das *Anfärben* ein gutes diagnostisches Hilfsmittel sein. Insbesondere erwies sich bei den Erzen des steirischen Erzbergs das Anfärben als sehr nützlich, um den Ankerit von den übrigen Karbonaten sicher unterscheidbar zu machen[38]. Abb. 31 zeigt die Schwarzfärbung des Ankerites im Anschliff nach Ätzung in wässeriger Flußsäure, Anfärbung mit Schwefelammonium und Nachbehandlung mit Kupfersulfatlösung. Diese Mikroaufnahme zeigt eine sehr

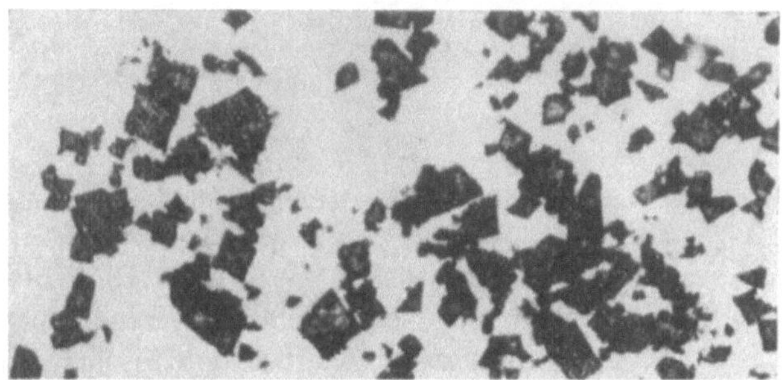

Abb. 31. Eisenerz vom Steirischen Erzberg, angeätzt und angefärbt zur Erkennbarmachung des Ankerites. Anschliffaufnahme × 25. Weiß: Eisenspat; dunkelgrau: Ankerit.

starke Verteilung des Ankerites im Erz; sie ist jedoch nicht allgemein eine so feinartige. Auch von anderen Forschern, wie A. Cissarz, B. Granigg, A. M. Gaudin u. a. sind Methoden zur Anfärbung der Anschliffe ausgearbeitet worden.

Die Untersuchung von *Körnerpräparaten* kann, wenn die Körner genügend feinkörnig sind, in der gleichen Art wie die Dünnschliffbeobachtung im Polarisationsmikroskop erfolgen. Hierzu ist es zweckmäßig, die Körner in Kollolith eingebettet zwischen einen Objektträger und ein Deckglas zu bringen. Bei der Untersuchung können insbesondere auch Unterschiede in der Lichtbrechung der einzelnen Mineralien von großem diagnostischem Wert sein.

Neben der Herstellung derartiger Proben für Untersuchungen im durchfallenden Licht kann die Beobachtung von losen Körnern im auffallenden Licht Nutzen bringen. Zwei Betrachtungsweisen können zur Anwendung kommen; bei der einen werden die Körner in die offene Schale eines Stativs eingestreut und mit Hilfe eines binokularen Auf-

[38] Kirchberg, H.: Berg- u. hüttenm. Mh. Bd. 88 (1940) S. 73 bis 77.

bereitungsmikroskops untersucht. Bei der anderen wird eine Körnerprobe mit warmem Schellack vermengt und nach dem Erkalten wird ein Anschliff hergestellt, dessen mikroskopische Untersuchung der-

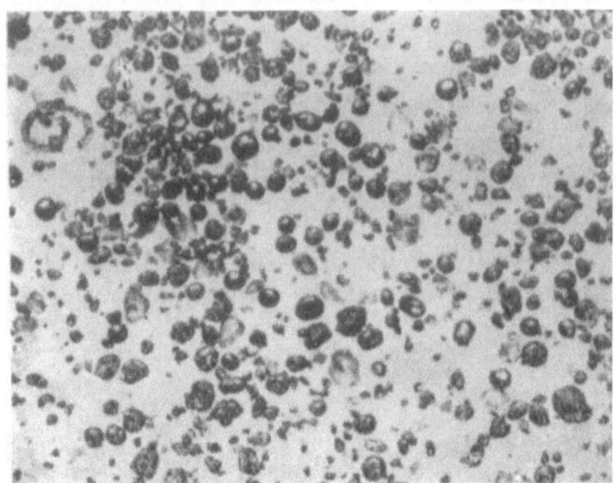

Abb. 32. Körnerpräparat, aufgenommen in der Glasschale eines Aufbereitungsmikroskops.

jenigen der Anschliffe von Probestücken entspricht. Die Abb. 32 und 33 zeigen Beispiele dieser beiden unterschiedlichen Untersuchungsmethoden. Abb. 32 bestätigt, daß ein Aufschluß eines oolithischen Erzes unter guter Herauslösung der Ooide gelungen ist und Abb. 33 läßt als Gefüge-

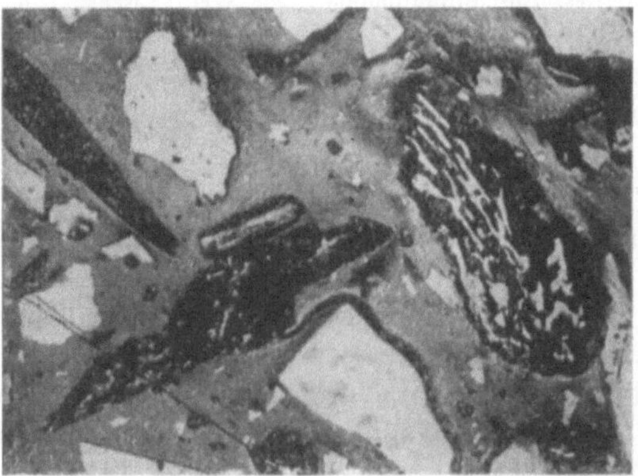

Abb. 33. Mikrophotographie eines Feinkohlenreliefschliffes (nach Stach und Kühlwein).

bestandteil einer Kohle den hellgrau reflektierenden Vitrit neben der Faserkohle erkennen, die durch ihr Zellgefüge und ihre größere Härte erkennbar ist. Die Härteunterschiede der Kohlenbestandteile haben auch die Kohlenreliefschliffe veranlaßt, die beim kohlenpetrographischen Arbeiten das Ätzen der Schliffflächen entbehrlich machen.

Gerade bei Eisenerzen treten häufig Zweifel auf, welche Eisenminerale vorliegen, auch führen oft Infiltrationen von Eisenlösungen in der Grundmasse und bei Fossilresten zu starken Unsicherheiten in der Beurteilung der Eisenverteilung in oolithischen und bohnerzartigen Erzen. Von H. Kirchberg und H. Möller[39] wurde daher eine *Durchstrahlung*

Abb. 34a. Eisenerz vom Steirischen Erzberg. Dünnschliffaufnahme ×10 (lichtoptisch) Grau: Siderit und Ankerit; weiß: Quarz.

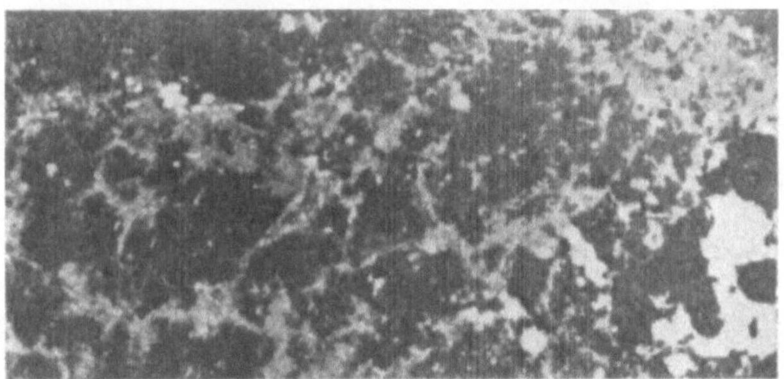

Abb. 34b. Eisenerz vom Steirischen Erzberg. Aufnahme der gleichen Stelle des Dünnschliffes wie bei Abb. 34a. Röntgenbild × 10. Dunkelgrau: Siderit; hellgrau: Ankerit; weiß: Quarz.

von Dünnschliffen mit Röntgenlicht benutzt, um bessere Voraussagen über mögliche Anreicherungsergebnisse machen zu können. Unter Verwendung von Dünnschliffen von etwa 30 μ Dicke ergaben sich bei Kupfer-K-Strahlung recht kontrastreiche Bilder. Die Aufnahme erfolgt freilich nur 1:1, so daß sich die mögliche Vergrößerung erst nachträglich vom Aufnahmefilm zum Abzug ergibt, die bei befriedigender Schärfe nur etwa bis zum Zehnfachen gesteigert werden kann. Die Verwendung des Schliffes in einer Dicke, wie sie auch bei dem lichtoptischen Mikroskopieren üblich ist, macht es vorteilhafterweise möglich, gleiche Ausschnitte der nach den beiden verschiedenen Belichtungsarten erhaltenen Bilder gegenüberzustellen. Die Abb. 34a und 34b bringen einen ent-

[39] Kirchberg, H., u. H. Möller: Mitt. K.-Wilh.-Inst. Eisenforschg. Bd. 23 (1941) S. 309 bis 314.

sprechenden Vergleich; das erstere läßt lichtoptisch im Dünnschliff keine Unterscheidung von Siderit und Ankerit zu, während in Abb. 34b das dunkelgrau erscheinende Eisenkarbonat gut im Gegensatz zum hellgrauen Ankerit zu erkennen ist.

In manchen Fällen liegen aufbereitungstechnisch interessante Mineralien in ultramikroskopischer, kryptokristalliner Ausbildung vor. In

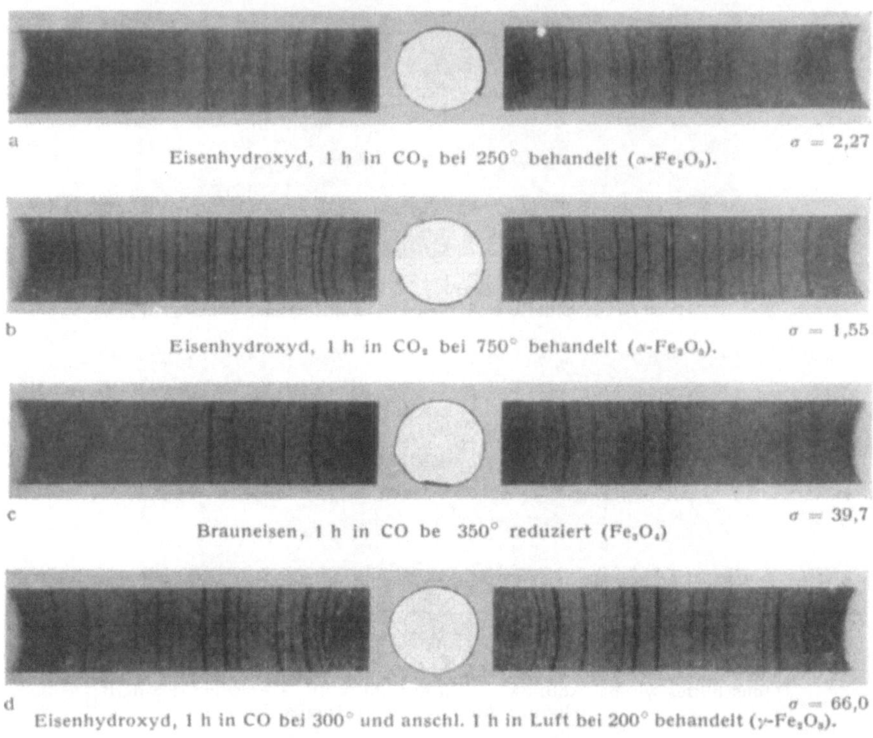

Abb. 35. Röntgenbild und Magnetisierbarkeit verschiedener Eisenoxyde (nach L. Kraeber und W. Luyken).

solchen Fällen kann möglicherweise das Röntgeninterferenzbild helfen, um einen Anhalt über die Natur des gesuchten Minerals zu erhalten; damit das Verfahren zu einem Ergebnis führt, muß es jedoch mit mindestens 10% an der Zusammensetzung des gepulverten Erzes beteiligt und darf nicht amorph sein. In Abb. 35 sind vier Interferenzaufnahmen von Brauneisen und Eisenhydroxyd gegenübergestellt und es wird die Auswirkung unterschiedlicher Vorbehandlung auf die entstandene Kristallform erkennbar[40]. Am rechten Bildrand sind die Werte der geson-

[40] Kraeber, L., u. W. Luyken: Mitt. K.-Wilh.-Inst. Eisenforschg. Bd. 18 (1936) S. 149 bis 162.

dert gemessenen Magnetisierbarkeit angegeben; diese ist am höchsten bei der Erzeugung von γ-Fe_2O_3.

Sind Vergleiche von Debye-Scherrer-Aufnahmen mit Pulverdiagrammen möglich, so kann dadurch die erzmikroskopische Bestimmung eine besonders sichere Nachprüfung erfahren.

2. Mineralische Zusammensetzung und Anreicherbarkeit.

Ein sehr gutes Hilfsmittel bei der Untersuchung eines Erzes ist seine chemische Analyse, insbesondere wenn in Verbindung mit dem mineralischen Befund aus den Analysenwerten die quantitative Mineralzusammensetzung errechnet wird. Ein Beispiel möge diese Zusammenhänge erläutern. Ein oolithisches Brauneisenerz hatte nach der chemischen Analyse folgende Gehalte:

$Fe_{ges.}$	27,9 %
Fe als FeO	23,3 %
Mn	0,246%
P	0,461%
SiO_2	17,98 %
Al_2O_3	3,73 %
CaO	8,74 %
MgO	4,12 %
CO_2	17,8 %

Trotz dem hohen Kieselsäuregehalt zeigte die mikroskopische Untersuchung nur recht wenige Quarzkörner, aber sie ließ verhältnismäßig große Mengen Chamosit erkennen. Die Grundmasse des Erzes war außerdem derart feinkörnig, daß in ihr bestimmte Mineralien mit Gewißheit nicht festgelegt werden konnten. Für die Umrechnung auf den Mineralbestand konnte zunächst als sicher gelten, daß der Kalk- und Magnesiumgehalt an Kohlensäure gebunden war, während der danach verbleibende Kohlensäurerest an das zweiwertige Eisen gebunden sein mußte, wobei möglicherweise Mischkristalle von submikroskopischer Feinheit vorliegen konnten. Das noch überschießende zweiwertige Eisen mußte mit einem Teil der Tonerde und der Kieselsäure als Chamosit gebunden sein. Nur der dann verbleibende Kieselsäurerest konnte als freier Quarz vorhanden sein. Schließlich ergab sich noch aus der Umrechnung des dreiwertigen Eisens auf Brauneisen der Mengenanteil, mit dem dieses Mineral am Erzaufbau beteiligt war. Die Mineralzusammensetzung war dann die folgende:

Kalkspat	15,8%
Magnesit	8,6%
Eisenkarbonat . .	16,9%
Chamosit	44,5%
Brauneisenstein . .	7,3%
Quarz	1 bis 2%

Aufbereitungstechnisch war damit die wichtige Erkenntnis gewonnen, daß sich nur eine sehr geringe Menge eisenfreie Kieselsäure abscheiden lassen würde und daß bei thermischer Behandlung in neutraler Atmosphäre aus Eisenkarbonat und Brauneisen Eisenoxyduloxyd entstehen würde, also ein Röstgut mit erhöhter Magnetisierbarkeit.

Liegt, wie in dem vorerwähnten Falle, das Eisen sehr weitgehend als Chamosit vor, so lassen sich auch in einem reinen Konzentrat bestenfalls nur Gehalte bis zu etwa 36% Fe erzielen.

Wenn in einem anderen Falle das Eisen des Erzes weitgehend in Form von Ooiden vorliegt, die in ihrem konzentrisch-schaligen Aufbau Kieselsäure und Tonerde einschließen und daher im isolierten Zustand nur 45% Fe besitzen, so kann auch der Gehalt eines Ooidkonzentrates nicht höher als 45% Fe sein. Ist anderseits die Grundmasse eines oolithischen Erzes, was meist der Fall ist, eisenhaltig, entweder weil bei der Entstehung des Erzes nicht alles Eisen von der Ooidbildung erfaßt oder weil nach der Bildung des Erzlagers Eisenlösungen Ausscheidungen zurückgelassen haben, so kann der Eisengehalt der aus Grundmasse bestehenden Aufbereitungsabgänge nicht niedriger sein als der der Grundmasse. Besteht daher ein Erz zu 40% aus Ooiden mit 45% Fe und zu 60% aus Grundmasse mit 10% Fe, so stellt sich sein durchschnittlicher Gehalt auf 24% Fe. Selbst bei einer Anreicherung in völlig reine Ooide einerseits und ooidfreie Grundmasse anderseits würde das Eisenausbringen nicht höher als $\frac{40 \cdot 45}{24} = 75\%$ sein können.

Vielfach sind Erzmineralien auch in dem Sinne „verunreinigt", daß Einschlüsse und Einlagerungen von anderen festen Mineralien auftreten. Es handelt sich dann um durch Entmischungen entstandene Inhomogenitäten. Solche Segregate sind sehr häufig hochdispers, was eine mechanische Abscheidung des eingeschlossenen Minerals unmöglich macht.

IV. Die physikalischen Eigenschaften der Erzmineralien und der Kohlenbestandteile.

Da die Aufbereitungstechnik sich bei ihren Trennungen die unterschiedlichen physikalischen Eigenschaften der die Erze aufbauenden Mineralien zunutze macht, ist deren Kenntnis so wichtig, daß sie einer Besprechung bedürfen. Auswertbar sind die folgenden Eigenschaften:

1. Dichte,
2. Festigkeit,
3. Magnetisierbarkeit,
4. Benetzbarkeit,
5. elektrische Leitfähigkeit,
6. Reibungswiderstand,
7. Löslichkeit im Wasser.

Bei thermischer Behandlung, wie sie bei der Röstung sowie bei dem Krupp-Renn-Verfahren erfolgt, spielen ferner die Zersetzungstemperaturen bzw. die Schmelztemperaturen eine Rolle. Eine Übersicht über die Dichte und Härte einiger Mineralien gibt die Zahlentafel 23, in die bevorzugt Eisenerze, Manganerze und Kohlen aufgenommen sind.

Zahlentafel 23. *Dichte und Härte von Erzen und Kohlen unter besonderer Berücksichtigung der Eisen- und Manganerze.*

Name des Minerals	Chemische Strukturformel	Dichte	Härte
Gediegenes Gold . .	Au	15,6 bis 19,0	2,5 bis 3,0
Bleiglanz	PbS	7,4 ,, 7,6	2,5
Pyrit	FeS_2	4,9 ,, 5,2	6 bis 6,5
Magnetit	Fe_3O_4	4,9 ,, 5,2	5,5
Hämatit, Roteisenstein	Fe_2O_3	4,9 ,, 5,3	6,5
Polianit, Pyrolusit .	MnO_2	5,0	6
Chromeisenstein . . .	$FeCr_2O_4$	4,5 bis 4,8	5,5
Hausmannit.	Mn_3O_4	4,8	5,5
Ilmenit (Titaneisenerz)	$FeTiO_3$ ($MnTiO_3$ und $MgTiO_3$)	4,1 bis 4,7 (i. M. 4,5)	5 bis 6
Schwerspat	$BaSO_4$	4,5	3 ,, 3,5
Kupferkies	$CuFeS_2$	4,1 bis 4,3	3,5 ,, 4
Spateisenstein . . .	$FeCO_3$	3,7 ,, 3,9	4 ,, 4,5
Brauneisenstein . . .	$Fe_2O_3 \cdot H_2O$	3,4 ,, 3,9	1 ,, 5,5
Manganspat	$MnCO_3$	3,3 ,, 3,6	4
Manganit	$Mn_2O_3 \cdot H_2O$	4,3	4
Magnesit	$MgCO_3$	2,9 bis 3,0	4 bis 4,5
Dolomit	$CaCO_3 \cdot MgCO_3$	2,8 ,, 3	3,5 ,, 4
Kalkspat	$CaCO_3$	2,6 ,, 2,8	3
Quarz	SiO_2	2,65	7
Mineralische Kohle .	—		2 bis 2,5
a) Faserkohle . . .	—	2 bis 1,5	
b) Durit	—	,, 1,35	
c) Vitrit	—	,, 1,30	

Da die *Dichte* vom Zustand der Kristallisation beeinflußt ist, ergeben sich etwas schwankende Werte. Der Dichte steht ferner die *Wichte* gegenüber, welche den nicht kompakten Zustand erfaßt, wie er in der getrockneten Substanz einschließlich der Hohlräume vorliegt. Die Werte der Wichte sind in Abhängigkeit von der Porigkeit niedriger als die Werte der Dichte. So wurde z. B. die Wichte von Kalkstein mit i. M. 2,49 bestimmt gegenüber einer Dichte von 2,7. Bei einem Sandstein lagen beide Werte noch weiter auseinander; es betrug nämlich die Dichte 2,67 und die Wichte 1,88.

Die *Härte* ist nach der Skala von Moß in der Zahlentafel 23 mit angegeben.

Für die Zerkleinerung sind die Werte der *Festigkeit* von besonderer Bedeutung. Sie kann in unterschiedlicher Weise geprüft werden, und zwar durch Druck, Zug, Drehung, Abfeilen und Abschleifen, wobei sich je nach der Art der Prüfung verschiedene Werte ergeben. Da bei der Zerkleinerung im allgemeinen das Mineral auf Druck hin beansprucht wird, interessieren besonders die Werte der Druckfestigkeit. Sie wird bestimmt an vorbereiteten Probekörpern und gemessen in kg/mm² des zur Druckrichtung senkrecht stehenden Querschnitts des gedrückten Körpers. Die hier angegebenen Werte verschiedener Erze und Gesteine sind z. T. von H. Fischer[41] mitgeteilt worden:

Druckfestigkeitswert von	Quarz	etwa	12	kg/mm²
,, ,,	Kalkstein	3 bis	5	,,
,, ,,	Sandstein	2 ,,	7	,,
,, ,,	Blei- und Zinkerzen	2 ,,	4	,,
,, ,,	Roteisenstein		2,3	,,
,, ,,	Dolomit		2,2	,,
,, ,,	gebranntem Ton	0,6 bis	1,3	,,
,, ,,	oberschl. Kennelkohle		3,5	,,
,, ,,	,, dichter Mattkohle		3,0	,,
,, ,,	,, Streifenkohle	0,25 bis	1,6	,,
,, ,,	,, Glanzkohle		0,9	,,

Es ist üblich, von Hartzerkleinerung zu sprechen bei den Stoffen, deren Druckfestigkeit größer als 5 kg/mm² ist; Stoffe, die eine Festigkeit von 1 bis 5 kg/mm² besitzen, werden als mittelfest und solche, die eine Festigkeit unter 1 kg/mm² haben, als wenig fest bezeichnet.

Aufbereitungstechnisch bedeutungsvoll sind weiter die magnetischen Eigenschaften der Erzmineralien. Angaben über ihre *Magnetisierbarkeit* sind bei der Besprechung der Magnetscheidung auf S. 147 gegeben.

Die Benetzbarkeit der gediegenen Metalle und der Metallsulfide ist schlecht, während die Gangart-Mineralien durchweg eine gute Benetzbarkeit zeigen. Sie wird gemessen durch den Randwinkel, den destilliertes Wasser auf einer ebenen Fläche des reinen Minerals bildet. S. Valentiner[42] hat für diesen Randwinkel folgende Werte genannt:

Bleiglanz	70 bis 75°
Zinkblende	71 ,, 72°
Schwefelkies	58 ,, 73°
Quarz	55 ,, 58°
Kalkspat	45°
Tonschiefer	13°
Sandstein	0°

[41] Fischer, H.: Technologie des Scheidens, Mischens und Zerkleinerns. S. 248. Leipzig: O. Spamer 1920.

[42] Valentiner, S.: Phys. Probleme im Aufbereitungswes. d. Bergbaus. S. 55. Braunschweig 1929.

Die Werte der elektrischen Leitfähigkeit, des Reibungswiderstandes und der Löslichkeit in Wasser haben im Rahmen der Mölleraufbereitung eine so geringe Bedeutung, daß auf sie hier nicht eingegangen wird.

V. Die Zerkleinerung.

Bei der Zerkleinerung der festen Stoffe unterscheidet man zwischen Grob-, Mittel- und Feinzerkleinerung, deren Arbeit man als Brechen, Schroten und Mahlen bezeichnet. Gebrochen werden Stücke über 50 mm, geschrotet wird Geröll von 5 bis 50 mm und gemahlen wird Feingut unter 5 mm, wobei die genannten Zahlen nur größenordnungsmäßige Bedeutung haben.

Das Brechen und die bei ihm benutzten Arten von Steinbrechern sind schon in dem Kapitel über die Erzvorbereitung besprochen worden, so daß hier noch die Grundbedingungen der Zerkleinerung sowie die zum Schroten und Mahlen in der Aufbereitung gebräuchlichen Maschinen zu behandeln sind.

Im Gegensatz zu der Zerkleinerungsarbeit in anderen Gewerbezweigen, die meist nur auf die Erreichung genügender Feinheit abgestellt ist, steht die Zerkleinerung innerhalb der Aufbereitung vor der Aufgabe, nur soweit zu zerkleinern, bis eine weitgehende Lösung der zwischen dem nutzbaren Mineral und den unhaltigen Bestandteilen bestehenden Verwachsungen erreicht ist. Ist diese Lösung im wesentlichen erreicht, so ist das Erz aufgeschlossen. Bei gutmütigen Erzen, wie beispielsweise dem Fördererz einzelner Siegerländer Gruben, sind häufig faustgroße Stücke rein und also aufgeschlossen, während in anderen Fällen, wie z. B. Eisensandsteinen, der Aufschluß erst unter etwa 0,3 mm erreicht wird. Jede zu weitgehende Zerkleinerung muß sorgfältig vermieden werden, weil sie unnötige Kosten veranlaßt, die Anreicherungsarbeit erschwert, meist erhöhte Metallverluste bedingt und auch die Weiterverarbeitung der Konzentrate erschweren kann.

Für die Zerkleinerungsarbeit ist bereits 1867 von Rittinger[43] das Gesetz aufgestellt worden, daß sich bei zwei verschiedenen Zerkleinerungsvorgängen die Arbeitsgrößen wie die Zerkleinerungsgrade verhalten; dies bedeutet, daß die Zerkleinerungsarbeit dem Oberflächenzuwachs proportional ist. Dagegen stellte Kick[44] das in der Festigkeitslehre bekannte Gesetz der proportionalen Widerstände auf. F. Hönig[45] hat dann nachgewiesen, daß es im betrieblichen Brechvorgang keine zwangsläufige Beziehung zwischen der aufgewendeten Arbeit und einer auf den Abmessungen der erzeugten Bruchstücke aufgebauten

---

43 Rittinger, P. R. v.: Lehrbuch der Aufbereitungskunde. Berlin 1867.

44 Kick, F.: Das Gesetz der proportionalen Widerstände. Leipzig 1885.

45 Hönig, F.: Grundgesetze der Zerkleinerung. VDI-Forsch.-Heft 378.

Größe gibt und daß sowohl das Rittingersche als auch das Kicksche Gesetz Grenzfälle darstellen.

Bei den Untersuchungen über den Kraftverbrauch machte man weiter die Feststellung, daß bei besonders hoher Feinmahlung mehr Arbeit aufzuwenden ist, als nach dem Gesetz zu erwarten war. Diese Tatsache ist derart zu erklären, daß sich in den Kristallgittern homogener Mineralien Fehl- oder Lockerstellen befinden, die durch Orientierungsfehler, Fremdatome oder Lücken bedingt sind. Ihr Vorhandensein erklärt sich daraus, daß die theoretischen Festigkeiten teilweise 100- bis 1000fach größer sind als die technischen. Die Kerbwirkung dieser Fehlstellen erleichtert zunächst die Zerkleinerungsarbeit, während bei bereits zerkleinertem Gut die Summe der Fehlstellen sehr klein geworden ist.

Sehr gering ist der Wirkungsgrad der Zerkleinerungsarbeit; so ist beispielsweise errechnet worden, daß er sich bei der Zementherstellung auf weniger als 1 % stellt. In einem anderen Falle ist sogar ermittelt worden, daß sich die tatsächlich zu leistende Arbeit auf das Tausendfache der erforderlichen Oberflächenenergie stellte. Als nützlich kann nur die Arbeit gelten, die der Überwindung der Kohäsionen dient, während die mit dem Antrieb der Maschinen und vor allem mit dem Verschleiß an den Mahlwerkzeugen aufgezehrte Arbeit als Verluste auftreten.

Auf die Begriffe des Zerkleinerungsgrades und des Zerkleinerungsquotienten ist schon auf S. 48 eingegangen worden. Bei der Grobzerkleinerung ist der Zerkleinerungsgrad meist nicht groß — z. B. bei den Brechern etwa 3 bis 6 —, während in der Feinmahlung teilweise recht hohe Werte erreicht werden, die bei einer Kugelmühle bis zu 100 betragen. Hohe Zerkleinerungsgrade bringen, falls die Stückgrößen stark heruntergesetzt werden müssen, den Vorteil, daß die Zahl der benötigten Maschineneinheiten gemindert und demgemäß auch ein Wiederhochführen des Gutes vermieden werden kann. Niedrige Zerkleinerungsgrade sind dagegen meist begleitet von großen Durchsatzleistungen.

Es ist noch zu unterscheiden zwischen:

a) stufenweiser Zerkleinerung, bei der das zerkleinerte Gut im ganzen folgemäßig mehrere Maschinen durchläuft und der

b) Zerkleinerung im geschlossenen Kreislauf, bei der aus dem zerkleinerten Gut das ungenügend zerkleinerte Korn durch Klassierung entnommen und in die gleiche Maschine zurückgegeben wird.

Die Anwendung des geschlossenen Kreislaufs hat beim nassen Mahlen in Verbindung mit mechanischen Klassierern und beim trocknen Mahlen in Verbindung mit Windsichtern sehr stark zugenommen, weil hierbei erhebliche Kraftersparnisse dadurch erzielt werden, daß eine Überzerkleinerung vermieden wird.

Nach dem Kraftverbrauch und den Kosten nimmt die Zerkleinerung in den Aufbereitungsbetrieben meist die erste Stelle ein. So entfielen in einer Schwimmaufbereitungsanlage 75 % des Kraftverbrauchs auf die Zerkleinerung des Erzes und von den gesamten Betriebskosten veranlaßte sie mehr als 50 %, obwohl die Ausgaben für die erforderlichen Schwimmittel sehr erheblich waren.

Während die Grob- und Mittelzerkleinerung im allgemeinen trocken durchgeführt werden, erfolgt das Mahlen insbesondere dann naß, wenn das anschließende Anreicherungsverfahren ebenfalls naß arbeitet.

Im folgenden werden zunächst diejenigen Maschinen besprochen, die zum Schroten dienen, und anschließend diejenigen, die als Mahlvorrichtungen verwendet werden.

1. Feinbrecher.

Das Bestreben, die Arbeitsweise der Brecher auch für die Erzeugung feinerer Körnungen bei Steigerung ihres Zerkleinerungsgrades auszunutzen, hat zu mehreren Konstruktionen von Feinbrechern geführt. Als Beispiel dieser Entwicklung sind die *Granulatoren* zu nennen, bei denen die schwingende Arbeitsfläche unmittelbar an den exzentrisch umlaufenden Teil der Kurbelwelle aufgehängt ist und die Brechbacke gewölbt ausgebildet ist. Wird die Lage und Richtung der gegen den Rahmen abgestützten Hebelplatte so gewählt, daß die beim Schließvorgang auftretende Schubbewegung zum Austragsspalt gerichtet ist, so erhält der Brecher gewissermaßen eine Schluckbewegung, die den Durchsatz unterstützt. Die Folge dieser Bewegungsvorgänge ist allerdings, daß die Granulatoren einen größeren Verschleiß an Brechbacken haben, als die Kniehebel-Backenbrecher. Granulatoren werden mit einer Breite des Spaltes bis zu 1 m gebaut und erzeugen Korn unter 20 mm bei Leistungen bis zu 25 t/h.

Eine etwas andere Wirkungsweise liegt dem *Schlagbrecher* zugrunde, wie er von der Fa. Stahlbau Rheinhausen gebaut wird. Bei ihm ist die schwingende Brechbacke unterhalb einer festen Backe angeordnet, so daß ein schräg bis flach abwärts geneigter Arbeitsspalt entsteht. Bei dieser Lage der Schwingbacke wird dem Zerkleinerungsgut eine Wurfbewegung in der Richtung zum Austragsspalt erteilt, wodurch die Durchsatzleistung erhöht wird. Der Schlagbrecher hat eine gewölbte Schwingbacke und einen nach unten sich erweiternden Arbeitsraum[46]. Es wird dadurch ein Zerkleinerungsgrad von 12 erreicht und trotzdem ist die Bildung von Mehl gering. Über vergleichende Versuche mit dem Schlagbrecher und einem Backenbrecher älterer Bauart, bei denen sich

[46] Finn, W.: Erdöl u. Kohle Bd. 4 (1951) Nr. 10, S. 630 bis 633.

der Schlagbrecher bei der Zerkleinerung von Siegerländer Rohspat überlegen erwies, ist von E. Meinecke[47] berichtet worden.

Ein anderes Beispiel der Feinbrecher ist der *Symons-Kegelgranulator*, wie ihn Abb. 36 zeigt. Er besitzt einen ziemlich steilen Kegel und der Arbeitsspalt ist schlank ausgeführt. Mit diesem Gerät kann im Grenzfall eine Körnung von 0 bis 3 mm bei Mengenleistungen von 20 t/h erzeugt werden, wie sie früher nur in Kugel- oder Stabmühlen hergestellt werden konnte.

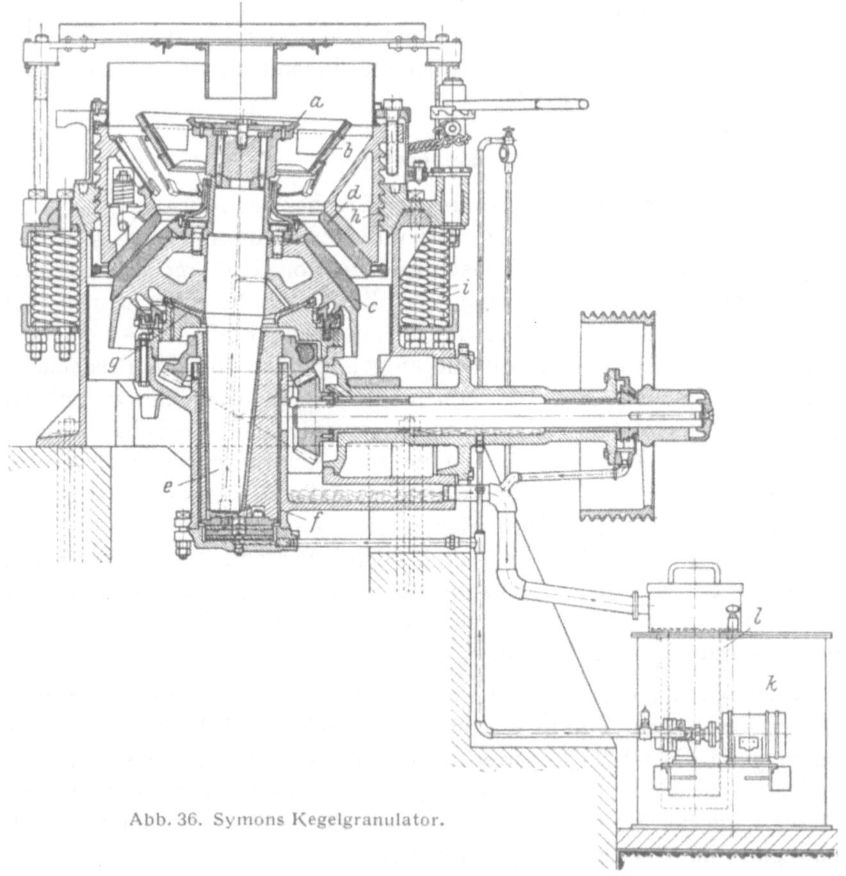

Abb. 36. Symons Kegelgranulator.

2. Walzenmühlen.

Die beiden vorgenannten Zerkleinerungsvorrichtungen sind ein starker Wettbewerb geworden für die wesentlich älteren Geräte zum

[47] Meinecke, E.: Erzmetall Bd. 5 (1952) S. 314 bis 319.

Schroten, nämlich die Walzenmühlen. Bei ihnen wird das Mahlgut zwischen zwei Walzen zerquetscht, wobei die Korngröße des Erzeugnisses von der Weite des Spaltes zwischen den Walzen beherrscht wird. Es ist den Walzenmühlen eigentümlich, daß sie verhältnismäßig wenig Unterkorn liefern, allerdings ist ihr Zerkleinerungsgrad recht gering und man verwendet sie nur zur Erzeugung von Korn bis zu 2 mm. Ihr Vorzug ist, daß sie unempfindlich und billig sind.

Von entscheidender Bedeutung für den Arbeitserfolg der Walzenmühlen ist, daß das zu zerkleinernde Gut von den Walzen durch Reibung eingezogen wird und nicht über dem Spalt tanzt und nur Reibungswiderstand veranlaßt. Erfaßt wird diese Bedingung durch den „Einzugswinkel", worunter der Winkel verstanden ist, der von den Tangenten an die Berührungspunkte des aufgegebenen Korns mit den beiden Walzen gebildet wird. An zahlreichen, in Betrieben laufenden Walzenmühlen ist dieser Winkel mit 32° bestimmt worden. Gut mit glatter Oberfläche, wie z. B. Kohle und Graphit, erfordern einen kleineren Einzugswinkel als rauhe Stoffe.

Die Walzen selbst bestehen meist aus einem Hartstahlmantel, der auf einem gußeisernen Kern durch Ringe und Schrauben festgehalten wird und leicht ausgewechselt werden kann.

Zahlentafel 24 gibt Anhaltswerte für Walzenmühlen unterschiedlicher Größe.

Zahlentafel 24. *Anhaltswerte für Walzenmühlen.*

Ausführung	Walzendurchmesser mm	Walzenbreite mm	Umdrehungen der Walzen n/min	Bauhöhe mm	Gewicht kg	Durchsatzleistung t/h	Kraftbedarf kW	Zerkleinerungsgrad
große .	950	350	40	1600	13000	10,0	9	3 bis 4
mittlere	700	300	50	1400	6300	8,0	6	
kleine .	400	250	65	800	1250	3,2	3	

Für die Berechnung des Walzendurchmessers W wird die Formel angegeben:

$$W > 18\, D\left(1 - \frac{d}{D}\right) \text{ (mm)},$$

in der D dem Korndurchmesser des aufgegebenen Gutes in mm und d dem Durchmesser des ausgetragenen Gutes entspricht. Sicherheitshalber empfiehlt sich allerdings ein um etwa 20 % größerer Walzendurchmesser. Für die Walzenbreite B wird die Gleichung genannt:

$$B = \frac{W}{3} + 0{,}25 \text{ (m)}.$$

Bei mildem Gut kann die Breite erheblich größer gewählt werden. Bei den sogenannten schnellaufenden Walzenmühlen sind die Breiten aber z. T. geringer, als sie sich aus der obigen Gleichung ergeben. Die Umfangsgeschwindigkeiten der Walzen betragen im allgemeinen 2 bis 3 m/sec. Ist sie höher, so besteht die Gefahr, daß die Walzen gewissermaßen unter dem Walzgut weglaufen.

Die theoretische Durchsatzleistung in m^3/h wird nach C. Naske[48] berechnet nach der Formel:

$$C = 3600 \cdot v \cdot w \cdot s,$$

worin bedeutet:

v die Umfangsgeschwindigkeit in m/sec,
w die Walzenbreite in m,
s die Spaltweite in m.

Die wirkliche Leistung sei aber geringer und zwar bei grobem Gut nur etwa $^1/_4$ bis $^1/_3$ und bei feinem Gut etwa $^1/_2$ bis $^3/_4$ der theoretischen Menge, weil das Aufgabegut nicht in einem der Beschickungsfähigkeit entsprechenden, gleichmäßigen Strome zugeführt werden könne.

Beim Antrieb der Walzen können drei unterschiedliche Arten angewandt werden, nämlich

a) beide Walzen werden gleich schnell gedreht,

b) beide Walzen werden mit unterschiedlicher Geschwindigkeit gedreht,

c) eine Walze wird nicht angetrieben, sondern durch das Gut mitgeschleppt. Diese Schleppwalzwerke eignen sich nur für feinkörniges Gut.

Wichtig ist für die Walzenmühlen, daß die Walzen ausweichen können, wenn Eisenteile hineingelangen. Teilweise hat man deswegen eine Walze beweglich gehalten, indem man sie mit Gummipuffern abstützte. Krupp-Gruson-Werk verlagerte dagegen die eine Walze fest im Fundamentrahmen, während die andere in einem Gleitrahmen läuft. Dadurch kann sie nicht schief ausweichen und selbst bei ungleichmäßiger Beschickung laufen beide Walzen ständig parallel.

Der Typus Walzenmühlen hat zu zahlreichen Sonderbauarten geführt, zu denen beispielsweise die unter den Brechern bereits besprochenen *Nockenwalzwerke* gehören. Zum Zerkleinern von Koks und Stückkohlen dienen *Stachelwalzwerke*, die wesentlich größere Walzenbreiten besitzen als die für die Hartzerkleinerung eingesetzten Walzenmühlen.

---

[48] Naske, C.: Zerkleinerungsvorrichtungen und Mahlanlagen. 4. Aufl., S. 47. Leipzig: O. Spamer 1926.

3. Hammermühlen.

Diese Mühlenart findet mit Vorteil auf mildes Gut Anwendung, wie zum Beispiel Feinkohle und tonige Erze. Zwei verschiedene Ausführungen können unterschieden werden; bei der einen liegt im unteren Teil der Mühle unter der die Hämmer tragenden Hauptwelle ein Rost oder Sieb und das Gut muß vom Schlagwerk solange zerteilt werden, bis es ganz durch den Rost durchtritt. Bei der anderen Ausführungsart kann das Gut frei aus der Mühle herausfallen und es erfolgt doch ein genügendes Zerschlagen freischwebend von den Hämmern und zwischen den Hämmern und dem gepanzerten Mühlengehäuse. Ein Vorzug der Hammermühlen ist, daß sie feuchtes Gut meist ohne Schwierigkeiten verarbeiten, auch ist ihr Kraftbedarf verhältnismäßig gering und die Feinheit der Erzeugnisse gut regelbar. Ein Nachteil kann der von den Hämmern erzeugte, der Aufgabe entgegenströmende Wind sein, der dann zu Staubbelästigungen führen kann.

Betriebliche Anwendung finden Hammermühlen bei der Zerkleinerung feuchter Kokskohle. Dabei leistete eine Mühle von 1 m Breite und 1 m Durchmesser des Hammerkreises 80 t/h bei einer Drehzahl von 800 n/min und bei einem Leistungsbedarf von 125 PS. Die verarbeitete Feinkohle hatte 10 bis 12 % Feuchtigkeit und es verminderte sich die Korngröße von 0 bis 10 mm auf 80 % unter 2 mm.

Zur Zerkleinerung von Eisenerzen sind ebenfalls Hammermühlen eingesetzt worden, so z. B. bei der Verarbeitung der klebrig-feuchten Erze in Northamptonshire in England. In ihnen wird das Feinerz unter 15 mm auf eine für die Sinterung geeignete Körnung herabgesetzt, wobei die Hämmer zur Herabsetzung des Verschleißes mit Hartmetall-Schlagflächen versehen wurden.

In der Regel bestehen die mit Stahlbolzen an dem Rotor befestigten Hämmer aus Manganhartstahl; sie besitzen zwei Schlagkanten und können bei Verschleiß gewendet werden.

4. Prallmühlen.

Die Bewirkung der Zerkleinerung durch Aufschlag des Erzes oder der Kohle auf Prallplatten gewinnt in den letzten Jahren zunehmend an Bedeutung, da der Kraftbedarf dieser Arbeitsweise sich als günstig erwiesen hat. Dies erklärt sich daraus, daß bei der Zerkleinerung durch Druck weniger Nutzen aus geschwächten Stellen, die als Risse oder Haarrisse und zwar insbesondere als Ablösungen von Gefügebestandteilen innerhalb des einzelnen Stückes vorhanden sind, gezogen wird. Werden solche Stücke dagegen in der Prallmühle gewissermaßen auf ihre Kohäsions- und Biegefestigkeit beansprucht, so ist der Zerkleinerungserfolg günstiger und vor allem im Sinne des Aufschlusses vorteilhafter. Günstig ist ferner, daß sich die Stücke innerhalb des freien Prallraumes gegenseitig zerschlagen.

Eine umfangreiche Bauart ist die *Hadsel*-Mühle, die aus einem großen Rad besteht, das am Umfang in einzelne Kammern unterteilt ist. Bei der Drehung nehmen die Kammern nach Art der Becherwerke das Gut mit hoch und lassen es von der Scheitelhöhe aus auf Prallplatten herunterfallen. Die Leistung einer solchen Mühle betrug bei 7,2 m Durchmesser und etwa 4,8 m Fallhöhe 232 t/24 h. Dabei wurde naß auf unter 0,075 mm zerkleinert und es stellten sich der Kraftbedarf auf 90 PS und der Verschleiß auf 225 g/t[49].

Eine neuere Maschinenkonstruktion ist die Prallmühle der Fa. Hazemag in Münster i. W., von der Abb. 37 einen schematischen Schnitt gibt. Je nach Größe der Maschine ist die Hauptwalze mit 2 bis 8 Schlag-

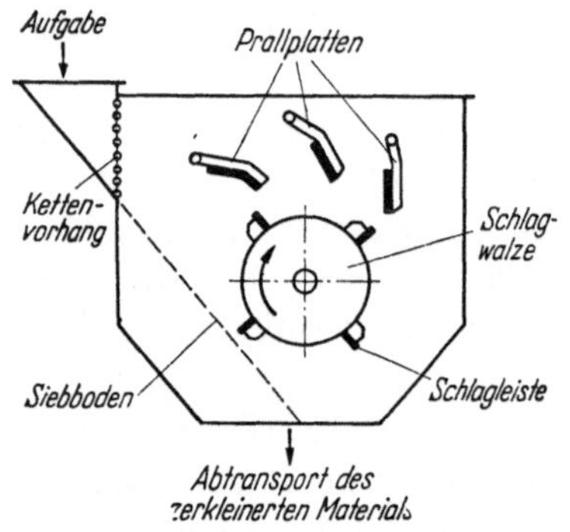

Abb. 37. Schematischer Schnitt durch eine Prallmühle der Bauart Hazemag.

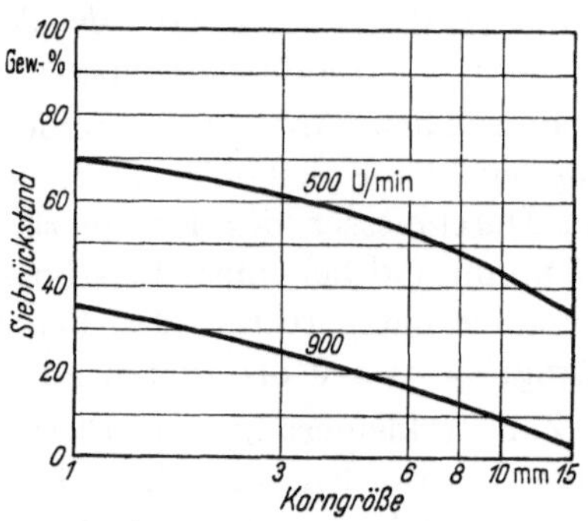

Abb. 38. Zerkleinerungserfolg an Mechernicher Erz in einer Hazemag-Prallmühle in Abhängigkeit von der Drehzahl der Schlagwalze (nach E. Puffe).

leisten besetzt; ihre Breite beträgt 450 bis 1500 mm und ihr Durchmesser 600 bis 1700 mm. Der Aufschlag des Erzes erfolgt gegen Prallplatten, die oberhalb der Schlagwalze pendelnd aufgehängt sind. Nach unten hin ist die Mühle offen. Da die dem einzelnen Stück in der Maschine erteilte kinetische Energie für den Erfolg entscheidend ist, werden je nach der Art des Aufgabegutes Umlaufgeschwindigkeiten von 10 bis 30 m/sec angewandt. Welchen Einfluß die Drehzahl der Schlagwalze auf die Korngröße des ausgetragenen Gutes besitzt, zeigt Abb. 38 gemäß einem Bericht von E. Puffe[50] über die bei dem Einsatz der Hazemag-Mühle bei der Zerkleinerung von Mechernicher Knottenerz erzielten Ergebnisse. Bei der Baugröße 4 dieses Systems wurde ein Korn 15 bis 60 mm aufgegeben und sie leistete 60 bis 100 t/h. In einer Maschine der Baugröße 1 wurde ein Bruttoverschleiß an Schlagleisten

[49] Madel, H.: Metall u. Erz Bd. 34 (1937) H. 6, S. 122.
[50] Puffe, E.: Erzmetall Bd. 3 (1950) S. 41 bis 47 u. 75 bis 77.

von 47,6 g/t Durchsatz festgestellt. Dabei bestehen die Schlagleisten aus Manganhartgußstahl und sind an der Kante durch einen Wulst verstärkt, der ihre Liegezeit erhöht.

Mit gutem Erfolge sind Mühlen dieser Bauart bei der Aufbereitung von Salzgittererzen und von Siegerländer Rostspat in Betrieb genommen worden. Der hohe Zerkleinerungsgrad, der durch die Prallmühle bei großen Drehzahlen erreicht wird, kann dazu führen, daß sie zwei Zerkleinerungsstufen ersetzen kann, wie z. B. einen Granulator und eine ihm nachgeschaltete Walzenmühle.

Auf Grund von vergleichenden Untersuchungen über den Einsatz der Hazemag-Prallmühle bei der Aufschließung von Siegerländer Rostspat der Grube Neue Haardt ist von E. Meinecke[47] berichtet worden, daß diese Zerkleinerungsvorrichtungen mehrere Vorteile erbrachten, nämlich einen geringeren Anfall an Feinrost, besseren Aufschluß, geringeren Kraftverbrauch und niedrigere Anschaffungskosten.

In den USA. hat sich ein Doppelrollen-Prallbrecher, Patent Kessler, der von der New Holland Manuf. Comp. in Mountville, Pensilv. gebaut wird, gut bewährt. Bei hoher Drehzahl der Rotoren erreicht er einen sehr hohen Zerkleinerungsgrad, so daß er in einzelnen Fällen Maschinen der Grob-, Mittel- und Feinzerkleinerung zu ersetzen vermag[51].

Von der Fa. Stahlbau Rheinhausen ist neuerdings eine Zerkleinerungsmaschine entwickelt worden, die von ihr als „Prallspalter" bezeichnet wird[46]. Sie unterscheidet sich von den Prallmühlen durch eine vertikal gelagerte Achse, die unter dem Einlauf eine kegelartige Erhebung trägt, an die sich die umlaufenden, turbinenartigen Leitschaufeln anschließen. Aus diesen wird das Aufgabegut durch Zentrifugalwirkung abgeschleudert und prallt dann gegen die Gehäusewand, die aus zwei gegeneinander passenden Kegelmänteln besteht. Diese Arbeitsweise bewirkt eine reine Prallzerkleinerung, die den Prallspalter mehr für den Aufschluß von Salzen, Kohlen und mürben Eisenerzen geeignet macht als für die Zerkleinerung harter Stoffe. Die reine Prallzerkleinerung des Gerätes bewirkt eine stark differentielle Zerlegung des aufgegebenen Gutes je nach der Festigkeit seiner einzelnen Gefügebestandteile.

Auch von der Westfalia-Dinnendahl-Gröppel AG. in Bochum wird eine Prallmühle gebaut; bei ihrer Konstruktion wurde besonderer Wert auf die leichte Auswechselbarkeit der Verschleißteile gelegt und die Schlagleisten können viermal gewendet werden.

Die günstigen Erfahrungen und der verhältnismäßig niedrige Energieaufwand der Prallzerkleinerung lassen erwarten, daß diese Zerkleinerungsart künftig vermehrt zur Anwendung kommen wird.

---

[51] Mittag, C.: Z. VDI Bd. 94 (1952) Nr. 13, S. 365 bis 367.

5. Schleudermühlen.

Die erste Schleudermühle war die als *Desintegrator* bezeichnete Vorrichtung des Engländers Th. Carr, bei der zwei aus zwei Reihen von Schlagstäben bestehende Körbe, die ineinandergreifen, gegenläufig gedreht werden. Der Aufbau ist daher ziemlich leicht und diese Mühlenart eignet sich deswegen nur für weiches bis mittelhartes Gut. Ihr Anwendungsgebiet ist vornehmlich die Zerkleinerung von Kohle.

Als Leistung einer Schleudermühle von 1,6 m Durchmesser und 0,4 m Breite für eine Feinkohle unter 10 mm werden 50 t/h genannt bei einem Kraftbedarf von 125 PS. Die Drehzahlen betragen für den großen Korb 320 n/min und für den kleineren 450 n/min. Das ausgetragene Gut war zu 80 % feiner als 2 mm.

Um die Mischwirkung, die in der Schleudermühle eintritt, zu steigern, ihre Zerkleinerungsarbeit dagegen zu vermindern und den Kraftbedarf zu senken, hat die Schüchtermann & Kremer-Baum AG. einen *Schleudermischer* entwickelt, bei dem nur ein Schleuderkorb vorhanden ist, in dem die Schlagstäbe schaufelförmig angeordnet sind.

6. Kugel- und Stabmühlen.

Diese Mühlen können verhältnismäßig grobes Gut aufnehmen und gleichzeitig sehr große Feinheiten erreichen; sie sind daher bei der Hartzerkleinerung das eigentliche Arbeitsgerät der Feinmahlung. Sie arbeiten

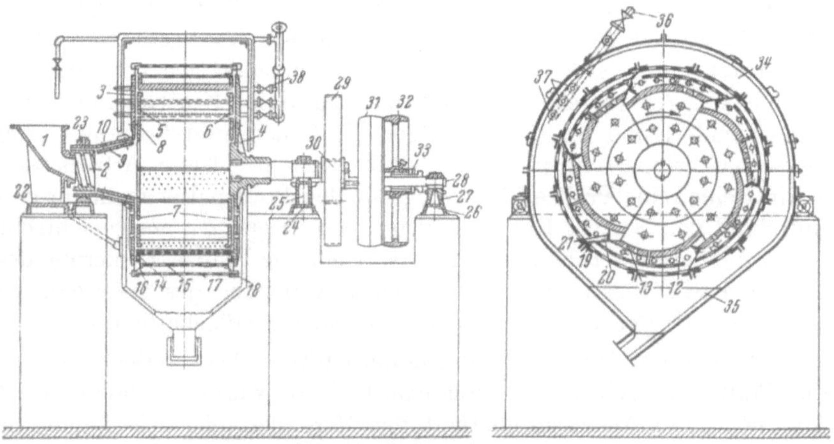

Abb. 39. Naßkugelmühle.

entweder als Siebkugelmühlen oder sieblos als Durchlaufmühlen; im letzteren Falle sind sie, wenn sie naß arbeiten, mit Klassierern gekuppelt und, wenn sie trocken arbeiten, mit Windsichtung zusammengeschaltet. Bei beiden Bauarten wird erreicht, daß das genügend aufgeschlossene

Gut vor Überzerkleinerung bewahrt bleibt und daß das ungenügend zerkleinerte in der Mühle bleibt oder ihr unmittelbar wieder zugeführt wird. Eine *Siebkugelmühle* für nasse Arbeit zeigt Abb. 39. Der Innenraum ist mit Mahlplatten ausgekleidet, die übereinandergreifen, an dem dem Aufschlag ausgesetzten Ende verstärkt und am anderen Ende gelocht sind. Das zerkleinerte Gut fällt zunächst auf ein Vorsieb und erst der Durchfall dieses Siebes auf das äußere zylindrische Feinsieb. Durch besondere Rückleitschaufeln fällt das ungenügend zerkleinerte Gut wieder in den Mahlraum zurück.

Zahlentafel 25 gibt einige Anhaltswerte über verschiedene Baugrößen dieser Mühlenart.

Zahlentafel 25. *Anhaltswerte für naß arbeitende Kugelmühlen.*

Ausführung	Durchmesser der Mahltrommel mm	Breite der Mahltrommel mm	Umdrehungen n/min	Gewicht der Mühle einschl. Kugeln t	Kraftbedarf PS	Zulässige Stückgröße der Aufgabe mm	Durchsatzleistung t/h	Wasserverbrauch m³/t Erz	Zerkleinerungsgrad
große	2700	1400	21	19,0	40	120×150	4,0	4 bis 6	20 bis 80
mittlere	2260	1200	25	12,8	22	80× 90	2,2		
kleine	1400	980	33	5,1	6	50× 60	0,75		
Labormühle	660	320	36	0,7	0,75	—	—	—	—

Die meist aus geschmiedetem Spezialstahl bestehenden Kugeln zerkleinern das Mahlgut vorwiegend durch Schlag. Eine Kugelfüllung wiegt je nach der Größe der Mühle etwa 300 bis 2000 kg. Besonders wichtig für den Erfolg der Mahlarbeit ist die richtige Drehzahl, da die Kugeln weder mitrollen, noch infolge der Fliehkraft am Trommelumfang verharren dürfen (kritische Drehzahl), sondern nach zeitweiser Mitnahme zum freien Fall abstürzen müssen. Die günstigste Drehzahl ist abhängig vom Durchmesser der Mahltrommel. Wenn D der Durchmesser in m ist, so errechnet sich der richtige Drehzahlbereich zu

$$n = \frac{23 \text{ bis } 28}{D}.$$

Praktisch liegen die Drehzahlen etwa zwischen 33 bei kleineren und 20 bei großen Mühlen je min. Anderseits wird eine Drehzahl von 60% der kritischen Drehzahl für besonders günstig gehalten.

Ein Vorzug der Kugelmühlen ist ihr hoher Zerkleinerungsgrad, die gute Beeinflußbarkeit der Korngröße des Austrags und die große Betriebssicherheit. Die Durchsatzleistungen sind sehr stark abhängig von der verlangten Feinheit des Erzeugnisses und von der Festigkeit des Mahlgutes. Über den Verschleiß von Panzerwerkstoff in sieblosen Kugelmühlen und seine Minderung durch Einbau von Hartholzleisten ist von H. J. Salau[52] berichtet worden.

Die Benutzung von Stahlstäben als Mahlkörper von *Stabmühlen* hat die Wirkung, daß ein gleichkörnigeres Gut erzeugt wird. Dadurch kann in einzelnen Fällen der mit der Feinmahlung meist verbundene, mit einer Klassiervorrichtung geschlossene Kreislauf entbehrlich werden. Aus diesem Grunde haben sich die Stabmühlen in den letzten Jahren vermehrt eingeführt.

Andere Zerkleinerungsmaschinen, wie z. B. Scheibenmühlen, Pochwerke, Kollergänge, Ringwalzenmühlen, Rohrmühlen u. a. m. haben für die Aufbereitung der Eisenerze und Kokskohlen so geringe Bedeutung, daß auf sie nicht eingegangen wird.

VI. Die Klassierung.

In den Aufbereitungsbetrieben ist es häufig erforderlich, verhältnismäßig einheitliche Körnungen herzustellen, weil nur dann die Anreicherungsverfahren wirkungsvoll sein können. Die darauf abgestellte *Klassierung* kann man bei körnigem bis stückigem Gut trocken oder naß auf Sieben, bei feinkörnigem Gut naß in Stromapparaten und trocken mittels Windsichtung durchführen. Im ersten Falle erhält man Sieb- oder Kornklassen, im 2. Falle Gleichfälligkeitsklassen und im 3. windgesichtete Kornklassen.

1. Siebklassierung.

a) Allgemeines. Die Siebung der gebrochenen Stückerze ist bei der Besprechung der Erzvorbereitung schon dargestellt worden, so daß hier nur noch die Zerlegung von körnigem Gut bis zu den Sanden, Mehlen und Schlämmen zu behandeln bleibt, die durch die Trennung zwischen einem Sieb mit gröberer und einem mit geringerer Loch- bzw. Maschenweite eine teils mehr teils weniger gleichmäßige Korngröße erhalten sollen.

Die Herstellung engklassierter Kornklassen geschieht in der Erzaufbereitung vornehmlich mit Rücksicht auf die Setzarbeit. Diese hat den Wunsch, daß die einzelnen Kornklassen gewissermaßen mit der gleichen Genauigkeit hergestellt werden, ein Wunsch, der dadurch erfüllt wird, daß die Loch- bzw. Maschenweiten der aufeinanderfolgenden Siebe eine geometrische Reihe bilden. Man nennt den Quotienten einer solchen Reihe den *Siebskalenkoeffizienten.* Da man für die Setzarbeit die Ansicht vertrat, daß gleichfälliges Gut nicht trennbar sei, wählte

---

[52] Salau, H. J.: Erzmetall I (1948) H. 2, S. 50 bis 52.

man den Siebskalenkoeffizienten kleiner als den Quotienten der Gleichfälligkeit. Es hat sich in der Praxis ergeben, daß man die Quotienten der Siebskala wählte nach der Formel:

$$q = \sqrt[m]{2}\,.$$

Auf Grund der von verschiedenen Seiten gemachten Vorschläge unterscheidet man:

1. die Rittingersche Siebskala mit $m = 2$ und $q = 1{,}414$,
2. die Péchsche ,, ,, $m = 3$,, $q = 1{,}260$,
3. die Richardssche ,, ,, $m = 4$,, $q = 1{,}189$.

Da sich Siebe mit sehr geringer Maschenweite leicht zusetzen, und infolge ihres Aufbaus aus dünnen Drähten sowohl für stärkere Belastung als auch für Verschleiß sehr empfindlich sind, wird im Betriebe meist nur bis zu einer Maschenweite von 1 mm abgesiebt; anderseits kommt als obere Siebgrenze etwa 80 mm in Betracht, da das stückige Gut auf Rosten zerlegt wird. Als Siebböden werden entweder gelochte Bleche oder Rastex- und Malong-Siebe benutzt, die aus gepreßten Drahtgeweben bestehen und für Maschenweiten von etwa 5 bis 100 mm geliefert werden. Unter 5 mm werden überwiegend Runddrahtgewebe benutzt, die insbesondere bei den schnellschwingenden Siebmaschinen aus Federstahl-Drähten bestehen.

Die Siebböden können unterteilt werden in:

a) Runddrahtgewebe,
b) gepreßte Drahtgewebe,
c) Harfensiebe,
d) Spaltsiebe.

Die *Runddrähte* bestehen in neuerer Zeit meist aus Federstahl, weil die daraus hergestellten Gewebe große freie Siebflächen, lange Lebensdauer und geringere Neigung zur Verstopfung besitzen. Runddrahtgewebe mit quadratischer Maschenweite werden, aus Federstahl gefertigt, beispielsweise von der Hein, Lehmann & Co., AG., Abt. Herrmann-Siebe in Düsseldorf geliefert für 0,12 bis 25 mm Maschenweite (Vibro-N-Gewebe) und auch mit rechteckiger langer Masche zur Erhöhung der Mengenleistung (Vibro-Malong-Gewebe).

Die Ausbildung der *gepreßten Gewebe* zeigt das schon besprochene Rastex-Sieb (vgl. Abb. 19). Es hat quadratische Maschen und große freie Siebfläche, die beispielsweise beim 5 mm-Sieb 45 % und bei 100 mm Maschenweite rd. 80 % beträgt. Das dem Rastex-Sieb verwandte Dovex-Sieb besteht aus Runddraht und hat eine Verankerung der Drähte an den Kreuzungsstellen bei glatter Siebfläche. Auch dieses Sieb kann mit rechteckigen Langmaschen geliefert werden, wodurch die freie Siebfläche noch weiter erhöht und der Durchgangswiderstand für das Siebgut zusätzlich verringert ist. Der Werkstoff ist ein gegen Verschleiß sehr widerstandsfähiger zähharter Spezialstahl mit einer Festigkeit von 80 bis 100 kg/mm². Die Rastex- und Dovex-Siebe haben deswegen eine große Lebensdauer, die noch dadurch verbessert ist, daß die Profilierung der Drähte einen erheblichen Verschleiß zuläßt, ohne daß sich dies auf die Maschenweite und den Absiebungserfolg auswirkt.

Die *Harfensiebe* bestehen aus gewellten Längsdrähten, die durch einzelne Querdrähte in ihrer Lage gehalten werden, so daß langspaltige Sieböffnungen und eine verhältnismäßig sehr große offene Siebfläche zustande kommen. Sie wurden von der Fa. L. Herrmann in Dresden in die Siebtechnik eingeführt (DRP. 627314 und 631847). Liegen die gewellten Stahldrähte mit ihren Wellungen in der Ebene des Siebbodens und nicht, wie es bei der normalen Ausführung der Fall ist, senkrecht dazu, so entstehen angenähert rechteckige Maschen und die Siebe reinigen sich durch die Beweglichkeit der Drähte besonders gut. Sie werden als Serpa(= Schlange)-Harfen-Siebe bezeichnet. Die von der Hein, Lehmann & Co., AG. gelieferten Harfen-Siebböden haben bei Spaltweiten von 0 bis 25 mm Drahtstärken von 0,7 bis 5 mm. Der Werkstoff ist Federstahl, Phosphorbronze, V 2 A-Stahl oder andere Legierungen. Bei der Korntrennung von siebschwierigem Gut dürfte der von der genannten Gesellschaft gebaute Duo-Siebboden eine besonders große Selbstreinigung erreichen.

Unter *Spaltsieben* werden Siebe verstanden, bei denen profilierte Drähte in gewissen Abständen durch Querstäbe gehalten oder diese Drähte um Querstäbe gewunden sind. Abb. 40 zeigt einen Ausschnitt aus einem Sieb dieser Bauart, das erkennen läßt, wie ein ebener Siebbelag zustande kommt; durch die Querstäbe wird außerdem eine hohe Belastbarkeit trotz großer freier Siebfläche erreicht. Anwendung finden diese Siebe, die für Spaltweiten von 0,05 bis etwa 2 mm gebaut werden, besonders bei der Absiebung von sehr nassem Siebgut. Der Werkstoff ist in der Regel von gleicher Art wie bei den Runddrahtgeweben, jedoch werden neuerdings auch Gummi-Spalt-Siebböden geliefert, da Gummi verschleißfester als Stahl ist. Sie haben sich beispielsweise in der Sinteranlage eines mitteldeutschen Hüttenwerkes bei der Absiebung des Koksgruses unter 3 mm den Stahldrahtgeweben in der Haltbarkeit sehr über-

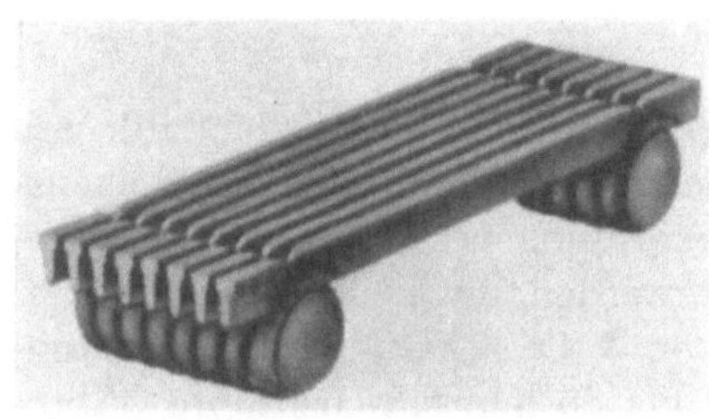

Abb. 40. Spaltsieb aus profilierten Drähten mit parallelen Kopfflanken.

legen erwiesen und auch infolge der höheren Elastizität eine bessere Selbstreinigung.

Für die Lebensdauer der Siebböden von hochtourigen Siebvorrichtungen ist von Wichtigkeit, daß die Siebe richtig gespannt sind, weil sonst Flatterbrüche eintreten, die in kurzer Zeit zum Abwerfen des Siebes zwingen, obwohl der Verschleiß noch ganz geringfügig ist. Zweckmäßig ist, daß eine genügende Anzahl von Querträgern eingebaut wird, deren Oberkanten die „theoretische Spannebene" so nach oben aufwölben, daß mehrere in sich straff gespannte Spannungsfelder entstehen und daß die Siebböden außerdem in den Spannkanten einwandfrei befestigt sind. Von der Hein, Lehmann & Co. AG. ist neuerdings eine *hydraulische Spannvorrichtung* ausgebildet worden, bei der die Spannung über ein Hohlrohrsystem erfolgt, das mit einer temperaturunempfindlichen Masse gefüllt ist. Durch einen an einer Stelle in dieses System einschraubbaren Bolzen kann der Siebrahmen unter eine gleichmäßige und an einem Anzeigegerät ablesbare Spannung gebracht werden.

Als Maßstab für die Leistung eines Siebes dient eine Kennziffer, die sich für hin- und hergehende Bewegung des Siebbodens aus der Gleichung:

$$k = a \cdot n^2 \cdot \sin \alpha$$

errechnen läßt. In ihr bedeutet:

a die Amplitude der Siebbewegung = größter Ausschlag aus der Mittellage in cm,
n die Schwingungszahl je Minute,
α den Winkel der Wurfbewegung gegenüber der Siebfläche.

Bei kreisförmiger oder elliptischer Siebbewegung werden die Gleichungen der Kennziffer verhältnismäßig verwickelt; es ist deswegen hier davon abgesehen, näher auf sie einzugehen. Für die Siebung von grobem Korn über etwa 30 mm eignet sich am besten ein größerer Ausschlag bei kleinerer Schwingungszahl, während man bei der Absiebung von Feingut die Siebvorrichtung zweckmäßig mit kleinem Hub und hoher Tourenzahl laufen läßt, wobei die Kennziffer möglichst über 125000 liegen sollte.

Bei der Bemessung der Siebfläche ist zu beachten, daß für die Mengenleistung der Siebvorrichtung die Breite und für die Güte der Absiebung die Länge des Siebes maßgebend sind. Die Siebbreite ist so zu wählen, daß die aufgegebene Materialmenge von vornherein auf dem Sieb gut durchgearbeitet wird.

Soll ein Siebgut auf einem Siebgerät in mehere Kornklassen zerlegt werden, so kann die Reihenfolge derart sein, saß zuerst das feinste Korn auf einem langen Sieb mit mehreren hintereinander liegenden

Siebschüssen mit zunehmenden Sieböffnungen herausgesiebt wird und auf den folgende Abschnitten des Siebes jeweils die nächstgrößere Kornklasse. Diese Anordnung besitzt den Nachteil, daß das feinste Sieb durch das grobe Gut stark auf Verschleiß beansprucht wird und daß feiner Abrieb, der sich auf dem Sieb selbst bildet, die ausgesiebten Kornklassen verunreinigt. Es wird daher zunehmend einer Anordnung der Siebe der Vorzug gegeben, bei der diese untereinander liegen, so daß das gröbste Korn zunächst ausgeschieden wird und die feineren Kornklassen erst auf den tieferen Siebböden. Hierbei ergeben sich Schonung der empfindlichen Feinsiebe, verminderte Abriebbildung und reinere Kornklassen.

Soll auf den Sieben eine bestimmte Kornscheide erzielt werden, wobei die feinere Körnung beispielsweise alles Korn unter 15 mm enthalten soll, so wird die Verwendung eines Siebes mit 16 oder 17 mm lichter Maschenweite zu empfehlen sein. Bei Vibratoren, die bei 2000 bis 3000 Schwingungen in der Minute arbeiten und eine Neigung bis zu 25° besitzen, sollte die Maschenweite des Siebbelages um 20 bis 30% größer sein als der Durchmesser desjenigen Kornes, das in den Durchlauf gehen soll. Es ist nämlich beobachtet worden, daß das Korn mit einem Durchmesser von 90% der Sieböffnung auch nach 4stündiger Dauer der Siebung noch nicht durch den Siebbelag hindurchgegangen war.

Folgende Bezeichnungen sind für die Siebung durch die „Richtlinien für die Abnahme und Überwachung von Steinkohlen-Aufbereitungsanlagen“ festgelegt und zweckmäßigerweise zu benutzen: Das Siebgut besteht aus „Siebgrobem“ und „Siebfeinem“, deren Korndurchmesser größer oder kleiner als die Weite der Sieböffnung ist; es wird durch das Sieb zerlegt in den „Überlauf“ (Rückstand) und den „Durchlauf“ (Durchgang). Diese enthalten beide „Fehlkorn“, da im Überlauf „Unterkorn“ bleibt und im Durchlauf „Überkorn“. Das letzte entsteht entweder durch fehlerhafte Abweichungen des Siebgewebes oder auch durch Verschleiß und andere Beschädigungen an ihm. Eine Siebklasse besteht aus „Normalkorn“, welches in die richtige Klasse gelangt ist, und aus Fehlkorn.

b) Die Siebmaschinen. Auf die Siebvorrichtungen für die Zerlegung von stückigem Gut, wie sie besonders in den Erzvorbereitungsanlagen vorzunehmen ist, wurde schon auf S. 58 eingegangen. Hier sollen diejenigen Siebvorrichtungen besprochen werden, die in der Hauptsache für die Siebung von Gut unter etwa 50 mm Korngröße und bei diesem in der Feinabsiebung unter etwa 5 mm sowie für die Entwässerung und Entschlämmung bevorzugt werden. Bei ihnen trifft man heute fast nur noch solche Bauarten, die entweder eine kraftbegrenzte Schwingung besitzen, deren Bewegungsenergien in elastischen Mitteln, wie Gummipuffern oder Stahlfedern, gespeichert und wieder abgegeben werden oder die ein schwingungsfähiges Gebilde sind, das nach einem Anstoß Schwingungen von bestimmter Zeitdauer auszuführen gewillt ist. Dabei werden durch die besondere Ausbildung der Antriebsorgane die Bewegungsenergien der z. T. recht schweren, hin- und hergehenden Massen von den Antrieben selbst ferngehalten. Der Antrieb erfolgt durch Excenter, Kurbel oder durch Unwuchtmassen. Die in der letztgenannten Weise angetriebenen Siebe werden teils als Turbosiebe, teils als Vibratoren bezeichnet; ihre Baugröße ist bei etwa 6 m^2 begrenzt.

Für den Arbeitserfolg der Siebe ist die Art ihrer Bewegungsvorgänge besonders wichtig. Man hat zu unterscheiden zwischen den linear schwingenden Sieben, die als das Siebgut besonders schonend gelten können, und den Schwingsieben, die eine kreis- oder ellipsenförmige Bewegung ausführen und durch die die dem Siebgut erteilte Wurfbewegung eine höhere Durchsatzleistung bei z. T. höherer Siebgüte erzielt; außerdem neigen diese Siebe weniger zur Verstopfung, was ihnen besonders bei der Feinabsiebung eine Überlegenheit gibt. Bei den Ellipsen-Schwingsieben wird die Längsachse der Ellipse durch die Lage der Lenkerfedern bestimmt und es kann dadurch die Arbeitsweise des Siebes dem Siebgut nach Wurfwinkel und Wurfweite besser angepaßt werden.

Ein bemerkenswerter Beitrag zu den Arbeitsbedingungen neuzeitlicher Siebmaschinen ist von W. Kluge[53] gegeben worden.

Vielfach bewährt hat sich unter den Siebmaschinen das *Universal-Schwingsieb*, System *Schieferstein*, bei dem der Siebkasten zunächst in vier ringförmigen Gummipuffern, die in den Ebenen der Siebkasten-Seitenwände angeordnet waren, ruhte. Zugunsten einer leichteren Auswechselbarkeit der elastischen Mittel besitzen die neueren, von der Fa. Stahlbau Rheinhausen in Rheinhausen hergestellten Ausführungen dieser Vorrichtung trapezförmige Gummipuffer, wie aus Abb. 41 zu ersehen ist. Die Wirkungsweise dieses Kreisschwingsiebes mit Exzenterwellenantrieb ist dabei unverändert geblieben. Die Breiten dieser Siebe betragen 800 bis 1600 mm. Infolge des Massenausgleichs, der durch Schwungscheiben mit Gegengewichten erreicht wird, laufen die Schiefersteinsiebe ohne Auswirkung des Rückstoßes auf Gebäudeteile, weshalb ihre Aufstellung keine besonderen Maßnahmen erfordert. Ihr Kraftbedarf ist mit 1,5 bis 4 PS günstig.

Ein anderes Beispiel der Siebmaschinen ist das „Zwei-Massen"-Vibrationssieb, welches von der Westfalia-Dinnendahl-Gröppel AG. in Bochum gebaut wird. Bei diesem Wuchtsieb nimmt der verhältnis-

[53] Kluge, W.: Erdöl u. Kohle Bd. 4 (1951) S. 705 bis 711.

mäßig schwer ausgebildete und auf Federn verlagerte Grundrahmen als Trägheitsmasse die Federrückschnellkräfte auf, so daß praktisch von dem Sieb keine Rückwirkungen auf die Gebäude erfolgen. Diese Bauweise macht es auch möglich, das Sieb nicht nur horizontal oder geneigt stehend, sondern auch hängend anzuordnen.

Bei anderen Vibrationssieben sind die Siebkästen in Federbündeln aufgehängt oder von diesen gestützt. Die exzentrischen Schwungmassen versetzen den Siebkasten dann meist in eine angenähert kreisförmige Schwingung.

Den Typ dieser Siebvorrichtungen zeigt Abb. 42, welche einen Vibrator der Carlshütte mit 1 Siebboden darstellt. Der Siebkasten ruht

Abb. 41. Universal-Schwingsieb, System Schieferstein, in der Ausführungsart der Fa. Stahlbau Rheinhausen mit trapezförmigen Gummipuffern.

auf 4 S-förmigen Tragfedern aus Spezialstahl und ist auf diesen schwingungsfähig. Das Traggerüst für die Federn ist drehbar, so daß die Neigung des Siebes den Betriebsanforderungen leicht angepaßt werden kann. Die durch den Siebkasten hindurchgehende Antriebswelle ist in Tonnenlagern verlagert; auf ihr sitzen die beiden als Riemenscheiben ausgebildeten Schwungscheiben mit den exzentrischen Gewichten. Zum Antrieb dient ein Motor von 1,5 bis 2 PS und etwa 3000 U/min. Die Zentrifugalkräfte der exzentrischen Gewichte würden den Siebkasten in eine rein kreisförmige Bewegung versetzen, jedoch wird diese durch die Tragfedern in eine schwach ellipsenförmige Schwingung umgewandelt.

Die Abmessungen dieses Vibrators betragen bei den Standardtypen 1200×1800 mm und 1000×3000 mm Siebfläche und haben einen oder zwei Siebböden. Die Leistung eines Vibrators von 1200×1800 mm nutzbarer Siebfläche ist bei einem Erz von der Korngröße 0 bis 25 mm und bei einem Sieb von 15 mm Maschenweite etwa 40 t/h und das Ausbringen an Siebfeinem im Durchlauf stellt sich dabei auf etwa 96 bis 97 %. Die Kennziffer liegt über 150000.

Von mehreren anderen Firmen werden entsprechende Schwingsiebmaschinen hergestellt, so z. B. von der Siebtechnik G. m. b. H. in Mühlheim (Ruhr) das „Ellipsen"-Schwingsieb und von der Fa. Haver und Boecker in Oelde (Westf.) das „Niagara"-Schwingsieb.

c) Die Überwachung des Siebvorganges. Die Überwachung des Absiebungserfolges geschieht durch Bestimmung der Fehlkornmengen durch die *Prüfsiebung*. Zu dieser werden für Korngrößen unter 6 mm Prüfsiebe aus Drahtgewebe benutzt, die durch die DIN 1171 festgelegt

Abb. 42. Vibrator, Bauart Carlshütte.

sind. Zahlentafel 26 gibt eine Zusammenstellung der festgelegten Gewebe. Die offene Siebfläche beträgt 36 % für die Gewebe bis zu 1,5 mm Maschenweite und 50 % für die Gewebe über 1,5 mm.

Für das Mittelkorn von 6 bis etwa 18 mm werden Rundlochsiebe gemäß DIN 1170 als Prüfsiebe verwendet; bei Korn über etwa 18 mm erfolgt die Prüfsiebung von Hand, wobei zur Vermeidung von Abrieb das Prüfsieb nur als Kaliber für das zweifelhafte oder das offenbare Fehlkorn benutzt werden sollte (Durchsteckverfahren).

Als Mindestmengen, die bei Prüfsiebungen zu benutzen sind, sind anzusetzen:

50 kg	bei	Korngrößen	von	50	bis	80 mm	
50 ,,	,,	,,	,,	18	,,	50	,,
10 ,,	,,	,,	,,	10	,,	18	,,
3 ,,	,,	,,	,,	6	,,	10	,,
0,5 ,,	,,	,,	,,	1	,,	6	,,
0,2 ,,	,,	,,	,,	0,5	,,	1	,,
0,1 ,,	,,	,,	,,			< 0,5	,,

Zahlentafel 26. *Abmessungen und Bezeichnung der Drahtgewebe für Prüfsiebe nach DIN 1171.*

Siebbezeichnung und Sollwert der lichten Maschenweite in mm	Zulässige Abweichung für die lichte Maschenweite Bereich der größten Abweichungen %	zulässige Anzahl %	Draht-durchmesser Sollwert[1] mm	Frühere Bezeichnung des Gewebes
0,060	15 bis 30	6	0,040	100
0,075	15 ,, 30		0,050	80
0,090	15 ,, 30		0,055	70
0,100	15 ,, 30		0,065	60
0,12	12 bis 25	6	0,08	50
0,15	12 ,, 25		0,10	40
0,20	12 ,, 25		0,13	30
0,25	12 ,, 25		0,17	24
0,3	10 bis 20	6	0,20	20
0,4	10 ,, 20		0,24	16
0,5	10 ,, 20		0,34	12
0,6	10 ,, 20		0,4	10
0,75	10 ,, 20		0,5	8
1,0	10 bis 20	6	0,65	6
1,2	10 ,, 20		0,8	5
1,5	10 ,, 20		1,0	4
2,0	10 bis 20	6	1,0	—
2,5	10 ,, 20		1,0	—
3,0	10 ,, 20		1,2	—
4,0	10 ,, 20		1,6	—
5,0	10 ,, 20		2,0	—
6,0	10 ,, 20		2,5	—

[1] Die größte Abweichung des einzelnen Drahtes vom Sollwert darf für die Prüfsiebe 0,060 bis 0,75 10% und für die Prüfsiebgewebe 1,0 bis 6,0 8% erreichen, jedoch dürfen nicht mehr als 6% der Gesamtzahl der gemessenen Drähte den Durchschnittswert überschreiten.

Für die Prüfsiebung der feinen Korngrößen unter 6 mm sind Siebmaschinen verschiedener Bauart und Prüfsiebsätze entwickelt worden. Bevorzugt werden aufeinander passende runde Siebe von 200 mm Durchmesser, bei denen ein zugehöriger Bodenbehälter und ein Deckel einen Siebsatz bilden. Durch Übereinanderstellen mehrerer Siebe ist es möglich, mehrere Körnungen gleichzeitig herzustellen und damit die Unterlage für die Aufstellung einer *Siebanalyse* zu erhalten, die über die Verteilung der einzelnen Korngrößen in dem untersuchten Muster

Auskunft gibt. Die Prüfmaschinen sind derart eingerichtet, daß sie einen Siebsatz mit etwa 6 bis 8 aufeinandergestellten Prüfsieben aufnehmen können.

Zur Bestimmung der Mahlfeinheit sind auch im Auslande Siebreihen entwickelt worden. Die bekannteste dürfte die Tylersche Siebreihe sein, deren Basis 200 Maschen je Zoll = 0,074 mm lichte Maschenweite ist; aus dieser Basis ergeben sich die Siebe mit größerer Maschenweite als geometrische Reihe mit $\sqrt{2}$ und außerdem noch Zwischensiebe mit $\sqrt[4]{2}$. Bei der US-Standard Siebreihe der American Society of Testing Materials und US-Bureau of Standards ist die Basis 1 mm lichte Maschenweite und der Siebskalenkoeffizient $\sqrt[4]{2}$.

2. Stromklassierung.

Wenn das nach der Korngröße zu unterteilende Gut feiner als etwa 1 mm ist, so wird die Teilung in der Regel nicht mehr auf Sieben, sondern in Wasser vorgenommen, soweit es nicht wirtschaftlicher ist, es trocken zu halten. Bei der nassen Zerlegung wirkt sich die Fallgeschwindigkeit aus. Für die Endgeschwindigkeit beim Fall im Wasser ist von Rittinger die Formel gegeben worden:

$$v_0 = C \cdot \sqrt{d\,(\gamma - 1)} \text{ (m/sec)}.$$

In ihr ist v_0 die Endgeschwindigkeit in m/sec, d der Durchmesser des Korns in m, γ die Dichte des Korns und der Wert 1 tritt für die Dichte der Flüssigkeit ein. Für den Wert C sind in Abhängigkeit von der Gestalt folgende Werte festgestellt:

für kugelige Körner . . . . $C = 2{,}73$
,, längliche ,, . . . $C = 2{,}37$
,, flache ,, ... $C = 1{,}92$
als durchschnittlicher Wert . $C = 2{,}44$

Wird der Korndurchmesser nicht in m, sondern in mm eingesetzt, so lautet die Formel der Endgeschwindigkeit:

$$v_0 = 77 \sqrt{d\,(\gamma - 1)} \text{ (m/sec)}.$$

Diese Formeln haben jedoch nur Gültigkeit bis zu Korndurchmessern von etwa 15 mm. Für sehr kleine Teilchengrößen ist von Stockes die Formel gegeben:

$$v_0 = K\,(\gamma - 1) \cdot d^2.$$

In ihr ist

$$K = \frac{5000 \cdot g}{9\,\mu}.$$

Der Wert μ ist ein Koeffizient der inneren Reibung des Wassers. Diese Formel hat jedoch nicht unmittelbaren Anschluß an den Bereich, für den die Formel von Rittinger Gültigkeit hat, vielmehr besteht noch ein Intervall, in dem keine von beiden Formeln einen genauen Wert der Endgeschwindigkeit gibt.

Betrieblich kann die Stromklassierung im horizontalen und aufsteigenden Wasserstom ausgeführt werden. Wenn mehrere Gleichfälligkeitsklassen hergestellt werden sollen, so werden aus mehreren Kammern bestehende Spitzkästen benutzt, in die von unten ein Wasserstrom eintritt; in Abhängigkeit von dem Wasserzufluß und dem Querschnitt der einzelnen Kammer ergeben sich dann unterschiedliche Wassergeschwindigkeiten und demgemäß die verschiedenen Gleichfälligkeitsklassen. Sofern die Herausnahme von Korn nur einer bestimmten Teilchengröße im Vordergrund steht, werden Maschinen benutzt, bei denen horizontale Strömungen auf das Ergebnis stark einwirken.

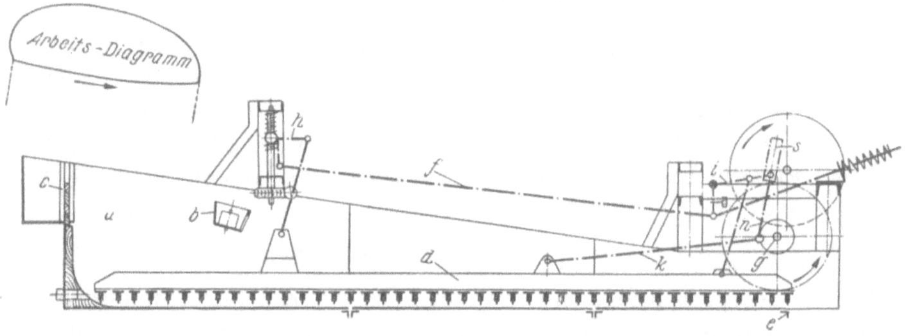

Abb. 43. Längsschnitt durch einen mechanischen Klassierer.

Eine Maschine dieser Art ist der mechanische Rechenklassierer, wie ihn Abb. 43 und 44 im Längsschnitt und in der Ansicht zeigen. In den Trog *a* fließt die Trübe bei *b* ein; die feinen Schlämme fließen dann bei *c* über den Überlauf wieder ab, während das Korn mit höherer Fallgeschwindigkeit zu Boden sinkt, wo es von dem Rechen über den geneigten Boden des Gefäßes hochgeführt und bereits eingedickt bei *e* abgeführt wird. Der Rechen *d* macht dabei nicht eine rein hin- und hergehende Bewegung, sondern er wird, nachdem er über den Boden hochgezogen worden ist, beim Zurückgehen über das Material hinaus angehoben und dann erst wieder eingesenkt. Diese Bewegung wird dem Rechen *d* über die Kurbelstange *k*, die Kurbel *g*, die Zugstange *n*, die Schlitzführung *s* sowie die beiden Winkelhebel *i* und *h*, die durch die Stange *f* miteinander verbunden sind, erteilt. In Abb. 43 ist oben links das Arbeitsdiagramm des Rechens wiedergegeben.

In Rechenklassierern mit großer Leistung und daher großer Breite befinden sich meist zwei oder drei Rechen. Die Neigung des Klassiererbodens beträgt etwa 55:100 und die Rechen führen etwa 25 bis 50 Hübe in der Minute aus. Die üblichen Troglängen liegen zwischen 3 und 7 m bei Breiten von 0,4 bis 2,1 m. Der Kraftbedarf stellt sich auf 1 bis 5 PS.

Abb 44. Mechanischer Klassierer (Bauart Fried. Krupp-Grusonwerk).

Für die ungefähre Leistung von Klassierern, die im geschlossenen Kreislauf mit Kugelmühlen arbeiten, geben folgende Zahlenwerte einen Anhalt:

Größe der Mühle mm	Größe des Aufgabegutes mm	Überlauf des Klassierers mm	Größe des Klassierers mm	ungefähre Leistung t/h
	a) grobe Mahlung			
1040×1250	bis 40	bis 0,25	700 bis 4600	26
2200×2200	,, 40	,, 0,25	2100 ,, 6500	230
	b) feine Mahlung			
1000×1250	bis 1,6	bis 0,12	700 bis 4600	43
1800×1800	,, 1,6	,, 0,12	2100 ,, 6500	180

Die damit für die Leistung genannten Zahlen können bei weichen Erzen noch um etwa 25% überschritten werden, während sie sich bei sehr harten Erzen um etwa den gleichen Hundertsatz verringern.

Eine andere technische Lösung stellen die *Akins*-Klassierer dar, bei denen große Spiralen die Förderung des Sandes übernehmen. Sie arbeiten noch gleichmäßiger als die Rechenklassierer. Aus dem Eisenerzgebiet der oberen Seen werden für sie Durchsatzleistungen von 80 t/h und m² genannt, wobei die breitblättrigen Spiralen 2 m Durchmesser besitzen.

Die mechanischen Klassierer haben die erwünschte Eigenschaft, daß sie neben der Abscheidung des feinen Gutes den Sand soweit anheben, daß er mit natürlichem Gefälle der Mühle wieder zufließen kann, so daß praktisch kein Höhenverlust eintritt. Im Gegensatz zu den Stromapparaten mit aufwärts gerichtetem Wasserstrom benötigen sie auch kein Zusatzwasser. Der von ihnen verlangte Kraftbedarf kann mehrfach wieder gut gemacht werden durch Kraftersparnis im Betriebe der Mühlen, die teilweise bis zu 40% beträgt.

3. Windsichtung.

Windsichtung als Trennungsvorgang nach der Korngröße hat zum Ziel, zwei Erzeugnisse bei einer bestimmten „Kornscheide" herzustellen, von denen dann die *Griese* und die *Stäube* verschiedenen Arten der Weiterverarbeitung oder der Verwendung zugeführt werden können. Daneben gibt es die *Staubabscheidung*, die ausschließlich auf die Gewinnung von Staub, zum Beispiel Brennstaub, abgestellt ist, und die *Entstaubung* von staubbeladener Luft, die nicht ins Freie gelassen werden kann oder darf, bevor der Staub aus ihr entfernt ist. Für diese beiden letztgenannten Zwecke bedient man sich in der Regel der bekannten *Zyklone*, bei denen die staubbeladene Luft tangential in ein oben zylindrisch und nach unten konisch zulaufendes Gefäß eintritt, bei dem im Deckel zentrisch ein Rohr eingesetzt ist, durch welches die entstaubte Luft abziehen kann. Der Staub, auf den durch die kreisende Bewegung der Luft Zentrifugalkraft einwirkt, sinkt am Mantel des Gefäßes herab und wird am unteren Ende des konischen Gefäßteiles aufgefangen.

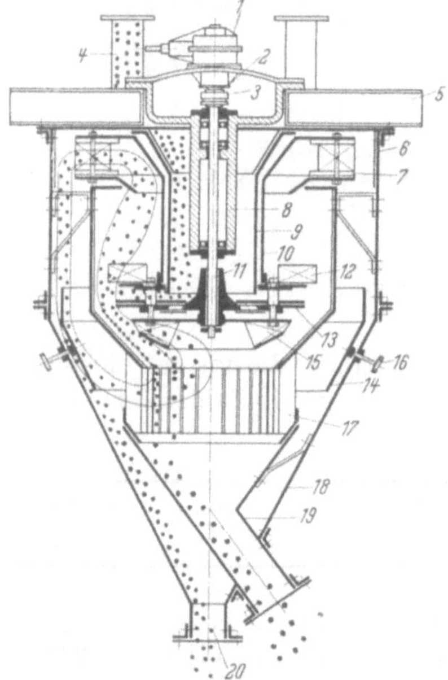

Abb. 45. Windsichter „Polydor". 1 Winkelgetriebe, 2 Laterne, 3 Kupplung, 4 Einlaufschurren, 5 Hauptträger, 6 Gehäuseoberteil, 7 oberer Ventilator, 8 Lagerkörper, 9 Einlaufrohr, 10 Triebrohr, 11 Königswelle, 12 Gegenflügel, 13 Streuteller, 14 Abscheidering, 15 unterer Ventilator, 16 Rädelschrauben für Schälklappenbetätigung, 17 Grieskonus mit Leitschaufeln, 18 Gehäuseunterteil, 19 Griesauslauf, 20 Staubaustrag.

Anders bei dem „Sieben mit Luft" in den Windsichtern, bei denen das Sichtgut ohne Luft in das Gerät gegeben und in denen durch einen Luftumlauf getrennt wird, den ein eingebauter Ventilator veranlaßt. Abb. 45 gibt einen Schnitt durch einen Windsichter „Polydor", der von der Polysius AG. in Dessau als Modell „Simplex“ gebaut wird. Er besteht aus einem zylindrischen Oberteil und konischem Unterteil; ihnen entsprechen der Form nach ähnliche Einbauten im Innern, durch die ein ringförmiger Raum gebildet wird. Bewegt ist im Sichter die Königswelle mit dem Streuteller und dem oberen sowie unteren Ventilator. Entstaubtes und Staub werden nach unten in getrennten Konussen abgeführt. Das durch diese Vorrichtung erreichte Schleudersystem bewirkt zusammen mit dem durch den Ventilator erzeugtem zirkulierendem Luftstrom einen guten und leicht regelbaren Trennungserfolg.

Windsichter entsprechender Beschaffenheit werden von verschiedenen Firmen hergestellt; in Deutschland wurde der erste Sichter von der Gebr. Pfeiffer AG. in Kaiserslautern nach englischen Patenten gebaut. Ferner wird hergestellt ein

Kreiselsichter	von der Fa.	Schüchtermann & Kremer-Baum AG. in Dortmund,
Rapidsichter	„ „ „	Klöckner-Humboldt-Deutz in Köln-Kalk,
Vibrosichter	„ „ „	Westfalia-Dinnendahl-Gröppel in Bochum,
Pulsatorsichter	„ „ „	Siebtechnik in Mühlheim/Ruhr.

Alle diese Geräte arbeiten sehr vollkommen und bei derart geringem Verschleiß, daß von einer hohen Bedürfnislosigkeit in bezug auf Erneuerung der arbeitenden Teile gesprochen wird.

Verwendung finden die Sichter in erster Linie in den Steinkohlenaufbereitungsanlagen, während sie in der Erzaufbereitung nur ganz ausnahmsweise anzutreffen sind. Bei der Gewinnung von Brennstaub betrug die Leistung eines Sichters von 2500 mm Durchmesser 45 t/h. Untersuchungen über die Fallgeschwindigkeit von Kohlekörnern in Luft haben ergeben, daß ein Korn von 0,2 mm Korngröße durch einen Luftstrom von 1,6 m/sec, ein Korn von 0,4 mm Durchmesser durch einen Luftstrom von 2,4 m/sec und ein Korn von 1 mm Durchmesser durch einen Luftstrom von 4,6 m/sec Geschwindigkeit in der Schwebe gehalten wird.

Gemäß den schon erwähnten Richtlinien verwendet man bei Sichtvorgängen folgende Bezeichnungen: Das Sichtgut besteht aus „Sichtgrobem“ und „Sichtfeinem“. Im Sichter erfolgt die Trennung in „Entstaubtes“ und in „Staub“. Da die technische Sichtung nicht vollkommen verläuft, entsteht „Fehlkorn“ und zwar „Unterkorn“, das ist Feines im Entstaubten, und „Überkorn“, das ist Grobes im Staub. Ferner sind folgende Abkürzungen festgelegt:

G_a = Grobes im Sichtgut
F_a = Feines im Sichtgut
G_e = Grobes im Entstaubten
F_e = Feines im Entstaubten (Unterkorn)
G_s = Grobes im Staub (Überkorn)
F_s = Feines im Staub

} in Prozent

Unter Verwendung dieser Abkürzungen lassen sich für die Auswertung von Sichtvorgängen folgende Formeln geben:

1. Gewichtsausbringen an Staub in %: $v_s = \frac{F_a - F_e}{F_s - F_e} \cdot 100$.

2. Gewichtsausbringen an Entstaubtem in %: $v_e = \frac{G_a - G_s}{G_e - G_s} \cdot 100$.

3. Ausbringen an Sichtfeinem im Staub in %: $m_f = v_s \cdot \frac{F_s \cdot 100}{F_a}$.

4. Ausbringen an Sichtgrobem im Entstaubten in %: $m_g = v_e \cdot \frac{G_e \cdot 100}{G_a}$.

5. Sichtungsgüte in %: $\eta = \frac{(m_f - v_s) \cdot 100}{100 - F_a}$ oder $\frac{(m_g - v_e) \cdot 100}{100 - G_a}$.

Ein Beispiel möge zur Ergänzung dieser Formeln durchgerechnet sein: 100 kg Sichtgut bestehen aus 80 % Sichtgrobem und 20 % Sichtfeinem. Daher ist:

$$G_a = 80\,\% \text{ und } F_a = 20\,\%.$$

Das Ergebnis der Sichtung und der Prüfsiebung ist:

	Gewicht kg	Fehlkorn %
Entstaubtes . .	81	4
Staub.	19	11,8
Sichtgut. . . .	100	—

Mithin sind: $F_e = 4\,\%,\ G_e = 100 - 4 = 96\,\%.$

und $G_s = 11{,}8\,\%,\ F_S = 100 - 11{,}8 = 88{,}2\,\%.$

Daher sind

$$1.\ v_s = \frac{(20 - 4) \cdot 100}{88{,}2 - 4} = 19\,\%,$$

$$2.\ v_e = \frac{(80 - 11{,}8) \cdot 100}{96 - 11{,}8} = 81\,\%,$$

$$3,\ m_f = 19 \cdot \frac{88{,}2 \cdot 100}{20} = 83{,}8\,\%,$$

$$4.\ m_g = 81 \cdot \frac{96 \cdot 100}{80} = 97{,}2\,\%,$$

$$5.\ \eta = \frac{(83{,}8 - 19) \cdot 100}{100 - 20} = 81\,\% \quad \text{oder}$$

$$\eta = \frac{(97{,}2 - 81) \cdot 100}{100 - 80} = 81\,\%.$$

Die Sichtungsgüte muß natürlich den gleichen Zahlenwert ergeben, unabhängig davon, ob sie für den Staub oder das Entstaubte berechnet wird.

VII. Die Handscheidung.

Die Handarbeit bei der Sortierung der Erze und Kohlen ist trotz des „Sieges der Technik“ aus den Aufbereitungsbetrieben bisher nicht ganz verdrängt worden, weil sie auf kürzestem Wege ein absetzbares Gut ausscheidet. Sie setzt aber ein Rohhaufwerk voraus, bei dem der Gefügeaufbau so günstig ist, daß in der Stückgröße über etwa 25 mm ein wirklich befriedigender Erfolg erzielt werden kann, indem reiche Produkte und arme Berge in ausreichendem Umfange ausgelesen werden können; als Beispiele dieser Art sind die Siegerländer Spateisenerze und die Stückkohlen zu nennen.

Soweit die Handscheidung angewandt wird, wird ihr bei Erzen in der Regel das Gut 25 bis 100 mm, bei Kohlen das Gut über 80 oder 100 mm zugeführt. Ist es verschmutzt, so geht bei Erzen eine Abbrausung oder auch Läuterung voraus. Das Klauben von Hand findet an endlosen Bändern oder runden Lesetischen statt. Die Geschwindigkeit der Lesebänder beträgt etwa 0,2 m/sec, ihre Breite bei einseitiger Besetzung mit Klaubern 0,8 m und sie bestehen aus Gummi, Stahlblech oder Drahtgeflechten. Die Leistung der Klauber ist etwa 600 bis 800 kg/h; beschäftigt werden dabei vornehmlich Jugendliche — soweit es Mädchen sind, als „Erzengel“ bezeichnet. Auf den Bändern bleibt bis zur Abwurfstelle dasjenige Gut liegen, das in der größten Menge vorhanden ist, also entweder Erz, Stückkohle, Berge oder Verwachsenes. Ein erfahrener älterer Arbeiter übernimmt in der Regel die letzte Durchsicht.

Für die Siegerländer Spateisenerze ist die Handscheidung gewissermaßen das Hauptverfahren und, wenn natürlich auch die Lohnkosten nicht gering sind, so wird im allgemeinen durch das Klauben doch ein größerer wirtschaftlicher Erfolg bewirkt, als bei der Setz- und Herdarbeit. Nach W. Luyken und E. Bierbrauer[54], die eine eingehende Untersuchung des technischen und wirtschaftlichen Erfolges der Rohspataufbereitung der Grube *San Fernando* vornahmen, stellte sich zum Beispiel auf Grund der Verkaufsformel des Siegerländer Eisensteinvereins der Reingewinn der Handscheidung auf RM 1,11 je t Durchsatz, während in der Setz- und Herdwäsche etwa ein gleich hoher Verlust entstand.

Um die Klaubearbeit zu verbilligen und zu verbessern, werden zum Teil Vorsetzmaschinen benutzt, die eine reiche und eine arme Erzsorte erzeugen, wodurch der Handarbeit wirkungsvoll vorgearbeitet wird und die Leistungen der Klauber verbessert werden können.

In England ist man bemüht gewesen, die Lesearbeit an groben Stückkohlen durch einen elektrischen Kohlenklauber zu mechanisieren. Durch

[54] Luyken, W., u. E. Bierbrauer: Mitt. K.-Wilh.-Inst. Eisenforschg. Bd. 10 (1928) S. 1 bis 14.

Tastorgane wird die elektrische Leitfähigkeit der einzelnen Stücke geprüft und danach werden Klappen derart gesteuert, daß das untersuchte Stück entweder zu den Bergen abgeleitet wird, oder als Stückkohle zur Verladung kommt[55]. Eine in Betrieb befindliche Maschine soll ihre Überlegenheit gegenüber der Handarbeit nachgewiesen haben, wobei eine Stückkohle von 50 bis 400 mm verarbeitet wurde und bei drei- bis fünfgleisiger Maschine 15 bis 20 t/h durchgesetzt wurden.

VIII. Die naßmechanische Aufbereitung.

Sie umfaßt drei Anreicherungsverfahren, nämlich das Setzen von stückigen bis feinkörnigen Erzen und Kohlen, die Verarbeitung von feinstkörnigem Gut auf Herden und ferner die Trennung von Steinkohlen durch Rinnenwäschen. In allen drei Fällen wird naß gearbeitet und es kommt im wesentlichen eine Trennung nach der Dichte zustande. Schon im Mittelalter waren die beiden erstgenannten Arbeitsweisen bekannt und kamen, abgesehen von der Scheidung von Hand, ausschließlich zur Anwendung. Seit einigen Jahrzehnten sind jedoch in der Magnetscheidung, Schwimmaufbereitung und der Trennung in schweren Trüben Verfahren bekannt geworden, die die naßmechanischen Arbeitsweisen erheblich zurückgedrängt haben.

1. Die Setzarbeit.

Bei ihr kommt die Trennung dadurch zustande, daß ein aufwärts gerichteter Wasserstrom durch einen Siebboden hindurch unter eine Erzschicht stößt und dabei die spezifisch leichteren Körner höher anhebt als die dichteren; bei dem sofort folgenden Zurückgehen des Wassers sinkt das Erz wieder zurück, wobei die dichteren Körner schneller absinken und sich bei dem pulsierenden Spiel des Wassers auf dem Siebboden sammeln. Voraussetzung für die Trennung ist also, daß im Erz Körner von unterschiedlicher Dichte vorhanden sind, da sonst keine Anreicherung erzielt werden kann. Aber auch die Korngröße ist für den Setzvorgang von Bedeutung, weil größere Körner schneller absinken als kleinere, soweit sie gleiche Dichte besitzen. Eine ungünstige Beeinflussung des Trennungsvorganges durch die Korngröße kann aber vermieden werden, wenn eine enge Siebklassierung des Setzgutes vorgenommen wird. Lange Zeit ist man bemüht gewesen, durch Rechnung die günstigste Korngrößenbeschaffenheit des Aufgabegutes von Setzmaschinen zu klären, jedoch hat sich im Betriebe gezeigt, daß ein in wesentlich weiteren Grenzen abgesiebtes Gut erfolgreich gesetzt werden konnte, als es nach der Rechnung auf Grund der Fallgeschwindigkeiten

---

[55] Götte, A.: Glückauf Bd. 74 (1938) Nr. 50, S. 1075.

zu erwarten war. So verhält sich zum Beispiel die Fallgeschwindigkeit eines Kohlekorns von d_1 mm Korngröße und 1,25 Wichte zu der eines Bergekorns von d_2 mm Korngröße und 2,25 Wichte im Wasser nach der Formel

$$d_1 : d_2 = (\gamma_2 - 1) : (\gamma_1 - 1) \quad (1)$$

zu

$$d_1 : d_2 = (2{,}25 - 1) : (1{,}25 - 1) = 5 : 1.$$

Dies bedeutet, daß nur dann mit einer guten Trennung zu rechnen ist, wenn die Korngrößen der Kohlestücke nicht über das Fünffache der Bergestücke herausgehen würden. Wenn also das gröbste, auf der Setzmaschine zu verarbeitende Korn 80 mm Durchmesser hat, so müßte die unterste Korngröße etwas über 16 mm liegen. Es hat sich jedoch gezeigt, daß auch eine Absiebung zwischen 80 und 8 mm und 8 bis 0,25 mm beim Setzen von Kohlen zu sehr befriedigenden Ergebnissen führt. Der Grund hierfür liegt zum Teil darin, daß in den Setzmaschinen nur die Anfangsfallgeschwindigkeiten auftreten und daß außerdem der Fall im beengten Raum stattfindet, bei dem die absinkenden Teile aufwärtsgerichtete Strömungen veranlassen müssen, welche das Fallen der leichteren Körner verzögern. Es entsteht damit ein Verdrängungsvorgang, der die Trennung beim Setzen von der Teilchengröße verhältnismäßig weitgehend unabhängig macht.

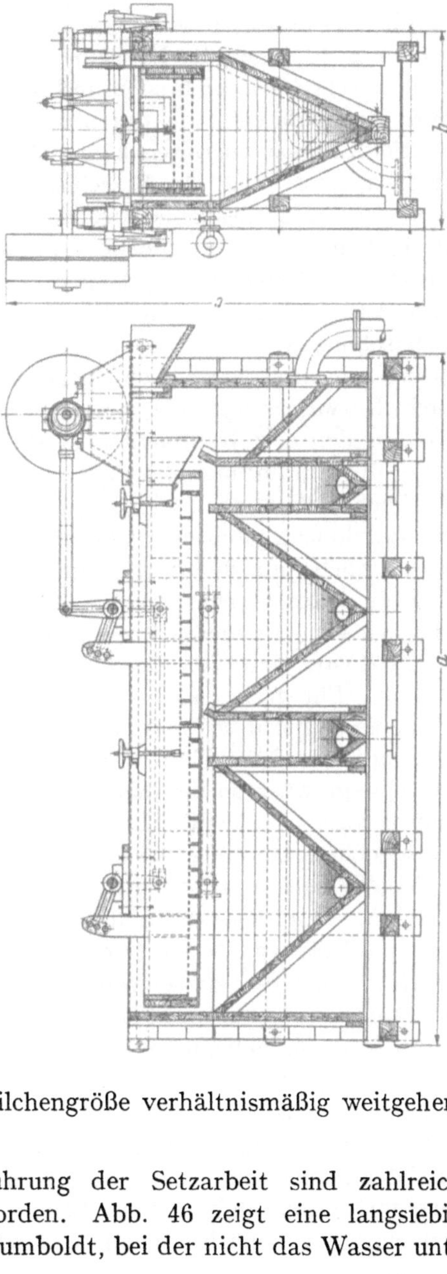

Abb. 46. Langsiebige Hochleistungs-Stauchsetzmaschine, Bauart Humboldt.

Für die technische Ausführung der Setzarbeit sind zahlreiche Maschinenarten entwickelt worden. Abb. 46 zeigt eine langsiebige Stauchsetzmaschine, Bauart Humboldt, bei der nicht das Wasser unter das Sieb gestoßen, vielmehr das Sieb selbst mit der in ihm befindlichen Erzschicht in das Wasser hineingestoßen wird. Es entspricht dies an sich dem alten Handbetrieb, bei dem ein mit Erz angefülltes Sieb, das in einen runden Siebrahmen eingespannt war, in ein wassergefülltes Faß hineingestoßen wurde. Wie aus der Abbildung zu erkennen ist, wird der Siebrahmen der Maschine von einem Exzenter aus über einen Hebel bewegt. Das Sieb ist unterbrochen, wodurch auf seiner ganzen Breite ein Spalt entsteht, durch den das dichte Korn in die mittlere schmale Kammer austreten kann. Der 2. Teil des Siebes liegt höher, und zwar um das Maß der Erzschicht, die abgezogen wurde. Am Ende des zweiten Siebteiles ist wieder ein Schlitz vorhanden, durch den das Mittelgut in die rechte schmale Kammer übertreten kann. Die spezifisch leichten Bergekörner gelangen schließlich in die spitz zulaufende rechte Austragskammer. Gleichzeitig arbeitet die Maschine als Durchsetzmaschine, wobei das durchgesetzte Konzentrat und Mittelgut von den breiten, unter den Sieben gelegenen Kammern aufgenommen wird. Durch Entwässerungsbecherwerke werden die verschiedenen Erzeugnisse aus den drei Kammern herausgehoben.

Vor der Einführung derartiger Stauchsetzmaschinen waren fast ausschließlich *Kolben*setzmaschinen üblich, bei denen der Kasten oben in zwei Abteilungen geteilt ist; in der einen wird ein Kolben durch Exzenter oder Kniehebel auf und ab bewegt und in der anderen Abteilung liegt das Sieb, unter welches das Wasser gestoßen wird. Über dem Setzkasten ist auf besonderen Lagerböcken oder auf verlängerten Holmen, die den Kasten umfassen, der Antriebsmechanismus für die Kolben angebracht. Für grobes Korn, das verhältnismäßig große Hubhöhe bei geringerer Hubzahl verlangt, werden meist Kniehebel verwendet. Ihre Wirkung ist, daß der Kolben schnell nach unten, aber langsamer nach oben bewegt wird, so daß eine unerwünscht scharfe Saugwirkung des Kolbens vermieden wird. Bei mittleren und kleinen Korngrößen, die eine schnellere Hubfolge bei geringerer Hubhöhe verlangen, werden in der Regel Exzenter zum Antrieb benutzt. Bei einem Korn von etwa 3 bis 4 mm Durchmesser wählt man etwa 200 Hübe in der Minute, dagegen für Korn von 13 bis 16 mm etwa 140 Hübe. Die Hubhöhe muß der Korngröße des zu setzenden Gutes angepaßt sein. Sie beträgt mindestens das Doppelte, häufig sogar ein Mehrfaches des Durchmessers des größten, im Setzgut vorhandenen Kornes.

Kennzeichnend für die Bewegungsvorgänge in der Kolbensetzmaschine ist das Arbeitsdiagramm, wie es Abb. 47 zeigt.

Von der Fa. Baum in Herne wurde dann im Jahre 1900 zum Setzen von Steinkohlen eine Langstromsetzmaschine mit Druckluftbetrieb eingeführt. Abb. 48 gibt einen Schnitt durch diese Maschine, wie sie jetzt von der Schüchtermann & Kremer-Baum AG. in Dortmund gebaut wird. Sie besteht aus einem mehrteiligen schmiedeeisernen Setzkasten mit den Sieben und Austragschiebern, wie bei einer Kolbenmaschine. Der hintere Teil des U-förmigen Behälters ist oben geschlossen und hat auf den Deckeln jedes Abteils einen Kolbenschieber zum Ein- und Auslassen der Druckluft von 0,12 bis 0,18 atü. Anders als der Kolben bewirkt die eingepreßte Luft, daß der Stoß des Wassers unter das Sieb sehr schnell ist und außerdem schneller als das Zurückfluten des Wassers, das entsprechend dem geregelten Entweichen der Preßluft mehr einem natürlichen Zurückfluten des Wassers entspricht. Hierin liegt ein besonderer Vorteil gegenüber der Kolbenmaschine, bei der der wieder aufwärts gehende Kolben eine unerwünschte scharf Saugwirkung ausübt. Weiter ist bei der Baumschen Setzmaschine ihre leichte Regelbarkeit hervorzuheben, die durch den selbsttätigen Aus-

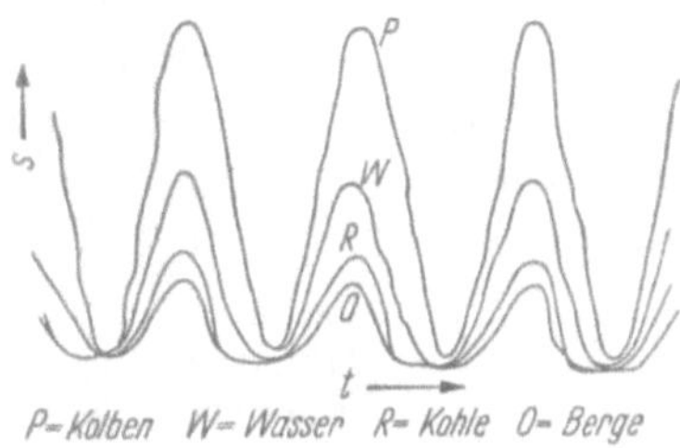

Abb. 47. Arbeitsdiagramm der Bewegungsvorgänge in einer Setzmaschine.

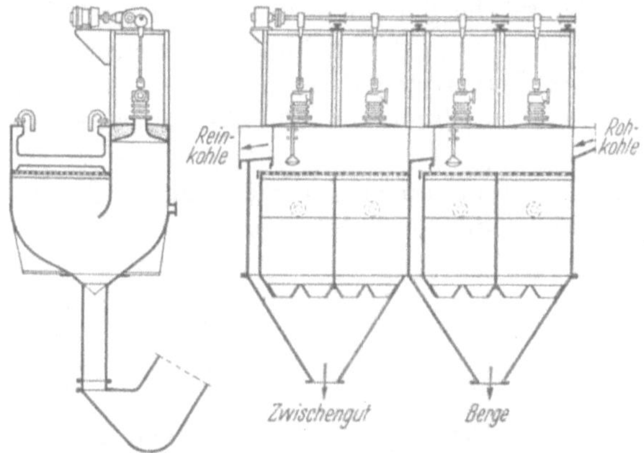

Abb. 48. Baumsche Druckluft-Setzmaschine für Steinkohle, Bauart Schüchtermann & Kremer-Baum.

tragsregler für die Berge derart ausgebildet ist, daß bei größererBergemenge zur Erzeugung eines entsprechend stärkeren Wasserhubes zusätzliche Druckluft Zutritt hat.

Wesentlichen Einfluß auf die Durchsatzleistung der Setzmaschinen hat das Transportwasser, das die Kohle in die Maschine hereinspült; es fließt an der Oberfläche mit einer Geschwindigkeit von etwa 0,5 bis 1 m/sec. Die Geschwindigkeit, mit der sich die Produkte bewegen, beträgt

für Kohle	0,04	bis	0,08	m/sec
,, Zwischengut	0,006	,,	0,012	,,
,, Berge	0,005	,,	0,010	,,

Es hat sich gezeigt, daß diese drei Produkte in den Maschinen derart scharf abgegrenzte Schichten bilden, daß es durch geeignete Vorrichtungen möglich ist, eine selbsttätige Austragsregelung zu schaffen.

Ermittlungen betriebsmäßiger Art haben ergeben, daß es angebracht ist, bei der Aufbereitung von Steinkohlen in der Formel für die Fallgeschwindigkeit nach Rittinger statt des durchschnittlichen Wertes von 2,44 für C bei Grobkorn den Wert 1,6 und bei Mittel- und Feinkorn den Wert 2 einzusetzen. Dadurch ergeben sich für die Geschwindigkeit des Hubes v und die Hubhöhe H folgende Zahlenwerte:

Grobkorn:	$v = 0{,}506$ m/sec;	$H = 0{,}162$ m
Mittelkorn:	$v = 0{,}387$,, ;	$H = 0{,}106$,,
Feinkorn:	$v = 0{,}224$,, ;	$H = 0{,}048$,,

Die notwendige Anpassung des Hubes an die Korngröße bedingt, daß in den Aufbereitungsbetrieben meist mehrere Maschinen vorhanden sind, z. B. in Kohlenwäschen mindestens eine Grobkorn- und eine Feinkornmaschine, häufig aber auch noch eine Mittelkornsetzmaschine. Ihre Durchsatzleistungen sind sehr hoch und stellen sich für Grobkorn zum Teil auf 180 t/h bei einer Siebfläche von 15 m². Feinkornsetzmaschinen, die bei gleicher Setzfläche eine um etwa 20% geringere Leistung haben, haben meist auf dem Sieb eine Schicht aus Feldspatkörnern; durch dieses grobkörnige Bett treten dann die Berge in das Unterfaß der Maschine, aus dem sie durch ein Entwässerungsbecherwerk herausgehoben werden.

In einer Aufbereitungsanlage für Siegerländer Spateisenstein verarbeiten 5 Maschinen die folgenden Körnungen:

Korn	3	bis	6 mm	bei	einer	Leistung	von	8,5	t/h
,,	6	,,	12 ,,	,,	,,	,,	,,	13,5	,,
,,	12	,,	18 ,,	,,	,,	,,	,,	14,0	,,
,,	18	,,	30 ,,	,,	,,	,,	,,	15,5	,,
,,	30	,,	50 ,,	,,	,,	,,	,,	18,0	,,

Die physikalischen Bedingungen der Setzarbeit können in folgenden Sätzen zusammengefaßt werden:

1. Engklassiertes Gut ist gut trennbar. Die Klassierung kann um so weiter sein, je größer der Unterschied in den Wichten der zu trennenden Stoffe ist.
2. Gleichfälliges Gut ist trennbar.
3. Die Unterschiede in den Korngrößen der zu trennenden Stoffe sind von geringerer Bedeutung als die Dichteunterschiede.
4. In der Praxis der Steinkohlenaufbereitung hat sich ergeben, daß noch solche Körnungen mit Erfolg trennbar sind, bei denen die Korngrößenunterschiede bis zum 40fachen betragen.
5. Der Erfolg der Setzarbeit ist weitgehend von den durch die Wichte des Setzmittels beeinflußten, wirksamen Wichteunterschieden der zu

trennenden Stoffe abhängig. Diese Unterschiede nehmen mit der Wichte des Setzmittels zu und ihr Verhältnis erreicht den Wert unendlich, wenn die Wichte des Mediums gleich der Wichte des spezifisch leichteren Stoffes ist (Übergang zur Trennung in schweren Trüben).

6. Beim Setzen mischen sich gröbere und kleinere Körner, wenn sie von gleicher Wichte sind. Kleinere Körner können durch ein Bett größerer Körner gleicher und höherer Wichte durchgesetzt werden.

Nach den wichtigeren technischen Merkmalen lassen sich die Setzmaschinen folgendermaßen unterscheiden:

1. Kolbensetzmaschinen — Druckluftsetzmaschinen,
2. Maschinen mit festem Sieb — Stauchsetzmaschinen,
3. Kniehebelsetzmaschinen — Exzentersetzmaschinen,
4. Grobkorn-, Mittelkorn-, Feinkorn- und Feinstkornsetzmaschinen.

Unter *Feinstkornsetzmaschinen* versteht man solche Maschinen, die Korn unter etwa 0,6 bis 0,5 mm bei sehr hoher Hubzahl verarbeiten. Ihre Entwicklung setzte in Amerika ein zur Verwendung auf Baggern unter den auf diesen bestehenden hohen Anforderungen an geringem Raumbedarf, die die Benutzung von Herden geradezu ausschließen. In Deutschland wurde vom Friedr. Krupp-Gruson-Werk dann die *Schwingsetzmaschine* herausgebracht, die aus zwei Abteilungen besteht, in deren Zwischenwand eine Membrane eingebaut ist, die durch ein federnd verlagertes Unbalanzgewicht bewegt wird. Damit wird in der einen Abteilung und damit unter einem der zwei Siebe ein Hub erzeugt, während gleichzeitig in der anderen Abteilung eine Sogwirkung entsteht. Ohne Störungen lassen sich auf diese Weise hohe Umdrehungszahlen (500 und mehr in der Minute) im Dauerbetrieb aufrecht erhalten. Die Korngrenzen des Aufgabegutes liegen zweckmäßigerweise zwischen 0,6 und 0,075 mm; es sind dann Durchsatzleistungen von etwa 2 t/h und m^2 möglich. Schwingsetzmaschinen dieser Bauart haben sich für die Gewinnung von Schwefelkies aus Bergen der Steinkohlenwäschen des Ruhrgebietes als sehr geeignet erwiesen; so konnten mit ihnen aus Flotationsbergen der Zeche Fürst Hardenberg Kieskonzentrate mit 42 bis 43,5 % S bei befriedigendem Schwefelausbringen hergestellt werden.

Es ist noch zu erwähnen, daß es auch mit pulsierenden Luftstößen trocken arbeitende Maschinen für die Aufbereitung von Kohlen gibt; ihre Bedeutung ist jedoch gering.

Während die rechnerische Bearbeitung des Setzvorganges zur Weiterentwicklung dieser Arbeitsweise wenig beizutragen wußte, erwies es sich als erfolgreich, Setzmaschinen während des Betriebes stillzusetzen, sie danach schichten- und abschnittsweise zu entleeren, die so erhaltenen Proben auf ihre Gehalte zu untersuchen und damit eine Auswertung zu erreichen, die erkennen ließ, wo und in welchem Umfange die Maschine ihre Arbeit nicht oder nur unvollkommen erfüllt hatte. Untersuchungen dieser Art führten zur Beseitigung von Staubrettern zwischen den einzelnen Sieben mehrteiliger Maschinen und damit zur Entwicklung der stufenlosen Stauchsetzmaschinen mit breiten Austragschlitzen, wie sie Abb. 46 zeigte[56].

Der erwähnte Zusammenhang zwischen dem Erfolg der Setzarbeit mit den Wichteunterschieden zwischen den zu trennenden Stoffen und der Flüssigkeit, der in der Formel (1) auf S. 115 zum Audruck kommt, hat E. Bierbrauer[57] zur Entwicklung eines *Schlammsetzverfahrens* veranlaßt, bei dem ein bei der Verarbeitung des zu veredelnden Erzes selbst anfallender Schlamm als Beschwerungsstoff für das Setzmittel benutzt wird. Den Ausgangspunkt seiner Entwicklungsarbeiten bildete das Erz des steirischen Erzbergs, das, wie schon besprochen worden ist, im wesentlichen aus Eisenspat, eisenschüssigem Kalkspat und Ankerit — einem Eisen-Kalzium-Magnesium-Karbonat — besteht und bei dem eine Anreicherung nicht nur durch die starke Vermengung dieser Karbonate, sondern auch durch die verhältnismäßig geringen Dichteunterschiede schwierig ist. Das sehr ähnliche Aussehen der genannten Karbonate bewirkt sogar den seltenen Fall, daß auch die Scheidung von Hand durchaus unsicher ist. Aus den Untersuchungen ergab sich, daß die

Zahlentafel 27. *Setzversuche mit Korn unter 40 mm auf dem Versuchsstand, verglichen mit Betriebsergebnissen einer Stauchsetzmaschinen-Anlage (nach E. Bierbrauer).*

Korngröße	Aufgabe		Konzentrat		Berge		Ausbringen
	Gew.	Eisengehalt	Gew.	Eisengehalt	Gew.	Eisengehalt	
mm	%	%	%	%	%	%	%
a) Setzversuche auf dem Versuchsstand mit Trübewichte 1,45							
40 bis 15	100,00	25,60	71,80	30,30	28,20	13,60	85,00
	100,00	24,70	39,70	36,10	60,30	17,20	58,30
15 bis 4	100,00	24,40	69,00	28,80	31,00	14,70	82,00
	100,00	25,70	64,00	31,40	36,00	15,60	77,80
	100,00	24,40	32,20	35,60	67,80	19,00	47,20
b) Ergebnisse der Stauchsetzmaschinen-Anlage (Wasser als Setzmittel)							
40 bis 25	100,00	24,80	58,20	31,00	41,80	15,50	73,80
25 ,, 15	100,00	27,70	75,40	30,20	24,60	18,80	84,00
15 ,, 8	100,00	24,10	33,30	32,10	66,70	20,10	44,50
8 ,, 4	100,00	24,00	33,60	30,80	66,40	20,10	43,50

[56] Kopp, Th.: Z. VDI Bd. 77 (1933) Nr. 6, S. 149 bis 151.

[57] Bierbrauer, E.: Arch. Eisenhüttenw. Bd. 21 (1950) H. 9/10, S. 273 bis 282.

schwere Trübe aus dem erzeigenen Schlamm den Setzvorgang verbesserte und ihn auch auf grobe Körnungen bis zu 100 mm Stückgröße anwendbar macht, während man mit reinem Wasser nur etwa bis 50 mm Korndurchmesser noch Erfolg hat. Mit einer Trübe von der Wichte 1,7 bis 1,8 ließ sich bei Korn über 40 mm eine trennscharfe Anreicherung erzielen. Bei Korn unter 40 mm bis etwa herunter auf 4 bis 5 mm war es günstiger, eine Trübe mit der Wichte 1,45 zu verwenden, weil die leichtere Trübe eine geringere Zähigkeit besitzt.

Zahlentafel 27 gibt als Beispiel das Ergebnis eines Setzversuches mit Korn 40 bis 4 mm, welches in der Trübe von 1,45 Wichte verarbeitet wurde, in Gegenüberstellung mit Betriebsergebnissen einer Stauchsiebsetzmaschinenanlage. Die Werte des Eisenausbringens schwanken bei den Schlammsetzversuchen zwischen 85 und 47,2 %, während sie im Betriebe zwischen 84 und 43,5 % liegen. Die Werte der Zahlentafel 27 geben gleichzeitig einen Beleg für die Schwierigkeiten, die das Erz des Erzbergs einer hohen Anreicherungsleistung entgegensetzt.

2. Die Herdarbeit.

Die Herde, auf denen Sande oder Schlämme verarbeitet werden, haben sich stufenweise aus der Mehlführung oder aus den Gerinnen entwickelt, bei denen die Beobachtung zeigte, daß bei ihnen die dichten Erzkörner sehr schnell niedersinken, während die spezifisch leichten vom horizontalen Wasserstrom weiter mitgenommen werden. Nachdem man zuerst feststehende Gerinne benutzte, ging man dazu über, eine flache Herdtafel zu stoßen und die Anreicherung der Erze in der sogenannten „Stirn" zu bewirken. Am Herdkopfe wurde das Erz fester zusammengestoßen, wobei es teilweise sogar auf der schräg liegenden Herdfläche aufwärts rückte und eine mehrere Zentimeter starke Schicht bildete, während die unhaltige Gangart abgespült wurde. Der Herd war somit ein Vollherd, der in bestimmten Zeitabständen stillgesetzt und abgeräumt werden mußte. Später bestanden die Herde aus einer ebenen und geneigten Tafel, auf der die Trübe ständig mit einem dünnen Klarwasserstrom bespült wurde. Indem diese Herdtafel gleichzeitig ständig gestoßen wurde, ergab sich eine ununterbrochene Arbeitsweise, weil Erz und Gangart fortlaufend abgespült wurden. Nach der für solche Herde bestehenden Theorie erfolgte die Sortierug dadurch, daß das über die Herdtafel herunterfließende Wasser infolge der Reibung auf der Tafel unten die geringste Geschwindigkeit hat und daß diese nach oben hin sich steigert (vgl. Abb. 49). Danach erhalten kleinere Körner einen schwächeren Wasserstoß als die größeren. Besonders vorteilhaft mußte

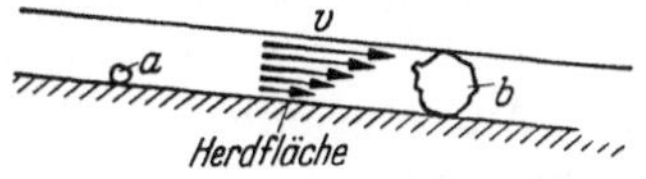

Abb. 49. Wirkung des Wasserstromes auf der geneigten Tafel eines Aufbereitungsherdes (nach E. Treptow).

sich diese Erscheinung auswirken, wenn das dichtere Erzkorn kleiner und das spezifisch leichtere Bergekorn größer war, wie dies in einem gleichfälligen Gut der Fall ist. Es galt daher für die Aufbereitungsherde der Grundsatz, daß ihr Aufgabegut am günstigsten sei, wenn es stromklassiert sei.

Die technische Weiterentwicklung der Herde führte dann aber zu einer Herdtafel, die mit Rillen versehen war, wobei diese entweder in die Fläche hereingeschnitten wurden oder durch Benageln mit Leisten erhalten wurden. In beiden Fällen wurden die Rillen derart gestaltet, daß sie sich nach dem mittleren Teil der Herdfläche hin verflachten. Gleichzeitig wurde aus dem Stoßherd der Schnellstoß- und Schüttelherd, die etwa 300 bis 400 Stöße in der Minute erhielten.

Abb. 50. Aufbereitungsherd (Ferrarisherd).

Als Beispiel dieser Herde sei der „Ferraris"-Herd besprochen, wie ihn Abb. 50 zeigt. Seine Herdtafel ist auf Eschenholzfedern verlagert und erhält ihren Schüttelstoß durch einen Exzenter. Die hölzerne, mit Linoleum bedeckte Herdtafel ist geneigt; an der linken oberen Ecke erfolgt die Aufgabe der Trübe und an der oberen Kante liegt ein Brausenrohr, welches einen gleichmäßigen, dünnen Wasserstrom über die meist die Form eines Paralleltrapezes besitzende Herdtafel herbeiführt. An der unteren und rechten Kante ist eine in einzelne Abteilungen unterteilte Auffangrinne für die verschiedenen Erzeugnisse, die mit Hilfe von Schiebern der Verteilung derselben angepaßt werden kann. Durch eine kräftige Spiralfeder in Verbindung mit Gummipuffern wird ein Schlagen beim Hubwechsel vermieden und durch Vermittlung eines Winkelhebels erreicht, daß die Herdtafel beim Hingang gleichmäßig beschleunigt wird, während die Umkehr plötzlich, der Rückgang gleichmäßig verzögert wird und langsamer als der Hingang erfolgt. Auf diese Weise erfährt das zu verarbeitende Gut einen Förderstoß, der es der Produktenrinne zuführt. Das in die Rillen eingespülte Gut wird somit annähernd horizontal geschüttelt und kommt nur in beschränktem Umfange unter die Wirkung eines Wasserfilmes, wie dies Abb. 49 zeigte.

Dieser Umstand führte zu Untersuchungen über die günstigste Art der Vorbereitung des Aufgabegutes von Rillenherden. Einen Ausschnitt aus diesen Untersuchungen gibt die Zahlentafel 28, welche Versuche wiedergibt, die von R. H. Richards[58] ausgeführt wurden. Er benutzte bei seinen Versuchen ein künstliches Gemenge von etwa 10% Bleiglanz- und rund 90% reinen Quarzkörnern, die auf unter 2 mm zerkleinert waren. Der benutzte Herd war ein Rillenherd, Bauart Wilfley.

Mit diesem Herd wurden 17 Versuche durchgeführt, von denen die ersten fünf die natürlichen Produkte mit den Korngrößen 2 bis 0 mm, 1 bis 0 mm, 0,5 bis 0 mm und 0,25 bis 0 mm umfaßten. Die Versuche 1 und 5 wurden mit der gleichen Korngröße durchgeführt, jedoch war die Aufgabemenge beim Versuch 5 von 1 kg/min auf 0,5 kg/min heruntergesetzt. Die Abnahme der Produkte geschah derart, daß ein für das Auge rein erscheinendes Bleiglanzkonzentrat abgeteilt wurde, während die Teilung zwischen Mittelgut und Bergen so gewählt wurde, daß alle großen Bleiglanzkörner im Mittelgut verblieben. Sechs weitere Versuche wurden mit siebklassiertem Gut gemacht; die Einstellung des Herdes erfolgte bei ihnen in der Absicht, reines Konzentrat und reine Berge abzuziehen; das Mittelgut wurde so lange aufgegeben, wie eine Verschmutzung des Konzentrates bzw. der Berge vermieden werden konnte. Die dritte Gruppe von Versuchen wurde mit gleichfälligem Gut ausgeführt. In den Spalten 1 bis 4 der Zahlentafel 28 sind die Versuchsbedingungen aufgeführt. Die folgenden Spalten 5 bis 7 geben die Bleiglanzgehalte der einzelnen Erzeugnisse an. Auf eine Wiedergabe der erzeugten Mengen ist der Übersichtlichkeit wegen verzichtet. In der Spalte 8 finden sich die Werte des Bleiglanzausbringens angegeben.

Richards baute nun sein Urteil auf den Werten des Bleiglanzausbringen auf, das dahin lautete, daß das gleichfällige Gut dem klassierten Gut gleichwertig sei, während natürliches, in der Korngröße stark unterschiedliches Gut wesentlich weniger geeignet sei. Die Entwicklung der Erfolgsrechnung mit der Erkennung der Bedeutung des Trennungsgrades ergab dann aber, daß, wie es die Spalten 9 und 10 der Zahlentafel 28 nachweisen, das siebklassierte Gut besser angereichert wurde als gleichfälliges[59].

Für die theoretische Deutung des Erfolges auf den mit Rillen versehenen Aufbereitungsherden ergibt sich daraus, daß sie im wesentlichen nach der Dichte arbeiten und nicht nach der Korngröße. Auch bei

---

[58] Richards, R. H.: Ore dressing. 4 Bde., 2. Aufl. New York 1908/09.

[59] Luyken, W.: Mitt. K.-Wilh.-Inst. Eisenforschg. Bd. 11 (1929) S. 1 bis 14.

Zahlentafel 28. *Vergleich von Trennungsergebnissen auf einem Rillenherd bei unterschiedlicher Vorbereitung des Aufgabegutes.*

Versuch	Beschaffenheit der Aufgabe	Korngröße mm	Gehalt des Aufgabegutes an Bleiglanz %	Gehalt des Konzentrates an Bleiglanz %	Gehalt des Zwischengutes an Bleiglanz %	Gehalt des Berge an Bleiglanz %	Bleiglanzausbringen in den Konzentraten %	Trennungsgrad %	Durchschnittl. Trennungsgrad %
1	2	3	4	5	6	7	8	9	10
1	Natürliches Gut	2 bis 0	9,09	90,08	23,58	0,51	39,20	74,4	64,2
2		1 ,, 0	9,09	91,50	26,63	0,61	34,58	74,4	
3		0,5 ,, 0	9,09	97,60	15,90	0,90	44,86	62,0	
4		0,25 ,, 0	9,09	97,73	12,84	1,61	51,48	57,1	
5		2 ,, 0	9,09	95,34	13,71	0,29	29,06	52,9	
6	Abgesiebtes Gut	2 ,, 1,4	7,4	99,23	59,67	0,04	87,43	98,7	96,4
7		1,4 ,, 1	10,92	99,23	23,10	0,00	96,43	98,3	
8		1 ,, 0,75	12,68	99,01	17,00	0,09	97,62	97,6	
9		0,75 ,, 0,5	12,85	97,50	22,60	0,35	96,58	96,0	
10		0,5 ,, 0,36	14,08	99,31	19,97	0,24	90,57	93,5	
11		0,36 ,, 0,28	14,30	97,86	15,35	0,44	94,60	94,1	
12	Gleichfälliges Gut	1. Austr.	50,18	99,26	13,85	0,29	98,21	97,5	92,1
13		2. ,,	4,79	98,62	33,95	0,36	81,35	91,7	
14		3. u. 4. ,,	3,77	98,85	34,43	0,20	88,95	94,4	
15		5. u. 6. ,,	5,61	98,35	28,90	0,55	86,66	90,1	
16		7. bis 9. ,,	6,26	98,84	16,25	0,46	90,58	92,1	
17		10. bis 12. ,,	6,27	99,62	16,28	0,66	79,38	86,6	

ihnen handelt es sich um Verdrängungsvorgänge, ähnlich wie bei der Setzarbeit und bei den Waschrinnen der Kohlenaufbereitung. Weitere Versuche über die Schichtung von Gemischen unterschiedlich dichter und unterschiedlich großer Körner bei horizontaler Schüttelbewegung haben ferner gezeigt, daß ihre Schichtung die Folge des durch die Schwerkraft bewirkten Strebens ist, den tiefsten Raum möglichst dicht mit Masse (im physikalischen Sinne) zu erfüllen[60].

Der Trennungsvorgang auf einem Rillenherd wird besonders gut verständlich, wenn man den Weg eines Erzkorns *a* und eines Bergekorns *b* über eine Herdfläche verfolgt, wie dies Abb. 51 zeigt. Das Erzkorn *a* gelange, da die oberen drei Rillen bereits gefüllt sind, beispielsweise in die 4. Rille. In dieser wandert es unter der Wirkung des Schnellstoßes nach links, wobei es sich gleichzeitig in die unteren Schichten der vorhandenen Körner hineindrückt. Es tritt dann auf die glatte Herdfläche *F* aus und folgt hier unter dem Einfluß der Stoßbewegung und des Klarwasserstroms der gekrümmten Bahn im Streifen *A* des Konzentrates. Das Bergekorn *b* gelange dagegen zunächst in die unteren Schichten in der fünften Rille. Hier wird es allmählich durch die Erzkörner hochgedrängt und gelangt unter der Wirkung des Stoßes beispielsweise sogar bis in den Streifen *B* des Mittelgutes. Durch die zunehmende Verflachung der Rille wird es dann vom Klarwasserstrom erfaßt und gelangt damit in die tieferen Rillen. Ist eine solche nicht ganz gefüllt, kommt es wieder zu einer neuen Querbewegung über den Tisch, bis das Korn wieder vom Klarwasserstrom weitergespült wird. So gelangt es dann in unter Umständen treppenförmiger Bewegung zum Austragende des Streifens *C* der Berge. Somit ist in erster Linie die Dichte maßgebend, weniger aber die Korngröße.

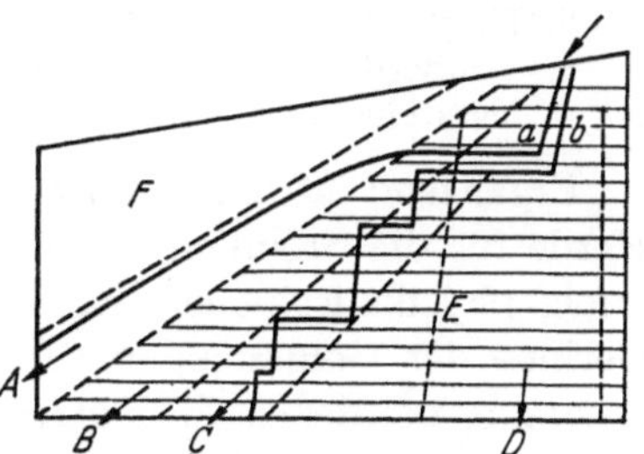

Abb. 51. Weg eines Erz- und eines Bergekorns über die Tafel eines Rillenherdes.

Nun ist insbesondere bei feinem Gut unter 0,5 mm die Absiebung derart schwierig, daß man aus wirtschaftlichen Gründen doch die Stromklassierung für das Aufgabegut von Herden vorziehen wird. Für sehr feine Schlämme werden aber außerdem meist keine Rillenherde, sondern solche mit ebener Herdfläche benutzt, wie sie z. B. die *Planenstoßherde* besitzen. Bei diesen ist eine endlose Gummiplane um ballig gedrehte Holzwalzen geführt. Diese Plane läuft oben über einen durch Brausen mit Wasser bespülten Holztisch, der nach der Produktenrinne hin

---

[60] Dyer, F. C.: Engng. Min. J. Bd. 127 (1929) S. 1030 bis 1033; vgl. auch Metall u. Erz Bd. 27 (1930) S. 128 u. Bd. 28 (1931) S. 49 bis 55.

geneigt ist und nach dem Herdende zu etwas ansteigt. Dieser elastisch aufgehängte Tisch erhält schnell aufeinander folgende Stöße und es tritt dabei im wesentlichen eine Trennung nach der Korngröße ein, wobei die leichteren, aber größeren Körner schnell über die Gummiplane abwärts in die Bergerinne geführt werden, während die dichten Erzkörner erst von der nach unten umgewendeten Plane abgebraust werden. Herde dieser Bauart verarbeiten bei einer Herdfläche von 1500×4500 mm rund 0,5 t bei einem Kraftbedarf von $^3/_4$ PS.

Nach den Arbeitsbedingungen und den technischen Merkmalen lassen sich unter den zahlreichen Bauarten von Herden die am häufigsten benutzten in folgende Gruppen unterteilen:

1. Herde, die nach der Korngröße trennen — Herde, die nach der Dichte trennen,
2. Herde mit ebener Tafel — Rillenherde,
3. Vollherde, die diskontinuierlich arbeiten — Leerherde,
4. feststehende Herde — Stoß-, Schnellstoß- oder Schüttelherde.

Ergänzend ist hierzu zu erwähnen, daß es auch trocken arbeitende Herde für die Steinkohlenaufbereitung gibt und Herde, deren Arbeitserfolg physikalisch-chemischer Natur ist; es sind dies die versilberten Gerinne der Goldamalgamation und die Fettherde der *Diamantenaufbereitung*, bei denen die polaren Gruppen des auf die Herdfläche aufgetragenen Fettes Bindungen an den Kohlenstoff der Diamanten eingehen, so daß diese auf dem Herd liegen bleiben.

In der Zahlentafel 29 ist noch ein Anreicherungsergebnis eines großen Rillenherdes aufgeführt, der in einer Siegerländer Anlage das Feinerz unter 2,5 mm zu verarbeiten hatte. Bei rechteckiger Form maß seine Herdtafel $1,8 \times 5$ m. Die Durchsatzleistung betrug 2 bis 2,5 t/h, der Kraftverbrauch 1 PS und der Wasserverbrauch 1,5 m³/t. Das Ergebnis der Anreicherung ist durch die geringe Vorbereitung des Herdgutes wesentlich beeinträchtigt; die angewandte Gliederung der Anlage war

Zahlentafel 29. *Ergebnis der Anreicherung von Siegerländer Feinerz unter 2,5 mm Korngröße auf einem Rillenherd.*

Erzeugnisse	Gewichts-ausbringen %	Fe %	Mn %	SiO_2 %	Cu %	Eisen-ausbringen %
Spat I . . .	62,1	35,8	6,35	9,80	0,21	76,0
Sulfidisches Zwischengut	0,5	37,7	6,30	0,78	0,80	0,65
Berge	18,5	14,3	2,32	48,50	0,15	9,05
	18,9	22,2	3,90	41,71	0,08	14,30
Aufgabegut .	100,0	29,4	5,14	22,92	0,16	100,00

jedoch so getroffen worden, um an Anlagekosten zu sparen. Bei einer wirtschaftlichen Durchrechnung der Gesamtanlage zeigte sich, daß das finanzielle Ergebnis die getroffene weitgehende Vereinfachung der naßmechanischen Verarbeitung des Grubenkleins rechtfertigte.

Die Weiterentwicklung der Herde reicht bis in die allerletzte Zeit. Neuerdings werden Herde mit mehreren, übereinander liegenden Herdtafeln benutzt; diese sind drehbar gelagert, so daß das auf dem Herd verbliebene angereicherte Gut in bestimmten Zeitabständen abgespült werden kann[61].

3. Die Rinnenwäschen.

Seit 1913 sind, vom belgischen Kohlenbergbau ausgehend, Waschrinnen entwickelt worden, die ihr Erfinder France-Foquet als Rheo-Rinnen bezeichnete. Sie bestehen aus langen, auf Gefälle gelegten Rinnen aus Eisenblech, in die die zu trennenden Kohlen mit einer verhältnismäßig großen Wassermenge eingeleitet werden. Dabei tritt nach einer sehr kurzen Wegstrecke eine Schichtung ein, indem die schweren Berge sich auf den Boden der Rinne drücken, während die leichte Reinkohle in die oberen Schichten gelangt. Um die Bergeschicht abzuscheiden, sind die Rinnen an mehreren Stellen durch Schlitze unterbrochen, unter denen sich die den Bergeaustrag bewirkenden „Rhéo-Apparate" befinden. Abb. 52 zeigt einen solchen in der Bauart der Schüchtermann & Kremer-Baum AG. Am Boden der Rinne befindet sich vor dem Spalt ein Querriegel, der die Bildung eines festen Bergebettes auf etwa 1 m Länge veranlaßt, das durch seine unebene Oberfläche die Fortbewegung der Bergeschicht in der Rinne verzögert, so daß Bergekörner den Spalt nicht überspringen. In den Apparat tritt Wasser ein, welches zum Teil verhindert, daß die Rinne zuviel Wasser abgibt; außerdem bewirkt dieser Wasserzufluß, daß keine Kohlenstükke durch den Spalt austreten. Sowohl durch diesen Wasserzufluß als auch durch Einstellung der Weite der unteren Austrittsöffnung läßt sich die Wirkung des Apparates beeinflussen. Austragkästen für grobkörniges Gut sind zum Teil mit einer bewegten Klappe versehen, die etwa 60 Ausschläge in der Minute macht. Die Menge der auszutragenden Berge wird

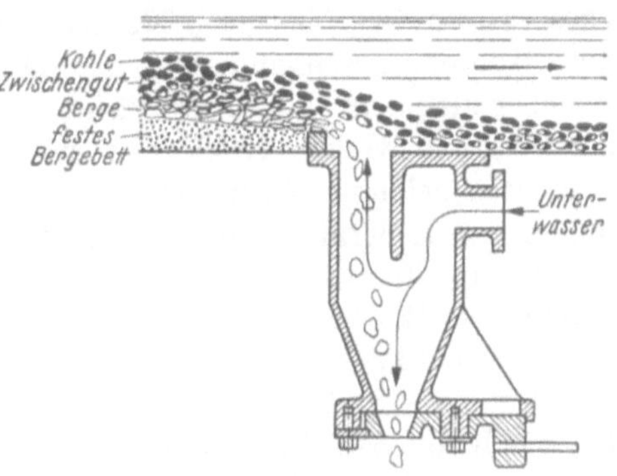

Abb. 52. Feinkohlen-Rhéoapparat.

[61] Weber, E.: Erzmetall Bd. 3 (1950) H. 11, S. 378 bis 379.

dann durch die Einstellung des Hubes der Klappe und durch Verstellen eines Spaltschiebers geregelt.

Die Rinnen haben etwa 20 m Länge und sind in Abständen von 1,5 m mit Austrägen versehen. Von diesen tragen dann etwa die ersten drei fertige Berge aus, während die folgenden Apparate in eine zweite, unter der ersten angeordneten Rinne austragen, in der eine Nacharbeit erfolgt. Am Ende der beiden Rinnen läuft Reinkohle über. In der Regel sind weitere Rinnen zu einem Gesamtsystem vereinigt, wobei ein Mittelgut, fertige Berge und ein Repetitionsgut erhalten werden. Das letztgenannte wird erneut der ersten Rinne zugehoben, um die Schicht des Mittelgutes zu erhöhen und damit den Austrag reiner Kohle und reiner Berge zu erleichtern.

Eine theoretische Deutung der in den Rinnen eintretenden Schichtung ist von E. Blümel[62] gegeben worden; er weist darauf hin, daß drei Kräfte wirksam sind, denen das einzelne Korn ausgesetzt ist, nämlich die Wasserströmung, die Wichte und die Reibung. Aus den beiden ersten Kräften resultiert eine schräg abwärts geneigte Bewegung, deren Winkel mit der Horizontalen er als Neigungswinkel bezeichnet. Dieser ist um so größer, je größer das Gewicht des Kornes und je geringer die Strömungsgeschwindigkeit ist. Diese ist in den unteren Schichten geringer als oben, so daß für ein in eine höhere Schicht gelangtes Korn der Neigungswinkel verkleinert wird, während das in die tieferen Schichten gelangte Korn infolge des geringeren Wasserstoßes noch vermehrt der 2. Kraft, nämlich der Wichte, folgen muß. Kommt noch hinzu, daß die Berge, wie es bei den Kohlen weitgehend der Fall ist, plattige Gestalt haben, so ist auch der Einfluß des Wasserstoßes auf sie verhältnismäßig schwächer als auf die Kohlenkörner. Die besondere Erhöhung der Reibung durch ein ständiges Bergebett vermehrt schließlich noch die Schichtenbildung derart, daß ein sehr guter Trennungsprozeß erreicht wird.

Die Weiterentwicklung der Rinnen führte zur *Cascadyn*-Wäsche, deren Arbeitsweise der der Rinnenwäschen sehr ähnlich ist. Ihre Eigenart ist, daß die Austragkästen mit einstellbaren Wehren versehen sind. Damit kann dem Austragspalt eine besonders zweckmäßige Form gegeben werden und es bildet sich vor ihm ein ständiges Bergebett von großer Rauhigkeit, welches eine besonders starke Verlangsamung der dichten Körner bewirkt. Die gute Auswirkung dieser Austräge macht es möglich, auf eine künstliche Erhöhung der Trennungsschicht zwischen der Kohle und den Bergen durch Zurückgeben von Repetitionsgut zu verzichten, wie es bei den Rinnenwäschen geschieht.

---

[62] Blümel, E.: Festschrift, herausgeg. von der Bergm. Vereinigung der TH. Aachen. (1925) S. 5 bis 13.

Entsprechend den zu verarbeitenden Korngrößen sind die Rinnen unterschiedlich ausgebildet. Meist wird das Korn 0,25 bis 8 mm auf Feinkornrinnen und das Korn 8 bis 80 mm auf Grobkornrinnen verarbeitet, während die Cascadynwäschen getrennt die drei Körnungen 0,25 bis 3 mm, 3 bis 10 mm und 10 bis 80 mm verarbeiten. Bei den Feinkohlenrinnen beträgt die Neigung etwa 15 bis 18°, während die Grobkornrinnen auf 20 bis 23° Neigung gelegt werden. Um die Strömungsverhältnisse recht gleichartig zu gestalten, werden die Cascadynwäschen in Einzelfächer von etwa 30 cm Breite bei Grobkorn und etwa 25 cm Breite bei Feinkorn unterteilt. Die Durchsatzleistungen betragen je Fach

20 t/h bei Grobkorn-Nüssen
17 ,, ,, Feinkorn- ,,
8 ,, ,, Feinkohlen

Als Ergebnis einer Cascadynwäsche — erzielt bei einer Gasflammkohle aus dem Ruhrgebiet — können folgende Zahlen genannt werden:

Korn 1,5 bis 8 mm; Kohlenaustrag I = 59,2% der Menge mit 2,1% Asche
in ihm vorhandenes Unterkorn = 6 % ,, ,, ,, 2,5% Asche

Reinkohle im	Kohlenaustrag I	98,1%
,, ,,	Unterkorn	96,2%
Verwachsenes ,,	Kohlenaustrag I	1,9%
,, ,,	Unterkorn	3,8%

Reinberge mit einer Dichte über 1,9 waren im Kohlenaustrag nicht vorhanden.

Als besondere Vorteile der Rinnenwäschen werden ihre technische Einfachheit, ihr geringer Platzbedarf und ihre geringen Bau- und Betriebskosten genannt, während ein Nachteil darin liegt, daß sie schwerer regelbar sind. Im Vergleich zu den Setzwäschen ist zu sagen, daß die Rinnenwäschen zwar eine recht gute Reinkohle liefern, daß sie aber in ihrem Mittelgut meist weniger echtes Verwachsenes enthalten, als es eine gut arbeitende Setzwäsche abgibt.

IX. Die Läuterung der Eisenerze.

Durch die Läuterung der Erze wird an sich eine Zerlegung nach der Korngröße bewirkt; trotzdem ergibt sich in fast allen Fällen eine Anreicherung, die zum Teil die Setzarbeit zu erreichen oder sogar zu übertreffen vermag. Die Anwendung der Läuterung ist insbesondere für solche Erze gegeben, die tonig, lehmig oder sandig sind und bei denen das Erzmineral in Form fester Körner eingeschlossen ist. Als Beispiel, eines derartigen Erzes seien die Basalteisenerze des Vogelsberges (Oberhessen) genannt, bei denen tiefgründige Verwitterung des Basaltes über die Auflösung seines Eisengehaltes und der Wiederausfällung der Lösungen zur Bildung fester Konkretionen und Brauneisenerzschnüre geführt hat, die in einer blaugrauen bis gelblichen, tonigen Grundmasse eingeschlossen sind.

1. Das Läutergerät nach Siebel-Freygang.

Dieses Gerät fand eine Zeitlang starke Beachtung und auch verschiedentliche Anwendung, zum Beispiel bei der Aufbereitung der manganreichen Erze der Gewerkschaft Gießener Braunsteinwerke (vormals Fernie) in der Lindener Mark. Die Vorrichtung bestand aus einem schräg liegenden Rohr von etwa 55 cm lichtem Durchmesser, in dem eine Schnecke lag, die in Drehung versetzt wurde. Das vorgebrochene und mit Wasser angemengte Gut wurde am unteren Ende dem Apparat zugeführt, im oberen Teil Frischwasser zugesetzt und das geläuterte Erz am obersten Teil durch die Schnecke ausgetragen. Vier Nachteile hafteten diesem Gerät an, nämlich sein hoher Wasserverbrauch von etwa 6 m^3 je t Roherz, seine unvollkommene Läuterwirkung infolge zu kurzer Läuterzeit, sein Versagen bei sehr feinkörnigen Erzen und seine geringe Leistung von etwa 16 bis 20 t/h. Es findet daher keine Anwendung mehr.

2. Der Logwäscher.

In USA. hat man für die Aufbereitung der Erze aus dem Gebiet der Oberen Seen, aus Alabama und von Manganerzen lange Zeit ein Gerät benutzt, das dem Gerät von Siebel-Freygang artverwandt war und als „log washer“ bezeichnet wird. Es besteht aus einem etwa 6 bis 9 m langen und mit einer Neigung von 1:10 angeordneten Trog, der in der unteren Hälfte geschlossen ist. In ihm bewegen sich ein oder zwei kräftige Rührer (log), die mit schraubenförmig aufgesetzten Schaufelblättern aus Gußeisen besetzt sind. Das Erz wird dem Gerät im unteren Teil des Troges, das Wasser im oberen Teil zugegeben. Der Schlamm und feine Sand verläßt die Maschine über eine Rinne am untersten Ende des Troges, während das geläuterte Erz nach oben gefördert und dort ausgetragen wird. Bei der Verarbeitung der lehmig-sandigen Brauneisenerze von Alabama betrug die Drehzahl der Logs 12 bis 15 U/min und der Wasserverbrauch 9 m^3/t.

3. Die Excelsior-Erzwaschmaschine.

In den Jahren 1926/27 erkannte man die besondere Eignung der von der Excelsior-Maschinenbau-Gesellschaft in Stuttgart zum Waschen von Kies, Sand und Kaolin entwickelten Maschinen für die Läuterung von Erzen. Abb. 53 zeigt eine solche Maschine in der Ansicht. Sie besteht aus einer Schwerter- und einer Becherwerksstufe; Abb. 54 gibt ferner schematisch je einen Quer- und Längsschnitt durch die beiden vorgenannten Stufen. Die gegenüber anderen Läutergeräten überlegene Wirkung der Maschine kommt insbesondere dadurch zustande, daß sich im Trog der Schwerterstufe ein sogenanntes Sandbad bildet. Dieses Sandbad ist die im Trog von den Schwertern bearbeitete Masse, die sich mit etwa 32° anböscht, und unter der sich die tote Masse befindet, welche den Vorteil bringt, daß die Trogwandungen vor Verschleiß geschützt sind.

Die durch das Sandbad hindurchgehenden, gebogenen und schraubenförmig um die Welle angeordneten Rührer bewirken ein mildes Scheuern

Abb. 53. Excelsior-Erzwäsche, Ansicht auf die Schwerterseite, Bauart Excelsior-Stuttgart.

und Zerreiben von Lehm- und Tonknollen, so daß ein vollkommenes Verschlämmen der tonigen Erzteile erreicht wird. Als ein dickflüssiger Brei tritt dann das aufgeschlämmte Erz in die aus mehreren Kammern bestehende Becherwerksstufe über, in der es im Gegenstrom zu Klarwasser mittels gelochter Becher von Kammer zu Kammer gefördert wird, bis es schließlich am Austrag vollkommen rein abgespült ist. Aus der Becherwerksstufe geht das Wasser in die Schwerterstufe über; als tonige Trübe verläßt es dann diese bereits vor der Erzaufgabestelle, um dem aufgegebenen Gut Zeit zur Wasseraufnahme zu geben und ein Ausspülen von feinem Erz zu vermeiden. In der Schwerterstufe besteht auf diese Weise eine schlammige Schwerflüssigkeit, die zum Beispiel bei der Verarbeitung der oberhessischen Basalteisenerze 12 bis 14 Bé hat und infolgedessen Körnchen von geringerer Dichte vorteilhafterweise mit dem Schlamm wegführt.

Die Leistung der Excelsior-Maschinen beträgt in Abhängigkeit von ihren Abmessungen etwa 20 bis 40 t/h, wobei Überlastungen bis zu 50% unbedenklich sind, soweit nicht besonders fette, zähe Tone zerteilt werden müssen. Teilweise sind die Maschinen mit zwei Rührtrögen versehen, um die Dauer der Auflösung der Tone zu verlängern. Die Rührerwelle arbeitet bei 10 bis 12 Umdrehungen in der Minute und die Schlämmdauer beträgt etwa 25 Minuten, während sie bei Läutertrommeln nur etwa 4 bis 5 Minuten ausmacht. Bei einer Maschine, die 30 bis 40 m^3/h durchsetzt, beträgt der Platzbedarf 36 m^2 und die Höhe

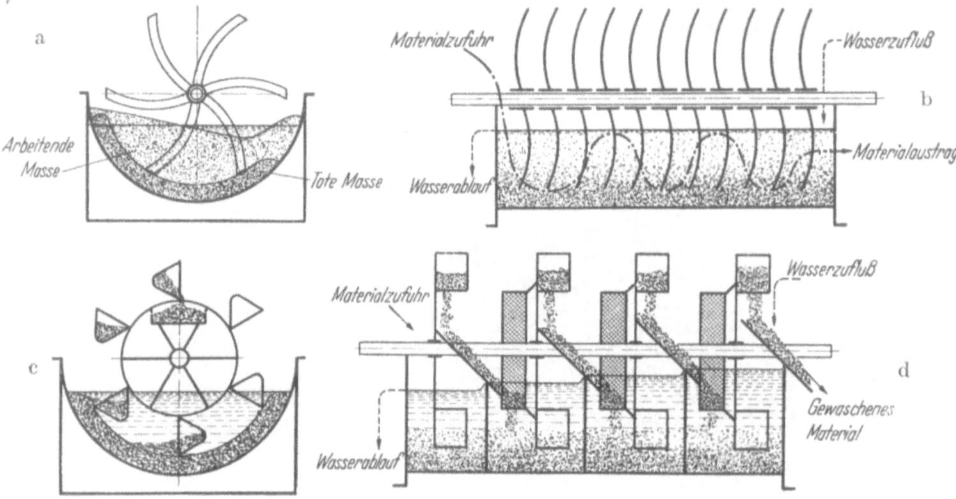

Abb. 54. Excelsior-Erzwäsche.
a = Querschnitt durch den Schwertauflöser, b = Längsschnitt durch den Schwertauflöser, c = Querschnitt durch die Becherwerksstufe, d = Längsschnitt durch die Becherwerksstufe.

der Maschine 4,5 m. Diese verhältnismäßig große Höhe kommt dadurch zustande, daß eine automatische Hochziehvorrichtung für die Rührerwelle eingebaut ist, die beim Stillsetzen der Maschine in Tätigkeit tritt. Beim Stillstand setzt sich das im Trog befindende Waschgut fest, was das Wiederanfahren sehr erschweren würde. Beim allmählichen Wiedereintauchen dieser Welle in den Trog kann die Maschine dagegen ohne höheren Kraftbedarf und ohne Störungen wieder anlaufen.

Über den Einsatz der Excelsior-Erzwäschen für die Verarbeitung der oberhessischen Basalteisenerze ist von W. Witte berichtet worden[62]. Er hat auch einen Vergleich der früheren Aufbereitung dieser Erze auf Setzmaschinen mit denjenigen Betriebsdaten gegeben, die sich bei der Excelsior-Maschine ergaben. In der Zahlentafel 30 ist der Vergleich

[62] Witte, W.: Arch. Eisenhüttenw. Bd. 2 (1928/29) H. 10, S. 607 bis 612.

Zahlentafel 30. *Vergleich der naßmechanischen Aufbereitung mit der Excelsiorwäsche auf Grube Abendstern (nach W. Witte).*

Bezeichnung	Einheit	Naßmechanische Aufbereitung	2 Excelsiorwäschen
Jahresdurchsatz an Roherz . .	t	108000	215000
Anlagekosten für Gebäude . .	RM	60000,—	40000,—
,, ,, masch. Ausrüstung . .	,,	190000,—	160000,—
Kraftbedarf einschl. Pumpen .	PS	200	160
Bedienung der Aufgabe . . .	Mann	5	6
,, ,, Setzmaschinen .	,,	2	—
,, ,, Lesetische . . .	,,	5	1
,, ,, Bergeabfuhr .	,,	2	2
Roherzaufgabe	m^3/10 h	300	600
Fertigerzausbringen	t/10 h	72	129
Gewichstausbringen	%	20	18
Gehalte des Fertigerzes: Fe . .	%	43,5	46,5
,, ,, ,, Mn .	%	0,5	0,5
,, ,, ,, SiO_2	%	14,2	11,0
,, ,, ,, H_2O .	%	14,0	9,0
Instandsetzungskosten je t Fertigerz	RM	1,50[1]	0,10[2]
Aufbereitungskosten je t Roherz[3].	,,	1,20	0,37
Erlös je t Roherz	,,	2,34	2,60
Wert je t Fertigerz	,,	11,71	14,45

[1] im 5. Betriebsjahr.
[2] im 3. Betriebsjahr.
[3] bei Berechnung der Aufbereitungskosten sind zugrunde gelegt: 12% Tilgung und Verzinsung bei Gebäuden, 17% Tilgung und Verzinsung bei Maschinen, 5,5 Pfg. Kosten je PSh und 6,00 RM Lohn je Schicht.

zahlenmäßig wiedergegeben; er weist die große Überlegenheit der Neuanlage nach.

4. Die Läutermaschine der Studiengesellschaft für Doggererze.

Eine der vorgenannten Maschine ähnliche Vorrichtung ist von der *Studiengesellschaft für Doggererze* gebaut worden, wobei es ihr gelungen ist, die Läuterung auf die ziemlich festen und verhältnismäßig schwach tonigen Erze des Salzgitterer Erzlagers auszudehnen. Über eine dieser Anlagen bei Calbecht ist auf S. 368 berichtet.

5. Wasch- und Läutertrommeln.

Etwa zur gleichen Zeit, als die Excelsior-Maschine ihren Eingang in der Eisenerzaufbereitung fand, war von der Maschinenbau-Anstalt Humboldt in Köln-Kalk eine Läutertrommel mit messerartigen Einbauten und eine Waschtrommel zum Nachläutern des Austrags der Läutertrommel entwickelt worden[63]. Unter Verwendung dieser beiden Maschinen arbeitet die Aufbereitungsanlage in *Atalayon* (Spanisch Marokko), in der Geröllerze mit tonig-erdigem Bindemittel, die den Fuß des Monte Uixan bedecken, verarbeitet werden[64]. Bei Versuchen hatte sich eine Anreicherung von beispielsweise 38% Fe im Haufwerk auf 65% Fe im Konzentrat bei einem Eisenausbringen von 74% ergeben. Die Durchsatzleistung beträgt rund 40 t/h in einem aus einer Wasch- und nachgeschalteten Läutertrommel bestehenden System.

6. Die Waschmaschine von Meixner.

Die schmierig-klumpigen Erze des von der Ilseder Hütte abgebauten Vorkommens von Lengede-Broistedt führten infolge der schweren Aufschlämmbarkeit dieser Erze zu besonderen Erfahrungen auf dem Gebiet der Läuterung. Nachdem man ab 1917 diese Erze auf Setzmaschinen und Herden verarbeitet hatte, was zu einem hohen Betriebsaufwand führte, ergaben Versuche mit einer von Meixner entworfenen Vorrichtung günstige Ergebnisse. Abb. 55 gibt einen Schnitt durch diese Maschine, der ihre Konstruktion und Arbeitsweise erkennen läßt. Die Drehzahl der die Hammerkreuze tragenden Welle ist verhältnismäßig hoch, führt aber dadurch auch zu einer starken Bewegung des Wassers und zu einer kräftigen Schlagwirkung auf klumpige Erzstücke. Der halbkreisförmige Boden der Maschine ist durch niedrige Trennwände unterteilt, um eine zu schnelle Weiterbewegung des Erzes zu vermeiden. Aufgegeben wird das Erz nach einem Brechen auf unter 50 mm.

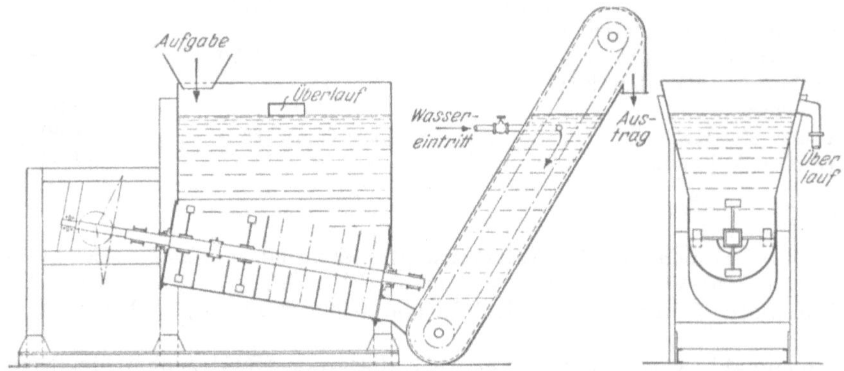

Abb. 55. Schnitt durch die Läutermaschine von Meixner.

Der Betrieb der Maschine nach Meixner wurde 1930 aufgenommen; bis zum Herbst 1933 hatte sie 600000 t Roherze ohne Störung verarbeitet,

[63] Bartsch, H.: Stahl u. Eisen Bd. 49 (1929) S. 353 bis 355.
[64] Bartsch, H.: Stahl u. Eisen Bd. 49 (1929) S. 1487 bis 1490.

wobei sie allein die Arbeit leistete, die vorher von Läutertrommeln, Setzmaschinen, Herden und Stromklassierern zusammen bewirkt wurde. Der Verbrauch an Klarwasser stellte sich auf 2 m^3 und der Kraftbedarf auf 2,5 kWh je t Roherz. Gleichzeitig wurden nicht nur die Eisenverluste der früheren Ausrüstung durch die Meixnersche Maschine auf die Hälfte herabgesetzt, sondern es konnten auch erhebliche Einsparungen an der Bedienung erreicht werden, denn es stieg die Leistung je Mann und Schicht von etwa 8 auf 80 t Roherz.

7. Das Turmläuterverfahren nach Wiedelmann.

Die letzten Jahre haben ebenfalls bei der Ilseder Hütte zur Entwicklung eines weiteren Läuterverfahrens geführt. Bei der Verarbeitung ihrer Erze wurde erkannt, daß eine längere Dauer der Tränkung zu einer besseren Aufschlämmung des Bindemittels und damit zur vollkommeneren Zerlegung der Erze in ihre natürlichen Bestandteile führt und daß daher Tränkungszeiten von 24 und sogar 48 h Vorteile bringen. Hiervon ausgehend verlegt Wiedelmann die Läuterung in turmartige Gefäße von großem Fassungsvermögen (bis zu 1000 t), die aus Eisenbeton errichtet werden. In sie wird das Erz nach einer Vorzerkleinerung auf unter 30 bis 50 mm eingefüllt. Die Abb. 56 gibt zwei Schnitte durch einen Läuterturm, wie er in der Aufbereitung in Lengede gestaltet ist. Zwei Türme sind jeweils zu einem System zusammengefaßt. Durch radiale Zwischenwände ist jeder Turm in 6 Zellen aufgeteilt, von denen die Zelle 1 das in dem Brecher *G* vorgebrochene Erz aufnimmt. Durch die Ringleitung *L* am Fuße des Turmes wird dauernd oder zeitweilig Wasser und Druckluft eingeleitet, wodurch eine kräftige Durchwirbelung erreicht wird. Eine in der Mittelachse des Turmes angeordnete Mammutpumpe *B* entnimmt der Aufgabezelle jeweils nur so viel Erz, wie neu aufgegeben wird. Jedes Erzteilchen bleibt etwa 2 Stunden in

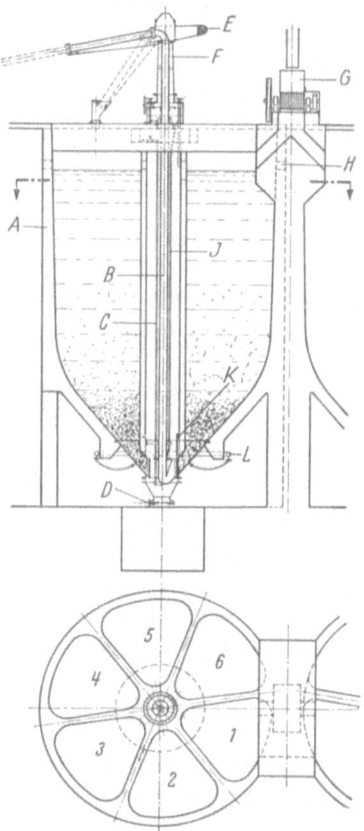

Abb. 56. Turmläuterverfahren nach Wiedelmann.

jeder Zelle, so daß die gesamte Dauer der Aufschwemmung 12 Stunden ist. Nach Beendigung der Läuterung fördert die Mammutpumpe das geläuterte Erz einer Siebanlage zu, die ein hochofenfertiges Korn und ein zur Sinterei gehendes Feinerz bildet; außerdem scheidet sie das Feinstkorn unter 0,4 mm aus. Die Schlammtrübe wird in einem Eindicker in Dickschlamm und das zum Turm zurückkehrende Umlaufwasser zerlegt.

Falls Erze mit einem besonders schwer aufschlämmbaren Bindemittel zu verarbeiten sind, ist es möglich, einen oberhalb des Trübespiegels befindlichen kurzen Rohrschuß des Lufthebers zu entfernen und an seine Stelle einen hohlspiegelförmigen Prallschirm einzubauen. Der Luftheber wird dann während der Beschickung des Turmes angestellt und dieser schleudert das Erz in einem ständigen Kreislauf gegen den Prallschirm, bis sein Gefüge gelockert ist und die Erzkörner frei geworden sind. Der Kraftbedarf für die Umwälzung ist nicht erheblich, weil nur eine geringe Hubhöhe zu überwinden ist. Durch eine Abstimmung der Größe der Türme auf die verlangte Durchsatzmenge ist es möglich, die Lösedauer den Bedingungen der Erze anzupassen.

Bei der Verarbeitung der Erze von Lengede wird aus einem Roherz mit 29,5 % Fe und 15,5 % SiO_2 ein Konzentrat mit 40,3 % Fe und 5,9 % SiO_2 bei einem Eisenausbringen von 90 % erzeugt. Es war damit eine Verbesserung des Konzentrates um etwa 2 bis 3 % erreicht worden.

Als besonders wirkungsvoll, um die Haftkräfte der Tonmoleküle aufzuheben, wird von Wiedelmann ein Säurezusatz bezeichnet, durch den der p_H-Wert der Trübe auf unter 7, vorzugsweise auf 6,82 bis 6,78, eingestellt wird (DP. Nr. 806122).

Nach einem anderen Vorschlag sollen zur Verbesserung der Läuterung von ton- und kieselsäurehaltigen Bindemitteln in Eisenerzen dem Läuterwasser Erdalkaliverbindungen zugesetzt werden, die eine Absättigung der kolloidalen Tonteilchen und ihrer elektrostatisch bedingten Haftkräfte bewirken sollen (DP. 826884).

X. Die Schwimmaufbereitung.

Diese häufig als Flotation bezeichnete Arbeitsweise hat sich mit einer erstaunlichen Schnelligkeit zu dem bei der Verarbeitung von Metallerzen am meisten angewandten Verfahren entwickelt. Während etwa 1920 die Menge der durch die Schwimmaufbereitung verarbeiteten Erze noch gering war, wurden zehn Jahre später etwa 90 % aller metallführenden Erze (ohne Eisenerze) mit ihrer Hilfe nutzbar gemacht und darüber hinaus erlangte sie Eingang in die Betriebe der Steinkohlenwäschen und die Veredlung anderer nutzbarer Minerale, wie z. B. Flußspat und Graphit. Zu dieser schnellen Entwicklung trug besonders bei, daß die Vorkommen an Derberzen den Bedarf nicht mehr voll deckten, aber sich sehr große Mengen an feinverwachsenen Erzen anboten, deren wirkungsvolle Anreicherung die älteren naßmechanischen Verfahren nicht mehr bewirken konnten. Auch der Metallmarkt bekam den Einfluß dieses Aufbereitungsprozesses zu spüren, da vermehrte Konzentratmengen angeboten wurden und auf die Preise drückten.

Bei der Flotation wird das feingemahlene Gut mit Wasser zu einer Trübe aufgeschlämmt und nach Zugabe von Reagenzien auf mechanische Weise ein Schaum erzeugt, der durch eine Verkettung der Körner mit Luftblasen das gewünschte Mineral zum Aufschwimmen bringt. Der Schaum wird abgezogen und damit das Konzentrat gewonnen, während die Berge in der restlichen Trübe verbleiben.

Dieses heute übliche Verfahren ist somit eine *Schaum*schwimmaufbereitung, was daswegen zu erwähnen ist, weil man, bevor diese Arbeitsweise als die günstigste erkannt war, manche Erzkörner unmittelbar auf der Wasseroberfläche zum Schwimmen zu bringen suchte und zum Teil auch in befriedigendem Umfange brachte (Filmflotation des Macquisten-Verfahrens). Eine andere der älteren Methoden war die, sulfidische Erzkörner durch die sammelnde Wirkung von Öl unter Ausnutzung der geringeren Dichte des Öles an der Oberfläche einer wässerigen Trübe zu konzentrieren (älterer Elmore-Prozeß). Einen bemerkenswerten Beitrag zur Entwicklung der Schwimmaufbereitung gab auch A. Bessell[65], der vorschlug, Graphiterze anzureichern, indem das Roherz mit Ölen oder Fetten vermischt, dann mit Wasser angerührt und schließlich zum Kochen erhitzt wurde, wobei die entstehenden Dampfbläschen die Graphitteilchen in einem abschöpfbaren Schaum an der Oberfläche vereinigten (DRP. 42). Nachdem auch zahlreiche andere Prozesse erprobt waren, wurde schließlich erkannt, daß es mit einem sehr geringen Zusatz von Öl — und zwar weniger als 0,1 % des Erzgewichtes — möglich war, einen tragfähigen Schaum zu bilden, wenn durch kräftige Agitation Luft in der Trübe fein zerteilt wurde. Ein entsprechendes Verfahren wurde im Jahre 1905 der Minerals Separation in London geschützt; es ist dies das sogenannte Basispatent der heutigen Schaumschwimmaufbereitung. Seitdem sind viele weitere Fortschritte erzielt worden. Nachdem früher die Empirie die Entwicklung vorwärts geführt hatte, setzte nun auch die wissenschaftliche Mitwirkung ein, durch die es gelang, die physikalischen und chemischen Grundlagen, die den Anlaß zu der Komplexbildung Mineral-Luft bilden, zu klären. Hatte man zunächst geglaubt, daß nur bestimmte Mineralien *schwimmfähig* oder *flotierbar* seien, wozu man in erster Linie die sulfidischen

[65] Z. prakt. Geol. 1942, H. 9.

Erze zählte, so zeigte sich in der Folge, daß dank der Beherrschung der Theorie alle Mineralien — also auch die Oxyde und Karbonate — schwimmfähig gemacht werden können und jede natürliche Mineralvergesellschaftung getrennt werden kann.

Bei den Bemühungen, die Grundlagen der Schwimmaufbereitung zu klären, wurde zuerst der Benetzbarkeit, die im Randwinkel gemessen werden kann, die ausschlaggebende Bedeutung beigelegt. W. Luyken und E. Bierbrauer fanden dann bei dem Versuch, Apatit aus Abgängen einer Magnetiterzaufbereitung durch Flotation zu gewinnen, daß sich dieses Mineral durch Natriumpalmitat, ein in Wasser leicht lösliches, hochmolekulares Salz, das den Hauptbestandteil der technischen Seifen bildet, sehr wirkungsvoll zum Aufschwimmen bringen läßt und daß darin ein besonders aufschlußreicher Fall zur Erkennung der Zusammenhänge gegeben ist[66]. Natriumpalmitat ist oberflächenaktiv und wird in den Grenzschichten Luft-Wasser und Mineral-Luft adsorbiert; es

Abb. 57. Tropfenform von Wasser auf der Fläche eines Apatitkorns vor und nach der Adsorption von Natriumpalmitat.

besteht aus der polaren und hydrophoben $C_{15}H_{31}$-Gruppe und aus der hydrophilen COONa-Gruppe, die sich bei der Adsorption an der Grenze Luft-Wasser zur Flüssigkeit hin richtet. Die schlecht benetzbare Kohlenwasserstoff-Gruppe der Palmitatmoleküle orientiert sich dagegen zur Luft hin — auf den Nachweis dieser Aussagen kann hier nicht eingegangen werden — und es sind damit die Voraussetzungen für die Bildung auftriebsfähiger Verkettungen gegeben. In welchem Umfange die Adsorption des Palmitats an Mineralflächen auf die Benetzbarkeit wirkt, läßt Abb. 57 erkennen, welche die Form eines Wassertropfens auf einer Anschlifffläche an einem Apatitkorn vor und nach der Adsorption von Natriumpalmitat zeigt. Der Randwinkel vor der Adsorption beträgt 67° und ist nach der Adsorption auf 113,5° gestiegen.

Der Umstand, daß die Flotation des Apatits nur den Zusatz des eines Schwimmittels erfordert, machte das causale Geschehen leicht erkennbar, zumal das Palmitat im Gegensatz zu den Ölen seiner chemischen Beschaffenheit nach genau bestimmt ist. In den meisten Fällen werden jedoch mehrere Reagenzien benötigt, denen dann besondere Aufgaben zufallen. So unterscheidet man:

[66] Luyken, W., u. E. Bierbrauer: Die Flotation in Theorie u. Praxis. Berlin: J. Springer 1931.

1. *Schäumer* oder Schaumbildner,

2. *Sammler,* welche über chemische Adsorptionen das in den Schaum zu hebende Mineral schwer benetzbar machen,

3. *Drückende Reagenzien,* die die Aufgabe haben, ein zum Aufschwimmen geneigtes Mineral in die Trübe zu drücken,

4. *Belebende Reagenzien,* die die Mineraloberfläche chemisch derart verändern, daß sie schwer benetzbar oder für eine gewünschte Adsorption geneigt gemacht wird,

5. *Regler,* die in chemischer oder physikalischer Hinsicht regelnd wirken, wobei insbesondere Säuren und Alkalien zu nennen sind, die die benötigte Wasserstoffionenkonzentration herstellen.

Zu dieser Einteilung ist zu sagen, daß sie nicht allgemein anerkannt ist; da über die genaue Wirkungsweise einzelner Schwimmittel aber auch unterschiedliche Auffassungen bestehen, wird eine einheitliche Einteilung nicht leicht geschaffen werden können. Vorwiegend werden benutzt:

1. als Schäumer: Fichten- und Kiefernöle, Kresol,

2. als Sammler: Öle, Verbindungen von zweiwertigem Schwefel, dreiwertigem Stickstoff sowie Fettsäuren,

3. als drückende Reagenzien: Natriumzyanid, Zinksulfat, Natriumsilikat,

4. als belebende Reagenzien: Kupfersulfat,

5. als Regler: Kalk, Natriumkarbonat, Schwefelsäure.

Über die im Jahre 1928 in 208 amerikanischen Schwimmaufbereitungsanlagen anteilig verbrauchten Reagenzien gibt die Zahlentafel 31

Zahlentafel 31. *Verbrauch an Reagenzien in 208 amerikanischen Schwimmaufbereitungsanlagen im Jahre 1928.*

Pine Oil	2,01%	Übertrag:	12,87%
Rohkresol	1,39%	Kalk	78,87%
Kohlenteeröle	0,85%	Natriumsulfid	0,91%
Aerofloat	0,37%	Kupfersulfat	2,61%
Äthylxanthat	1,29%	Cyanide	0,83%
Amyl- u. Butylxanthat	0,09%	Natriumsilikat	1,39%
Schwefelsäure	4,71%	Zinksulfat	1,07%
Natriumkarbonat	2,16%	andere Reagenzien	1,45%
	12,87%	zusammen:	100,00%

eine Übersicht. Man erkennt daraus, daß die größten Mengen der verbrauchten Schwimmittel auf die regelnden entfallen, die zusammen fast 86 % des Gesamtverbrauchs ausmachen. In dem gleichen Jahre waren in den USA. 53,5 Millionen t Erze durch Flotation verarbeitet worden. Davon fielen auf:

Kupfererze	rund	80,0 %
Kupfereisenerze . . .	,,	0,65%
Bleierze	,,	7,0 %
Kupferbleierze	,,	0,7 %
Zinkerze	,,	4,4 %
Blei-Zinkerze	,,	4,86%
Blei-Zink-Eisenerze . .	,,	1,26%
verschiedene Erze. . .	,,	1,13%
zusammen		100,0 %

Aus dem Umstand, daß bei der Flotation die Luftblasen das anzureichernde Mineral in den Schaum heben müssen, folgt, daß die Teilchengröße gering sein muß. Es hat sich gezeigt, daß die obere Korngrenze für Erze bei etwa 0,25 mm liegt, während Kohlen noch bei einer Korngröße von 2 bis 3 mm verarbeitet werden können. Für die Zwecke der Schwimmaufbereitung ist also eine sehr weitgehende Zerkleinerung notwendig, die einen wesentlichen Kostenfaktor des Verfahrens ausmacht. Allerdings sind die zu verarbeitenden Erze in den meisten Fällen derart verwachsen, daß der benötigte Umfang der Zerkleinerung auch mit Rücksicht auf den Aufschluß erforderlich ist. Wie eine obere Teilchengröße besteht, so gibt es auch eine untere, die nicht unterschritten werden sollte, weil sonst die Sedimentation der unhaltigen Teile zu langsam erfolgt und ihre beständigen Schlämme leicht wahllos vom Schaum aufgenommen werden. Besonders unerwünscht sind disperse Anteile, weil sie infolge der großen Oberfläche einen zu starken Reagenzverbrauch veranlassen.

Die Rücksicht auf diesen Verbrauch führt auch zu Forderungen an die „Verdickung“ bzw. „Verdünnung“ der Trübe, worunter das Gewichtsverhältnis Erz zu Wasser verstanden ist. Bei verhältnismäßig grobem Gut wählt man 1 Teil fest zu 3 bis 4 Teilen Wasser, normal ist ein Verhältnis von 1:4,5 und in Sonderfällen geht man bis auf 1:6. Je dicker die Trübe, um so größer ist die Durchsatzleistung der Maschinen und je dünner die Trübe, um so reiner sind die Konzentrate. Sehr wichtig ist die Gleichmäßigkeit der Verdickung und eine auf sie genau abgestellte Reagenzzugabe. Unstimmigkeiten dieser Art veranlassen Metallverluste oder noch eine weitergehende Beeinträchtigung des Schwimmvorganges.

Den Typ der Flotationsmaschinen zeigt Abb. 58, welche einen Schnitt durch einen für Erze benutzten Apparat nach dem Entwurf der Minerals-Separation gibt. Unterhalb des Rührers tritt Druckluft zu, die mit der vom Rührer angesaugten Trübe verrührt wird. Oberhalb des Rührers ist ein dichter Rost, der die Wallungen der Trübe bricht, so daß sich der Schaum selbst in einer beruhigten Zone bilden kann. Die Schaumschicht wird abgestreift und die verarmte Trübe geht über einen Überfall zur folgenden Zelle weiter. Die Durchmesser der Rührer sind meist 18 oder 24 Zoll. Zahlentafel 32 enthält Angaben über die Abmessungen, den Kraftbedarf und die Durchsatzleistung dieses Unterluft-Schwimmapparates.

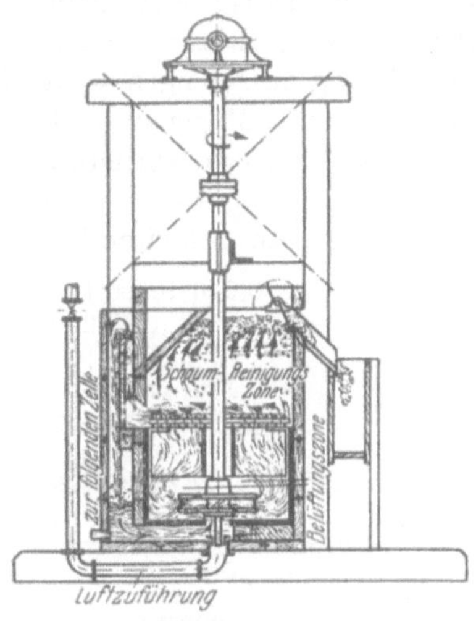

Abb. 58. Unterluft-Schwimmapparat für Erzanreicherung, System Minerals Separation.

Neben diesen Zellen mit maschinell angetriebenen Rührern gibt es zahlreiche Bauarten, zum Beispiel solche, bei denen Preßluft durch Düsen in die Trübe eingeblasen wird.

Die Beweglichkeit der Trübe ermöglicht nicht nur ihre Durchleitung durch Maschinen von bis zu 24 Zellen, sondern erleichtert auch die beliebige Wiederholung von nicht voll befriedigendem Schaum oder Zwischenprodukten. Der reichliche Gebrauch der Repetierung, bei der unter Umständen ein Erzkorn zweimal oder dreimal in den Schaum eingehen muß, führt einerseits zu sehr hoch angereicherten Konzentraten und außerdem zur restlosen Aufteilung des Zwischengutes, indem dieses entweder zum Konzentrat oder zu den Abgängen gelangen muß.

Zahlentafel 32. *Maße, Kraftbedarf und Durchsatzleistung des M. S.-Unterluft-Schwimmapparates.*

Rührerdurchmesser		Lichte Weite der Rührzelle	Gesamtbreite einer Zelle	Gesamthöhe der Maschine	Gesamttiefe der Maschine	Umdrehungen des Rührers	Flächenbedarf je Zelle	Kraftbedarf je Rührer	Durchsatzleistung bei 10 Zellen
Zoll	mm	mm²	mm	mm	mm	n/min	m²	PS	t/h
18	460	740	865	3090	2000	275	1,73	3,5	1 bis 1,3
24	610	1000	1150	3500	2500	240	2,87	5	2 bis 4

Die statistischen Angaben über die in Amerika verarbeiteten Erze ließen schon erkennen, daß die Schwimmaufbereitung vornehmlich für die Veredlung der Nichteisenmetallerze angewandt wird. Es werden aber auch mit ihrer Hilfe in vielen Fällen kupferkieshaltige Eisenerze entkupfert. Im Siegerland werden die auf den Spateisensteingängen auftretenden Kupfererze durch Flotation verarbeitet[67], wobei die Anlage „Große Burg" diese Arbeit gewissermaßen als Lohnflotation für das gesamte Siegerland ausführt. Da der Kieselsäuregehalt dieser „Roherze" sehr niedrig liegt, genügt eine sogenannte einfache Flotation, bei der der Kupferkies in den Schaum gebracht wird, während der Spat als Abgang aufgefangen wird. In einem längeren Zeitraum wurde das in Zahlentafel 33 genannte Ergebnis erzielt. Dabei betrug die Trübedichte 400 g/l, die Korngröße lag zu 91 % unter 0,25 mm, der Kraftverbrauch betrug 6 kWh/t Durchsatz und der Wasserverbrauch 2,5 m^3/t Durchsatz. An Schwimmitteln wurden verbraucht:

0,040 bis	0,160 kg/t	Kalk als Kalkmilch
0,150 ,,	0,200 ,,	Wasserglas
	0,100 ,,	Sapinol als Schäumer
0,170 ,,	0,260 ,,	Kaliumxanthogenatlauge
0,365 ,,	0,438 ,,	Steinkohlenteeröl.

Zahlentafel 33. *Ergebnis der Schwimmaufbereitungsanlage Große Burg (nach H. Gleichmann).*

Sorten	Gewichts-ausbringen %	Gehalte in Prozent Fe	Mn	Cu	SiO_2	Kupfer-ausbringen %
Kupferkonzentrat .	26,65	30,97	0,86	23,17	0,90	95,89
Abgänge . .	73,35	34,65	6,88	0,36	6,50	4,11
Aufgabe . . .	100,00	33,66	5,28	6,44	5,01	100,00

Wie der durch die Zahlentafel 34 wiedergegebene Versuch erkennen läßt, ist die selektive Leistungsfähigkeit der Flotation so groß, daß sie sortenweise drei verschiedene Konzentrate herstellen könnte und außerdem Berge abzustoßen in der Lage wäre. Dieses an sich sehr befriedigende Anreicherungsergebnis brachte aber infolge der geringen anfallenden Mengen an Kupfererzen wegen der Höhe des Kapitaldienstes keinen wirtschaftlichen Erfolg, zumal das Spatkonzentrat sehr schlecht sinterbar und daher nur schwer absetzbar ist.

Bei der Flotation von Steinkohle, die nur auf Schlämme angewandt wird, werden Maschinen benutzt, die von den für die Verarbeitung von Erzen vorgesehenen insbesondere dadurch abweichen, daß der Rührzelle eine spitzkastenartige Kammer vorgebaut ist. Abb. 59 zeigt eine derartige Maschine im Schnitt durch eine Zelle und einen Längsschnitt durch einen aus 6 Zellen bestehenden Apparat, wie er auf Grund der von der Minerals-Separation eingeführten Bauart von der Fa. Schüchtermann & Kremer-Baum in Dortmund hergestellt wird. In den Rühr-

[67] Gleichmann, H.: Metall u. Erz Bd. 33 (1936) S. 193 bis 201.

Zahlentafel 34. *Ergebnis eines Flotationsversuchs mit Siegerländer Kupfererz.*

Sorten	Gewichts-ausbringen	Gehalte in Prozent				Kupfer-ausbringen
	%	Fe	Mn	Cu	SiO_2	%
Kupfer-konzentrat .	25,64	31,30	0,26	23,90	0,90	95,56
Pyrit-konzentrat .	29,95	45,10	0,44	0,80	1,14	3,75
Spat-konzentrat .	26,30	36,40	6,45	0,12	3,80	0,50
Berge	18,11	14,00	1,93	0,07	65,60	0,19
Aufgabe . . .	100,00	33,70	2,25	6,40	13,47	100,00

kammern wird nach Zusatz der Reagenzien die Luft unmittelbar in die Trübe eingeschlagen und die belüftete Trübe tritt dann in die Schaumkammer über, wo die Trennung in Schaum und verarmte Trübe erfolgt, wobei die letztere durch die Rührflügel der nächsten Zelle angesaugt wird.

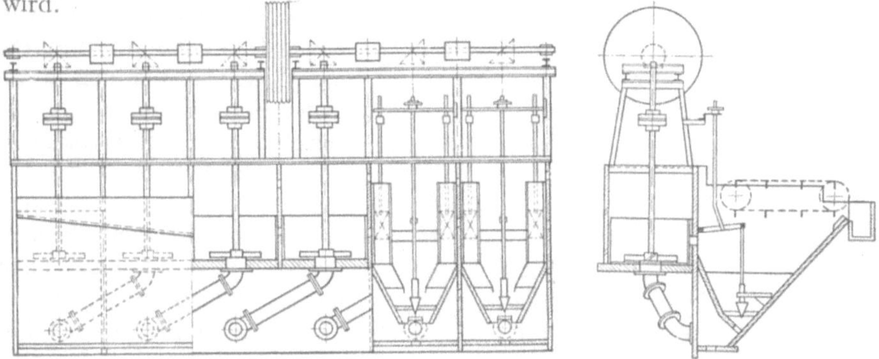

Abb. 59. Flotationsapparat für Kohlen, Bauart Schüchtermann & Kremer-Baum.

Den Anreicherungserfolg, der mit den SKB-Flotationsapparaten erzielt wird, mögen folgende Zahlen kennzeichnen[68]:

a) Schlammkohle des *Aachener Bezirks*:
Apparat, bestehend aus 9 Zellen, Rührerdurchmesser 750 mm, Durchsatzleistung 28 t/h.
Aufgabegut mit 16 bis 18% Asche
Konzentrat 6 „ 7% „
Berge 70 „ 74% „

[68] Die Aufbereitung der Kohle. Herausgeg. von der Schüchtermann & Kremer-Baum AG. Dortmund 1941. S. 169.

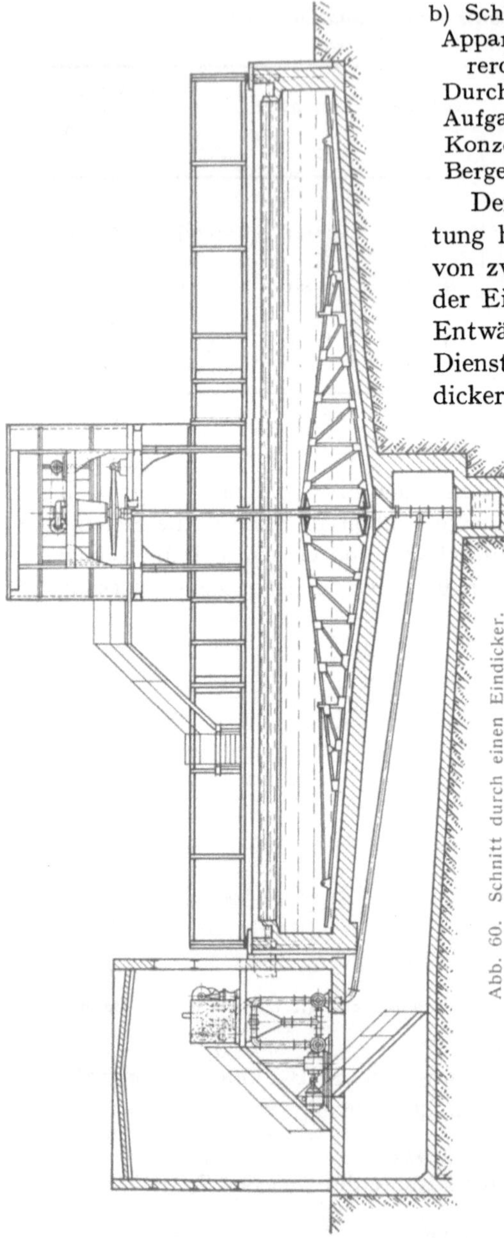

Abb. 60. Schnitt durch einen Eindicker.

b) Schlammkohle des *Ruhrgebietes*:

Apparat, bestehend aus 10 Zellen, Rührerdurchmesser 750 mm,

Durchsatzleistung 42 t/h.

Aufgabegut mit	20 bis 25%	Asche
Konzentrat	6 ,, 6,5%	,,
Berge	65 ,, 70%	,,

Der Betrieb der Schwimmaufbereitung hat sehr stark zur Entwicklung von zwei Geräten beigetragen, die bei der Eindickung von Trüben und der Entwässerung der Konzentrate gute Dienste leisten. Es sind dies die Eindicker und die Saugfilterapparate.

Die Entwicklung der *Eindicker* ist von Amerika ausgegangen; sie setzen an die Stelle der früher üblichen, periodisch arbeitenden Klärbecken einen kontinuierlichen Ablauf bei der Teilung der Trüben in einen Dickschlamm und ein zur Wiederverwendung im eigenen Betrieb oder zum Ablassen in die wilde Flut geklärtes Abwasser. Abb. 60 zeigt einen Schnitt durch einen Eindicker; er besteht aus einem flachen, zylindrischen Gefäß, das einen nach der Mitte geneigten Boden hat. Die Trübe wird ihm zentral zugeführt, ein sich langsam drehendes Krählwerk bewegt die abgesunkenen Feststoffe zu einer Abflußöffnung und das geklärte Wasser fließt über den horizontal liegenden Gefäßrand in eine kreisförmige Abflußrinne. Eine Hubvorrichtung ermöglicht es, das Krählwerk zu heben, um Überlastungen zu vermeiden und nach Betriebsunterbrechungen einen ungestörten Anlauf zu bewirken. Indem diese Hubvorrichtung selbsttätig arbeitet, wird eine völlige Betriebssicherheit erreicht.

Die Leistung der Eindicker hängt sehr stark von der Absetzgeschwindigkeit des Feststoffes ab; sie kann unter Umständen durch Zugabe besonderer Ausflockungsmittel beschleunigt werden. Bei der Eindickung von Flotations-Aufgabetrübe und Flotationsbergen kann man mit einer erforderlichen Absetzfläche von 0,5 bis 1 m^2/t Feststoff in 24 h rechnen; bei Flotationskonzentraten muß die Eindickerfläche jedoch meist 3- bis 5mal größer sein. Der Kraftbedarf ist sehr gering und stellt sich z. B. in einem Falle auf 2,5 PS bei einer verarbeiteten Trockenmasse von 3500 t/24 h. Die Menge des wiedergewonnenen Wassers stellt sich auf etwa 90% und im Dickschlamm beträgt das Verhältnis fest zu flüssig etwa 1:1. Die eingedickten Schlämme werden in der Regel mit Membranpumpen gefördert, die sich als sehr widerstandsfest gegen Verschleiß erwiesen haben.

Die weitere Entwässerung der Flotationskonzentrate erfolgt durch *Saugfilter*, bei denen man zwischen den Bauarten der Trommel-, Scheiben-, Plan- und Innen-Filter unterscheiden kann. Abb. 61 zeigt schematisch einen Schnitt durch ein Innenfilter, wie es von der Westfalia-Dinnendahl-Gröppel AG. in Bochum gebaut wird. Es trägt im Innern ein Stoffgewebe, das über ein Sieb gespannt ist. Die mit *s* bezeichneten Zellen stehen unter Saugzug und die mit *d* bezeichneten unter Druck. Der Zulauf der Trübe erfolgt bei *T* und der Filterkuchen wird durch das Messer *M* abgelöst. Sein Austrag erfolgt durch Rutsche oder durch eine Schnecke. Die Leistung des Filters wird dadurch unterstützt, daß die gröbsten Körnchen zuerst absinken und eine Filterhilfe dadurch bilden, daß sie auf dem Filterstoff eine erste, gut durchlässige Lage bilden. Bei den Trommelfiltern taucht dagegen die Filterfläche in eine muldenförmige Wanne ein, aus der dann zuerst die langsam sedimentierenden Feststoffe angesaugt werden, wodurch eine gewisse Erschwerung für die Filterkuchenbildung veranlaßt wird. Die Scheibenfilter haben den Vorzug eines geringeren Platzbedarfs und einer leichten Auswechselbarkeit der Filtertücher.

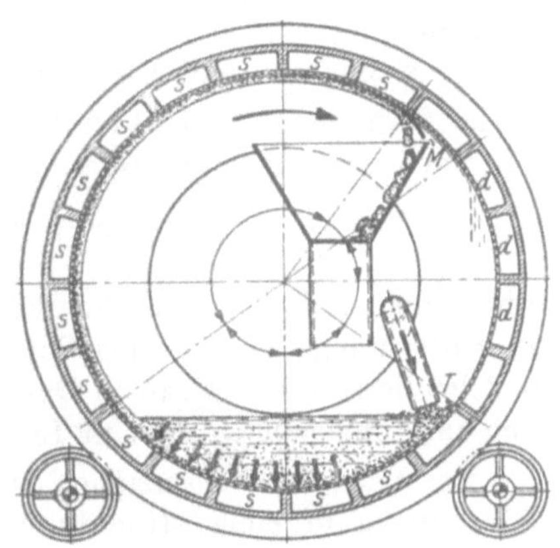

Abb. 61. Wirkungsweise eines Innenfilters

Die Leistung der Saugfilter beträgt bei Flotationskonzentraten etwa 1,5 bis 3 t/m^2 Filterfläche und 24 h; dabei werden die Filterkuchen meist noch einen Feuchtigkeitsgehalt von 10 bis 24% haben.

XI. Die Magnetscheidung.

Das Arbeitsgebiet der magnetischen Trennung liegt bei dem Vorhandensein hoher Magnetisierbarkeit und großer Unterschiede in den magnetischen Eigenschaften der in den Erzen vorliegenden Mineralgemenge. Daß sie trocken ausgeführt werden kann, vermag ihr unter Umständen eine Vorzugstellung gegenüber den naß arbeitenden Verfahren zu geben, insbesondere auch dann, wenn die naßmechanischen Arbeitsweisen durch geringe Unterschiede in den Wichten der Erz- und Gangartkörner benachteiligt sind. Nach einer engbegrenzten Anwendung der Magnetscheidung unter Benutzung von Dauermagneten erlangte sie erst wirkliche Bedeutung durch das Bekanntwerden der Elektromagnete, mit deren Einführung es möglich wurde, auch schwachmagnetische Erze zu scheiden.

Für die Magnete und Elektromagnetscheider sind folgende physikalische Bedingungen und Begriffsbestimmungen wichtig:

a) Nach dem Attraktionsgesetz ist

$$P = \mp \frac{m_1 \cdot m_2}{r^2};$$

hierin bedeuten m_1 und m_2 die Polstärken der Magnete M_1 und M_2, r die Entfernung dieser beiden Pole voneinander und P die zwischen den Polen herrschende Kraft in Dyn. Das Gesetz gilt für den luftleeren Raum und angenähert auch in Luft.

b) Besonders kräftige magnetische Eigenschaften bewirkt der elektrische Strom in einer stromdurchflossenen Drahtspule. Ihre Feldstärke H läßt sich berechnen aus

$$H = 0{,}4\pi \cdot \frac{AW}{l},$$

worin AW die Amperewindungen und l die Länge der Spule in cm bedeutet. Durch einen Eisenkern wird das Feld verstärkt.

c) Bringt man einen Körper in das magnetische Feld, so wird er die Kraftlinien des Feldes entweder konzentrieren oder verdünnen. Man bezeichnet diese „Induktion“ am gleichen Ort in der Luft mit B und ihr Verhältnis zur Feldstärke mit Permeabilität, abgekürzt μ. Somit ist

$$\mu = \frac{B}{H}.$$

Sämtliche festen Körper, Flüssigkeiten und Gase lassen sich nach ihrem Verhalten im magnetischen Feld einteilen in die beiden Gruppen der para- und diamagnetischen Substanzen. Bei paramagnetischen Stoffen ist $\mu > 1$, bei diamagnetischen < 1 und im Vakuum ist $\mu = 1$. Für die Verhältnisse der Magnetscheidung kann μ auch für Luft und Wasser gleich 1 gesetzt werden, was bedeutet, daß die Induktion gleich der

Feldstärke ist. Die ferromagnetischen Stoffe gehören zur Gruppe der paramagnetischen, zeigen aber zusätzlich die Erscheinungen der Koerzitivkraft, der Remanenz und der Hysterese.

d) Während man bei ferromagnetischen Stoffen die magnetische Leitfähigkeit meist mit Hilfe der Permeabilität ausdrückt, pflegt man bei andern Substanzen die Werte der Suszeptibilität $\varkappa$ anzugeben. Zwischen diesen beiden Werten besteht die Beziehung

$$\mu = 1 + 4\pi \cdot \varkappa .$$

Setzt man die relative Magnetisierbarkeit von Eisen zu 100%, so ergeben sich weiter folgende Werte als Maß der magnetischen Eigenschaften:

Magnetit	40,18%
Ilmenit	24,70%
Spateisenstein	1,82%
Hämatit	1,32%
Limonit	0,84%
Pyrolusit	0,71%
Manganit	0,52%

Stutzer, Groß und Bornemann haben ferner folgende Suszeptibilitätswerte gemessen[69]:

Magnetit	ca.	$97\,350 \cdot 10^{-6}$
Ilmenit	,,	$30\,700 \cdot 10^{-6}$
Magnetkies	,,	$7000 \cdot 10^{-6}$
Specularit	,,	$3215 \cdot 10^{-6}$
Eisenspat Siegen		$331 \cdot 10^{-6}$
Psilomelan Elgersburg		$268 \cdot 10^{-6}$
Chromit Kleinasien		$244 \cdot 10^{-6}$
Limonit Herdorf		$219 \cdot 10^{-6}$
Kupferkies		$32 \cdot 10^{-6}$
Pyrit		$4{,}5 \cdot 10^{-6}$

Für 12 verschiedene Zinkblenden geben sie ferner Werte zwischen 519 und $<0{,}9 \cdot 10^{-6}$ an. In diesem Falle werden im wesentlichen die unterschiedlichen Mengen an isomorph vorhandenem Eisensulfid der Grund für die stark unterschiedlichen Werte sein.

Auch für Brauneisenstein werden sehr unterschiedliche Werte von $\varkappa$ (z. B. zwischen 56 und $600 \cdot 10^{-6}$) genannt; sie dürften durch Anwesenheit von Ferriferrit oder Manganoferrit zu erklären sein, allerdings können auch noch mehrere andere Verbindungen die Erhöhung der Suszeptibilität veranlaßt haben, ohne daß dies leicht erkennbar ist. Außerdem ist $\varkappa$ bei kristallinem Aufbau höher als bei amorphem Zustand.

Nach der Höhe der Magnetisierbarkeit kann man die Stoffe unterteilen in:

[69] Stutzer, Groß u. Bornemann: Metall u. Erz 1918 S. 1.

1. *Starkmagnetische* Stoffe mit Suszeptibilitätswerten über $10000 \cdot 10^{-6}$;

2. *Schwachmagnetische* Stoffe, deren Suszeptibilität zwischen 50 und $10000 \cdot 10^{-6}$ liegt;

3. *Unmagnetische* Stoffe, das sind alle diamagnetischen Stoffe und die paramagnetischen mit Suszeptibilitätswerten zwischen 0 und $50 \cdot 10^{-6}$; sie werden auch von Scheidern mit den stärksten Feldern nicht gezogen.

Je nach der Magnetisierbarkeit des Aufgabegutes, das die Scheider verarbeiten sollen, ist ihre Feldstärke unterschiedlich groß und man kann die beiden Gruppen der *Schwachfeld-* und *Starkfeld*-Scheider unterscheiden. Weiter können sie danach unterschieden werden, daß sie nur Primär-Pole besitzen oder auch durch Induktion erregte Sekundärpole sowie dadurch, daß diese Pole bewegt oder feststehend sind. Meist sind die primär erregten Magnetkerne hufeisen- oder rahmenförmig gekrümmt und es stehen sich zwei derartige Magnete in der Weise gegenüber, daß dem positiven Pol ein negativer gegenüberliegt. Da die Anziehungskraft der Magnete mit der Entfernung der Pole sinkt, ist der Luftspalt möglichst gering. Damit das magnetische Korn über das unmagnetische hinweggehoben werden kann, muß bei manchen Scheidern der Luftspalt etwas größer sein als der doppelte Durchmesser des größten Kornes. Aus dieser Bedingung ergeben sich Unterschiede zwischen Grob- und Feinkornscheidern. Um eine bevorzugte Anziehung zu einem der Pole zu erhalten, ist dieser meist zugeschärft, wodurch sich die bekannte Verdichtung der Kraftlinien ergibt. Da die Magnetscheidung sowohl trocken als auch naß durchgeführt werden kann, unterscheidet man weiter zwischen Trocken- und Naßscheidern. Schließlich ergibt sich noch aus ihren wesentlichsten Konstruktionsteilen ihre Bezeichnung als Trommel-, Band-, Herd-, Walzen- oder Ring-Scheider.

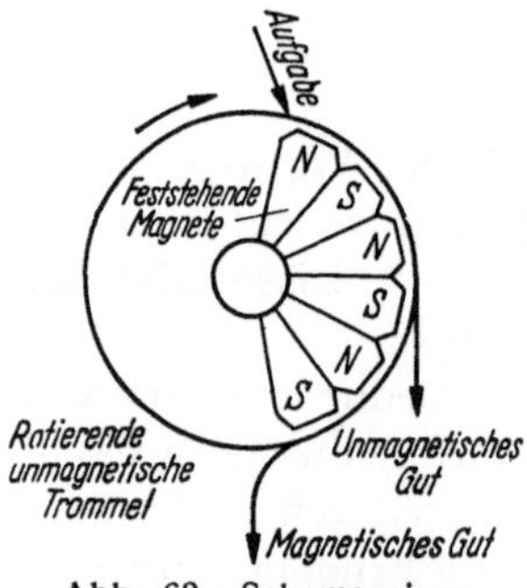

Abb. 62. Schema eines Trommelscheiders.

Von den genannten Bauarten zeigt Abb. 62 das Schema eines Trommelscheiders, wie er zur Trennung von starkmagnetischem Gut verwendbar ist. Abb. 63 veranschaulicht Bauart und Arbeitsweise eines Bandscheiders, mit dessen Einsatz es möglich ist, bei einem Durchgange unter zunehmender Feldstärke vier verschiedene Erzeugnisse herauszuheben und das unmagnetische Gut getrennt abzuführen. Er eignet sich zur Scheidung von schwachmagnetischem Gut, kann aber nur trocken arbeiten. Abb. 64 bringt ferner einen schematischen Schnitt durch einen Ringscheider der Bauart Ullrich, wie er von der Friedr. Krupp-Gruson-Werk AG. bzw. Stahlbau Rheinhausen geliefert wird.

Die nach unten zugeschärften Polringe werden gedreht und erhalten jeweils über den Polen eine Sekundärerregung; sie vermögen auch schwachmagnetisches Gut zu ziehen. Die Zuführung des Aufgabegutes

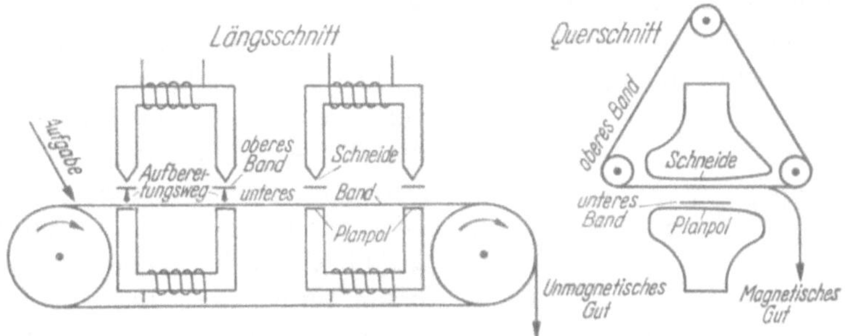

Abb. 63. Schema eines Bandscheiders.

erfolgt mit einem kleinen Schüttelgerät an einer Scheidestelle, wo das magnetisierbare Korn herausgehoben und dann mitgenommen wird. In der neutralen Zone zwischen zwei Polen wird es dann wieder abgeworfen. Da die Abstände der Polringe von dem Primärpol stufenförmig abnehmen, wachsen die Feldstärken nach der Mitte des Scheiders hin und es werden daher Produkte von abnehmender Magnetisierbarkeit gezogen. Soll der Scheider naß arbeiten, so wird den Polringen Wasser zugeleitet, das seitlich an ihnen herabfließt; alsdann müssen die magnetischen Körner gegen den Wasserstrom angezogen werden, was zu sehr reinen Konzentraten führt. Ringscheider dieser Bauart werden mit 2, 4 oder 6 Polen geliefert.

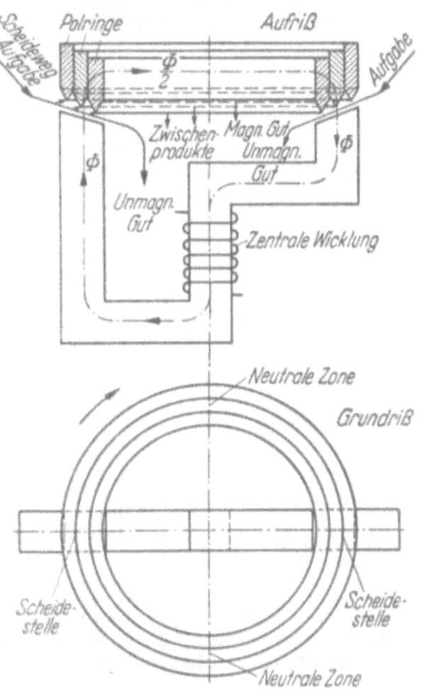

Abb. 64. Schema eines Ringscheiders mit zentraler Wicklung (System Ullrich).

Die Weiterentwicklung der Scheider brachte unter anderem den Trommelscheider mit hoher Drehzahl bei großer Feldstärke; hierdurch erreicht man die Möglichkeit, Zentrifugalkräfte zum Ausschleudern des unhaltigen Gutes auszunutzen und damit den Einfluß der störenden Adhäsionserscheinungen herabzumindern.

Über die Anforderungen, die an die Beschaffenheit des Aufgabegutes der Scheider gestellt werden, ist nur zu sagen, daß es bei Trockenscheidern trocken sein muß, daß es nicht gröber als etwa 50 mm sein darf und daß es mit Rücksicht auf den Luftspalt nicht zu große Unterschiede in den Korngrößen haben soll. Auch hochfeine Stäube und Schlämme erschweren die Trennung.

Als ein Betriebsbeispiel, bei dem die magnetische Trennung des trocknen, schwachmagnetischen Eisenerzes das alleinige Anreicherungsverfahren ist, sei die Aufbereitung der Doggererze in *Pegnitz* kurz dargestellt. Diese oqidischen, sandigen Brauneisenerze werden gemäß dem in Abb. 65 wiedergegebenen Stammbaum verarbeitet. Bei der Trocknung wird die Grubenfeuchtigkeit von 12 % auf 1,5 % Endfeuchtigkeit gemindert. Es hat sich herausgestellt, daß sich mit Braunkohlenbriketts und minderwertiger Braunkohle unter Einhaltung eines Temperaturgefälles von 850° als Eingangstemperatur und 100° für die Abgase die Austreibung der Feuchtigkeit gut durchführbar ist. Der Brennstoffverbrauch stellte sich im Dauerbetrieb bei voller Belastung auf 3 % Braunkohle mit einem Heizwert von 3000 WE/kg. Dies entspricht einem Verbrauch von 1,5 % bei einer Steinkohle mit 6000 WE/kg. Die Magnetscheidung erfolgt in der Körnung unter 0,6 mm auf Starkfeldscheidern in der Bauart der Studiengesellschaft für Doggererze. Nach G. Sengfelder[70] verarbeiten diese Doppelwalzenscheider bei einem Energieaufwand von 2,8 kW für Antrieb und Erregung 5 bis 6 t/h. Dabei sind drei Scheider hintereinander angeordnet, wobei erst nach der 3. Stufe fertige Berge abgestoßen werden. Das Anreicherungsergebnis ist aus den Zahlen der Abb. 65 zu entnehmen. Die Aufbereitungskosten stellten sich 1937 folgendermaßen:

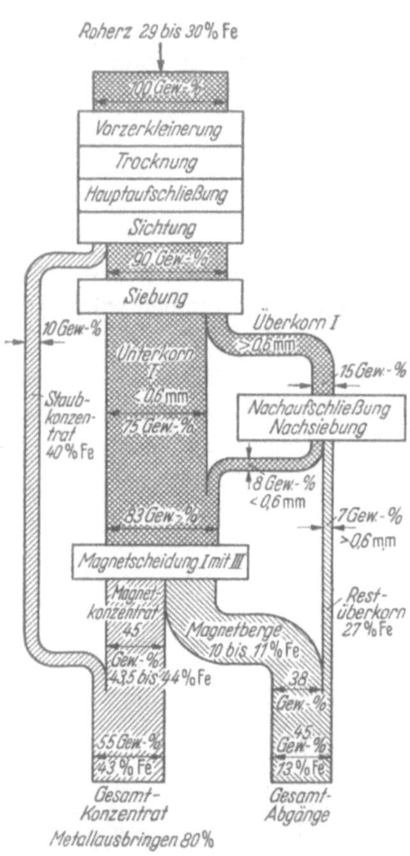

Abb. 65. Stammbaum der magnetischen Aufbereitung der fränkischen Juraerze in Pegnitz (nach Sengfelder).

[70] Sengfelder, G.: Stahl u. Eisen Bd. 57 (1937) S. 732 bis 735.

Löhne	= RM	0,30
Brennstoff	= ,,	0,32
Energie bei 4 Pfg. je kWh	= ,,	0,28
Betriebsstoffe und sonstige Aufwendungen	= ,,	0,35 bis 0,40
zusammen je t Grubenerz	= RM	1,20 bis 1,30

Der bereits erwähnte Trommelscheider mit hoher Drehzahl wurde bei der Trennung von magnetisierend geröstetem Erz benutzt. Bei einer Drehzahl der Trommel von 400 U/min leistete ein mit 7 Ampere bei 110 V Gleichstrom erregter Doppelscheider bei einer Trommellänge von 800 mm und einem Trommeldurchmesser von 400 mm 3,8 t/h. Das sehr befriedigende Scheideergebnis ist in der Zahlentafel 42 auf S. 174 angegeben.

Seit etwa 15 Jahren laufen Untersuchungen darüber, ob statt der üblichen Anwendung von Gleichstrom die Verwendung von Wechselstrom das Ergebnis der Magnetscheidung zu verbessern gestattet. Nach K. Bechtold, der sich mit diesem Problem eingehend beschäftigt hat, sollen insbesondere mit magnetischen Drehfeldern arbeitende Scheider bei der Trennung von Feinerzen den Gleichstromscheidern überlegen sein, weil gerade bei den Feinerzen die Ballungen und Kettenbildungen sehr stören, was bei genügend hoher Frequenz weitgehend unterbunden werde.

Es hat sich aber gezeigt, daß auch Gleichstromscheider so gebaut werden können, daß sie ähnliche Wirkungen erhalten, wie sie durch den Wechselstrom bei dem „Wanderfeld"-Scheider zustande kommen. Da die Wechselstromscheider sowohl in der Anschaffung als auch im Betriebe nicht unwesentlich teurer sind als Gleichstromscheider, dürfte ihnen zumindest keine wirtschaftliche Überlegenheit zuzuerkennen sein. Es ist ferner zu beachten, daß unbefriedigende Trennungen meist die Folge noch vorhandener Verwachsungen oder ungünstiger Abhängigkeiten zwischen der Magnetisierbarkeit des einzelnen Korns und seinem Metallgehalt sind und daß es dann aussichtsreicher ist, durch künstliche Beeinflussung dieser Abhängigkeit, wie sie durch magnetisierende Röstung möglich ist, die Ergebnisse der Scheidung zu verbessern.

XII. Die Röstung der Eisenerze.

1. Zweck des Röstens und die ältere Betriebsweise.

Unter dem Begriff Rösten wird bei den Eisenerzen die Austreibung der Kohlensäure, der Feuchtigkeit und des Hydratwassers verstanden. Eine Begleiterscheinung ist in der Regel die Minderung des Schwefelgehaltes. Vornehmlich wird das Rösten auf Spateisenstein, aber auch auf andere Eisenkarbonate, wie Kohleneisenstein, einzelne Brauneisenerze und auf eisenschüssigen Zuschlagskalk angewandt. Die erforderliche Erhitzung wird in Schachtöfen vorgenommen. Die Gründe für die Einschiebung der Röstung in den Verarbeitungsgang sind überwiegend metallurgischer Art. Die Vorwegnahme der Dissoziationsarbeit entlastet den Hochofen, dabei kann sie im Röstofen mit einem billigeren Brennstoff bewirkt werden als mit Koks. Gerösteter Spateisenstein läßt sich außerdem leichter anreichern als Rohspat, weil er wesentlich höhere Magnetisierbarkeit als dieser besitzt. In vielen Fällen ist ferner die Frachtersparnis sehr wichtig, da mit der Röstung eine Gewichtsverminderung von etwa 25 bis 32% verbunden ist.

Die älteren Röstöfen sind Schachtöfen, die sowohl unten als auch an der Gicht offen sind und mit natürlichem Zug betrieben werden. Der untere Rand des auf eisernen Säulen stehenden Ofens liegt etwa 1 m über dem Boden, so daß der sich auf diesem anböschende Röstaustrag leicht aufgenommen werden kann. Die Profile der Öfen sind sehr unterschiedlich, teils sind sie doppelkonisch, teils zylindrisch, teils ist es eine Vereinigung von Zylinder und Kegel. Als Brennstoff dient im allgemeinen Koksgrus, der schaufelweise eingestreut wird. Da die Öfen ursprünglich täglich nur einmal gezogen und nachgefüllt wurden, sonst aber sich selbst überlassen blieben, war der Durchsatz im allgemeinen sehr gering und der Brennstoffverbrauch hoch; im Siegerland beispielsweise bis zu 8%. Seit etwa 1922 sind die Öfen sehr vervollkommnet und der Betrieb verbessert worden.

2. Die physikalischen und chemischen Grundlagen.

Die Zusammenhänge zwischen Zersetzung des Eisenkarbonates, der Rösttemperatur, dem Kohlensäuredruck und dem Korndurchmesser zeigen nach Untersuchungen, die im Eisenforschungs-Institut mit einer Siegerländer Spatprobe ausgeführt wurden, die Abb. 66, 67 und 68[71]. Man erkennt, daß die Zersetzung schon bei etwa 400° einsetzt und bei 600° praktisch abgeschlossen ist (Abb. 66). Die Kohlensäure im Röstgas hat einen gewissen, wenn auch nicht bedeutenden Einfluß auf die Zersetzungstemperatur (Abb. 67). Die Abhängigkeit zwischen Röstzeit, Temperatur und Teilchengröße zeigt Abb. 68; es ergibt sich aus ihr, daß eine Erhöhung der Temperatur über 600° hinaus praktisch keinen Einfluß auf die Röstdauer hat.

Ist die Rösttemperatur richtig, so fällt ein Rost von schwarzgrauer Farbe an, der mittelfest ist. Ist die Temperatur zu hoch, so bildet sich unter Verschlackung des Quarzes mit dem Eisen ein fester, glasiger Schmolz, der schwer reduzierbar ist und im Hochofen auch zur Gewölbebildung führen kann. Bei zu niedriger Temperatur fällt „grüner Spat" an, der ungenügend zersetzt ist.

[71] Plotzki, E.: Arch. Eisenhüttenw. Jg. 11 (1937/38) Nr. 6, S. 263 bis 272.

Die schwarzgraue Farbe des Rostspates verbunden mit seiner hohen Magnetisierbarkeit haben veranlaßt, daß man das Eisen in

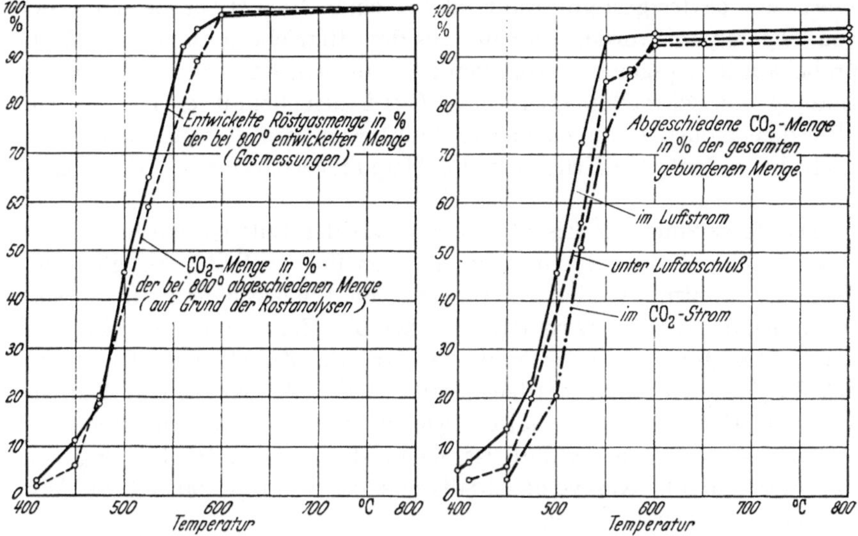

Abb. 66. Abhängigkeit der Zersetzung des Spateisensteins von der Temperatur.

Abb. 67. Abhängigkeit der Zersetzung des Spateisensteins vom Kohlensäuregehalt im Röstgas.

ihm als Oxyduloxyd vermutete. Dies ist jedoch nicht richtig, da bei der Gegenwart der Luft alles Eisen dreiwertig wird. Die schwarze Farbe muß auf den Mangangehalt zurückgeführt werden, da der Spateisenstein fast aller Herkünfte manganhaltig ist. Mit Hinzuziehung der röntgenographischen Untersuchungsmethode konnte nachgewiesen werden, daß bei Anwesenheit von ausreichenden Mengen Sauerstoff, wie es im Betriebe meist der Fall ist, das Rösterzeugnis in der Hauptsache als der ferromagnetische Mischkristall mit dem Spinellgitter, bestehend aus den beiden Kristallarten $MnO \cdot Fe_2O_3$ und γ-Fe_2O_3, vorliegt[72]. Daneben tritt dann noch das hexagonale α-Fe_2O_3 auf, dessen Menge mit steigender Temperatur und Oxydationsdauer zunimmt.

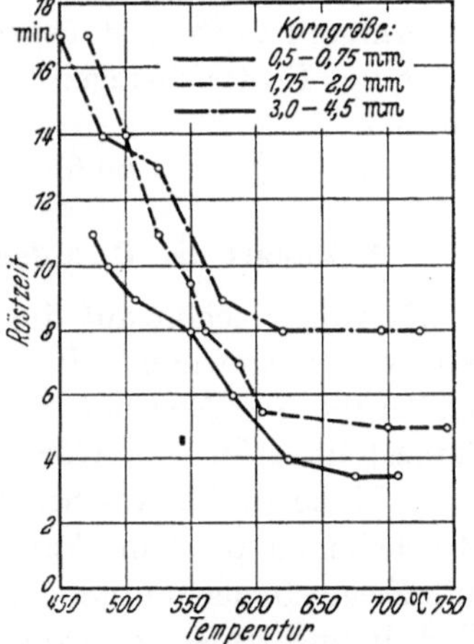

Abb. 68. Abhängigkeit der Röstdauer von der Temperatur und der Korngröße bei der Zersetzung von Spateisenstein.

[72] Luyken, W., u. L. Kraeber: Stahl u. Eisen Bd. 54 (1934) S. 361 bis 364.

Bei der Messung der Sättigungsmagnetisierung einer im Laboratorium bei 750° zersetzten Spatprobe Siegerländer Herkunft wurde ein Wert von 68 festgestellt, während bei einer Magnetitprobe ein Wert von 79 gemessen wurde. An einer aus dem Betriebe stammenden Röstprobe wurde dagegen ein Wert von 24 gemessen, was auf die vermehrte Bildung von schwachmagnetischem Oxyd zurückzuführen ist. Gegenüber dem Rohspat mit einem Sättigungswert von etwa 0,5 liegt aber doch die bedeutende Erhöhung der Magnetisierbarkeit des Rostspates vor.

Die Zersetzung des Eisenkarbonates an der Luft ist exotherm, und zwar ergibt sich die Oxydationswärme von FeO zu Fe_2O_3 abzüglich der Zersetzungswärme, so daß ein Gewinn von 179,5 WE je kg Eisen eintritt. Keine Wärme wird dagegen bei der Zersetzung des Mangankarbonates frei, vielmehr muß hierfür die Zersetzungswärme von 193 WE/kg aufgewandt werden. Sind mit dem Eisenkarbonat Kupferkies und Pyrit vergesellschaftet, wie es im Siegerland und auch bei anderen Vorkommen der Fall ist, so werden diese unter Bildung von Cuproferrit und Eisenoxyd gleichfalls zersetzt, womit je 100 kg S 316 WE in das Verfahren eingehen.

Im Siegerland, wo alles Fördererz geröstet wird, hat man sich eingehend mit der Frage des Rostausbringens beschäftigt. Je reiner das verarbeitete Erz ist, um so größer sind die vergasbaren Anteile und um so geringer ist das Rostausbringen. H. Gleichmann[73] gibt zur Bestimmung des Rostausbringens aus dem Analysenwert des Rückstandes die Formel:

$$v = 66{,}6 + {}^1/_3 \text{ Rückstand (in \%)}. \qquad (1)$$

3. Bauart der Röstöfen und Kennwerte des Röstbetriebes.

Es wurde schon auf die Profile und die Betriebsweise der älteren Röstöfen hingewiesen. Eine neuere Bauart wurde im Jahre 1923 auf der Grube *San Fernando* im Siegerland ausgeführt, wie sie in Abb. 69 dargestellt ist[74]. Der Ofen von 3×4 m l. Querschnitt und 7 m nutzbarer Höhe ist im wesentlichen mit den an der Baustelle gewonnenen Bruchsteinen bei 2 m Wandstärke aufgeführt, der Ofenschacht selbst mit Ziegelsteinen ausgemauert. Die Anlage umfaßt 6 Öfen. Auf der Gichtbühne laufen zu jeder Seite der Öfen Gleise zum Anfahren der Beschickung. Die Gichtöffnung ist durch einen Aufbau aus starken Eisenblechen geschlossen, aus dem die Abgase durch ein aufgesetztes Zentralrohr entweichen können. Außerdem sind in dem Aufbau auf jeder Seite Türen zum Einbringen von Erz und Kohle vorhanden.

---

[73] Gleichmann, H.: Metall u. Erz Bd. 31 (1934) S. 373 bis 375.
[74] Weyel, A.: Stahl u. Eisen Bd. 48 (1928) S. 14 bis 15.

Getragen wird der Ofeninhalt durch einen unter dem Schacht vorhandenen, breiten Eselsrücken; durch besondere Öffnungen kann hier der Rostspat mit Kratzen in den unter ihm liegenden Bunker abgezogen und dabei können gleichzeitig gut erkennbare Verunreinigungen ausgehalten werden. Unter den Bunkern der sechs Öfen liegt ein mit Eisenbahnwagen befahrbarer Tunnel, so daß die Verladung sehr erleichtert ist. Durch diese Anordnung konnten erhebliche Lohnersparnisse erzielt werden; auch ging der Koksverbrauch, der in den älteren und kleineren Öfen 4,5 bis 5 % betragen hatte, in der neuen Anlage auf 2,25 %, bezogen auf Rohspat, zurück. Der verwendete Koks hatte eine Größe von 12 bis 40 mm. Gezogen werden die Öfen täglich nur einmal. Eine Voraussetzung für den so gestalteten Betrieb ist eine vorherige Aufbereitung des Roherzes, so daß nur ein angereicherter Spat in die Röstanlage weitergegeben wird.

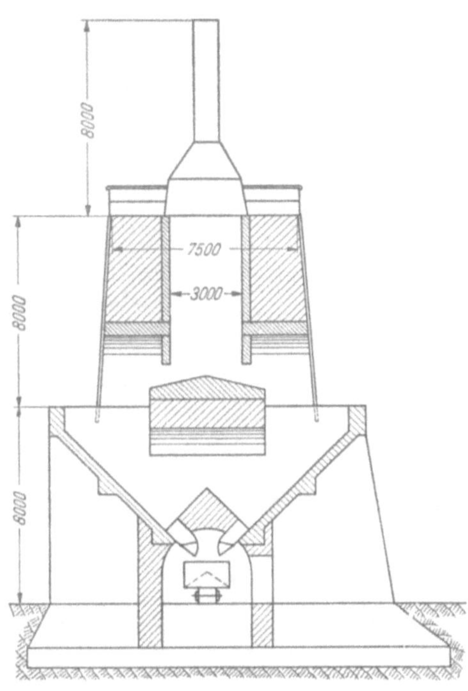

Abb. 69. Querschnitt durch einen Schachtröstofen, System San Fernando (nach A. Weyel).

Zu der Zeit, in der die vorbeschriebene Anlage errichtet wurde, hatte man erkannt, daß es zu einer wirtschaftlichen Gestaltung des Röstbetriebes notwendig sei, die Durchsatzzeit zu verkürzen und zu einer ununterbrochenen Betriebsweise überzugehen. Damit entstand die Forderung nach künstlichem Zug. Bei seiner Einführung waren jedoch zunächst mehrere Mißerfolge hinzunehmen, ehe es gelang, der Schwierigkeiten Herr zu werden. Einen ersten wirklichen Erfolg erreichte der Röstofen von Strecker, der mit Druckluft betrieben wird. Abb. 70 zeigt einen Schnitt durch diesen Ofen, wie er auf der *Grube Neue Haardt* im Jahre 1928 in Betrieb genommen wurde[75]. Der untere Teil des Ofens ist durch einen Bunker aus Stahlblech dicht abgeschlossen, in den die Preßluft von einem regelbaren Gebläse eintritt. Der Austrag des Ofens wird durch einen unter dem Ofenschacht

[75] Gleichmann, H.: Stahl u. Eisen Bd. 52 (1932) S. 582 bis 587, Bd. 55 (1935) S. 1164 bis 1165.

angeordneten kräftigen Schubrost bewirkt, der den Rost in den Bunker fallen läßt; aus diesem kann er bei stillstehendem Gebläse entnommen werden.

In der Zahlentafel 35 sind Betriebszahlen für den Strecker-Ofen angegeben und diesen gleichzeitig Daten von einem älteren, mit natürlichem Zug betriebenen Ofen und einem solchen mit unmittelbarer

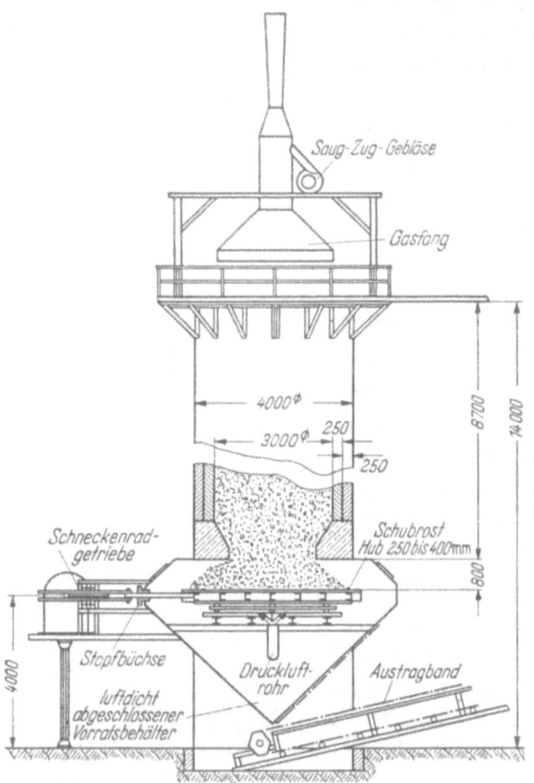

Abb. 70. Mit Druckluft betriebener Schachtröstofen, System Strecker (nach H. Gleichmann).

Belüftung durch ein Luttengebläse gegenübergestellt. Ein Vergleich der Zahlen macht den großen Erfolg erkennbar, der durch die Einführung des künstlichen Zuges in der Steigerung des Durchsatzes und Minderung des Brennstoffverbrauches erreicht worden ist. Ein weiterer sehr bedeutender Vorteil ist der, daß auch Feinspat verarbeitet werden kann. Seine Abröstung war in den älteren Öfen fast gar nicht durchführbar, weil der natürliche Zug durch ihn zu stark behindert wurde. Im Strecker-Ofen können auch größere Mengen Feinspat unter 25 mm störungsfrei mitgeröstet werden. Auf Grund der mit diesem Ofen gemachten Erfah-

Zahlentafel 35. *Betriebszahlen von Röstöfen unterschiedlicher Bauart (nach H. Gleichmann).*

Ofenart	Natürlicher Zug	Saugzug (Lutten-Gebläse)	Druckluft (Strecker Ofen)
Ofenform	zylindrisch	zylindrisch	zylindrisch
Ofenhöhe . . . . m	7,80	7,80	9,55
Lichter Durchmesser . . . . m	3,50	3,50	3,0
Ofeninhalt . . . . m^3	74,90	74,90	67,4
Korngröße der Beschickung . mm	170 bis 35	170 bis 25	170 bis 8
Rohspatdurchsatz . . . . t/24 h	39,0	84,50	200
Rostspaterzeugung . . . . t/24 h	30,0	65,0	150
Spezifische Ofenleistung t/m^3 Ofenraum u. 24 h	0,40	0,87	2,22
Durchsatzzeit . . . . h	96	44,6	17
Gebläselaufzeit . . . . . h/Tag	—	16	20
Kraftverbrauch . . . . . . kWh	—	2,0	3,5
Brennstoffverbrauch bezogen auf Rohspat . . . %	2,54	1,30	1,14

rungen wurde er noch durch eine Absaugevorrichtung für die Abgase ergänzt; damit wurde erreicht, daß der Ofen auch während der Zuführung von Druckluft beschickt werden kann, ohne daß dadurch Nachteile entstehen.

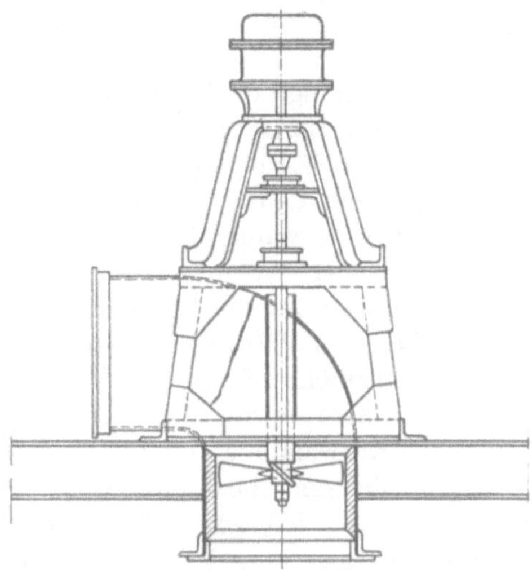

Abb. 71. Luttengebläse für mit Saugzug betriebene Schachtröstöfen, Bauart Eisernhardter Tiefbau (nach H. Gleichmann).

Abb. 71 zeigt weiter ein *Luttengebläse,* wie es sich im Siegerland bewährt hat. Bei ihm wird die Flügelradwelle durch einen von der Flügelradnabe erzeugten gegenläufigen Frischluftstrom gekühlt. Saugzugöfen, die mit einem entsprechenden Gebläse ausgerüstet sind, vermögen den anfallenden Feinspat mit durchzusetzen. Auch der mittelbare Saugzug, bei dem die Abgase durch Druckluftinjektoren gefördert werden, hat sich bewährt. Ein Vorteil gegenüber dem Ventilatorzug ist die Verdünnung der Röstgase.

Die Erkenntnis, daß ein ununterbrochener Betrieb Ersparnisse bringen würde, führte zur Entwicklung *mechanischer Rostausträge,* wie ihn beispielsweise auch der Strecker-Ofen besitzt. Stärkere Anwendung hat dagegen der Telleraustrag gefunden, wie ihn Abb. 72 zeigt. Die Vorrichtung besteht aus zwei gegenläufigen Drehtellern *a* und *b*. Ein beweglicher Abstreifer *c* schneidet von dem Schüttkegel einen regelbaren Streifen ab und wirft den erfaßten Rostspat auf den äußeren Teller. Von diesem wird er durch einen feststehenden Abstreifer *d* der Verladung zugeführt. Zum Antrieb ist ein Motor von 3 PS erforderlich; er bewirkt den Antrieb über Zahnkränze, die unter den Tellern angeordnet sind.

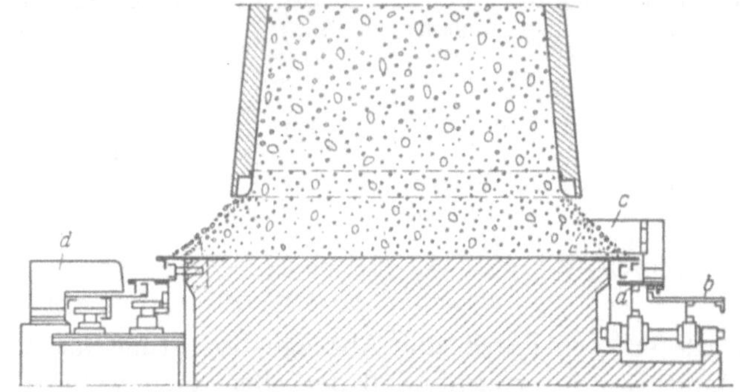

Abb. 72. Mechanisch angetriebener Telleraustrag für Schachtröstöfen (nach H. Gleichmann).

Die Aufstellung von *Wärmebilanzen* der Röstöfen ließ erkennen, daß eine weitere Verbesserung möglich sein müsse, da die Wärmeverluste im ausgetragenen Rostspat 27%, in den Abgasen etwa 33% und die Strahlungs- und Leitungsverluste etwa 20% der gesamten Wärmeausgaben betrugen, während durch den Brennstoff dem Verfahren nur 27 bis 35% der Wärmeeinnahmen zugeführt werden. Diese Überlegungen führten zwecks besseren Wärmeaustausches zu höheren Öfen, zu einer besseren Wärmeisolierung und zur Steuerung des Brandes auf die halbe Ofenhöhe. So entstand auf der *Grube Füsseberg* im Siegerland eine Röstofenanlage mit Öfen von 11 m Höhe und 3,8 m Durchmesser, über deren Entwicklung und Ergebnisse von Plotzki[71] berichtet wurde. In diesem Ofen sank die durchschnittliche Temperatur des ausgetragenen Rostes von etwa 250° auf 150°, die der Abgase von 150° auf 75°. Durch erhöhten Wärmeschutz des Ofenmantels ging die mittlere Manteltemperatur von 75° auf 43,5° herunter. Diese Ersparnisse hatten zur Folge, daß die Sorte Spat I mit 35% Fe ohne Brennstoffzusatz verarbeitet werden kann, nachdem der Brand gezündet ist. Der um 5% ärmere Spat II erfordert dagegen eine Zugabe von 0,35% Brennstoff, was ebenfalls ein sehr befriedigender Erfolg ist. Das Halten des Brandes in mittlerer Ofenhöhe ist freilich nur bei dauernder Überwachung der Ofentemperaturen und einer sich darauf stützenden Regelung des Betriebes möglich. Deswegen sind die Öfen mit je 10 Thermoelementen, die in Abständen von je 1 m in die Öfen hereinragen, ausgerüstet; diese arbeiten über einen Meßstellenumschalter auf ein Anzeigegerät.

In der Zahlentafel 36 sind für diese hohen Röstöfen Betriebswerte genannt; wie aus ihr zu entnehmen ist, hat die Erhöhung des Anteils an Feinspat unter 2 mm von 4 auf 18% eine Minderung des Durchsatzes von 150 auf 120 t/24 h zur Folge.

Zahlentafel 36. *Betriebszahlen für Saugzugöfen in der Röstanlage der Grube Füsseberg.*

Beschickung	Spat I	Spat II
Ofeninhalt . . . . m^3	122,5	122,5
Kornaufteilung der Beschickung:		
150 bis 70 mm . . . . %	53,0	50,0
70 ,, 45 ,, ... %	23,0	15,0
45 ,, 18 ,, ... %	15,0	13,0
18 ,, 2 ,, ... %	5,0	4,0
<2 ,, ... %	4,0	18,0
Durchsatz an Rohspat . . . . . t/24 h	150,0	120,0
Koksverbrauch bezogen auf Rohspat . %	—	0,35

Zahlentafel 37 gibt eine Wärmebilanz des mit Spat I betriebenen Ofens, aus der hervorgeht, daß infolge der vom Erz ausgehenden hohen Reaktionswärmen auf die Zugabe von Brennstoff verzichtet werden kann.

Zahlentafel 37. *Wärmebilanz für einen Röstofen der Grube Füsseberg bei Verarbeitung von Spat I (nach E. Plotzki).*

	1000 kcal		%
	Gesamt	je t Rost	
Einnahmen			
1. Reaktionswärme an $FeCO_3$.	9420	90	66,0
2. Wärme aus FeS_2 und $CuFeS_2$	4750	45	33,4
3. Brennstoffwärme	—	—	—
4. Bilanzfehler	83	1	0,6
Summe	14253	136	100,0
Ausgaben			
1. Zersetzungswärme für $MnCO_3$	4226	40	30,0
2. Wasserverdampfungswärme .	3228	31	22,5
3. Wärme im ausgetragenen Rost	2712	26	19,0
4. Abgaswärme	2942	28	20,5
5. Strahlungs- und Leitungsverluste	1145	11	8,0
6. Bilanzfehler	—	—	—
Summe	14253	136	100,0

Stark abweichend von der Arbeitsweise des Siegerlandes ist für die Röstung der Erze des steirischen Erzbergs ein Ofen entwickelt worden, wie ihn Abb. 73 zeigt[76]. Dieser auf Vorschlägen von A. Apold und H. Fleißner beruhende Ofen wird durch Heizgase einer außerhalb des

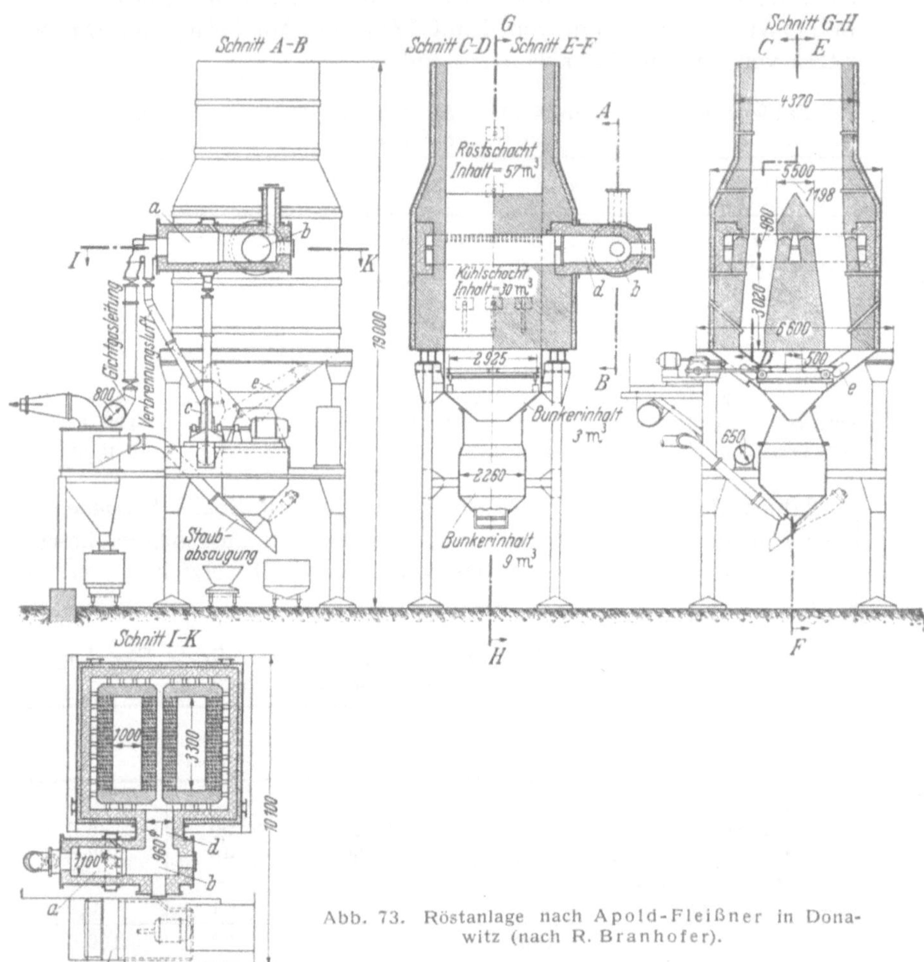

Abb. 73. Röstanlage nach Apold-Fleißner in Donawitz (nach R. Branhofer).

Ofenraums liegenden Feuerung *a* beheizt. Sie treten unter Druck durch eine kurze ausgemauerte Heißwindleitung *d*, Kanäle und Schlitzreihen in den mittleren Teil des Röstofens ein. Das niedergehende Erz wird dabei auf etwa 800° angeheizt und gelangt in den geteilten Kühlschacht des Ofens, in den von unten Kaltwind bei *e* eintritt. Dieser

[76] Branhofer, R.: Stahl u. Eisen Bd. 47 (1927) S. 2061 bis 2067.

kühlt den Rostspat, heizt sich selbst auf, veranlaßt eine schnelle und vollständige Oxydation des aus dem Karbonat entstandenen Oxyduls und mischt sich im weiteren Aufsteigen mit den Heizgasen, wodurch örtliche Überhitzungen mit störender Schmolzbildung vermieden werden. Ähnlich dem Streckerofen ist der untere Teil durch einen Bunker geschlossen und eine Austragsvorrichtung sorgt für ein ununterbrochenes, gleichmäßiges Niedergehen der Erzsäule. Teils um den Austragtisch zu entlasten, teils um eine bessere Durchgasung der Ofenmitte zu erreichen, ist der Ofen im unteren Teil durch einen Einbau in zwei Schächte aufgeteilt, der nach oben in einen Eselsrücken ausläuft; unterhalb dieses Eselsrückens tritt ein Teil der Feuerungsgase in den Ofen ein. Der Ofen selbst hat folgende Abmessungen:

Gesamthöhe	19 m
Höhe des Ofenraums	10 m
Inhalt des Röstschachtes	57 m³
Inhalt des Kühlschachtes	30 m³

Die Temperaturen sind etwa die folgenden:

Heizgase der Feuerung	950°
Erz in der Röstzone	800°
der im Kühlschacht angewärmte Wind	650°
ausgetragener Rostspat	125°
Abgase an der Gicht.	100°

In der Zahlentafel 38 sind die Betriebsergebnisse dieses Röstverfahrens genannt. Man ersieht daraus, daß die tägliche Erzeugung wie auch die spezifische Durchsatzleistung dieser Öfen sehr hoch ist. Verhältnismäßig hoch ist aber auch der Wärmeaufwand mit i. M. 180000 kcal/t Rost. Man darf jedoch diesen Wert nicht ohne weiteres dem niedrigeren Wärmeverbrauch der Siegerländer Röstbetriebe gegenüberstellen, weil der Spat dieses Bezirkes eisenreicher ist, weniger Erdalkalien zu zersetzen sind und weil er auch aus den höheren Schwefelgehalten mehr Reaktionswärme mitbringt. Für das Röstverfahren von Apold-Fleißner spricht, daß in der Steiermark Koksgrus besonders teuer ist, Gichtgas zur Verfügung steht und daß der Rostspat nicht durch die Asche des Koksgruses verschlechtert wird. Die in der Zahlentafel 38 gegebene Gegenüberstellung der neuen Bauart mit einem alten Schachtröstofen macht deutlich, welchen großen Fortschritt das Röstverfahren nach Apold-Fleißner für die steirischen Eisenkarbonate gebracht hat.

Für die Röstung eines *Brauneisenerzes*, und zwar eines tonigmergeligen, oolithischen Doggererzes aus Südbaden sind nach Plänen der Röchling'schen Eisen- und Stahlwerke im Jahre 1937 in Zollhaus-Blumberg 4 Schachtröstöfen von quadratischem Querschnitt aufge-

Zahlentafel 38. *Betriebsergebnis alter steirischer Röstöfen und des Ofens nach Apold-Fleißner (nach Branhofer).*

Ofenart	Erzeugung in 24 h je t Rösterz	Erzeugung bezogen auf gesamten Inhalt t/m³ und 24 h	Wärmeaufwand kcal/t Rost	Kraftverbrauch kWh/t Rost	Zusatz von Feinerz unter 20 mm %	CO_2 im Rost %
Alte Schachtröstöfen . . .	10 bis 15	0,2 bis 0,3	600000 bis 700000	0	8 bis 15	2 bis 4
Röstofen nach Apold-Fleißner	200 bis 450	4,0 bis 6,7	160000 bis 200000	5 bis 10	0 bis 15	1 bis 3

stellt und in Betrieb genommen worden[77]. Abb. 74 zeigt einen Schnitt durch einen Ofen. Die Anlage befindet sich nicht mehr in Betrieb, da der dortige Erzbergbau wieder eingestellt wurde.

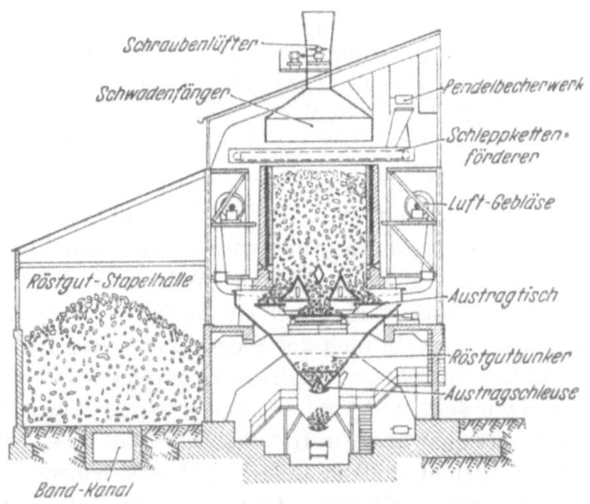

Abb. 74. Schachtröstofen in Zollhaus-Blumberg (nach A. Graff).

Die Röstung erschien in diesem Falle deswegen wirtschaftlich richtig, weil der Frachtweg zu den Saarhüttenwerken verhältnismäßig weit war und bei den Gehalten des Grubenerzes von 9,9 % CO_2, 7,2% Hydratwasser und 10 % Feuchtigkeit eine sehr erhebliche Frachtersparnis zu erwarten war. Bei der erdig-mulmigen Beschaffenheit des Erzes war daneben durch die Röstung eine Verbesserung der Stückig-

[77] Graff, A.: Stahl u. Eisen Bd. 59 (1939) S. 961 bis 967.

keit anzustreben; deswegen wurde das anfallende Feinerz abgesiebt und vor der Röstung auf einer Eiformbrikettpresse ohne Bindemittel stückig gemacht. Die Voraussetzungen für einen voll befriedigenden Verlauf waren dadurch ungünstig, daß das Erz zur Schmolzbildung neigt und die bei der Erhitzung freiwerdenden großen Wassermengen das Erz mürbe machen oder sogar zerspringen lassen. Es fielen daher trotz der Eierpreßlinge 22 % Röstfeinerz an, von dem etwa 80 % wieder in die Eierbriketts eingebunden werden konnten. Als Brennstoff erwies sich ein Gemisch von Flammkohle und Brikettabrieb als günstig; dieser letzte veranlaßte das erwünschte Hochfeuer und verhinderte dadurch Kondenswasserbildung im oberen Ofenteil. Der Brennstoffverbrauch betrug im Februar 1939 34,8 kg/t Roherz. In dem gleichen Zeitabschnitt betrug die Erzeugung je Ofen und Tag 366 t Rösterz, was unter den schwierigen Bedingungen des Erzes eine befriedigende Leistung war.

Eine sehr vollständige Zusammenstellung von Betriebszahlen von Erzröst- und Erztrockenöfen unter wärmetechnischen Gesichtspunkten ist von K. Guthmann[78] gegeben worden. Danach liegt der Wärmeaufwand beim Trocknen bei etwa 120 bis 155000 WE/t Erz und anderseits bei neueren Siegerländer Röstöfen bei Spat I bei 0 (Aufbereitung Füsseberg), bei Spat II bei 50000 WE und in anderen Fällen bei 157000 WE/t Röstgut. Rechnet man mit 70 % Rostausbringen, so stellt sich in dem letztgenannten Falle der Wärmeaufwand auf 110000 WE/t Erz, was bedeutet, daß das Rösten der Spateisenerze nicht mehr, sondern weniger Brennstoff erfordert als das Trocknen von feuchten Brauneisenerzen.

XIII. Die magnetisierende Röstung mit nachfolgender Magnetscheidung.

Die magnetisierende Röstung zielt darauf ab, schwachmagnetische Eisenerze durch eine oder bei einer Wärmebehandlung starkmagnetisch zu machen. Dabei war zunächst der Gedanke vorherrschend, die Scheidung zu ermöglichen oder wenigstens zu erleichtern. Es ergab sich aber, daß gleichzeitig eine zum Teil sehr wesentliche Verbesserung des Anreicherungsergebnisses — z. B. im Vergleich zur unmittelbaren Magnetscheidung — erreicht wurde. Als erster machte T. A. Edison 1888 in der Patentbeschreibung eines von ihm erfundenen Elektro-Magnetscheiders den Vorschlag, unmagnetische Eisenerze in kohlenoxydhaltiger Atmosphäre zu erhitzen, um sie magnetisch zu machen. Gedacht war daran, Eisenoxyduloxyd, also die dem Magnetit entsprechende Eisensauerstoffverbindung, herzustellen. Trotz mancher Bemü-

[78] Gutmann, K.: Stahl u. Eisen Bd. 58 (1938) S. 857 bis 865.

hungen Edisons konnte das Verfahren aber nicht Fuß fassen, offenbar weil zu jener Zeit noch genügend reiche Stückerze verfügbar waren, so daß die mit dem Verfahren verbundenen Kosten der Zerkleinerung, Röstung, Scheidung und Stückigmachung der Konzentrate nicht tragbar waren.

1. Die magnetisierende Röstung unter Erzeugung von Eisenoxyduloxyd.

Einen neuen Anstoß erhielt die magnetisierende Röstung im Jahre 1918, als man dazu überging, die mit geringen Kosten gewinnbaren, oolithischen *Doggererze bei Pegnitz im fränkischen Jura* in dieser Weise aufzubereiten. Dabei war für die Errichtung einer Betriebsanlage entscheidend gewesen, daß das Ergebnis demjenigen einer naßmechanischen Verarbeitung und einer unmittelbaren Magnetscheidung wesentlich überlegen war. Der betriebliche Anreicherungserfolg war jedoch recht wechselnd, da der Gehalt der Konzentrate zwischen 46 und 50% Fe und die Werte des Eisenausbringens zwischen 69 und 87% schwankten[79]. Gearbeitet wurde in einem Schnabelofen mit schrägen Rutschplatten und teils auch in einem Versuchsdrehofen unter Verwendung von Generatorgas zur Herstellung von Oxyduloxyd aus dem Brauneisen des Erzes. Als dann am Ende der Inflationszeit 1923 die Frachtkosten nach Oberschlesien die Selbstkosten des Konzentrates überstiegen, wurde der Betrieb eingestellt.

Die Notwendigkeit, Eisenerze mit geringen Eisengehalten zu verwenden, der sich Deutschland seit 1919 zunehmend gegenüber sah, veranlaßten im *Eisenforschungs-Institut* Versuche zur Anreicherung auch der Salzgittererze. Dabei ergaben sich unter Anwendung verschiedener Aufbereitungsverfahren bei einer Kornklasse 1 bis 2 mm aus dem Erz der Grube Fortuna folgende Ergebnisse:

Verfahren	Gewichts-ausbringen %	Konzentrat Fe %	Eisen-ausbringen %	Maximaler Trennungsgrad %
Unmittelbare Magnetscheidung .	70	42,0	72,0	6,7
Setzarbeit	70	43,6	77,0	20,6
Trennung in schwerer Flüssigkeit	70	45,5	78,3	25,8
Magnetisierende Röstung mit nachfolg. Magnetscheidung.	70	51,9	89,6	60,5*

* einschließlich der Anreicherung durch die Röstung.

[79] Müller, H.: Stahl u. Eisen Bd. 45 (1925) S. 423 bis 426.

Abb. 75 zeigt schaubildlich an dem Verlauf der Anreicherungskurven, wie es zu erklären ist, daß sich der Trennungserfolg so stark verbesserte. Bei unmittelbarer magnetischer Scheidung werden zuerst solche Körner gezogen, die ärmer als der durchschnittliche Eisengehalt sind und der Trennungsgrad beträgt nur 6,7 %; nach der Röstung ist jedoch zwischen Eisengehalt und Magnetisierbarkeit die gewünschte Abhängigkeit hergestellt, so daß sich der Trennungsgrad (ohne Rösterfolg) auf 23 % und einschließlich der Anreicherung durch die Röstung auf über 60 % stellt. Der zweifelhafte Erfolg in Pegnitz und der dortige hohe Brennstoffverbrauch von 12 % veranlaßten weitere Überlegungen zur Verbesserung des Verfahrens. Als ein schwerwiegender Mangel wurde das Fehlen einer ausreichenden Grundlagenforschung erkannt, die dann im *Eisenforschungs-Institut* aufgenommen wurde.

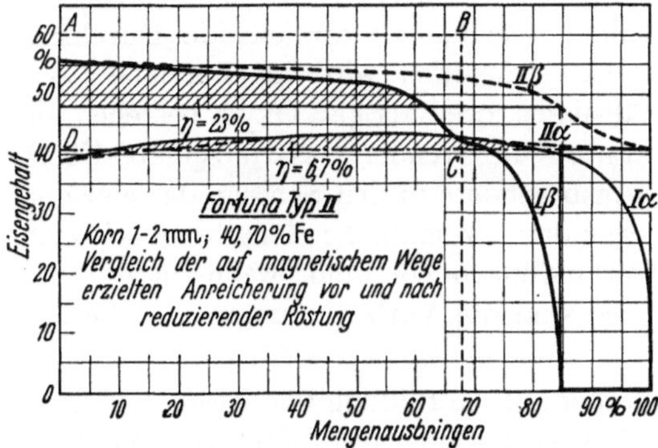

Abb. 75. Vergleich der Anreicherungsleistung einer magnetischen Scheidung vor und nach reduzierender Röstung der Probemenge.

Nachdem mehrere, meist unverständliche Verfahrungsvorschläge von anderen Seiten gemacht worden waren, erbrachten die Untersuchungen dieses Institutes insofern eine wichtige Erkenntnis, als festgestellt wurde, daß Rot- und Brauneisenerze nur dann in neutraler Atmosphäre erhitzt ihre magnetischen Eigenschaften ändern, wenn in ihnen natürliche Beimengungen enthalten sind, die eine Reduktionswirkung ausüben. Es können dies Eisen- und Mangankarbonate, beigemengter Kohlenstoff — insbesondere Anthrazit — und auch Manganoxyde sein. Da diese Beimengungen aber, von Ausnahmefällen abgesehen, nicht ausreichen, um ein einheitlich beschaffenes Röstgut von hoher Magnetisierbarkeit zu erzeugen, kann sich mit dieser Erscheinung allein kein betriebsmäßiges Röstverfahren begnügen, wenn sie selbstverständlich auch eine Hilfe zur Erreichung des gewünschten Erfolges ist.

Die auf die Erzeugung des Oxyduloxydes abgestellte Röstung steht nun aber für den Betrieb der Schwierigkeit gegenüber, dieses Oxyd vollkommen zu erzeugen, weil es im Reduktionsablauf eine Zwischenstufe ist, indem ohne Verzögerung die Bildung von paramagnetischen Oxydulen zustande kommt. Allerdings vermindert eine derartige Überröstung die Magnetisierbarkeit des Röstgutes nur dann, wenn die Rösttemperatur oberhalb des Wüstitpunktes, also über 570° liegt, da in diesem Falle das paramagnetische Oxydul gebildet wird. Im Betriebe wird aber in allen Fällen bei Temperaturen gearbeitet, die mit Rücksicht auf die notwendige Reduktionsgeschwindigkeit oberhalb 570° liegen. Die vollkommene Bildung von Oxyduloxyd würde sich erreichen lassen, wenn das Erz unter Einhaltung einer bestimmten Gaszusammensetzung und einer zugehörigen Temperatur einer bestimmten Reduktionswirkung ausgesetzt ist. In diesem Falle bedarf der verlangte Reduktionserfolg jedoch einer so langen Zeitdauer, daß die betriebliche Anwendung mit Rücksicht auf die notwendig zu erreichende Durchsatzleistung ausgeschlossen ist. Unvermeidlich wird im Betriebe bei zu schwachen Reduktionsverhältnissen dreiwertiges Oxyd bestehen bleiben oder es werden bei zu stark reduzierender Gasatmosphäre Überröstungen eintreten, und zwar insbesondere in den Schalen der einzelnen Körner. In beiden Fällen liegen dann wesentliche Gehalte an schwachmagnetischen Eisensauerstoffverbindungen vor, und, wenn diese neben Oxyduloxyd vorhanden sind, so sind die Vorbedingungen für die Magnetscheidung ungünstig.

Gleichwohl ist der auf die Bildung von Eisenoxyduloxyd abzielenden Röstung starke Beachtung auch nach dem zweifelhaften Erfolg in der Pegnitzer Anlage entgegengebracht worden. So besteht seit 1917 auf den großen Eisenerzlagern von *Anshan* in China eine mit Telleröfen ausgerüstete Anlage, die aus dem Roherz mit 38% Fe ein Konzentrat mit 60% Fe und 17% SiO_2 gewinnt[80].

In Deutschland ist vor allem von der *Lurgi-Gesellschaft für Chemie und Hüttenwesen* in Frankfurt die Durchführung der Röstung auf Oxyduloxyd in einem von ihr zum Zwecke der chlorierenden und sulfatisierenden Röstung entwickelten Drehofen betrieben worden. Das Wesentliche dieses Ofens ist, daß er an beiden Enden gasdicht abgeschlossen ist und daß er teils von einem Verteilerkopf aus durch am Ofenmantel befestigte Leitungen mittels durch die Ofenwand durchgeführten Brennerdüsen und teils vom unteren Ende aus beheizt wird. Durch Regelung der Gas- und Luftzufuhr zu den einzelnen Brennern hin ist es möglich, sowohl die Temperaturen als auch die Gaszusammensetzung über die Länge des Ofens hin weitgehend zu beeinflussen und damit sind die Vorbedingungen für eine weitgehende Bildung von Eisenoxyduloxyd verhältnismäßig günstig. Nach dem zeitweisen Betriebe eines derartigen Ofens

[80] Wendt, K.: Stahl u. Eisen Bd. 51 (1931) S. 1 bis 8.

auf dem Doggererzvorkommen der Schwäbischen Alb in Südbaden[77] wurde 1941—1942 eine *Lurgi*-Anlage für die Hütte Braunschweig in Watenstedt errichtet, die aus 8 Drehöfen von 3,6 m Durchmesser und 50 m Länge besteht.

Abb. 76 zeigt diese Anlage schematisch; dem Drehofen wird das Erz am oberen Ende laufend zugeführt; die hier austretenden Abgase werden durch Staubabscheider geführt und danach elektrostatisch gereinigt. Am unteren Ende des Ofens befindet sich der Verteilerkopf, dem das Gichtgas zugeführt wird. Hier befindet sich auch eine gasdichte Schleuse, durch die das Röstgut ausgetragen wird. Das kalte Gichtgas dient im unteren Teil des Ofens gleichzeitig als Kühl- und Reduktionsmittel und heizt sich dabei selbst auf. Zur Verbesserung de- Kühlwirkung wird auch Wasser eingespritzt. Die Arbeitstemperatur

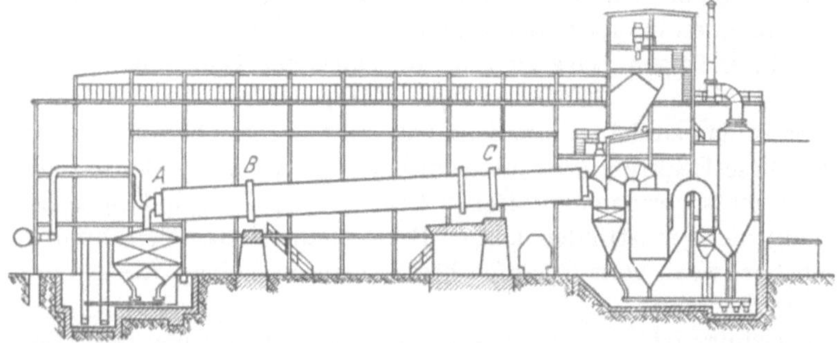

Abb. 76. Schnitt durch die Drehofenanlage zur magnetisierenden Röstung von Salzgittererzen nach dem Verfahren der Lurgi-Gesellschaft (schematisch).

beträgt 800° und das Röstgut wird mit etwa 200° ausgetragen. Leistungse versuche ergaben einen Durchsatz von 1150 t/24 h, jedoch wurden dir Öfen betriebsmäßig mit 800 t/24 h belastet. Der Gichtgasverbrauch stellt sich auf 288 Nm³/t Roherz. Das Röstgut wird auf unter 3 mm nachzerkleinert und danach auf Gleichstromscheidern getrennt. Das Anreicherungsergebnis wird durch folgende Zahlenwerte gekennzeichnet, die nach C. P. Debuch[81] im September 1944 erzielt wurden. Roherz: 24,8% Fe und 26,4% SiO_2, Konzentrat: 39,4% Fe und 22,4% SiO_2, Gewichtsausbringen an Konzentrat: 51,5%, Eisenausbringen: 81,9%. Bei der Beurteilung dieses Ergebnisses ist zu beachten, daß die Anlage besonders schwierig aufbereitbare Erze erhält.

In den USA hat man 1934 ebenfalls eine Anlage für magnetisierende Röstung errichtet, in der Erze des Oberen Seengebietes auf Bildung von Oxyduloxyd hin geröstet wurden. Der benutzte Schachtofen war recht verwickelt aufgebaut, indem er Zonen der Erzzuführung, der Vorwärmung, der Mischung von Grob- und Feinkorn, der Reduktion, der

[81] Debuch, C. P.: Stahl u. Eisen Bd. 66/67 (1947) S. 205 bis 212.

Kühlung und des Ablöschens in Wasser umfaßt. Nach Davis ist das Ergebnis dieser Anlage, daß aus einem Abfallerz mit 49,1 % Fe ein Rösterz mit 52,2 % Fe und daraus ein Konzentrat mit 62,2 % Fe erzeugt wird, wobei das Eisenausbringen 88,6 % beträgt[82].

Auf die Erze von *Krivoj Rog,* die sich nach den Untersuchungen des Eisenforschungs-Institutes nicht in das ferromagnetische Eisenoxyd umwandeln lassen, ist von russischer Seite die Röstung zur Erzeugung von Oxyduloxyd erprobt worden, wobei ein Krählofen mit sieben Etagen benutzt wurde[83].

Eine durch Untersuchungen des *Eisenforschungs-Institutes* festgestellte Möglichkeit, Rot- und Brauneisenerze vollständig, dabei ohne Verzicht auf hohe Durchsatzleistung, in Oxyduloxyd umzuwandeln, besteht darin, die Erze zunächst einer verhältnismäßig starken Reduktion zu unterwerfen, wobei auch schwachmagnetisches Oxydul entstehen mag, dann aber dieses heiße Röstgut anschließend in einem kohlensäurehaltigen Gase zu kühlen. Nach der Gleichung:

$$3FeO + CO_2 = Fe_3O_4 + CO \qquad (1)$$

wird dann das zuviel entstandene Oxydul bis zum Oxyduloxyd reoxydiert. Diese Reaktion erreicht beim Oxyduloxyd ihr Ende, so daß eine Bildung von schwachmagnetischen Eisensauerstoffverbindungen bei der Kühlung nicht stattfinden kann. Betrieblich ist das Verfahren leicht ausführbar, wenn vom Röstofen her kohlensäurehaltige Abgase verfügbar sind.

Neuerdings ist von Amerika aus für die Aufbereitung der Takonite der Vorschlag gemacht worden, zur magnetisierenden Röstung dieser Erze ihre Reduktion in einem Gasgemisch von Kohlensäure, Kohlenoxyd und Stickstoff von solcher Zusammensetzung vorzunehmen, daß die Reduktion nur bis zum Eisenoxyduloxyd gehe und etwa vorhandenes Oxydul bis zum Oxyduloxyd oxydiert werde (DP. 831831).

2. Die magnetisierende Röstung unter Erzeugung von ferromagnetischem Eisenoxyd.

Bei der Grundlagenforschung im Eisenforschungs-Institut ergab sich weiter, daß neben dem Eisenoxyduloxyd das starkmagnetische γ-Oxyd besteht, welches analog dem Magnetit kubisch kristallisiert und braun ist. In der Natur tritt es als das Mineral Maghemit auf und ist dann durch Oxydation von Magnetit entstanden. Durch Untersuchungen von Welo und Baudisch[84] war bekannt, daß dieses γ-Oxyd aus künstlich

[82] Davis, E. W.: Amer. Inst. min. metallurg. Engrs. Techn. Publ. Nr. 731 S. 1 bis 19; Metals Techn. Bd. 3 (1936) Nr. 8; vgl. Stahl u. Eisen Bd. 57 (1937) S. 252 bis 253.

[83] Karmazine, V. I.: Gornij Ž., Mosk. Bd. 120 (1946) Nr. 9/10, S. 28 bis 35; vgl. auch Circ. Inform. techn. Bd. 7 (1950) Nr. 1/2, S. 11 bis 31.

[84] Welo u. Baudisch: Phil. Mag. Bd. 50 (1925) S. 399 bis 408.

erzeugtem Oxyduloxyd bei Temperaturen zwischen 220 und 550° durch Oxydation hergestellt werden kann. Versuche, diese Verbindung aus Brauneisenerzen auf dem Wege über das Oxyduloxyd durch Reduktion im Luftstrom herzustellen, erbrachten einen Erfolg, während sich aus Eisenglanz das gleiche Oxyd nicht in allen Fällen erzeugen ließ. Die Umwandelbarkeit der Roteisenerze ist vielmehr von ihren Entstehungsbedingungen abhängig; so wurde z. B. ein künstliches α-Eisenoxyd und auch ein Roteisenstein des Dillgebietes nur in geringem Umfange in das kubische Oxyd umgewandelt, als sie vorher auf 1000° erhitzt worden waren.

Die Wiederoxydation des Oxyduloxydes verläuft sehr schnell, wie dies aus Abb. 77 zu erkennen ist; sie findet ihr Ende, wenn der Sauerstoffgehalt der Luft auf 2 bis 3% gesunken ist. Demgemäß eignet sich dieses Verfahren ganz besonders für Brauneisenerze, zumal sie bei verhältnismäßig niedriger Temperatur sehr reaktionsfähig sind und weil die niedrigen Rösttemperaturen zusammen mit schnellem Reaktionsablauf geringe Verfahrenskosten veranlassen.

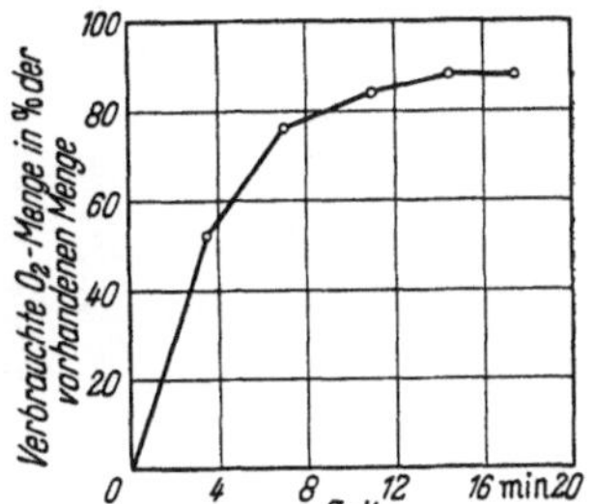

Abb. 77. Zeitabhängigkeit der Wiederoxydation eines teilweise reduzierten Brauneisenerzes von Gutmadingen bei einer Oxydationstemperatur von 500°.

Für die betriebliche Ausführung des Verfahrens auf Brauneisenerze ergibt sich eine einfache Arbeitsweise, indem das im Röstofen in reduzierender Atmosphäre erhitzte Erz einer Kühltrommel zugeführt wird, in der ihm in dem Temperaturbereich von 220 bis 550° Luft entgegengeführt wird. Man erhält dadurch ein gekühltes Röstgut, das leicht weiterverarbeitet werden kann, und ist gleichzeitig der Gefahr enthoben, daß das heiße Röstgut sich bei einer unkontrollierten Oxydation zu α-Oxyd umwandelt oder an den Maschinen der Weiterverarbeitung Schäden verursacht. Ein besonderer Vorzug des Verfahrens liegt noch darin, daß es auf die Endstufe einer chemischen Reaktion, nämlich auf die Endstufe der Oxydation hinarbeitet und damit eine vollkommene Bildung des γ-Oxydes erreicht.

Dieses Verfahren wurde in den Jahren 1943/44 in einer betriebsmäßigen Anlage in Praschkau erprobt, wobei besonders die Möglichkeit zur Aufbereitung der oberschlesischen Eisensandsteine geprüft wurde[85]. In diesen Sandsteinen liegt das Eisen als Brauneisen vor. Die Gefügeverhältnisse des Sandsteins und das Verfahren bedingten eine maschinelle Ausrüstung der Anlage, wie sie sich aus Abb. 78 ergibt. Mit Hilfe des Aufzugs (im Bilde links) wird das zu verarbeitende Rohgut auf

[85] Luyken, W.: Arch. Eisenhüttenw. Bd. 19 (1948) S. 105 bis 110.

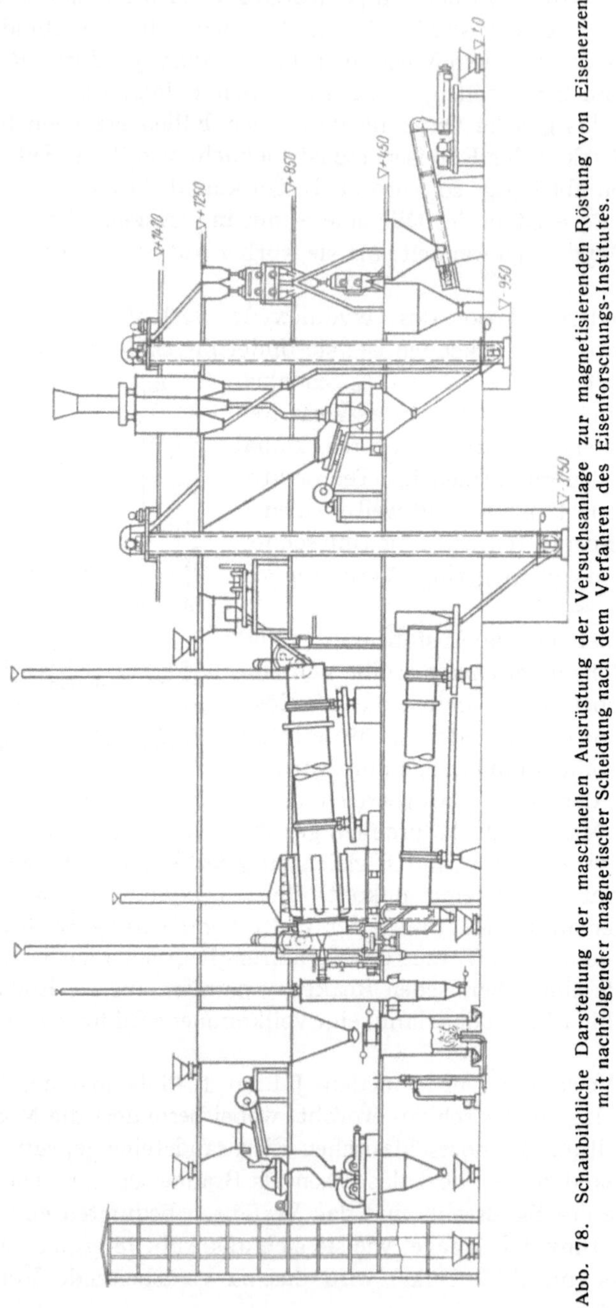

Abb. 78. Schaubildliche Darstellung der maschinellen Ausrüstung der Versuchsanlage zur magnetisierenden Röstung von Eisenerzen mit nachfolgender magnetischer Scheidung nach dem Verfahren des Eisenforschungs-Institutes.

das obere Stockwerk gehoben, in einem Steinbrecher vorgebrochen sowie in einem Walzwerk auf unter etwa 15 bis 35 mm nachgebrochen. Danach wird das zerkleinerte Gut auf das obere Stockwerk zurückgehoben und über einen Rundbeschicker dem Drehofen zugeführt. Dieser hat eine Länge von 20 m und bei 1,14 m l. Dmr. einen Inhalt von 20 m³; er ist glatt ausgemauert. Die Beheizung des Röstofens erfolgt durch Generatorgas. Um von der Rösttemperatur mit etwa 600 bis 800° auf eine Temperatur vor der Kühlung von unter 500° herunterzukommen, sind am Austragende des Röstofens sechs Rohrschlangen angebracht, die das heiße Röstgut durchläuft, bevor es in den gemauerten Ofenkopf herunterfällt. Diese Rohre können im Bedarfsfalle berieselt werden. Im Boden des Ofenkopfes befindet sich eine Tellerschleuse, die als Aufgabevorrichtung der Kühltrommel dient und gleichzeitig einen Gasabschluß zwischen dem Ofen und der Kühltrommel bildet. Diese Trommel hat eine Länge von 12 m bei 1,2 m l. Dmr. Aus ihr fällt das Röstgut einem Becherwerk zu und gelangt über einen Bunker in eine Siebkugelmühle. Das gemahlene Röstgut geht zur Magnetscheidung, die in der ersten Stufe aus zwei Doppelscheidern und in der zweiten Stufe aus einem kleinen Nachscheider für die Nacharbeit des Zwischengutes besteht.

Die Gefügeverhältnisse des Sandsteins zwangen zu einer Zerkleinerung auf unter 0,38 mm, wodurch die Scheidung erschwert wird. Das Ergebnis der Trennung ist in der Zahlentafel 39 angegeben, und zwar nach steigender Durchsatzleistung. Diese betrug bis zu 3,6 t/m³ Ofenraum und 24 h. Der Gasverbrauch geht mit steigendem Durchsatz stark zurück.

Zahlentafel 39. *Betriebswerte und Trennungsergebnisse von magnetisierend geröstetem Eisensandstein.*

Herkunft des Sandsteins	Durchsatzleistung t/h	Durchsatzleistung t/m³ Ofenraum + 24 h	Eisengehalt des Sandsteins %	Gasverbrauch m³/t	Arbeitstemperatur °C	Temperatur im mittl. Teil der Kühltrommel °C	Röstverlust %	Konzentrat % Fe	Eisenausbringen %	2-wertiges Eisen im Röstgut %
Grunsruh .	1	1,2	18,44	420	800	180	1,92	50,6	76,7	—
Vorbrücken .	2	2,4	14,59	319	700	240	5,66	44,9	76,7	1,04
Praschkau .	3	3,6	14,26	256	800	240	3,28	44,3	76,2	0,69

In der gleichen Anlage wurden auch verschiedene andere Brauneisenerze probeweise verarbeitet; Zahlentafel 40 gibt Ergebnisse, die bei der Verarbeitung eines manganhaltigen Brauneisenerzes aus Thüringen und einer lothringischen Minette erhalten wurden.

Zahlentafel 40. *Betriebswerte und Trennungsergebnisse von magnetisierend gerösteten Erzen.*

Herkunft des Erzes	Durchsatzleistung t/h	Durchsatzleistung t/m³ Ofenraum + 24 h	Gasverbrauch m³/t	Arbeitstemperatur °C	Abgastemperatur °C	Eisengehalt der Aufgabe %	Röstverlust %	Konzentrate % Fe	Eisenausbringen %
Thüringisches Brauneisenerz	2	2,4	319	770	220	25,25	3,5	47,7	94,0
Minette der Grube Lothringen .	3	3,6	195	770	220	23,0	13,0	39,1	76,1

Die Verhältnisse des lothringisch-luxemburgischen Minettegebietes legten es nahe, für die großen Mengen an eisenarmen und gleichzeitig kieseligen Sorten die Anreicherung zu klären. Auch hierfür hat sich das Verfahren der Röstung unter Erzeugung von γ-Oxyd als geeignet erwiesen [86].

3. Die magnetisierende Röstung von Eisenkarbonaten.

Ungünstige Ergebnisse, die bei der Magnetscheidung von in der üblichen Weise geröstetem Spateisenstein erhalten wurden, veranlaßten Versuche, die Röstung derart zu führen, daß das Röstgut von hoher und gleichmäßiger Magnetisierbarkeit ist. In den Schachtröstöfen, z. B. des Siegerlandes, entsteht bei der Röstung in Gegenwart von Luft verhältnismäßig viel schwachmagnetisches α-Oxyd und die ungleichmäßige Temperaturverteilung in diesen Öfen trägt dazu bei, daß das Röstgut für eine wirkungsvolle Magnetscheidung schlechte Voraussetzungen mitbringt. Man kann für die Zersetzung des manganhaltigen Siegerländer Spateisensteins bei 600° an der Luft die folgende chemische Gleichung als näherungsweise gültig ansehen [87]:

$$20\,FeCO_3 + 2\,MnCO_3 + 5\,O_2 = 2\,MnO \cdot Fe_2O_3 + 8\,\gamma\text{-}Fe_2O_3 + 22\,CO_2. \quad (2)$$

Zwar wird das γ-Oxyd durch das Manganferrit stabilisiert, aber bei höheren Temperaturen entsteht zunehmend das schwachmagnetische hexagonale Oxyd.

Wird Eisenkarbonat dagegen unter Luftabschluß zersetzt, so verläuft die Zersetzung nach der Formel:

$$a\,FeCO_3 = (a - x)\,FeO + \frac{x}{3}\,Fe_3O_4 + \left(a - \frac{x}{3}\right)CO_2 + \frac{x}{3}\,CO, \quad (3)$$

[86] Luyken, W.: Stahl u. Eisen Bd. 68 (1948) S. 35 bis 38.

[87] Genaue Angaben machen: W. Luyken u. L. Kraeber: Stahl u. Eisen Bd. 54 (1934) S. 361 bis 364.

wobei die Größe x temperaturabhängig veränderlich ist. Von den beiden Teilvorgängen, die bei der Röstung des Spateisensteins unter Luftabschluß ablaufen, ist die eigentliche Zersetzung gemäß der Gleichung:

$$FeCO_3 \rightarrow FeO + CO_2 \quad (4)$$

nicht umkehrbar und nur insofern temperaturabhängig, als mit zunehmender Temperatur die Zersetzungsgeschwindigkeit zunimmt. Der zweite Vorgang besteht in einer Umsetzung zwischen dem gebildeten Oxydul und dem gebildeten Gas, die durch die Formel:

$$3FeO + CO_2 \rightleftharpoons Fe_3O_4 + CO \quad (5)$$

dargestellt wird. Sie ist umkehrbar und stark temperaturabhängig, wobei mit steigender Temperatur mehr FeO entsteht. Demgemäß hat ein unter Luftabschluß bei höherer Temperatur erzeugtes Röstgut einen unerwünschten Gehalt an zweiwertigem Eisen. Dieses kann aber in eine starkmagnetische Verbindung übergeführt werden, indem entweder das heiße Röstgut bei Temperaturen unter etwa 500° im Luftstrom gekühlt wird, wobei sich das γ-Oxyd bilden muß, oder die Kühlung in einem kohlensäurehaltigen Gase vorgenommen wird, wobei das Oxydul gemäß der Gleichung (5) zum Oxyduloxyd aufoxydiert wird. Beide Reaktionen arbeiten wieder auf eine Endstufe hin, so daß ein Röstgut mit gleichmäßiger und hoher Magnetisierbarkeit entsteht.

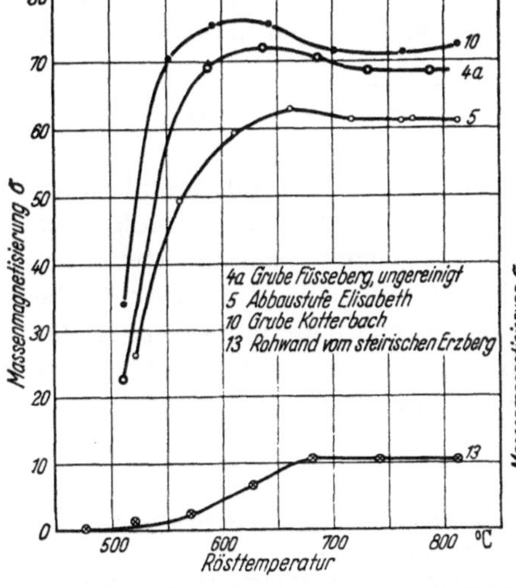

Abb. 79. Magnetisierbarkeit verschiedener im sauerstofffreien, kohlensäurehaltigen Gas gerösteter, karbonatischer Eisenerze.

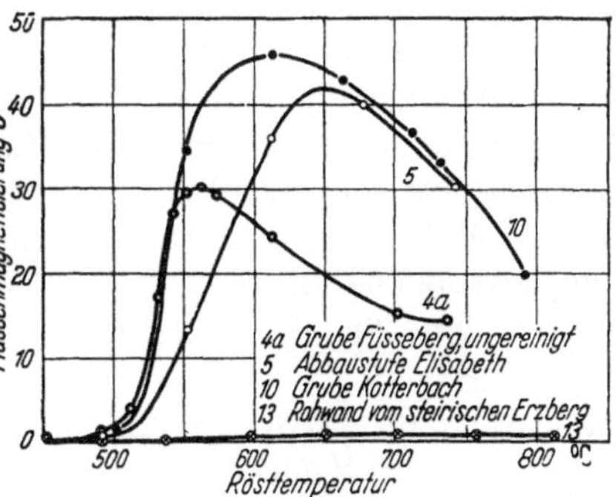

Abb. 80. Magnetisierbarkeit der gleichen Erze wie in Abb. 79, aber in Gegenwart von Luft geröstet.

Die Abb. 79 und 80 zeigen die Auswirkung einer solchen Röstweise auf verschiedene Eisenkarbonaterze. Abb. 79 bringt die bei Zersetzung und Kühlung in einem Kohlensäure-Stickstoff-Gemisch erhaltenen Magnetisierungswerte. Zum Vergleich sind in Abb. 80 Magnetisierungs-Temperaturkurven für die gleichen Erze angegeben, die sich auf eine Röstung bei Gegenwart von Luft beziehen. Aus dieser Gegenüberstellung läßt sich leicht die Erhöhung der Magnetisierbarkeit wie auch die Unempfindlichkeit gegen unterschiedliche Rösttemperaturen erkennen. Betrieblich ist diese Art der Röstung leicht dadurch ausführbar, daß die Abgase aus der Zersetzung gekühlt und danach zur Kühlung des heißen Röstgutes benutzt werden.

Das Ergebnis einer Versuchsröstung, die auf Grund dieser Erkenntnisse in einem für den durchlaufenden Betrieb geeigneten Ofen unter Verarbeitung von Siegerländer Grubenklein in der Körnung 0 bis 6 mm erhalten wurden, gibt die Zahlentafel 41 wieder.

Zahlentafel 41. *Ergebnis der Magnetscheidung eines magnetisierend gerösteten Grubenkleins 0 bis 6 mm aus dem Siegerland.*

Teilmenge	Gewichtsausbringen bezogen auf Roherz %	geröstetes Erz %	Fe %	Eisenausbringen %	Mn %	Manganausbringen %	SiO_2 %	Kieselsäurefortbringen %
Konzentrat . .	52,42	72,60	52,29	94,45	9,53	97,11	5,61	18,75
Berge	19,78	27,40	8,15	5,55	0,75	2,89	64,42	81,25
Geröstetes Erz	72,20	100,00	40,20	100,00	7,12	100,00	21,72	100,00
Röstverlust . .	27,80							
Roherz	100,00		29,02		5,14		15,68	

In der Anlage Praschkau verarbeitete slowakische Haldenschlämme, die eisenärmer als die vorgenannte Probe waren und auch infolge der Verwachsungsverhältnisse schwieriger anzureichern waren, erbrachten Trennungsergebnisse, wie sie die Zahlentafel 42 zeigt. Im Ofenbetriebe hatten dabei folgende Verhältnisse vorgelegen: Durchsatzleistung der Anlage 4 t/h, bezogene Durchsatzleistung 4,8 t/m^3 und 24 h, Arbeitstemperatur 660 bis 610°, Abgastemperatur 300° sowie ein Gasverbrauch von 185 m^3/t Durchsatz.

Zahlentafel 42. *Ergebnis der Magnetscheidung eines magnetisierend gerösteten Haldenschlammes einer slowakischen Grube.*

Teilmenge	Gewichtsausbringen bezogen auf Roherz %	geröstetes Erz %	Fe %	Eisenausbringen %
Konzentrat	48,60	63,83	48,8	95,7
Berge	27,54	36,17	4,0	4,3
Geröstetes Erz . . .	76,14	100,00	32,6	100,0
Röstverlust	23,86			
Rohschlamm	100,00		24,8	

Abb. 81 gibt weiter eine Darstellung der Abhängigkeit von Durchsatzleistung und Brennstoffverbrauch, wie sie sich bei der Verarbeitung der verschiedenen Erze in der Praschkauer Anlage ermitteln ließ. Die spezifische Ofenleistung wurde bis auf 4,8 t/m³ Ofenraum und 24 h gesteigert (für die slowakischen Haldenschlämme). Dabei stellte sich der Gasverbrauch auf 185 m³/t Roherz, woraus sich ein Verbrauch von 3,77 % Generatorkohle errechnet. Bei der Minette der Grube Lothringen betrug der Brennstoffverbrauch bei einer spezifischen Ofenleistung

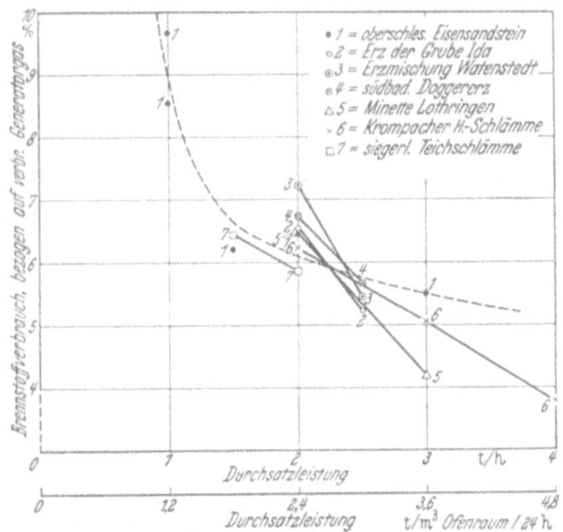

Abb. 81. Abhängigkeit des Brennstoffverbrauchs von der Durchsatzleistung in der Versuchsanlage Praschkau.

von 3,6 t/m³ Ofenraum und 24 h 4,19 %. Bei diesen Verbrauchswerten ist zu beachten, daß es sich um eine verhältnismäßig kleine Anlage handelte, bei der auch keine Einrichtungen für Wärmewiedergewinnung vorhanden waren.

4. Die magnetisierende Röstung von oxydischen Eisenerzen mit Hilfe von Eisenkarbonaten.

Diese Arbeitsweise wurde in einer Patentschrift der „Maximilianshütte" bekanntgemacht[88]; bei ihr soll das starkmagnetische Oxyduloxyd dadurch gebildet werden, daß Rot- und Brauneisenerze zusammen mit Spat-, Ton- oder Kohleneisenstein unter Luftabschluß erhitzt werden. Dem Karbonat fällt dabei die Rolle des Reduktionsmittels zu und die Umsetzung erfolgt entsprechend der Gleichung:

$$FeCO_3 + Fe_2O_3 = Fe_3O_4 + CO_2 \qquad (6)$$

[88] DRP. 535640 (1931).

Diese Umsetzung wird folgendermaßen erreicht:

1. Zersetzung des Karbonates: $FeCO_3 = FeO + CO_2$.
2. Bildung von Kohlenoxyd und Eisenoxyduloxyd aus Eisenoxydul und Kohlensäure: $3FeO + CO_2 = Fe_3O_4 + CO$.
3. Reduktion des Eisenoxydes durch Kohlenoxyd: $3Fe_2O_3 + CO = 2Fe_3O_4 + CO_2$.

Eine vollständige Umsetzung nach der Gl. (6), die mit Rücksicht auf gute magnetische Eigenschaften des Röstgutes gefordert wird, ist an sich daran gebunden, daß das eingesetzte Gemisch aus den oxydischen Erzen und dem Eisenkarbonat dem molaren Verhältnis $FeCO_3:Fe_2O_3$ entspricht. Röst- und Trennungsversuche, die im Eisenforschungs-Institut ausgeführt wurden[89], ergaben jedoch, daß im praktischen Betriebe je nach den Verhältnissen noch erfolgreich gearbeitet werden kann, wenn weniger Karbonat zugesetzt wird, als dem theoretisch notwendigen Verhältnis entspricht. Aus standortbedingten Gründen heraus ergibt sich jedoch, daß dem Verfahren nur ein verhältnismäßig enger Spielraum zukommen kann.

XIV. Das Krupp-Rennverfahren.

Dieses Verfahren ist von F. Johannsen bei der Fried. Krupp-Grusonwerk A.-G. in Magdeburg seit 1931 aus dem Wälzverfahren entwickelt worden, nachdem erkannt worden war, daß das Eisen bei ihm in manchen Fällen bis zum Metall reduziert wurde und in der Schlacke mehr oder weniger große Klumpen bildete. Bereits im Jahre 1934 waren die Entwicklungsarbeiten soweit beendet, daß auf dem Hochofenwerk in Essen-Borbeck ein Drehofen von 50 m Länge und 3,6 m Manteldurchmesser als Großversuchsanlage aufgestellt werden konnte, über dessen Ergebnisse von H. Lehmkühler[90] berichtet worden ist. Ab 1937 konnte das Verfahren auf Grund der erzielten Ergebnisse als betriebsreif gelten.

Beim Rennen nach dem Kruppschen Verfahren wird das mit Kohle gemischte Erz im Drehofen verarbeitet, wobei die Gangart verschlackt und das Eisen in der bis zur Zähflüssigkeit erhitzten Schlacke Luppen bildet, die nach dem Austrag voneinander getrennt werden. Abb. 82 zeigt diesen Arbeitsgang schematisch. Als Ausgangsstoffe kommen in erster Linie Erze in Frage, aber auch Gichtstaub und Schlacken; sie werden mit dem Brennstoff gemischt dem Ofen aufgegeben. Dieser

[89] Luyken, W., u. L. Kraeber: Mitt. K.-Wilh.-Inst. Eisenforschg. Bd. 15 (1933) S. 149 bis 160.

[90] Lehmkühler, H.: Stahl u. Eisen Bd. 59 (1939) S. 1281 bis 1288.

wird mit einer Kohlenstaubflamme beheizt, so daß am Austrag eine Temperatur von etwa 1250 bis 1350° und damit eine halbweiche Schlacke erreicht wird. Es folgt die Zerkleinerung dieser Schlacke und die Trennung der Luppen von der Endschlacke, die auf magnetischem Wege durchgeführt wird. Dabei fällt ein Zwischenerzeugnis an, das dem Ofen wieder aufgegeben wird. Die kohlenstoffarmen Luppen fallen in einer unterschiedlichen Größe von etwa 1,5 bis 50 mm an.

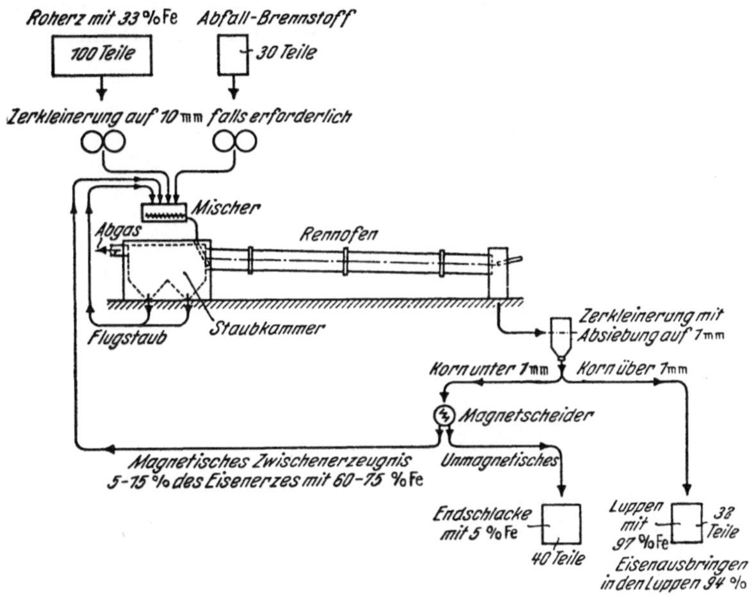

Abb. 82. Schematische Darstellung des Arbeitsganges des Krupp-Rennverfahrens (nach F. Johannsen).

Die Temperatur- und Reduktionsverhältnisse des Verfahrens veranschaulicht Abb. 83. Man kann bei dem Ofen eine Vorwärm-, eine Reduktions- und eine Lupp-Zone unterscheiden, deren Temperaturgrenzen bei 600°, 1100° und 1250° liegen. Bei 600° setzt in der Beschickung die Reduktion der Eisenoxyde ein. Das dabei entstandene Kohlenoxyd tritt aus ihr nach oben aus und verbrennt hier mit dem aus der Luppzone von den Heizgasen mitgeführten freien Sauerstoff. Der Brenner des Ofens arbeitet somit mit erheblichem Sauerstoffüberschuß, aber die ständig aus der Beschickung austretenden Kohlenoxydgase schützen diese selbst vor einer Oxydation. In der Luppzone treffen die oxydierenden Heizgase auf die Oberfläche der Beschickung und verbrennen einen Teil des gebildeten Metalls wieder zu Eisenoxydul, das aufs neue verschlackt. Im Innern der Beschickung wird dieses Oxydul durch den restlichen Anteil des beigemischten Brennstoffs wieder reduziert und es bilden sich dabei — unterstützt durch das ständige Umwälzen der halbweichen Schlacke — die Luppen. Da dieser Vorgang der abwechselnden Oxydation an der Oberfläche und der Reduktion im Innern der Beschickung sich ständig wiederholt, erhält man neben den fast schlackenfreien Luppen eine recht oxydularme Endschlacke.

Um eine hohe Reduktionsleistung des Ofens zu erhalten, hat es sich als zweckmäßig erwiesen, Brauneisenerze auf unter 25 mm, Roteisenerze auf unter 10 bis 15 mm und Magnetiterze auf unter 3 bis

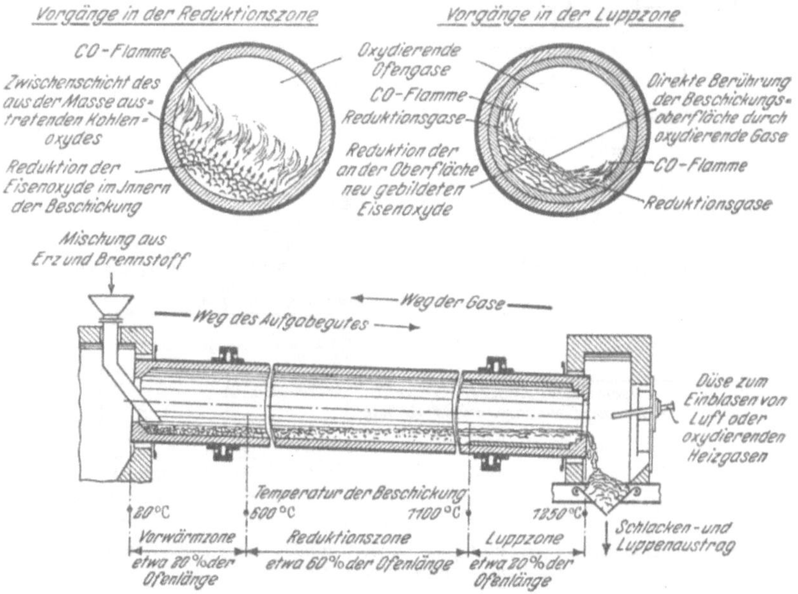

Abb. 83. Schaubildliche Darstellung der metallurgischen Vorgänge beim Krupp-Rennverfahren (nach F. Johannsen).

5 mm zu zerkleinern; für eine gute Ausnutzung des Brennstoffes muß auch dieser sehr weitgehend gemahlen werden. Nach D. Fastje[91] hatte die Verwendung eines Koksgruses in der Korngröße 0 bis 0,8 mm eine erhebliche Brennstoffersparnis zur Folge gegenüber einer gröberen Sorte.

Von ganz besonderer Bedeutung für das Verfahren sind die Anteile der Erze an Schlackenbildnern; es hat sich gezeigt, daß es günstig bei einer stark sauren Schlacke arbeitet, in der das Verhältnis CaO zu SiO_2 zwischen etwa 0,12 und 0,26 liegt. Soweit die Gangart eines Erzes zu einer abweichenden Schlackenzusammensetzung führen würde, kann

[91] Fastje, D.: Stahl u. Eisen Bd. 69 (1949) S. 324.

durch Mischung verschiedener Erze oder durch Zuschläge die benötigte Schlackenziffer bewirkt werden. Die Mindestschlackenmenge ist 700 bis 800 kg/t Luppen.

Für das Krupp-Rennverfahren gibt es drei Anwendungsgebiete. Das erste führt zur Erzeugung von Luppen solcher Beschaffenheit, daß sie im Hochofen entsprechend der Verwendung von Konzentraten anderer Anreicherungsverfahren verhüttet werden müssen. Aus diesem Grunde ist das Rennverfahren auch als ein *pyrotechnisches Aufbereitungsverfahren* bezeichnet worden. Die über die Schlackenbeschaffenheit und Schlackenmenge gemachten Angaben lassen erkennen, daß es besonders geeignet für sauerste und eisenarme Erze ist. Das 2. Anwendungsgebiet ist die Herstellung von phosphor- und schwefelarmen Luppen, die unmittelbar im Siemens-Martin-Ofen oder im Elektroofen weiterverarbeitet werden können. Diese Verarbeitung von Eisenerzen unter Ausschaltung des Hochofens kommt vor allem für Länder oder Wirtschaftsgebiete in Frage, die wenig oder keinen Hochofenraum haben, denen kein geeigneter Koks zur Verfügung steht und die anderseits so schwefel- und phosphorarme Erze und Kohlen besitzen, daß die Luppen der unmittelbaren Stahlerzeugung dienen können. Das Vorliegen dieser Verhältnisse hat zur Aufstellung mehrerer Renn-Öfen im fernen Osten geführt[92]. Schließlich kann das Krupp-Rennverfahren auch noch zur Gewinnung von Nichteisenmetallen Anwendung finden. Im Rahmen dieser Besprechung wird nur auf den ersten Anwendungsfall eingegangen, der zur Erzeugung der Luppen als Möllerbestandteil des Hochofens führt.

Die Zusammensetzung von Luppen, die in der Großversuchsanlage in Essen-Borbeck erzeugt wurden, war etwa die folgende:

92	bis	94 %	Fe
0,03	,,	0,04%	Mn
0,6	,,	1,2 %	P
0,3	,,	0,65%	S
0,55	,,	0,93%	C.

Dabei waren vornehmlich Salzgittererze, aber auch Brauneisenerze von Pegnitz, Schandelah und Geißlingen sowie Roteisenstein und Abbrände verarbeitet worden. Der Eisengehalt der Beschickung lag zwischen 25 und 32 % und die Werte des Eisenausbringens betrugen 91,6 bis 95,5 %. Die Arbeitsverhältnisse des Verfahrens haben anderseits zur Folge, daß das Mangan nur zu 15 bis 30 % in die Luppen übergeht, Arsen dagegen zu 60 bis 70 %. Chrom und Titan werden kaum reduziert, was dem Verfahren eine Vorzugstellung bei der Verarbeitung von Titaneisensanden gibt. Der Phosphor geht zu 60 bis 70 % in die Luppen

[92] Johannsen, F.: Stahl u. Eisen Bd. 60 (1940) S. 910 bis 912.

über und der Schwefel ebenfalls sehr weitgehend. Der Schwefelgehalt der Luppen hängt jedoch ziemlich weitgehend von der Schlackenziffer und der Schlackenmenge sowie vom Mangangehalt ab.

Der Brennstoffverbrauch je Tonne Erz stellte sich in der Anlage in Essen-Borbeck auf 30,5 bis 34,6%; davon entfielen rund 20 bis 25% auf den Brennstaub. Die versuchte Beheizung des Ofens mit Hochofen- und Koksofengas führte zu keinem Erfolg, vielmehr ergab sich eine befriedigende Luppung erst nach Einbau einer Kohlenstaubfeuerung.

Die Durchsatzleistung des Verfahrens betrug in der Borbecker Anlage täglich 250 t feuchtes Erz. Da der Ofen bei 50 m Länge und 3 m lichtem Durchmesser rund 350 m^3 Inhalt hat, so stellt sich die spezifische Ofenleistung auf 0,7 t/m^3 Ofenraum und 24 h.

Verhältnismäßig schwierig war es, für die Auskleidung des Ofens in der Luppzone geeignete feuerfeste Baustoffe ausfindig zu machen. Es bewährten sich weder Schamotte- noch Chrommagnesit-Steine. Einen Erfolg brachte jedoch die Auskleidung mit Quarzschiefersteinen; bei vorsichtigem Anheizen und Abkühlen kann bei Verwendung dieser Steine mit einer Lebensdauer von 6 Monaten gerechnet werden.

Zusammenfassend ist das Krupp-Rennverfahren als Aufbereitungsverfahren dahingehend zu beurteilen, daß es sich ganz besonders für die sauren und gleichzeitig armen Erze eignet, zumal dann, wenn diese durch ihren Gefügeaufbau eine wirkungsvolle Anreicherung durch ein anderes Aufbereitungsverfahren erschweren oder gar unmöglich machen. Auch für die Verarbeitung von titanreichen Erzen ist ihm eine Überlegenheit zuzusprechen. Für schwach saure bis neutrale und basische Erze sowie vor allem für manganhaltige Erze, zu denen insbesondere alle Spateisenerze gehören, eignet sich dagegen das Verfahren weniger.

Unter den deutschen Eisenerzen sind vor allem die Salzgittererze derart beschaffen, daß sie ohne Zuschläge im Rennverfahren mit gutem Erfolge verarbeitet werden können. Dieser Tatbestand hat zur Errichtung einer Rennanlage im Gebiet von Salzgitter geführt, die auf S. 370 beschrieben ist. In ihr wird ein Eisenausbringen von 92 bis 96% erzielt und dieses ist wesentlich höher, als es die magnetisierende Röstung nach dem Lurgi-Verfahren mit 82% und die Läuterung in der Erzwäsche Calbecht mit 76 bis 82% bei der Anreicherung von Erzen des gleichen Vorkommens erreichen. Dies bedeutet aber nicht, daß das Rennverfahren bei der Aufbereitung aller Eisenerze ein höheres Eisenausbringen als andere Verfahren zu erzielen vermag. Zu den Vorzügen des Rennverfahrens gehört, daß es bereits metallisches Eisen herstellt und daß die Schlackenarmut der Luppen die zu verladenden und umzuschlagenden Erzmengen auf den Hochofenwerken stark erniedrigt. Auf eine wirtschaftliche Überlegenheit kann aber daraus noch nicht geschlossen werden, vielmehr kann sich diese nur aus einer Gegenüberstellung der

Kosten der Konzentrate mit ihren metallurgischen Werten ergeben, ebenso wie auch bei anderen Verfahren dieser Vergleich der Beurteilung ihrer Wirtschaftlichkeit zugrunde zu legen ist.

XV. Sonstige Aufbereitungsverfahren.

Es gibt eine weitere große Zahl von Aufbereitungsverfahren, was sich daraus erklärt, daß die Zahl der unterschiedlichen, ausnutzbaren, physikalischen Eigenschaften recht groß ist, daß diese Eigenschaften, wie schon gezeigt wurde, in manchen Fällen beeinflußbar sind und daß die Ausnutzung einer bestimmten physikalischen Eigenschaft außerdem auf recht verschiedenartige Weise erfolgen kann. Es ist deswegen nicht möglich, alle Verfahrensweisen zu behandeln; im folgenden sollen aber, nachdem die Hauptmethoden bereits dargestellt wurden, noch die wichtigsten sonstigen Verfahren behandelt werden.

1. Die Trennung in schweren Trüben.

Da die Kohle verhältnismäßig leicht ist, lag es nahe, den Anreicherungserfolg bei ihrer Aufbereitung laboratoriumsmäßig nachzuprüfen, indem man eine schwere Lösung benutzte, auf der die Reinkohle schwamm und von dem verwachsenen Gut und den Bergen getrennt abgeschöpft werden konnte. Nachdem man hierzu Zinkvitriol oder Chlorkalzium verwandt hatte, wurde 1858 von Bessemer vorgeschlagen, im Großbetrieb Abfallaugen von Chlorbarium, Chlorkalzium und Eisenchlorid zur Aufbereitung von Steinkohle zu verwenden. Im Jahre 1926 brachte Lessing dann in England zwei Anlagen in Betrieb, in denen Chlorkalzium als Schwerflüssigkeit benutzt wurde. Dieses Verfahren konnte jedoch nicht befriedigen, weil die Beschaffung der Salzlösung und ihre Rückgewinnung durch Eindampfen der beim Nachspülen entstandenen verdünnten Lösungen sehr teuer war und weil die Dichte der Lösung nur 1,4 betrug, so daß das Mittelgut nicht von den Bergen getrennt werden konnte. Außerdem konnte das Feinstkorn nicht verarbeitet werden, obwohl gerade dieses infolge des guten Aufschlusses die besten Reinkohlen hätte liefern können.

Inzwischen haben sich verschiedene Verfahren, die mit Schwerflüssigkeiten arbeiten, in den Betrieben sehr bewährt und es werden nicht nur Kohlen, sondern auch Erze und unter diesen bevorzugt Eisenerze auf diese Weise angereichert.

Bevor auf die einzelnen Verfahren eingegangen wird, seien einige allgemeine Bemerkungen vorausgeschickt. Bei den Schwerflüssigkeitsverfahren werden Suspensionen eines dichten und feingemahlenen Stoffes in Wasser benutzt. Die Stabilität der Trübe ist abhängig von der Absetzgeschwindigkeit der Feststoffteilchen, die ihrerseits wieder von dem spezifischen Gewicht der Suspension derart beeinflußt wird, daß Trüben von hohem spezifischen Gewicht — das sind solche mit einem großen Volumenanteil an Feststoff — stabiler sind als Trüben von geringerem spezifischen Gewicht, die den gleichen Feststoff enthalten. Eine Verdünnung der Trübe mit Wasser, wie sie beim Abspülen der Produkte erfolgt, macht sie also instabiler, was bedeutet, daß sie sich doch klären läßt. Für die technische Verwendbarkeit der Trüben ist ihre *Zähigkeit* sehr wichtig; sie muß möglichst gering sein, damit die statische Trennung auch bei kurzer Verweilzeit des Aufbereitungsgutes selbst bei kleinen Körnern, die in ihrer Absink- bzw. Aufschwimmgeschwindigkeit stärker als große Körner beeinflußt werden, günstig verläuft.

Das älteste, im Betrieb angewandte Verfahren, welches mit einer schweren Flüssigkeit arbeitete, war das 1916 eingeführte *Chance*-Verfahren, das in einem konischen Scheidegefäß mit Quarzsand als Schwerstoff arbeitet. Dieser war zwar als See- oder Flußsand billig zu beschaffen, aber trotzdem steht das Verfahren nicht mehr in Anwendung, weil die erreichte Wichte nicht befriedigen konnte.

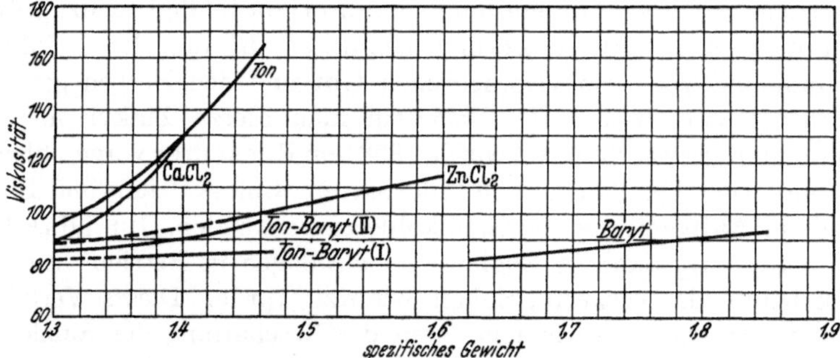

Abb. 84. Zähigkeit verschiedener Schwerflüssigkeiten (nach K. Gröppel).

War bis etwa 1930 die Entwicklung noch eine zögernde gewesen, so wurden dann, ausgehend vom holländischen Steinkohlenbergbau, in schneller Folge mehrere Verfahren ausgearbeitet und angewandt, die eine immer stärkere Vervollkommnung erreichten. Als erstes dieser Verfahren ist das auf der Grube *Sophia-Jacoba* im Aachener Bezirk eingeführte zu nennen, bei dem als Trennmittel eine Schwerspataufschlämmung benutzt wird, die aus der verarbeiteten Kohle Ton aufnimmt, wodurch eine günstige Stabilität erreicht wird. K. Gröppel[93] hat über dieses sogenannte S.-J.-Verfahren berichtet, wobei er nähere Angaben über die Viskosität verschiedener Suspensionen macht (vgl. Abb. 84).

---

[93] Gröppel, K.: Glückauf (1934) Nr. 19, S. 429 bis 435.

Wie dieses Diagramm erkennen läßt, ist die Zähigkeit der Ton-Baryt-Trübe verhältnismäßig recht günstig.

Nach Einschaltung von Zyklon-Eindickern (vgl. S. 189) war es möglich, auf den Baryt als Schwerestoff zu verzichten und an seiner Stelle Abfallstoffe des eigenen Betriebes, wie z. B. Flotationsberge, zu benutzen.

Zunächst vermochte auch dieses Verfahren bei einer Trübedichte von 1,4 bis 1,5 nur Reinkohle und Berge einschließlich des Mittelgutes herzustellen, bis eine Ergänzung des Scheidegefäßes durch einen Aufstrom die gesonderte Abtrennung eines Mittelproduktes von den Bergen ermöglichte. Verarbeitet werden kann Kohle von 6 bis 80 mm. Um die Dichte der Trübe nicht durch den Abrieb der Kohle zu schwächen, wird ständig ein Teilstrom der Trübe mittels Flotation von dieser Kohle befreit.

Eine weitere holländische Erfindung ist das Tromp-Verfahren, welches mit einer Suspension von Magnetit oder Sinter aus Meggener Kiesabbränden arbeitet. Abb. 85 gibt einen schematischen Verfahrensstammbaum in der Anordnung der Schüchtermann & Kremer-Baum AG. Besonders bemerkenswert ist der große Sinkkasten, der von drei verschiedenen Trübeströmen durchflossen wird, die an der Aufgabeseite einströmen, horizontal weiterfließen und an der Austragseite austreten. Die Wichten der drei Trübeströme nehmen von oben nach unten zu. Infolgedessen bleibt das Mittelgut im mittleren Teil in der Schwebe und wird von der Strömung der Trübe zu dem an der rechten Seite gelegenen Kratzband mitgenommen. Ein Becherwerk trägt aus dem untersten Teil des Scheidegefäßes die Berge aus. Da auch in diesem Falle die Schwerflüssigkeit durch Aufnahme von Ton immer zähflüssiger wird, wird in einer Klärspitze laufend ein Teil des Überlaufwassers, das erzfrei ist, abgestoßen. Messungen, die bei einer Betriebsanlage an den drei Teilströmen vorgenommen wurden, ergaben folgende Werte:

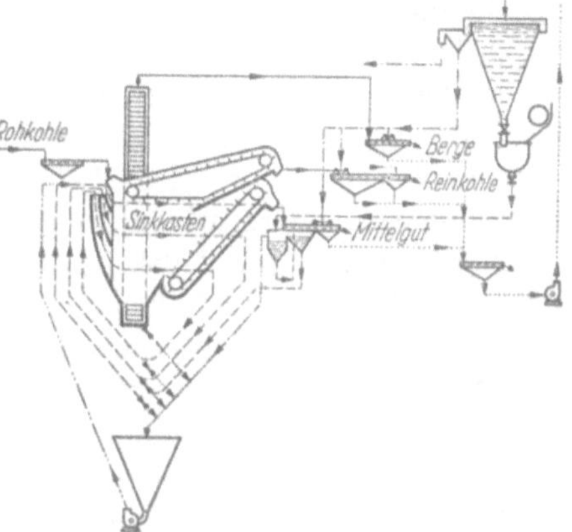

Abb. 85. Schema einer Schwerflüssigkeitswäsche nach dem Trompverfahren, Bauart Schüchtermann & Kremer-Baum.

oberer Teilstrom	mittlere Dichte	1,536
mittlerer ,,	,, ,,	1,71
unterer ,,	,, ,,	1,808

Durch stärkere oder geringere Feinmahlung des Schwerstoffes können die Dichteunterschiede beeinflußt werden. Für die Regelung ihrer Dichte stehen außerdem selbsttätig arbeitende Wichteregler zur Verfügung. Verarbeitet wird meist ein Korn 15 bis 80 mm, aber es gibt auch Anlagen, in denen zur Minderung der Lohnkosten oder wegen Mangel an Arbeitskräften die Lesearbeit an Stückkohlen der Körnung 80 bis 200 mm durch das Verfahren nach Tromp erfolgt. Die Leistung des Verfahrens ist, wie leicht verständlich ist, recht hoch und beträgt bei der Verarbeitung von Korn 7 bis 90 mm in einem Sinkkasten etwa 50 t/h. Dabei stellt sich der Verlust an Magnetit auf etwa 0,6 kg/t Rohkohle und der Kraftbedarf auf 0,7 bis 1,0 PS/t. Die Betriebskosten sind gering und dürften bei den derzeitigen Lohn- und Preissätzen bei etwa DM 0,35 bis 0,40 liegen.

Um auch Feinkohle unter etwa 5 mm in einer schweren Suspension erfolgreich zu trennen, wurde von Dr. Vogel eine Apparatur zur Anwendung seines „Laminarstrom-Verfahrens" entwickelt. Er benutzt ein langes, rinnenartiges Gerät, durch welches ähnlich dem Tromp-Verfahren mehrere Teilströme von nach unten zunehmender Dichte hindurchfließen. Die Fließgeschwindigkeit ist gering, um Wirbelungen zu vermeiden, und die lange Rinne erhöht die Verweilzeit sowie damit die Trennschärfe. Verarbeitet werden kann ein Korn bis herab zu 0,75 mm. Als Beschwerungsstoff wird Magnetit benutzt, der nach dem Abspülen mit Magnetscheidern wieder eingedickt wird und danach wieder entmagnetisiert wird, weil die Körnchen sonst kleben und eine zu hohe Absetzgeschwindigkeit haben. Eine Weiterentwicklung des Verfahrens strebt durch Einführung einer beweglichen Rinne an, jede Relativbewegung zwischen dieser Rinne und der Schwertrübe zu vermeiden.

Auch von der Klöckner-Humboldt-Deutz AG. sind auf dem Gebiet der Schwerflüssigkeitstrennung erfolgreiche Anlagen geschaffen worden; in der einen werden die Blei-Zinkerze von Ramsbeck verarbeitet und die andere dient der Aufbereitung von Kohlen des Verbundbergwerks *Walsum*. Diese letztere Anlage, über die von H. Barking[94] eingehend berichtet worden ist, hat Ende 1949 den Betrieb aufgenommen. Abb. 86 zeigt den Gang dieser Wäsche nach dem „System Humboldt". Verarbeitet wird die Kohle 10 bis 80 mm; Beschwerungsstoff war Magnetit; inzwischen ist man zur Verwendung von Schwefelkies übergegangen, der durch Setzarbeit aus den Bergen 1 bis 6 mm gewonnen wird. In dem ersten Zweigutscheider werden bei einer Wichte von 1,8 bis 1,9 die Berge abgetrennt und danach wird in einem 2. Scheidegefäß bei einer Wichte von 1,45 bis 1,55 die Reinkohle von dem Mittelgut abgeteilt. Die Durchsatzleistung beträgt 140 t/h und die spezifische

[94] Barking, H.: Glückauf Bd. 86 (1950) H. 37/38, S. 798 bis 802.

Belastung des ersten Scheiders 28 t/m² u. h. Der Magnetitverbrauch stellt sich auf 400 bis 500 g/t Rohkohle; es hat sich im Betriebe über mehrere Monate ergeben, daß der Gesamtfeststoffgehalt der Trübe aus 70 % Magnetit, 30 % Abrieb von Kohle, Mittelgut und Bergen besteht und daß diese Zusammensetzung fortlaufend bestehen bleibt, weil der gröbere Abrieb ständig ausgesiebt und der feine vom Klärer ausgeschieden wird. Die Kosten der Wäsche werden mit 0,38 DM je t Aufgabegut angegeben. Über das Trennungsergebnis gibt die Zahlentafel 43 Auskunft.

Zahlentafel 43. *Gegenüberstellung der Betriebsergebnisse der Schwerflüssigkeitstrennung nach dem „System Humboldt" auf dem Verbundbergwerk Walsum mit Prüfungsergebnissen (nach Barking).*

	Probenahme und Richtzahl	Gewichtsausbringen	Gew. Kohle		Mittelgut		Berge	
			Anteil	Gew.-%	Anteil	Gew.-%	Anteil	Gew.-%
Reinkohle	Probenahme	75,31	75,08	99,76	0,23	5,28	0,00	0,00
	Richtzahl			97 bis 99,40				
Verwachsenes	Probenahme	4,55	0,18	0,24	3,81	87,99	0,41	2,01
	Richtzahl			3 bis 0,6		85 bis 90		2 bis 4
Berge	Probenahme	20,14	0,00	0,00	0,31	7,13	19,98	97,99
	Richtzahl							96 bis 98
Ausbringen % . .		100,00	75,26	100,00	4,35	100,00	20,38	100,00
Trennwichte . . .					1,55		1,83	

Da sich die Anlage sehr bewährt hat und sich auch zeigte, daß in ihr ein Korn bis herunter zu 0,5 mm erfolgreich verarbeitet werden kann, ist sie durch eine Feinkohlenanlage des gleichen Systems erweitert worden, in der das Korn 0,5 bis 10 mm bei einer Leistung von 120 t/h verarbeitet wird. H. Becker[95] hat über die Entwicklungsarbeiten für diese Anlage berichtet.

Da die verarbeitete Kohle sehr pyritreich ist, ergab sich nach einer Betriebszeit von einigen Wochen, daß die Schwertrübe neben 70 % Magnetit 30 % Pyrit enthielt. Daraufhin wurde planmäßig der Magnetit

[95] Becker, H.: Aachener Blätter für Aufbereiten, Verkoken und Brikettieren (1951) H. 3/4, S. 84 bis 142.

durch den im eigenen Betrieb anfallenden Pyrit ersetzt, der auf 0,02 bis 0,2 mm zerkleinert wurde. In dieser Feinkohlenanlage erfolgt die Eindickung der Trübe zur Erreichung der erforderlichen Trennwichten durch einen Hydrozyklon, der sich dabei dem Schrägklassierer, wie er

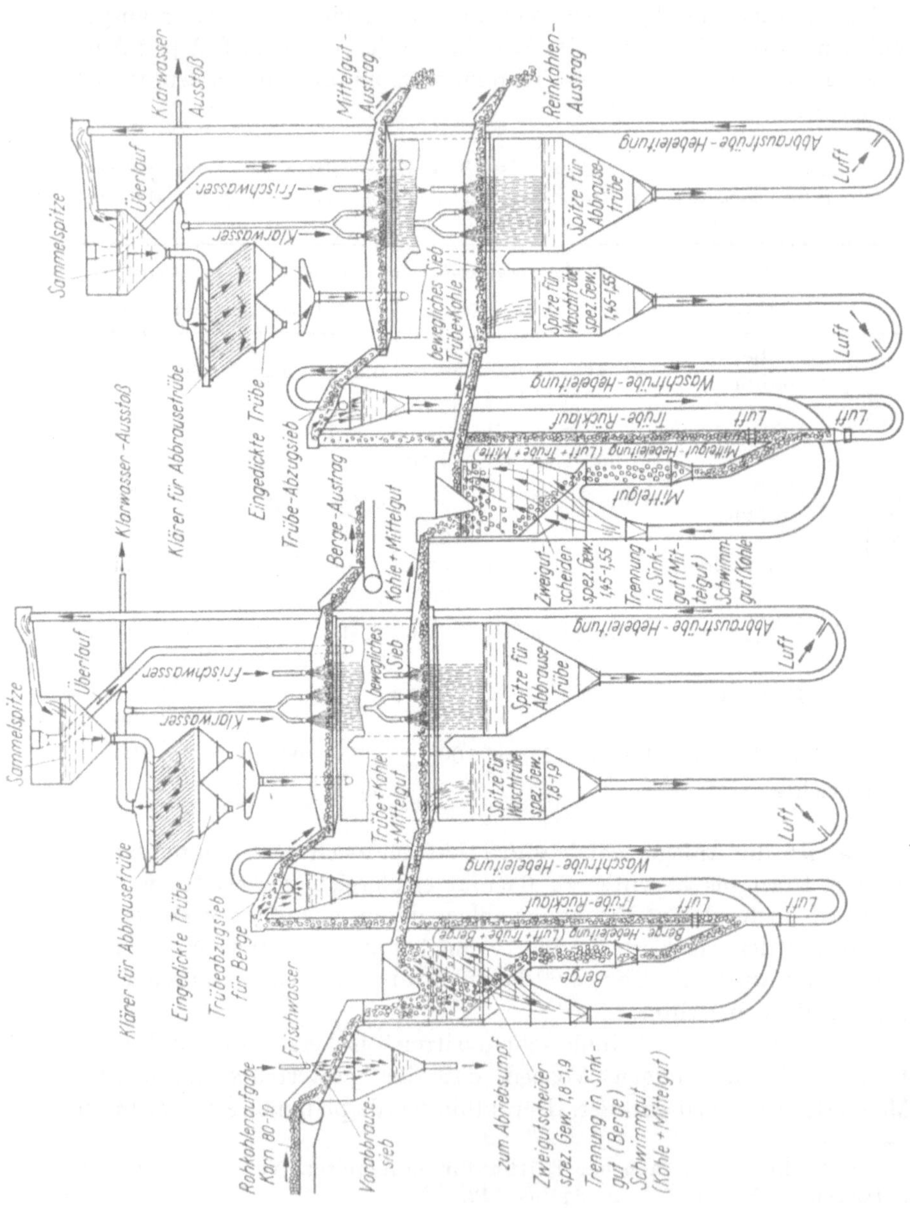

in der Abteilung für das Korn 10 bis 80 mm arbeitet, ebenbürtig erwiesen hat und gegenüber dem Betriebe der großen Eindickergefäße eine bedeutende Überlegenheit besitzt. Die Kosten der Wäsche des Korns 10 bis 80 mm betragen einschließlich Verzinsung und Abschreibung 0,51 DM je t Aufgabe; im Vergleich mit anderen Schwerflüssigkeitsaufbereitungen ist dieser Betrag günstig, was in der Hauptsache auf die geringeren Kosten für den Schwerstoff und die Instandhaltung zurückgeht.

In der *Erz*aufbereitung konnten die Schwerflüssigkeitsverfahren erst sehr viel später Eingang finden, weil geeignete Suspensionen ein sehr viel höheres spezifisches Gewicht haben müssen als bei der Scheidung von Kohlen. Man benutzte zunächst Bleiglanz als Schwerstoff, der nicht nur schwer, sondern infolge seiner guten Spaltbarkeit auch leicht mahlbar ist. Soweit er als Flotationskonzentrat beschaffbar ist, sind die Zerkleinerungskosten besonders gering. Da der Bleiglanz aber den Nachteil hat, einen verhältnismäßig hohen Verbrauch zu veranlassen, bevorzugt man seit einigen Jahren Ferrosilizium, welches bei einem Gehalt von 15% Si gut vermahlbar ist. Man erreicht damit eine Dichte der Flüssigkeit von 2,8 bis 3,3, was bedeutet, daß die wichtigsten Gangartmineralien, wie Quarz, Kalkspat und Kaolin, zum Aufschwimmen kommen. Ferrosilizium wird auf magnetischem Wege zurückgewonnen und danach entmagnetisiert, so wie es beim Magnetit als Schwerstoff geschieht; es hat eine Wichte von 7 und wird auf unter etwa 0,15 mm gemahlen.

In den USA. setzte die auf Erze angewandte Schwerflüssigkeit 1937 bei den Eisenmanganerzen von Cuyuna unter Verwendung von feingemahlenem Bleiglanz als Schwerstoff ein. Im Jahre 1939 folgte die erste Anwendung auf Erze aus dem Gebiet der Oberen Seen und im Jahre 1950 war die Zahl der Betriebsanlagen hier auf 13 gesteigen, die mit Ferrosilizium als Schwerstoff arbeiten und mehrere Setzmaschinenanlagen verdrängten. Ihre Durchsatzleistung dürfte zur Zeit schon 10 Mill. t im Jahr erreicht haben. Als Beispiel für die durch Schwerflüssigkeitstrennung bei Minnesota-Erz erreichbare Konzentratbildung werden folgende Zahlenwerte genannt:

Wichte der Schwerflüssigkeit	Gewichtsausbringen %	Beschaffenheit des Konzentrates Fe %	SiO$_2$ %	Eisenausbringen %
2,70	90,0	58,48	12,02	96,28
2,85	79,5	59,56	10,14	87,01
3,00	69,4	60,72	8,54	77,02

Der durchschnittliche Verbrauch an Ferrosilizium wird mit 250 g/t angegeben; vor der Trennung wird das Korn unter etwa 3 mm herausgesiebt. Die Kosten der Schwerflüssigkeitstrennung werden mit 0,10 $ je t Hämatiterz genannt[96].

Für die Anreicherung der Siegerländer Spateisensteine ist die Schwerflüssigkeitstrennung auch eingehend geprüft worden, wobei man insbesondere solche Erze zu den Versuchen heranzog, die wegen starker Verwachsung ein sehr schwierig anzureicherndes Gut darstellen. Es bestätigte sich dabei, daß die Trennung in schweren Trüben zu besseren Ergebnissen gelangt, als die Setzarbeit. Nach H. Gleichmann[97], der über die Versuchsergebnisse berichtete, ist durch sie der Nachweis erbracht, daß man die möglichen Verbesserungen ausnützen muß.

2. Hydro-Zyklone und Zyklon-Wascher

In den letzten Jahren ist die Aufbereitung durch ein Gerät bereichert worden, das in zweifacher Weise hilfreich sein kann, nämlich bei der Eindickung von Trüben und auch bei der Anreicherung von Feinkohlen. Es ist dies der *Hydro-Zyklon.* Seine Form leitet sich von den Zyklonen der Staubabscheidung ab, jedoch ist er wesentlich kleiner in seinen Abmessungen. Abb. 78 zeigt einen von oben und einen von der Seite gesehenen Schnitt durch einen solchen Zyklon. Die bei *E* eintretende Suspension macht unter dem Zuflußdruck in ihm eine spiralförmige Bewegung, wodurch Zentrifugalkräfte entstehen, die das 1000fache der Schwerkraft betragen können. Gleichzeitig tritt an der Spitze bei *A* die eingedickte Trübe und nach oben bei *O* der Überlauf aus, der diejenigen Teilchen mitnimmt, die wegen geringerer Masse im Bereich der stärkeren, aufwärts gerichteten Strömung bleiben. Demgemäß ergibt sich im Zyklon eine Eindickung und gleichzeitig eine Klassierung, in dem die gröberen Teilchen bevorzugt von der Zentrifugalkraft an den Mantel des Gefäßes geführt werden und an ihm abgebremst in spiralförmiger Bahn zur Öffnung *A* gelangen. Das Ausmaß der Eindickung ist von dem Durchmesser des Zyklons, von dem Betriebsdruck und von dem Verhältnis der Durchmesser der Öffnungen *A* und *O* abhängig. Eine Regelung seiner Wirkung erfordert daher die Veränderlichkeit einer der beiden Öffnungen. Üblich ist die Regelung der Austrittsöffnung an der Spitze *A*, wobei man eine Gummiringdüse benutzt, deren freier

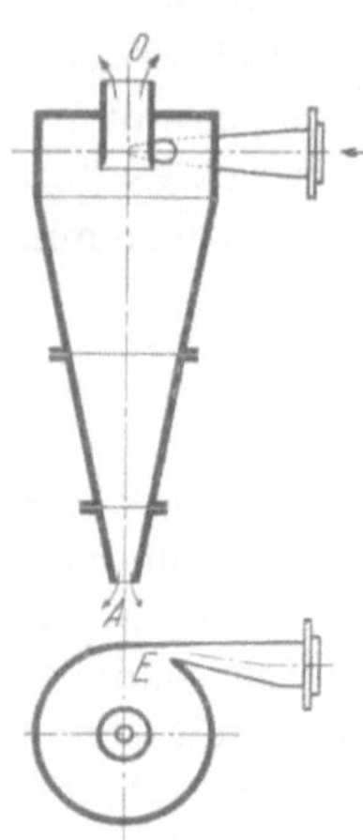

Abb. 87. Hydrozyklon, schematisch.

[96] Hedges, R. W.: Iron Age Vol. 166 (1950) Nr. 5, S. 79 bis 84.

[97] Gleichmann, H.: Erzmetall Bd. 5 (1952) H. 1, S. 1 bis 8.

Querschnitt durch den Druck von Preßluft geregelt werden kann. Es mnßte wünschenswert sein, diesen Preßdruck automatisch von dem Gewicht der eingedickten Suspension steuern zu lassen und dies kann durch ein Relais geschehen, das den Druckunterschied erfaßt, unter dem zwei in die Suspension eintauchende Rohrenden, aus denen reduzierte Druckluft fortlaufend austritt, stehen.

Nach Untersuchungen, die bei der Westfalia-Dinnendahl-Gröppel AG. in Bochum durch F. W. Mayer[98] durchgeführt wurden, scheidet ein Hydro-Zyklon als Eindicker mit einem Ausscheidungsgrad von 100% Korngrößen bis zu etwa 10 bis 20 Mikron aus. Die Abmessungen eines Zyklons für die Gewinnung von Klarwasser für eine Steinkohlen-Setzwäsche betragen etwa 350 mm Durchmesser im zylindrischen Teil und 1 m Höhe bei Austrittsöffnungen von je 100 mm Durchmesser; er besitzt eine Durchsatzleistung von 100 bis 150 m^3/h und sein Erfolg ist besser als der eines Rundeindickers von 25 m Durchmesser, der mit 2000 m^3/h beschickt wird. Aus diesem Vergleich ergibt sich ein Anhalt für die außerordentlich große Einsparung, die sich mit den HydroZyklonen an Anschaffungskosten und Raum erreichen läßt.

Besonders bedeutungsvoll kann der Einsatz der Hydro-Zyklone innerhalb der Schwerflüssigkeitsverfahren bei der Rückgewinnung des Schwerstoffes aus dem Brausewasser sein, und zwar insbesondere dann, wenn der Austrag des Zyklons derart geregelt wird, daß die eingedickte Trübe als Schwerflüssigkeit verwendet werden kann.

Die zweite Anwendung des Hydro-Zyklons ist bei den *Staatsmijnen* in Holland durch die Arbeiten der Forschungs- und Studiengesellschaft „Stamicarbon" erarbeitet worden. Sie besteht darin, den Zyklon mit Schwerflüssigkeit zu betreiben und ihn bei der Anreicherung von Feinkohle als *Zyklon-Wascher* zu benutzen. Der auf diese Weise mit Erfolg verarbeitbare Korngrößenbereich liegt bei etwa 0,5 bis 15 mm, wobei sich dann allerdings die vorherige Trennung in die beiden Kornklassen 0,5 bis 5 und 5 bis 15 mm als zweckmäßig erweisen dürfte. Der Durchsatz eines derart betriebenen Zyklons kann bei 350 mm Durchmesser etwa 10 bis 15 t/h Feinkohle betragen. Nach einem Bericht von C. Krijgsman und P. Brichant[99] wurde z. B. bei der Verarbeitung von Feinkohle in der Körnung 0,75 bis 9 mm bei einer Trübewichte von 1,53 das folgende Ergebnis erhalten:

---

[98] Mayer, F. W.: Technik u. Forschung Bd. 3 (1950) Nr. 37, S. 72 bis 74.

[99] Krijgsman, C., u. P. Brichant: Extrait de la Revue Univers. des Mines, 9. Sér. Bd. 8 (1952).

Wichtestufe	Rohfeinkohle %	Reinkohle %	Berge %
bis 1,3	49,0	64,4	0,1
1,3 ,, 1,4	22,2	29,1	0,2
1,4 ,, 1,5	4,3	5,4	0,6
1,5 ,, 1,6	2,1	1,0	5,7
1,6 ,, 1,7	1,4	0,1	5,6
1,7 ,, 1,8	1,0	—	4,4
1,8 ,, 1,9	1,1	—	4,4
1,9 ,, 2,0	1,1	—	4,7
über 2,0	17,8	—	74,3
	100,0	100,0	100,0
Gewichts-ausbringen %	100,0	76,1	23,0
Aschegehalt %	19,9	4,1	70,0

Neuerdings haben sich bei Versuchen Hydrozyklone bei der Aufbereitung der Manganerze von Urkut (Ungarn) bewährt. Dieses Erz wird in Excelsiorwäschen geläutert, wobei mit den Schlämmen rund 40% des Mangans verloren gehen. Im Hydrozyklon konnte aus dem Schlamm ein Gut mit 23% Mn erhalten werden, das ebenso beschaffen ist wie ein Mittelgut, welches in der Excelsioranlage entsteht. Die Manganverluste der Anlage würden bei der betriebsmäßigen Anwendung der Hydrozyklone somit auf die Hälfte zurückgeführt werden[100].

3. Die elektrostatische Trennung.

Dieses Arbeitsprinzip macht sich die Unterschiede in der elektrischen Leitfähigkeit, d. h. die Beeinflußbarkeit durch eine elektrische bzw. elektrostatische Ladung zunutze. Die gut leitenden Mineralkörner werden schnell aufgeladen und dann von dem unter elektrischer Spannung liegenden Körper abgestoßen, weil sich gleichnamig aufgeladene Körper abstoßen. Ungleichnamig aufgeladene Körper ziehen einander an und schlecht aufladbare Körner verhalten sich neutral. Gut leitende Körper sind die gediegenen Metalle und von den Mineralien Schwefelkies, Bleiglanz, Molybdänglanz, Kupferglanz und Silberglanz; schlechte Leiter sind vor allem die vorherrschenden Gangarten, aber auch Zinkblende. Bei den Steinkohlen sind die Berge und der Fusit wesentlich bessere Leiter als die vitritreiche, ascharme Kohle.

Eine befriedigende Bestimmung der für die elektrostatische Aufbereitung entscheidenden, physikalischen Eigenschaft der Mineralien ist noch nicht gelungen, wie überhaupt noch manche Unklarheiten bestehen. So sind die Werte der Dielektrizitätskonstante nicht maßgebend für die

[100] Tarjan, G.: Acta techn. Hungaricae Bd. 4 (1952) S. 135 bis 144.

elektrische Leitfähigkeit, und es wird angenommen, daß nicht nur der Stoff, sondern auch die Oberflächengestaltung — d. h. die Kornform — von Bedeutung sind.

Nachdem man sich schon im Anfang unseres Jahrhunderts stärker mit der elektrostatischen Scheidung beschäftigt hatte, ohne besondere Erfolge zu erzielen, wurden etwa ab 1934 erneut Versuche aufgenommen, die insbesondere auf die Veredlung von Feinkohlen abgestellt waren. Mehrere Patente wurden der Lurgi-Apparatebau G. m. b. H. in Frankfurt und der Metallgesellschaft in Frankfurt/M. erteilt[101] und von ihr mehrere neuartige Scheider gebaut und erprobt, über die von H. B. Rüder[102] berichtet worden ist. Dabei konnte die genannte Gesellschaft ihre besonderen Erfahrungen auf dem Gebiete der elektrischen Gasreinigung und der Hochspannungsgleichrichter ausnutzen. Auch in den USA. hat man der elektrostatischen Trennung nachhaltig Aufmerksamkeit zugewandt und, nachdem man besondere Erfolge bei der Reinigung von Nahrungsmitteln und Pflanzensamen erzielt hatte, wandte man sich erneut der Anreicherung von Erzen und anderen mineralischen Rohstoffen zu.

Man kann aber die Aussichten der elektrostatischen Aufbereitung insbesondere für Erze nicht als sehr günstig bezeichnen, da ihr in der Flotation ein Verfahren gegenübersteht, das im allgemeinen einen besseren Anreicherungserfolg erzielen wird. Befriedigenden Erfolg hatte die Verbesserung von Steinkohlenstäuben auf den von der Lurgi-Gesellschaft gebauten Scheidern, wie folgendes Ergebnis zeigt:

Kohlenstaub mit 11,5% Asche, 2,35% Gesamtschwefel, 1,0% Pyritschwefel;

Reinkohle I: Gewichtsausbringen 73% mit 2% Asche, 1,1% Gesamtschwefel und 0,15% Pyritschwefel;

Kohle II: Gewichtsausbringen 6% mit 27,3% Asche, 3,0% Gesamtschwefel und 0,5% Pyritschwefel;

Berge (Mittelgut): Gewichtsausbringen 21% mit 40% Asche, 6,5% Gesamtschwefel und 4,15% Pyritschwefel.

Dieses Ergebnis läßt die günstige Wirkung erkennen, die das Verfahren für die Entfernung des Pyrits aus der Reinkohle hatte. Ein befriedigender Erfolg setzt aber voraus, daß das Aufgabegut

a) höchstens 1,5% Feuchtigkeit hat,

b) kein Korn über 2 mm und

c) möglichst kein Korn feiner als etwa 0,07 mm enthält.

Es muß daher der elektrostatischen Scheidung sowohl eine Trocknung als auch eine sorgfältig durchgeführte Sichtung vorausgehen.

---

[101] Lurgi-Apparatebau G. m. b. H.: DRP. 633094, 633095, 633096, 633097; ferner DP. 752155, 752222, 810143, 810144, 810741.

[102] Rüder, H. B.: Metall u. Erz Bd. 37 (1940) S. 363 bis 367.

Über die Bedeutung, die die elektrostatische Aufbereitung für die Verbesserung von Kohlenstaub hat, ist von F. L. Kühlwein[103] berichtet worden, während E. von Szantho[104] die Möglichkeiten der Anreicherung von tonhaltiger Braunkohle untersucht hat. Ferner ist eine Darstellung des technischen Standes der elektrostatischen Aufbereitung und ihrer Aussichten von A. Grumbrecht gegeben worden[105].

4. Chemische Aufbereitungsverfahren.

Im allgemeinen sieht man bei der Aufbereitung der Erze und Kohlen von chemischen Arbeitsweisen ab, weil diese sehr teuer und bei der Verbesserung der Massengüter nur niedrige Verarbeitungskosten tragbar sind. Eine Ausnahme bildet die Laugung des Goldes mittels Zyankalium, die schon seit Jahrzehnten in Anwendung steht.

Der lebhafte Wunsch verschiedener Länder mit bedeutender Eisenindustrie, aus einheimischen, geringhaltigen Manganerzen und manganhaltigen Eisenerzen das Mangan für die Herstellung hochhaltiger Manganlegierungen oder von Reinmangan durch ein Anreicherungsverfahren abzuscheiden, hat umfangreiche Versuche veranlaßt und, da die mechanischen Verfahren infolge der Gefügeverhältnisse der genannten Erze versagten, sind die Möglichkeiten der Laugung von Mangan besonders eingehend studiert worden. W. Luyken und L. Heller haben in einem vertraulichen Bericht[106] nicht nur eine Übersicht über die zahlreichen älteren Arbeitsvorschläge, sondern auch über eigene Versuche zur Laugung deutscher manganhaltiger Erze gegeben. In einigen dieser Erze läßt sich das Mangan durch SO_2-haltige Gase bei gutem Erfolge in Mangansulfat überführen und dieses durch Auswaschen mit Wasser von den übrigen Bestandteilen trennen. Diese Umsetzung zu Mangansulfat kann sowohl auf trockenem Wege in der Wärme wie auch auf nassem Wege vorgenommen werden. Die aus solführenden Grundwässern ausgefällten Eisenmanganerze vom Hundsrücktypus ließen sich besonders gut verarbeiten und ergaben bei eisenfreier Manganlösung ein Manganausbringen über 90%. Eine besondere Bedeutung kann dieses Verfahren unter Umständen dadurch erlangen, daß SO_2-haltige Abgase benutzt werden.

Ein anderer, betrieblich angewandter Verfahrensgang geht dahin, daß auf Manganerze nitrose Gase einwirken, wobei man eine Lösung von Mangannitrat neben Eisen- und Erdalkalinitraten erhält. Aus ihr kann reines Eisenoxyd zur Ausfällung gebracht werden; in der ver-

---

[103] Kühlwein, F. L.: Glückauf (1941) H. 5, S. 69 bis 80.
[104] Szantho, E. von: Braunkohle (1939) H. 52, S. 803 bis 809.
[105] Grumbrecht, A.: Metall u. Erz Bd. 37 (1940) H. 18, S. 357 bis 363.
[106] Berichte des Chemikerausschusses des VdEh, Düsseldorf 1942.

bleibenden Lösung kann durch Erwärmung der Zerfall des Mangannitrates in reines Mangandioxyd und Stickoxyde bewirkt werden. Schließlich können die Erdalkalinitrate der Düngerherstellung unterworfen werden und die Stickoxyde kreisläufig zum Aufschluß weiterer Erzmengen dienen. Dabei beträgt die Manganausbeute 90 bis 95%.

Die Möglichkeiten, um aus manganarmen Erzen ein hochwertiges Manganerzeugnis auf chemischem Wege zu erhalten, sind in den USA. besonders eingehend geprüft worden. In der letzten Zeit hat E. S. Nossen[107] ein Verfahren entwickelt, bei dem das Mangan durch Salpetersäure in Mangannitrat übergeführt wird. Bei seiner Anwendung auf karbonatische und oxydische Erze werden diese zunächst auf unter 0,25 mm zerkleinert und danach reduzierend geröstet, wobei sich Manganoxyduloxyd und Eisenoxyduloxyd bilden. Die Salpetersäure löst das Mangan, während Eisen, Kieselsäure, Tonerde und Phosphor im Rückstand bleiben. Die an Mangan angereicherte Lösung wird bei 200° mit Luft zersetzt nach der Gleichung:

$$Mn(NO_3)_2H_2O + \tfrac{1}{2}O_2 = MnO_2 + 2\,HNO_3.$$

Das gewaschene Manganoxyd hat 60% Mn und 88% MnO_2; das Manganausbringen beträgt über 95%.

Zur Abscheidung des Mangans aus nicht aufbereitbaren oxydischen Erzen ist in Amerika ferner ihre Laugung mit Ammoniaklösung unter Zusatz von Ammonsalzen erprobt worden, wobei eine Komplexverbindung entsteht. Aus dieser wird durch Erhitzen ein Teil des Ammoniaks verflüchtigt, worauf das Mangan als Karbonat ausfällt[108].

G. Die Stückigmachung.

I. Allgemeines.

Als um die Jahrhundertwende die Roheisenerzeugung von Jahr zu Jahr sprunghaft anstieg, die Öfen immer höher wurden, so daß man den „Feinerzanteil nicht über 11% bringen" konnte, als bei erhöhter Windpressung mehr Gichtstaub anfiel, da stieg das Bedürfnis nach Verfahren, um feinkörniges Gut, das seiner Zusammensetzung nach für den Möller geeignet war, stückig zu machen. Hinzu kam, daß die Nachfrage nach Erzen derart dringlich wurde, daß man auch die verfügbaren Feinerze nicht ablehnen konnte. Die zunehmende Anwendung von Anreicherungsverfahren führte dabei noch zur erhöhten Bildung von feinkörnigen Konzentraten, die ihrer chemischen Beschaffenheit nach sehr geeignet

---

[107] Nossen, E. S.: Industr. Engng. Chem. Vol. 43, Nr. 7, Juli 1951 S. 1695 bis 1700.

[108] Dean, R. S.: Min. Engng. Bd. 4 (1952) Nr. 1, S. 50 bis 55.

waren, aber den Anteil der Feinerze steigerten. Damit sind auch bereits die wichtigsten Stoffe genannt, die stückig zu machen sind, nämlich Gichtstaub, im Fördererz vorhandenes Feinerz und Konzentrate; weiter sind aber zu nennen Kiesabbrände, Rotschlamm aus der Bauxitverarbeitung und mulmig-lehmige Erze, die im Hochofen eine gleichmäßige Durchgasung der Beschickung stören.

Während H. Wedding im Jahre 1902 noch feststellte, daß für die Stückigmachung kein geeignetes Verfahren bekannt sei, konnte A. Weißkopf[109] 1913 eine Vielzahl von Verfahren nennen, unter denen bereits mehrere waren, die sich bis heute sehr bewährt haben und auch noch weiter bewähren werden. Weißkopf gibt folgende Unterteilung der Arbeitsweisen:

1. Brikettierverfahren	mit anorganischen Bindemitteln
	mit organischen Bindemitteln
	ohne Bindemittel
2. Agglomerier- bzw. Sinterverfahren	in Kanalöfen
	in Drehöfen
	im Konverter
	Dwight-Lloyd-Verfahren
	Greenawalt-Verfahren
	West-Verfahren

In der nachfolgenden Darstellung ist eine etwas andere Teilung vorgenommen, die der technischen Weiterentwicklung besser gerecht wird. Es ist unterschieden zwischen:

1. Brikettierung	Formlingherstellung	
	Preßlingherstellung	ohne Bindemittel
		mit Bindemittel
2. Sinterung	Preßlingsinterung	im Tunnelofen
		im Schachtofen
	Drehofensinterung	
	Verblasesinterung	im Konverter
	Saugzugsinterung	bei kontinuierlichem Betrieb (auf Band- und Herdapparaten)
		bei diskontinuierlichem Betrieb (auf Pfannenapparaten)
	Schwebesinterung	
	Formlingsinterung (Pelletisierung)	
3. Sonstige Verfahren	(z. B. Einkoken)	

Die Einordnung eines Verfahrens als Preßlingherstellung unter die Brikettierung oder als Preßlingsinterung ist davon abhängig, ob die

[109] Weißkopf, A.: Stahl u. Eisen Bd. 33 (1913) S. 276 bis 281 u. 319 bis 324.

Verfestigung überwiegend die Auswirkung des Preßvorganges ist oder ob die Festigkeit mehr durch den Sinterbrand, für den die Formgebung nur eine vorbereitende Maßnahme war, erreicht wird.

Gefordert werden muß von einem guten Verfahren der Stückigmachung abgesehen von niedrigen Herstellkosten, daß das Erzeugnis weder an der Luft noch im Hochofen wieder zerfällt, daß es ausreichend fest ist, bei zunehmender Temperatur nicht zu früh erweicht und leicht reduzierbar ist; das letzte bedeutet, daß es nicht zu grobstückig ist, wenig schwer reduzierbare Eisensilikate enthält sowie außerdem sperrig und porig ist.

Zur *Statistik* der Stückigmachung sei folgendes ausgeführt: Die Mengen der Feinerze, Gichtstäube und anderer Stoffe mehr, die für die Hochöfen gesintert werden, sind fast ständig gestiegen. Gegenwärtig dürfte die Leistungsfähigkeit der deutschen Sinteranlagen etwa 20 Mill. t betragen. Über die Anteile der durch Brikettieren, Drehofen- und Saugzug-Sinterung in Deutschland verarbeiteten Stoffmengen (vgl. Abb. 88) sowie über die Anteile der verschiedenen Sinterverfahren an der Saugzug- und Verblase-Sinterung (vgl. Abb. 89) nach dem Stande des Jahres 1942 ist von K. Guthmann berichtet worden[110].

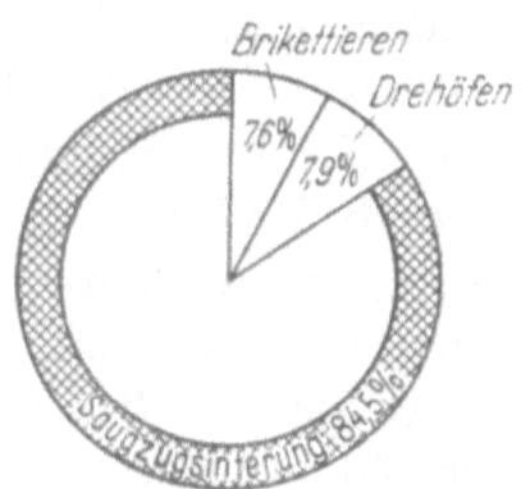

Abb. 88. Stand der deutschen Anlagen zur Stückigmachung im Jahre 1942 (nach K. Guthmann).

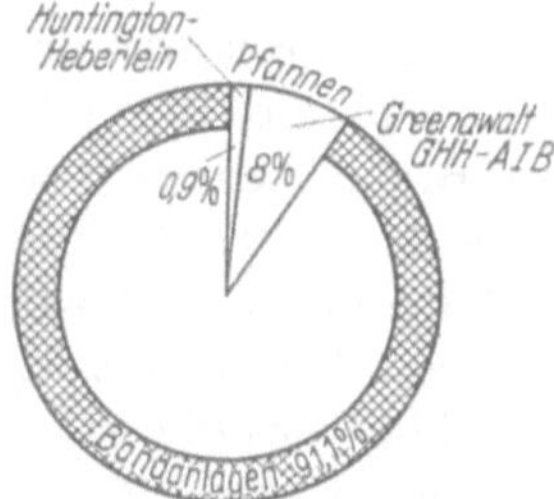

Abb. 89. Leistungsfähigkeit der deutschen Anlagen zur Saugzug- und Verblase-Sinterung nach dem Stande von 1942 (nach K. Guthmann).

In den USA. stellte sich die Kapazität der Sinteranlagen im Jahre 1948 auf 18 Mill. t; zur Zeit beträgt sie etwa 30 Mill. t. In Großbritannien wurden im Jahre 1951 3,66 Mill. t Sinter hergestellt. Rechnet man mit einem Sinterausbringen von 75 %, so betrug der Durchsatz der Anlagen rund 5 Mill. t Sintergut.

II. Brikettierung.

Wenn auch bis zur Jahrhundertwende noch kein wirklich voll befriedigendes Verfahren entwickelt war, so war doch die Zahl der Vorschläge zur Herstellung von Briketts derart groß, daß es nicht möglich ist, sie

[110] Guthmann, K.: Stahl u. Eisen Bd. 62 (1942) S. 676.

hier vollzählig aufzuführen. Die Sinterverfahren haben sich auch inzwischen als so überlegen erwiesen, daß es richtig erscheint, hier nur noch kurz diejenigen Brikettierverfahren zu behandeln, die sich eine Zeitlang im Betriebe bewährt haben.

1. Formlingherstellung.

Begonnen hat diese Fertigung mit dem einfachen Handstreichen bei tonigen Erzen, wie es aus der Herstellung von Lehmziegeln bekannt war. Die so erhaltenen Erzziegel mußten an der Luft trocknen und erhärten. Nach den heutigen Ansprüchen des Hochofens an die Festigkeit der Möllerbestandteile konnten die Ziegel allerdings nur dann einigermaßen befriedigend sein, wenn sie den Lehmziegeln entsprechend gebrannt wurden.

2. Preßlingherstellung.

Ohne Verwendung von Bindemitteln wurden die mulmigen Brauneisenerze von Kertsch zu zylindrischen Briketts von 10×10 cm Größe unter einem Druck von 700 atü verpreßt, nachdem das Erz vorher bei etwa 500 bis 600° C getrocknet worden war.

Nach dem Verfahren der Ilseder Hütte wurden Gichtstaub, Walzensinter und dergleichen mit tonigen Schlämmen aus der Wäsche der eigenen Brauneisenerze vermischt. Nach einer Erhitzung wurde das Gemenge bei 300 atü Druck gepreßt und ergab Briketts, die nach kurzer Lagerung eine Festigkeit von rd. 100 kg/cm² erreichten.

Während bei dem vorgenannten Verfahren die Verwendung des Wäscheschlammes die unerwünschte Auswirkung hatte, daß der Eisengehalt gesenkt und der Kieselsäuregehalt erhöht wurde, mußte die Brikettierung unter Verwendung von gebranntem und gelöschtem Kalk vorteilhafter sein, weil die meisten Erze im Hochofen einen Kalkzuschlag benötigen. Die in dieser Richtung gemachten Vorschläge haben es aber nicht zu einer betrieblichen Anwendung gebracht.

Einen Erfolg hatte dagegen der Vorschlag von W. Schumacher, den Erzen neben 3 bis 10% ungelöschtem Ätzkalk noch 1 bis 5% Quarzmehl zuzusetzen und die Mischung mit einem Druck von 300 bis 400 atü zu pressen. Die Briketts wurden dann in Härtekesseln der Wirkung von 174° heißem Dampf ausgesetzt, wobei eine hohe Festigkeit erreicht wurde. Das Verfahren ist beispielsweise auf der Königshütte OS und auf der Friedrich-Alfred-Hütte in Rheinhausen angewandt worden. Auf dem letztgenannten Werk wurden dabei 85 Teile Gichtstaub mit 10 Teilen Ätzkalk und 5 Teilen Quarzmehl verarbeitet, woraus hervorgeht, daß eine unerwünschte groß Menge Ballaststoffe zugesetzt werden mußten. Im Jahre 1909 kam diese Anlage wieder zum Erliegen.

Auf W. Schumacher geht auch die Erkenntnis zurück, daß der Gichtstaub hydraulische Eigenschaften besitzt, die verstärkt werden können, wenn er noch feiner gemahlen wird. Dadurch ist es möglich, unter Anwendung von Dampfhärtung ohne weitere Zusätze Briketts von ausreichender Festigkeit herzustellen. Werden dem Gichtstaub noch anregend wirkende Zusätze, wie z. B. 0,5 bis 2 % Chlormagnesiumlauge, Eisensulfat oder dergleichen zugegeben, so tritt meist im Preßling eine starke Erwärmung auf, die innerhalb weniger Stunden zu einer Erhärtung führt. In zwei verschiedenen Betriebsanlagen, die von diesem Verfahren Gebrauch machten, wurde dem Gichtstaub 1 % Chlormagnesiumlauge beigemischt; daneben haben noch mehrere andere Werke das Verfahren betrieblich angewandt.

Ein den vorgehend genannten Arbeitsbedingungen verwandtes Verfahren wird neuerdings in Amerika entwickelt[111]. Bei ihm wird das Feinerz zunächst in einem Kollergang angefeuchtet, gemischt und zerkleinert, worauf es in eine unter Vakuum liegende Kammer gestoßen wird. In ihr wird es entlüftet, was die Bildung von Ballungen unterstützen muß. Aus der Kammer wird das Gut durch einen Druckstempel oder eine einen Druck bewirkende Förderschnecke durch eine oder mehrere runde oder rechteckige Öffnungen herausgedrückt. Damit sich kein langer Strang bildet, werden durch eine Schneidvorrichtung unmittelbar hinter der Ausstoßöffnung kurze Stücke geschnitten, die als „pellets" bezeichnet werden, wonach Cavanagh das Verfahren als *Pelletisieren* benennt, eine Bezeichnung, die neuerdings einen recht guten Klang hat. Als günstigste Größe der Würfel oder Zylinder sieht er eine Kantenlänge oder einen Durchmesser von 25 bis 50 mm an und läßt als größtes Maß 75 mm gelten. In der Entlüftung des Feinerzes vor dem Pressen wird eine wichtige Maßnahme gesehen, weil sonst die eingeschlossene Luft sich nachher wieder ausdehnen und den Preßling wieder aufbrechen würde. Die frischen Pellets werden dann in einer Rinne abgerollt, wobei sie ihre scharfen Kanten verlieren; danach werden sie nur an der Luft getrocknet und nicht gebrannt. Ihre Festigkeit ist abhängig von der Art des Feinerzes und auch vom Zusatz eines Bindemittels, wie z. B. Kalziumchlorit, Sulfatlösungen oder dergleichen. Bei der Entwicklung dieser Arbeitsweise war der Wunsch von Bedeutung, ein für die Eisenschwammerzeugung günstiges Erzeugnis zu erhalten.

Auch in Corby wird dieses Verfahren erprobt. Man geht dabei von dem Feinerz aus, wie es sonst von den Erzbetten an die Sinteranlage weitergeht. Aus ihm wird zunächst das Korn über etwa 9 mm heraus-

---

[111] Cavanagh, P. E.: Blast Furn. Coke Oven & Raw Mat. 1950, Proc. S. 54 bis 72.

gesiebt; danach wird es in eine Kammer gedrückt, die unter einem Unterdruck von etwa 640 mm QS liegt und aus der die Luft dauernd abgesaugt wird. In dieser Kammer wird das Erz einem Quetsch- und Mischvorgang unterworfen. Das durchgemischte und entlüftete Erz wird dann bei einem Druck von etwa 5 bis 6 kg/cm² mittels einer Strangpresse durch 3 Öffnungen herausgepreßt und durch eine Schneidvorrichtung in cylindrische Preßlinge von 50 bis 60 mm Dmr. und 60 bis 70 mm Länge geschnitten. Diese „Pellets" werden dann auf ein langes Förderband geleitet, auf dem sie etwa 40 min Zeit zum Erhärten haben; danach gelangen sie unmittelbar in den Hochofen. Als sehr wichtig wurde bei dieser Arbeitsweise neben dem Gehalt von 7 % Al_2O_3 ein gleichmäßiger Feuchtigkeitsgehalt von etwa 16 % erkannt. Günstigerweise konnte dem Feinmischerz auch 20 % Magnetitschlich zugesetzt werden, ohne daß die Festigkeit der Briketts beeinträchtigt wurde. Versuche, diese durch Brennen zu verbessern, hatten bisher kein positives Ergebnis. Da aber die Verhüttungsversuche mit den ungebrannten Preßlingen sehr befriedigten, wurde eine Betriebsanlage für eine Stundenleistung von 25 t in Auftrag gegeben.

Auch organische Bindemittel sind zur Briketterzeugung benutzt worden, so beispielsweise Zellpech, Teer, Asphalt u. a. m. Mit Zellpech wurde insbesondere auf dem Hüttenwerk der Gewerkschaft Deutscher Kaiser in Hamborn gearbeitet; dem Gichtstaub wurden 4,5 % Zellpech zugesetzt.

Einer recht günstigen Beurteilung konnte sich zeitweise auch das Scoria-Verfahren erfreuen. Bei ihm wurden Preßlinge hergestellt, nachdem hochbasische, granulierte und mit gespanntem Dampf aufgeschlossene Hochofenschlacke als Bindemittel beigemischt war. Auch in diesem Falle mußten die Briketts im Dampf 10 h lang gehärtet werden, waren dann aber sofort verhüttungsfähig. Der Zusatz an Schlacke betrug 8 bis 10 %, wodurch wieder eine unerwünschte Minderung des Eisengehaltes eintrat.

Als weiteres Brikettierverfahren sei das von Ronay erwähnt; es arbeitete ohne Zusatzmittel, aber mit einem sehr hohen Druck von 1000 bis 2000 atü, der stufenweise erreicht wurde, um die Luft aus dem Preßgut vollkommen entweichen zu lassen. Auch das beim Pressen an die Oberfläche gedrängte Wasser verdunstete unter dem Einfluß der durch den hohen Druck bewirkten Erwärmung.

Die lehmig-tonigen Manganeisenerze von Fernie haben noch im Jahre 1940 H. Bansen und C. Wens veranlaßt, die Ziegelung dieser Erze zu erproben[112]. Sie ließen sich nach einem Kneten in einem Koller-

[112] Bansen, H., u. C. Wens: Stahl u. Eisen Bd. 60 (1940) S. 1134 bis 1135.

gang, in dem sie auf unter etwa 4 mm zerkleinert wurden, in einer Schlagpresse zu Briketts von der Form der Normalsteine ohne Schwierigkeit verarbeiten und es konnte dabei sogar eine erhebliche Menge Feinrostspat eingebunden werden. Die Preßlinge wurden dann im Ringofen bei rund 900° gebrannt.

Ein der Brikettierung fast ausschließlich vorbehaltenes Gut ist der Gichtstaubschlamm, der bei der Naßreinigung von Gichtgas in Desintegratoren oder Theisenwäschern anfällt. Es ist bei dem Dortmund-Hoerder-Hüttenverein gelungen, diesen Schlamm, der zu rund 73% feiner als 0,06 mm ist, in einem Kontakttrockner der Maschinenfabrik Fr. Haas in Lennep wirkungsvoll von etwa 30% Feuchtigkeit auf 0,7% Endfeuchtigkeit zu trocknen. Danach werden etwa 30 bis 50% getrockneter Schlamm mit anderem Gichtstaub gemischt und als Bindemittel 7,5 bis 8% Zellpechlauge beigegeben. Die nach dem Pressen erhaltenen Briketts verbessern den Möller und befreien das Werk von einem lästigen Abfallstoff[113]. Die Bewährung der Anlage hat in den letzten Jahren noch ihren weiteren Ausbau zur Folge gehabt.

III. Die Sinterung.

Unter „Sintern" versteht man die Verfestigung von feinkörnigen oder pulverförmigen Stoffen, die dadurch erreicht wird, daß bei erhöhter Temperatur an Stelle der punktförmigen Berührungsstellen der einzelnen Teilchen infolge der Erreichung der flüssigen Phase Verbindungsflächen zustande kommen. Findet die Verfestigung unter Ausschluß flüssiger Phase im festen Zustand statt, so spricht man von „Fritten". Maßgebend für die erzielte Gesamtverfestigung ist die Größe der beim Sintervorgang miteinander in Verbindung tretenden Oberflächen. Da diese Flächen in der Regel um so größer werden, je stärker die Erweichung der Teilchen ist, so werden bei höheren Temperaturen größere Festigkeiten erzielt und die Rücksichtnahme auf die mechanischen Beanspruchungen, denen der Sinter gewachsen sein muß, machen es erforderlich, daß bei Temperaturen von über etwa 800 bis 900° eine Erweichung zumindest an der Oberfläche erreicht wird. Die Bindemittel, die man beim Pressen im festen Zustand verwendet, sind gewissermaßen ein Hilfsmittel, um die mit dem Fritten verbundenen zu geringen Festigkeiten dadurch zu überwinden, daß man die Bildung der für die Festigkeit benötigten, größeren Verbindungsflächen durch das meist plastische Bindemittel herbeiführt. Bei Frittvorgängen tritt die Verkittung bei verhältnismäßig niedrigen Temperaturen ein und zwar insbesondere bei chemisch nicht einheitlichen Gut. So soll beispiels-

[113] Fischer, M.: Stahl u. Eisen Bd. 58 (1938) S. 1296 bis 1297.

weise im binären System $CaO—Fe_2O_3$ die Kalkferritbildung schon bei 600° beginnen und auch die Kieselsäure neigt bei einer ähnlichen Temperatur zur Bildung von Eutektiken. Chemisch homogenes Gut, wie es zum Beispiel die reinen Magnetitschliche sind, erfordern dagegen höhere Temperaturen.

Eine Prüfung des Beginns des Frittens bei steigender Temperatur ist von F. Hartmann[114] durch Messung der elektrischen Leitfähigkeit vorgenommen worden. In oxydierender Atmosphäre stellte er den Eintritt wie folgt fest:

bei	Gellivare-Erz	800°
,,	Ouenza-Erz	700°
,,	kalkiger Minette	750°
,,	Mischung $CaO + Fe_2O_3$.	660°

In reduzierender Atmosphäre trat die Frittung dagegen schon bei wesentlich niedrigeren Temperaturen auf und zwar:

bei	Gellivare-Erz	580°
,,	Ouenza-Erz	550°
,,	Mischung $CaO + Fe_2O_3$.	520°
,,	Mischung $SiO_2 + Fe_2O_3$.	390°

Wenn man berücksichtigt, daß der Schmelzpunkt von Eisenoxydul bei 1370°, dagegen der von Eisenoxyd bei 1565° liegt[115], so sind diese Feststellungen von Hartmann gut verständlich.

Nach Untersuchungen von K. Endell[116] setzt die Schwindung sinternder Eisenerze und damit verbunden die Abnahme der Porigkeit eines Erzpulvers erst lebhaft bei etwa 1000° ein. Er wies außerdem bereits darauf hin, daß bei Sintervorgängen die Affinität des Kalkes zur Kieselsäure größer zu sein scheine als die zum Eisenoxyd. Anderseits sollten bei chemisch ungleichartigem Gut die Arbeitstemperaturen eigentlich nicht über 1000° liegen, weil eine unerwünschte Verschlackung eintreten kann, die den Sinter dicht und grobstückig macht, unnötigen Brennstoffverbrauch veranlaßt und darüber hinaus zu der ungünstigen Bildung des schwer reduzierbaren Eisensilikates führen kann.

R. Baake[117] bestimmte an Minette-Feinerz seine mit steigender Temperatur eintretende Veränderung, indem er die Probe in einem Schiffchen 10 min verschiedenen Temperaturen aussetzte. Dabei stellte er fest, daß das Feinerz bei 810° nur eine kleine Kornvergröberung

---

[114] Hartmann, F.: Stahl u. Eisen Bd. 63 (1943) S. 393 bis 398.

[115] Schenck, H.: Einführung in die physikalische Chemie der Eisenhüttenprozesse. Bd. 1, S. 135 u. 129. Berlin 1932.

[116] Endell, K.: Mitt. K.-Wilh.-Inst. Eisenforschg. Bd. 3 (1921) S. 37 bis 43.

[117] Baake, R.: Stahl u. Eisen Bd. 51 (1931) S. 1277 bis 1283 u. 1314 bis 1319.

zeigte, zwischen 920 und 975° zunehmendes Backen und bei 1000° bei starker Schrumpfung gesintert war. Für Kiesabbrände traten nach seinen Feststellungen die genannten Erscheinungen erst bei um 200° höheren Temperaturen auf.

F. Hartmann[114] hat an Sinterbändern im Betriebe Temperaturmessungen vorgenommen, wobei er die Meßstellen in verschiedene Höhen der Sinterschicht verlegte. Abb. 90 zeigt, wie die Temperaturen um so später ansteigen, je tiefer die Meßstellen in der Beschickung liegen. Die Spitzentemperaturen wurden in der mittleren Tiefenlage mit 900 bis 1000° bestimmt, während sie bei den tiefer gelegenen Meßstellen mit 1200 bis 1300° festgestellt wurden. Auf Grund vieler Messungen kommt Hartmann zu dem Ergebnis, daß in den meisten Fällen die Temperatur von 1200° mindestens für die Dauer von einer Minute überschritten werden muß, wenn der Sinter gut und fest sein soll.

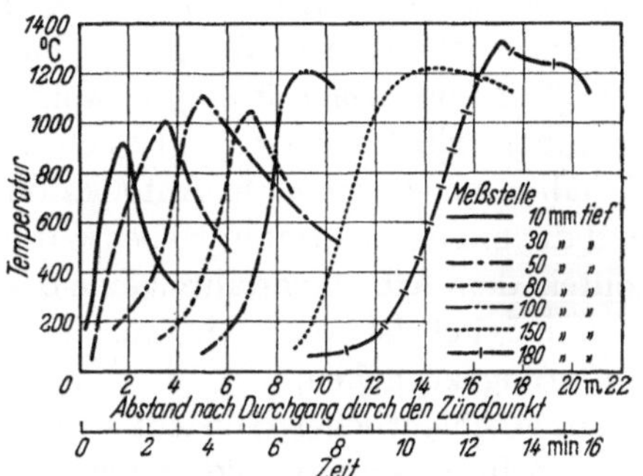

Abb. 90. Temperaturmessungen an einem Sinterband bei „gutem Sinter" (nach F. Hartmann).

Günstig für die Ausführung einer Sinterung sind Eisenträger, die einen großen Temperaturbereich zwischen dem Beginn des Frittens und des Sinterns haben. Es besteht dann nicht die Gefahr einer zu starken Verschlackung infolge eines zu starken Schmelzens. Nun ist es aber technisch, von Ausnahmefällen abgesehen, nicht möglich, die Arbeitstemperatur genau auf die Sintertemperatur der beginnenden flüssigen Phase einzustellen. Man muß, um den Betriebszweck zu erfüllen, nach der flüssigen Seite hin arbeiten, allerdings unter möglichst weitgehender Vermeidung von verschlacktem Sinter.

Der in der Sintermischung eingeleitete Verbrennungsvorgang löst teils endotherm und teils exotherm verlaufende Umsetzungen aus, wobei insbesondere die Verdampfung des Wassers und die Kalkzersetzung Wärme binden, während z. B. die Zersetzung von Eisenkarbonat und Eisensulfid Wärme freiwerden läßt. Die exothermen Prozesse dürfen nicht mehr Wärme freimachen als die endothermen und die Wärmeverluste verlangen, weil andernfalls die Temperaturen nicht mehr regelbar sein würden.

Vor der Erhitzung kann das Sintergut in eine Stückform gebracht werden, doch arbeiten jetzt die am meisten angewandten Verfahren ohne eine solche vorbereitende Maßnahme, indem sie dem Sintergut Brennstoff beimischen und diesen in ihm verbrennen. Die günstigste Sintertemperatur wird von dem Charakter der einzelnen Sinterrohstoffe beeinflußt, wie ja auch deren Erweichungstemperaturen verschieden hoch liegen. Es wird auf diese Zusammenhänge noch zurückgekommen werden.

Mit der Erreichung der Sintertemperatur ist eine Zersetzung von einzelnen, in den Sinterrohstoffen vorhandenen Verbindungen verknüpft; es werden neben der Feuchtigkeit das chemisch gebundene Wasser und die Kohlensäure ausgetrieben. Außerdem wird dreiwertiges Eisen meist bis zum Oxyduloxyd reduziert, so daß auch ein Sauerstoffverlust eintritt. Schließlich werden noch die Schwefel- und Arsengehalte gemindert. Je nach der Zusammensetzung des Sintergutes können die eintretenden Gewichtsverluste gering sein, wie beispielsweise bei Magnetitschlichen oder sehr hoch, wie es bei Erzen mit viel Karbonat und chemisch gebundenem Wasser der Fall ist. Man spricht in solchen Fällen zum Teil von *Sinterröstung*, obwohl diese Bezeichnung deswegen nicht besonders glücklich ist, weil auch bei den Sinterrohstoffen mit hohen Gehalten an vergasbaren Anteilen das Ziel nur die Stückigmachung ist und die unbeabsichtigten Nebenwirkungen nicht die Veranlassung geben sollten, dem Arbeitsverfahren eine besondere Benennung zu geben, zumal es unmöglich ist, eine Abgrenzung zwischen Sinterröstung und reiner Sinterung zu geben.

In geschichtlicher Hinsicht sei erwähnt, daß die Sinterung ohne Vorpressen ihren Ausgang von einem Verfahrensvorschlag von F. Heberlein und T. Huntington genommen hat, der darin bestand, eine exotherme Verbrennung innerhalb einer Erzschicht aufrechtzuerhalten, indem Luft hindurch geleitet wird (DRP. 95601 aus dem Jahre 1887). Im Jahre 1905 schlug dann J. Savelsberg vor, oxydischen Erzen und Gichtstaub Brennstoff beizumischen, zu zünden und den Brand mittels hindurchgeleiteter Luft durch die Erzschicht durchzudrücken. Nachdem diese Arbeitsweisen zunächst diskontinuierlich blasend angewandt worden waren, führte v. Schlippenbach den fortlaufend geführten Betrieb ein, wobei er einen runden Herd benutzte, der einen ringförmigen Rost besaß; die Beschickung wurde auf ihn aufgebracht, gezündet und Luft hindurchgesaugt. Im Jahre 1906 folgte die Erfindung des geraden, wanderrostartigen Bandapparates durch Dwight & Lloyd und Fr. Benitt (Amer. Pat. 882517 und 916396). Es folgten mehrere Vorschläge, um das Saugzugverfahren auf Pfannenapparaten durchzuführen, so z. B. die Pfannenkonstruktion von Greenawalt (Amer. Pat. 1103196 von 1912) und das A. I. B.-Verfahren (Allmänna Ingeniörs Byrån, Stockholm).

Die bei der Sinterung eintretende Gewichtsveränderung ist bei der Einführung der Verfahren wenig beachtet worden, was sich daraus erklärt, daß bei den älteren Arbeitsweisen der Stückigmachung — z. B. bei Preßlingherstellung ohne Bindemittel — keine Gewichtsveränderung eintrat. Es ist deswegen auch zwischen Durchsatz und Erzeugung lange Zeit nicht unterschieden worden. Da nun in Abhängigkeit vom Erz die Gewichtsverluste sehr unterschiedlich sind, lassen sich Leistungs- oder Verbrauchswerte schlecht miteinander vergleichen, wenn sie bei Verarbeitung verschiedener Erze auf den fertigen Sinter bezogen werden.

Begriff	Abgrenzung des Begriffes	Zeichen	Maßeinheit
Sintergut (Einsatz)	Zu sinternde Erze, Gichtstaub und dgl., ohne Zusätze oder Rostbelag, im Anlieferungszustand	S_g	—
Sinterhilfsstoffe	Brennstoff, Anfeuchtwasser, Rostbelag und sonstige Zusatzstoffe	—	—
Durchsatzleistung	Verarbeitete Menge Sintergut . .	D	t/24 h
Bezogene Durchsatzleistung	a) bei Saugzuganlagen: Durchsatz an Sintergut, bezogen auf die nutzbare Sinterfläche . . . . . b) bei Drehöfen: Durchsatz an Sintergut, bezogen auf den lichten Ofeninhalt	L_d L_d	t/m² u. 24 h t/m³ u. 24 h
Sintermischung	Sintergut + Rückgut + Brennstoff + Wasserzusatz, jedoch ohne Rostbelag	S_m	—
Aufgabegut (z. B. Band- oder Ofenaufgabegut)	a) bei Saugzuganlagen: Sintermischung + Rostbelag . . . . . b) bei Drehöfen: Sintergut oder, wenn Hilfsstoffe benutzt werden, Sintermischung	A A	— —
Gesamtsinter	Gesamte Erzeugung der Anlage oder des Ofens	G_s	—
Fertigsinter (Sinter)	Erzeugte Menge nach Abzug von ausgesiebtem Rückgut und Rostbelag	F_s	—
Gesamtsinterausbringen	Erzeugte Gesamtmenge in % des Sintergutes	v_g	%
Fertigsinterausbringen	Erzeugte Menge Fertigsinter in % des Sintergutes	v_f	%
Erzeugungsleistung	Erzeugte Menge Fertigsinter . . .	E	t/24 h
Bezogene Erzeugungsleistung	a) bei Saugzuganlagen: Erzeugung an Fertigsinter, bezogen auf die nutzbare Saugfläche . . . . . b) bei Drehöfen: Erzeugung, bezogen auf den Ofeninhalt . . .	L_e L_e	t/m² u. 24 h t/m³ u. 24 h

Diese Überlegung führte zu einer Festlegung von Begriffen, die für den Vergleich von Sinterergebnissen und für die Berichterstattung benötigt werden. Eine Zusammenstellung dieser Begriffe nebst Zeichen und Maßeinheiten gibt die auf Seite 203 wiedergegebene Übersicht[118].

Abb. 91 gibt ein schematisches *Stoffflußbild* einer Saugzug-Sinterung. Ihm liegt die Annahme zugrunde, daß das Sintergut im wesentlichen aus einem Brauneisenerz mit karbonatischer Gangart besteht und daß sowohl das Rückgut als auch der Rostbelag aus dem Gesamtsinter entnommen werden. Damit sind aus der obigen Übersicht alle die Begriffe schaubildlich dargestellt, die sich weder auf das Ausbringen, noch auf die Leistungen beziehen. Zu dem Stoffflußbild ist weiter zu bemerken, daß es den Fall einer Zumischung von Branntkalk wiedergibt und daß daher sowohl dieser Zusatz als auch die Asche des Koksgruses in den Sinter eingehen. Durch die Entnahme des Rostbelages und des Rückgutes aus dem Gesamtsinter sowie durch die Austreibung der mengenmäßig bedeutenden Anteile an vergasbaren Stoffen ist das Verhältnis des Fertigsinters zum Sintergut ziemlich klein.

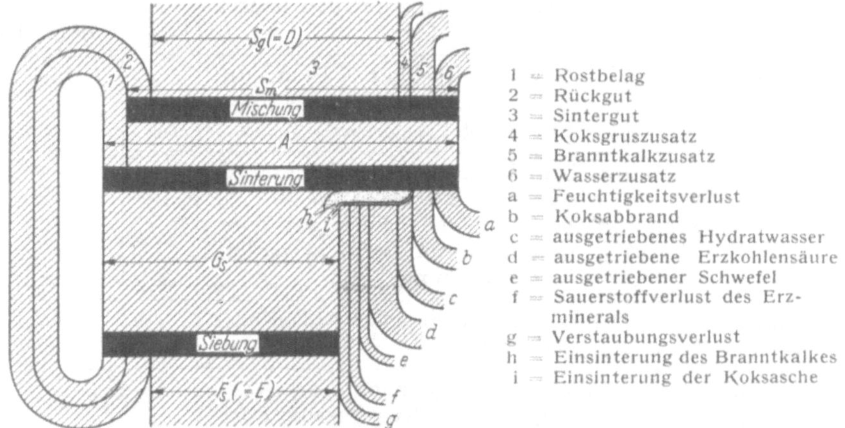

Abb. 91. Schematisches Stoffflußbild einer Saugzugsinterung.

1. Preßlingsinterung.

Die zu dieser Gruppe gehörenden Verfahren stellen zunächst einen Preßling her. Dieser muß von solcher Festigkeit sein, daß er dem in der 2. Stufe folgenden Sinterbrand ausgesetzt werden kann, ohne wieder zu zerfallen und diesen Brand zu stören.

a) Das Gröndal-Ramén-Verfahren. Dieses Verfahren gründet sich im wesentlichen auf den Umstand, daß bei der intensiven Aufbereitung

[118] Luyken, W.: Betriebswirtschaftliche Überlegungen zur Eisenerzsinterung. Arch. Eisenhüttenw. Bd. 21 (1950) H. 1/2, S. 1 bis 8.

der schwedischen und norwegischen Eisenerze sehr große Mengen feinstkörniger Schliche anfallen. Beim Gröndal-Ramén-Verfahren werden diese Schliche ohne Bindemittel brikettiert und anschließend in einem Tunnelofen gebrannt, wobei sie die erforderliche Festigkeit erhalten. Das Verfahren führt den Doppelnamen, seit es durch den schwedischen Ingenieur Ramén dadurch verbessert wurde, daß er an Stelle der Schlagpressen Druckpressen benutzte, wie z. B. die von Humboldt gebaute *Sutcliffe*-Tischpresse. Die erhaltenen Briketts werden von Hand auf die Plattform von besonders ausgebildeten Wagen in zwei Lagen aufgesetzt und diese Wagen durch den Tunnelofen geschoben. Sein Mauerwerk ist an der Feuerbrücke und in der Sinterzone durch wassergekühlte Kästen geschützt. Der zwischen der Feuerbrücke und der Austrittseite gelegene Teil des Ofens dient der Kühlung, wobei die von den Briketts abgegebene Wärme zur Vorwärmung der Verbrennungsluft dient. Die Brenner selbst sind in die Ofendecke eingebaut. Die Temperaturen des heißesten Teiles des Ofens werden teils zu 900° und teils mit 1200 bis 1300° angegeben. Unnötig hohe Temperaturen müssen dringlich verhütet werden zur Schonung des Ofens und der Wagen, auch dürfen die Briketts nicht erweichen. Gearbeitet wird mit oxydierender Atmosphäre, was zur Folge hat, daß auch Magnetite weitgehend aufoxydiert werden. Außerdem wird hierdurch der Schwefelgehalt stark gesenkt. Zahlentafel 44 belegt diese Verhältnisse und bringt gleichzeitig Angaben über die Tagesleistung der Öfen.

Zahlentafel 44. *Leistungen und Ergebnisse der Sinterung nach dem Gröndal-Ramén-Verfahren.*

Roherz	Ofenleistung in 24 h	S im Roherz %	S im Brikett %	Eisen im Brikett gesamt %	als Oxydul %	als Oxyd %
Sulitelma-Abbrände . . .	72	0,15	0,03	61,80	1,35	60,45
Strassa-Magnetitschliech .	90	0,05	0,027	62,82	0,90	61,92
Rio-Tinto-Abbrände . . .	72	0,25	0,06	64,38	0,90	63,48
Spanisches Eisenerz . . .	60	—	0,014	64,48	1,00	63,45
Sydvaranger Magnetitschlieche	90	—	—	61,52	1,25	60,27

Das Gröndal-Ramén-Verfahren hat eine Zeitlang in sehr gutem Ansehen gestanden. Im Jahre 1913 waren 5 Öfen in Betrieb. In Belgien wurde im Jahre 1922 eine Anlage in Betrieb genommen, über die folgende Angaben gemacht wurden[119]: Der mit Kohlenstaub gefeuerte Tunnelofen ist 70 m lang und leistet 140 t/24 h bei einem Kohlenstaub-

[119] Rev. Métall. Bd. 22 (1925) S. 697 bis 702; vgl. auch A. Wagner: Stahl u. Eisen Bd. 46 (1926) S. 1563 bis 1564.

verbrauch von 6 %. Verarbeitet werden Kiesabbrände, die ohne Bindemittel verpreßt und dann von Hand auf die Wagen gesetzt werden. Jeder Wagen nimmt 2 t Briketts auf und durchwandert in 12 Stunden den Ofen, in den alle 20 Minuten ein Wagen eingeschoben wird. Bei Beheizung mit Gichtgas erreicht der Ofen in der heißen Zone Temperaturen von 1250 bis 1300°. Die Festigkeit der Briketts beträgt nach dem Brande 100 kg/cm^2 und die Porigkeit 40 %. Der Kraftbedarf stellte sich mit 5 kWh je t Briketts sehr niedrig, während der Arbeitsstundenaufwand mit 1 h und 45 min verhältnismäßig sehr hoch ist. Die Gesamtsinterkosten lagen höher als auf einem Bandsinterapparat.

Auch die Schliche von Sydvaranger sind lange Zeit mit Hilfe des Gröndal-Ramén-Verfahrens stückig gemacht worden. Eine im Jahre 1911 errichtete Anlage wurde zwar 1921 durch eine Pfannenanlage ersetzt. Da sich diese aber infolge der sehr großen Feinheit dieser Schliche nicht bewährte, verbesserte man ab 1924 das Gröndal-Verfahren, indem man auf die Pressen verzichtete und mit einem besonderen Filtergerät unmittelbar auf den durch den Ofen hindurchgehenden Wagen aus der mit reichlich Wasser eingeschlämmten Trübe Formlinge herstellte[120]. Der gebrannte Formling wiegt 20 kg, hat 30 % Porenvolumen und eine Wichte von 2,8. Der Brennstoffverbrauch wird mit 8 bis 9 % angegeben und der Kraftbedarf mit 18 kWh/t. Im Jahre 1939 stellten sich die Verarbeitungskosten auf 1 $. Wegen der besonderen Schwierigkeiten, die das Sydvaranger-Konzentrat der Stückigmachung entgegensetzt, ist auch versucht worden, es zu „pelletisieren"; falls die Versuche ein günstiges Ergebnis bringen, soll eine entsprechende Anlage errichtet werden.

Das Aufkommen der verschiedenen Saugzugsinterverfahren hat der Brikettierung nach Gröndal-Ramén stark Abbruch getan, weil sich der Sinter als leichter reduzierbar erwies als die Briketts. Dies wird durch Betriebszahlen eines schwedischen Hochofens, die in der Zahlentafel 45 wiedergegeben sind, belegt.

Zahlentafel 45. *Betriebszahlen eines schwedischen Hochofens bei der Verhüttung von Gröndal- und Greenawalt-Agglomerat.*

	Möller aus 100 % Gröndal-Briketts	Möller aus 90 % Greenawalt-Agglomerat und 10 % Gröndal-Briketts
Tägliche Roheisenerzeugung	33,4 t	33,6 t
Holzkohlenverbrauch	712 kg	646 kg

[120] Lund, W.: Min. World, Chicago Okt. 1948, S. 38 bis 41; vgl. auch Stahl u. Eisen Bd. 69 (1949) S. 840 bis 841.

b) Das Giesecke-Verfahren. Diese Arbeitsweise[121] hat ihren Ausgang von der Klinkererzeugung der Zementindustrie im Schachtofen genommen. Es werden zunächst in einer Strangpresse Preßlinge hergestellt, die etwa 6×9 cm groß und so fest sind, daß sie bei ihrer Aufgabe in den Ofen nicht zerfallen. Ein Bindemittel wird nicht zugesetzt, vielmehr werden bevorzugt solche feinen Stoffe verarbeitet, die gewissermaßen selbst die Rolle des Bindemittels zu übernehmen vermögen, wie Teichschlämme, tonige Feinerze, Abbrände und Gichtstaub. Unter Umständen wird durch eine Mahlung dafür gesorgt, daß die Sintermischung im angefeuchteten Zustand bildsam ist. Als Brennstoff dient Feinkoks, der mit den Preßlingen zusammen eingestreut wird. Der von Giesecke benutzte Schachtofen hat die besondere Eigenart, daß die Blasformen für die Verbrennungsluft dicht unter der Gicht in drei Reihen angeordnet sind. Dadurch liegt der Bereich der höchsten Temperaturen ebenfalls sehr hoch. Der Verbrauch an Brennstoff ist mit durch diesen Umstand recht hoch, denn er beträgt 14%, wovon allerdings 4 bis 5% an der Gicht wieder ausgeworfen werden. Außer mit festem Brennstoff kann auch mit Gas geheizt werden. In einem Schachtofen von 4,5 m nutzbarer Höhe und etwa 2,5 m lichtem Durchmesser betrug die Erzeugung 40 t/24 h. Der Sinter selbst wird durch zwei mit Brechzähnen besetzte Walzen, zwischen denen klumpige Schmolzbildungen gebrochen werden können, ausgetragen.

c) Das Verfahren auf der „Alten Hütte“ im Siegerland. In der Zentralaufbereitung in Wissen, in der viele Jahre die Erze der Gruben Vereinigung, St. Andreas und Petersbach verarbeitet wurden, wurden die Feinerze zunächst getrocknet und dann fast 2% Sulfitlauge zugesetzt. Nach dem Mischen wurden in einer Presse Eierbriketts hergestellt, die bei etwa 350 bis 400° getrocknet wurden, wodurch den Briketts die Wasserlöslichkeit der Sulfitlauge genommen und ihnen die für die Abröstung in einem der im Siegerland üblichen Schachtöfen erforderliche Festigkeit gegeben wird. Das geröstete Gut war von befriedigender mechanischer Beschaffenheit, jedoch war das Verfahren kostenmäßig mit der zweimaligen Trocknung belastet. Solange aber die unmittelbare Röstung des Feinspates Schwierigkeiten machte, leistete das Verfahren gute Dienste, zumal sich der Feinspat auch auf Saugzugapparaten nicht einwandfrei verarbeiten läßt.

Es sei hier auch kurz auf die Schachtofenanlage hingewiesen, in der einige Zeit die tonig-mergeligen südbadischen Doggererze von *Zollhaus-Blumberg* verarbeitet wurden[122]. Das Ziel war nicht nur, durch Austreibung der Feuchtigkeit und der Kohlensäure aus dem Feinerz eine

---

[121] Bericht Nr. 72 des Hochofenausschusses des VdEh (1925) S. 15 bis 18.
[122] Graff, A.: Stahl u. Eisen Bd. (1939) S. 961 bis 968.

Frachtersparnis zu erreichen, vielmehr sollte auch die Stückigkeit wesentlich verbessert werden. Infolge des tonig-lehmigen Charakters des Feinerzes ließ es sich ohne Bindemittel zu Eierbriketts verarbeiten und wurde dann dem Schachtofen aufgegeben. Um ein Zerfallen der Eierbriketts zu vermeiden, war es nötig, den Brand an der Gicht zu halten. Der Betrieb endete, als der Bergbau in dem genannten Gebiet zum Erliegen kam.

2. Verblasesinterung.

Es ist schon auf die Verfahren von Huntington-Heberlein und von Savelsberg hingewiesen worden, die sich im wesentlichen dadurch unterscheiden, daß im ersten Falle in einem feinkörnigen Gut eine exotherme Umsetzung ohne Brennstoffzusatz mittels durchgeleiteter Luft erreicht wird, während im 2. Falle ohne die Zugabe von Brennstoff keine Wirkung erzielt werden könnte, so daß dem Gut Brennstoff beigemischt werden muß. In beiden Fällen werden oben offene Gefäße benutzt, die im Boden einen Rost besitzen und als Heberlein-Konverter bezeichnet werden. Sie sind meist kippbar und besitzen im Boden unter dem Rost eine Windzuleitung. In solchen Konvertern wird ein Holz- oder Kohlenfeuer gezündet und danach das Erz-Kohle-Gemisch schaufelweise von Hand aufgeschüttet, und zwar immer an der Stelle, an der die Glut durchtritt. Zur Ableitung der Gase ist über dem Konverter eine Blechhaube angeordnet, die an den Kamin angeschlossen ist.

Eine Anlage diesse Art bestand auf einem norddeutschen Hochofenwerk. Dort faßten die gefüllten Konverter etwa 20 t. Nach dem Kippen mußte der Sinter mit Wasser gekühlt und dann mit Hämmern zerschlagen werden. Als Brennstoff wurde dem Sintergut, das zu 80% aus Abbränden und zu 20% aus Konzentraten bestand, 13% Koksasche zugesetzt[123]. Der Sinter war nur teilweise porig, vielmehr weitgehend schlackenartig verschmolzen. Eine aus 16 Konvertern bestehende Anlage erreichte eine monatliche Leistung von 5800 t. Der Stromverbrauch stellte sich auf 11,8 kWh/t Agglomerat. Wenn seine Verarbeitung im Hochofen auch voll befriedigte, so müssen doch die verhältnismäßig geringe Leistung und die ungünstigen Bedingungen für die Arbeiter als schwerwiegende Nachteile gelten.

Die Konvertersinterung ist auch auf Siegerländer Feinspat angewandt worden. Ein 5 t fassender Konverter, der zuerst auf der Grube *Stahlberg* betrieben worden war, kam auf der Grube *Eisernhardter Tiefbau* zur Aufstellung. Bei ihm wurde durch ein Kapselgebläse Wind von 500 mm WS in den Konverterboden eingeblasen. Die Leistung betrug 15 t/24 h

---

[123] Kügelgen, B. v.: Bericht Nr. 72 des Hochofenausschusses des VdEh, S. 18.

an stückigem Rost. Der Brennstoffverbrauch stellte sich auf rund 7%. Die Kosten des Sinters waren bei dem Betrieb dieses einen Konverters rund 4,— RM/t. Es wurde erwartet, daß sie nach Aufstellung eines 2. Konverters auf RM 3,10/t fallen würden. Zur Aufstellung dieses 2. Konverters ist es aber nicht mehr gekommen[124].

3. Saugzugsinterung.

Die Ausführung der Sinterung unter Hindurchsaugung der Luft durch die Sintermischung ist die heute ganz überwiegend angewandte Arbeitsweise. Man kann annehmen, daß mehr als 90% des Hochofensinters in dieser Weise hergestellt werden. Zwei unterschiedliche Ausführungsarten stehen gegenüber, nämlich die kontinuierliche, wie sie auf einem geraden, endlosen Band und auf einem drehenden Rundherd möglich ist, oder die diskontinuierliche, die sich kippbarer Pfannen bedient. Der fortlaufend geführte Betrieb verdankt seine Entwicklung vornehmlich v. Schlippenbach sowie Dwight und Lloyd, während für die Pfannensinterung mehrere maschinentechnische Lösungen in Anwendung stehen. Die bekanntesten unter ihnen sind das Greenawalt- und das GHH—AIB-Verfahren.

Im folgenden sollen zunächst die maschinellen Ausrüstungen der einzelnen Verfahren und danach die sie gemeinsam betreffenden verfahrenstechnischen Bedingungen besprochen werden.

a) Sinterung auf Bandapparaten. Der in Amerika erfundene Bandapparat ist seit vierzig Jahren von der Lurgi-Gesellschaft für Chemie u. Hüttenwesen m. b. H. in Frankfurt a. Main weiterentwickelt worden, wobei eine Zusammenarbeit mit vielen Hüttenwerken die weiteren Entwicklungsarbeiten förderte. Der Bandapparat entspricht einem großen Wanderrost, dessen obere Fläche horizontal liegt. Er wird an dem einen Ende aus zwei Bunkern, von denen der eine einen kleinstückigen Rostbelag und der andere das gemischte Sintergut enthält, beschickt, führt die Sintermischung unter einem Zündofen durch und über die Reihe der Saugkästen bis zur Abwurfstelle an dem Umkehrrade. Das aus einzelnen Rostwagen zusammengesetzte Band läßt damit einen fortlaufenden Betrieb zustande kommen. Abb. 92 und 93 sind Zeichnungen, die einen Aufriß und einen Querschnitt durch eine solche Sinteranlage geben. In ihnen sind:

1. ein Waggon,
2. ein Greifer,
3. Lager für Sinterrohstoffe und Brennstoffe,
4. Einzelbunker,
5. Austragteller,
6. Förderbänder,
7. Misch- und Anfeuchttrommeln,
8. Grube für gemischtes Sintergut,
9. Greifer,

[124] Blum W. und H. Gleichmann: Stahl u. Eisen Bd. 52 (1932) S. 586.

10. Hochbunker für Sintermischung,
11. Grube für Rostbelag,
12. Hochbunker für Rostbelag,
13. Aufgabevorrichtungen für Rostbelag und Sintermischung,
14. Sinterband,
15. Zündofen,
16. Saugkästen,
17. Rohlreitung,
18. Staubabscheider,
19. Exhaustor,
20. Schornstein,
21. Abwurfrost,
22. Waggon für Sinter,
23. Bunker für Feingut,
24. Förderrinne.
25. Förderrinne mit Sieben,
26. Siebrost,
27. Grube für Rückgut.

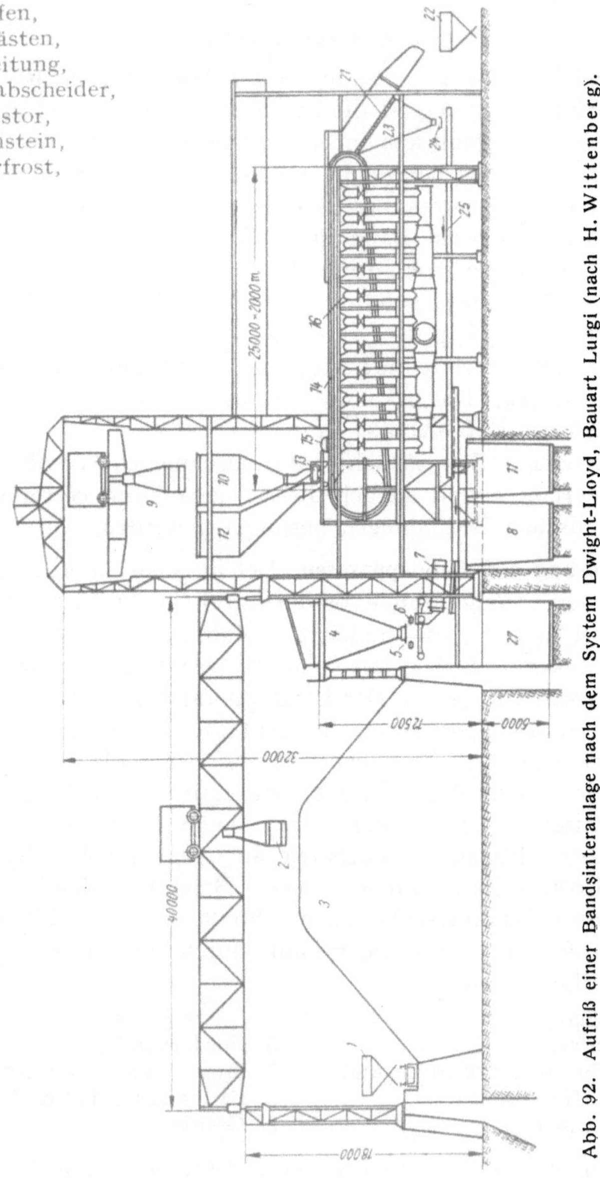

Abb. 92. Aufriß einer Bandsinteranlage nach dem System Dwight-Lloyd, Bauart Lurgi (nach H. Wittenberg).

Das Band selbst besteht somit aus einer großen Anzahl einzelner Rostwagen, welche in einem Gerüst aus Schmiedeeisen umlaufen. Das große Zahnrad hebt die Wagen bis zur Horizontalen und drückt sie auf

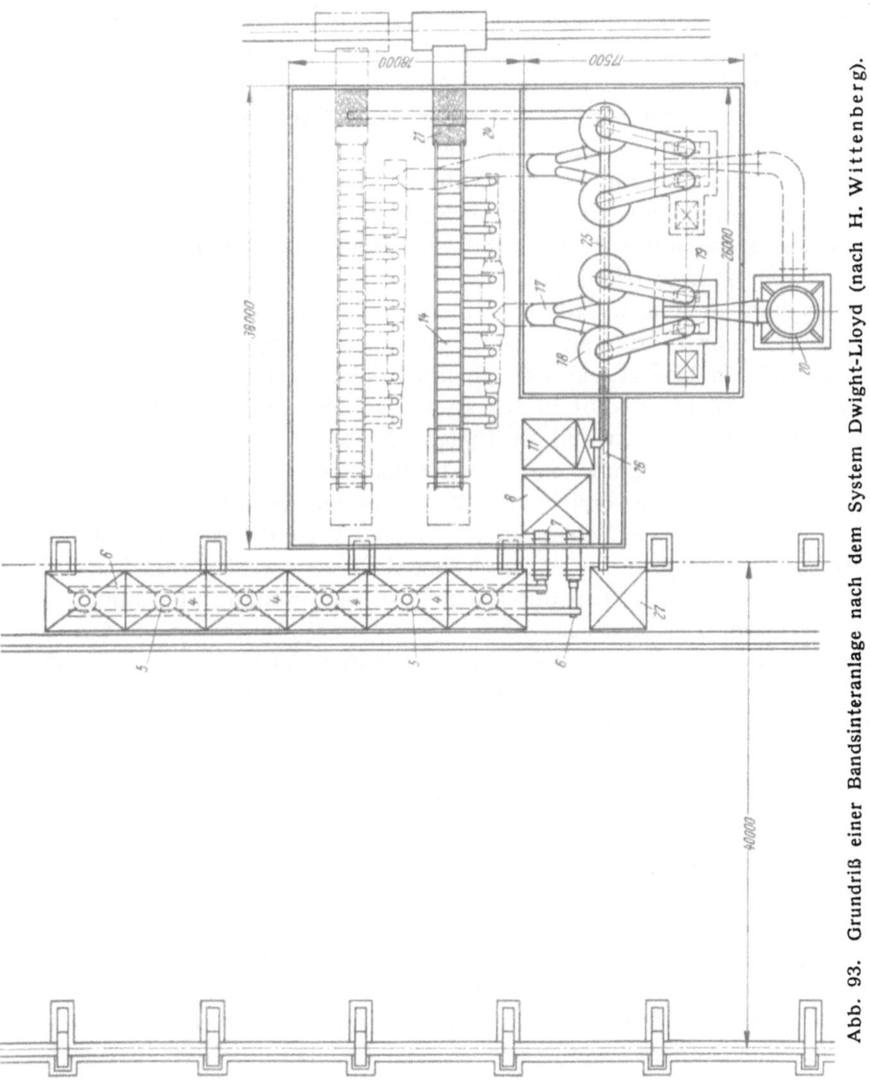

Abb. 93. Grundriß einer Bandsinteranlage nach dem System Dwight-Lloyd (nach H. Wittenberg).

der oberen Bahn voran. Die Rostwagen haben etwa 30 cm hohe Seitenwände, aber keine Stirnwände; die Höhe der Seitenwände bestimmt die mögliche Höhe, die der Sintermischung auf dem Band gegeben werden kann. Die Bodenfläche der Rostwagen ist aus mehreren Reihen von Roststäben zusammengesetzt; diese lassen Spalte von 7 bis 8 mm frei, durch welche die Abgase abgesaugt werden. Die Rostwagen besitzen außerdem mit Kugellagern versehene äußere und innere Laufrollen, die in die Vertiefungen des großen Hubrades passen. Auf der oberen Bahn laufen die Rostwagen aber nicht auf diesen Rollen, vielmehr gleiten sie mit auswechselbaren Schleifleisten auf der oberen Gleitbahn. Hierdurch wird der dichte Abschluß zwischen den Rostwagen und den unter Unterdruck stehenden Saugkästen hergestellt.

Der Zündofen, der mit Gas oder Öl betrieben werden kann, liegt über dem ersten Saugkasten. Während des Durchgangs der Sintermischung unter dem Ofen wird ihre oberste Schicht gezündet, worauf sich der Brand unter dem Einfluß der durchgesaugten Luft fortsetzt, bis er den Rost erreicht hat.

An dem Umkehrrad fällt der Sinter auf einen feststehenden, schrägen Rost, der sehr kräftig ausgebildet ist und eine Spaltweite von etwa 25 bis 30 mm besitzt. Das durch ihn hindurchgehende Gut wird bei etwa 6 bis 10 mm geteilt in Rückgut, das dem Sintergut wieder beigemischt wird, und in den Rostbelag. Dieses kleinstückige Gut geht über die Rostbelaggrube und den Hochbunker für Rostbelag zu der gesonderten Aufgabevorrichtung, die dieses Gut in einer Schicht von etwa 30 mm auf den Böden der Rostwagen verteilt, bevor die Sintermischung aufgegeben wird. Durch den Rostbelag wird vermieden, daß das zu sinternde feine Gut durch den Rost hindurchfällt oder hindurchgesaugt wird. Der Rostbelag schützt die Roststäbe und veranlaßt ferner, daß sich der Sinter nach dem Brande leichter und vollkommener vom Rost löst. Die Reinigung der Rostspalte erfolgt durch die völlige Umkehrung der Rostwagen selbsttätig.

In den letzten Jahren hat die Lurgi-Gesellschaft der Rostwagenführung besondere Beachtung geschenkt, wobei erreicht wurde, daß die Wagen sich an der Abwurfstelle weder stoßen noch reiben. Hierzu dient ein mit Zähnen versehenes Senkrad, dessen Zähne sich zwischen die Rostwagen-Innenrollen schieben und dadurch den Abstand auch bei der Umkehr unverändert halten[125]. Dieses Senkrad wird durch das Gewicht der Rostwagen angetrieben. Nach dem Durchlaufen der Abwurfkurve gleiten die Wagen auf einem geneigt liegenden Schienenpaar wieder dem Hubrad zu, welches sie aufs neue auf die obere Gleitbahn hebt.

Die Vorschubgeschwindigkeit des Bandes, das durch einen Gleichstrommotor angetrieben wird, kann durch ein stufenlos regelbares Getriebe eingestellt werden. Der Antriebsmotor wirkt entweder mit großer Zahnradübersetzung oder über ein schweres Kettenpaar auf das Hubrad. Im allgemeinen schwankt die Vorschubgeschwindigkeit

---

[125] Wendeborn, H.: Stahl u. Eisen Bd. 71 (1951) S. 1212 bis 1218.

zwischen 1 und 2 m/min. Grundsätzlich ist sie so zu wählen, daß der Sinterbrand beendet ist, wenn die Abwurfstelle erreicht ist.

Die Abmessungen der Dwight-Lloyd-Bänder haben fast laufend zugenommen. Während bis etwa 1924 ein Standard-Typ mit 1 m Breite und 10 m Gesamtlänge bei etwa 6,6 m² nutzbarer Saugfläche geliefert wurde, sind anschließend Maschinen von 1,5 m, 2 m und 2,5 m Bandbreite bei bis zu 30 m nutzbarer Sauglänge gebaut worden. In Amerika ist vor einiger Zeit die gegenwärtig größte Sintermaschine der Welt in Betrieb gekommen, die ein 3,66 m breites Band und eine Sauglänge von 51,2 m hat. Es ergibt sich damit eine Saugfläche von 187,5 m², die dreimal so groß ist wie die der bisher üblichen Maschinen. Außer einer Senkung der Betriebskosten soll dieses Band auch geringere Baukosten veranlaßt haben als die Aufstellung kleinerer Bänder, die insgesamt die gleiche Saugfläche besitzen. Ein Nachteil der sehr großen Bänder ist, daß bei Reparaturen ein besonders großer Ausfall in der Sintererzeugung entsteht.

Von guter Wirkung auf die Durchsatzleistung ist die gute Vorbereitung der Sintermischung; auf diese Arbeit wird in einem späteren Kapitel besonders eingegangen. Die Sintermischung muß aber auch möglichst locker auf das Band aufgelegt werden. Aus diesem Grunde ist bei den neueren Bandapparaten unter dem Bunkeraustrag eine Walze angeordnet, die den Druck des Materials im Bunker abfängt und dieses auf das Band gleiten läßt.

Der erforderliche Unterdruck wird durch Ventilatoren erzeugt, deren Leistung von der Größe der nutzbaren Saugfläche und der Höhe des gewünschten Unterdrucks abhängig ist. Neuzeitliche Anlagen arbeiten mit Unterdrücken von 800 bis 1000 mm WS, während man früher sich mit Unterdrücken von 500 bis 600 mm WS zufrieden gab. Der höhere Unterdruck bewirkt, daß der Sinterbrand im allgemeinen schneller nach unten fortschreitet und daß sich für das Band somit eine Leistungssteigerung ergibt. Nur bei Sinterrohstoffen, die bei der Erweichung zur Bildung einer zähflüssigen Phase führen, kann der Unterdrucksteigerung der Erfolg versagt bleiben. Der sehr starken Erhöhung des Unterdrucks steht anderseits auch entgegen, daß der Kraftverbrauch stark ansteigt und einen wirtschaftlichen Erfolg zunichte macht. Zur Schonung der Exhaustoren sind diesen Staubabscheider vorgeschaltet. In der Regel sind dies einfache Zyklone, die zum Teil mit Diamantbeton verschleißfest ausgekleidet sind. Neuerdings sind von der Lurgi-Gesellschaft noch besondere Sinterstaubabscheider konstruiert worden, die einen Verzicht auf Zyklone ermöglichen und dadurch den Platzbedarf für diese einsparen[126]. Diese als „S-Abscheider" bezeichneten Staubabscheider erreichten auf dem Hüttenwerk Haspe eine Entstau-

[126] Bericht Hochofenaussch. VdEh. Nr. 72 (1925).

bung auf 0,3 bis 0,5 g/m³, während die früher vorhandenen Zyklone auf etwa 0,8 bis 1 g/m³ entstaubten.

Der Stromverbrauch der Bandapparate ist von A. Wagner für drei verschiedene Anlagen mit 14,5 kWh (einschließlich Verladeanlage), 13,38 und 14 kWh (einschließlich Krananlage) je t Sinter angegeben worden. Anderseits sind auch Angaben von 9 bis 10 kWh oder 22 bis 24 kWh gemacht worden; in den letztgenannten Fällen handelt es sich um Anlagen mit großer Entstaubung, hohem Unterdruck und den Betrieb erweiternden Einrichtungen.

Über die Ergebnisse von aus zwei und drei Bändern bestehenden Anlagen sind von A. Wagner[127] folgende Angaben gemacht worden:

		2 Bänder	3 Bänder
Breite jedes Bandes	m	1,5	1,5
Sauglänge	m	20	20
Saugfläche je Band	m²	30	30
Gesamte Saugfläche	m²	60	90
Vorschubgeschwindigkeit	m/min	1,6	1,6
Saugzeit des Kuchens	min	12,5	12,5
Unterdruck am Ventilator	mm WS	800	800
Unterdruck am Band	mm WS	700	700
Motorenleistung (eingebaute)	PS	1360	2040
Erzeugung	t/Mon.	39624	53750
Erzeugung je m² Saugfläche u. 24 h			
Spitzenleistung	t	24,2	22,4
Monatsdurchschnitt	t	21,3	19,3
Kraftverbrauch je t Sinter	kWh	22,0	24,0

Über die *Kosten*, die durch die Bandsinterung entstehen, ist eine Reihe von Angaben gemacht worden. Wenn diese Angaben auch nicht immer ganz eindeutig sind und mit Rücksicht auf den seit ihrer Bekanntgabe veränderten Lohn- und Preisstand nicht mehr die Bedeutung einer unmittelbar verwendbaren Anhaltszahl haben, so sollen hier doch einige der im Schrifttum genannten Zahlenwerte wiedergegeben werden.

1. Für eine Anlage mit einer Tagesleistung von 1000 t auf einem Band von 2 m Breite und 20 m nutzbarer Länge hat H. Wittenberg[128] im Jahre 1930 folgende Herstellungskosten angegeben:

Löhne bei RM 0,90 Stundenlohn	0,21	Mark
Zündgas (Gichtgas zu 2,— M je 1000m³)	0,08	,,
Koksgrus (bei RM 4,— je t)	0,34	,,
Strom (14 kWh zu RM 0,03)	0,42	,,
Reparaturen	0,20	,,
Hilfsmaterial	0,10	,,
zusammen	1,35	Mark

[127] Wagner, A.: Stahl u. Eisen Bd. 51 (1931) S. 219.
[128] Wittenberg, H.: Mitt. Metallgesellschaft März 1930, Nr. 3.

2. Für eine im Saargebiet vornehmlich Minette-Feinerz und Gichtstaub verarbeitende Bandanlage nennt Wagner die Sinterkosten ohne Kapitallasten und ohne Verwaltungskosten mit M 2,90 je t Sinter.

3. Im Jahre 1942 stellten J. Paquet und M. Steffes[129] folgende Selbstkostenberechnung auf für eine Bandanlage von 1000 t Tagesleistung:

	RM/Sinter
Löhne (0,39 h × 0,9)	0,35
Koksgrus (115 kg bei RM 18,— je t)	2,07
Zündgas (35 Nm³ zu RM 0,003)	0,10
Stromverbrauch (15 kWh zu RM 0,02)	0,31
Wasserverbrauch 1 m³	0,01
Hilfsstoffe	0,08
Instandhaltung	0,20
Ersatzteile	0,35
Kapitaldienst (10%)	0,80
zusammen	4,27

b) Sinterung auf dem runden Herd. Der horizontal umlaufende Herd besitzt am äußeren Rande eine ringförmige Rostfläche. Abb. 94 zeigt eine solche Vorrichtung in der Bauart der Lurgi-Gesellschaft in Frankfurt a. M. In ihr sind:

1. Vorratsbunker
2. Telleraustäge
3. Sammeltransportband
4. Becherwerk
5. Mischtrommel
6. Beschickungsbunker
7. Rostbelagbunker
8. Sinterrost
9. Zündofen
10. Abwurfstelle
11. Wuchtsieb
12. Austrag für den Fertigsinter
13. Becherwerk für Rückgut und Rostbelag
14. Exhaustor
15. Staubabscheider

Die Arbeitsweise ist folgende: Aus den Bunkern 6 und 7 wird der Rostfläche laufend Rostbelag als Unterlage und die Sintermischung zugeführt. Beim Umlauf der Rostfläche wird die Beschickung unter dem Zündofen, wo die Saugwirkung des Exhaustors einsetzt, gezündet und schließlich durch eine kräftige Schurre vom Rost abgenommen. Der Herd ist auf Rollen gelagert und wird über einen Zahnkranz angetrieben. Unter der Rostfläche liegen die feststehenden Saugkästen, die über radiale, abwärts geneigte Gasabzugrohre und einen in der Drehachse liegenden Steuerkasten derart an das Gebläse angeschlossen sind, daß nur die nutzbare Saugfläche unter Unterdruck liegt. Bei der in Abb. 94 dargestellten Bauart können reiche und arme Gase getrennt abgeführt und die Reichgase gegebenenfalls nutzbar gemacht werden.

---

[129] Paquet, J., u. M. Steffes: Stahl u. Eisen Bd. 62 (1942) S. 621 bis 633.

Die üblichen Abmessungen dieser Herde liegen bei 5 und 8 m mittlerem Durchmesser und bei Rostbreiten von 1 m, 1,25 m und 1,5 m. Ein Herd von 8 m Durchmesser und 1,25 m Rostbreite hat eine wirksame Rostfläche von etwa 20 m². Für die Antriebe werden 5 bis 10 PS benötigt.

Diese Sinterherde haben den Bandapparaten gegenüber den Vorzug des geringeren Anschaffungspreises; so kostet ein runder Apparat mit

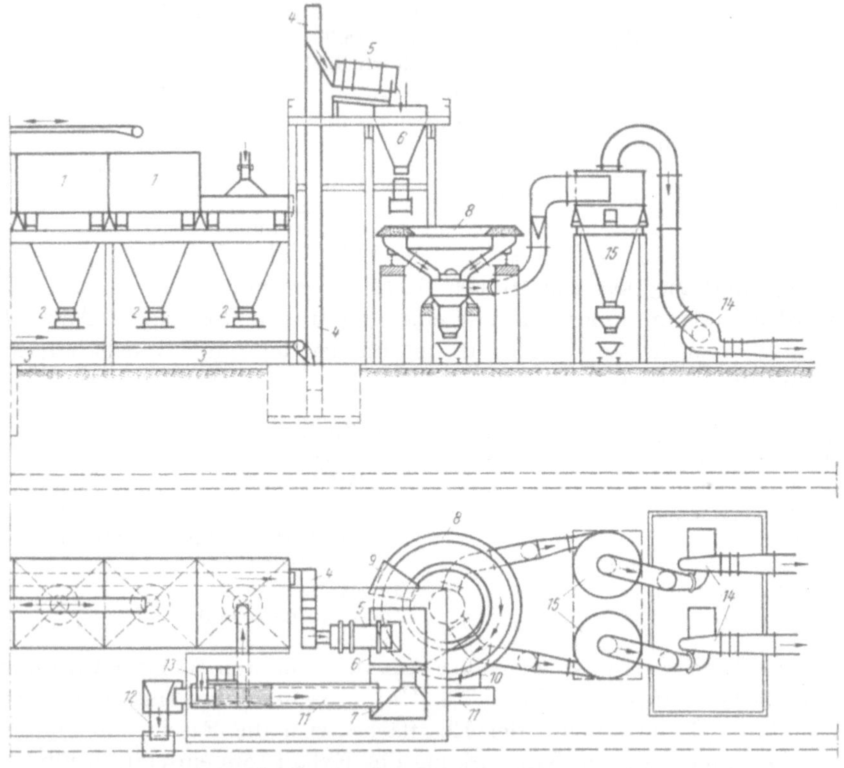

Abb. 94. Runder Herd-Sinterapparat, Bauart Lurgi.

16 bis 18 m² nutzbarer Rostfläche etwa ebensoviel wie ein Bandapparat von 7 m² Saugfläche, weil beide etwa das gleiche Gewicht haben. Dies ist darin begründet, daß bei den runden Apparaten nur etwa ein Drittel der Rostfläche unwirksam ist, während beim geraden Apparat der ganze untere Teil und die auf den Zahnrädern liegenden Rostwagen — also etwa $^2/_3$ des Bandes — gewissermaßen arbeitslos sind. Trotzdem verschieben sich die Verhältnisse mit größeren Leistungen zugunsten der geraden Maschinen, weil diese mit niedrigeren Betriebskosten arbeiten. Der Nachteil der runden Geräte liegt darin, daß sich

der Rost nicht selbsttätig so reinigt, wie das bei den anderen Saugzug-Sintervorrichtungen der Fall ist.

Um diesem Nachteil zu begegnen, werden nach Vorschlägen von Wendeborn und Budde die Herde derart gebaut werden, daß die radial angeordneten Roststäbe einzeln oder zu mehreren in einem Rahmen nach außen oder innen schwenkbar sind, so daß sie an der Austragstelle kippen können. Die Führung dieser Schwenkbewegung erfolgt mittels Kurvenschienen, die bei der Drehung des Herdes die ausgeschwenkten Roststäbe wieder in die Ausgangsstellung zurückführen (DP. 864323).

Nachdem die runden Sinterherde zunächst nur in Metallhütten Verwendung gefunden hatte, wurde im Jahre 1938 auf dem Hochofenwerk in Kratzwieck bei Stettin ein solcher Herd in Betrieb genommen, der eine ältere Anlage mit Heberlein-Konvertern zu ersetzen hatte. Gesintert wurden hier 70% Abbrände mit 22% Gichtstaub, 5% Rückgut und 3,5% Koksgrus, wobei eine Tagesleistung von 227 t Sinter erreicht wurde. Die Schichthöhe betrug einschließlich 5 cm Decklage 23 cm, die am Außenrand gemessene Umfangsgeschwindigkeit 90 bis 100 cm/min und der Unterdruck 525 mm WS. Der Stromverbrauch wurde mit 28 kWh/t angegeben; diese Höhe dürfte aber durch besondere Umstände veranlaßt sein.

Sowohl die runden als auch die geraden Sintermaschinen haben die Betriebsauswirkung, daß fortlaufend ein Abgasstrom gleichmäßiger Zusammensetzung erzeugt wird, während bei den Pfannenanlagen — beispielsweise bei der Verarbeitung schwefelhaltiger Erze — der SO_2-Gehalt der Abgase bei 0 beginnend über ein Maximum geht und wieder auf 0 zurückfällt. Diese Verhältnisse machen die runden Sinterherde für die Röstung auf Metallhütten sehr geeignet, zumal auf diesen meist kleinere Durchsatzleistungen benötigt werden.

c) Sinterung auf Pfannenapparaten. — Die Greenawalt-Pfannenanlage. Diese aus England stammende Vorrichtung hat eine recht schnelle Einführung in die Betriebe erfahren; schon im Jahre 1925 waren insgesamt 55 Anlagen in Betrieb und mehrere im Bau. In Deutschland sind Anlagen dieses Systems, für das die Fa. Krupp die Lizenz besaß, weiterentwickelt worden; die Herstellung und Lieferung der Einrichtungen erfolgt nunmehr durch die Stahlbau-Rheinhausen A.G in Rheinhausen.

Abb. 95 gibt eine schematische Darstellung einer solchen Sinteranlage. Sie besteht aus einzelnen, um ihre Längsachse drehbaren Pfannen, welche in hohlen Zapfen ruhen. Der Raum oberhalb des Rostes nimmt die Sintermischung auf und der Unterteil steht durch den hohlen Zapfen mit dem Exhaustor in Verbindung. Die Beschickung der Pfannen und die Zündung ihres Inhaltes erfolgt mit Hilfe von zwei auf Schienen laufenden Wagen. Der Beschickungswagen besitzt zwei Fülltaschen für Rostbelag und Sintermischung, die von ihm bei einer Fahrt über die Pfanne auf dem Rost ausgebreitet werden. Abb. 96 zeigt die Arbeitsweise des Füllwagens. Durch verstellbare Einrichtungen

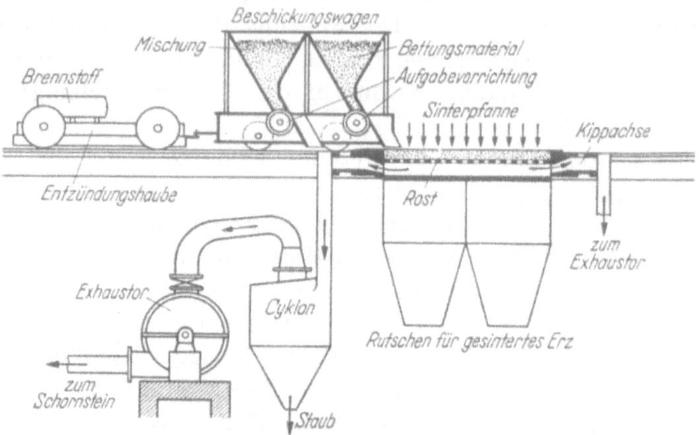

Abb. 95. Schema einer Greenawalt-Sinteranlage (nach Zeichnung der Techn.-wissenschaftl. Lehrmittelzentrale).

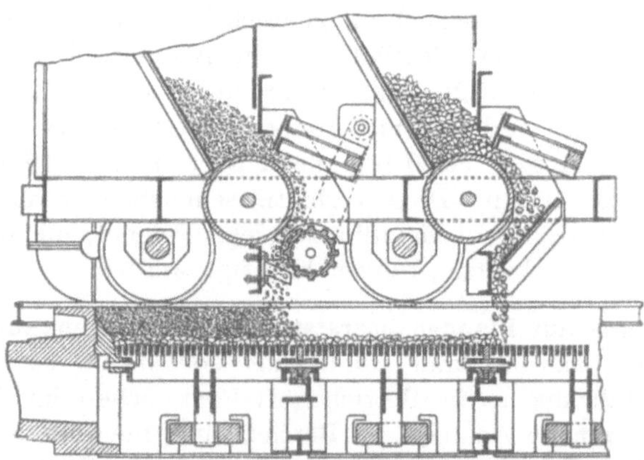

Abb. 96. Beschickungswagen einer Greenawalt-Sinteranlage (nach C. Schrupp).

lassen sich die aufgegebenen Mengen den betrieblichen Anforderungen anpassen. Unter der Förderwalze für den Austrag der Sintermischung ist noch eine mit Leisten versehene Walze eingebaut, die sich entgegengesetzt dreht, sich bildende Klumpen zerteilt und das Aufgabegut besonders locker einfüllt.

Der Füllvorgang dauert ungefähr eine Minute. Etwa 30 bis 45 sec beansprucht die Zündung, die durch den Zündwagen erfolgt, der innen ein Rohrsystem mit Düsen trägt und auf den gleichen Schienen wie der Beschickungswagen läuft. Für die Zündung, die schnell über die ganze Oberfläche der Pfanne erfolgen muß, wird eine Haube des Wagens gesenkt und dadurch eine dichte Verbindung mit dem Rand der Pfanne hergestellt. Brennstoff können Öl oder Gas sein. Der Ölverbrauch wird mit 1 bis 2 l/t Sinter angegeben; bei Verwendung von Hochofengas schwankte in einem Betriebe der Verbrauch zwischen 35 und 44 Nm^3/t Agglomerat. Nach dem Brande wird die Pfanne gedreht und alsdann wieder gefüllt; Füllen, Zünden und Kippen erfordern insgesamt etwa 2,5 bis 3 min. Den Abschluß des Sinterbrandes erkennt man daran, daß der Unterdruck ziemlich stark abfällt, weil der Widerstand, den die Sintermischung dem Luftdurchtritt entgegensetzt, wesentlich größer als der des Sinterkuchens ist.

Die Pfanne besteht aus Gußeisen oder Stahl, die Roste aus Hämatiteisen. Durch ein besonderes, an den Roststäben hängendes Gegengewicht wird erreicht, daß die Stäbe sich während des Kippens der Pfanne gegeneinander verschieben. Hierdurch wird sowohl die Loslösung des Sinterkuchens verbessert als auch eine selbsttätige Reinigung des Rostes bewirkt. Das Verhältnis der freien Rostfläche zur Gesamtoberfläche der Pfanne wird mit 13 bis 20% angegeben.

Die gewöhnlichen Abmessungen der Greenawalt-Pfannen waren 1,8 × 2,5 m und 3 × 8 m; dabei besaßen sie eine Tiefe von 20 bis 30 cm. Nach einer Angabe von I. E. Greenawalt wurde im Jahre 1938 eine Einheit von 9,14 m Länge, 3,65 m Breite und 0,40 m Tiefe geschaffen[130]. Anzustreben ist eine Anlage aus mehreren Pfannen; bis zu sechs nebeneinander liegenden Pfannen können durch je einen Beschickungs- und Zündwagen bedient werden und es ergibt sich dann eine gute Ausnutzung aller Anlagenteile bei einer fast ständigen Sintererzeugung.

Nachdem in den älteren Anlagen die beim Kippen eintretende Staubentwicklung als lästig empfunden war, ist später noch eine bewegliche Haube eingebaut worden, welche während des Kippens über die Pfannen gesenkt wird und einen dichten Abschluß erreicht. Stellenweise wird der Inhalt einer Pfanne in einem Gichtkübel aufgefangen, wodurch weiteres Umladen vermieden wird; in anderen Fällen geht der Gesamtsinter zunächst über Siebvorrichtungen, durch welche das Feingut herausgenommen wird.

Die Leistung einer Pfanne von 3 × 8 m kann mit etwa 350 bis 400 t/24 h angenommen werden. Wird eine größere Erzeugung verlangt, so sind weitere Pfannen erforderlich, die u. U. bei steigendem Bedarf an Sinter später aufgestellt werden können. Das Vorhandensein mehrerer Pfannen

---

[130] Greenawalt, I. E.: Amer. Inst. min. metallurg. Engr. Techn. Publ. Nr. 963.

gewährt den Vorteil, daß bei Instandsetzungsarbeiten nur ein Teil der Anlage ausfällt.

Eine besonders eingehende Berichterstattung über die Betriebsergebnisse einer aus vier Pfannen bestehenden Greenawalt-Anlage, die auf der Julienhütte in Oberschlesien errichtet wurde, ist von C. Schrupp[131] gegeben worden. Seine Ergebnisse sind in der Zahlentafel 46 wiedergegeben. Auf einzelne der in dieser Zahlentafel genannten Werte wird im Zusammenhang mit einer vergleichenden Besprechung noch zurückgekommen werden. Hervorgehoben sei jedoch, daß die spezifische Leistung mit 18 bis 28 t/m² und 24 h etwa in der gleichen Höhen liegt, wie bei Bandanlagen.

Zahlentafel 46. *Kennzahlen der Greenawalt-Sinteranlage auf der Julienhütte (nach C. Schrupp).*

Anzahl der betriebenen Pfannen		4
Erzeugung (t Sinter je Monat)		20000
Brennstoffverbrauch	%	3 bis 9
Gichtgasverbrauch (1050 kcal/Nm³)	Nm³/t	20 bis 29
Stromverbrauch	kWh/t	27
Pfannengröße	m	4,125 × 2,070
Rostfläche	m²	8,375
Spaltweite des Rostes (anfänglich 5 mm)	mm	8
Roststabverbrauch	kg/t	0,135
Höhe der Decklage	mm	28,4
Höhe des Erzeinsatzes	mm	321,6
Unterdruck	mm WS	1000
Saugzeit	min	22 bis 28
Kippen und Füllen	min	2 bis 5
Sinterungen	Pfannen je 24 h	45 bis 57
Leistung	t/m² u. 24 h	18 bis 28
Rückgut unter 10 mm	%	15
Mittlere Abgasmenge	Nm³/h	16269
Schüttgewicht des Rostbelags	t/m³	1,68
Schüttgewicht der Sintermischung	t/m³	1,64
Abgastemperatur vor dem Exhaustor	°C	180
Temperaturspitze	°C	340
Gesamtstaubentfall	kg/t Sinter	22,2

In maschinentechnischer Hinsicht ist zu erwähnen, daß zum Mischen des Sintergutes eine Drehtrommel von 2,5 m Durchmesser und 7 m Länge vorhanden ist, die 20 Umdrehungen/min macht. Beim Kippen der Pfannen fällt der Sinterkuchen in einen Brechraum, in dem sich unten eine schwere Brechwalze befindet, die 2 m lang ist und 600 mm Durchmesser hat. Auf ihr sind fünf Brechringe angeordnet, die mit Nocken von 120 mm Höhe versehen sind. Diese brechen größere Brocken,

---

[131] Schrupp, C.: Stahl u. Eisen Bd. 61 (1941) S. 785 bis 794.

indem sie sie gegen mit Federn abgestützte Brechplatten drücken. Die wesentlichen Vorteile des Greenawalt-Verfahrens sieht Schrupp in folgendem:

a) Bei der festen Lage der Pfannen sind geringe Abdichtflächen und daher geringe Saugzugverluste vorhanden;

b) durch die feste Lage der Pfannen bleibt die hohe Porigkeit des aufgegebenen Gutes auch während des Sintervorganges erhalten;

c) durch den sich selbst reinigenden Rost ist die Saugfläche immer frei;

d) diese Verhältnisse gestatten die Verarbeitung von sehr feinem Gut.

Auch die *Kosten* sind für die in den Jahren 1935 bis 1938 errichtete Anlage von Schrupp sehr vollständig angegeben worden und stellten sich folgendermaßen:

Energiebedarf 27 kWh/t Sinter, Dampf und Preßluft	0,43 RM/t
Löhne (1 Vorarbeiter und 4 Mann je Schicht)	0,24 ,,
Gichtgas: 27—29 Nm³/t	0,04 ,,
Koks: 8,34% (18% Asche, 23% Nässe; 3,— RM/t)	0,28 ,,
Schmierung	0,01 ,,
Instandhaltung, einschließlich Verbrauch an Roststäben . . .	0,31 ,,
Tilgung und Verzinsung (15%)	0,60 ,,
Gesamtbetriebskosten	1,91 RM/t

Die GHH—AIB-Sinteranlage. Das schwedische *Allmänna Ingeniörs-Byrån* (AIB) war Patentinhaber für Pfannensinteranlagen, bei denen die Pfannen auf feststehenden, mit einem Saugzugstutzen versehenen Plätzen stehen und mittels eines Kranes an eine gemeinsame Füll- und Kippstelle gefahren werden. Die erste nach dieser Anordnung gebaute Anlage kam 1921 in Betrieb; sie umfaßte zwölf runde Pfannen von je 2,6 m Durchmesser. Von der *Gutehoffnungshütte* (GHH), Abt. Düsseldorf, werden diese Anlagen in Lizenz gebaut und sind technisch verbessert worden, indem man insbesondere dazu überging, Pfannen von quadratischer Form in einer Reihe anzuordnen, so daß ein Kran zur Bewegung aller Pfannen ausreicht und keine Querfahrten nötig sind. Abb. 97 zeigt die Anordnung der Pfannen, der Kippstelle und des Platzes für die Füllung der Pfannen. Zwischen der eigentlichen Füllstelle unter den 2 Bunkern und der Pfannenreihe ist ein Abstellplatz für 2 Pfannen. Hier befindet sich eine Laufrollenvorrichtung, die die erforderlichen Bewegungsvorgänge, soweit sie vom Kran nicht vermittelt werden können, zur Ausführung bringt. Abb. 98 zeigt diesen Teil der Anlage in einem Aufriß. Auf dem rechten Abstellplatz steht eine gefüllte Pfanne zur Abholung durch den Kran bereit. Dieser bringt eine fertiggesinterte Pfanne heran und stellt sie auf den linken Abstellplatz. Nach dem Absetzen dieser Pfanne auf die Laufrollenbahn löst der Kranführer das Gehänge und schaltet mit dem gleichen Bedienungshebel die Laufrollen ein. Die Pfanne fährt zur Kippstelle, wird hier entleert und beim Rückgang nacheinander mit Rostbelag und Mischgut gefüllt. Das An- und Abstellen der Beschickungswalzen und -schieber wird von der durchlaufenden Pfanne selbsttätig gesteuert. Danach fährt die Pfanne durch bis zu dem rechten Abstellplatz, wo sie der Kran abholt, um sie auf einen leeren Saugtisch abzustellen.

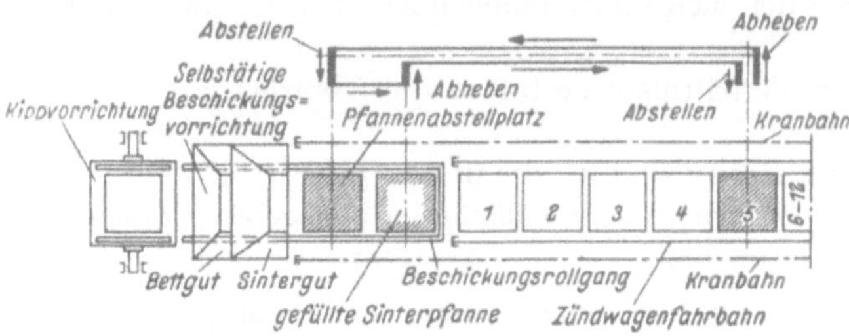

Abb. 97. Lage der Sinterplätze, der Beschickungs- und Kippstelle nebst Bewegungsdiagramm beim GHH—AIB-Sinterverfahren (nach R. Hahn).

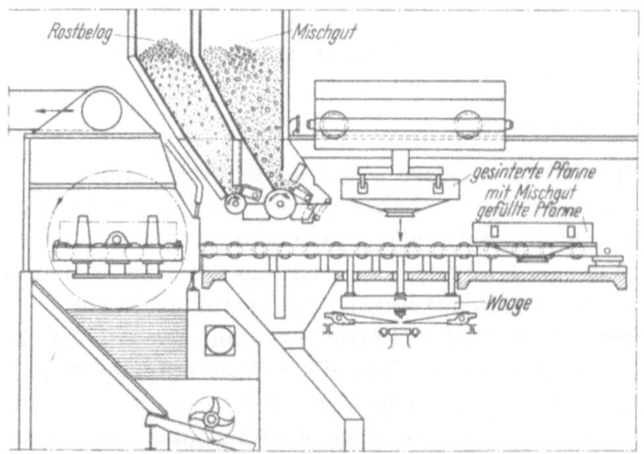

Abb. 98. Laufrollenbahn der GHH—AIB-Sinteranlage mit Kippstelle und Beschickungsvorrichtung (nach Huisken).

Beim Absetzen wird durch das Gewicht der Pfanne über ein Teleskopstück ein Kegelventil geöffnet und damit der Unterdruck angeschaltet. Die Zündung übernimmt sofort nach dem Wegfahren des Krans ein Zündwagen, für den es eine besondere Fahrbahn gibt, wie dies Abb. 97 zeigt. Er kann mit Gas oder auch mit Öl als Brennstoff arbeiten. Die Dauer der Zündung beträgt etwa 1 min.

Durch diese sehr günstige Anordnung der Pfannen und ihre kurze Koppelung mit der Kipp- und der Füllvorrichtung dauert die Auswechselung einer Pfanne nur etwa 1,2 bis 1,5 min. Infolge der Trennung von Pfannenwechsel und Beschickung steht die einzelne Pfanne nur etwa 3 min nicht unter Saugzug. Auf der Rollbahn erfolgt noch durch die dort eingebaute Waage eine automatische Gewichtsbestimmung sowohl der gefüllten als auch der fertig gesinterten Pfannen, was die Betriebsüberwachung sehr erleichtert.

Bei den Sinteranlagen der Bauart GHH sind Pfannengrößen von 5, 7, 9 und 12 m² Rostfläche vorgesehen und bisher Anlagen mit 7 und 9 m² nutzbarer Saugfläche ausgeführt. Die Gesamtflächengröße der einzelnen Pfanne ist etwa 20 % größer als die nutzbare Rostfläche. Die nutzbare Tiefe der Pfanne beträgt 300 mm. Die Roststäbe halten etwa $1^1/_2$ Jahre, wenn sie aus normalem Guß hergestellt sind, und etwa 7mal so lange, wenn sie aus Spezialeisen mit 25 % Cr und 1,2 C bestehen. Günstig stellen sich auch die Verhältnisse für die Auswechselung von Roststäben insbesondere, wenn eine überzählige Pfanne vorhanden ist, so daß dann Ausfälle in der Erzeugung aus diesem Grunde vermieden werden.

Unmittelbar unter jedem Pfannenplatz befindet sich ein Abgasentstauber, der den Grobstaub ohne Fliehkraftwirkung vorab ausscheidet und anschließend den Feinstaub in Fliehkraftscheidern, die in die Vorabscheider eingebaut sind. Durch diese Methode wird der Verschleiß in den Staubscheidern stark eingeschränkt. Das Abgas wird von schnellaufenden Turbogebläsen angesaugt, wobei in der Regel zwei Pfannen an ein Doppelgebläse angeschlossen sind und je zwei Doppelgebläse von einem Motor angetrieben werden. Der Unterdruck wird zur Erreichung guter Leistungen auf etwa 1000 bis 1400 mm WS abgestellt.

Über eine bei dem Hochofenwerk in Oberhausen aufgestellte Anlage des Systems GHH—AIB, die mit 12 Pfannenplätzen im Herbst 1940 fertiggestellt wurde, ist von R. Hahn[132] eingehend berichtet worden. Sie besitzt 14 Pfannen von 7 m² Rostfläche; die 13. Pfanne liegt auf der Laufrollenbahn und die 14. Pfanne wird als Reserve für Ausbesserungen bereitgehalten. Die Zündung erfolgt mit Gichtgas, und zwar ist seitlich der Pfannenreihe ein durch eine Wassertasse abgeschlossener Gaskanal angeordnet, so daß der Zündwagen durch einen Rüssel das Gichtgas an jeder Stelle dem Kanal entnehmen kann, ohne daß besondere Anschlüsse erst hergestellt werden müssen. Der Gichtgasverbrauch stellt sich auf 28 Nm³/t Sinter. Die Gebläse leisten bei 3000 U/min 14400 m³ je h und Pfanne bei einem größten Unterdruck von 1200 mm WS.

Aus dem Gesamtsinter wird nach dem Kippen das Korn unter 8 mm als Rückgut und das Korn 8 bis 15 mm als Rostbelag heraus-

[132] Hahn, R.: Stahl u. Eisen Bd. 61 (1941) S. 654 bis 658.

gesiebt. Da die vorhandenen, schreibenden Meßgeräte es erlaubten, den Ablauf einer Sinterung genau zu verfolgen, konnte Hahn die Werte in einem Schaubild darstellen, wie dies Abb. 99 zeigt. Danach ist die Abgastemperatur selbst nach einer Sinterzeit von 32 min noch stark im Steigen gewesen. Der Unterdruck, der anfangs bei 1050 mm WS lag, fällt auf etwa 500 mm WS gegen Ende der Sinterung herunter und macht damit den Abschluß erkennbar. Aus den Kurven für die

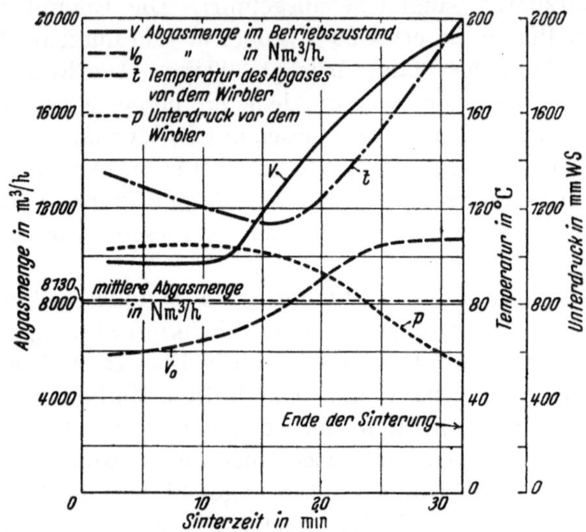

Abb. 99. Verlauf einer Pfannensinterung (nach R. Hahn).

Zahlentafel 47. *Betriebskennzahlen einer GHH—AIB-Sinteranlage (nach R. Hahn).*

Anzahl der Pfannen		12
Koksverbrauch	% des Sinters	3 bis 7
Gichtgasverbrauch	Nm³/t	28
Pfannengröße	m	2,65 × 2,65
Rostfläche	m²	7
Rostspalt	mm	7
Roststabverbrauch	kg/t	0,126
Höhe der Decklage	mm	25
Höhe der Sintermischung	mm	275
Saugzeit	min	18 bis 33
Sinterungen je Pfanne und Tag		45 bis 72
Erzeugungsleistung	t/m² u. 24 h	10 bis 16,5
Mittlere Abgasmenge je Pfanne	Nm³/h	8130

Abgasmengen läßt sich ablesen, daß diese in Nm³/h gemessen gegen Ende der Sinterung nicht mehr ansteigen. Verarbeitet wurden 24 % Abbrände, 26 % Schlich, 21 % Feinerz, 16,5 % Gichtstaub, 7 % Rückgut und 5,5 % Koksgrus. Die Stromaufnahme der Motoren der eigentlichen

Sinteranlage betrug nach Hahn 12,6 kWh/t Fertigsinter; sie sinkt bei der höchstmöglichen Durchsatzleistung auf 10,3 kWh/t herunter. In der Zahlentafel 47 sind weitere Kennzahlen des Betriebes angegeben.

Bei den neuesten Anlagen dieser Bauart besitzen nach H. Huisken[133] die Gebläse Leistungen von 0,35 bis 1,0 $Nm^3/s \cdot m^2$ Rostfläche bei einem Unterdruck von 1000 bis 1400 mm WS und die tägliche Erzeugungsleistung je m^2 Saugfläche schwankt je nach der verarbeiteten Erzsorte zwischen 15 und 25 t, wobei Spitzenleistungen von bis zu 30 t erreicht werden.

Über die *Kosten* der Verarbeitung von Sintergut in den GHH—AIB-Anlagen sind weder von Schrupp noch von Huisken Zahlenangaben gemacht worden. Dagegen sind die Baukosten für die Anlage in Oberhausen mit 1,7 Mill. RM genannt worden, woraus sich bei einer Jahreserzeugung von 420000 t Sinter Anlagekosten von RM 4,07 je Jahrestonne ergeben.

Der Lurgi-Handsinterapparat. Da oft das Verlangen bestand, ein Gerät zu besitzen, um kleine Mengen erfolgreich sintern zu können, ist von der Lurgi-Gesellschaft eine aus Pfannen bestehende Maschine entwickelt worden; bei ihr handelt es sich um eine Säule, die vier karusselartig drehbare Pfannen trägt. Die Abmessungen der Pfannen sind etwa 4×4 m. In der Stellung 1 wird die Pfanne mit Rostbelag und Sintergut gefüllt, in 2 gezündet und unter Saugzug gesetzt, nach einer weiteren Drehung um 90° wird in der Stellung 3 der Brand zu Ende geführt. Bei 4 wird die Pfanne gekippt.

Ein Gerät dieser Bauart arbeitete eine Zeitlang bei den Braunstein-Bergwerken Dr. Geier in Waldagesheim, um die dortigen tonigmulmigen Manganeisenerze zu verbessern[134]. Es zeigte sich dabei, daß diese Erze infolge ihrer ungünstigen mechanischen Beschaffenheit sehr schwer sinterbar sind und daß infolge der geringen Leistung die Kosten recht hoch wurden.

Ein anderes Gerät der gleichen Bauart leistete auf einem Hochofenwerk an der Saar 180 bis 240 t/24 h und auf einem bayrischen Werk 150 bis 200 t/24 h[135].

d) Die Eigenschaften des Sinters von Saugzuganlagen. Die Eigenschaften, die der Hochofen von einem stückiggemachten Gut erwartet, sind in einem früheren Abschnitt schon aufgezählt worden. Es ist hier einer Besprechung dieser Eigenschaften des in Saugzugsinteranlagen erzeugten Sinters vorauszuschicken, daß dieser den An-

[133] Huisken, H.: Stahl u. Eisen Bd. 71 (1951) S. 701 bis 707.
[134] Blau, M.: Stahl u. Eisen Bd. 49 (1929) S. 388 bis 392.
[135] Klencke, H.: Stahl u. Eisen Bd. 49 (1929) S. 880.

forderungen sehr weitgehend oder fast vollkommen entspricht. Es ist jedoch notwendig, auf seine verschiedenen Eigenschaften einzugehen und zu besprechen, welchen Einfluß die Betriebsführung besitzt, um die erwünschten Eigenschaften vermehrt zu erhalten, die Entstehung unerwünschter Eigenschaften dagegen möglichst zu vermeiden. Es werden daher im folgenden die Porigkeit, das Schüttgewicht, die Stückigkeit und Festigkeit, die mineralische und chemische Zusammensetzung des Saugzugsinters sowie seine Erweichung bei höherer Temperatur und der Einfluß seiner chemischen Beschaffenheit auf seine Reduzierbarkeit besprochen.

Vorausgeschickt sei dieser Besprechung, daß der Sinter die Eigenschaft haben muß, bei jeder Witterung fest zu bleiben und auch im Ofen nicht zu zerfallen, eine Forderung, die von ihm erfüllt wird. Nur soweit Kalksplitt als Rostbelag verwandt wurde, wird dieser bei Nässe abgelöscht und teilweise breiig, so daß ein solcher Sinter zweckmäßig ohne Zwischenlagerung verhüttet wird.

Die *Porigkeit* des Saugzugsinters ist verhältnismäßig sehr hoch und durch seinen Aufbau, der etwa zwischen dem des Natur- und des Gummischwammes liegt, leicht erkennbar. Es ist zu unterscheiden zwischen einer Grobporigkeit, die durch die offenen und unregelmäßigen Kanäle, welche die Luft sich bei der Sinterung durch die teigige Sintermasse bahnt, gebildet wird und der aus kleinen, geschlossenen und meist runden Hohlräumen bestehenden Feinporigkeit, die überwiegend ihre Entstehung den aus dem Sintergut freiwerdenden Gasen verdankt. Der Verfasser hat gemeinsam mit L. Kraeber[136] die Werte der Porigkeit von Sinterproben gemessen, die bei Versuchen unter unterschiedlichen Bedingungen erhalten worden waren. Die für die Grobporigkeit gefundenen Werte lagen meist zwischen 50 und 60 %, was bedeutet, daß der Raum, den ein Sinterstück beansprucht, zu 50 bis 60 % dem Gichtgas unmittelbar zugänglich ist. Eine Erhöhung der Grobporigkeit war mit der Erhöhung des Wasserzusatzes zu erkennen; anderseits machte ein mit zunehmendem Quarzzusatz erzeugter Sinter den Eindruck einer geringeren Grobporigkeit, was vielleicht damit zusammenhängt, daß das dünnflüssige Eisensilikat das Zusammenfließen erleichtert hatte.

Die Feinporigkeit konnte an den gleichen Sinterproben mit 1,78 bis 8,9 % festgestellt werden. Dabei wurde der Höchstwert bei einem Sinter festgestellt, der ohne Wasserzusatz erzeugt worden war. Es ließen sich jedoch keine bestimmten Abhängigkeiten zwischen den Sinterbedingungen und der Feinporigkeit erkennen.

---

[136] Luyken, W. u. L. Kraeber: Mitt. K.-Wilh.-Inst. Eisenforschg. Bd. 8 (1931) Lfg. 21, S. 247 bis 260.

Zu der Gesamtporigkeit des Saugzugsinters von etwa 60 % kommt, wenn man auch seine hohe Sperrigkeit berücksichtigt, hinzu, daß er auf den Möller eine sehr stark auflockernde Wirkung ausübt. Sinter aus sehr eisenreichem Feinerz müßte mit etwa fünf die gleiche Dichte wie Magnetit besitzen und bei einer gewissen Verunreinigung ein spezifisches Gewicht von etwa 4,75 haben. Unter Berücksichtigung der Porigkeit ergibt sich dann ein Raumgewicht von $0,4 \times 4,75 = 1,9$ t m^3 für einen zusammenhängenden Sinterkuchen. Da experimentell der Schüttungsbeiwert zu 0,65 bestimmt wurde, ergibt sich ein *Schüttgewicht* des Sinters von 1,235 t/m^3. Anderseits würde diese Masse bei der Dichte 4,75 nur einen Raum von 0,26 m^3 benötigen und das bedeutet, daß 74 % des Schüttraumes des Sinters freier Hohlraum ist. Diese Zahlen machen es verständlich, daß der Sinter eine hohe Winddurchlässigkeit im Hochofen verursacht und daß er auch auf die Windverteilung von sehr günstigem Einfluß ist. Die zackigen Bruchflächen der Sinterstücke müssen außerdem eine weniger scharfe Trennung nach der Korngröße zur Folge haben, als es bei Erzmöllern zu sein pflegt, bei denen je nach der Bauart der Begichtungseinrichtung und der Höhe der Beschickung im Ofen eine höhere Gasgeschwindigkeit in der Rand- oder Mittelzone des Ofens eintritt.

Auf die Beziehungen zwischen der Porigkeit und der Reduzierbarkeit wird im Zusammenhange mit der Besprechung der Reduzierbarkeit noch eingegangen.

Die *Stückigkeit* des Saugzugsinters ist im allgemeinen sehr befriedigend. Zahlenwerte aus den Betrieben sind jedoch nicht bekannt geworden und die bei den Versuchen ermittelten Werte haben nur beschränkte Bedeutung, da die benutzte Versuchseinrichtung auf die Stückigkeit von Einfluß sein mußte. Bekannt ist allerdings, daß zunehmender Brennstoffzusatz und zunehmender Saugzug einen großen und günstigen Einfluß auf das Ausbringen an gröberem Gut haben. Auch zeichnen sich kieselsäurehaltige Sinter meist durch eine gute Stückigkeit aus, was verständlich ist, wenn man im Auge behält, daß in diesen Fällen die Bedingungen für die Bildung größerer Verbindungsflächen verbessert wurden.

Wichtiger als die Stückigkeit ist die *Festigkeit* des Sinters, beide Eigenschaften laufen aber praktisch parallel, so daß Ergebnisse der Festigkeitsprüfung auch zur Beurteilung der Stückigkeit benutzt werden können. Eine anerkannte Methode zur Bestimmung der Festigkeit von Sinter gibt es allerdings zur Zeit noch nicht. Da das Bedürfnis für eine solche Prüfung nicht groß ist, wird sie wahrscheinlich einstweilen auch nicht entwickelt werden. Als bei den schon erwähnten Untersuchungen [136] über die Saugzugsinterung von Eisenerzen eine Bestimmung der Festigkeiten zweckmäßig erschien, wurde unter Benutzung einer

Laboratoriums-Kugelmühle ein Verfahren gewählt, das gleichzeitig die Sturzfestigkeit und den Abrieb erfaßte. Die Auswertung dieser Prüfung ergab die Zunahme der Festigkeit mit zunehmendem Kokssatz und zunehmendem Saugzug. Eine ohne Zumischung von Wasser gemischte Probe ergab eine geringe Festigkeit. Reichlicher Quarzgehalt im Sintergut kann ebenfalls die Festigkeit mindern, wenn die Bildung von Eisensilikat eine beschränkte ist. Anders liegen die Verhältnisse bei Kalkspatzusatz; bei einem Versuch, bei dem 20% Kalkspat zugemischt wurde, wurde unter vierzig Versuchen beispielsweise der höchste Festigkeitswert erreicht.

Da es bisher an Richtlinien zur Kennzeichnung der Sintergüte und -festigkeit fehlt, schlägt H. Pohl[137] vor, die von W. Wolf zum Prüfen der Festigkeit von Hochofenkoks entwickelte Vorrichtung[138] zu benutzen. Das in dieser Abriebpresse geprüfte Gut soll einer Siebung unterworfen werden, bei der die Mengenanteile der Körnungen

über 50 mm			$= a\%$
von 10 bis 50	,,		$= b\%$
,, 5 ,, 10	,,		$= c\%$
,, 1 ,, 5	,,		$= d\%$
und unter 1	,,		$= e\%$

festgestellt werden. Die Errechnung einer Gütezahl soll erfolgen nach der Gleichung

$$Q = \frac{2a + b}{d + 3e}.$$

Diese Formel läßt das Korn 5 bis 10 mm als „neutral“ unberücksichtigt, wählt aber für das Korn unter 1 mm den Faktor 3, um die ungünstige Auswirkung dieses Abriebs angemessen zur Geltung zu bringen. Nach Pohl liegt die so ermittelte Gütezahl für normalen Sinter bei 9,5 und von ihm ausgeführte Versuche haben gezeigt, daß ein zu heiß erzeugter Sinter in seiner Gütezahl nur 5% über dem normalen liegt, so daß eine derartige Erzeugung zu vermeiden sei.

Man kann die Gütezahl Q natürlich auch unmittelbar auf den erzeugten Sinter anwenden und sie als Meßzahl für seine Stückigkeit benutzen.

Pohl hat ferner vorgeschlagen, seine Gütezahl derart zu erweitern, daß auch das Schüttgewicht einbezogen wird und dadurch die „absolute mechanische Gütezahl“ A bestimmt wird nach der Gleichung

$$A = \frac{2a + b}{d + 3e} \cdot \frac{1}{f},$$

in der f das Schüttgewicht in der betreffenden Untersuchungsstufe in t/m^3 ist.

[137] Pohl, H.: Stahl u. Eisen Bd. 71 (1951) S. 597 bis 605 u. 664 bis 673.
[138] Wolf, W.: Stahl u. Eisen Bd. 48 (1928) S. 33 bis 38.

Auf die mechanische Beschaffenheit des Sinters wirkt es sich nachteilig aus, wenn er gegen Ende des Brandes mit Wasser berieselt wird, um ihn schneller zu kühlen. Nach Pohl ist dieser Einfluß so groß, daß die Gütezahl des wassergekühlten Sinters zum Teil 50% unter derjenigen des luftgekühlten Sinters liegt. Der Grund für diese Auswirkung ist, daß der langsam kühlende Sinter kristallin erstarrt, während der durch Berieselung abgeschreckte Sinter weitgehend glasig ist und Spannungen aufweist, die zur Rißbildung führen. In Amerika ist neuerdings eine Anlage zum Kühlen des heißen Sinters aufgestellt worden, die aus einem drehbaren Gestell mit einzelnen Taschen besteht. Während eines Umlaufs dieser Vorrichtung kühlt der Sinter so weit ab, daß er dem Hochofen zugeführt werden kann. Man vermeidet dadurch das Kühlen des Sinters mit Wasser, das ihn brüchig macht.

Über die *mineralische Beschaffenheit* des Sinters ist zuerst von Schwarz[139] eine auf mikroskopische Beobachtung gestützte, weitgehend zutreffende Aussage gemacht worden. Er wies nach, daß das Gut bei der Sinterung weitgehend umgeschmolzen wird und daß das Eisen zum größten Teil in die Oxyduloxydstufe übergeht. Beobachtungen, die der Verfasser gemeinsam mit L. Kraeber an Sinterproben ausführte, brachten erweiterte Kenntnisse. Danach wird auch ein aus Rot- und Brauneisenerzen bzw. dreiwertiges Eisen enthaltenden Stoffen bestehendes Sintergut zum Oxyduloxyd reduziert, weil Eisenoxyd bei den mit 1400 bis 1500° gemessenen Temperaturen nicht beständig ist. Erst sekundär wird das Oxyduloxyd teilweise wieder in Oxyd übergeführt und zwar durch die nach dem Brande hindurchströmende Luft. Wie die Mikroaufnahme der Abb. 100 zeigt und auch nicht anders zu erwarten ist, tritt diese Reoxydation an den durchgehenden Großporen auf. Bei kalkhaltigen Sintern scheint diese Reoxydation schneller vonstatten zu gehen, wie aus den mikroskopischen Untersuchungen zu schließen ist. Auf die in den letzten Jahren als sehr koksparend bezeichnete starke Wiederoxydation des Sinters wird noch besonders eingegangen.

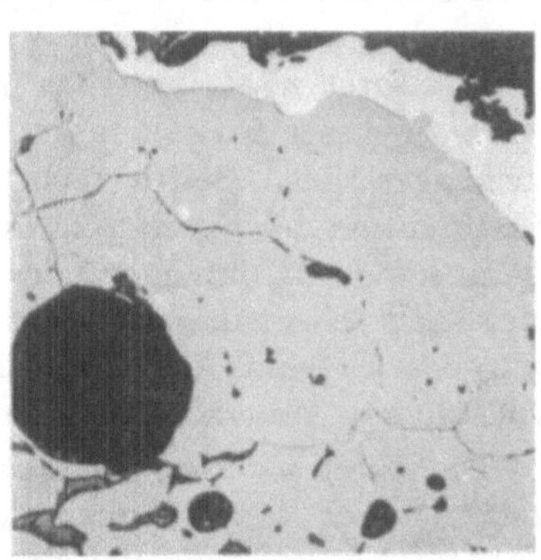

Abb. 100. Mikroaufnahme einer Sinterprobe aus eisenreichem Hämatiterz. Weiß: Eisenoxyd; hellgrau: Eisenoxyduloxyd; grau: eisensilikatische Schlacke.

[139] Schwarz: Trans. Amer. Inst. min. metallurg. Engrs. Nr. 227 (1929).

Die bei der Verbrennung des Kokses auftretenden Reduktionsvorgänge lassen in vielen Fällen einen das Oxyduloxyd übersteigenden Gehalt an Oxydul zustande kommen. In den eisenreichen Sintern geht dieses Oxydul meist eine Bindung mit der Kieselsäure als Fayalit ($2FeO \cdot SiO_2$) ein, während es als fraglich anzusehen ist, ob bei Gegenwart von Kalk auch Eisenoxydul-Kalk-Ferrit entsteht. Gesichert ist dagegen, daß sich das Mono- und das Dicalciumferrit unter Umständen bilden.

Untergeordnet kommt in den Sintern auch eine Bildung von metallischem Eisen zustande. Nach K. Grethe und J. Stoecker[140] schwankte der Gehalt an metallischem Eisen in Sinterproben, die mit etwa 7% Feinkohlenzusatz erzeugt waren, zwischen 0,6 und 1,2%. Das Auftreten von metallischem Eisen konnte auch mikroskopisch nachgewiesen werden[136].

Da in der Sintermischung in der Regel Eisen, Kalk und Kieselsäure auftreten, bestand die Frage, welche Verbindungen diese bei dem Sinterbrande eingehen. Bei Erhitzungsversuchen hatte Endell, wie bereits erwähnt wurde, festgestellt, daß bei gleichzeitiger Anwesenheit dieser drei Stoffe sich eher Verbindungen zwischen Kalk und Kieselsäure einstellen als zwischen Eisenoxyd und Kalk bzw. Kieselsäure. Auch zu dieser Frage konnten die erwähnten mikroskopischen Untersuchungen einen Beitrag geben, indem das Auftreten der α- bzw. β-Modifikation des Orthosilikates $2CaO \cdot SiO_2$ festgestellt wurde. Ferner ist zu erwähnen, daß häufig der Sinter nicht völlig kristallin ist, sondern meist auch eisenhaltiges Glas enthält. Neben diesen Einzelfeststellungen war das Ergebnis der mikroskopischen Beobachtung, daß eine fast vollständige Mineralumwandlung durch den Brand eintritt.

Die *chemische Zusammensetzung* der Sinter schwankt in Abhängigkeit von der Beschaffenheit des Sintergutes natürlich in sehr weiten Grenzen. Abweichend von den natürlichen Stoffen ist der Sinter aber weitgehend frei von vergasbaren Anteilen, enthält also weder chemisch gebundenes Wasser noch Kohlensäure. Auf die Austreibung anderer Bestandteile aus dem Sintergut wird noch zurückgekommen werden.

In analytischer Hinsicht ist zu erwähnen, daß das im Sinter vorkommende metallische Eisen Veranlassung geben kann, daß ein überhöhter Gehalt an Eisenoxydul gefunden wird. An sich dürfte der Anteil des zweiwertigen Eisens am Gesamteisen bei einer vollständigen Oxyduloxydbildung 36,9% nicht überschreiten. Wird ein höherer Wert gefunden, so kann im Oxyduloxyd bis zu 5% FeO isomorph vorhanden sein oder seine analytische Feststellung ist durch das Auftreten des metallischen Eisens veranlaßt.

---

[140] Grethe, K., u. J. Stoecker: Stahl u. Eisen Bd. 55 (1935) S. 645.

Im Sinter bleibt bei unvollkommenem Ablauf des Brandes Brennstoff zurück. Man kann daher eine Bestimmung des Kohlenstoffgehaltes benutzen, um sich von der Vollständigkeit des Sintervorganges ein Bild zu machen. Empfohlen wird, den Kohlenstoffgehalt im Sinterfeingut = Rückgut zu bestimmen, wodurch man ermitteln kann, ob dieses durch ungenügende Festigkeit des Sinterkuchens oder durch ungleichmäßigen Brand entstanden ist.

Eine für den Hochofengang wichtige Eigenschaft ist das Verhalten der Einsatzstoffe bei höheren Temperaturen. Um eine Vorstellung hiervon zu erhalten, wurde bei den Untersuchungen im Eisenforschungs-Institut[136] an feinkörnigen Sinterproben die *Erweichung* in Abhängigkeit von der Temperatur festgestellt. Diesen Versuchen lag ein sehr reines Hämatiterz zugrunde, das durch nur 1,14% SiO_2 verunreinigt war. Das Erz zeigte eine geringe Erweichung bei etwa 1150 bis 1200° und der Sinter aus ihm verhielt sich ähnlich, wenn er auch etwas früher eine beginnende Erweichung erkennen ließ. Nachdem dann dem Erz vor der Sinterung 10,6% SiO_2, 12,1% CaO und in einem dritten Falle 6,9% CaO + 6% SiO_2 beigemischt waren, lag der Erweichungsbereich beim kalkigen Sinter zwischen 1030 und 1050° und beim kieselsauren Sinter zwischen 1080 und 1100°. Der Sinter mit Kalk- und Kieselsäurezusatz erweicht dagegen langsamer als die beiden vorgenannten, aber doch um etwa 70° früher als der Sinter aus dem reinen Erz. Es wird später noch auf die auf eine Leistungssteigerung abzielende Zumischung von Kalk zum Sintergut eingegangen; die spätere Erweichung des Sinters mit Kalk- und Kieselsäuregehalten gegenüber den überwiegend kieseligen Sorten mag mit ein Grund für die teilweise sehr günstige Auswirkung dieses Vorgehens sein.

J. Klärding stellte anderseits bei seinen Versuchen über das Einbinden von Kalk beim Sintern fest, daß bei einem Zusatz von 20% CaO entsprechend einem Molverhältnis von $CaO:SiO_2 = 1$ zu gepulvertem sauren Salzgitter-Roherz und -Sinter aus diesem Erz der Erweichungsbeginn von 1240° bzw. 1190° um rd. 140° erniedrigt wurde, bei einem höheren Kalkzusatz aber wieder anstieg und zwar um etwa 50° bei einer Verdopplung des Kalkzusatzes[141].

Eine besonders wichtige und daher auch oft erörterte Eigenschaft des Saugzugsinters ist seine *Reduzierbarkeit*. Sie ist sowohl von der physikalischen Beschaffenheit, d. h. von der Körnung und Porigkeit des Stoffes als auch von seiner mineralischen Beschaffenheit abhängig. Nun führt der Sinter im Hochofenbetrieb in der Regel zu einer Koksersparnis, die sich weder aus seiner physikalischen Beschaffenheit noch

[141] Klärding, J.: Arch. Eisenhüttenw. Bd. 12 (1938)/39 H. 11, S. 525 bis 528.

aus dem mineralischen Aufbau erklären läßt, die vielmehr auch die Folge der starken Auflockerung ist, welche der Sinter im Ofen bewirkt und die zu einer derartigen Verbesserung der Gasdurchlässigkeit der Beschickung und günstigeren Windverteilung führt, daß der Ofengang allgemein verbessert wird. Die Größe dieses Einflusses des Sinters ist von den übrigen Bedingungen des Ofenbetriebes abhängig und keine dem Sinter eigentümliche Eigenschaft. Auf diesen Einfluß ist daher auch an anderer Stelle eingegangen, während hier nur die Abhängigkeit der Reduzierbarkeit des Sinters von den in ihm vorhandenen chemischen Verbindungen behandelt werden soll. Auch für die Bestimmung dieser Eigenschaft fehlt es nun bisher an einer anerkannten Methode, obwohl gerade mit Rücksicht auf die beste Führung des Sinterbetriebes ein entsprechendes Bestimmungsverfahren sehr erwünscht sein muß; denn während man sich bei den Erzen mit ihrer Reduzierbarkeit gewissermaßen abfinden kann oder muß, liegen die Dinge bei dem künstlich erzeugten Sinter derart, daß man zu vermeiden hat, daß seine Reduktionseigenschaften schlechter als die der Erze vor ihrer Sinterung sind und daß man bestrebt sein muß, einen Sinter von besserer Reduzierbarkeit zu erhalten, als sie die Ausgangsstoffe des Sinterbetriebes besaßen.

Als besonders ungünstig gilt seit langem eine beim Sintern erfolgende Bildung von Eisensilikat. Einen Beitrag zu dieser Frage geben Versuche, die im Eisenforschungs-Institut mit Proben unterschiedlicher Zusammensetzung ausgeführt wurden[136]. In der Zahlentafel 48 ist zunächst eine Übersicht über die Beschaffenheit des Roherzes und die diesem vor der Sinterung gemachten Zusätze gegeben. In einem Silitstabofen wurden bei einer Temperatur von 600° unter Verwendung von Wasserstoff als Reduktionsmittel vergleichende Versuche mit analysenfein geriebenen Proben durchgeführt. Das Ergebnis einer ersten Versuchsreihe zeigt

Zahlentafel 48. *Gegenüberstellung eines Roherzes und von aus ihm ohne und mit unterschiedlichen Zusätzen an Quarz und Kalkspat hergestellten Sinterproben.*

Roherz bzw. Sinter	$Fe_{ges.}$ %	Quarz-zusatz %	Kalk-zusatz %	Brenn-stoff-zusatz %	Fe_2O_3 %	FeO %	$\frac{FeO}{Fe_2O_3}$	Oxydationsgrad (aus der Kurve entnommen) %
Roherz	69,14	—	—	—	97,8	0,82	0,008	99,5
1	70,8	—	—	5	79,4	19,5	0,246	92,9
10	73,3	—	—	9,5	58,1	42,0	0,723	85,0
22	68,6	5	—	8,0	58,8	35,4	0,602	86,7
23	64,9	10	—	8,0	53,7	35,1	0,653	86,0
24	58,2	20	—	8,0	51,4	28,6	0,556	87,3
27b	62,9	—	20	8,0	59,2	27,6	0,465	88,6
29	64,1	5	10	8,0	57,9	30,4	0,525	87,7

Abb. 101. Aus ihm geht hervor, daß die Sinter mit Ausnahme des Sinters 10 aus dem reinen Roherz langsamer reduziert werden. Unter den anderen Sintern zeigen sich Unterschiede, die auf die verschiedene mineralische Zusammensetzung zurückgeführt werden müssen. So ist der Sinter 23 mit 10% Quarzzusatz besonders langsam reduziert worden, während der Sinter 27b mit 20% Kalkzusatz leichter als der eisensilikatische Sinter 23 den Sauerstoff abgibt.

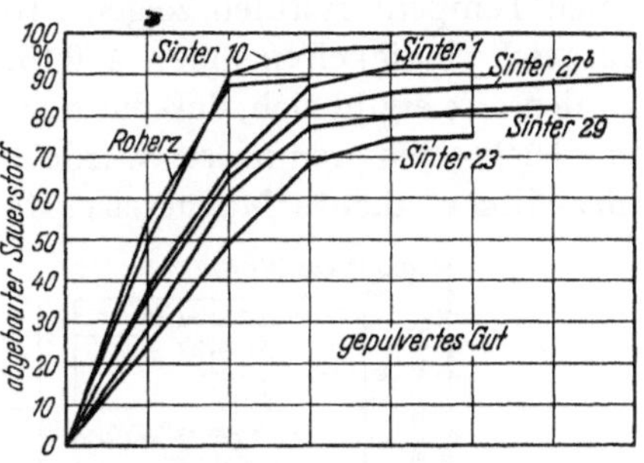

Abb. 101. Verlauf des Sauerstoffabbaus an verschiedenen Sinterproben mit unterschiedlichen Gehalten an Schlackenbildnern.

Bei einer 2. Versuchsreihe, bei der sich die Proben nur durch ihren Kieselsäuregehalt unterschieden, zeigt sich gemäß Abb. 102, daß die Reduktionsgeschwindigkeit mit zunehmendem Kieselsäuregehalt abnimmt, allerdings mit der Ausnahme der Probe 24, die den höchsten Quarzzusatz erhielt. Eine gewisse Erklärung gab aber die mikroskopische Untersuchung dieser Probe, welche zeigte, daß bei mehr als 10% Quarzzusatz nicht mehr alle Kieselsäure Eisensilikatbildung zur Folge hatte.

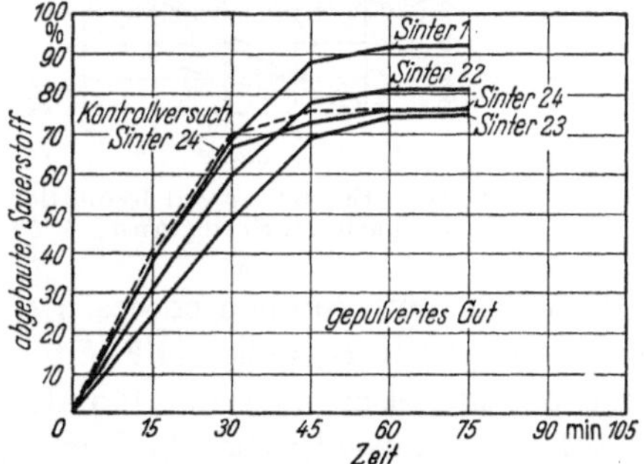

Abb. 102. Verlauf des Sauerstoffabbaus bei Sinterproben mit unterschiedlichen Kieselsäuregehalten.

Während sich die vorgenannten Versuche sehr weitgehend von den im Hochofen bestehenden Reduktionsverhältnissen entfernen, führten W. Feldmann, J. Stoecker und W. Eilender[142] Reduktionsversuche mit Eisenerzen und Sinter derart am Hochofen aus, daß sie dem Ofen auf verschiedenen Bühnen entnommene Gase unmittelbar durch das Probegut, das in der üblichen Stückgröße vorlag, leiteten. Das in einem Silitstabofen befindliche Gut wurde dabei nacheinander in vier Stufen von je einer Stunde Dauer von 200 auf 600°, von 600 auf 700°, von 700 auf 800° und von 800 auf 1000° erhitzt. Gleichzeitig wurden durch die mit 2 kg Versuchsgut gefüllte Trommel 450 l/h Gas hindurchgeleitet, was etwa den Verhältnissen im Hochofen entspricht. Aus den Gehalten der in den Versuchsofen ein- und aus ihm austretenden Gase an Kohlenoxyd und Kohlensäure wurde der Sauerstoffabbau errechnet, der — in

[142] Feldmann, W., J. Stoecker u. W. Eilender: Stahl u. Eisen Bd. 53 (1933) S. 289 bis 300.

Hundertteilen vom ursprünglichen Gesamteisensauerstoff angegeben — als Meßzahl der Reduzierbarkeit dient.

Einen Überblick über die Ergebnisse dieser Untersuchungen gibt Abb. 103. Sie zeigt Kurven, die den Reduktionserfolg bei vier verschiedenen Erzen und zwei Sintern in Abhängigkeit von den vier verschiedenen Temperaturstufen zeigen. In diesem Falle waren außerdem die Gasgeschwindigkeiten über 450 l/h auf 900 und 1800 l/h gesteigert worden. Es ergibt sich, daß das nordafrikanische Roteisenerz bei weitem am leichtesten reduziert wurde und am schlechtesten der nordschwedische, dichte Magneteisenstein von Luossavaara-Kiirunavaara.

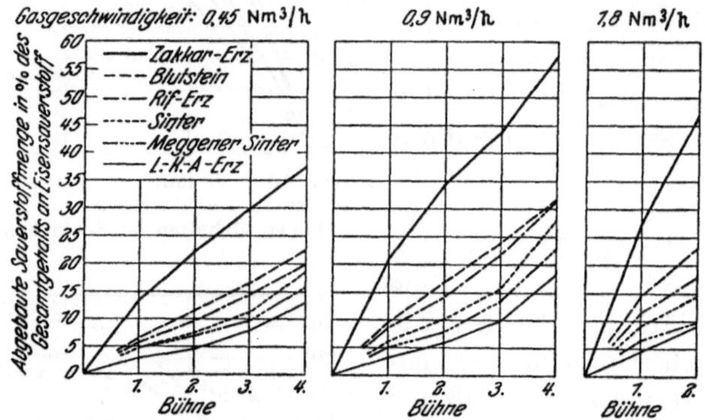

Abb. 103. Ergebnisse von Reduktionsversuchen an verschiedenen Erzen (nach W. Feldmann, J. Stoecker u. W. Eilender).

Die beiden Sinterproben erwiesen sich als etwas besser reduzierbar als dieses Magnetiterz, aber anderseits schwerer reduzierbar als das Riferz und der mittelschwedische Hämatit mit der Bezeichnung „Blutstein". Das letztgenannte Erz hat die Eigenschaft, bei Glühtemperatur bröckelig zu werden und es wird von Feldmann hierauf sein verhältnismäßig günstiger Sauerstoffabbau zurückgeführt.

Feldmann, Stoecker und Eilender kommen auf Grund ihrer Versuche zu der Ansicht, daß der Sinter infolge der verglasten Oberfläche zwar schwer reduzierbar sei, daß aber seine physikalische Beschaffenheit eine besonders gute Gasverteilung über den Ofenquerschnitt veranlasse; der Sinter werde auf diese Weise, zumal er infolge seiner Porigkeit für die Aufnahme von Spaltungskohlenstoff sehr geeignet sei, unter für die Reduktion günstigen Bedingungen in die Schmelzzone gebracht, woraus sich der hohe Anteil der indirekten Reduktion an der Gesamtreduktion bei der Sinterverhüttung erkläre.

Die vorgenannten Untersuchungen haben durch K. Grethe und J. Stoecker eine Fortsetzung erfahren[143]. Sie stellten nach der Art

[143] Grethe, K., u. J. Stoecker: Stahl u. Eisen Bd. 55 (1935) S. 641 bis 648.

von Feldmann für Erze verschiedener Herkunft Reduktionszahlen von 7 bis 40% fest, für dreißig verschiedene Sinter dagegen Werte, die zwischen 12 und 19% schwankten. Eine Gesetzmäßigkeit zwischen Reduzierbarkeit und der Anteilmenge einzelner Erzsorten in der Sintermischung konnten, wie zu erwarten war, nicht festgestellt werden.

Eine Übersicht über das Ergebnis bei einer Versuchsreihe gibt Abb. 104. In ihr sind die aus acht verschiedenen Sintermischungen

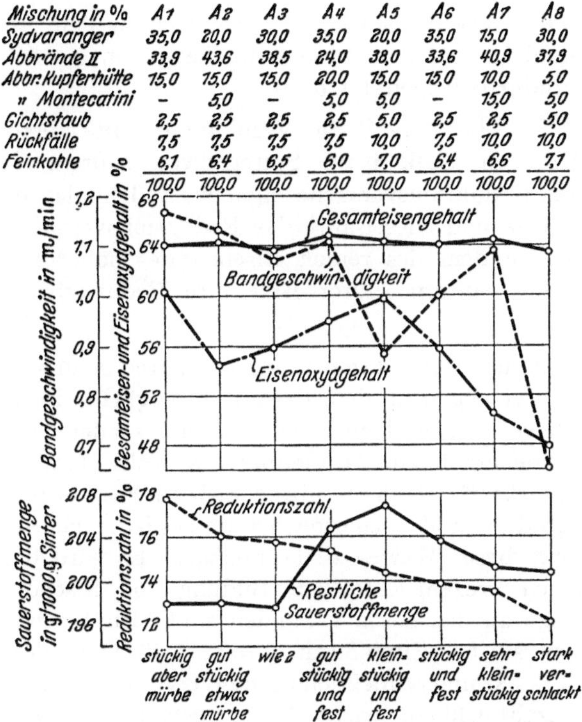

Abb. 104. Ergebnisse von Reduktionsversuchen an Sinterproben aus unterschiedlich zusammengesetztem Sintergut, geordnet nach fallender Reduktionszahl (nach K. Grethe und J. Stoecker).

erzeugten Proben nach fallender Reduktionszahl geordnet. Diese schwankt zwischen 17,8 und 12% und ist unabhängig von dem Anteil der verschiedenen Erzsorten. Weiter ergibt sich aus den Proben A 5 und A 8, daß bei ihnen wegen des höheren Brennstoffzusatzes mit geringerem Bandvorschub gefahren wurde und daß der mehr verschlackte Sinter schlechter reduzierbar war. Dem von A 5 nach A 8 stark abnehmenden Gehalt an Eisenoxyd steht eine gewisse Parallele in dem Absinken der Reduktionszahl gegenüber. Die Kurve der restlichen

Sauerstoffmenge, die nur um wenige Einheiten schwankt, läßt deutlich werden, daß die Sinter mit der besseren Reduktionszahl im Endergebnis noch etwa den gleichen Sauerstoffendgehalt hatten wie die Sinter mit der ungünstigeren Reduktionszahl, die bereits bei dem Sinterbrand mehr Sauerstoff abgegeben hatten.

Dem Einfluß, den die Porigkeit auf die Reduzierbarkeit ausübt, ist ebenfalls von Grethe und Stoecker Aufmerksamkeit geschenkt worden. Sie stellten in Verbindung mit ihren Untersuchungen über die Reduzierbarkeit des Bandsinters fest, daß eine Erhöhung des Brennstoffzusatzes als Folge der stärkeren Verschlackung eine Abnahme der Porigkeit veranlaßt und daß diese weitgehend von einem abnehmenden Sauerstoffabbau begleitet ist.

Die von J. Klärding[141] in Verbindung mit Versuchen über das Einbinden von Kalk beim Sintern von saurem Salzgittererz durchgeführten Reduktionsversuche ergaben, daß infolge der Wechselwirkung von Kalk und Kieselsäure das Reduktionsverhalten eines solchen Sinters sich dem des reinen Eisenoxydes näherte, so daß ein Kalkzusatz beim Sintern saurer Erze ihre Reduzierbarkeit günstig beeinflußt.

Von schwedischer Seite ist in den letzten Jahren befürwortet worden, einen Sinter zu erzeugen, in dem das Eisen möglichst in der höchsten Sauerstoffstufe vorliegt, weil ein solcher Sinter besonders leicht reduzierbar sei und eine erhebliche Minderung des Koks- bzw. Holzkohlenverbrauchs bewirke[144]. Nach M. Tigerschiöld[145] ist es möglich, einen „Oxydationsgrad" von 99 % zu erreichen und es ist zunächst notwendig, die Berechnung dieses Wertes zu besprechen. Es wird darunter verstanden, wieviel Prozent einer zur Bildung von Eisenoxyd nötigen Sauerstoffmenge an das Eisen gebunden sind. Im Eisenoxyd ist das Verhältnis Sauerstoff zu Eisen 30 zu 70 = 0,43, für Oxyduloxyd dagegen 27,6 zu 72,4 = 0,382 und schließlich für das Oxydul 22,2 zu 77,8 = 0,286. Die Verhältniszahl 0,43 entspricht als der höchstmöglichen Oxydationsstufe dem Oxydationsgrad 100 % und die Oxydationsgrade des Oxyduloxydes und des Oxyduls stellen sich auf 0,382:0,43 = 88,9 % bzw. 0,286:0,43 = 66,6 %. Bezeichnet man das Verhältnis des Sauerstoffs zum Eisen im Eisenoxyd mit α, den Analysenwert für Fe_2O_3 mit a und den für FeO mit b sowie das Verhältnis $\frac{a}{b}$ mit v, so errechnet sich der Oxydationsgrad aus der Gleichung:

$$x = \frac{(30 + v \cdot 22{,}2) : (70 + v \cdot 77{,}8) \cdot 100}{\alpha}.$$

[144] Hessle, B.: Jernkont. Ann. Bd. 129 (1945) S. 383 bis 446.
[145] Tigerschiöld, M.: Stahl u. Eisen Bd. 70 (1950) S. 397 bis 403.

Von W. Feldmann[146] ist die in Abb. 105 wiedergegebene Kurve aufgezeichnet worden, aus der sich die Werte des Oxydationsgrades entnehmen lassen, sofern das Verhältnis FeO zu Fe_2O_3 auf Grund vorliegender Analysenwerte bekannt ist.

Zu dieser Bestimmung des Oxydationsgrades ist folgendes zu sagen. Wird ein reines Erz bei der üblichen Saugzugsinterung auf die Oxyduloxydstufe gebracht, so ist ein Oxydationsgrad von 88,9 % zu erwarten, wobei die unvermeidlich auftretende Oxydation durch die Luft an den durch den Sinter hindurchgehenden Großporen eine mäßige Erhöhung des Oxydationsgrades auf etwa 90 % bewirken wird. Auch eine Nachbehandlung des Sinters, die in einem längeren Hindurchsaugen von Luft besteht, wird den Oxydationsgrad wenig ändern, weil mit der Kühlung gleichzeitig die Oxydation endet. Wird anderseits ein kieseliges Erz gesintert, was die Bildung von viel Eisensilikat zur Folge hat, so kann der Oxydationsgrad bis auf 66,6 % zurückgehen, wenn sich bis zu 100 % Eisensilikat bilden würde. Auch hieran kann eine Nachbehandlung so gut wie gar nichts ändern. Bei einem kalkigen Erz führt die Sinterung dagegen, wie schon erwähnt wurde, zur Bildung von Mono- und Dikalziumferrit und es ergibt sich daraus ein sehr hoher Oxydationsgrad. Einen gleichartigen Einfluß hat ein Mangan- und Magnesiumgehalt des Sintergutes. Es erscheint nicht unwichtig, diese Zusammenhänge zu beachten, um die Werte des Oxydationsgrades in bezug auf die eisenarmen und an Schlackenbildnern reichen deutschen Erze richtig einschätzen zu können.

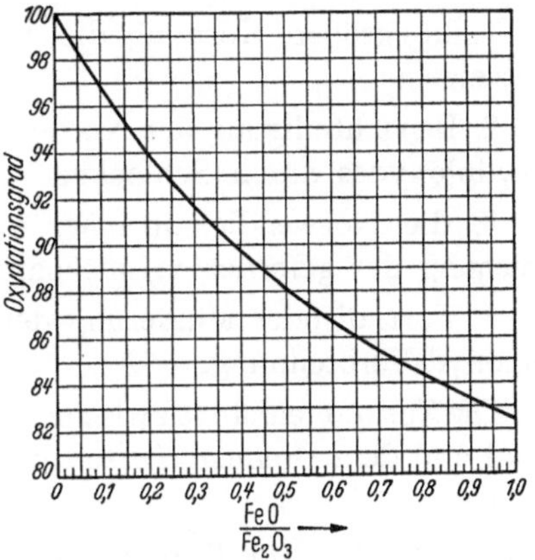

Abb. 105. Oxydationsgrad in Abhängigkeit vom Verhältnis FeO zu Fe_2O_3 im Sinter (nach W. Feldmann).

Von erheblicher Bedeutung für die Menge des an das Eisen gebundenen Sauerstoffs ist es natürlich außerdem, ob der Sintermischung viel oder wenig Brennstoff beigegeben wird, weil der höhere Brennstoffzusatz eine stärkere Verschlackung bewirkt. Die gebildete Schlacke ist dann bei sauren Erzen nicht nur oxydulreich, sondern sie behindert auch die Oxydation bei der Kühlung des Sinters. Soll ein hoher Oxydationsgrad erreicht werden, so ist dies am besten durch einen Kalkzusatz zu bewirken.

Bei den schwedischen Hochofenwerken liegen die Verhältnisse wesentlich anders, weil sie überwiegend hochangereicherte Magnetit-

[146] Feldmann, W.: Stahl u. Eisen Bd. 71 (1951) S. 670.

erze sintern. Bei diesen kann, wie sich gezeigt hat, schon bei einem Zusatz von 2,5 bis 4,0% Brennstoff ein fester Sinter hergestellt werden. H. Wendeborn[147] nimmt an, daß dieser Erfolg mit darauf beruht, daß der Brennstoffzusatz das Eisenoxyduloxyd gewissermaßen auf seine „Zündtemperatur" bringe und daß die dann bei seiner Oxydation freiwerdende Wärme den guten Erfolg herbeiführe.

Wendeborn stellt ebenfalls die besonders armen deutschen Erze den eisenreichen schwedischen Konzentraten gegenüber und weist darauf hin, daß beide hinsichtlich der Erzeugung eines hochoxydierten Sinters recht verschieden zu beurteilen seien. Die geringere Oxydationsmöglichkeit bei den armen Erzen führt er zurück auf:

1. ihre gröbere Körnung, die eine geringere Oberfläche der Oxydation aussetze,

2. Benachteiligung der Nachoxydation durch Umhüllung des Eisenoxyduloxydes durch Schlacke,

3. die Notwendigkeit eines größeren Brennstoffzusatzes zur Erreichung der geforderten, mechanischen Festigkeit und

4. Fortfall oder Minderung der Oxydationswärme durch Eisenoxyduloxyd-Verbrennung.

Die Zusammenhänge zwischen der Reduzierbarkeit, dem Oxydationsgrad und dem Brennstoffanteil werden durch die Zahlentafel 49 belegt.

Zahlentafel 49. *Die Wirkung der Menge des Brennstoffs auf die Reduzierbarkeit des Sinters (nach W. Feldmann).*

		Sinterprobe Nr.			
		F 2	F 3	F 4	F 5
Brennstoff in der feuchten Mischung .	%	2,5	3,25	4,5	6,0
Höchste Korngröße des Brennstoffs .	mm	6	6	6	6
Feuchtigkeitsgehalt	%	6,0	6,6	6,2	5,9
Sinterzeit einschl. 5 min Nachbrennen	min	37	28	24	22
Oxydationsgrade der					
Original-Sinterprobe	%	97,6	96,4	94,8	92,4
1 h lang reduziert	%	49,7	48,0	43,0	42,0
3 h ,, ,, ...	%	13,4	14,3	15,5	24,5
5 h ,, ,, ...	%	8,3	10,5	9,6	13,9

Die in ihr genannten Sinterproben F 2 bis 5 wurden bei 850° in einem karburierten Gas mit 2% CO_2 und 80% CO 1, 3 und 5 h lang reduziert und die Oxydationsgrade vor und nach den Versuchen bestimmt. Aus den Werten der Zahlentafel 49 ergibt sich zunächst, daß die Oxydationsgrade vor dem Reduktionsversuch bei 97,6 bis 92,4% lagen und daß

[147] Wendeborn, H.: Stahl u. Eisen Bd. 71 (1951) S. 1212 bis 1218.

sie mit der Steigerung des Brennstoffanteils in der Sintermischung von 2,5 auf 6 % die genannte Erniedrigung erfahren. Es zeigt sich weiter, daß die Probe F 2 mit dem höchsten Oxydationsgrad nach 5 h den niedrigsten Oxydationsgrad hatte, d. h. sie besaß die beste Reduzierbarkeit. Am geringsten ist der Sauerstoffabbau bei der Probe F 5, die vor Beginn des Versuchs den niedrigsten, nach dem Versuch aber noch den höchsten Oxydationsgrad besitzt.

Der mit Rücksicht auf die Erhöhung des Oxydationsgrades bei der Sinterung gegebene geringe Brennstoffzusatz hat zur Folge, daß ein schwarz gebrannter, weniger verschlackter Sinter erzeugt wird; Reduktionsversuche zeigten auch, daß er, wenn er abgekühlt worden war, bei leiser Berührung zerfiel, daß er aber in der Wärme die gleiche Festigkeit besaß, wie der in üblicher Weise hergestellte Sinter.

In der Zahlentafel 48 sind zu den im Eisenforschungs-Institut hergestellten Sintern ebenfalls die Oxydationsgrade angegeben. Für den Sinter 10 ist der Wert mit 85 % wesentlich niedriger als für den Sinter 1 mit 92,9 %. Trotzdem war, wie bereits mit Abb. 101 gezeigt wurde, die Reduzierbarkeit des Sinters 10 unter den angeführten Versuchsbedingungen besser als die des Sinters 1. Anderseits besitzen auch die Proben 22, 23, 24, 27b und 29 einen höheren Oxydationsgrad als die Probe 10 und waren sämtlich schwerer reduzierbar als die Probe 10. Es geht daraus hervor, daß noch nicht völlig gesichert ist, ob vom Oxydationsgrad unmittelbar auf die Reduzierbarkeit geschlossen werden kann.

Faßt man die verschiedenen hier besprochenen Beiträge zu der Frage der Reduzierbarkeit des Saugzugsinters als Auswirkung seiner mineralchemischen Beschaffenheit zusammen, so ergibt sich, daß der in üblicher Weise hergestellte Sinter meist schwerer den Sauerstoff abgibt als Rot- und Brauneisenerze, aber doch leichter reduzierbar ist als dichte stückige Magnetiterze. Als die im Sinter auftretenden, schwer reduzierbaren Bestandteile sind Eisensilikat und eisenoxydulhaltiges Glas zu nennen; ihre Entstehung muß mithin vermieden werden. Mit Rücksicht auf die Erreichung guter Reduzierbarkeit empfiehlt sich die Zugabe von Kalk, um einen selbstgehenden Sinter anzustreben und die Eisensilikatbildung möglichst zu vermeiden. Von ungünstiger Wirkung auf die Reduzierbarkeit ist eine unnötig hohe Brennstoffzugabe, weil diese einen dichten Sinter entstehen läßt, der das Eisen als Oxyduloxyd enthält. Bei geringer Brennstoffzugabe erzeugter sogenannter „schwarz gebrannter" Sinter ist relativ porenreich und bei hinreichender Festigkeit gut reduzierbar. Weiterer Klärung bedarf die Frage, ob eine gewisse Nachbehandlung des Sinters zur Erreichung einer weitgehenden Wiederoxydation seine leichtere Reduzierbarkeit bewirkt und ob aus dem Oxydationsgrad unmittelbar auf eine leichte oder schwere Reduzierbarkeit geschlossen werden darf.

e) Die Vorbereitung der Sintermischung für Saugzugsinteranlagen. Die Saugzugsinterung stellt an die Sintermischung in erster Linie die Forderung nach einer guten Luftdurchlässigkeit, weil diese die Voraussetzung für das Fortschreiten des Sinterbrandes von oben nach unten ist. So verlangt also auch diese Arbeitsweise eine gewisse Körnung des Gutes, was als ein Nachteil des Verfahrens gelten müßte, wenn nicht viele Feinerze, manche Konzentrate und auch das Rückgut eine solche Korngrößenzusammensetzung hätten, daß sie ohne weiteres die gewünschte Durchlässigkeit besitzen, und wenn es ferner nicht die Möglichkeit gäbe, die Anteile, die an sich zu fein sind, nach Anfeuchtung derart zu krümeln, daß sie eine höhere Durchlässigkeit erhalten, als sie ihnen ihrer Korngrößenverteilung nach zukommt.

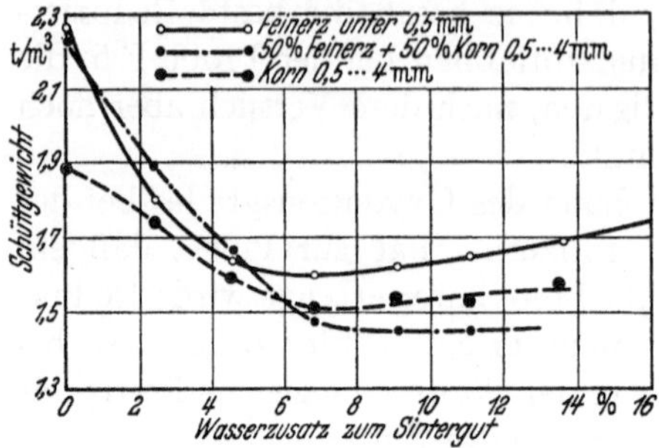

Abb. 106. Abhängigkeit des Schüttgewichtes vom Wasserzusatz zum Sintergut.

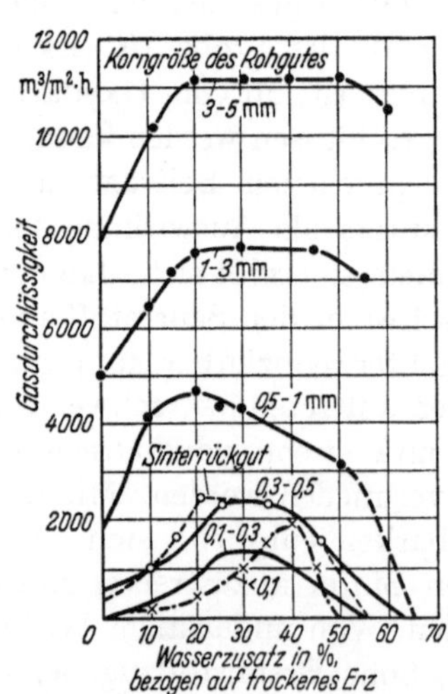

Abb. 107. Einfluß des Wassergehaltes auf die Gasdurchlässigkeit von Rückgut unterschiedlicher Körnung bei 400 mm WS Unterdruck (nach R. Baake).

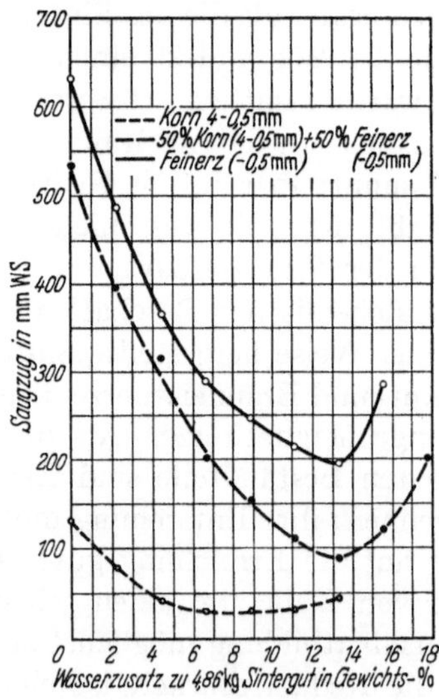

Abb. 108. Einfluß des Wasserzusatzes auf den Luftwiderstand einer Sintermischung.

Wie stark eine Anfeuchtung auflockernd auf feinkörniges Gut wirkt, zeigt Abb. 106. Bei ihr ist auf der Abszisse der Wasserzusatz in Gewichtsprozent von einer bestimmten Menge Sintergut angegeben und auf der

Ordinate das Schüttgewicht. Es zeigt sich, daß besonders das feine Gut sehr stark aufgelockert wird, wenn der Wasserzusatz von 0 auf etwa 6 bis 8 % gesteigert wird. Ähnliche Feststellungen sind von R. Baake[148] gemacht worden; er dehnte den Wasserzusatz bis zu 70 % aus und stellte in Abhängigkeit von der Gasdurchlässigkeit und Korngröße des Rohgutes Kurven auf, wie sie Abb. 107 für einen Unterdruck von 400 mm WS zeigt. Kennzeichnend für die Bedeutung des Wasserzusatzes für den Luftwiderstand einer Sintermischung sind die Kurven, die in Abb. 108 gemäß den vom Verfasser gemeinsam mit L. Kraeber gemachten Feststellungen wiedergegeben sind[136]. Welchen Einfluß ein Feinerzzusatz auf die Luftdurchlässigkeit hat, zeigt Abb. 109; verhältnismäßig sehr stark ist dieser Einfluß schon bei geringen Zusätzen. Anderseits ist auch bekannt, daß, wenn ein Gut durch gröberes Korn aufgelockert werden soll, verhältnismäßig große Mengen erforderlich sind, um den gewünschten Erfolg zu erhalten.

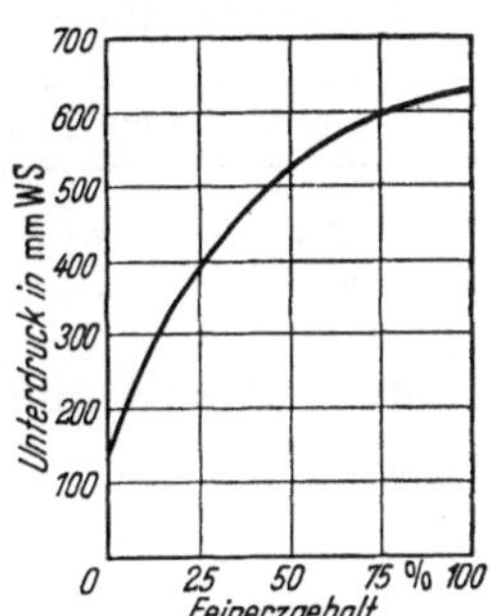

Abb. 109. Einfluß eines Zusatzes von Feinerz auf den Luftwiderstand einer unveränderten Menge Sintermischung.

Als die Sinterung hemmend kann man das Gut unter 0,1 mm bezeichnen, während das Korn über 1 mm auflockernd wirkt. Die ungünstige Wirkung des feinsten Korns kann in den meisten Fällen durch die Krümelbildung aufgehoben oder gemildert werden, die beim Mischen erreicht wird. Dieser Vorgang der Krümelung wird unter Umständen sogar gerade durch disperse Anteile verbessert.

Es können sich aber nicht nur durch zu große Feinheit des Sintergutes Schwierigkeiten ergeben, sondern auch durch eine zu grobe Körnung. Gut sinterbar ist eine Körnung von 0 bis 3 mm und auch noch von 0 bis 5 mm, wenn der Anteil des Korns über 3 mm in mäßigen Grenzen bleibt. Soll ein Erz, das gröbere Anteile enthält, mit Rücksicht auf die mit der Sinterung verbundene Anreicherung verarbeitet werden, so wird es trotz der Aufwendung für die der Stückigmachung vorausgehende Zerkleinerung empfehlenswert sein, wenigstens auf unter 8 mm zu zerkleinern, um eine befriedigende Sintergüte zu erhalten.

Für die rechnerische Ermittlung der Gasdurchlässigkeit einer Sintermischung kann die von Ramsin[149] aufgestellte Gleichung

$$Q = \sqrt[n]{\frac{P}{A \cdot h}}$$

[148] Baake, R.: Stahl u. Eisen Bd. 51 (1931) S. 1277 bis 1283 u. 1314 bis 1319.

[149] Ramsin: Wärme Bd. 51 (1928) S. 301 bis 303.

dienen, in der bedeutet:

Q die Luftmenge auf ein m² Fläche in m³/m² und s,
P den Unterdruck in mm WS,
h die Schichthöhe in mm.
A und n sind Werte, die von der Korngestalt und der Korngröße abhängig sind.

Nach Baake ließ sich die Abhängigkeit von A und n bei trocknem Korn zahlenmäßig nicht bestimmen, dagegen stellte er bei klassiertem und feuchtem (mit 20% Wasser) Rückgut bei sehr lockerer Schüttung die folgenden Werte fest:

Korngröße mm	3 bis 5	1 bis 3	0,5 bis 1	0,3 bis 0,5	0,1 bis 0,3
A	0,30	0,66	1,43	3,40	6,50
n	1,77	1,51	1,39	1,30	1,16

A ist danach umgekehrt proportional dem Korndurchmesser und damit

$$A = \frac{K}{d}\,, \quad \text{wobei } K = 1{,}2 \text{ bis } 1{,}3 \text{ ist.}$$

Auch n ist abhängig von der Korngröße; sein Wert steigt, wie zu erwarten ist, mit wachsender Korngröße, bleibt aber immer kleiner als 2.

Die gute Luftdurchlässigkeit ist nicht nur für die Fortsetzung des Sinterbrandes wichtig, sondern auch für die Zündung. Nach Baake bedarf eine wirkliche gut Zündung mit gleichmäßiger heller Weißglut einer Mindestluftmenge von 1000 m³/m² u. h. Dazu ist zu bemerken, daß hoher Brennstoffgehalt und mäßiger Wasserzusatz die Zündung beschleunigen.

Der Zusatz an Brennstoff und Wasser macht es erforderlich, daß diese in dem Sintergut gleichmäßig verteilt werden. Welche Bedeutung dieser Verteilung zukommt, mag mit dem von A. Wagner geprägten Satz belegt sein, der lautet: „Sintern bedeutet in der Hauptsache richtiges Mischen und Nässen". Hierzu bedient man sich meist mit Einbauten versehener Mischtrommeln, wie sie schon bei der Beschreibung der verschiedenen Sinterverfahren genannt wurden. Es stehen sich jedoch zwei verschiedene Arbeitsweisen gegenüber. Bei der einen werden die Sinterrohstoffe in einem großen Tiefbunker zunächst für längere Zeit gesumpft, wobei auch schlecht benetzbare Kornanteile genäßt werden. Auf einem Zwischenlager kann dann das überschüssige Wasser wieder ablaufen, was ziemlich schnell erfolgt. Nach diesem „Mauken" werden die Einsatzstoffe gewichtsmäßig gemöllert und dann in einem Rapsmischer 5 bis 10 min lang gemischt. Hierbei findet dann nicht nur die gründliche Durchmischung statt, sondern es tritt selbst bei wenig bindefähigen Erzen die gewünschte Krümelung mehr oder weniger vollkommen ein, welche die Auflockerung der Sintermischung günstig beeinflußt. Der Rapsmischer arbeitet satzweise und ist aus diesem Grunde kippbar angeordnet.

Die andere Arbeitsweise besteht darin, daß die einzelnen Rohstoffe anteilmäßig zusammen mit dem Brennstoff fortlaufend in eine Mischtrommel von etwa 5 bis 7 m Länge und 2 bis 3 m Durchmesser eingefüllt werden. In ihr wird auch das Anfeuchtwasser zugegeben, falls das Sintergut nicht bereits genügende Feuchtigkeit mitbringt.

Die Dauer der Mischung ist recht unterschiedlich und auch die Einbauten der Mischtrommeln sind wechselnd. Es kann als sicher gelten, daß die erstgenannte Art des Mischens wirkungsvoller ist, wenn auch ein genauer zahlenmäßiger Vergleich nicht vorliegt.

Die Feuchtigkeitsgehalte der in den Betrieben verarbeiteten Sintermischungen liegen bei etwa 10 bis 14%. In verhältnismäßig einfacher Weise läßt sich ein richtiger Feuchtigkeitsgehalt dadurch prüfen, daß man eine kleine Menge in der Hand zusammenpreßt; ist der Feuchtigkeitsgehalt richtig, so ballt die Masse nach dem Öffnen der Hand zusammen. Die jeweils günstigste Menge an zugesetztem Wasser kann jedoch nur auf Grund eingehender Beobachtungen ermittelt werden.

Ist es durch die sorgfältige Abstellung des Mischvorganges auf eine gekrümelte Sintermischung gelungen, diese gut vorzubereiten, so ergibt sich die Forderung, daß die Krümelung bis zur Aufbringung auf die Sintermaschine erhalten bleibt und eine lockere Schüttung erfolgt. In dieser Hinsicht hat es sich bewährt, die Mischung nicht in die Bunker aus größerer Höhe fallen zu lassen, wobei der Aufschlag die erreichte Krümelung weitgehend zunichte macht, sondern über dem Bunker ein Schüttel- oder Schwingsieb anzuordnen, durch welches die Sintermischung in breiter Verteilung herabrieselt. Aus diesem Aufgabebunker muß dann die Sintermischung in vorsichtiger Weise auf das Band oder die Pfanne aufgelegt werden. Würde die Aufgabe der Sintermischung aus einem gefüllten Bunker unmittelbar erfolgen, so würde der Eigendruck des Gutes seine Verdichtung und damit eine Verschlechterung der Gasdurchlässigkeit bewirken. Als zweckmäßig hat es sich erwiesen, mittels einer Austragwalze die gleichmäßige Verteilung vorzunehmen, wobei sich die zusätzliche Anordnung eines schrägen Bleches bewährt hat, von dem das Gut derart abrollt, daß die gröberen Körner in die unteren Schichten geraten.

Zur Herabminderung der Menge des Rückgutes, das vornehmlich an der Oberfläche entsteht, hat man in einigen Fällen eine Vorrichtung zum Glattstreichen benutzt. Sofern eine solche vorhanden ist, muß darauf geachtet werden, daß sie die aufgeschichtete Sintermischung nur glatt streicht und keinen Druck ausübt.

f) Einfluß des Brennstoffs bei der Saugzugsinterung. Die richtige Zumessung des Brennstoffs ist sowohl in technischer wie auch in wirtschaftlicher Hinsicht für den Sinterbetrieb besonders wichtig. Ein zu geringer Zusatz läßt einen Sinter von mangelhafter Festigkeit entstehen, wobei aber der Brand verhältnismäßig sehr schnell vonstatten geht. Das bereits besprochene Bestreben, einen wenig verschlackten und stark wiederoxydierten Sinter zu erhalten, weist darauf hin, mit dem Brennstoff so sparsam zu sein, wie es die Rücksichtnahme auf die Festigkeit irgendwie zuläßt, zumal ein hoher Brennstoffzusatz die Sinterzeit erheblich verlängert.

Über die Eignung des Brennstoffs, seine günstigste Beschaffenheit und seinen Einfluß auf den Betrieb hat H. Pohl die folgenden zwölf Hinweise zusammengestellt[137]:

1. Die zum Sintern notwendige Zeit stieg mit zunehmendem Brennstoffgehalt so lange fast gleichmäßig an, bis der Normalwert erreicht war; von da an nahm die Sinterdauer prozentual stärker zu. Bei zu kaltem Sintern erhöht sich also die Erzeugung auf Kosten der Sintergüte, bei zu hohem Brennstoffanteil geht jedoch mit gleichbleibender und dann abfallender Sintergüte die Erzeugung stark zurück.

2. Von den verschiedenen Brennstoffsorten benötigt man bei Feinkohle am wenigsten Kohlenstoff, während Koksgrus und andere Brennstoffabfälle bis über 50 % mehr Kohlenstoff zur Erzeilung eines normalen Sinters in die Mischung einbringen müssen. Diese in der Praxis gut zu beobachtende Tatsache gründet sich auf die für die Feinkohle zutreffende Eigenschaft, daß sie eine besonders große Reaktionsfähigkeit und damit schnelle Zünd- und Verbrennungsgeschwindigkeit besitzt.

3. Bei hochwertigem Brennstoff ist das Einstellen des zum Sintern günstigen Anteils am schwierigsten; minderwertige Brennstoffe reagieren auf gleiche Stufen im Kohlenstoffgehalt nicht so stark.

4. Die Erzeugungszeiten für normalen Sinter liegen bei Verwendung verschiedener Brennstoffe auf fast gleicher Höhe, so daß Winddurchgang und Erzeugung durch die Wahl der Brennstoffsorte bei richtiger Einstellung des zum Sintern nötigen Brennstoffanteils nicht wesentlich beeinflußt werden.

5. Erwartungsgemäß nimmt bei steigendem Brennstoffgehalt der Schwund des Sinters durch Erhöhung der Verschlackung zu, während sich gleichzeitig der Winddurchgang durch den Sinter verringert.

6. Bekanntlich gelangt ein geringer Teil des feinen Sintergutes und des Brennstoffs mit dem Abgas durch die Staubkästen bis in den Ventilator. Hier werden durch die schmirgelnde Wirkung dieses Abgasstaubes, vor allem des mitgerissenen Koksgrusfeinkornes, besonders Leitungswände, Wirbler, Ventilatorschaufeln und Gehäusewandungen stark verschlissen. Beim Sintern nur mit Koksgrus ist dieser Verschleiß

erheblich. Andere Brennstoffarten mit einem größeren Anteil an flüchtigen oder gar öligen Bestandteilen belegen die Abgasleitungen und Ventilatoren stark, indem diese Bestandteile beim Erreichen ihres Taupunktes sich an diesen Stellen ablagern. Diese Ansätze können zu unruhigem Lauf und starken Saugverlusten der Ventilatoren führen. Die beiden Nachteile, Zerstörungen durch Abschmirgeln oder Verluste durch Ansätze, lassen sich bei richtiger Auswahl des Brennstoffs beim Sintern mit zwei Brennstoffsorten gegenseitig aufheben. Langjährige Betriebsbeobachtungen haben gezeigt, daß beim Sintern mit je der Hälfte Feinkohle und Koksgrus die Sinterabgase so beschaffen sind, daß sie weder schmirgeln noch ansetzen, sondern Leitungen und Ventilatoren frei halten und schonen. So können durch diese Maßnahmen Stillstände in der Anlage vermieden, die Leistung gesteigert und die Reparaturkosten erheblich herabgesetzt werden.

7. Je feiner das Brennstoffkorn, desto stärker ist die Brennstoffmenge in der Mischung herabzusetzen. Dabei können bis zu 25% Brennstoff gespart werden.

8. Je hochwertiger der Brennstoff ist, desto stärker wirkt sich die Kornfeinheit in der Brennstoffersparnis aus. Bei minderwertigen Brennstoffen zeigt die Korngröße keinen besonders fühlbaren Einfluß.

9. Werden hochwertige Brennstoffe mit feinem Korn beim Sintern gebraucht, so ist der richtige Brennstoffanteil besonders genau einzuhalten, da sich hier eine zu hohe Brennstoffmenge stark auf die Sinterdauer und damit auf die Erzeugung auswirkt. Die schlechteren Brennstoffsorten sind darin unempfindlicher.

10. Die Reaktionsgeschwindigkeit eines jeden Brennstoffes nimmt mit gröberem Korn ab, erreicht aber beim Feinkorn nicht ihren Höchstwert. Dieser liegt vielmehr bei einer Korngröße von ungefähr 1 bis 2 mm, wie Versuche mit Brennstoffen in verschiedenen Größen, die unter dem Sinterbrenner zum Flammen kamen, gezeigt haben.

11. Dieser engbegrenzten Absiebung entspricht ein Durchschnittskorn von 0 bis 3 mm, das auch bei den Versuchen Bestwerte an Sintergüte und Erzeugungshöhe ergab.

12. Je geringwertiger ein Brennstoff, desto mehr wird sein Wert zur Verwendung in den Sinteranlagen dadurch gemindert, daß der sehr hohe Aschengehalt im Sinter verbleibt, dessen Eisengehalt herabdrückt und den ganzen Hochofenvorgang als Ballast mit durchläuft.

Auch H. Wittenberg und K. Meyer[150] haben im Rahmen umfangreicher Untersuchungen der Körnung des Brennstoffs Aufmerksamkeit geschenkt, wobei sie für die Körnung 0 bis 5 mm einen Höchstwert

---

[150] Wittenberg, H., u. K. Meyer: Stahl u. Eisen Bd. 63 (1943) S. 817 bis 824 u. 840 bis 846.

der Erzeugung feststellten. In Erkenntnis des Tatbestandes, daß die in den oberen Schichten der Beschickung entstandenen heißen Verbrennungsgase ihre Wärme auf die unteren Schichten übertragen, so daß diese immer heißer werden und in ihnen eine unerwünschte Schmolzbildung eintritt, befürworten sie eine Zweischichtensinterung. Auf die durch sie erreichbare Brennstoffersparnis wird im Zusammenhang mit den Möglichkeiten der Leistungssteigerung noch zurückgekommen.

g) Roste und Rostbelag der Saugzugsintervorrichtungen. Die *Roststäbe* bestanden ursprünglich aus unsiliziertem Flußstahl mit etwa 0,2 % C, 0,5 % Mn, 0,02 % P und 0,035 % S. Da der Verbrauch infolge starker Verzunderung dieser Stäbe sehr groß war, wurden sie teilweise durch gußeiserne Roststäbe ersetzt. Ihr Nachteil war die geringe Bruchfestigkeit, den man durch Verstärken des Querschnitts auszugleichen trachtete. Die dadurch verursachte Verringerung der freien Rostfläche führte jedoch zu einem Erzeugungsrückgang, der bis zu 30 % betrug.

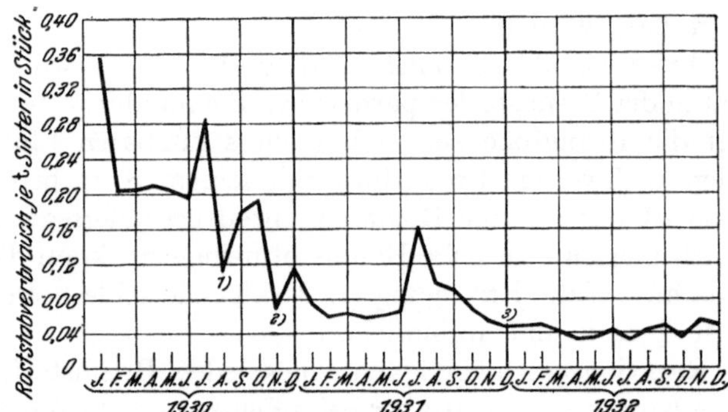

Abb. 110. Entwicklung des Roststabverbrauchs (nach M. Paschke und E. Schiegries). 1) am 14. 8. 1930 wurde mit dem Bespritzen der Roststäbe mit Kalk an einem Sinterbande begonnen; 2) ab 24. 11. 1930 wird das Bespritzen an beiden vorhandenen Bändern regelmäßig durchgeführt; 3) ab 4. 12. 1931 werden beide Bänder mit Ton bespritzt.

Um die Verwendung von durch Legieren zunderfesten und daher teuren Roststäben zu vermeiden und um trotzdem den Verschleiß günstig zu gestalten, wurde von M. Paschke und E. Schiegries[151] eine Einrichtung zur Herstellung von Schutzüberzügen auf den Roststäben eines Bandsinterapparates erprobt, bei der die Roste nach dem Abwurf des Sinters mit Kalkmilch und später mit einer Tontrübe bespritzt wurden. Da die Roste noch heiß sind, verdunstet das Wasser schnell und es bildet sich eine Schutzschicht. Wie Abb. 110 erkennen läßt, ging nach den Feststellungen der genannten Verfasser der Roststabverbrauch, der sich auf etwa 0,2 bis 0,3 Stück je t Sinter gestellt hatte,

[151] Paschke, M., u. E. Schiegries: Stahl u. Eisen Bd. 54 (1934) S. 773 bis 777.

stark zurück und zwar auf etwa 0,04 Stück. Es empfiehlt sich danach besonders die Bespritzung mit Tonschlamm, zumal Verzunderungsversuche zeigten, daß der Kalküberzug bei der Erreichung von Temperaturen über 800°, wie sie örtlich gelegentlich auftreten können, keinen Schutz gegen Verzunderung gewährt. Paschke und Schiegries kommen auf Grund ihrer Untersuchungen zu der Auffassung, daß Stäbe aus gewöhnlichem Flußstahl und aus Gußeisen sich unter Anwendung des Spritzverfahrens gleich verhielten und daß der Kosten wegen nur Stäbe aus diesen beiden Werkstoffen in Betracht kämen.

In der Regel liegen gußeiserne Roststäbe $1^1/_2$ Jahre. Soweit sie aus chromlegiertem Spezialeisen bestehen, haben sie etwa die siebenfache Lebensdauer. Während des Betriebes werden die Roststäbe dünner, worauf bei der Wahl der Spaltweite neuer Roststäbe Rücksicht zu nehmen ist. Pohl empfiehlt für *Band*apparate eine Spaltweite von 3 mm für neue Stäbe. In den meisten Fällen ist sie aber erheblich größer. Die Stab*breite* neuer Stäbe beträgt im allgemeinen etwa 20 mm. Wächst die Spaltweite durch den Verschleiß über etwa 8 mm hinaus, so empfiehlt sich die Auswechslung der Stäbe, weil sonst Teile des Rostbelages eingeklemmt werden.

Bei den *Pfannen*vorrichtungen wird meist eine größere Spaltweite für die neuen Stäbe gewählt. So ist von C. Schrupp[131] berichtet worden, daß eine Greenawalt-Anlage mit einer Rostspaltweite von 5 mm in Betrieb genommen wurde; da die Leistung nicht befriedigte, wurden Versuche mit 8 mm Spaltweite vorgenommen und eine Leistungssteigerung erzielt.

Bei der Wahl der Abmessungen der Roststäbe ist auf die Erreichung einer großen freien Rostfläche zu achten, weil diese eine Ersparnis im Antrieb der Ventilatoren bringt und weil Erzeugungssteigerungen bis zu 30% erreicht werden können bei gleichzeitiger Besserung der Beschaffenheit des Sinters.

Beim Bochumer Verein für Gußstahlfabrikation haben sich bewegliche Roststäbe in den Rostwagen der Bandsinterapparate bewährt; es liegt dabei jeweils ein loser Stab zwischen zwei festen. Die beweglichen Stäbe haben 30 mm Spiel und werden, wenn sie durch eingedrungenen Sinter festgeklemmt sind, von einer Walze herausgedrückt. Außerdem werden die losen Stäbe durch eine zweite Walze wieder in die Ruhelage zurückgedrückt, falls sie nicht selbsttätig in diese zurückfallen (DRP. 700565).

Der zur Schonung der Roste benutzte und gleichzeitig als Filter für die Sintermischung dienende *Rostbelag* bestand ursprünglich aus Kalksplitt. Es bedeutete eine rechnerische Verbilligung des Betriebes, als man aus dem Gesamtsinter die als Rostbelag verwendbare Kornklasse heraussiebte. Dafür fehlte dann aber dem Sinter unter Umständen der benötigte Kalkgehalt. Teilweise ist man deswegen zur Verwendung von Kalksplitt zurückgekehrt, der durch die heißen Abgase gleichzeitig 15 bis 35% seiner Kohlensäure verliert. Der mit Kalksplitt als Decklage hergestellte Sinter sollte jedoch schnell weiter verarbeitet werden, da der Kalk sonst teilweise zerfällt. Mit Vorteil läßt sich auch eisenschüssiger Kalk als Rostbelag verwenden — z. B. vom Klippenflöz oder von den Gruben Kahlenberg und Kamsdorf — oder auch eine Kornklasse des Roherzes, wie es in der Sinteranlage der Hütte Braunschweig geschieht.

h) Die thermischen Verhältnisse der Saugzugsinterung. Es ist schon darauf hingewiesen worden, daß die Zusätze an Brennstoff in recht weiten Grenzen schwanken. Auch auf die Gründe hierfür ist mehrfach hingewiesen worden. Nimmt man als einen Mittelwert für den zugemischten Brennstoff 7% an und ein Ausbringen an Fertigsinter von 80%, so stellt sich der Verbrauch auf 8,75% oder 87,5 kg je t Sinter. Hat der Brennstoff 6000 WE je kg, so beträgt der Verbrauch 525000 WE je t Sinter. Für die Zündung werden etwa 25 bis 35 Nm^3 Gichtgas je t Sinter verbraucht, was bei einem Heizwert von rd. 1000 WE/Nm^3 einer Wärmemenge von 25000 bis 35000 WE entspricht. Der mittlere Gesamtwärmeverbrauch stellt sich somit auf etwa 550000 WE/t Sinter, wovon die Zündung etwa 5 bis 7% beansprucht.

Wärmemäßig verläuft die Saugzugsinterung deswegen recht günstig, weil die von der in Brand befindlichen Schicht abgegebene Wärme die unter ihr liegenden Schichten vorwärmt und weil die Abgase solange erhebliche Mengen ihrer Wärme wieder in den Sinterablauf einbringen, bis die untersten Schichten auf dem Rostbelag erreicht sind. Dabei heizen sie auch den Rostbelag auf, dem kein Brennstoff beigemischt ist und trotzdem in seiner Stückigkeit verbessert wird. Ferner ist die Vorwärmung günstig, die die angesaugte Luft in dem heißen Sinter erfährt und in die Verbrennungsschicht einbringt. Abb. 111 ist ein Wärmeschaubild, aus dem hervorgeht, welche sehr erheblichen Mengen Wärme kreislaufartig umlaufen. Aus den in dieser Abbildung eingetragenen Zahlenwerten ergibt sich auch die Wärmebilanz. Es muß dazu bemerkt werden, daß in einzelnen Fällen die Bilanzwerte nicht un-

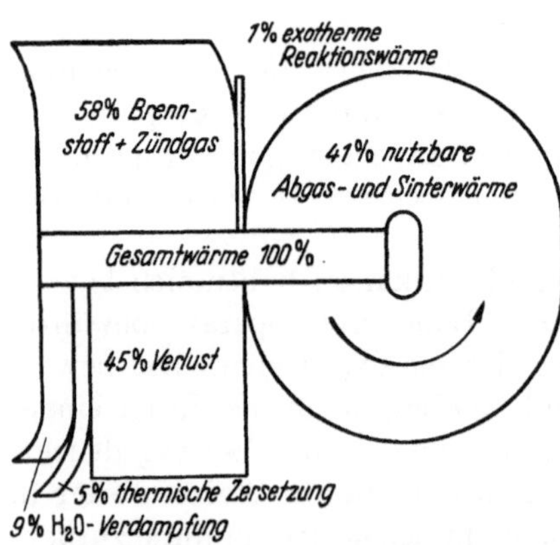

Abb. 111. Wärmeschaubild für die Saugzugsinterung (nach Wendeborn).

wesentlich von den genannten abweichen, insbesondere wenn exotherme Reaktionen eine größere Rolle spielen.

Von K. Rummel ist mit Recht darauf hingewiesen worden, daß die Sinterung den Kokssatz je t Roheisen um 13,5 % zu senken vermag. Dafür seien aber 9 % Sinterbrennstoff aufzuwenden und die Gasgutschrift sinke von 28 % der Gichtgasmenge auf 19 %; kalorisch sei also durch die Sinterung nichts zu gewinnen, was auch erklärlich sei, da man lediglich einen Vorgang, der sich sonst im Hochofen abspiele, aus diesem herausgelegt habe und die fühlbare Wärme des Sinters verlöre.

i) Die Austreibung schädlicher Bestandteile bei der Saugzugsinterung. Eine recht vorteilhafte Nebenwirkung der Saugzugsinterung ist, daß schädliche oder auch unerwünschte Beimengungen des Sintergutes teils mehr teils weniger vollständig ausgetrieben werden. So werden die Gehalte an Schwefel, Arsen, Zink, Blei und den Alkalien gemindert und es sollen im folgenden hierzu nähere Angaben gemacht werden.

Der *Schwefel* wirkt, soweit er als Sulfid vorliegt, als Brennstoff und wird dann sehr weitgehend als Schwefeldi- oder -trioxyd ausgetrieben. Nach dem Hochofenausschuß-Bericht Nr. 72 stellte sich bei Verarbeitung von feinkörnigen Abbränden mit rd. 4 % S der Schwefelgehalt im Sinter auf nur 0,2 %. Ein Kalkgehalt wirke sich jedoch ungünstig auf die Entschwefelung aus, da ein Teil als Sulfat gebunden werde. Nach Versuchen von H. Wendeborn[152] bildet sich jedoch nicht Gips, sondern Kalziumsulfid.

In Amerika wurden Erze gesintert, deren Schwefel in Sulfatform vorlag; es sollte dabei festgestellt werden, wieweit dieser Schwefel ausgetrieben würde. Einem Erz mit etwa 60 % Fe und 0,018 % S wurde soviel Gips beigemischt, daß ein Schwefelgehalt von 0,518 % S erreicht wurde. In einem anderen Falle wurde dem gleichen Erz Pyrit beigefügt. Es ergab sich bei mehreren Sinterungen eine durchschnittliche Schwefelaustreibung von 92 % bei dem gipshaltigen Sintergut und von 94 % bei dem pyrithaltigen Gut[153].

Bei sulfathaltigen Erzen des Gebietes der Oberen Seen ergaben sich folgende Schwefelminderungen:

bei Minnesota-Erz A mit 0,255% S betrug bei 7 Versuchen die Schwefelminderung . . . . 78 bis 95,3%,
bei Michigan-Erz A mit 0,55% S betrug bei 3 Versuchen die Minderung . . . . 60,3 bis 79,6%,
bei Michigan-Erz B mit 0,81% S betrug die Minderung 92,3 bis 97,2%.

[152] Wendeborn, H.: Saugzug-Sintern und -Rösten. Berlin: VDI-Verlag 1934.

[153] Amer. Inst. min. metallurg. Engr. Techn. Publ. Vol. 5 (1949) S. 85 bis 95.

Bei einem Großversuch mit Michiganerz auf einem Dwight-Lloyd-Band lagen die Werte der Schwefelminderung zwischen 75,4 und 94,5 %.

Aber die Korngröße des Sintergutes ist von erheblicher Bedeutung, wie folgende Zahlen belegen:

Schwefelminderung bei Korn	unter 6 mm	74,3%
,, ,, ,,	6 bis 12 ,,	45,6%
,, ,, ,,	12 ,, 18 ,,	10,3%

Nach Pohl betrug die Entschweflung eines zu etwa 40 % aus Abbränden bestehenden Sintergutes in der Spitze 97 % und im Durchschnitt etwa 93 %. Als jedoch die Sintermischung 30 % Sodaschlacke mit 1,82 % S enthielt, stellte sich die Entschwefelung auf 70 %.

Pyrit- und Magnetkies-Schwefel vermag bei der Sinterung aber auch den Brennstoff vollkommen zu ersetzen, wie Versuche mit kanadischen Erzen gezeigt haben. Ein guter Sinter mit unter 0,1 % S wurde ohne Zusatz von anderem Brennstoff erhalten, wenn Hämatiterze mit 7,5 bis 9 % S verarbeitet wurden; allerdings mußten sie auf unter 6 mm zerkleinert werden. Bei Spateisenstein, der gleichfalls auf unter 6 mm zerkleinert war, genügten 6 bis 7 % S und, wenn er noch weitergehend zerkleinert wurde, genügten 5,5 % S. Soweit die geforderten Gehalte nicht vorhanden waren, vermochte 1 % Koks 1,6 % S zu ersetzen. Bei der Ausnutzung des Schwefels als Brennstoff dauert der Brand länger als bei zugemischtem Koks[154].

Über die Minderung des *Arsengehaltes* in arsenhaltigem Sintergut werden recht unterschiedliche Zahlen genannt, was teils auf der Bindung beruhen wird, in der das Arsen vorliegt, teils auf dem Vorhandensein von Kalk, der der Entarsenierung hemmend entgegenwirkt. Über die Minderung des Arsengehaltes liegen folgende Angaben vor:

nach A. Wagner . . . . bis zu	80 %
,, H. Wendeborn . . . . 50 bis	60 %
,, Schwarze (für Erz von Philippeville) . . .	95 %
,, W. Luyken und L. Heller:	
bei einem Erz der Lagerstätte von Salzgitter .	0 %
,, ,, nordafrikanischen Erz	80 %
,, Meggener Kiesabbränden	65,9%
nach Pohl . . . . i. M.	70 %

Durch Zuschläge, die der Sintermischung beigemischt werden, wie z. B. pyritischem Erz oder Kochsalz kann in manchen Fällen die Arsenminderung verbessert werden. Da der Ablauf der Sinterung auf den Bändern und den Pfannen jedoch sehr schnell ist, ist die Drehofensinterung hinsichtlich der Arsenminderung wirksamer.

---

154 Elliot, R. A.: Canad. Min. J. Bd. 73 Nr. 7, (1952) S. 51 bis 56.

Zink wird bei der reduzierenden Atmosphäre, die bei der Saugzugsinterung vorherrscht, z. T. verdampft und dementsprechend mit dem Abgas abgeführt. Der Umfang der Zinkminderung ist jedoch sehr verschieden; es werden Zahlenwerte zwischen 25 und 75% genannt.

Blei wird nach Pohl zu etwa 25% ausgetrieben. Durch Zugabe von Kochsalz läßt sich das Blei zwar weitgehend verflüchtigen, aber doch nur teilweise, wie sich aus eingehenden Untersuchungen der Duisburger Kupferhütte an den von ihr verarbeiteten Kiesabbränden ergab.

Die in der Sintermischung enthaltenen *Alkalien* werden nach Pohl zu 30% durch die Sinterung auf dem Bande entfernt.

k) Menge und Staubgehalte des Abgases von Saugzugsinteranlagen. Nach Messungen von K. Guthmann wurden bei Saugzugsinterung folgende Feststellungen über das Abgas und den Staub gemacht:

Je t Sinter fallen durchschnittlich 2500 bis zu 5000 Nm^3 Abgas an, die den Schornstein mit noch 1 bis 3 g Sinterstaub/Nm^3 verlassen. Untersuchungen an einem Sinterband von 2 m Breite mit einer Tagesleistung von 550 t Sinter ergaben im Mittel folgende Staubgehalte:

Vor dem Wirbler	3,75 g/Nm^3 Abgas
Hinter dem Wirbler (Schornstein)	1,65 ,, ,, .

Der Wirblerstaub hatte folgende Zusammensetzung bei einem Thomaseisenmöller:

42 %	Fe	0,10 bis 0,15%	S
9,26%	SiO_2	0,70%	Alkalien
7,30%	CaO	11,1 %	Glühverlust
1,0 %	MgO	Spuren	Zn.

Beim Sintern von Schwefelkiesabbränden mit etwa 6% S enthielt der Wirblerstaub 2,24% S. Im Abgas wurden folgende Gehalte an Schwefeldioxyd in den Saugkästen unter dem Sinterband festgestellt:

Saugkasten 1 (unmittelbar unter und hinter der Zündstelle)	Spuren SO_2
,, 2 und 3	0,73 bis 1,42% SO_2
,, 4	0,28 ,, 0,45% SO_2
,, 5	Spuren ,, 0,80% SO_2
,, 7 und 8 (vor dem Abwurf)	0 % SO_2

Über die Zusammensetzung der Abgase eines Sinterbandes ist auch von M. Paschke und E. Schiegries[151] berichtet worden. Bei einem Sintergut, das 6% Kiesabbrände enthielt, nahm, wie aus Zahlentafel 50 hervorgeht, von dem Saugkasten II in der Nähe der Zündstelle bis zum Saugkasten XII vor dem Abwurf der Gehalt der Abgase an Kohlensäure und Kohlenoxyd ab, während der Sauerstoffgehalt zunahm. Die Zahlenwerte dieser Tafel bestätigen ferner, daß die Gase der mittleren Saugkästen die höchsten Gehalte an Schwefeldi- und -trioxyd besitzen.

Zahlentafel 50. *Zusammensetzung der Abgase eines Sinterbandes bei der Verarbeitung eines Sintergutes mit 6% Kiesabbränden (nach Paschke und Schiegries).*

Saug-kammer	CO_2 %	CO %	SO_2 %	SO_3 %	O_2 %	N_2 %	H_2O %
II	4,8	1,2	0,03	0,02	14,5	69,0	10,5
IV	4,3	1,4	0,08	0,03	14,5	63,0	10,7
VI	4,2	1,1	0,12	0,07	13,5	62,7	18,2
VIII	4,8	1,2	0,11	0,08	15,5	67,6	10,9
X	4,0	1,2	0,08	0,07	17,4	71,7	5,5
XI	3,2	1,1	—	—	17,8	75,2	2,8
XII	2,0	0,9	0,04	0,02	19,1	63,8	14,2

l) Möglichkeiten der Leistungssteigerung bei der Saugzugsinterung. Insbesondere den Leitern von Sinterbetrieben war seit langem bekannt, daß die auf die Einheit der nutzbaren Saugfläche bezogenen Leistungen recht unterschiedlich waren. Als dann mit der vermehrten Verhüttung geringhaltiger und zum großen Teil mulmiger, deutscher Eisenerze sich die technischen und wirtschaftlichen Schwierigkeiten der Werke erhöhten, wurde das Problem der Leistungssteigerung in den Sintereien drängend, um hierdurch an Anlage- und Betriebskosten zu sparen. Von K. Kintzinger[155] wurde 1942 darauf hingewiesen, daß die in einigen Fällen erzielten Leistungen von rd. 18 t Sinter unbefriedigend seien, zumal andere Anlagen beispielsweise Jahresdurchschnittsleistungen von über 28 t/m² Saugfläche u. 24 h erreicht hätten. Damit waren die drei Fragen aufgeworfen:

1. Ist die Leistung von der Beschaffenheit des Sintergutes abhängig?
2. Sind die besonderen Betriebsverhältnisse bestimmter Anlagen an deren höherer oder geringerer Leistung schuld?
3. Welche Möglichkeiten sind zur Leistungssteigerung gegeben?

Zu der ersten Frage ist unter Hinweis auf die Ausführungen auf Seite 202 festzustellen, daß die Beschaffenheit der Erze insofern eine nicht zu beseitigende Auswirkung hat, als die Erze mit viel vergasbaren Anteilen einen großen Gewichtsverlust erleiden, der die erzeugte Menge Sinter erniedrigt. Man kann diese Auswirkung aber dadurch aus dem Vergleich eliminieren, daß man nicht die bezogenen Erzeugungsleistungen, sondern die bezogenen Durchsatzleistungen gegenüberstellt. Dieses Vorgehen ist zwar nicht üblich, aber es müssen diese Zusammenhänge wenigstens beachtet und es muß anerkannt werden, daß wegen der eintretenden Gewichtsverluste die Durchsatzleistungen zu vergleichen sind, wenn man auf unterschiedlich beschaffenes Sintergut einen gerechten Maßstab anwenden will.

---

[155] Kintzinger, K.: Stahl u. Eisen Bd. 63 (1943) S. 453 bis 456

Ferner haben die Erze unterschiedliche Schüttgewichte, was zum wesentlichen Teil ein Ausfluß ihrer Dichte und damit praktisch ihres Eisen- bzw. Metallgehaltes ist. Dies bedeutet, daß ein Band oder eine Pfanne gewichtsmäßig mehr aufnehmen kann und somit auch verarbeiten muß, wenn das Schüttgewicht des einen Sintergutes höher ist als das eines anderen. R. Baake[117] hat auf diesen vom Sintergut auf die Leistung der Sinteranlagen ausgehenden Einfluß schon hingewiesen und damit eine von ihm festgestellte höhere Leistung bei der Sinterung von Kiesabbränden gegenüber Minette-Gichtstaub erklärt.

Zweifellos ist aber der Einfluß des Sintergutes auf die Leistung noch durch andere Faktoren bedingt, nämlich Körnung, Krümelfähigkeit, Bindefestigkeit und Erweichungsverhalten. Diese Eigenschaften sind jedoch in hohem Maße als im Betrieb beeinflußbar und ausnutzbar zu bezeichnen, so daß die Aufgabe gestellt ist, ungünstige Einflüsse dieser Eigenschaften zu beseitigen oder wenigstens zu mindern. Dies bedeutet, daß Minderungen der Durchsatzleistungen aus diesen Gegebenheiten als betrieblich verschuldet angesehen werden können und daß sich aus Vergleichen, bei denen der Einfluß unterschiedlicher Schüttgewichte auf die bezogenen Durchsatzleistungen ausgeschaltet ist, Schlußfolgerungen auf die mehr oder weniger große Vollkommenheit der Betriebsweise der Sinteranlagen ziehen lassen. Wie schon bei der Besprechung der Vorbereitung der Sintermischungen erwähnt wurde, fehlt es aber zur Zeit noch an solchen Betriebsaufzeichnungen, aus denen ein genauer zahlenmäßiger Vergleich über eine Vorzugstellung, die der einen oder anderen besonderen Betriebsweise zukommt, gezogen werden könnte.

Als für die Leistungserhöhung sehr wirksam sind aber erkannt worden:

a) die Steigerung des Unterdrucks,
b) ein Kalkzusatz,
c) eine Zweischichtensinterung.

Daß eine *Steigerung des Unterdrucks* die Leistungen erhöht, war seit langem durch die Arbeiten von R. Baake[148] sowie von W. Luyken u. L. Kraeber[136] bekannt. So waren Leistungssteigerungen bis zu 100 % festgestellt worden, wenn der Unterdruck von 300 auf 600 mm WS erhöht wurde. Eingehend wurden diese Zusammenhänge dann von H. Wittenberg und K. Meyer[150] untersucht. Nachdem man inzwischen schon dazu übergegangen war, in den Betriebsanlagen mit Unterdrücken von 800 mm WS zu fahren, wurden die Versuche teilweise über den Bereich 200 bis 1600 mm WS Unterdruck ausgeführt. Erprobt wurden drei verschiedene Erze, deren Korngrößenzusammensetzung und chemische Analyse aus der Zahlentafel 51 hervorgeht. Besonders wesentlich mag dabei der Unterschied in den Basizitäten

Zahlentafel 51. *Körnungen und chemische Analysen von für Unterdruckversuche benutzten Erzproben.*

Körnung mm	Erz Nr. 1 %	Erz Nr. 2 %	Erz Nr. 3 %
10 bis 12	2,3	4,1	—
8 ,, 10	3,8	2,3	1,1
5 ,, 8	7,4	4,6	1,2
3 ,, 5	10,8	7,1	15,2
1 ,, 3	7,1	7,0	23,2
0,5 ,, 1	18,9	27,1	15,4
0,3 ,, 0,5	12,6	18,2	25,6
0,15 ,, 0,3	23,6	20,3	9,5
0,075 ,, 0,15	8,1	6,2	2,9
unter 0,075	5,4	3,1	5,9
Chemische Analyse:			
Fe	42,2	38,95	33,67
SiO_2	13,18	14,82	20,46
Al_2O_3	9,17	6,52	7,60
CaO	12,52	5,28	3,01
Glühverlust	4,0	9,60	12,54

sein, denn beim Erz 1 sind die Gehalte an Kieselsäure und Kalk fast gleich hoch, beim Erz 2 ist der Kieselsäuregehalt fast dreimal so hoch wie der Kalkgehalt und beim Erz 3 liegt dieses Verhältnis bei rd. 7:1. In Abb. 112a sind in drei Kurven die Erzeugungsleistungen in Abhängigkeit vom Unterdruck für diese Erze angegeben. Bei Erz 1 ergibt sich bis zu einem Unterdruck von 1000 mm WS eine gleichmäßige Erhöhung der Leistung von etwa 4,5 t je 200 mm Druckunterschied; dann nimmt die Leistungssteigerung ab, und zwar ist sie über 1200 mm WS Unterdruck schon sehr gering. Die Beobachtung des Erzes bei diesen Versuchen ergab eine „kurze Schlacke" mit kurzer Schmelzdauer und schmaler Erweichungszone. Die Kurve II steigt, wie die Kurve I, bis 1000 mm Unterdruck geradlinig an, besitzt aber einen kleineren Neigungswinkel mit der Abszisse als die Kurve I; sie läßt ferner erkennen, daß oberhalb 1000 mm WS und hoch stärker oberhalb 1200 mm WS die Steigung des Unterdrucks nur eine geringe Erhöhung der Leistung zur Folge hat. Wie Abb. 112a ferner zeigt, ist die Leistung bei dem Erz 3 wesentlich niedriger als bei den Erzen 1 und 2. Es handelt sich bei ihm um ein Erz der Lagerstätte von Salzgitter, das eine lange Erweichungsdauer hat. Die Abb. 112b, in welcher die Gasdurchlässigkeit der drei Erze vor der Zündung in Abhängigkeit vom Unterdruck dargestellt ist, weist noch nach, daß die geringe Leistung des Erzes 3 nicht etwa durch eine geringe Gasdurchlässigkeit bedingt ist und daß dieses Erz sogar am stärksten auf die Steigerung des Unterdrucks angesprochen hatte. Daraus geht hervor, daß für die Leistung wesentlicher als die gute Gasdurchlässigkeit eine kurze Schlacke ist und — was logisch gefolgert werden darf — noch besser ein von Gangart weitgehend freies Erz, dessen Schmelzpunkt sehr hoch ist und bei dem eine Erweichung den Ablauf der Sinterung kaum stört. Ist dagegen der Anteil der Schlackenbildner hoch und entsteht eine zähe Schlacke, so können die bei höherem Unterdruck vermehrt angesaugten Luftmengen den Sinterbrand doch nicht in dem gewünschten Umfange beschleunigen.

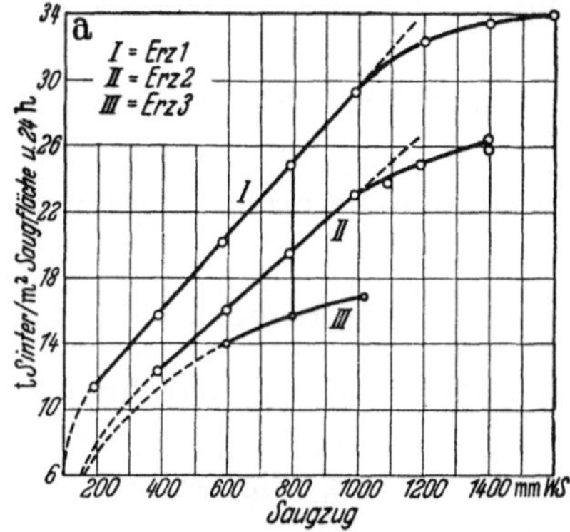

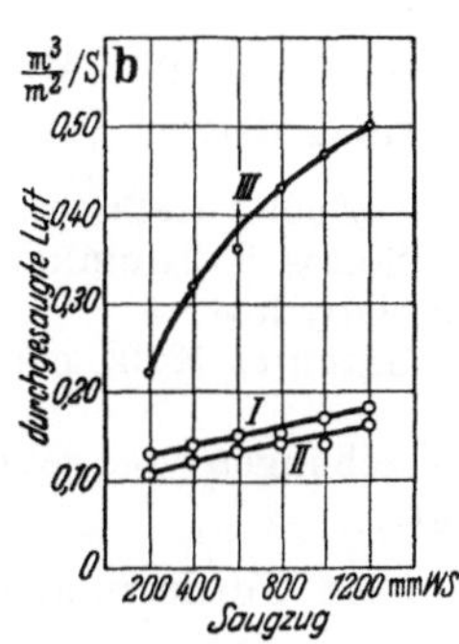

Abb. 112a u. b. Abhängigkeit der Leistung und der Gasdurchlässigkeit vom Unterdruck (nach H. Wittenberg und K. Meyer).

Der Unterdrucksteigerung sind daher Grenzen gesetzt. Da die Leistungssteigerung bei Unterdrücken über 1000 mm WS nur klein oder ungewiß ist, der Kraftverbrauch dagegen mit höherem Unterdruck stärker ansteigt, so empfiehlt es sich im allgemeinen, den genannten Unterdruck nicht zu überschreiten.

Daß die Sinterleistungen nicht nur durch die Erhöhung des Unterdrucks, sondern auch durch eine *Beimischung von Kalk* erhöht werden können, wurde durch die Versuchsergebnisse bekannt, die bei der Lurgi-Gesellschaft für Chemie und Hüttenwesen in Verbindung mit dem *Schalker Verein* in Gelsenkirchen erzielt wurden und über die zuerst von K. Kintzinger[155] und anschließend von Wittenberg und Meyer eingehend berichtet wurde.

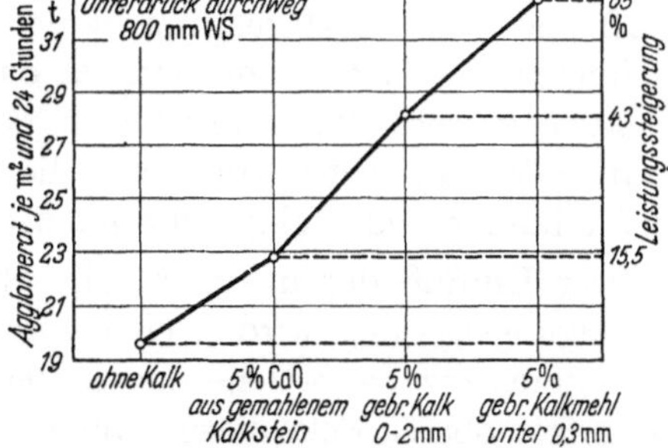

Abb. 113. Einfluß verschiedener Kalke auf die Sinterleistung (nach K. Kintzinger).

Abb. 113 gibt Auskunft über Leistungssteigerungen, die erzielt wurden bei Sinterversuchen mit einer Sintermischung, die zu 20% aus Schwedenerzen, 30% aus Gichtstaub und 50% aus deutschen Feinerzen bestand, wozu noch ein Rückgutzusatz von 20 % hinzugenommen wurde. Der Unterdruck war bei allen Versuchen 800 mm WS und die Leistung für die Grundmischung ohne Kalkzusatz 19,7 t/m² u. 24 h. Bei Zusatz von 5 % CaO aus gemahlenem Kalkstein stieg die Leistung um 15,5 %, bei Zusatz von 5 % Branntkalk 0 bis 2 mm stieg sie um 43 % und, wenn 5 % Branntkalk in der Körnung 0 bis 0,3 mm beigemischt wurden, betrug die Mehrleistung 65 %. Die betriebliche Anwendung auf drei verschiedenen Sinteranlagen brachte bei 6 bis 7 % Kalkzusatz Leistungssteigerungen von 36 %.

Wittenberg und Meyer benutzten bei ihren Versuchen die folgenden kalkhaltigen Zuschläge:

a) natürlicher Kalkstein, einmal gemahlen, ferner unter 3 mm Körnung,
b) gefälltes Kalziumkarbonat,
c) Kalkhydrat,
d) gebrannter Kalk, gemahlen und in den Körnungen 0 bis 3 und 0 bis 5 mm,
e) Mischungen von gebranntem Kalk und Kalkhydrat mit Kalziumkarbonat.

Gesintert wurde u. a. eine Grundmischung, die bestand aus:

100 Teilen Haverlahwiese-Erz (Salzgitter),
36 ,, Rückgut,
7,8 ,, Koks.

Außerdem wurden 10 Teile Rostbelag verwandt. Abb. 114 zeigt die Leistungserhöhungen, die nach Zusatz von Kalkstein-Feinsplitt unter 3 mm und gebranntem, gemahlenem Kalk erzielt wurden. Im ersten Falle erhöht sich die Leistung selbst bei großen Zusatzmengen nur um etwa 10 bis 12 %, während der gebrannte Kalk schon bei 2 bis 3 % die Leistung emporschnellen läßt bis zu einer Steigerung um rund 60 % bei 6 bis 7 % Zusatzmenge. Der große Unterschied, den die beiden Zusätze ausüben, ist dahin zu verstehen, daß der Kalkstein erst zersetzt werden muß und daher erst reaktionsfähig ist, wenn der Sinterbrand schon weitergegangen ist. Anderseits ist das freie Kalziumoxyd des Branntkalkes gewissermaßen sofort bereit, mit dem Eisenoxyd oder der Kieselsäure in Verbindung zu treten und die Bildung einer Eisensilikatschmelze zu verhindern oder einzuschränken.

Der Einfluß der unterschiedlichen kalkhaltigen Zuschläge auf die Erzeugungsleistung wird noch besser aufgezeigt durch Abb. 115. Die Zusammensetzung, welche das Sintergut in diesem Falle besaß, ist in der linken oberen Ecke dieser Abbildung angegeben. Die Normalleistung betrug bei dieser Verarbeitung 15,3 t/m² u. 24 h. Wieder bringt der Zusatz von zerkleinertem Kalkstein nur eine geringe Mehrleistung von etwa 10 %, bei dem Zusatz von 7 % Kalkhydrat beträgt sie jedoch fast 70 %. Dazwischen liegt eine Leistungserhöhung von 40 % bei Zusatz von 7 % CaO in der Form von zerkleinertem Branntkalk (0 bis 3 mm). Die unterschiedliche Auswirkung der beiden letztgenannten Zusätze ist damit zu erklären, daß bei den Versuchen der körnige Branntkalk nicht genügend Zeit hatte, ganz abzulöschen, zu zerfallen und die Erzkörner zu umhüllen, wie es mit Kalkhydrat geschieht. Die gestrichelte Kurve entspricht Werten der Leistungssteigerung, die erhalten wurden, wenn zunächst 2 % Kalkhydrat + 2 % $CaCO_3$ zugegeben und bei den weiteren Versuchen jeweils 2 % Kalkhydrat und außerdem 4, 5 und 8 % $CaCO_3$ in der Körnung 0 bis 3 mm zugesetzt wurden. Die Leistungssteigerung übertrifft zunächst diejenige, die bei den Einzelzusätzen von Kalkhydrat und Kalksteinmehl erhalten wurden, was von Wittenberg und Meyer

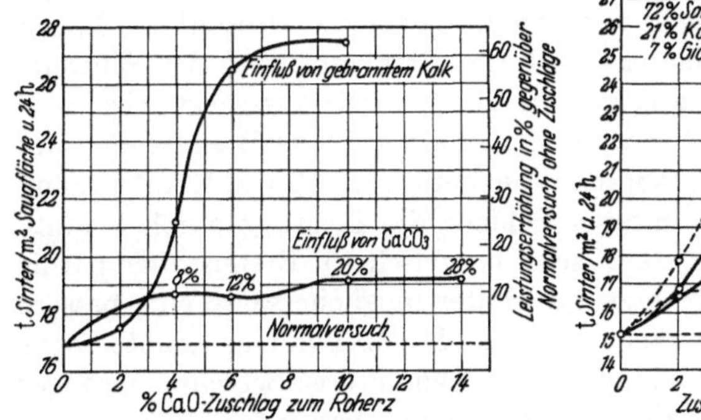

Abb. 114. Leistungssteigerung durch Sintern von Sintergut bei unterschiedlichen Zuschlägen von Kalkstein und gebranntem Kalk (nach H. Wittenberg und K. Meyer).

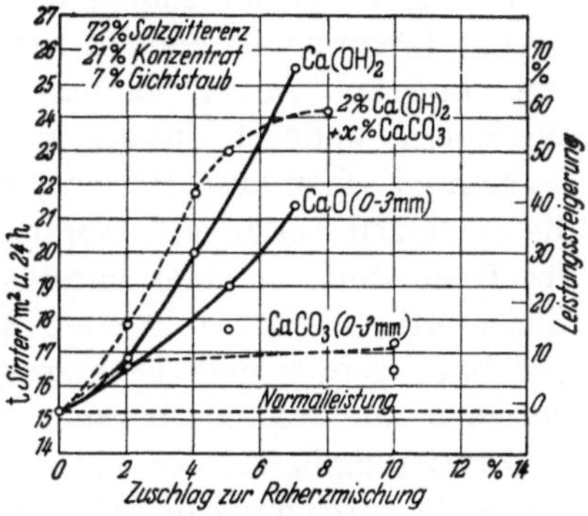

Abb. 115. Einfluß von Kalkzusätzen zu einem Sintergut aus Salzgittererzen (nach H. Wittenberg und K. Meyer).

dahingehend gedeutet wird, daß die 2 % Kalkhydrat zunächst den Schmelzbeginn verzögern und so dem Kalziumkarbonat Gelegenheit geben, sich zu zersetzen und dann seinerseits zu wirken, ehe die Schmelzung weiter fortgeschritten ist.

Die vorgenannten Ergebnisse haben eine sehr gute Bestätigung durch einen Bericht erfahren, der von H. Boos[156] über Betriebsergebnisse veröffentlicht wurde, die bei der Sinterung von feinkörnigem Kalkstein und seiner Verwendung als Kalkzusatz zum Sintergut erhalten wurden. Er stellte bei der Sinterung auf einem Bandapparat der Eisenwerke Gelsenkirchen bei einem Unterdruck von 800 mm WS und einem Zusatz von 4 % CaO, das durch den Sinterbrand auf dem gleichen Bande hergestellt war, eine Leistungssteigerung von 25,7 % fest und eine weitere Steigerung auf 70,4 %, wenn der Unterdruck auf 1000 mm WS erhöht wurde.

[156] Boos, H.: Stahl u. Eisen Bd. 71 (1951) S. 1212 bis 1218.

Als eine weitere Möglichkeit zur Leistungssteigerung erwies sich eine *Zweischichtensinterung*, unter der man die Herstellung von zwei Sintermischungen versteht, von denen die mit der geringeren Brennstoff-Zusatzmenge unmittelbar auf den Rostbelag aufgegeben wird, während die mit dem höheren Zusatz darüber gelegt wird. Dieses Vorgehen zu erproben, empfahl sich dadurch, daß bei der üblichen Saugzugsinterung nach unten zunehmend immer größere Wärmemengen zur Verfügung stehen, indem die beim Brand entstehenden Heizgase die tieferen Schichten vorwärmen, so daß sich in diesen gewissermaßen die Verbrennungswärmen aus den darüber liegenden Koksschichten summieren, was zu der unerwünschten Schmolzbildung in den unteren Schichten führt. H. Pohl hat zudem nach Unterbrechung des Sintervorganges in einer 30 cm hohen Schicht festgestellt, daß sich in den unteren Lagen nicht nur das Wasser, sondern auch der Brennstoff und der Schwefel anreichern, wodurch die geschilderte Erscheinung verstärkt wird.

Nun ist schon ausgeführt worden, daß ein größerer Brennstoffzusatz die Sinterzeit verlängert, woraus zu folgern ist, daß die Herabsetzung des Brennstoffs in einer unteren Schicht die Leistung erhöhen muß. Gleichzeitig konnte mit einer sehr erwünschten Brennstoffersparnis gerechnet werden und der erzeugte Sinter möglicherweise eine bessere Porigkeit und Reduzierbarkeit besitzen. Darüber hinaus konnte sogar die Erwartung berechtigt sein, daß die in den unteren Schichten geringer werdende Erreichung der flüssigen Phase eine bessere Gasdurchlässigkeit auch in der Brandschicht zur Folge haben würde, was sich wiederum in einer Leistungssteigerung bemerkbar machen müßte. In Abb. 116 sind die Ergebnisse der bei der Lurgi-Gesellschaft durchgeführten Versuche dargestellt, die bei der Erprobung der Zweischichtensinterung auf verschiedene Erztypen erhalten wurden. Die rechte Ordinate des Bildes gibt die Temperaturen und die linke die Leistungssteigerung gegenüber der Sinterung in einer Schicht an. Gearbeitet wurde in der Art, daß bei der Zweischichtensinterung die obere Schicht den gleichen Kokssatz erhielt, wie er bei der Sinterung in einer Schicht als besonders günstig erkannt worden war. Die untere Schicht erhielt dagegen 15 bis 25 % weniger Brennstoff. Verlangt wurde außerdem, daß der Sinter der Zweischichtensinterung gütemäßig dem der üblichen Sinterweise entsprach. Aus der Abb. 116 geht nun hervor, daß keineswegs bei allen

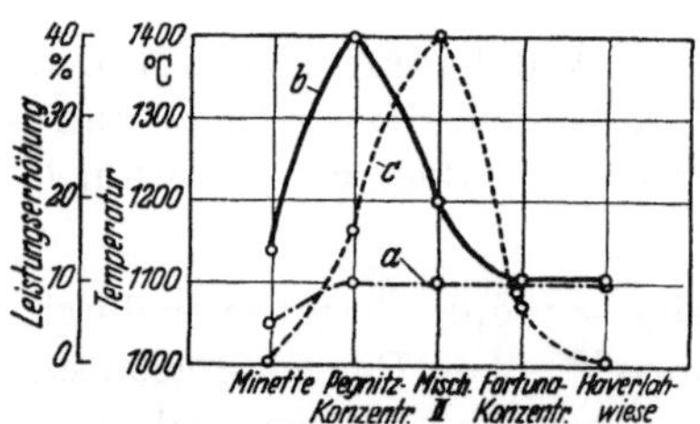

a = Temperatur des Sinterbeginns
b = Temperatur des Schmelzbeginns
c = Leistungserhöhung in % gegenüber der Einschichtensinterung

Abb. 116. Leistungssteigerung durch Zweischichtensinterung bei verschiedenen Erzen (nach H. Wittenberg und K. Meyer).

Erzen eine Leistungssteigerung erreicht wurde, so z. B. weder bei der Minette noch bei dem Salzgitter-Erz. Bei dem kieselsäurereichen Pegnitz-Konzentrat beträgt die Mehrleistung jedoch 15 % und steigt bei der Mischung II auf 40 %; dabei bestand diese Mischung aus 15 % Pegnitz-Konzentrat, 25 % Fortuna-Erz, 20 % Gällivara-Erz, 12 % Klippenflöz-Erz und 28 % Gichtstaub.

Die Deutung der bei dieser Zweischichtensinterung erhaltenen Ergebnisse kann zu Zweifeln führen, weil zwischen den Kurven für den Schmelzbeginn *b* und die Mehrleistung *c* eine „Phasenverschiebung“ vorliegt, für die man nicht ohne weiteres eine Erklärung geben kann. Wahrscheinlich ist bei denjenigen Sintermischungen, die mit vermehrter Leistung verarbeitet werden konnten, die Bildung eines zähflüssigen Schmolzes mit der mit ihr verbundenen Verschlechterung der Gasdurchlässigkeit vermieden worden, was dann einer Erhöhung der Sintergeschwindigkeit gleichkam. Besonders geringfügig ist die Auswirkung der Zweischichtensinterung auf die beiden sauren Erze vom Salzgitterer Höhenzug gewesen, bei denen die Schmelze wohl leichtflüssig ist und auf alle Fälle erreicht werden muß, wenn ein guter Sinter erzeugt werden soll. Soweit diesen sauren Erzen aber ein schnell wirksamer Kalkzusatz gegeben wird, mag auch bei ihnen die Zweischichtensinterung einen Erfolg bringen.

Die gleichzeitige Anwendung von Kalkzusatz, Unterdrucksteigerung und Zweischichtensinterung läßt nun sehr erhebliche Erhöhungen der Sinterleistung erwarten. Wittenberg und Meyer haben entsprechende Versuche ausgeführt, deren Ergebnisse in Abb. 117 dargestellt sind. Die in diesem Bilde angegebene Grundmischung ergab bei 800 mm WS Unterdruck eine bezogene Leistung von 16 t Sinter. Die Zweischichtensinterung ergab eine Mehrleistung von 43 % und außerdem eine Brennstoffersparnis von 14 bis 20 %. Wurde noch 3 % Kalkhydrat hinzugegeben, so stellte sich die Mehrleistung auf 73 %. Wurde dann noch als weitere Hilfe der Unterdruck gesteigert, so erreichte die Leistungssteigerung den Wert 115 %.

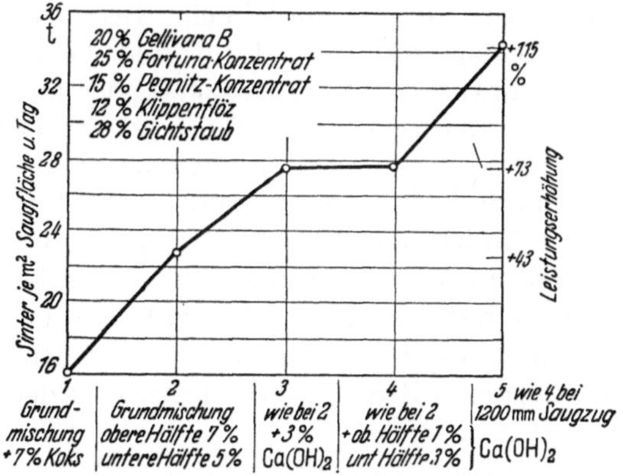

Abb. 117. Bezogene Sinterleistung und Leistungssteigerung durch Kalkzusatz, Unterdrucksteigerung und Zweischichtensinterung bei einem Möller bestimmter Zusammensetzung.

Nach H. Wendeborn[147] ist im Jahre 1950 die Zweischichtensinterung bei vier Sintermaschinen in Betrieb gekommen. Das Verhältnis der beiden Schichthöhen war 1:1 und die untere Schicht erhielt etwa 3 % weniger Koks als die obere Schicht, die den normalen Zusatz behielt. Die Brennstoffersparnis stellte sich damit auf etwa 15 %.

Die Schwierigkeiten, die sich für die Sinteranlagen beim Bezuge des Branntkalks von den Kalkwerken durch den Mangel an den benötigten Behälterwagen ergaben, veranlaßten Großversuche auf dem Sinterband, um Kalksteingrus auf diesem zu brennen. Über die Ergebnisse dieses *Kalksinterverfahrens* ist von H. Boos, der es bei den Eisenwerken Gelsenkirchen erprobte, berichtet worden[156]. Der Kalksteingruß in der Körnung 0 bis 5 mm wurde mit 18 bis 20 % Abfallbrennstoff in der Mischtrommel wie sonstiges Sintergut angefeuchtet und gemischt. Der Bestwert der Nässe wurde mit 10 bis 12 % festgestellt und beobachtet, daß dieser Wert mit der Körnung des Kalksteins sich etwas verschiebt, aber einer sorgfältigen Einstellung bedarf, da geringe Abweichungen von der günstigsten Feuchtigkeit die Gehalte an restlicher Kohlensäure von 6 bis 7 % auf 10 bis 12 % ansteigen ließen. Die Schichthöhe wurde, da der Grus sehr locker liegt, so hoch gewählt, wie es das Band ermöglichte, und betrug 30 cm. Große Schichthöhe ergibt infolge der besseren Wärmeausnutzung eine gewisse Brennstoffersparnis. Da die obersten Schichten weniger gut entsäuert sind, ist auch aus diesem Grunde eine hohe Schicht zweckmäßig. Der Unterdruck sinkt beim Kalksintern ständig ab und stellte sich auf 600 mm WS ein. Bei diesem Kalksinterverfahren wurde als Decklage Kalksplitt der Kornklasse 10 bis 25 mm benutzt, der nach dem Abwurf wieder ausgesiebt und aufs neue zum gleichen Zweck benutzt werden konnte. Die bezogene Erzeugungsleistung betrug 17 t und der Durchsatz an Kalksteingrus 25 bis 26 t/m^2 u. 24 h. Der so gebrannte Kalk wurde alsbald verarbeitet und bereits auf dem Austragteller kräftig mit Wasser abgebraust, um sein Ablöschen und seinen Zerfall zu beschleunigen. Infolge der beim Ablöschen freiwerdenden Wärme war die Sintermischung hinter der Mischtrommel sehr heiß und kaum körniger Kalk in ihr zu erkennen. Die Leistungssteigerungen, die bei dieser Betriebsweise erreicht wurden, sind schon erwähnt worden (vergl. S. 258).

m) Zur Betriebswirtschaft der Saugzugsinteranlagen; Berechnung und Vergleich der Leistungen. Es ist schon darauf hingewiesen worden, daß sich infolge der unterschiedlichen Gewichtsverluste, die die einzelnen Sinterrohstoffe bei ihrer Verarbeitung erfahren, Leistungs- und Verbrauchsangaben schlecht miteinander vergleichen lassen, wenn sie auf den fertigen Sinter umgerechnet sind. Bezieht man die Leistungen und Kosten dagegen auf den Durchsatz, so erhält man Zahlenwerte, die eine bessere Unterlage für vergleichende Betrachtungen bilden. Außerdem mußte es als sehr wünschenswert gelten, Formeln zu besitzen, mit denen die Soll-Leistungen von Saugzugsinteranlagen berechnet werden können. Aus den bereits genannten Gründen sollten diese Formeln auf die Errechnung der Soll-Leistung je Einheit der eingesetzten Menge, d. h. je t Durchsatz, abgestellt sein.

Der Entwicklung der im folgenden mitgeteilten Formeln[157] muß die Bemerkung vorausgeschickt werden, daß zwar noch nicht alle Einflüsse bekannt sind, die auf den Sintervorgang einwirken, und daß die Formeln noch nicht vollkommen sind, aber unsere Beherrschung des Sinterverfahrens hat doch einen solchen Umfang erreicht, daß die wichtigsten, den Erfolg bestimmenden Faktoren so weitgehend erfaßt werden können, daß die Aufstellung der Formeln möglich und insbesondere mit Rücksicht auf die Vorteile, die Vorausberechnungen und durch sie ermöglichte Vergleiche bieten, wünschenswert erscheinen. Die Aufstellung der Formeln bildet hierfür eine erste Handhabe; künftige Verfeinerungen sind erwünscht, aber nicht die Voraussetzung für ihre Anwendung in der gegenwärtigen Form.

Die unterschiedlichen Betriebsweisen der Saugzugsinterung machen es notwendig, den fortlaufend geführten Betrieb, wie er beispielsweise auf dem Sinterband abläuft, zu trennen von dem diskontinuierlichen der Pfannenapparate. Es sollen daher zunächst die *Formeln für die Bandsinterung* behandelt werden. Bei einem Band ist es zweckmäßig, zuerst die auf der nutzbaren Saugfläche aufliegende Menge Sintergut zu berechnen, was nach der Gleichung:

$$M = b \cdot l \cdot h \cdot \gamma \cdot \frac{r}{100} \tag{1}$$

geschehen kann. In dieser Formel bedeuten:

b = die Bandbreite in m,
l = die nutzbare Bandlänge in m,
h = die Schichthöhe (an der Aufgabestelle gemessen) in m (ausschließlich Rostbelag),
γ = das Schüttgewicht der Sintermischung in t/m^3,
r = der Anteil des Sintergutes an der Sintermischung in %.

Weiter muß die tägliche Erneuerung dieser Gewichtsmenge berechnet werden; sie wird außer vom Sintergut selbst von der *Sintergeschwindigkeit*, der *Schichthöhe* und dem *Unterdruck* bestimmt. Es tritt nun die Frage auf, was über die Sintergeschwindigkeit und ihre Abhängigkeit von der Höhe des Saugzugs bekannt ist. Von verschiedenen Verfassern sind darüber Feststellungen gemacht worden, deren Auswertung einen

[157] Luyken, W.: Arch. Eisenhüttenw. Bd. 21 (1951) H. 1/2, S. 1 bis 8.

Mittelwert von 1,35 cm/min für einen Unterdruck von 600 mm WS ergeben hat. Bezeichnet man diesen Wert von 1,35 cm/min mit a_0, so läßt sich die Sintergeschwindigkeit a in Abhängigkeit vom Unterdruck berechnen nach der Formel:

$$a = k\, a_0 \frac{h_0}{p_0} \cdot \frac{p}{h} \text{ (cm/min).} \tag{2}$$

Hierin bedeuten:

p den veränderten Unterdruck in mm WS,

p_0 den Unterdruck von 600 mm WS.

Mit der Konstanten k wird die Veränderung der Gasdurchlässigkeit erfaßt; ihr Wert kann gleich 1 angesetzt werden. Auf die Bedeutung der Schichthöhe wird noch zurückgekommen werden. Unter h_0 ist eine durch Versuche noch zu ermittelnde günstigste Schichthöhe zu verstehen. Solange sie nicht bekannt ist, kann $h = h_0$ gesetzt werden. Ferner sei darauf hingewiesen, daß der Wert $\frac{p}{h}$ (mm WS/m) dem Druckunterschied je Längeneinheit — gemessen in der Strömungsrichtung — entspricht.

Nach den Untersuchungen von Wittenberg und Meyer besteht eine lineare Abhängigkeit der Sintergeschwindigkeit vom Unterdruck zwischen etwa 200 und 1000 mm WS; die Werte von a schwanken dann zwischen 0,45 cm/min bei 200 mmWS und 2,25 cm/min bei 1000 mm WS Unterdruck. Nunmehr läßt sich weiter die tägliche Erneuerung z der auf der nutzbaren Saugfläche aufliegenden Aufgabemenge berechnen nach der Formel:

$$z = \frac{1440 \cdot a}{100 \cdot h}. \tag{3}$$

Die tägliche Durchsatzleistung ist dann das Produkt aus der der Saugfläche jeweils aufliegenden Menge und der Anzahl der täglichen Erneuerungen dieser Menge. Demgemäß ist:

$$D = M \cdot z \tag{4}$$

und wenn man für M und z die rechten Seiten der Gleichungen (1) und (3) einsetzt, lautet jetzt die Gleichung für die Durchsatzleistung:

$$D = b \cdot l \cdot h \cdot \gamma \cdot \frac{r}{100} \cdot \frac{1440 \cdot a}{100 \cdot h}. \tag{5}$$

In dieser Gleichung könnte an sich der Wert h gekürzt werden; mit Rücksicht auf die begriffliche Unterteilung der Formel (5) in eine Gewichtsmenge und deren tägliche Erneuerung empfiehlt es sich jedoch nicht, diese Vereinfachung vorzunehmen.

Der Errechnung der auf die nutzbare Saugfläche bezogenen Durchsatzleistung dient die Formel:

$$L_d = \frac{M \cdot z}{l \cdot b}. \tag{6}$$

Häufig wird nun die Fragestellung nicht auf den Durchsatz, sondern auf die Erzeugung gerichtet sein. In diesem Falle ist der Durchsatz mit dem Ausbringen an Fertigsinter v_f zu multiplizieren und es ist

$$E = \frac{M \cdot z \cdot v_f}{100}. \tag{7}$$

Als das Betriebsergebnis besonders kennzeichnend wird meist die bezogene Erzeugungsleistung genannt, d. h. die Erzeugung je m^2 nutzbarer Saugfläche. Für die Berechnung dieses Wertes lautet die Gleichung:

$$L_e = \frac{M \cdot z \cdot v_f}{100 \cdot b \cdot l}. \tag{8}$$

Ein zahlenmäßig durchgerechnetes Betriebsergebnis mag die Bedeutung der aufgestellten Formeln erläutern, nämlich das der Anlage der Reichswerke, über welches K. Hofmann und E. Peetz[158] eingehend berichtet haben. Die Länge der Bänder der Hütte Braunschweig beträgt 30 m und ihre Breite 2,5 m. Das Verhältnis zwischen dem Fertigsinter und der Einsatzmenge (einschließlich Roherz-Rostbelag) betrug im Jahre 1944 1000:1245,9 und demgemäß das Ausbringen $v_f = 80{,}26\,\%$. Die Erzeugung je Band betrug 1250 t/24 h und die bezogene Erzeugungsleistung 16,7 t/m^2 u. 24 h. Da 108,0 kg Brennstoff verbraucht wurden, und, wenn man den Anteil Rückgut mit 80 kg sowie den Wasserzusatz zu 70 kg annimmt, so wird der Wert $r = 79{,}3\,\%$. Da ferner nach Mitteilung des erstgenannten Verfassers das Schüttgewicht der Sintermischung im Mittel 1,3 t/m^3, die Schichthöhe 0,26 m und der Unterdruck 700 mm WS betrug, so errechnet sich aus der Formel (5) der Solldurchsatz zu:

$$D = 2{,}5 \cdot 30 \cdot 0{,}26 \cdot 1{,}3 \cdot \frac{79{,}3}{100} \cdot \frac{1440 \cdot 1{,}58}{100 \cdot 0{,}26}$$

$$D = 1760\ \text{t}/24\,h.$$

Dieser Durchsatzleistung entspricht bei dem genannten Ausbringen von 80,26 % eine Sollerzeugung von 1410 t/24 h und eine bezogene Erzeugungsleistung von 1410:75 = 18,8 t/m^2 u. 24 h. Die Anlage erreicht somit nicht ganz die nach ihren Abmessungen und bei dem Schüttgewicht des Erzes sowie bei einer mittleren Sintergeschwindigkeit zu erwartende Leistung; es ist aber bekannt, daß gerade die Salzgittererze leistungshemmend wirken.

---

[158] Hofmann, K., u. E. Peetz: Stahl u. Eisen Bd. 68 (1948) S. 217.

Wegen der Bedeutung der Formel für das Verständnis der Erfolge bei dem Betriebe mit anderen Erzen sei weiter angenommen, daß eine Anlage mit gleichen Abmessungen dazu dient, für einen Stahleisenmöller schwedische Erzschliche zu verarbeiten, deren Schüttgewicht in der Sintermischung 1,55/t m^3 beträgt und deren Glühverlust rund 10 % ausmacht, so daß sich das Ausbringen an Fertigsinter auf 90 % stellt. Alsdann errechnet sich bei der gleichen Schichthöhe von 0,26 m (ausschließlich des kreisläufig verwendeten Rostbelags) der Solldurchsatz zu

$$D = 2{,}5 \cdot 30 \cdot 0{,}26 \cdot 1{,}55 \cdot \frac{79{,}3}{100} \cdot \frac{1440 \cdot 1{,}58}{100 \cdot 0{,}26}$$

$$D = 2096\,\mathrm{t}/24\,h.$$

Bei einem Ausbringen von 90 % entspricht dies einer Erzeugung von 1886 t/24 h und einer bezogenen Erzeugungsleistung $L_e = 25{,}1$ t/m^2 u. 24 h. Dies bedeutet, daß je nach den verarbeiteten Erzen die Leistungen stark verschieden sein können und daß selbst bei dem gleichen Unterdruck Leistungen von 25 t ebenso wie solche von 18,8 t/m^2 u. 24 h einem Betriebe entsprechen können, der mit dem billigerweise erwartbaren Erfolge arbeitet. Bei unterschiedlichen Unterdrücken können die Abweichungen in den Leistungen natürlich noch größer sein. Wo aber die Soll-Zahl nicht erreicht wird, ist, auch wenn die Leistung verhältnismäßig günstig erscheint, doch zu prüfen, ob die Soll-Zahl nicht erreicht werden kann, wobei an besseres Anfeuchten, besseres Mischen, günstigere Krümelbildung, vermehrten Zusatz an gröberem Rückgut, Verringerung des Brennstoffzusatzes und Beimischung von solchen Zusätzen zu denken ist, die vielleicht nicht nur die Gasdurchlässigkeit verbessern, sondern auch die Sintergeschwindigkeit durch kürzere Schlacke erhöhen. Dagegen bringt eine Steigerung des Saugzugs keine Verringerung der Minderleistung, weil ein höherer Unterdruck auch die Soll-Leistung erhöht.

Durch die Sintergeschwindigkeit, die Länge des nutzbaren Bandes und die Schichthöhe wird die *Bandgeschwindigkeit* bestimmt. Der richtige Bandvorschub läßt sich, sofern z bekannt ist, berechnen aus

$$w = \frac{l \cdot z}{1440}. \tag{9}$$

Setzt man in diese Gleichung für z die rechte Seite der Formel (3) ein, so ergibt sich

$$w = \frac{l \cdot a}{100 \cdot h}\,(\mathrm{m/min}). \tag{10}$$

Mit Hilfe dieser Formel (10) läßt sich in besonders einfacher Weise der laufende Betrieb auf seine Erzeugung überwachen. Wird der Soll-Vorschub nicht erreicht, so kann auch die Leistung nicht ihr Soll erreichen.

Bei der Ermittlung der *Soll-Leistung von Pfannensinteranlagen* sind folgende Fälle zu unterscheiden:

1. Es kann die Zahl der täglich zu kippenden Pfannen dadurch begrenzt sein, daß die Füll-, Zünd- oder Kippvorrichtungen eine bestimmte Höchstzahl nicht zu überschreiten gestattet. In diesem Falle kann mithin eine Erhöhung der Sintergeschwindigkeit keine Erzeugungssteigerung herbeiführen. Die Durchsatz-Soll-Leistung ergibt sich dann aus dem durch die Abmessungen der Pfannen gegebenen Gewicht des Inhaltes einer Pfanne $M = b \cdot l \cdot h \cdot \gamma \cdot \frac{r}{100}$ multipliziert mit den Anzahl z der unter Berücksichtigung des engsten Querschnittes planmäßig kippbaren Pfannen:

$$D = b \cdot l \cdot h \cdot \gamma \cdot \frac{r}{100} \cdot z. \tag{11}$$

2. Können die Hilfsvorrichtungen dagegen eine unbeschränkte Zahl von Pfannen bedienen, so bringt eine Beschleunigung des Sintervorganges eine Erhöhung der Durchsatzmöglichkeit, d. h., daß die Soll-Leistung wieder von der Sintergeschwindigkeit abhängig wird. Beträgt die Zeit des Kippens und Füllens, die bei bestehenden Anlagen feststellbar und bei Neuanlagen berechenbar ist, n min und die Zeit des Brandes (einschließlich des Zündens) m min, so ist also der Faktor $\frac{m}{m+n}$ maßgebend für die Leistung der Pfannensinterung. Zu bestimmen ist die Dauer des Brandes aus der Gleichung:

$$m = \frac{h \cdot 100}{a} \text{(min)}. \tag{12}$$

Ist beispielsweise die Schichthöhe $h = 0{,}25$ m und a bei 600 mm WS $= 1{,}35$ cm/min, so ist $m = 18{,}5$ min. Beträgt ferner die Zeit n des Kippens und Füllens 2 min, so ist der Faktor $\frac{m}{m+n} = 0{,}90$. Je kürzer die verlorene Zeit des Kippens und Füllens ist, je mehr nähert sich der Faktor dem Wert 1, der dem ununterbrochenen Betriebe entspricht.

3. Betrachtet man nach dem Vorschlage von H. Huisken[133] einen Sinterplatz der GHH-AIB-Anlage als überzählig, so ist bei n vorhandenen Plätzen für Pfannen mit f m² Rostfläche die nutzbare Saugfläche $(n - 1) \cdot f$ m² und es entsteht dann durch das Kippen, Füllen und den Transport der Pfanne kein Ausfall.

Die für die Berechnung und den Vergleich der Sinterleistungen angestellten Überlegungen veranlaßten M. Hansen[159], sich mit den mathematisch-physikalischen Zusammenhängen bei der Eisenerzsinterung auseinanderzusetzen. Die Fassung der vorstehend genannten Gleichungen

[159] Hansen, M.: Arch. Eisenhüttenw. Bd. 21 (1950) H. 1/2, S. 9 bis 12.

(2), (3) und (12) geht auf seine Vorschläge zurück. Hansen hat auch dem Einfluß der Füll- und Kippzeit beim Pfannensintern besondere Aufmerksamkeit geschenkt, wobei er den zwischen der Ober- und Unterseite der Schicht vorhandenen Druckunterschied in Beziehung zur Schichthöhe als Druckgefälle p/h (mm WS/m), d. h. den Druckunterschied je Längeneinheit in der Richtung der Luftströmung erfaßt. In Abb. 118 u. 119 sind von ihm in Abhängigkeit von der bezogenen Leistung und dem Druckgefälle die Einflüsse schaubildlich wiedergegeben, die bei der Pfannensinterung eine unterschiedliche Schichthöhe (Abb. 118) und eine unterschiedliche Füll- und Kippzeit (Abb. 119) besitzen. Den Berechnungen für diese Abbildungen liegen folgende Zahlenwerte

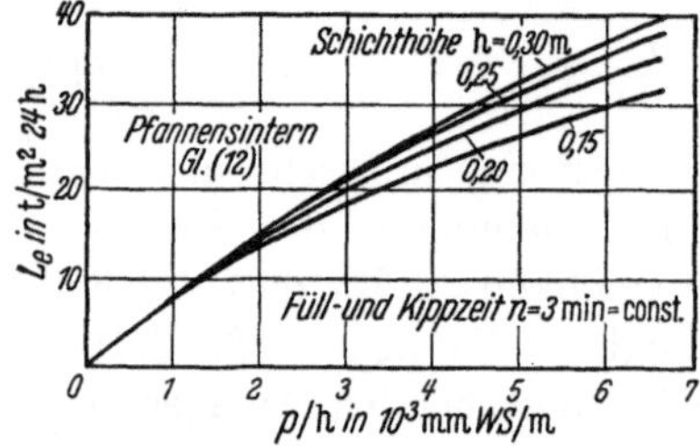

Abb. 118. Abhängigkeit der bezogenen Durchsatzleistung einer Pfannensinteranlage von der Schichthöhe und dem Druckgefälle bei konstanter Füll- und Kippzeit (nach M. Hansen).

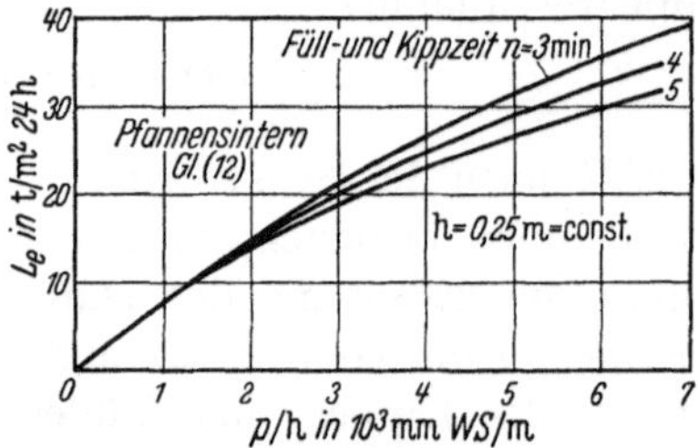

Abb. 119. Abhängigkeit der bezogenen Durchsatzleistung einer Pfannensinteranlage von der Füll- und Kippzeit und dem Druckgefälle bei konstanter Schichthöhe (nach M. Hansen).

zugrunde: $\gamma = 1{,}45$ t/m³, $k = 1$, $h_0 = 0{,}25$ m, $r = 85\,\%$, $a_0 = 1{,}8$ cm/min bei $p = 800$ mm WS, $v_f = 83\,\%$.

Der von mir für einen Unterdruck von 600 mm WS mit 1,35 cm/min angenommene Wert der *Sintergeschwindigkeit* a_0 bedarf an sich noch einer Nachprüfung, weil eine Mittelwertbildung aus älteren Untersuchungen schwierig war. Dabei wird es erforderlich sein, diesen Wert sowohl in Abhängigkeit vom Brennstoffzusatz als auch von der Schichthöhe zu bestimmen.

Zu der Bedeutung der *Schichthöhe* ist folgendes zu sagen. Nach R. Baake[148] hatten Versuche gezeigt, daß die Höhe der Leistung durch die Schichthöhe nicht beeinflußt wird, daß es also gleichgültig ist, ob man mit hoher oder niedriger Schicht arbeitet. Baake hatte dieses Ergebnis nicht erwartet, weil er geglaubt hatte, daß bei geringerer Höhe die Leistung auf Grund des kleineren Luftwiderstandes größer wäre. Neuerdings hat H. Wendeborn[147] für verschiedene Erze und für unterschiedliche Unterdrücke Abhängigkeiten zwischen der Schichthöhe und der Leistung nachgewiesen, aus denen sich, wie die Abb. 120 u. 121 zeigen, ergibt, daß bei einem Unterdruck von 800 mm WS die Leistungen bei über 15 cm Schichthöhe zurückgehen und daß bei höheren Unterdrücken die Schichthöhen ohne Leistungsabfall bis zu etwa 23 cm betragen dürfen. Es gibt somit in Abhängigkeit vom Unterdruck einen Bestwert der Schichthöhe mit Rücksicht auf die größte Leistung. Neben diesem technischen Bestwert gibt es aber für die Betriebe noch eine *optimale* Schichthöhe, in der auch die wirtschaftlichen Umstände berücksichtigt sind. Bei einer höheren Schicht ergeben sich nämlich Ersparnisse an Kraftverbrauch, Zündgas, Brennstoff und Verschleiß, denen die Betriebe Rechnung zu tragen haben. Aus den Abb. 120 u. 121 läßt sich vermuten, daß die optimalen Schichthöhen bei etwa 22 bis 24 cm (ohne

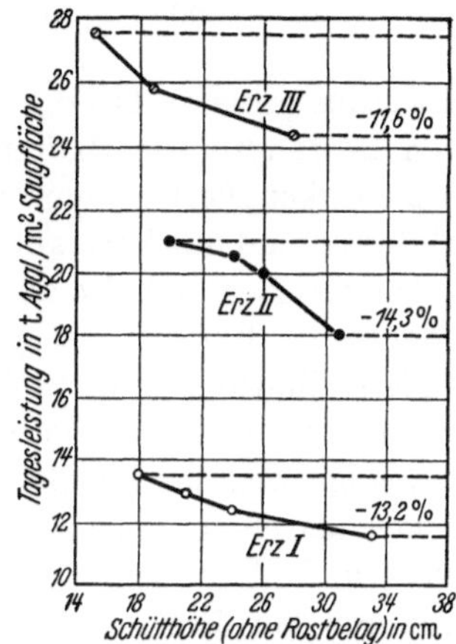

Abb. 120. Abhängigkeit der bezogenen Erzeugungsleistung von der Schichthöhe bei drei verschiedenen Erzen bei einem Unterdruck von 800 mm WS (nach H. Wendeborn).

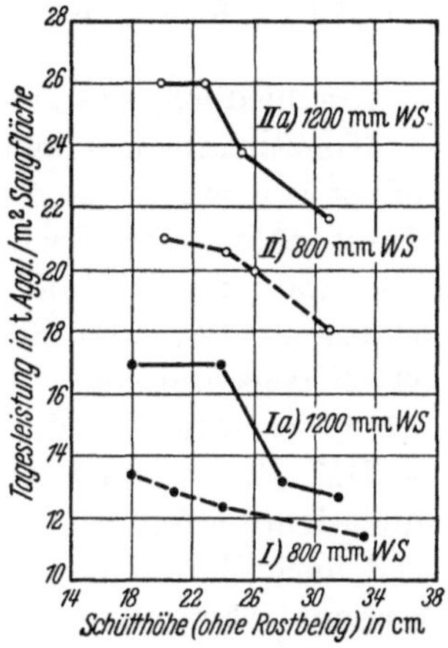

Abb. 121. Abfall der bezogenen Erzeugungsleistung in Abhängigkeit von der Schichthöhe und dem Unterdruck (nach H. Wendeborn).

Rostbelag) liegen und gegenüber der Höchstleistung eine Minderung um etwa 1 t/m² u. 24 h zur Folge haben.

In vielen Fällen finden sich im Schrifttum Angaben über Kosten und dergleichen, wobei diese auf die Mengeneinheit Sinter oder Agglomerat bezogen sind. Diese Kostenumrechnung birgt die Gefahr in sich, daß daraus falsche Schlußfolgerungen gezogen werden. Dies sei an Hand der Zahlentafel 52 erläutert, in der die Verhältnisse einer Sinteranlage mit einem täglichen Durchsatz von 1000 t Sintergut zahlenmäßig angenommen sind. Diese Anlage verarbeite einmal vorwiegend nordische Konzentrate mit einem Einstandspreis von 42,— DM je t Sintergut für den Stahleisenmöller und in einer anderen Betriebszeit geringhaltige deutsche Erze mit einem Preis von 17,50 DM je t für die Verhüttung auf Thomaseisen. In den Spalten 3 bis 5 der Zahlentafel 52 ist zu diesen beiden Sorten der durchschnittliche Eisen- und Feuchtigkeitsgehalt sowie der Preis der Eiseneinheit angegeben. In der Spalte 6 ist die tägliche Erzeugung an Fertigsinter genannt; beide Zahlenwerte sind

Zahlentafel 52. *Beziehung der Kosten- und der Gewinnbeträge zu den Mengen-*

Verarbeitete Menge Sintergut im Feuchten t/24 h	Preis des Sintergutes DM/t	Eisengehalt des Sintergutes im Trockenen %	Feuchtigkeitsgehalt des Sintergutes %	Preis der Eiseneinheit im Sintergut DM/%	Erzeugte Menge Fertigsinter t/24 h	Fertigsinterausbringen %	Betriebsselbstkosten gesamt DM/24 h	Betriebsselbstkosten je t Sintergut DM	Betriebsselbstkosten je t Fertigsinter DM
1	2	3	4	5	6	7	8	9	10
1000	42,00	60,0	4,0	0,70	930	93,0	4400	4,40	4,73
1000	17,50	32,0	5,0	0,55	690	69,0	4400	4,40	6,38

recht unterschiedlich, was sich weitgehend daraus erklärt, daß die nordischen Konzentrate fast keine vergasbaren Bestandteile enthalten — der Verlust von nur 70 kg geht auf den Feuchtigkeitsverlust, eine teilweise Umwandlung von Eisenoxyd in Oxyduloxyd und auf Verstaubung zurück —, während sich infolge der sehr beträchtlichen Gehalte an den verschiedenen vergasbaren Stoffen in dem deutschen Erz die Erzeugung auf 690 t Fertigsinter stellt. Die täglichen Herstellkosten ohne die Einsatzkosten betragen bei Verarbeitung beider Erzsorten gleicherweise 4400,— DM; diese Annahme ist nicht abwegig, weil ja die gleichen Bedienungsleute erforderlich sind, die gleichen Maschinen zu betreiben sind und auch Zumischungen von Koksgrus und Wasser in der entsprechenden Höhe verständlich sind. Wird nun bei dieser Unkostensumme die Frage nach den Kosten je Mengeneinheit gestellt, so kann an sich die Tonne Fertigsinter, aber auch die Tonne Sintergut zum Kostenträger gemacht werden. Kennzeichnend für den Wirtschaftlichkeitsvergleich ist aber nur der auf das Sintergut bezogene Kostenbetrag, wie die in den Spalten 9 und 10 der Zahlentafel angegebenen Werte erkennen lassen, aus denen sich ergibt, daß die Sinterkosten auf die Mengeneinheit Sintergut bezogen berechnet werden sollten. Die Gegenüberstellung der auf die beiden verschiedenen Mengeneinheiten bezogenen Kosten zeigt, daß ältere Angaben über die Kosten unsicher sind, wenn sie ohne Angaben über das Ausbringen nur für die Mengeneinheit Agglomerat angegeben sind.

Nimmt man einmal an, daß die Herstellkosten (ohne Einsatzkosten) bei der Verarbeitung des deutschen Erzes höher seien als 4400.— DM täglich und zwar 4800.— DM, so würde dieser höhere Betrag wieder auf den Durchsatz bezogen mit 4,80 DM sofort zu dem richtigen Schluß führen, daß die Verarbeitung des deutschen Erzes teurer ist. Würden aber die Herstellkosten je t *Fertigsinter* bei dem deutschen Erz sich zu weniger als 6,38 DM ergeben haben — beispielsweise zu 6,— DM —, so könnte die Gegenüberstellung der beiden Zahlenwerte 4,73 DM für die nordischen Konzentrate und 6,— DM für das deutsche Erz zu der *einheiten an Sintergut und Fertigsinter bei zwei verschiedenen Erzsorten.*

Eisengehalt des Fertigsinters	Wert des Fertigsinters	Wert der Eiseneinheit im Fertigsinter	Wert der gesamten Erzeugung	Gesamtkosten des eingesetzten Sintergutes	Gewinn gesamt	Gewinn je t Sintergut	Gewinn je t Fertigsinter
%	DM/t	DM/%	DM/24 h	DM/24 h	DM/24 h	DM	DM
11	12	13	14	15	16	17	18
61,3	50,49	0,82	46954,80	42000	554,80	0,55	0,60
42,7	32,45	0,76	22390,50	17500	490,50	0,49	0,71

Auffassung verleiten, daß im zweiten Falle die Herstellkosten höher seien, obwohl dies tatsächlich nicht zutreffend wäre.

In den Spalten 11 bis 18 der Zahlentafel 52 ist ferner eine Ermittlung des wirtschaftlichen Erfolges der Sinteranlage vorgenommen. Sie macht erforderlich, daß der Fertigsinter auf Grund seiner chemischen und mechanischen Beschaffenheit einer metallurgischen Bewertungsrechnung, wie sie im Kapitel D besprochen ist, unterworfen wird. Aus dem Wert der Tonne Fertigsinter und der täglich erzeugten Menge ergibt sich der Wert der Tageserzeugung. Zieht man von diesem die Summe der täglichen Betriebsselbstkosten und der Einsatzkosten ab, so ergibt sich der Gesamtgewinn oder Gesamtverlust. Im Falle des Zahlenbeispiels stellt sich für die Sinterung der nordischen Konzentrate der tägliche Gewinn auf 554,80 DM und für das deutsche Erz auf 490,50 DM; dieser ist somit im ersten Falle höher. Bezieht man nun wieder diesen Gewinn nicht auf die Mengeneinheit Sintergut, sondern auf den Fertigsinter, so erscheint die Verarbeitung des deutschen Erzes, wie sich aus den Zahlen der Spalte 18 ergibt, widersinnigerweise wirtschaftlicher.

Es braucht wohl kaum erwähnt zu werden, daß auch alle *Verbrauchsangaben*, wie beispielsweise über elektrischen Strom und andere Betriebsstoffe, bei Vergleichen stets auf die Tonne Sintergut bezogen werden sollten und daß ältere Angaben, bei denen dies nicht geschehen ist, eine Unsicherheit einschließen. Dies dürfte auch der Grund dafür sein, daß die bekanntgemachten Werte teilweise unverständlich große Abweichungen zeigen.

Die *Gesamtkosten des Fertigsinters* werden zweckmäßig errechnet nach der Gleichung:

$$P_{Fs} = \frac{(P_{Sg} + K) \cdot 100}{v_f}. \tag{13}$$

In ihr bedeutet: P_{S_g} den Einkaufs- oder Verrechnungspreis je t Sintergut, K die Sinterkosten je t Sintergut.

Es sei hier nochmal auf die beiden Beispiele der Zahlentafel 52 zurückgegriffen. Für sie stellt sich der Gesamtkostenbetrag des Sinters

$$\text{zu 1) auf } \frac{(42,- + 4,40) \cdot 100}{93} = 49,89\ \text{DM/t};$$

$$\text{zu 2) auf } \frac{(17,50 + 4,40) \cdot 100}{69} = 31,74\ \text{DM/t}.$$

Nachdem gezeigt worden ist, daß für vergleichende Betrachtungen die Betriebsselbstkosten auf die Mengeneinheit Sintergut bezogen werden sollten, weisen diese Berechnungen nach, daß sie auch für die kaufmännische Buchführung benutzt werden können.

4. Drehofen-Sinterung.

Die Sinterung von Feinerzen und Gichtstaub ist auch im Drehofen möglich. Diese Arbeitsweise ist wahrscheinlich zuerst auf die Eisenmanganerze der Lindener Mark bei Gießen angewandt worden. Diese mulmigen Erze wurden eine Zeitlang in einem Ofen von 35 m Länge und 2 m Durchmesser, der mit 6° geneigt war, verarbeitet, wobei die Beheizung mit Kohlenstaub erfolgte[160]. Auf den Hochofenwerken diente das Verfahren in erster Linie der Stückigmachung des Gichtstaubes. Mit fortschreitender Beherrschung des Verfahrens wurden die Öfen fast stetig vergrößert; ihre Länge beträgt jetzt bis zu 84 m und ihr äußerer Durchmesser bis zu 4 m. Mehrere Drehofen-Sinteranlagen befinden sich auf Hochofenwerken des lothringisch-luxemburgischen Minettegebietes. Eine dieser Anlagen, nämlich die des Werkes Belval in Esch an der Alzette, zeigt Abb. 122; ihr Aufbau kann für die Drehofen-Sinterung als typisch angesehen werden. In der Abbildung bedeuten:

a Vorratsbunker für Rohstoffe,
b Förderrinne,
c Becherwerk,
d Aufgabebunker,
e Schubspeisevorrichtung,
f Anfeuchtschnecke,
g Drehofen von 60 m Länge,
h Rauchkammer,
i Schleppkette für Rauchkammerstaub,
k Gichtgaszuleitung,
l Hochdruckventilator für vorgewärmte Verbrennungsluft,
m Bandkühler für den ausgetragenen heißen Sinter,
n Abschabevorrichtung,
o Fördervorrichtung,
p Bunker für Sinter,
q Verschiebewinde und Waage.

Die Sinterdrehöfen sind in bestimmter Weise profiliert, und zwar ist die Vorwärmzone verhältnismäßig lang und eng, um eine gute Aus-

[160] Einecke, G.: Der Bergbau und Hüttenbetrieb im Lahn- und Dillgebiet und Oberhessen. Wetzlar 1932.

nutzung der Heizgase zu erzielen. An diese Zone schließt sich ein erweiterter Ofenabschnitt an, in dem das Gut die Sintertemperatur angenähert erreichen soll. Da das Sintergut in ihm nicht von der Brennerflamme erfaßt werden kann, tritt hier auch kein Ansetzen an

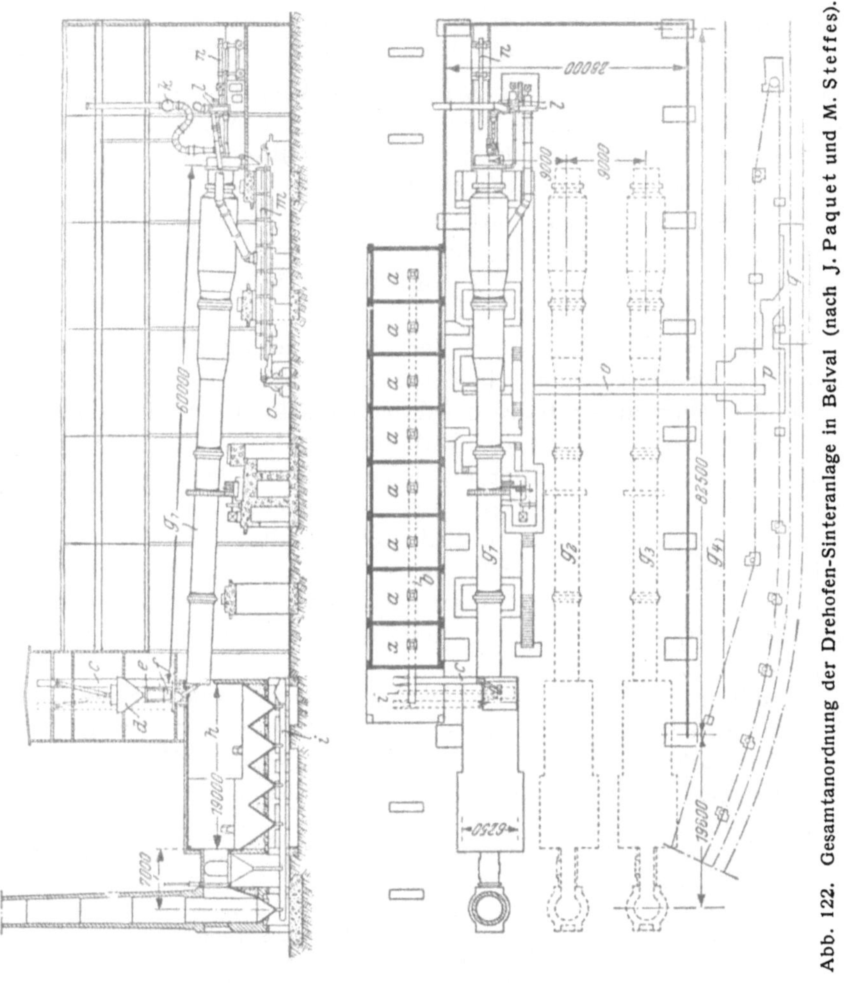

Abb. 122. Gesamtanordnung der Drehofen-Sinteranlage in Belval (nach J. Paquet und M. Steffes).

dem Ofenfutter ein. Der unterste Teil des Ofens ist wieder eingeschnürt. In ihm wird die Sinterung erreicht, wobei sich neben dem ständigen Austrag allmählich ein Teil des Sinters am Ofenfutter festsetzt. Diese Ansätze werden in regelmäßigen Zeitabständen von etwa einer halben Stunde durch die Abkratzvorrichtung entfernt. Diese muß den Ofen soweit freihalten können, wie die eigentliche Sinterzone des Ofens beträgt. Ihre Länge ist etwa 3 bis 6 m.

Um die *Abschabevorrichtung* zur Wirkung bringen zu können, muß der Ofenkopf mit dem Brenner verfahrbar sein. Sie selbst besteht aus einem schweren schmiedeeisernen Rohr, das vorne ein angeschweißtes Stahlgußmesser trägt, welches mit Wasser gekühlt wird. Das Einfahren des Rohres geschieht durch Motor über ein Zahnrad, das in eine auf dem Rohr befestigte Zahnstange eingreift.

Als *Brennstoff* für die Beheizung dient auf den Hochofenwerken überwiegend Gichtgas, z. T. aber auch Koksgas oder eine Mischung dieser beiden Gase; auch Kohlenstaub findet Verwendung. Wird Schwachgas benutzt, so sollte zumindest die Brennerluft vorgewärmt werden, um solche Temperaturen sicherzustellen, die eine gute Leistung ermöglichen. Diese Temperaturen liegen bei 1200 bis 1400°. Eine Zumischung von Kohle zum Sintergut ist nicht erforderlich, soweit dieses aber wie der Gichtstaub Brennstoff mitbringt, fördert er meist die Durchsatzleistung.

In den meisten Fällen läuft der rotglühend ausgetragene Sinter durch eine *Kühlvorrichtung*. In der bereits beschriebenen Anlage fällt er aus dem Ofen auf ein Band, das durch ein zylindrisches Rohr geführt ist; durch dieses wird die zur Verbrennung dienende Luft hindurchgeführt, wobei sie den Sinter kühlt und selbst vorgewärmt wird. In anderen Anlagen sind Kühltrommeln vorhanden.

Sowohl die *Neigung* als auch die *Drehzahl* der Sinterdrehöfen sind sehr unterschiedlich. Im allgemeinen sind die Öfen mit 4 bis 5° geneigt und werden in 1 bis 2 min einmal gedreht, wobei die Drehzahl regelbar ist. Die Zeit, während der das Gut im Ofen verweilt, beträgt etwa $^1/_2$ bis 4 h.

Damit trockenes, staubförmiges Gut nicht zu stark verstaubt und körniges Gut im Ofen nicht zu schnell vorrollt, wird das Aufgabegut in vielen Fällen *angefeuchtet*. Dabei erfordert aber die Menge des Anfeuchtwassers nicht einer so scharfen Einhaltung, wie sie bei der Saugzugsinterung nötig ist.

Im folgenden sind einige *Betriebskennzahlen* von Sinterdrehöfen zusammengestellt:

Sintertemperatur für Gichtstaub . .	1225	bis	1400°	
,, ,, Feinerz . . .	1200	,,	1350°	
Abgastemperatur	200	,,	450°	
Gichtgasverbrauch bei Gichtstaub .	265	,,	415 Nm³/t	Sinter
,, ,, Feinerz . . .	600	,,	800 ,,	,,
Energiebedarf			8,5 kWh/t	,,
Kühlwasserverbrauch	2,7	,,	5,5 m³/t	,,
Verbrauch an feuerfesten Steinen .	0,7	,,	2,8 kg/t	,,

Sehr unterschiedlich sind die *Leistungen* der Öfen in der Zeiteinheit; sie liegen zwischen etwa 150 und 800 t/24 h. Auf den nutzbaren

Inhalt können sie nicht bezogen werden, weil die Inhalte der Öfen nicht bekannt sind. Abgesehen von der Ofengröße wird die Leistung sehr stark beeinflußt von der Beschaffenheit des Sintergutes, von dem benutzten Brennstoff und der Vorwärmung. Aus der Zahlentafel 53, deren Werte von Paquet und Steffes[129] mitgeteilt wurden, ergibt sich, wie stark der Einfluß des Sintergutes und der Vorwärmung der Brennerhauptluft auf die Erzeugungsleistung in dem Drehofen von Belval war. Einer Leistung von 624 t/24 h bei Gichtstaub steht eine solche von 312 t bei der Sinterung von Minette-Feinerz gegenüber. Anderseits hat die Luftvorwärmung von 150 auf 525° bei der Verarbeitung des Gichtstaubes die Leistung von 480 auf 624 t/24 h gesteigert.

Zahlentafel 53. *Einfluß der Luftvorwärmung und der Beschaffenheit des Sintergutes (nach Paquet und Steffes).*

		Gichtstaub		Feinerz
Hauptluft	°C	150	525	525
Zweitluft	°C	150	150	150
Sintererzeugung	t/24 h	480	624	312
Hochofengasverbrauch stündlich	Nm^3/h	7000	6900	10000
bezogen auf Sinter	Nm^3/h	350	265	770

Die beiden größten, zur Zeit betriebenen Drehsinteröfen dürften diejenigen sein, die von der Fa. F. L. Smidth & Co. A/S, Kopenhagen, in den letzten Jahren in das Minettegebiet geliefert wurden. Sie sind 82 bzw. 84m l ang, haben 3,9 bzw. 3,3 m äußeren Durchmesser und 1125 bzw. 840 m² innere Oberfläche. Ihre Leistungen werden mit rund 600 t/24 h genannt, wobei der Ofen mit der größeren inneren Oberfläche Feinerz, der andere Gichtstaub verarbeitet. Durch Beimischung von Koks soll die Produktion auf 800 t/24 h erhöht werden können.

Bezieht man die Erzeugungsleistung der vorgenannten Öfen auf ihre innere Oberfläche, so ergeben sich folgende Zahlenwerte:

bei Gichtstaub 600: 840 = 0,69 t/m² und 24 h
,, Feinerz 600:1125 = 0,53 ,, ,, 24 h

Die Abhängigkeit des Gasverbrauchs von der Beschaffenheit des Aufgabegutes und der Luftvorwärmung zeigt Abb. 123. Danach steigt der Gasverbrauch mit steigendem Feinerzanteil sehr erheblich, wobei die Erzeugung abnimmt.

Die Korngröße des Drehofensinters beträgt etwa 10 bis 70 mm; die einzelnen Stücke nähern sich oft der Kugelform. Bei guter Festigkeit des Sinters ist seine mechanische Beschaffenheit somit recht günstig. Wie Abb. 124 zeigt, ist der Drehofensinter recht feinporig im Vergleich zum Bandsinter. Messungen seiner Porigkeit, die mit je zwei Bestimmungen an acht Proben von drei verschiedenen Werken vorgenommen wurden, ergaben zwischen 2,94 und 54,5 % Porenraum bezogen auf wahres Volumen[160]. Die beiden Mittelwerte betrugen 20,1 und 19,4 %. Gleichzeitig ausgeführte Messungen der Porigkeit von Bandsinter ergaben bei sieben Proben von drei verschiedenen Werken als Mittelwerte von je zwei Bestimmungen Werte von 19,1 und 31,1 %. Andere Messungen haben allerdings wesentlich höhere Werte der Porigkeit beim Bandsinter ergeben[136].

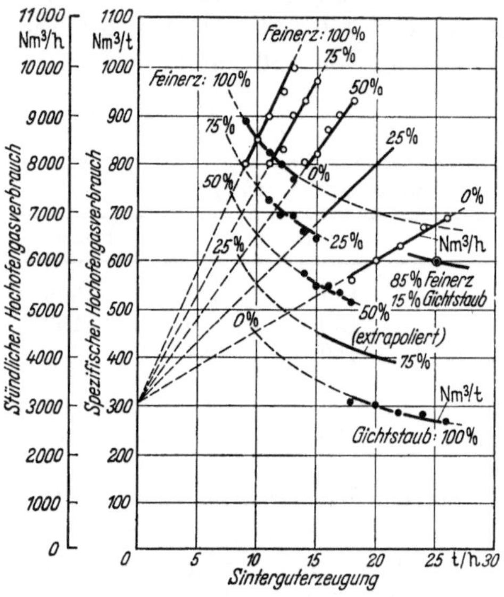

Abb. 123. Abhängigkeit des Gasverbrauchs von der Erzeugung von Sinter im Drehrohrofen bei wechselnden Mengen Gichtstaub und Feinerz (nach J. Paquet und M. Steffes).

Von A. Wagner, A. Holschuh und W. Barth[161] sind bei ihren Untersuchungen über die Möllerung nach physikalischen Grundsätzen das *Schüttvolumen* und der *Durchflußwiderstand* von Drehofen- und Bandsinter festgestellt worden (vgl. Zahlentafel 54). Danach hat der aus Gichtstaub hergestellte Drehofensinter in der Schüttung ein kleineres Porenvolumen als der gleichfalls aus Gichtstaub erzeugte Bandsinter, was auch zu erwarten war wegen der Grobporigkeit und Sperrigkeit des Bandsinters auf der einen und der der Kugelform sich nähernden Gestalt des Korns des Drehofensinters auf der anderen Seite. Daß aber auch der Durchflußwiderstand des Drehofensinters wesentlich kleiner gefunden wurde — und zwar für alle Körnungen — war kaum vorauszusehen. Die drei genannten Verfasser folgern daraus, daß der Bandsinter zu bevorzugen sei, weil er die durchstreichenden Gase besser ausnutze; denn großes Porenvolumen bedeute große Gasmenge in der Raumeinheit und niedrige Gasgeschwindigkeit bei großem Durchflußwiderstand bedeute wirksame Berührung des Stoffes mit dem Gase.

[160] Wagner, A.: Stahl u. Eisen Bd. 47 (1927) S. 659.

[161] Wagner, A., A. Holschuh u. W. Barth: Stahl u. Eisen Bd. 52 (1932) S. 1109 bis 1116.

Sowohl aus diesen physikalischen Zusammenhängen heraus wie auch wegen der *chemischen Beschaffenheit* gilt der Drehofensinter unter den Sintern verschiedener Herstellungsart als schwer reduzierbar. Wie

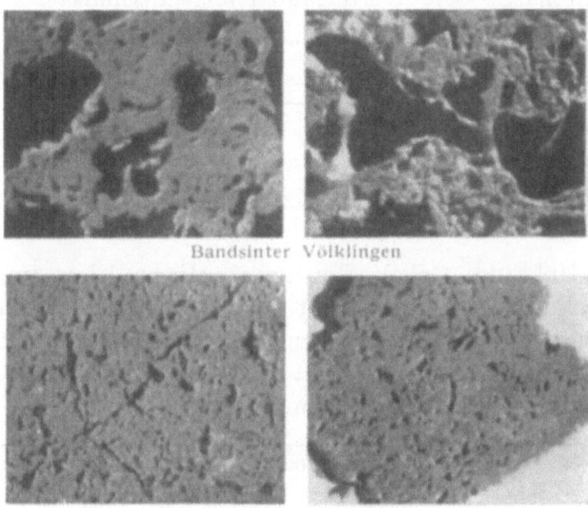

Abb. 124. Aufnahmen von unpolierten Anschliffen von Band- und Drehofensinter bei gleicher Vergrößerung (nach A. Wagner, A. Holschuh und W. Barth).

Zahlentafel 54. *Schüttvolumen und Durchflußwiderstand von Drehofen- und Bandsinterproben (nach Wagner, Holschuh und Barth).*

	Schüttvolumen		Durchflußwiderstand bei Luftmenge von 1 m/s	
	Drehofen-sinter	Band-sinter	Drehofen-sinter mm WS	Band-sinter mm WS
Entfall	0,442	0,580	136	366
Körnung 10 bis 20 mm	0,480	0,585	185	220
20 ,, 30 ,,	0,488	0,592	122	162
30 ,, 50 ,,	0,490	0,606	83	155
Mischung dieser Körnungen volumetrisch 1:1:1	0,472	0,564	150	190

die folgenden, von Paquet und Steffes mitgeteilten Analysenwerte nachweisen, ist der Drehofensinter jedoch nicht immer reicher an Eisenoxydul als der Sinter von Saugzuganlagen:

	%	Drehofen-sinter Belval	Bandsinter Burbach
Fe (gesamt)	%	44,0	42,1
Fe_2O_3	%	50,0	42,1
FeO	%	11,5	16,2

Auch von Wagner, Holschuh und Barth waren vergleichende Durchschnittsanalysenwerte von aus Minette-Gichtstaub hergestellten Sintersorten mitgeteilt worden, bei denen der Bandsinter den geringeren Oxydulgehalt hatte. Die Werte lauten folgendermaßen:

	%	Drehofensinter Belval	Bandsinter Völklingen
Fe ges. . . .	%	46,08	40,90
Fe met. . . .	%	0,33	0,45
FeO	%	40,97	16,0
Fe_2O_3	%	21,35	41,5

Für die Höhe des Gehaltes an zweiwertigem Eisen im Drehofensinter ist wesentlich, ob dem Gut vor der Aufgabe Brennstoff beigemischt wurde. Nach Paquet und Steffes ergaben sich bei der Verarbeitung eines Gichtstaubes mit 4 % C und eines Feinerzes folgende Gehalte an zwei- und dreiwertigem Eisen:

	%	Gichtstaub		Feinerz	
		roh	gesintert	roh	gesintert
Fe	%	36,5	47,0	31,5	44,0
FeO	%	19,5	50,0	4,5	11,5
Fe_2O_3	%	30,5	11,5	40,0	50,0

Der *Reduzierbarkeit* des Drehofensinters ist von verschiedenen Verfassern starke Beachtung geschenkt worden, weil sie für die Wahl des anzuwendenden Verfahrens entscheidend sein konnte. Eine eindeutige Überlegenheit der Reduzierbarkeit des Saugzugsinters gegenüber dem Drehofensinters, wie sie verschiedentlich zum Ausdruck gebracht wurde, konnte aber bisher weder durch die Praxis noch durch die Forschung nachgewiesen werden.

Die dem Bandsinter beigelegte bessere Reduzierbarkeit veranlaßte auf dem Werk Belval eine vergleichende Verhüttung der beiden Sintersorten. Während sieben Tagen wurde dem Minetteerz rund 11 % Bandsinter zugemöllert und die Hochofenergebnisse denen gegenübergestellt, die unter gleichen Verhältnissen mit Drehofensinter erhalten wurden. Nach Paquet und Steffes war keine Überlegenheit des Bandsinters festzustellen, eher sei das Gegenteil der Fall gewesen. Die beiden Verfasser teilten ferner mit, daß auf zwei Hochofenwerken des Minettebezirks bei der Verhüttung von Bandsinter eine Koksersparnis von 150 kg/t Roheisen erzielt würde, daß aber auf der Hütte Belval bei Zugabe von Drehofensinter die gleiche Koksersparnis erreicht werde. Sie vertreten daher die Ansicht, daß für Minetteverhältnisse im praktischen Betrieb kaum ein wesentlicher Unterschied zwischen den genannten Sintersorten bestehe.

Bei einer eingehenden Aussprache über die Eignung des Drehofensinters wurde von deutschen Eisenhüttenleuten die Auffassung vertreten, daß, wenn man zu einem Möller aus leicht reduzierbaren Erzen Sinter in einem Anteil von 15% zusetzt, es gleichgültig sei, ob man Drehofen- oder Bandsinter nähme, und daß mit Drehofensinter nicht die gleichen günstigen Verbrauchszahlen erreicht worden seien und es aus diesem Grunde wünschenswert sei, über einen längeren Zeitraum hinweg mit höheren Sinteranteilen weitere Untersuchungen anzustellen[162].

Wenn somit bei dem gegenwärtigen Stand der Erfahrungen und Kenntnisse dem einen oder anderen Sinter keine Überlegenheit zugesprochen werden kann, so hat dieses Problem insofern auch noch eine Variante erhalten, als ein stark wiederoxydierter Saugzugsinter zu vergleichen wäre mit einem Drehofensinter, der unter oxydierender Ofenatmosphäre bei verhältnismäßig niedriger Temperatur und möglichst ohne Brennstoffzusatz zum Sintergut erzeugt ist.

Über den *Wärmehaushalt* der Drehofensinterung gibt die von Paquet und Steffes aufgestellte Bilanz Auskunft, die in der Zahlentafel 55 wiedergegeben ist. In ihr sind getrennte Angaben für die Verarbeitung von Gichtstaub und Feinerz gemacht. Die gesamten Wärmeeinnahmen stellen sich auf 799000 bzw. 956000 kcal/t Sinter, von denen in beiden Fällen 81% aus dem Hochofengas und dem Kohlenstoffgehalt des Gichtstaubes stammen. Die Nutzwärme macht 35,0 bzw. 32,9% der gesamten Wärmeausgaben aus. Die Bilanz weist keinen Bilanzfehler aus, wohl aber einen Rest für Konvektion und Strahlung. Durch besondere Prüfung dieser Wärmeverluste konnte festgestellt werden, daß die Restwerte sehr weitgehend mit den durch Rechnung gefundenen Werten übereinstimmten.

Gemäß dieser Wärmebilanz beträgt der Hochofengasverbrauch 265 Nm^3/t Sinter beim Gichtstaub und 770 beim Feinerz. Unter Berücksichtigung des Kohlenstoffgehaltes des Gichtstaubes und Umrechnung des Heizwertes des Gichtgases auf Kohle läßt sich für die Verarbeitung des Gichtstaubes ein Gesamtkohlenstoffverbrauch von 7,9% und für das Feinerz von 9,6% errechnen.

Wegen der *Selbstkosten* der Drehofensinterung kann hier ebenfalls auf eine Aufstellung von Paquet und Steffes zurückgegriffen werden. Danach stellten sie sich für eine Anlage von zwei Öfen mit je einer Leistung von 500 t/24 h folgendermaßen:

---

[162] Erörterung zu Vorträgen. Stahl u. Eisen Bd. 62 (1942) S. 631 bis 633.

Brennstoff 700 m³ Gichtgas zu 0,003 RM	= 2,10 RM/t
Stromverbrauch 7,5 kWh zu 0,02 RM . .	= 0,15 ,,
Wasserverbrauch 4 m³ zu 0,01 RM . . .	= 0,04 ,,
Hilfsstoffe	= 0,05 ,,
Instandhaltung	= 0,20 ,,
Ersatzteile	= 0,45 ,,
Löhne	= 0,23 ,,
Kapitaldienst (10%)	= 1,18 ,,
zusammen	= 4,40 ,,

Zahlentafel 55. *Wärmebilanz eines Sinterdrehofens (nach Paquet und Steffes).*

	Gichtstaub		Feinerz	
Einnahmen:	kcal/t Sinter (Prozent)		kcal/t Sinter (Prozent)	
Hochofengas (Heizwert + Eigenwärme) . . .	267000 (33,4)	647000 (81,0)	775000 (81,0)	775000 (81,0)
Gichtstaubkohlenstoff	380000 (47,6)		0 (0,0)	
Hauptluft	71000 (8,9)	79000 (9,9)	102000 (10,7)	119000 (12,5)
Zweitluft	8000 (1,0)		17000 (1,8)	
Bildungswärme (Silikate) . . .	57000	(7,1)	62000	(6,5)
Beschickung (Eigenwärme) . .	16000	(2,0)	0	(0,0)
Summe	799000	(100,0)	956000	(100,0)
Ausgaben:				
Nutzwärme				
Reduktion Fe_2O_3 zu FeO . . .	123000 (15,4)	279000 (35,0)	26000 (2,7)	314000 (32,9)
Karbonatspaltung	75000 (9,4)		106000 (11,1)	
Hydratwasser und Nässe der Beschickung	81000 (10,2)		182000 (19,1)	
Sinterwärme Austritt Ofen (abzüglich Zweitluftwärme)	251000 (31,3)	259000 (32,3)	236000 (24,6)	253000 (26,4)
an Zweitluft	8000 (1,0)		17000 (1,8)	
Rauchgaswärme einschl. Überhitzung des Wasserdampfes .	169000	(21,2)	262000	(27,4)
Kühlwasserwärme	28000	(3,5)	42000	(4,4)
Rest (Konvektion, Strahlung usw.)	64000	(8,0)	85000	(8,9)

Auf Seite 215 wurde bereits eine Selbstkostenberechnung der gleichen Verfasser gegeben, die sich auf eine Bandsinteranlage mit der gleichen

Erzeugung von 1000 t Sinter bezog und der auch sonst die gleichen Bedingungen zugrunde lagen. Da die Kosten für den Bandsinter zu 4,27 RM/t angegeben wurden, ist mithin die Herstellung des Drehofensinters um 0,13 RM teurer.

Aus den Kostenzahlen ergibt sich, daß sowohl beim Sintern auf dem Band wie auch im Drehofen die Kosten für den Brennstoff etwa die Hälfte der Gesamtaufwendungen ausmachen. Daraus folgt, daß dem Brennstoffpreis eine maßgebliche Bedeutung zukommt. In Abb. 125 sind alle Kosten mit Ausnahme derjenigen für den Brennstoff als fest eingetragen, während für die Brennstoffe gleitende Preise angenommen sind, die für das Hochofengas bis auf 3,— RM/1000 Nm³ und für den Koksgrus bis auf 30,— RM/t steigen können. Es zeigt sich dann sehr übersichtlich, daß ein niedrigerer Verrechnungspreis als 3,— RM/Nm³ für das Gichtgas der Drehofensinterung eine wirtschaftliche Überlegenheit geben kann und insbesondere geben wird, wenn der Preis für den Koksgrus über 18,— RM/t ansteigt. Man wird daher die Ansicht der beiden Verfasser verstehen, nach der Werke, die über billigen festen Brennstoff verfügen, den Saugzugsinteranlagen den Vorzug geben sollten, während solche Werke, die reichlich Gichtgas haben, recht daran tun, die Drehofensinterung anzuwenden.

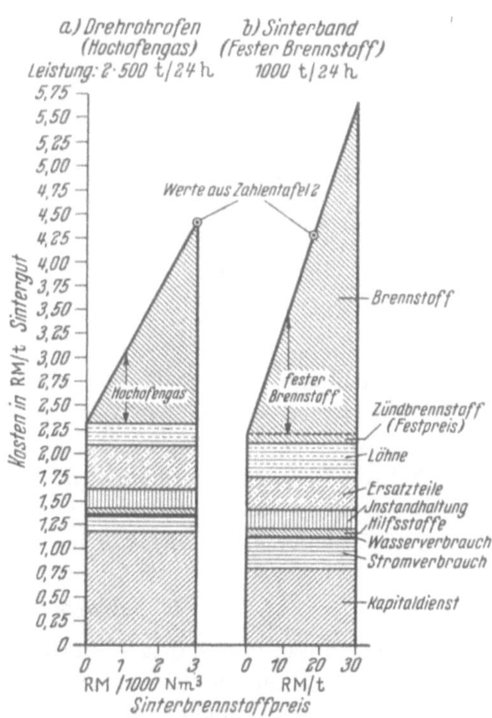

Abb. 125. Vergleich der Selbstkosten von Drehrohröfen- und Bandsinter bei veränderlichem Brennstoffpreis (nach J. Paquet und M. Steffes).

Eine besondere Betriebsweise der Drehofensinterung stellt das Follsain-Verfahren dar, das seine Bezeichnung aus den ersten Silben der Namen der beiden Erfinder A. Folliet und N. Sainderichin ableitet. Es arbeitet mit heißem Wind, der eine Temperatur von 650 bis 800° hat und in einem Rekuperator aus hochhitzebeständigem Stahl erzeugt wird. Um die Sintertemperatur zu erreichen, muß dem Sintergut Brennstoff beigemischt werden, falls er ihn, wie mancher

Gichtstaub, nicht in ausreichender Menge enthält. Im Jahre 1931 wurde in Antheuil eine Versuchsanlage betrieben[163]; einen Schnitt durch deren Ofen zeigt Abb. 126. Dieser ist danach am Ende nicht verengt, sondern sogar erweitert und es wird der Heißwind durch ein luftgekühltes Rohr nach unten unmittelbar auf das bereits vorgewärmte Sintergut geblasen. Abweichend vom üblichen Drehofen-Sinterbetrieb

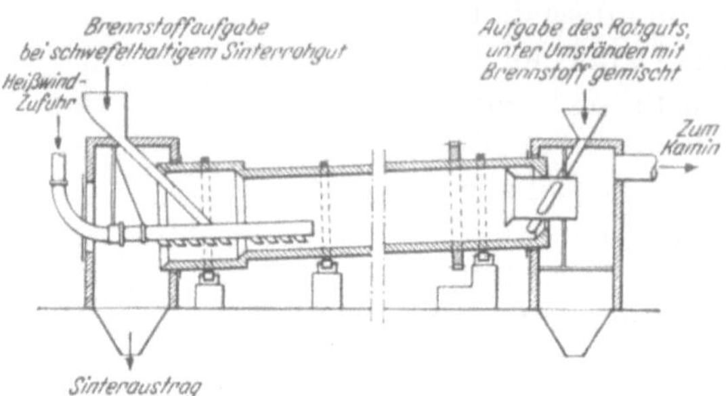

Abb. 126. Schnitt durch einen Follsain Drehrohr-Sinterofen.

sollen sich keine Ansätze bilden, obwohl die erreichten Temperaturen sehr hoch liegen sollen. Als Vorzüge des Verfahrens werden geringer Wärmeverbrauch, Vermeidung der Ansatzbildung, günstige Austreibung von Schwefel, Arsen, Blei und Zink sowie Fernhaltung von Brennstoffasche aus dem Sinter genannt. Über die Errichtung einer Betriebsanlage ist nichts mitgeteilt worden.

5. Schwebesinterung.

Der Gedanke, eisenhaltige Stäube, die bei anderen Sinterverfahren zu Schwierigkeiten führen, auf die Weise stückig zu machen, daß die frei schwebenden Teilchen derart stark erhitzt werden, daß sie sich nach dem Niedersinken zu einem Agglomerat vereinigen, ist naheliegend und mehrfach erprobt worden. Der erste derartige Vorschlag geht auf den Amerikaner J. Scott[164] zurück, der die Sinterung von Gichtstaub und feinen Eisenerzen in einem zylindrischen Schachtofen vornahm, wobei das Sintergut mit Hilfe eines Rüttelsiebes eingestreut wurde. Im Schachtofen waren in vier verschiedenen Höhen am Umfang je 16 Brenner für Gichtgas angebracht, wodurch das herabsinkende Gut derart hoch erhitzt wurde, daß es am Boden des Ofens zusammenbackte. Der Unterteil des Ofens war trichterförmig zugezogen und ein Stachelwalzwerk sorgte für den Austrag. Die Heizgase strömten mit

[163] La Métallurgie (1931) Nr. 1, S. 11 bis 15; vgl. auch Stahl u. Eisen Bd. 52 (1932) S. 345.

[164] Scott, J.: Stahl u. Eisen Bd. 28 (1908) S. 993 bis 994.

dem niedersinkenden Erz im Gleichstrom nach unten, wo sie durch zahlreiche Öffnungen abgesaugt wurden.

Im Jahre 1935 ist in Frankreich als ein ähnliches Verfahren das von Saint-Jacques eingeführt worden[165], das vornehmlich der Stückigmachung von Kiesabbränden dienen sollte. Bei ihm wird in den feuerfest ausgekleideten Ofen das zu sinternde Gut mit Heißwind zusammen von oben aufgegeben, während die mit Kokereigas betriebenen Brenner am unteren Teil des Ofens die Heizgase tangential einführen, so daß sie auf ihrem Wege nach oben eine schraubenförmige Bewegung ausführen und dadurch das Erz stark aufzuheizen vermögen (vgl. Abb. 127). Ein Staubabscheider zur Ausscheidung des mitgerissenen

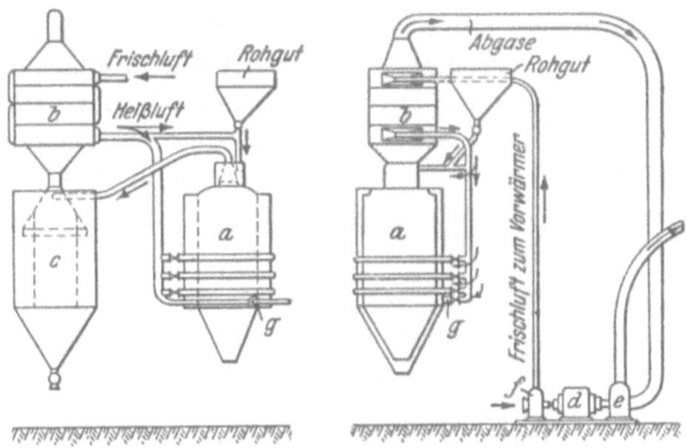

Abb. 127. Schematische Darstellung des Saint-Jacques-Verfahrens zum Sintern von feinstkörnigen Eisenerzen.

Gutes und ein Luftvorwärmer ergänzen die Anlage. Durch die Beheizung mit Koksofengas und die Luftvorwärmung werden Temperaturen von 1400° erreicht, so daß die Staubteilchen nur wenige Sekunden in dem hohen Temperaturbereich zu verweilen brauchen, um zu einem porigen und festen Sinter zusammenzubacken.

6. Formlingsinterung.

Seit einigen Jahren ist man — ausgehend von Amerika — bemüht, ein weiteres Sinterverfahren betriebsreif zu machen, das darin besteht, aus besonders feinen Konzentraten und ähnlichem feinstkörnigem Gut durch einen Abrollvorgang in einer gedrehten Trommel im feuchten Zustand kleine Formlinge herzustellen, die dabei angenäherte Kugelform erhalten und dann bei Sintertemperatur auf die für den Hochofenbetrieb benötigte Festigkeit gebrannt werden. Die ersten Versuche

165 Schmidt, H.: Stahl u. Eisen Bd. 55 (1935) S. 1543 bis 1544.

und Ergebnisse einer solchen Arbeitsweise gehen weit zurück; A. G. Anderson[166] hat dieses Vorgehen bereits angewandt (Schwed. Pat. 35124), so daß man bei dem Verfahren den schwedischen Ursprung anerkennen muß. In Deutschland ist ferner C. A. Brackelsberg im Jahre 1913 ein Verfahren „zur Herstellung von Agglomeraten aus pulverigen Stoffen und Laugen im Drehrohr" geschützt worden (DRP. 287606), bei dem nach Zusatz von Bindemittel und Verdampfen der Feuchtigkeit in einer besonderen Vorrichtung ein als „Geröll" bezeichnetes Erzeugnis erhalten wurde[167]. Zeitweise war daran gedacht, dieses Geröll zusammen mit dem übrigen Sintergut des Hüttenwerkes auf dem Bandapparat zu sintern. Im Jahre 1926 entstand auf der Friedrich-Alfred-Hütte in Rheinhausen eine Anlage, die nach diesem Verfahren 120 t/24 h erzeugte; ihr folgte im Jahre 1935 eine erweiterte Anlage, die jedoch bei der Vergrößerung der gleichfalls vorhandenen Bandsinteranlage abgebrochen wurde. Als ein dritter Vorläufer des neueren Verfahrens kann noch eine Arbeitsweise erwähnt werden, bei der Bleischlamm und Zinkkonzentrate vor der Sinterung in einer Trommel mit Wasser gemischt werden, wobei sich das Erz zu porösen Kugeln ballt[168].

Die neuere, von Amerika ausgehende und von den älteren Bemühungen wahrscheinlich unbeeinflußte Entwicklung des neuen Sinterverfahrens hat ihm recht weitgehend die Bezeichnung „*Pelletisieren*" eingetragen, die von den kugelförmigen Formlingen, den „pellets", abgeleitet ist. Im deutschen Schrifttum findet sich die Bezeichnung „*Kugelsinterung*", jedoch erscheint es zweckmäßiger, in Anlehnung an die Begriffe der Formling- und Preßling-Herstellung bei der Brikettierung auch die Begriffe der Preßling- und Formling-Sinterung zu unterscheiden. In die Verfahrensgruppe der Formlingsinterung lassen sich dann alle diejenigen Verfahren einordnen, die unabhängig von der Gestalt, aber ohne Druck, Formlinge herstellen und durch Brennen verfestigen. Daß man auch Formlinge von Würfel- und Zylinderform herstellt, wurde bereits auf Seite 197 bei der Besprechung eines ebenfalls als Pelletisierung besprochenen Brikettierverfahren erwähnt[111]. Sofern man derartige Pellets brennen würde, um sie auf diese Weise zu verfestigen, würde wohl die Bezeichnung Formlingsinterung, nicht aber Kugelsinterung am Platze sein.

Die Bedeutung, die dem Pelletisieren in Nordamerika, Schweden und Norwegen zuerkannt wird, kommt in der Bemerkung zum Ausdruck,

---

[166] Tigerschiöld, M., u. P. A. Ilmoni: Blast Furn., Coke Oven and Raw Mat. 1950 Proc. S. 18 bis 45.

[167] Hüttemann, P.: Stahl u. Eisen Bd. 72 (1952) S. 1579.

[168] Riddell, G. C.: Engng. Min. J. Bd. 106 (1918) S. 115 bis 122.

daß es wahrscheinlich „von größter Wichtigkeit" sei[169], wobei an die Stückigmachung der außerordentlich feinen Konzentrate aus den Taconiten sowie den mittelschwedischen Erzen und denen von Sydvaranger gedacht ist.

Bei den Untersuchungen glaubt man erkannt zu haben, daß an das zu verarbeitende Gut die folgenden Forderungen zu stellen sind[170]:

1. Es muß praktisch alles feiner als 0,2 mm sein und 60 % oder mehr müssen durch ein Sieb von 0,044 mm Maschenweite gehen,

2. es muß etwa 10 % Feuchtigkeit besitzen.

Um eine günstige Bildung der etwa 10 bis 20 mm großen feuchten Formlinge zu erhalten, sollte die Drehtrommel nicht ganz rund sein, sondern parallel zur Achse Stufen besitzen, an denen das Gut jeweils um einen gewissen Betrag fällt. Die beste Wirkung sei von einer Trommel zu erwarten, die eine Umfangsgeschwindigkeit von rund 70 m/min habe. Ferner soll die Abhängigkeit bestehen, daß eine geringere Neigung der Trommel zu Formlingen von größerem Durchmesser führte. Es sei schließlich noch wichtig, daß aus den feuchten Formlingen das Unterkorn herausgesiebt wird und es sei sogar wünschenswert, daß etwa 100 % Unterkorn umlaufe. Bei der Absiebung seien hochtourige Schwingsiebe zu vermeiden, weil diese die Feuchtigkeit an die Oberfläche der Formlinge bringe und diese schlammig und klebrig würden.

In den USA. wird die Entwicklung des Pelletisierens hauptsächlich von der Mines Experiment Station in Minneapolis geführt, während die Untersuchungen in Schweden im Aufbereitungslaboratorium des Institutes für Technologie in Stockholm erfolgen. Außerdem ist auf dem Hochofenwerk in Sandviken eine Versuchsanlage für eine Tagesleistung von 7 t erstellt worden. Da sich die Verarbeitung von Hämatiterzen als schwieriger erwies als die von Magnetiten, sind die letzteren bevorzugt für die Arbeiten benutzt worden[166]. Hier zeigte sich, daß es günstiger war, wenn nicht 50, sondern 80 bis 90 % feiner als 0,05 mm waren. Um beim Brennen der Formlinge im Schachtofen gleichmäßige Temperaturen zu erreichen, wurde sehr bald dem Erz 1,5 bis 2 % gemahlener Koksgrus beigemischt, wodurch gute Pellets erhalten wurden. Der so erzeugte Sinter erwies sich bei der Herstellung von Eisenschwamm als sehr leicht reduzierbar, so daß schon 1950 die Errichtung einer 100-t-Anlage beschlossen wurde. Außerdem bildete sich die Auffassung heraus, daß für die Sinterung des erwähnten Feinerzes sich sowohl die Anlage- als auch die Verarbeitungskosten niedriger stellen würden als bei einer Saugzugsinterung.

---

[169] Tigerschiöld, M.: Stahl u. Eisen Bd. 70 (1950) S. 399.
[170] Iron Coal Tr. Rev. Vol. 163 Nr. 4, 365 (1951) S. 1247 bis 1251.

Untersuchungen von amerikanischer Seite haben sich in der letzten Zeit besonders der Pelletisierung von Magnetitkonzentraten zugewandt. Dabei wurde festgestellt, daß der für die Entwicklung der Festigkeit der gebrannten, bindemittelfreien Pellets wichtigste Faktor die Oxydation des Magnetits und die ihr nachfolgende Rekristallisation und das Kornwachstum seien. Die festesten und gleichmäßigsten Pellets wurden nach einer Oxydation bei verhältnismäßig niedriger Temperatur und nach einem Brande bei 1300 bis 1400° erhalten[171].

In Deutschland wird das Verfahren an verschiedenen Stellen erprobt, vor allem aber durch die *Studiengesellschaft für Doggererze* in *Amberg*. Über die dabei erzielten Erfahrungen, die mit drei verschiedenen deutschen Eisenerzen erhalten wurden, ist von G. Sengfelder berichtet worden[172,173]. Verarbeitet wurden bisher Konzentrate des Doggererzes von Pegnitz mit etwa 40 % Fe, 9 % Al_2O_3 und 13 % Glühverlust, die zu 87 % feiner als 0,25 mm waren, ferner Flotationsrohspat aus dem Siegerland mit etwa 33 % Fe und 27 % Glühverlust, der zu 45 % feiner als 0,1 mm war. Das 3. Erz war ein Konzentrat der Grube Kahlenberg mit 35 % Fe, das 13 % CaO enthält. Den Arbeitsgang zeigt Abb. 128; das Erz wird zunächst mit etwa 25 % Wasser angefeuchtet und gemischt, es folgt dann eine Förderschnecke, welche das feuchte Gut durch ein rechteckig gelochtes Sieb durchdrückt, wodurch eine Vorverdichtung erreicht wird. Darauf folgt die beiderseits offene Abrolltrommel, in der die Formlinge angenähert Kugelform erhalten. Die Trommel wird auf etwa 70° geheizt, um zu vermeiden, daß sich an ihrer Innenwand Ansätze bilden. Die feuchten Pellets fallen einem Schachtofen zu, der im oberen Teil heiß geführt wird, da die Formlinge keine hohe Belastung vertragen, solange sie nicht fest gebrannt sind. Die aus dem Pegnitz-Konzentrat erzeugten feuchten Formlinge hielten eine

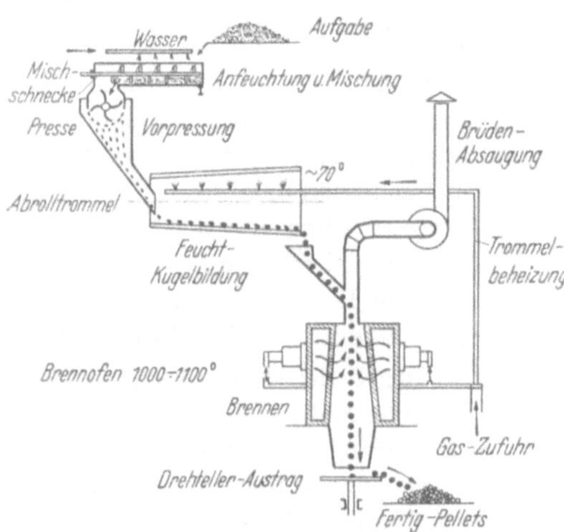

Abb. 128. Arbeitsschema für eine Anlage zur Formlingsinterung (nach G. Sengfelder).

[171] Cooke, St. u. W. F. Stowasser: Min. Engng. Bd. 4, Nr. 12 (1952) S. 1223 bis 1230.

[172] Sengfelder, G.: Stahl u. Eisen Bd. 70 (1950) S. 765 bis 767.

[173] Sengfelder, G.: Stahl u. Eisen Bd. 72 (1952) S. 1577 bis 1579.

Druckbelastung von 4 kg aus, während sich aus dem Feinrohspat erst nach Zugabe von tonerdehaltigen Spatschlämmen Formlinge herstellen ließen, die einer Druckbelastung von 2 bis 2,5 kg standhielten. Über die physikalischen Eigenschaften des aus diesen Erzen bei bestimmten Temperaturen erzeugten Sinters enthält die Zahlentafel 56 einige Angaben. Wie nicht anders zu erwarten war, erwies sich, daß die Verfestigung bei Temperaturen in der Nähe des Erweichungspunktes am stärksten war. Demgemäß wird bei jedem Erz eine bestimmte, besonders günstige Temperatur einzuhalten sein.

Zahlentafel 56. *Physikalische Eigenschaften der gebrannten Pellets (nach G. Sengfelder).*

	Doggererz-konzentrat	Feinspat und Spatschlamm
Brenntemperatur	1000 bis 1050°	1020 bis 1070°
Sturzfestigkeit	kein Bruch	einzelne Bruchstellen
Druckfestigkeit	40 bis 50 kg	35 bis 45 kg
Abriebfestigkeit 1000 m Abrollweg . .	9,6 Gew.-% Verlust	20 Gew.-% Verlust
Dichte	2,88 bis 3,15	2,75 bis 3,05
Porigkeit bezogen auf wahres Volumen . . .	23,0 bis 16,0%	30,0 bis 20,0%

Das Erzeugnis der Formlingsinterung besteht, sofern der Brand in oxydierender Atmosphäre vorgenommen wird, fast ausschließlich aus zweiwertigem Eisen. Die geringe Korngröße im Zusammenhange mit einer guten Porigkeit ergeben eine sehr gute Reduzierbarkeit, worauf schon während des Betriebes der Anlage nach Brackelsberg hingewiesen wurde[174]. Die von der Studiengesellschaft für Doggererze bei ihren Versuchen in Amberg hergestellten Formlinge wurden im Hauptlaboratorium der Luitpold-Hütte ebenfalls auf ihre Reduzierbarkeit hin geprüft, wobei gleichzeitig ein Vergleich mit einem Amberger Brauneisenerz und mit zwei Sinterproben, die vermutlich von einer Saugzug-Sinteranlage stammten, durchgeführt wurde. Das Ergebnis, welches bei einer Reduktion im Wasserstoffstrom bei 850° erhalten wurde, ist in Abb. 129 wiedergegeben; es weist nach, daß die Reduzierbarkeit der Pellets besser ist als die der beiden anderen Sinterproben. Sowohl nach der Reduzierbarkeit als auch nach der Kugelgestalt können die Pellets als ein besonders guter Einsatzstoff des Hochofens gelten.

Zur Betriebsreife bedarf das Verfahren noch einer gewissen Weiterentwicklung. Es wird sich zeigen müssen, ob die in den Schachtöfen nicht vermeidbare, ungleichmäßige Temperaturverteilung einen störenden Ein-

[174] Stahl u. Eisen Bd. 52 (1932) S. 690 bis 691.

fluß auf das Fertigerzeugnis ausübt. Brackelsberg hat, wie bereits erwähnt wurde, seinerzeit erwogen, die Formlinge auf dem Band zu sintern, ein Gedanke, der nicht ganz von der Hand zu weisen ist. Der Drehofen, der in den Zementklinkern ein Erzeugnis liefert, das den Pellets mechanisch nicht sehr unähnlich ist, dürfte dagegen wegen der geringen Abriebfestigkeit nicht anwendbar sein, obwohl er den Vorzug besitzt, alles Gut auf die gleiche Temperaturhöhe zu bringen und diese recht genau einzuhalten.

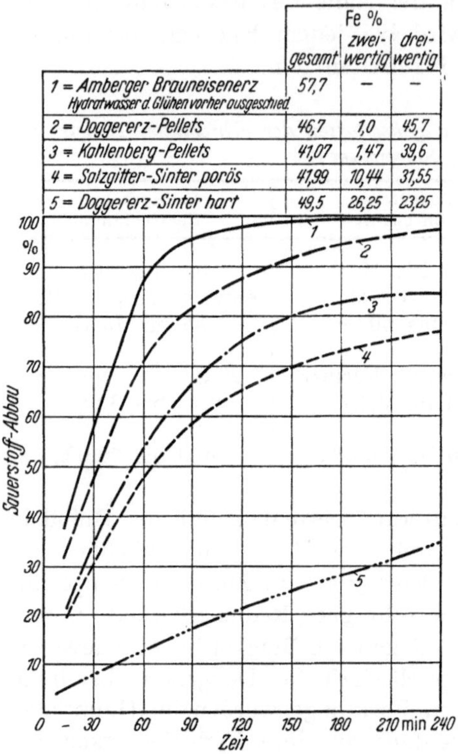
Fe %
gesamt
zwei-wertig
drei-wertig
1 = Amberger Brauneisenerz
Hydratwasser d. Glühen vorher ausgeschied.
57,7
—
—
2 = Doggererz-Pellets
46,7
1,0
45,7
3 = Kahlenberg-Pellets
41,07
1,47
39,6
4 = Salzgitter-Sinter porös
41,99
10,44
31,55
5 = Doggererz-Sinter hart
49,5
26,25
23,25
100
%
90
80
70
60
50
40
30
20
10
0
Sauerstoff-Abbau
1
2
3
4
5
30
60
90
120
150
180
210 min 240
Zeit

Abb. 129. Ergebnis vergleichender Reduktionsversuche mit einer Erzprobe, Formling- und Saugzugsinter, ausgeführt im Wasserstoffstrom bei 850° (nach G. Sengfelder).

Obwohl von schwedischer Seite die Ansicht vertreten wird, daß sich die Formlingsinterung billiger stellen würde, als andere Sinterverfahren, so mag doch zweifelhaft sein, ob dies in solchen Fällen zutreffend ist, wo erhebliche Zerkleinerungsarbeit aufzuwenden wäre, um die für das Pelletisieren erforderliche Feinheit zu erhalten. Liegen anderseits besonders hohe Feinheiten bereits vor, die die Kosten der Saugzugsinterung über die durchschnittliche Höhe herausbringen würden, so wäre möglicherweise die Formlingsinterung auch dann die wirtschaftlichere Arbeitsweise, wenn ihre Kosten etwas höher als die üblichen Sinterkosten wären.

IV. Sonstige Verfahren der Stückigmachung.

Es ist hier nur ein Verfahren zu nennen, das darin besteht, daß feinkörnige Erze und Gichtstaub mit der Kokskohle gemischt und die Mischung in der üblichen Weise verkokt wird. Das Erzeugnis ist der sogenannte Erzkoks oder Eisenkoks.

Diese Arbeitsweise dürfte erstmalig auf der Phönix-Hütte in Duisburg-Meiderich angewandt worden sein. In den 90er Jahren des vergangenen Jahrhunderts wurden hier „im großen und dauernd“ Gichtstaub und Kiesabbrände der Kokskohle beigemischt, wobei die Feststellung gemacht wurde, daß der Koks fester war. Die besten Ergebnisse wurden bei 7 bis 10% Erzzusatz erreicht[175]. Ein Nachteil des Verfahrens wurde dann darin gesehen, daß die Benzolausbeute um 20% verringert worden sei. Mit der Einführung der Gewinnung der Kohlenwertstoffe kam deswegen die Erzeugung des Erzkokses auf dem genannten Hüttenwerk zum Erliegen.

Das Einbinden des Gichtstaubes in den Koks ist außerdem bei der früheren Gewerkschaft „Deutscher Kaiser" in Hamborn und auf der Friedenshütte wiederholt worden, jedoch sollen keine befriedigenden Ergebnisse erzielt worden sein. Nachdem dann durch Untersuchungen von H. Bähr[176] bekannt geworden war, daß die Reaktionsfähigkeit des Kokses durch die Anwesenheit von Eisen stark erhöht wird, wurden auf einem Hochofenwerk an der Saar 3,5 bis 4% abgesiebter Walzensinter eingekokt. Dieser bewirkte zwar eine Erhöhung der Festigkeit des Kokses, aber die erhoffte günstige Beeinflussung des Koksverbrauchs im Hochofen trat nicht ein, wenigstens konnte weder ein besserer Gang noch eine Koksersparnis einwandfrei festgestellt werden[177].

Die besonderen Absatzschwierigkeiten für den Siegerländer Feinspat veranlaßten den Verfasser gemeinsam mit E. Bierbrauer[178], den Weg des Einkokens für diese Spatsorte zu untersuchen, um sie in einem Arbeitsgang abzurösten und gleichzeitig stückig zu machen. Technische Schwierigkeiten traten bei den Versuchen, die zum Teil in einem Ottoschen Verbundofen vorgenommen wurden, nicht auf und es zeigte sich, daß Zusätze an Feinspat in Höhe von 45% zur Kokskohle gemacht werden konnten, wobei ein stückiger und fester Koks erhalten wurde, in dem der Spat bereits weitgehend zu Metall reduziert war. Bei einem Zusatz von rund 25% Feinspat zur Kohle ergaben sich für die Stückigkeit, Trommelprobe und Sturzprobe die in der Zahlentafel 57 genannten Werte; danach ist die Stückigkeit mit 87,8% besser als bei gutem, durchschnittlich beschaffenem Koks, die Trommelfestigkeit mit 75,2% liegt aber unter den Durchschnittswerten. Die Sturzfestigkeit liegt um rund 10 bis 15% über den üblichen Werten.

Die Prüfung des Erzkokses auf seine Reaktionsfähigkeit ergab, daß diese sehr viel höher lag als bei dem zusatzfreien Koks. Sie wurde geprüft nach dem Verfahren von H. Bähr[176], bei welchem über eine Probe von 2 bis 3 mm Korngröße Sauerstoff mit konstanter Strömungs-

---

[175] Werndl: Stahl u. Eisen Bd. 26 (1906) S. 664.

[176] Bähr, H.: Stahl u. Eisen Bd. 44 (1924) S. 1 bis 9 u. 39 bis 48.

[177] Stahl u. Eisen Bd. 45 (1925) S. 936 bis 937.

[178] Luyken, W. und E. Bierbrauer: Mitt. K.-Wilh.-Inst. Eisenforschg. Bd. 13 (1931) Lfg. 12, S. 161 bis 167.

Zahlentafel 57. *Ergebnis der Stückigkeits- und Festigkeitsprüfung von Erzkoks, hergestellt in einem Ottoschen Verbundkoksofen (nach Luyken und Bierbrauer).*

Korngröße mm	Stückigkeit %	Trommelprobe %	Sturzprobe %
über 80	54,2	33,8	93,4
60 bis 80	22,1	24,2	
40 ,, 60	11,5	17,2	3,1
20 ,, 40	4,7	7,4	2,2
10 ,, 20	3,5	1,8	0,4
unter 10	4,0	15,6	0,9
Zusammen	100,0	100,0	100,0

geschwindigkeit bei 950° geleitet wird. Die Reaktionsfähigkeit wird aus der Analyse des entstehenden Gases über die Formel

$$R = \frac{100 \cdot (\% \, CO)}{(\% \, CO) + 2\,(\% \, CO_2)}$$

bestimmt. In Abhängigkeit von der Höhe des Feinspatzusatzes wurden die folgenden Werte der Reaktionsfähigkeit gefunden:

Feinspatzusatz im Versuchsofen . .	%	0	26	—	34	43
Feinspatzusatz im Kammerversuch .	%	—	—	25	—	—
Reaktionsfähigkeit .	%	27 bis 30	75	77,2 bzw. 76,8	85	91

Die Überwachung der Zusammensetzung des Destillationsgases ergab, daß sich bei Gegenwart des Erzes der Heizwert des Gases sowie der Gehalt an schweren Kohlenwasserstoffen und Wasserstoff erniedrigte, daß aber infolge des höheren Schüttgewichtes der Erz-Kohle-Mischung die je Ofenkammer entwickelte Gasmenge nicht erniedrigt wird. Das Verfahren hat keine betriebliche Anwendung gefunden, weil es durch die Einführung des künstlichen Zuges bei den Siegerländer Röstöfen gelang, den Feinspat mit dem übrigen Spat zusammen abzurösten.

Wie von W. Melzer[179] berichtet wurde, hat man auch bei der Norddeutschen Hütte in Bremen eine Zeitlang 5 bis 10% Feinerze und Abbrände der Kokskohle beigemischt und dabei eine Erhöhung der Festigkeit um bis zu 10% beobachtet. Die leichtere Verbrennlichkeit des Erzkokses führte dann aber im Hochofenbetrieb zu einer Steigerung der Gichtgastemperaturen von 200 bis 350° auf 600° und der Kohlenoxyd-

[179] Melzer, W.: Arch. Eisenhüttenw. Bd. 4 (1930/31) S. 225 bis 236.

gehalt nahm gleichzeitig von 30 bis 32 % auf 35 % zu; außerdem ging die Erzeugung an niedrigsiliziertem Roheisen in die Höhe.

Das Einkoken hat auch auf dem russischen Hochofenwerk Stalin Beachtung gefunden. Unter Beimischung von 10 % Gichtstaub zur Kokskohle wurden 400000 t Ferrokoks ohne technische Schwierigkeiten hergestellt; die Leistungssteigerung des Hochofens soll 3,2 % betragen haben und der Koksverbrauch um 17 % gesunken sein.

In den letzten Jahren hat die Erzeugung von Erzkoks auf einem deutschen Hochofenwerk eine weitere Erprobung veranlaßt, weil bei der unzureichenden Größe der Bandsinteranlage der hohe Gichtstaubentfall nicht in ausreichender Menge weggearbeitet werden konnte. Wieder zeigte sich, daß der Koks gut war und daß die Koksofenkammern nicht litten. Da der verarbeitete Gichtstaub jedoch recht erhebliche Gehalte an Zink hatte, entstanden gewisse Schwierigkeiten in der Teerabscheidung.

Zur Zeit laufen neue Versuche, Feinerze der Kokskohle zuzumischen, um dadurch den hochreaktionsfähigen Koks zu erhalten, der im Abstichgenerator besonders hohe Leistungen ermöglicht. Wie von Barking und Eymann[180] berichtet worden ist, haben diese mit Walsumer Gaskohlen ausgeführten Untersuchungen ein sehr befriedigendes Ergebnis gehabt, indem sie durch die Erzeugung des eisenreichen Kokses mit der anschließenden Gewinnung von Roheisen einen neuen Weg zur wirtschaftlichen Freimachung von Starkgas durch Schwachgas eröffnen. Damit löst sich diese Stückigmachung durch Einkoken allerdings von einer Vorbereitung des Hochofenmöllers, weil die Verhüttung des Erz- oder Eisenkokses entweder im Abstichgenerator oder im Niederschachtofen erfolgen wird.

H. Die Wirtschaftlichkeit der Möllervorbereitung.

Es ist gelegentlich der Satz ausgesprochen worden: „ein Hochofen, der richtig geht, ist immer noch der billigste Aufbereiter". Diese Formulierung, in der an sich ein richtiger Gedanke steckt, ist doch sehr anfechtbar, weil erstens ein Hochofen überhaupt kein Aufbereiter ist und weil ein Hochofen, der nicht richtig betrieben wird, keine Grundlage zu richtigen Schlußfolgerungen für und wider die Möllervorbereitung abgeben kann. Deswegen müßte der obige Gedanke in die Form gebracht werden: „keine Möllervorbereitung, wenn die mit ihr verbundenen Kosten nicht durch eine Erniedrigung der Roheisenselbstkosten ausgeglichen werden können". In sehr vielen Fällen ist aber eine solche

---

[180] Barking, H. u. C. Eymann: Glückauf Bd. 88 (1952) S. 1090 bis 1094.

Verbilligung möglich; so hat beispielsweise K. Guthmann[181] festgestellt: „Sehr hohe Verhüttungskosten durch Leistungsverminderung, knappen Hochofenraum, hohen Koks- und Kalksteinbedarf und auch starke Verstaubung sind die Folgen der Aufgabe eines nicht vor- oder aufbereiteten Möllers“.

Um was es bei der Möllervorbereitung in technischer und wirtschaftlicher Hinsicht geht, wird besonders gut beleuchtet durch Abb. 130, mit welcher G. Bulle[182] Abhängigkeiten dargestellt hat, die bei der Roheisenerzeugung aus eisenarmem Möller bestehen. Danach erhöht sich der Koksverbrauch von etwa 900 auf etwa 1450 kg/t Roheisen bei einer Abnahme des Möllerausbringens von 50 auf 25%; gleichzeitig steigt die Anzahl der deutschen Einheitsöfen, in denen jährlich 1 Million t Thomas- oder Stahleisen erblasen werden können, von 4 auf 8. Während sich somit die Zahl der benötigten Hochöfen verdoppelt, wenn das Möllerausbringen auf die Hälfte zurückgeht, zeigt die Linie der Arbeitsstunden, die je t Roheisen geleistet werden müssen, und die Linie der Betriebsselbstkosten eine Steigerung, die noch stärker ist als die der anderen Abhängigkeiten.

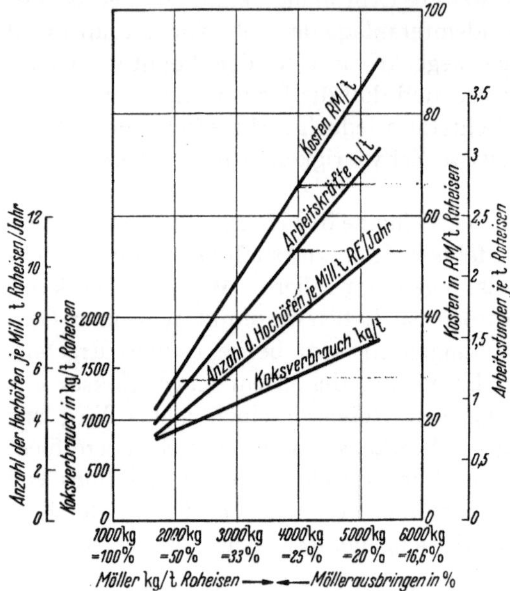

Abb. 130. Zusammenhang von Möllermenge, Möllerausbringen, Koksverbrauch, Anzahl der Hochöfen, Arbeitskräftebedarf und Kosten je t Roheisen (nach G. Bulle).

Wenn nun in den vorhergehenden Kapiteln die Verfahren der Möllervorbereitung beschrieben, dazu Kennzahlen mitgeteilt und auch Kostenbeträge angegeben worden sind, so geht aus diesen noch nicht hervor, ob die Anwendung der einen oder anderen Arbeitsweise wirtschaftlich gerechtfertigt ist, noch ergibt sich aus ihnen, welchem Verfahren der Vorzug zu geben wäre. Rechnungen dieser Art sind an sich nicht schwierig, aber wegen der großen Zahl der eintretenden Verschiebungen

[181] Guthmann, K.: Stahl u. Eisen Bd. 58 (1938) S. 858.
[182] Bulle, G.: Stahl u. Eisen Bd. 66/67 (1947) S. 69 bis 78.

in den Einzelkosten umfangreich und wegen häufiger Unsicherheiten in der Berechnung jeder einzelnen Kostenänderung zieht es der Hochöfner in vielen Fällen vor, sich nach seinen Erfahrungen und seinem Gefühl zu entscheiden. Wenn dabei in der Regel der richtige Entschluß gefaßt wird, so sollen doch im folgenden diejenigen Abhängigkeiten behandelt werden, die bei der Auffindung der richtigen Entscheidung von Nutzen sind.

Da die Preise und Kosten gegenwärtig ungewöhnlich starken Schwankungen unterworfen sind, sind auch im folgenden die Reichsmarkpreise der Jahre 1935 bis 1939 beibehalten.

I. Die Wirtschaftlichkeit der Erzvorbereitung.

Soweit die Erzvorbereitung nur in einem *Mischen* mehrerer, unterschiedlicher Erzsorten besteht, um den Betrieb des Hochofens auf bestimmte, gleichmäßig beschaffene Mischerzsorten abstellen zu können, sind die Kosten dieser Arbeitsweise, wie sich aus dem auf S. 360 besprochenen Beispiel der Erzmischanlage der Sophienhütte in Wetzlar ergibt, recht gering. Zahlenmäßig nachzuweisen, daß dieser Aufwand im Betriebe des Hochofens wieder eingespart wird, ist nicht möglich, weil sich nach der Inbetriebnahme der Anlage gegenüber der Zeit vor ihrer Errichtung die Beschaffenheit der Erze derartig verändert hatte, daß die Grundlagen für die Berechnung fehlen.

Bei der Zusammenstellung des Möllers können jedoch bei unregelmäßiger Beschaffenheit der Möllerstoffe nicht die Durchschnittsgehalte berücksichtigt werden, es müssen vielmehr aus Sicherheitsgründen gewisse Abstriche gemacht werden, die z. B. für Mangan und Kalk mit 25 % gerechtfertigt sein können und damit den Wert des Einsatzstoffes nicht unerheblich mindern. Werden diese Abstriche durch die aus dem Mischen folgende Gleichmäßigkeit beseitigt und werden darüberhinaus Ersparnisse im Koksverbrauch erzielt sowie die Qualität des Roheisens verbessert, so dürfte die Wirtschaftlichkeit des Mischens gesichert sein, insbesondere wenn sie in Verbindung mit einer Probenahme die Betriebsverhältnisse sicherer gestaltet.

Bei der Minette war die Wirtschaftlichkeit der Möllervorbereitung durch *Brechen* deswegen umstritten, weil dieses Erz ein verhältnismäßig billiger Eisenträger ist, den wegen seines niedrigen Eisengehaltes besondere Umarbeitungskosten relativ stark belasten. Allerdings neigen einige Sorten der Minetten beim Erhitzen auf etwa 200 bis 300° zum Zerfallen, wodurch eine besonders starke Gichtstaubbildung eintritt, was den Ofenbetrieb ungünstig beeinflußt. Da gebrochene Minette weniger leicht zerspringt und mit dem Brechen eine günstigere Stückgröße mit einer höheren indirekten Reduktion zu erhalten war, ging man im Jahre

1925 auf dem Völklinger Hüttenwerk dazu über, die angelieferte grobe Minette in einem Kegelbrecher auf unter 80 mm zu brechen. Abb. 131 zeigt den Erfolg, den diese Arbeitsweise in den Jahren 1925 bis 1928 vor der Inbetriebnahme der Bandsinteranlage brachte. Die oberste Kurve zeigt, daß der Anteil der gebrochenen Minette bis Mitte 1927 auf fast 100% gesteigert wurde; das Möllerausbringen steigt nur wenig

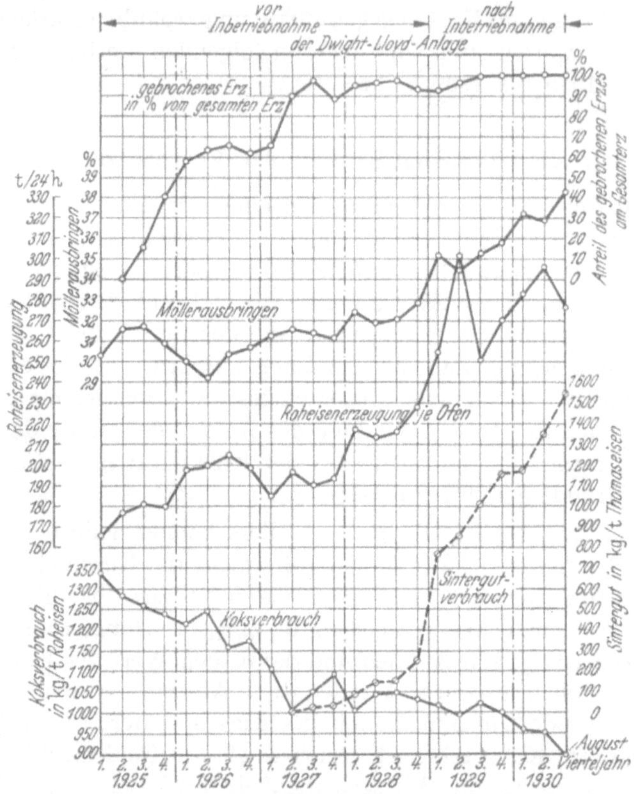

Abb. 131. Einfluß der Möllervorbereitung auf den Koksverbrauch und die Roheisenerzeugung beim Erblasen von Thomaseisen (nach A. Wagner).

an, trotzdem nimmt die Roheisenerzeugung von 166 t/24 h auf 240 t/24 h zu und der Koksverbrauch erfährt eine Senkung von fast 1350 kg/t Roheisen auf 1020 kg/t. A. Wagner[183], der über diese Ergebnisse berichtete, bezeichnete die erreichte Koksersparnis als einen glänzenden Erfolg. Zwar stieg der Anteil an Feinerz im Möller derart an, daß eine höhere Ofenpressung erforderlich war und eine 50proz. Erhöhung der Gicht-

[183] Wagner, A.: Stahl u. Eisen Bd. 51 (1931) S. 218.

staubmenge eintrat, beide Nachteile werden aber kostenmäßig durch den geringeren Koksaufwand zweifellos mehr als ausgeglichen, so daß die Wirtschaftlichkeit des Brechens der Minette nicht mehr zweifelhaft sein kann.

Wo in anderen Fällen Erze von ähnlicher Grobstückigkeit wie die Minette gefördert werden, wie z. B. bei den nordschwedischen Gruben, macht sich das Brechen des Erzes mit Sicherheit gleichfalls bezahlt.

Eine weitere Stufe der Möllervorbereitung ist die *Siebung* des gebrochenen Gutes, eine Arbeitsweise, die gegenüber dem Brechen nur eine ganz geringe Kostenvermehrung zur Folge hat. Es hat sich gezeigt, daß die Aufgabe des Erzes in nach der Korngröße getrennten Gichten — die sogenannte „*physikalische Mölleraufgabe*" — zu erheblichen Koksersparnissen führen kann. Bei Thomaseisenöfen trat eine Senkung des Koksverbrauchs um 50 bis 100 kg/t Roheisen ein, ohne daß sonstige grundlegende Änderungen im vorbereiteten Möller vorgenommen wurden[184]. Eine besonders starke Auswirkung der Siebung und der nach Stückgrößen getrennten Begichtung auf den Koksverbrauch hat C. C. Furnas[185] mitgeteilt. Wie aus den von ihm festgestellten, in der Zahlentafel 58 wiedergegebenen Betriebsdaten hervorgeht, hat die Siebung in drei Kornklassen eine Senkung des Koksverbrauches um 220 kg/t Roheisen zur Folge gehabt. Es kann daher der Klassierung der Beschikkungsstoffe mit Bestimmtheit die Wirtschaftlichkeit zugesprochen werden.

Zahlentafel 58. *Wirkung von nach Kornklassen getrennten Gichten auf den Koksverbrauch (nach Furnas).*

Art der Begichtung	Kohlensäure im Gichtgas %	Koksverbrauch in kg/t Roheisen
gemischt	11,0	1180
in 2 Stückgrößen	12,1	1070
in 3 Stückgrößen	16,1	960

Die Entwicklung, die die Siebung in technischer und wirtschaftlicher Hinsicht in den letzten Jahrzehnten genommen hat, ist derart günstig, daß man den Hochofenbetrieben nur empfehlen kann, von ihr mehr Gebrauch zu machen. Um die Kosten für das Roheisen zu senken, kann es u. U. ratsam sein, ausgesiebtes kleinstückiges Erz von etwa 8 bis 25 mm Korngröße gesondert zu verhütten, wobei dann ein dieser Körnung des Möllers angepaßter Ofen von verhältnismäßig

[184] Stahl u. Eisen Bd. 52 (1932) S. 1109 bis 1118.

[185] Furnas, C. C.: Blast. Furn. Bd. 29 (1941) S. 625 bis 630 u. 668 bis 669.

geringer Schachthöhe benutzt werden könnte und der Hochofenbetrieb auf diese Bedingungen besonders abzustellen wäre.

Zu den die Erze vorbereitenden Arbeitsweisen gehört auch das *Trocknen*. Seine Wirtschaftlichkeit durch einen Vergleich von Aufwand und Ersparnissen nachzuweisen, muß als besonders schwierig gelten. Man wird aber nur dann zum Trocknen übergehen, wenn sonst Störungen des Betriebsablaufs unvermeidlich erscheinen, die als wirtschaftlich so schwerwiegend eingeschätzt werden müssen, daß die nicht unbeträchtlichen Kosten des Trocknens doch ausgeglichen werden.

II. Die Wirtschaftlichkeit der Erzaufbereitung.

Für die Beurteilung der Wirtschaftlichkeit von Anreicherungen, bei denen der Hochofen von den Schlackenbildnern teils mehr teils weniger weitgehend entlastet wird, womit dann immer Metallverluste verbunden sind, die auch Wertverluste sind, ergibt sich die Frage, ob die Konzentratmenge metallurgisch und standortmäßig einen höheren Wert darstellt als das Roherz einschließlich der aufgewandten Aufbereitungskosten. Ist diese Frage zu bejahen, so ist auch die Wirtschaftlichkeit der Anreicherung im Hinblick auf die Roheisenerzeugung gegeben.

Auf die Auswertung der Anreicherungscharakteristik in wirtschaftlicher Beziehung ist schon auf S. 72 bis 75 eingegangen worden. Mit Rücksicht auf die Ableitung von Richtsätzen für die Lenkung der Aufbereitung sei jedoch noch die Beziehung zwischen der technischen Anreicherung und dem wirtschaftlichen Erfolg an Hand der Abb. 132 besprochen. In ihm liegt der Durchschnittsgehalt a des Erzes bei 30% Fe. Eine Rechnung auf Grund einer gültigen Verkaufsformel möge ergeben, daß ein Erz mit 20% Fe wertlos ist. Dementsprechend sind die Linien a und k_0 (= nullwertiges Konzentrat) bei 30 und 20% Fe im Bilde eingezeichnet, außerdem die Grundkurve, die angibt, welchen Eisengehalt jede einzelne Schicht bei der Anwendung eines bestimmten Aufbereitungsverfahrens bei dem jeweiligen Gewichtsausbringen hat. Die kreuzgestrichelte Fläche oberhalb a gibt die aufbereitungstechnische Leistung wieder, die ganze gestrichelte und kreuzgestrichelte Fläche oberhalb k_0 gibt diejenige Metallmenge an, die im Verkaufsprodukt tatsächlich bezahlt wird. Die unterhalb dieser Linie k_0 liegende Metallmenge des Konzentrates bildet das Äquivalent der Fracht- und Verhüttungskosten. Um möglichst viel wirklich bezahlte Metallmenge liefern zu können und das wirtschaftliche Maximum zu erreichen, müssen alle Schichten mit einem Gehalt größer als k_0 ins Konzentrat hineingenommen werden. Daraus ergibt sich für die der Abb. 132 zugrunde liegende Anreicherung, daß mit einem Gewichtsausbringen von 53,5% gearbeitet werden muß, um den maximalen wirtschaftlichen Erfolg sicherzustellen, während das

Maximum der technischen Anreicherungsleistung bei einem Gewichtsausbringen von 50% festgestellt wurde. Von dem wirtschaftlich günstigsten Konzentrat würde die durch die Fläche *ABCD* dargestellte Metallmenge nicht bezahlt werden, da sie den Gegenwert der Verhüttungs- und Frachtkosten darstellt. Je günstiger das Verhältnis zwischen dieser Metallmenge und der bezahlten Metallmenge gestaltet werden kann, je mehr also das Gewichtsausbringen zugunsten des Konzentratgehaltes eingeengt werden kann, um so größer ist der wirtschaftliche Erfolg.

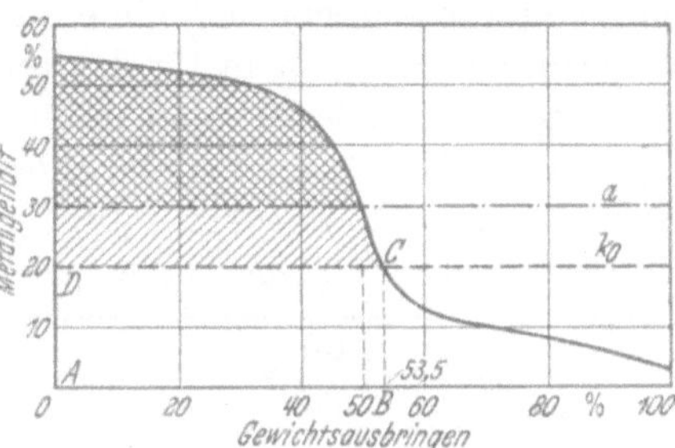

Abb. 132. Beziehung zwischen der technischen Anreicherungsleistung und dem wirtschaftlichen Erfolg.

Es bleibt noch der Einfluß einer Änderung des Durchschnittgehaltes zu besprechen. Eine solche Änderung bedeutet eine veränderte Anreicherungscharakteristik, die durch praktische Untersuchungen erst ermittelt werden muß. Ein Ansteigen des Durchschnittgehaltes im Roherz wirkt jedoch in mehrfacher Hinsicht erfolgerhöhend, weil erstens die wirklich bezahlte Metallmenge im Verhältnis zu der den Hüttenkosten äquivalenten Metallmenge ansteigen wird und zweitens, weil die den Aufbereitungskosten äquivalente Metallmenge die gleiche bleiben wird, wodurch ein relativ größerer Erfolg hervorgerufen wird.

Die vorstehenden Ausführungen führen zu folgenden Leitsätzen:

1. Ohne Einfluß auf die wirtschaftlich günstigste Anreicherungshöhe ist:
   a) die Höhe der Gewinnungskosten,
   b) die Höhe der Aufbereitungskosten.

2. Reichere Konzentrate unter Erniedrigung des Gewichtsausbringens werden erforderlich:
   a) durch eine Erhöhung der Frachtkosten,
   b) durch eine Erniedrigung der Erzpreise,
   c) durch eine Erhöhung der gesamten Hüttenkosten.

3. Niedrigere Konzentratgehalte unter Erhöhung des Gewichtsausbringens sind notwendig:
   a) bei Erniedrigung der Frachtkosten,
   b) bei steigenden Metallpreisen,
   c) bei Erniedrigung der Hüttenkosten.

4. Die Wirkung eines Steigens oder Fallens des Metallgehaltes im Roherz auf die wirtschaftlich günstigste Betriebsweise kann nicht ohne weiteres übersehen werden.

Wie diese Ausführungen zeigen, sind das oft genannte Metallausbringen und auch die Metallverluste für den wirtschaftlichen Erfolg nicht unmittelbar kennzeichnend, wenn natürlich auch das Gewichtsausbringen und die Anreicherung darunter leiden, falls nicht mit einem hohen Metallausbringen gearbeitet wird.

Wird von den Hochofenwerken eine höhere Anreicherung durch Lieferung eines reicheren Konzentrates verlangt, so kann diese Forderung von der Aufbereitung ohne Senkung des wirtschaftlichen Erfolges nur erfüllt werden, wenn für das reichere Konzentrat ein höherer Preis bewilligt wird. Hierauf sind die üblichen Verkaufsformeln auch meist abgestellt. Als Beispiel dieser Formeln sei hier die des *Siegerländer Eisenstein-Vereins* wiedergegeben, nach der lange Zeit die manganhaltigen Erze des Siegerlandes gehandelt worden sind:

Sorte	Grundpreis RM/t ab Grubenversandstation	Basis und Skala (RM je %)			
		Fe $\frac{\%}{RM}$	Mn $\frac{\%}{RM}$	SiO_2 $\frac{\%}{RM}$	Cu $\frac{\%}{RM/‰}$
Spateisenstein .	13,60	$\frac{33,0}{\pm 0,40}$	$\frac{0,6}{\pm 0,80}$	$\frac{10,0}{\mp 0,25}$	
Rostspat I. . .	16,00	$\frac{46,0}{\pm 0,50}$	$\frac{8,0}{\pm 1,-}$	$\frac{12,0}{\mp 0,30}$	$\frac{0,25}{\mp 0,03}$
Rostspat II*) .	14,20	$\frac{43,0}{\pm 0,50}$	$\frac{7,0}{\pm 1,0}$	$\frac{15,0}{\mp 0,30}$	

*) Werden mehr als 53% Metall ermittelt, so wird der Rostspat II als Rost I abgerechnet.

Obwohl diese Handelsbedingungen für die über der Basis liegenden Gehalte in der Skala einen höheren Preis vorsehen als für den Grundgehalt, so werden sie doch dem Nutzen nicht gerecht, den die Hochofenwerke aus der Anreicherung haben. Einen bemerkenswerten Beitrag zu diesen Verhältnissen gibt eine Untersuchung von G. Schröder, in der er einen wirtschaftlichen Vergleich der Siegerländer Aufbereitungsarten gab[186]. Es wurden von ihm drei verschiedene Anlagen untersucht, von denen

Anlage A Rohspataufbereitung, Röstung und Rostspataufbereitung,
Anlage B Rohspataufbereitung und Röstung,
Anlage C Röstung und Rostspataufbereitung anwandte.

Für diese drei verschiedenen Systeme stellte er zunächst den technischen Anreicherungserfolg und ferner die Aufbereitungskosten fest. Die auf die oben wiedergegebene Verkaufsformel aufgebaute Auswertung ergab dann gemäß der Zahlentafel 59, daß alle drei Anlagen mit Verlust

[186] Schröder, G.: Dissertation Aachen 1941.

arbeiten. Dabei war allerdings der Verlust derjenigen Anlage am niedrigsten, die am stärksten anreicherte, nämlich der Anlage A. Schröder prüfte aber ferner den wirtschaftlichen Erfolg, indem er von den Grundsätzen der Erzbewertung ausging und für die Erzeugung von Spiegeleisen die folgenden Wertstaffel bei $CaO:SiO_2 = 1{,}25$ benutzte:

	Wert frei Hochofen RM/%
Fe	+ 0,50
Mn	+ 0,64
CaO	+ 0,11
MgO	+ 0,11
Al_2O_3	− 0,044
SiO_2	− 0,472
P	± 0
Hydratwasser .	− 0,22

Wie aus der Zahlentafel 59 ferner hervorgeht, sind die Fördererze metallurgisch weniger wert, als die Verkaufsformel für sie fordert. Anderseits besitzen die Konzentrate einen höheren metallurgischen Wert als die Verkaufsformel für sie verlangt. Über die „Hochofenformel" ergibt sich so, daß jede der drei Anlagen einen recht erheblichen Gewinn je t Durchsatz erzielt, der mit 4,35 RM/t für die Anlage A am größten ist. Da Grube und Aufbereitung eine wirtschaftliche Einheit bilden, dienen die Gewinne dazu, die zu hohen Förderkosten auszugleichen. Trotzdem bleibt die Tatsache bestehen, daß die Aufbereitung der Siegerländer Erze einen bedeutenden wirtschaftlichen Nutzen erbringt.

Zahlentafel 59. *Vergleich der wirtschaftlichen Erfolge von verschiedenartigen Siegerländer Aufbereitungsanlagen auf Grund der Verkaufsformel und metallurgischer Bewertungen (nach G. Schröder).*

Anlagen	A		B		C	
Gewichtsausbringen %	54,18		64,60		60,32	
Aufbereitungskosten RM/t Fördererz	1,60		1,60		1,54	
	Wirtschaftl. Auswertung nach der		Wirtschaftl. Auswertung nach der		Wirtschaftl. Auswertung nach der	
	Verkaufsformel	Hochofenformel	Verkaufsformel	Hochofenformel	Verkaufsformel	Hochofenformel
Wert 1 t Fördererz RM	10,04	7,81	11,54	9,62	12,44	11,09
Wert 1 t Konzentrat RM	20,60	27,72	20,34	26,54	21,29	27,89
Wert des Konzentrates je t Fördererz . RM	11,16	13,76	12,0	13,69	12,84	15,42
Wertsteigerung je t Fördererz . RM	+ 1,12	+ 5,95	+ 0,46	+ 4,07	+ 0,40	+ 4,33
Wirtschaftlicher Erfolg je t Fördererz . RM	−0,48	+ 4,35	−1,18	+ 2,47	−1,14	+2,79

Die für Siegerländer Erze gezahlten Preise haben sich inzwischen vervielfacht; eine Verkaufsformel auf der Grundlage der neuen Preise hat sich jedoch noch nicht entwickelt.

Wenn die Ausführungen nachgewiesen haben, daß die Aufbereitung der Siegerländer Erze wirtschaftlich ist, so ist damit keineswegs belegt, daß die Aufbereitung aller Eisenerze wirtschaftlich gerechtfertigt ist. Es gibt im Gegenteil zahlreiche Erze, deren Gefügeaufbau durch Verwachsung des Eisenminerals mit der Gangart derart innig ist, daß die Aufbereitung keinen technischen Erfolg haben und daher auch keinen wirtschaftlichen Nutzen abwerfen kann.

Als wirtschaftlich anreicherbar haben diejenigen Erze zu gelten, die neben reichen Eisenträgern eisenfreie Gangart besitzen oder bei denen die Gangart zwar eisenschüssig ist, aber dem Eisengehalt und der Gewichtsmenge nach untergeordnete Bedeutung hat. Es bedarf daher in jedem Einzelfalle sorgfältiger Berechnungen und Überlegungen, ob für eine Erzgrube die Errichtung einer Aufbereitungsanlage am Platze ist.

Für die deutschen Eisenerze liegen Untersuchungen der Aufbereitbarkeit vor, die von H. Kirchberg gemeinsam mit dem Verfasser durchgeführt wurden[187]. Durch diese Untersuchungen konnte eine Unterteilung der Erze in die drei Gruppen der „nicht aufbereitbaren", „bedingt aufbereitbaren" und „erfolgreich anreicherbaren" vorgenommen werden, wie sie die folgende Übersicht zeigt (S. 299).

Es muß zu dieser Aufstellung noch bemerkt werden, daß sowohl zwischen der ersten und der zweiten, als auch zwischen der zweiten und dritten Gruppe Übergänge vorhanden sind, so daß die vorgenommene Unterteilung unter Umständen gewisse Verschiebungen erfahren kann.

Für diese Beurteilung der Aufbereitbarkeit der Eisenerze ist von ihrem Gefügeaufbau ausgegangen, der die Grundlagen der üblichen, auf der Ausnutzung der physikalischen Eigenschaften der Mineralien angewandten Aufbereitungsmethoden bildet. Da das Krupp-Rennverfahren unabhängig vom Gefügeaufbau die Anreicherung auf eine den metallurgischen Arbeitsweisen nahestehende Art in den Luppen bewirkt, gelten die vorstehenden Ausführungen über die Anreicherbarkeit der Eisenerze nicht für dieses Verfahren.

Ein bemerkenswerter Beitrag zu der Frage der Wirtschaftlichkeit der Eisenerzaufbereitung ist auch das Ergebnis einer Untersuchung, die sich auf Erze des Gebietes der Oberen Seen in Nordamerika bezieht; es ist in der Zahlentafel 60 zusammengefaßt. Ihm liegt eine Lieferung von 100000 t Konzentrat in einem bestimmten Betriebsabschnitt zugrunde. Es sind zwei verschiedene Anreicherungsfälle gegenübergestellt und es ergibt sich, daß die höhere Anreicherung auf 54,5 % Fe nach der „Lake Erie"-Preisformel einen geringeren Gewinn bringen würde, als er bei der Anreicherung auf 51,5 % Fe erzielt würde. Wie die Zahlenwerte

---

[187] Kirchberg, H., u. W. Luyken: Mitt. K.-Wilh.-Inst. Eisenforschg. Bd. 27 (1944) Lfg. 5, S. 53 bis 79.

Erzgruppe	Untersuchte Erzart	Vorkommen	Bezirk	Geologische Formation
A Nicht aufbereitbare Erze	1. a) Thuringiterz	Schmiedefeld	Thüringen	Ordovicium
	b) ,,	Breitenbergstollen	,,	,,
	2. a) Chamositerz	Schmiedefeld	,,	,,
	b) ,,	Eisenberg	,,	,,
	3. Oolithische Brauneisenerze	Schönberg bei Freiburg i. B.	Südbaden	Dogger
		Kahlenberg bei Freiburg i. B.	,,	,,
	4. Oolithische Brauneisenerze und Eisenmergel	Echte, Rottorf am Klei	Harzvorland	Lias
	5. Magneteisenerz, kalkiges Roteisenerz, Toneisenstein	Braune Sumpf bei Hüttenrode	Harz	Devon
	6. Oolithischer Kalkeisenmergel	Porta	Weserland	Dogger
	7. Oolithischer Eisensandstein	Völpke	Harzvorland	Dogger
B Bedingt anreicherbare Erze	1. Glaukonitisches Brauneisenerz	Kaiserberg bei Hörde	Westfalen	Kreide
	2. Oolithischer Eisenkalkstein	Grube Hansa bei Harzburg	Harz	Malm
	3. Oolithisches Brauneisenerz	Friederike bei Harzburg	Harz	Lias
C Erfolgreich anreicherbare Erze	1. Spateisenerze	Siegerland	Siegerland	Devon
	2. Schwerspathaltiges Brauneisenerz	Stahlberg, Klinge	Thüringen	Zechstein
	3. Oolithisches Brauneisenerz	Kleiner Johannes	Franken	Dogger
	4. Oolithisches Brauneisenerz	Zollhaus-Blumberg	Südbaden	,,
	5. Oolithisches Brauneisenerz	Salzgitter	Harzvorland	Kreide

in den Spalten 9 bis 11 der Zahlentafel erkennen lassen, würde es aber auf Grund der von Davis[24] gegebenen Bewertungsformel nach metallurgischen Gesichtspunkten (vgl. S. 45) richtiger sein, das reichere Konzentrat zu erzeugen, wobei dann auch der Gewinn der Grube ein höherer sein würde.

Diese Untersuchung bestätigt die für die Siegerländer Aufbereitungsarten gemachte Feststellung, daß diese Anlagen dann nur mit einem Gewinn arbeiten, wenn man ihre Roherze und Konzentrate unter

Zahlentafel 60. *Vergleich der Wirtschaftlichkeit für die Aufbereitung von Erzen von 100000 t Konzentrat je Betriebs-*

	Zusammensetzung des Konzentrates Fe i. F. %	SiO$_2$ i. F. %	Gewichtsausbringen %	Erforderliche Roherzmenge t	Roherzgewinnungskosten (2 $/t) $
	1	2	3	4	5
1	51,50	12,00	75,00	133333	266667
2	54,50	8,00	66,60	150000	300000

metallurgischen Gesichtspunkten bewertet und daß der Gewinn um so größer ist, je höher angereichert wird. Geringe Anreicherung, wie sie z. T. als „Halbkonzentratbildung" befürwortet wurde, wird vom Standpunkt des Hochöfners sehr wahrscheinlich abzulehnen sein, während sie sich für die Gruben als vorteilhaft erweisen kann, wenn eine Verkaufsformel die Grundlage der Bezahlung bildet.

Es mag noch erwähnt sein, daß in vielen Veröffentlichungen die Aufbereitung der deutschen Erze und zwar insbesondere der geringhaltigen empfohlen worden ist. So äußerte sich H. Bansen[188] in einem Aufsatz über die energie- und stoffwirtschaftlichen Grundlagen eisenhüttenmännischer Verfahren in dem Sinne, daß man die Aufwendungen bei den Aufbereitungsanlagen anzusetzen habe und bei den Hochöfen nur insoweit, als die Leistung je Ofeneinheit mit mäßigen Mitteln gesteigert werden könne. Unter dem Blickwinkel der Brennstoffnot — die in der Form der Koksknappheit recht langlebig ist — sprach sich im Jahre 1947 H. Schumacher[189] ebenfalls für die Aufbereitung der armen Inlandserze aus.

III. Die Wirtschaftlichkeit der Stückigmachung.

In dem Kapitel G III m zur Betriebswirtschaft der Saugzugsinteranlagen ist schon gezeigt worden, daß die Kosten der Sinterung zweckmäßig auf den Durchsatz bezogen werden und es ist ferner angegeben worden, wie die Gesamtkosten des Fertigsinters zu berechnen sind. Diese Ausführungen haben durchweg Gültigkeit für alle Verfahren der Stückigmachung. Es bleibt noch übrig, die Rechnung zur Ermittlung des wirtschaftlichen Nutzens der Stückigmachung zu besprechen, bei der die Ersparnis des Hochofenbetriebes zu ermitteln und mit dem zusätzlichen Aufwand zu vergleichen sind. Wenn im folgenden von Sinter gesprochen ist, so steht diese Bezeichnung hier auch für ein auf irgendeine andere Weise stückiggemachtes Erzeugnis.

[188] Bansen, H.: Stahl u. Eisen Bd. 61 (1941) S. 288.
[189] Schumacher, H.: Stahl u. Eisen Bd. 66/67 (1947) S. 378.

des Oberen Seengebietes auf verschiedene Konzentratgehalte für eine Lieferung abschnitt (nach E. W. Davis).

Verkauf nach Lake-Erie-Preis			Verkauf nach wirklichem Erzwert		
Erlös ab Aufbereitung		Gewinn (Spalte 7 minus Sp. 5)	Erlös ab Aufbereitung		Gewinn (Spalte 10 minus Sp. 5)
\$/t	\$	\$	\$/t	\$	\$
6	7	8	9	10	11
3,04	304000	37333	2,71	271000	4333
3,33	333000	33000	3,58	358000	58000

Bezeichnet man die Summe der Ersparnisse, die durch einen Sinterbetrieb erreicht werden, mit E und den zusätzlichen Aufwand mit A, so ist der wirtschaftliche Erfolg je t Roheisen:

$$x = E - A. \tag{1}$$

E umfaßt eine Vielzahl einzelner Ersparnisse, wie Koks-, Kraft-, Lohn- und Kapitaldienst-Ersparnisse, wobei diese jeweils auf die Tonne Roheisen bezogen zu berechnen sind.

A ist zu berechnen aus der Formel:

$$A = \left(H + \frac{K \cdot 100}{v_f}\right) \cdot \frac{d}{q}. \tag{2}$$

In dieser Gleichung bedeuten:

H = Mehraufwand je t Roheisen durch Verarbeitung des Sinters, z. B. durch erhöhten Verschleiß (im allgemeinen wohl = 0 einzusetzen),
K = Sinterkosten je t Sintergut,
d = Menge Fertigsinter in kg im Möller je t Roheisen,
q = Menge Möller in kg je t Roheisen.

Faßt man die Gleichungen (1) und (2) zusammen, so ergibt sich zur Berechnung des wirtschaftlichen Erfolges die Formel:

$$x = E - \left[\left(H + \frac{K \cdot 100}{v_f}\right) \cdot \frac{d}{q}\right]. \tag{3}$$

Falls der Möller zu 100% aus Sinter besteht, vereinfacht sich die vorstehende Gleichung dadurch, daß die Werte von d und q gleich werden und damit aus der Gleichung wegfallen können.

Bei dieser Art der Berechnung ist die Sinteranlage als Teil des Hochofenbetriebes betrachtet. Man kann sie aber auch als selbständiges Glied in der Reihe der Verarbeitungsstufen vom Roherz zum Fertigerzeugnis auffassen und wird dies tun müssen, wenn der Sinter zum Verkauf gelangt, weil die Erzeugung entweder höher als der Verbrauch des eigenen Hochofenwerkes ist oder weil keine Zugehörigkeit zu einem solchen Werk besteht. Dann ist die Wirtschaftlichkeit bedingt durch den Wert oder Verkaufspreis des Sinters und läßt sich berechnen nach der Formel:

$$x = \frac{P_{Fs} \cdot v_f}{100} - (P_{Sg} + K). \tag{4}$$

Hierin bedeuten:

x = Gewinn oder Verlust je t Sintergut,

P_{Fs} = Verkaufspreis, metallurgischer Wert oder Verrechnungspreis je t Fertigsinter,

P_{Sg} = Einkaufspreis oder Verrechnungspreis je t Sintergut.

Diese Art der Berechnung von Gewinn und Verlust kann auch dann angewandt werden, wenn die Sinteranlage und das Hochofenwerk einer einheitlichen Leitung unterstehen.

Die erste geschlossene Rechnung über die Wirtschaftlichkeit einer Sinterung ist 1942 von Paquet und Steffes[129] gegeben worden. Sie berechneten die Zerkleinerungskosten der Minette mit 0,25 RM/t Brechgut. Hieraus ergaben sich Zerkleinerungskosten je t Roheisen, da im Möller 2,792 t Minette gebraucht wurden, von $2{,}792 \times 0{,}25 = 0{,}70$ RM. Außerdem erhielt der Möller 408 kg Feinerz, die als Sinter verhüttet wurden; die Zerkleinerungskosten für dieses Feinerz waren bei einem Sinterausbringen von 73% $0{,}25 \cdot \frac{0{,}408}{0{,}73} = 0{,}15$ RM, so daß sich die Zerkleinerungskosten insgesamt auf 0,85 RM/t Roheisen stellten. Die Sinterkosten waren 4,40 RM je t Sinter; da in den Möller 475 kg Sinter je t Roheisen Aufnahme fanden, so erhöhten sich die Kosten weiter um $0{,}475 \times 4{,}40 = 2{,}10$ RM/t Roheisen. Die Ersparnis an Koks betrug 150 kg/t Roheisen und, da sich sein Preis auf 30,— RM/t stellte, so war die Ersparnis 4,50 RM/t Roheisen. Der wirtschaftliche Nutzen des Brechens und Sinterns stellte sich somit auf $4{,}50 - (0{,}85 + 2{,}10) = 1{,}55$ RM/t Roheisen. In dieser Berechnung ist jedoch nur eine einzige Ersparnis berücksichtigt, nämlich die an Koks. Die erzielte Koksersparnis ist allerdings in wirtschaftlicher Hinsicht so gut wie ausschlaggebend, so daß sich häufig bei Berichten über Erfolge bei der Verarbeitung von Sinter nur diese Auswirkung zahlenmäßig genannt findet.

Ein bemerkenswertes Beispiel dieser Art ist das in der Zahlentafel 61 aufgeführte, welches die Betriebsergebnisse des Hochofenwerkes Whiterbee in Port Henry, New York, umfaßt. Danach wurde bei der Verarbeitung von 100% Sinter im Möller eine Koksersparnis von 27% gegenüber der Verarbeitung von 100% Magnetit erzielt. Vermutlich dürfte allerdings ein Teil der Koksersparnis durch ein höheres Möllerausbringen veranlaßt sein.

Zahlentafel 61. *Roheisenerzeugung und Koksverbrauch bei Verhüttung von Magnetiterz und Sinter (nach A. Wagner).*

der Möller bestand aus	Roheisenerzeugung t/24 h	Koksverbrauch kg/t Roheisen
100% Magnetiterz	314	1186
44% Magnetiterz + 56% Sinter.	415	928
100% Sinter	514	862

Zahlentafel 62. *Ergebnisse von Hochofenversuchen (nach J. Paquet und M. Steffes).*

Versuch Nr.		1	2	3	4 a	4 b	4 c
Minette		ungebrochen	zerkleinert				
Feinerz		nicht abgesiebt		abgesiebt			
Einsatz: Minette	kg/t Roheisen (%)	3570[1] (100)	3637[2] (100)	3604 (100)	3409 (96,8)	3194 (93,2)	2792 (85,5)
Sinter: Feinerz	kg/t Roheisen (%)	0	0	0	56 (1,6)	117,5 (3,4)	408 (12,5)
Sinter: Gichtstaub	kg/t Roheisen (%)	0	0	0	56 (1,6)	117,5 (3,4)	67 (2,0)
Sinter zusammen	kg/t Roheisen (%)				112 (3,2)	235 (6,8)	475 (14,5)
Gesamtmöller	kg/t Roheisen (%)	3570 (100)	3637 (100)	3604 (100)	3521 (100)	3429 (100)	3267 (100)
Nutzmöller (Gesamtmöller minus Gichtstaubentfall)	kg/t Roheisen	3400	3416	3474	3402	3322	3183
Nutzausbringen	(%)	(29,40)	(29,27)	(28,78)	(29,39)	(30,10)	(31,42)
Roheisenerzeugung	t/24 h	300,7	285,0	347,8	309,1	320,0	357,4
Koks (9% Asche, 5% Feuchtigkeit):							
Satz	kg/t Roheisen	1150	1103	1039	1029	1015	1000
Verbrauch	t/24 h	345,8	314,4	361,4	318,1	324,8	357,4
Ersparnis	kg/t Roheisen		47	111	130	135	150
Gichtstaub:							
Entfall (% bez. auf Gesamtmöller)	kg/t Roheisen (%)	170 (4,8)	221 (6,1)	130 (3,6)	119 (3,4)	107 (3,1)	84 (2,6)
Änderung	kg/t Roheisen (%)	0 (0)	+51 (+30,0)	—40 (23,6)	—52 (—30,0)	—63 (—37,1)	—86 (—50,6)
Wind: Druck	cm QS	39,2	40,6	41,0	38,5	39,0	40,5
Wind: Temperatur	°C	840	847	843	842	849	845
Hochofengas:							
Temperatur an der Gicht	°C	137	132	66	68	70	80
Kohlensäure	Vol.-%	12,4	12,6	12,9	12,6	12,4	12,2
Kohlenoxyd	Vol.-%	30,3	29,9	29,3	29,9	30,3	30,7
$\frac{CO_2}{CO}$ raumanteilig		0,41	0,42	0,44	0,42	0,41	0,40
$\frac{CO_2}{CO}$ gewichtsanteilig		0,65	0,66	0,70	0,66	0,65	0,63

[1] Stückgröße etwa 30% unter 20 cm, 60% zwischen 20 und 30 cm, 10% zwischen 30 und 50 cm. — [2] Einschließlich rd. 20% Feinerz.

In der Zahlentafel 62 sind weiter die Hauptergebnisse der Hochofenversuche, über die Paquet und Steffes berichteten, wiedergegeben. Es ist ausgegangen von der Verhüttung der ungebrochenen Minette und die Versuche erfolgten mit zerkleinerter Minette, von der das Feinerz gesintert und mit steigenden Mengen dem Möller beigefügt wurde. Der Versuch 4c entspricht der bereits erwähnten Berechnung des wirtschaftlichen Erfolges von Brechen und Stückigmachung. Es ergibt sich aus den mitgeteilten Zahlen, daß neben der Senkung des Koksverbrauchs der Vorteil einer um 57 tato gestiegenen Roheisenerzeugung und einer wesentlichen Senkung des Entfalls an Gichtstaub eintrat. Der Nutzen dieser beiden Auswirkungen ist zweifellos recht erheblich, so daß der wirtschaftliche Erfolg wesentlich größer war, als er oben mit 1,55 RM/t Roheisen angegeben wurde. Ein Vergleich der einzelnen Versuchsergebnisse zeigt u. a. weiter, daß von der Koksersparnis von 150 kg/t Roheisen rund 110 kg zugunsten der Zerkleinerung und Siebung gehen, und 40 kg zugunsten der Sinterverarbeitung.

Wegen der Vorteile, die die Sinterung für den Hochofen bringt, sei weiter auf die Abb. 131, die den Erfolg veranschaulicht, den ein saarländisches Hochofenwerk durch die Hereinnahme von Sinter in den Möller erzielte, verwiesen. In den Jahren 1929 und 1930 stieg der Verbrauch an Sinter schnell an und betrug am Jahresende 1930 1550 kg/t Thomaseisen. Entsprechend stieg das Möllerausbringen von etwa 34 auf über 38 % und die Roheisenerzeugung nahm von rund 240 t/24 h auf 277 t/24 h zu. Dabei stellte sich der Sinteranteil im Thomaseisenmöller auf fast 60 %.

Noch eindeutiger sind die Erfolgszahlen, die von Baake[117] angegeben wurden und in der Zahlentafel 63 wiedergegeben sind. Danach

Zahlentafel 63. *Durchschnittliche Betriebszahlen von 5 Minette-Hochöfen vor*

Monat	Sinter im Möller %	Schrottzusatz bezogen auf Roheisen %	Anteil der gebrochenen Minette an der gesamten Minette %	Möller-ausbringen %
Dez. 1926	—	11.8	61,7	31,7
Jan. 1927	—	rd. 11,8	67,6	31,5
Febr. 1927	—	9,8	62,7	31,6
Nov. 1930	53,2	4,2	100	38,2
Dez. 1930	56,8	9,3	100	39,8
Jan. 1931	47,0	8,8	100	37,7

[1] Normalkoks mit 10% Asche und 5% Feuchtigkeit.
[2] Ohne Filterstaub.

stieg die tägliche Roheisenerzeugung sogar um rund 100 t, wobei die Koksersparnis 130 bis 140 kg/t Roheisen betrug. Dabei ist allerdings zu berücksichtigen, daß der Schrottanteil im Möller nicht unwesentlich zurückgegangen war, so daß die Betriebszahlen von 1930/31 neben denen von 1926/27 noch verhältnismäßig zu ungünstig erscheinen.

Die hohe Wirtschaftlichkeit des Brechens und Siebens der Minette ist schon belegt worden; sie hat den Nachteil, ein Feinerz entstehen zu lassen, das zu sintern ist, wenn es erfolgreich nutzbar gemacht werden soll. Sein Verrechnungspreis, mit dem dieses Feinerz in die Sinteranlage überzugehen hat, muß an sich geringer sein, als der der ungebrochenen Minette. Dadurch erfährt das Brechen eine gewisse Belastung, während die Sinterung lohnender wird, weil sie aus einem im Wert geminderten Eisenträger einen vollwertigen Möllerstoff macht. Insgesamt ergibt sich somit für Brechen, Sieben und Sintern eine voll gesicherte Wirtschaftlichkeit, ohne daß es möglich ist, eine genaue Verteilung des wirtschaftlichen Nutzens auf den ersten oder zweiten Teil der Möllerveredlung vorzunehmen.

Mit der Frage der Wirtschaftlichkeit des Sinterns hängt eng zusammen, welcher Anteil Sinter im Möller eine besonders starke Minderung des Koksverbrauchs zur Folge hat. Einen Beitrag hierzu gibt das Ergebnis, welches W. Shallock[190] aus der Praxis der amerikanischen Hochöfen mitteilt und welches in Abb. 133 gezeigt wird. Danach senkt ein Sinteranteil von weniger als 20% den Koksverbrauch recht stark, während oberhalb etwa 30% Anteil an Sinter zwar auch noch eine fortgesetzte Senkung des Koksverbrauchs eintritt, die aber doch geringer ist. Man wird dies so zu erklären haben, daß ein Sinterzusatz

und nach der Einführung von Absiebung und Sinterung (nach R. Baake).

Roheisen-erzeugung je Ofen t/24 h	Koksverbrauch bezogen auf Roheisen[1] %	Gichtstaub-Entfall[2] bezogen auf Roheisen %	Gichtstaub-Entfall[2] bezogen auf den Möller %	Bemerkungen
184	111,3	rd. 35	rd. 11	Feinerz nicht abgesiebt
177	113,0			
186	109,2			
268	87,5	5,5	2,05	Feinerz abgesiebt und mit Gichtstaub gesintert
285	86,3	5,95	2,20	
284	89,6	4,40	1,70	

[190] Shallock, W.: Blast Furn. Bd. 28 (1940) Nr. 2, S. 169; vgl. auch Stahl u. Eisen Bd. 68 (1948) S. 126.

bis zu etwa 30% die Gasverteilung wesentlich verbessert, wodurch die Reduktion der gesamten Beschickung erhöht wird. Bei höherem Sinteranteil macht sich die nicht besonders gute Reduzierbarkeit des Sinters bemerkbar, so daß die indirekte Reduktion eine Erniedrigung erfährt.

Eine Bestätigung findet diese Beurteilung des Vorteils eines beschränkten Sinterzusatzes im Möller durch Beobachtungen auf dem Hochofenwerk in Corby, wo ein Sinteranteil von mehr als 35% keinen wirtschaftlichen Vorteil einbrachte. H. A. Brassert sieht den Grund hierfür darin, daß die Öfen trotz dem höheren Sinteranteil keine wesentlich höheren Windtemperaturen mehr annehmen, so daß die etwaigen Koksersparnisse durch die bei dem geringhaltigen Erz relativ hohen Sinterkosten ausgeglichen werden[191].

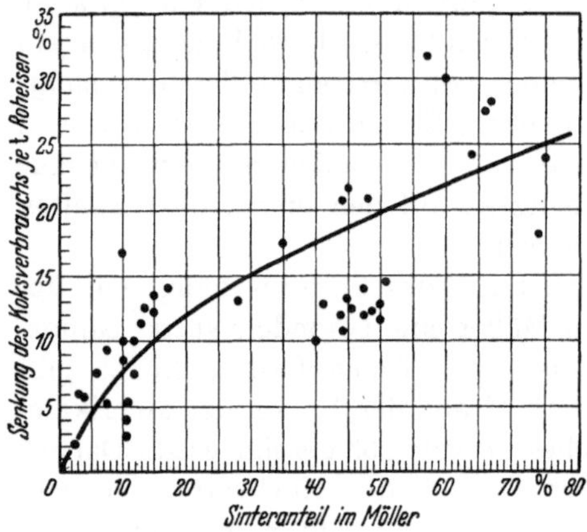

Abb. 133. Abhängigkeit des Koksverbrauchs je t Roheisen von dem Anteil des Sinters im Möller (nach Shallock).

Brassert weist anderseits auf den Fall der im östlichen Gebiet der USA. geförderten kieseligen Magnetiterze hin, die hoch angereichert (auf bis 68,5% Fe bei 2% SiO_2) und dann gesintert werden; bei sehr hohen Anteilen an Sinter im Möller und höchsten Windtemperaturen läuft die Verhüttung bei niedrigstem Koksverbrauch ab. Wenn der Sinter — infolge der hohen Anreicherung — fast frei von Eisensilikaten war, ergab sich im Monatsdurchschnitt ein Koksverbrauch von nur 630 kg/t Roheisen.

Wenn diese Ausführungen gezeigt haben, daß die Sinterung im allgemeinen einen wirtschaftlichen Erfolg bringt, so bleibt noch die Frage offen, bis zu welcher Korngröße stückig gemacht werden soll und welche unterste Korngröße dem Hochofen unmittelbar zugeführt werden soll, wenn eine Anlage zur Stückigmachung vorhanden ist. Es ist gelegentlich auf diese Frage die Antwort gegeben worden, daß, wenn man den Einfluß der Körnung auf die Reduzierbarkeit einmal unberücksichtigt ließe und nur die mechanischen Vorgänge beachte, es für ratsam gehalten würde, mit der Korngröße im Hochofen nicht unter 10 mm zu gehen, wenn man klassiertes Gut möllert.

---

[191] Brassert, H. A.: Stahl u. Eisen Bd. 59 (1939) S. 120.

Ein westfälisches Hüttenwerk verfährt auch betrieblich in dieser Weise, indem die auf dem Wasserwege eingehenden Erze bei 10 mm abgesiebt werden. Das Feine unter 10 mm geht dann zur Bandsinteranlage, allerdings dient ein Teil der Körnung 10 bis 25 mm als Rostbelag, so daß an sich auch noch gröberes Korn als 10 mm stückig gemacht wird. Auf einem russischen Werk, dessen Bandsinteranlage von einer deutschen Firma geliefert wurde, beschränkt man sich dagegen darauf, das Gut unter 5 mm zu sintern; dabei dient die Körnung 5 bis 20 mm als Rostbelag.

Die Auffassungen über die richtige Teilung sind nicht ohne Grund verschieden. Es kann durchaus möglich sein, den Hochofen mit sehr erheblichen Anteilen an Feinerzen bei niedriger Windtemperatur und verhältnismäßig niedriger und gleichmäßiger Windmenge zum regelmäßigen, flotten Gang zu bringen, der bei Vermeidung der „durchaus nicht billigen Sinterung" die größte Wirtschaftlichkeit sicherstellt. Selbstverständlich ist aber auch dann daran gedacht, den Gichtstaub und andere sehr feinkörnige Einsatzstoffe zu sintern.

Die letztgenannten Rohstoffe lassen sich anderseits durch Saugzugsinterung nicht leicht allein verarbeiten, sondern bedürfen einer Auflockerung durch Korn von etwa 3 bis 6 mm. Danach spricht mancherlei dafür, die Kornscheide zwischen dem Sintergut und dem unmittelbar dem Hochofen zuzuführenden Gut im Durchschnitt vieler Hüttenwerke etwas niedriger als 10 mm, d. h. bei etwa 7 bis 8 mm, anzunehmen. Für das einzelne Werk mit seinen besonderen Bedingungen der Erzversorgung — z. B. einer Neigung des Erzes zum Hängen — mag es sich aber sowohl aus technischen wie auch aus wirtschaftlichen Gesichtspunkten empfehlen, eine andere Teilung seiner Erze vorzunehmen und etwa nur so viel Feinerz zu sintern, als zur Erreichung eines ruhigen und gleichmäßigen Ofenganges erforderlich ist.

Zusammenfassend ist somit festzustellen, daß das Sintern von Feinerzen und besonders des Gichtstaubes im allgemeinen einen großen wirtschaftlichen Nutzen bringt. Ob es sich empfiehlt, den Anteil an Sinter im Hochofen hoch zu wählen, ist weitgehend von der Reduzierbarkeit der anderen Einsatzstoffe abhängig. Im allgemeinen dürfte es sich nur bei dichten und grobstückigen Magnetiterzen und einer hohen Versorgung mit sehr feinkörnigen und mulmigen Erzen empfehlen, den Sinteranteil über etwa 35% hinaus zu steigern. Da die Vorgänge im Hochofen durch eine große Zahl von Veränderlichen beherrscht werden, kann eine scharfe Korngrenze für zu sinternde und direkt zu verarbeitende Möllerstoffe nicht gegeben werden. Größenordnungsmäßig dürfte sie im Mittel bei 5 bis 10 mm liegen, wenn der größte wirtschaftliche Erfolg erzielt werden soll.

J. Erzeugung und Eigenschaften des Hochofenkokses.

I. Die Kokskohle.

1. Ihr Vorkommen und ihre Verkokbarkeit.

Deutschland und besonders das Ruhrgebiet sind verhältnismäßig reich an Kohlen, aus denen ein guter Hochofenkoks hergestellt werden kann. Nach der Beschaffenheit des bei einer Verkokung erhaltenen Erzeugnisses unterscheidet man:

Sandkohlen,	deren	Koks	pulvrig ist,
Gesinterte Kohlen,	,,	,,	gesintert, z. T. locker ist,
Sinterkohlen,	,,	,,	gesintert ist,
Backende Sinterkohlen,	,,	,,	gebacken, gebläht, zerklüftet ist,
Backkohlen,	,,	,,	gebacken, fest, gebläht ist.

In der folgenden Übersicht sind die verschiedenen Kohlenarten nach ihrer stratigraphischen Einteilung einschließlich ihres Vorkommens in den verschiedenen Steinkohlenrevieren zusammengestellt und dazu ihre Gehalte an flüchtigen Bestandteilen und ihre Verkokbarkeit aufgeführt.

Kohlenart	Vorkommen	Flüchtige Bestandteile der lufttrockenen Reinkohle	Kennzeichnung nach Aussehen des Tiegelkokses
Flammkohle .	Oberschlesien	über 45%	Sandkohle
Gasflammkohle	Ruhr, Saar, Oberschlesien	40 bis 45%	Gesinterte bis gefrittete Sandkohle
Gaskohle . . .	Ruhr, Saar, Sachsen, Oberschlesien	35 ,, 42%	Sinterkohle bis gesinterte Sandkohle
Gasfettkohle .	Ruhr, Saar, Niedersachsen usw.	28 ,, 38%	Backkohle bis Sinterkohle
Fettkohle . . .	Ruhr, Aachen, Oberschlesien usw.	18 ,, 30%	Backkohle
Halbfettkohle .	Ruhr, Aachen, Oberschlesien	13 ,, 20%	Gesinterte Sandkohle bis Backkohle
Magerkohle . .	Ruhr, Aachen	10 ,, 14%	Sandkohle bis gesinterte Sandkohle
Anthrazit . . .	Ruhr, Aachen	unter 10%	Sandkohle

Es ist nicht möglich, den Begriff „Kokskohle“ für ein bestimmtes geologisches Alter der Kohle oder nach ihrer Herkunft oder auf kohlenchemischer Grundlage festzulegen. Vielmehr kann unter dieser Bezeichnung nur eine solche Kohle verstanden werden, die unter den heute bekannten Bedingungen der Verkokung einen festen Koks ergibt.

Zur Beurteilung der Kohle und des aus ihr herstellbaren Kokses sowie zur Bestimmung sowohl der Koksausbeute wie auch des Gehaltes an flüchtigen Bestandteilen dient die Tiegelprobe, die überwiegend nach der Methode der Westfälischen Berggewerkschaftskasse in Bochum ausgeführt wird. Bei ihr wird 1 g lufttrockene, feingepulverte Kohle in einen Platintiegel eingesetzt, der einen Deckel mit einer Öffnung von 2 mm Durchmesser besitzt. Dieser Tiegel wird über dem Bunsenbrenner solange erhitzt, bis aus dem Deckel keine flüchtigen Bestandteile mehr herausbrennen. Der Unterschied der beiden Wägungen vor und nach dem Erhitzen ergibt den Gehalt an flüchtigen Bestandteilen. Aus der Wägung des Tiegels nach dem Erhitzen ergibt sich außerdem die Koksausbeute bezogen auf die lufttrockene Kohle.

Wichtig für eine *Verbesserung der Kokskohle* sind Kenntnisse über die Petrographie der einzelnen Kohlenbestandteile; es werden unterschieden:

Durit, Clarit } die etwa mit der früheren deutschen Bezeichnung Mattkohle erfaßt sind,
Vitrit, Provitrit } die annähernd der früheren Bezeichnung Glanzkohle entsprechen,
Halbfusit, Fusit } die mit der früheren Bezeichnung Faserkohle übereinstimmen.

Hinsichtlich der Verkokungseigenschaften und der Dichte unterscheiden sich diese Gefügeelemente folgendermaßen:

Gefügebestandteil	Verkokbarkeit	Dichte	Aussehen im Anschliff	Sonstige Eigenschaften
Durit (in feinen bis dickeren Lagen auftretend)	uneinheitlich, Koks meist rissig	bis 1,35	Einlagerungen organischer Art sind häufig	häufig hoher Aschegehalt
Clarit	günstig	bis 1,35	—	bitumenreich
Vitrit (mengenmäßig vorherrschend)	im allgemeinen gut verkokbar	bis 1,30	meist strukturlos, lichthellgrau	meist nur 1 bis 1,5% Asche
Fusit (mengenmäßig zurücktretend)	schlecht, Koks pulvrig	bis 1,5	meist Zellgewebestruktur, Reflektionsfarbe weiß mit Stich ins Gelbliche	hart und splittrig, meist bis 20% Asche

Der *Durit* führt zur Bildung von hartem, aber rissigem Koks, so daß dieser kleinstückig ist, wenn mehr als 12 bis 15 % Mattkohle in der Kokskohle vorhanden sind.

Der *Clarit*, der ein wenig bedeutender Kohlenbestandteil ist, führt in der Regel mehr flüchtige Bestandteile als der zugehörige Vitrit.

Der *Vitrit* ist der am besten backende Gefügebestandteil, der einen mäßig geblähten, gut geflossenen Koks von fast silberheller Farbe ergibt. Vitritreiche Kohlen mit geringen Gehalten an flüchtigen Bestandteilen können durch Treiben die Ofenwände gefährden. Nicht geklärt ist, warum reiner Gasflammkohlen-Vitrit zum Teil nicht mit gutem Erfolge verkokt werden kann.

Die *Faserkohle* ist bei der Verkokung derart passiv, daß sie in ihrer Struktur unverändert nachgewiesen werden konnte. Mehr als 15% Fusit sollten in der Kokskohle nicht enthalten sein.

Die Hauptmenge der Asche in den Kohlen ist durch die sogenannten Berge bedingt, die die Streifenkohle in den Zwischenmitteln, die von sehr unterschiedlicher Stärke sind, durchzieht. Sie bestehen aus Schiefertonen, Brandschiefer, Kohlenschiefer oder auch Kohleneisenstein. Schwefelkies tritt sowohl in diesen Zwischenmitteln als auch in der Kohle selbst auf. Der Kohlenschiefer hat eine Dichte, die wenig höher ist als die des Fusits, während die anderen Berge meist eine Dichte von mehr als 1,8 besitzen.

Durch mikroskopische Kohlenuntersuchung unter Verwendung eines Integrationstisches ist es möglich, die Anteile der einzelnen Gefügebestandteile in einer Kohlenprobe zu bestimmen[192]. Hierdurch ist man auch in der Lage, bei der Trennung von Kohlen das Verhalten der gut verkokbaren Bestandteile zu verfolgen und damit solche Anreicherungsverfahren auszuarbeiten und zur Anwendung zu bringen, die im Hinblick auf die Verbesserung der Verkokbarkeit günstig sind. Eine Möglichkeit hierzu eröffnet beispielsweise die Schaumschwimmaufbereitung. Der Fusit reichert sich nämlich in den feinkörnigen Schlämmen an und kann dann entweder zuerst in den Schaum gehoben und abgeteilt werden oder er kann auch bei Benutzung von Schutzkolloiden in die Berge gedrückt werden[193].

Der Aufbereiter ist trotzdem nur in beschränktem Umfange in der Lage, die Verkokbarkeit der Kokskohlen zu verbessern, zumal mit der Minderung des Aschegehaltes der Koks durchaus nicht immer fester und stückiger wird. Wohl kann der Grubenbetrieb dadurch auf die Verkokbarkeit einen gewissen Einfluß einüben, daß Flöze mit gut verkokbarer Kohle bevorzugt abgebaut werden.

---

[192] Kühlwein, F. L., E. Hoffmann u. E. Krüpe: Glückauf (1934) S. 777 bis 784 u. 805 bis 810.

[193] Kühlwein, F. L.: Glückauf (1934) S. 245 bis 252 u. 275 bis 277.

2. Die Anforderungen an die Kokskohle.

Die Anforderungen, welche an die Kokskohle gestellt werden, sind in einem *Qualitätsabkommen* festgelegt worden, welches zwischen der Wirtschaftsvereinigung Eisen- und Stahlindustrie und der Deutschen Kohlenbergbauleitung im Jahre 1949 abgeschlossen wurde. Danach soll die an Hüttenkokereien gelieferte Kokskohle nicht mehr als 10 % Wasser beim Empfang enthalten. Der Aschegehalt muß so niedrig liegen, daß der des erzeugten Kokses in die Freigrenze von 9,8 bis 10,2 % fällt. Dies bedeutet, daß eine Kokskohle mit z. B. 25 % flüchtigen Bestandteilen i. Tr. 7,8 % Asche enthalten darf, wenn der Koks 10 % Asche enthalten soll. Hat die Kokskohle einen zu hohen Aschegehalt, so wird eine Buße berechnet, während bei einem niedrigeren Aschegehalt eine Prämie gewährt wird.

Das betriebliche Ausbringen an Trockenkoks wird, bezogen auf trockene Kohle, nach der Formel von Hülsbruch berechnet, die folgendermaßen lautet:

$$A_{tr} = 0{,}88 \cdot T + 12. \qquad (1)$$

In ihr bedeutet:

A_{tr} = Betriebsausbeute an Trockenkoks in Gewichtsprozent bezogen auf Trockenkohle,

T = Tiegelkoksausbringen in Gewichtsprozent bezogen auf Trockenkohle.

Die Abhängigkeit zwischen Aschegehalt des Kokses und Gehalt der Kokskohle an gasförmigen Bestandteilen zeigt Abb. 134 für unterschiedliche Aschegehalte der Kohle.

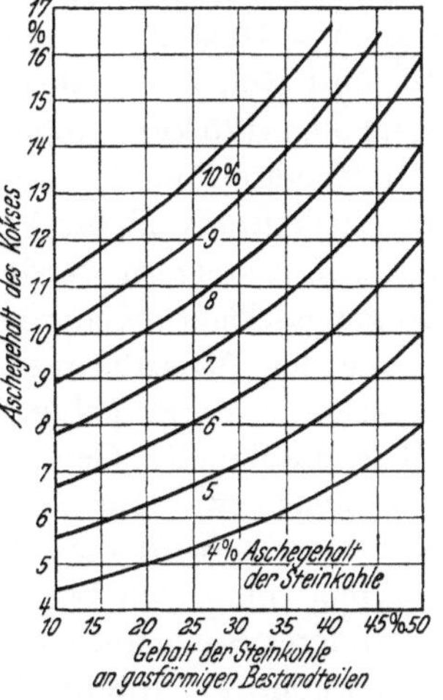

Abb. 134. Abhängigkeit des Aschegehaltes des Kokses von dem Gehalt der Kokskohle an gasförmigen Bestandteilen (nach P. Schläpfer).

Der Aschegehalt der Förderkohlen ist recht unterschiedlich und schwankt etwa zwischen 12 und 23 %. Im Durchschnitt der Ruhrzechen soll der Bergegehalt seit 1936 von 14,2 auf 21,5 % gestiegen sein. Um ihn weitgehend zu senken, stehen folgende Hauptverfahren zur Verfügung:

a) Lesearbeit für Stückkohlen,
b) Setzwäsche,
c) Rinnenwäsche,
d) Schwerflüssigkeitstrennung

Für Feinkohle kommen zusätzlich folgende Arbeitsweisen in Betracht:

a) Trockenaufbereitung,
b) Schwimmaufbereitung,
c) Elektrostatische Trennung.

Die physikalischen Grundlagen dieser Verfahren, die für sie entwickelten Maschinen und Beispiele von Anreicherungsergebnissen sind schon im Kapitel „Aufbereitung" besprochen worden, so daß hier auf diese hingewiesen werden kann.

Die im Qualitätsabkommen geforderten Aschegehalte können durch die genannten Verfahren erreicht und auch unterschritten werden, da die Verwachsungsverhältnisse der Kohlen entsprechend günstig sind. Die Forderung nach Senkung des Aschegehaltes in der Kokskohle und damit im Hüttenkoks ist auch voll berechtigt. So entstehen z. B. nach H. Koppers die folgenden Ersparnisse bei Verwendung eines Kokses im Hochofen mit einem um 4% niedrigeren Aschegehalt: Die Leistung des Hochofens von 30 m Höhe und 4 m Gestellweite beträgt bei Verwendung eines Kokses mit 13,5 bis 14% Asche 350 t graues Roheisen bei einem Koksverbrauch von 1050 kg/t Roheisen. Wird dagegen ein Koks mit 9,5 bis 10% Asche benutzt, so beträgt die Ersparnis an Koks $4 \times 2{,}5 = 10\%$ und bei einem Verbrauch von 1050 kg ist die Ersparnis 105 kg/t Roheisen. Gleichzeitig gibt Koppers eine Ersparnis an Kalkstein von 125 kg/t Roheisen und eine Verringerung der Schmelzkosten je t Roheisen um 10% an; die Mehrerzeugung wird mit 11% genannt, was bedeutet, daß für 1% weniger Asche im Koks sich die Erzeugung um 2,75% steigern würde. Von anderer Seite werden dagegen sogar Erzeugungssteigerungen von 3 bis 6% je % Aschenverminderung genannt.

Zu den Anforderungen, welche die Kokerei außerdem noch an die Kokskohle stellt, gehört eine bestimmte *Kornfeinheit* und außerdem Gleichmäßigkeit. Gewünscht wird teils eine Kornmischung von 0 bis höchstens etwa 8 mm, in der etwa 80% eine Korngröße von 2 bis 3 mm haben; teils wird eine Kornfeinheit von 90% unter 3 mm gefordert, während man sich bei guten Verkokungseigenschaften der Kokskohle an anderer Stelle mit einer Zerkleinerung von 75% unter 3 mm zufrieden geben konnte. Muß die Kokskohle zerkleinert werden, so werden in den meisten Fällen Schleudermühlen — die sogenannten Desintegratoren — oder Hammermühlen benutzt.

Sofern eine *Mischung* der Kohle zur Erhöhung der Gleichmäßigkeit wünschenswert ist, haben sich besondere Mischanlagen bewährt. Sie bestehen aus mehreren Bunkern, die unter Umständen gleichzeitig als Abtropftürme dienen und aus denen die Kohle bei durch Austragteller genau bemessener Menge der einzelnen Sorten einem Schleudermischer zugeführt wird. Diese von der Schüchtermann & Kremer-Baum AG. entwickelte Maschine hat im Gegensatz zu den Schleudermühlen nur einen Schlägerkorb, in dem die Schlagstäbe schaufelförmig angeordnet sind.

Neuere Untersuchungen haben für die Fälle, in denen der Kokskohle gasarme oder gasreiche Kohlen zugesetzt werden, ergeben, daß es zweckmäßig ist, jede Kohlensorte vor dem Zusetzen getrennt auf die jeweils zu ermittelnde günstigste Kornfeinheit zu mahlen und erst danach zu mischen[194].

Die Vermeidung hoher *Wassergehalte* hat ihre Gründe in der Schonung der Koksofenwände, Verminderung des Wärmeaufwands und Verkürzung der Garungszeit. Ein höherer Wassergehalt hat ferner eine größere Gaswassermenge zur Folge, die ihrerseits einen Mehraufwand an Dampf im Ammoniakabtreiber verursacht. Ein Wassergehalt von 10% wird im Ruhrgebiet als normal angesehen; optimal für den Betrieb der Kokerei dürfte ein solcher von 6 bis 8% sein. Ein niedrigerer Gehalt ist nicht günstiger, weil sonst die Gasentwicklung im Ofen zu lebhaft wird, auch ist der Backvorgang nicht so günstig. So erwies es sich beispielsweise bei amerikanischen Kokskohlen, die mit nur 4% Wasser angeliefert wurden, als vorteilhaft, den Wassergehalt auf 8% zu erhöhen.

Die ungefähre Verlängerung oder Verkürzung der Garungszeit durch Änderung des Wassergehaltes in der Kokskohle stellt sich nach Koppers ausgedrückt in Bruchteilen v. H., folgendermaßen:

Wassergehalt der Kokskohle	Bezugszahl der Garungszeit
12%	109
10%	100
8%	91
6%	82

Ist die Kohle auf nassem Wege aufbereitet worden, so wird sie meist mit dem Waschwasser in Schwemmsümpfe gespült. Nach der Füllung dieser Türme entweicht das Wasser durch die Bodenentwässerung und durch seitlich in den Wandungen der Türme angebrachte Filter. Ist die Kohle aber vorentwässert, so wird sie entweder in Abtropftürmen auf den geforderten niedrigeren Wassergehalt gebracht oder Entwässerungsschleudern zugeführt. Diese letzteren haben sich besonders bei harter und sehr feiner Kohle, wie z. B. der Reinkohle aus einer Flotationsanlage, gut bewährt.

Abb. 135 zeigt eine *Entwässerungsschleuder*, Bauart *Wedag*. Sie besteht aus einer vertikalen Welle, die am unteren Teil einen Stahlgußring mit Armkreuzen besitzt, auf denen ein sechsteiliger Siebkonus sitzt. Er besteht aus Spezialspaltsieben von 0,25 mm Spaltweite. Um die Kernwelle bewegt sich eine auf einer Hohlwelle befestigte gußeiserne Glocke, die acht spiralförmig gestellte Abstreichmesser trägt. Diese streichen die Feinkohle von den Spaltsieben nach unten ab. Um diesen Vorgang schonend zu vollziehen, besitzen die Kernwelle und die Hohlwelle getrennte Stirnradpaare, die derart gezahnt sind, daß die Hohlwelle mit den Abstreichern etwa 20 Umdrehungen in der Minute weniger macht als die Kernwelle, die etwa 540 U/min ausführt.

Die zu schleudernde Kohle mit etwa 20 bis 25% Wasser gelangt durch zwei Öffnungen auf die Spaltsiebe, auf denen sie durch die Zentri-

[194] Jenkner, A.: Glückauf 88 (1952) S. 363 bis 367.

fugalwirkung Wasser verliert, das in einer Ablaufrinne aufgefangen wird. Die Kohle wird durch die Abstreicher auf der Siebfläche nach unten bewegt und ausgetragen. Der Endwassergehalt hängt weitgehend von der Feinheit der aufgefangenen Kohle ab und schwankt zwischen 5 und 9 %.

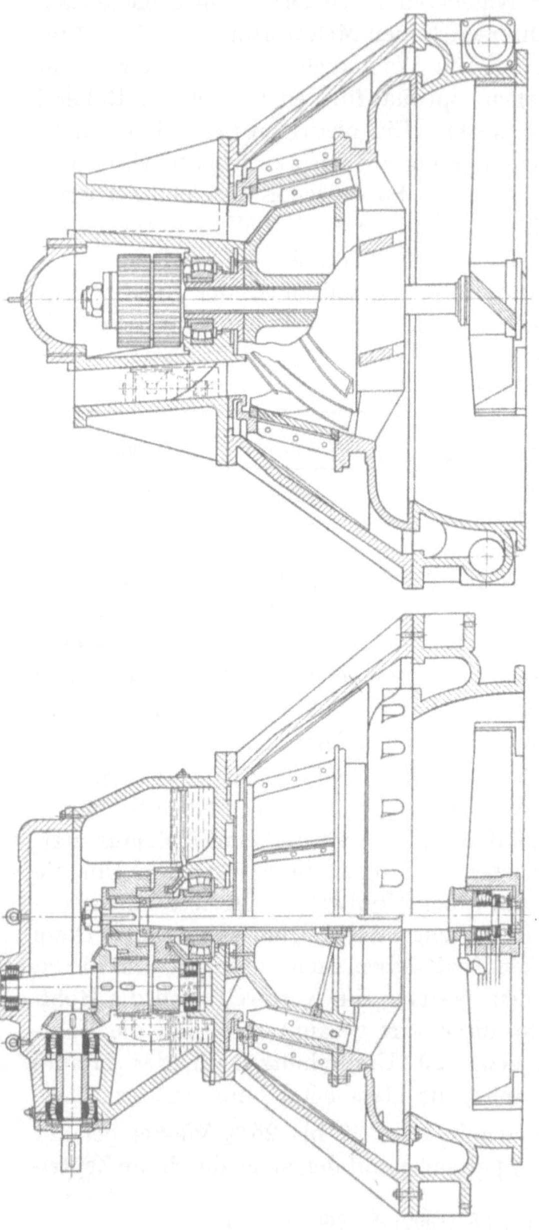
Abb. 135. Feinkohlenentwässerungsschleuder Bauart Wedag.

Die stündliche Leistung einer solchen Schleuder beträgt etwa 100 t Aufgabegut; der Platzbedarf ist mit 4 m² gering. Der Verschleiß, der der Einführung der Schleudern lange hinderlich war, ist nur noch gering, da mit einem Siebkorb bis zu 50000 t verarbeitet werden konnten. Ein Vorteil des Schleuderns ist, daß dabei der Aschegehalt eine Minderung erfährt. Mit den Schleudern ist es somit möglich, den im Qualitätsabkommen geforderten Wassergehalt zu erreichen und auch zu unterschreiten.

Dieses Abkommen kennt keine Begrenzung des *Schwefelgehaltes* für die Kokskohle, wohl aber für den Koks. Damit ist also doch die Aufgabe gestellt, bei der Veredlung der Kohle den Schwefel möglichst weitgehend zu entfernen. Tatsächlich gelingt dies bei allen Verfahren insoweit recht gut, als der Pyritschwefel gemindert werden kann. Durch die Aufbereitung kann aber nicht der organisch gebundene Schwefel abgetrennt werden, der in der Regel den größeren Anteil des Gesamtschwefels ausmacht. Es verbleibt daher zum Beispiel in westfälischer Kokskohle stets ein Gehalt von etwa 1,1 bis 1,4 % Gesamtschwefel und von etwa 0,9 bis 1,2 % an organisch gebundenem Schwefel.

Ein recht unerwünschter Bestandteil der Kokskohle ist schließlich ein Gehalt an *Kochsalz*. Ein Anteil von 0,1 % NaCl soll nicht überschritten werden, weil die Koksofenwände angegriffen werden.

Die chemische Zusammensetzung der *Reinkohlensubstanz* in der Kokskohle ist etwa die folgende:

Kohlenart	% C	% H	% O	% N	% fl. Best.	Unterer Heizwert der Reinkohle kcal/kg
Gas- und Flammkohlen	82 bis 86	5	7 bis 11	1 bis 2	30 bis 40	7650 bis 8150
Fettkohlen .	86 ,, 89	5	5 ,, 7	1 ,, 2	18 ,, 30	8150 ,, 8450
Magerkohlen .	90 ,, 92	4	4	1 ,, 2	10 ,, 18	8150 ,, 8300

Der unterschiedliche Aschegehalt der Steinkohlen ist bereits erwähnt worden; im Ruhrgebiet liegt er bei einzelnen Flözen unter 2 %. Die Aschensubstanz selbst ist teils ursprüngliche Pflanzenasche und teils eingeschwemmt. Die Fremdasche besteht vorwiegend aus Quarz, Kaolin, Calcit und Pyrit. Eine Durchschnittsanalyse von 4000 Ruhrkohlen-Aschenproben hatte nach Kreulen das folgende Ergebnis[195]:

Chemische Verbindung	Gewichtsanteil %	davon in HCl löslich %
SiO_2	41,5	0,8
SO_3	0,4	0,4
P_2O_5 . . .	0,5	0,5
Fe_2O_3 . . .	18,4	17,0
Al_2O_3 . . .	31,4	20,1
MnO	0,7	0,7
CaO	1,8	1,4
MgO . . .	1,2	0,9

II. Die Verkokung der Kokskohle.

1. Die Vorgänge und Ergebnisse bei der Hochtemperatur-Verkokung.

Die Kohle ist eine Mischung zahlreicher Verbindungen von im wesentlichen unbekannter chemischer Struktur. Bei ihrer Erhitzung erhält man kein einheitliches Produkt, sondern eine Vielzahl von Erzeugnissen, deren Menge und Beschaffenheit von der Kohlensorte sowie vom Druck und der Temperatur des Destillationsvorganges abhängig sind. Die thermische Zersetzung beginnt bei etwa 400°. Da die Wärmeleitfähigkeit der Kohle gering ist, erfordert die Verkokung mit Rücksicht auf

[195] Kukuk, P.: Geologie des Niederrhein.-Westf. Steinkohlengebietes. S. 218. Berlin: J. Springer 1938.

die Durchsatzleistung weit höhere Temperaturen, so daß die flüchtig werdenden Bestandteile zum Teil überhitzt und dadurch verändert werden. Es ist somit das Wesen der trockenen Destillation, daß die dabei entstehenden Substanzen nicht wie bei der sonstigen Destillation in dem erhitzten Gut bereits vorhanden waren, sondern erst durch Zerfall und Strukturänderung des organischen Stoffes entstehen. Von den Kohlen haben einige die Eigenschaft, nur zu backen, während andere blähen und treiben. Fr. Fischer[196] führt die Erscheinung des Backens auf das *Ölbitumen* und die des Treibens auf das *Festbitumen* zurück, die er bei der Druckextraktion der Kohle erreichte. Extrahiert man Steinkohlen unter Druck mehrfach bis zur Erschöpfung mit Benzol, so gewinnt man einen Extrakt, der durch Petroläther weiter zerlegt werden kann. Der lösliche Teil ist mehr oder weniger dickflüssig und wird von Fischer als Ölbitumen bezeichnet, während er den unlöslichen Anteil mit Festbitumen benennt.

Die erwähnten Erscheinungen des Treibens und Blähens sind nach P. Damm[197] folgendermaßen zu unterscheiden:

„Als Blähen ist lediglich die Volumenzunahme zu bezeichnen, die bei zahlreichen Kohlen eintritt, wenn sie sich im Erweichungszustande senkrecht zur beheizten Fläche frei ausdehnen können.

Als Treiben bzw. Treibdruck wird dagegen der Druck bezeichnet, den die gleichen Kräfte ausüben, die das Blähen bewirken, wenn die freie Ausdehnung der schmelzenden Kohlenmassen behindert ist."

Nach Damm ist der Treibdruck für die Verkokbarkeit einer Kohle nicht schädlich, wie oft angenommen sei, vielmehr befördere er die Koksbildung dadurch, daß er auf die Entstehung eines dichten Kokses hinwirke; allerdings sei er nicht in dem gleichen Maße für die Verkokung von Bedeutung wie die Backfähigkeit der Kohle. Daß aber vitritreiche Kohle mit niedrigem Gehalt an flüchtigen Bestandteilen durch starkes Treiben die Kammerwände gefährden kann, wurde schon erwähnt.

Der von der Heizwand aus sich bildende Koks setzt sich in der Regel von dieser ab, da er in den letzten Stunden der Garung schwindet. Tut er dies nicht ausreichend und bleibt er beim Drücken hängen, so ist dies kein Beweis dafür, daß der Treibdruck zu hoch war, vielmehr dafür, daß das Schwinden mangelhaft war.

Die Backfähigkeit kann nach H. Meurice[198] zahlenmäßig in der Weise bestimmt werden, daß 1 Gramm feingemahlene Kohle mit feinem Sand in einem Tiegel verkokt wird. Die Menge Sand in g, die der Kohle

---

[196] Fischer, Fr.: Brennst.-Chemie (1924) S. 299 u. (1925) S. 33.

[197] Damm, P.: Stahl u. Eisen Bd. 48 (1928) S. 1330; vgl. auch Arch. Eisenhüttenw. Bd. 2 (1928/29) S. 59 bis 72.

[198] Meurice, H.: Glückauf Bd. 62 (1925) S. 972 bis 973.

zugemischt werden kann, bis der Abrieb eben unter 1 g bleibt, wird als „Backfähigkeitszahl" bezeichnet. Diese Zahl läßt einen Schluß auf die Verkokungseigenschaften zu, wenn sie auch nicht allein der Auswertung zugrunde gelegt werden sollte.

Damm hat den Zusammenhang zwischen der Backfähigkeitszahl nach Meurice, den Werten der Druckextraktion der Kohle nach Fischer und dem von ihm gemessenen Treibdruck genauer untersucht, indem er diese Werte für sechs verschiedene Kohlen gegenüberstellt. Er kommt bei der Auswertung zu folgenden Ergebnissen:

1. Träger der Backfähigkeit ist das Ölbitumen,
2. Die Backfähigkeitszahlen geben sicheren Anhalt für die Höhe des in den Kohlen vorhandenen Ölbitumens, jedoch sind sie kein Gesamtwertmesser für die Verkokbarkeit,
3. Das Festbitumen ist im wesentlichen Träger des Treibvermögens und führt, wenn sein Zersetzungspunkt mit dem Erweichungspunkt der Kohlen zusammenfällt, zu einem geblähten Koks,
4. Zu den Anforderungen, die an eine gute Kokskohle gestellt werden müssen, gehört neben einer genügend hohen Backfähigkeit auch ein gewisser Treibdruck.

Von B. Hofmeister[199] ist im Anschluß an die Arbeit von P. Damm der Einfluß der Verkokungsbedingungen auf das Treiben untersucht worden. Danach steigt dieses mit steigendem Raumgewicht der Kohle, während es durch abnehmende Korngröße herabgesetzt wird; auch der Zusatz von Wasser und Magerungsmitteln vermindert das Treiben. Steigende Verkokungsgeschwindigkeit erhöht dagegen den Treibdruck.

Die thermische Behandlung bringt die Kokskohle vorübergehend in einen plastischen Zustand. Für diese Schmelzung sind diejenigen Bestandteile von Bedeutung, welche im Wege der Inkohlung aus Fettsäuren, Wachsen und Harzen gebildet sind. Der erweichende Vitrit wird zu einer schäumenden Masse, die unter der Wirkung des Druckes des eingeschlossenen Gases den intergranularen Raum ausfüllt. Mit Rücksicht auf die Bildung des festen Kokses ist eine so rasche Erhitzung erforderlich, daß sich der Schmelzpunkt der Kohle nicht schneller erhöht, als die Temperatur ansteigt. Die bei dem Betriebe zwischen der Kokskohle und dem aus ihr entstehenden Koks sich bildende Schmelzzone wird als „Teernaht" bezeichnet. In ihr fließen die sich berührenden Kohlekörner unterstützt durch Druck- und Oberflächenspannung zusammen. Die Teernähte wandern von den beiden Wänden nach innen und beide treffen bei gleichmäßig hoch beheizten Wänden in der Mitte der Kammer zusammen, wo sie als sogenannte „Verkokungsnaht" erkennbar bleiben.

---

[199] Hofmeister, B.: Arch. Eisenhüttenw. Bd. 3 (1929/30) H. 9, S. 559 bis 569.

In der Teernaht herrschen Temperaturen zwischen 300 und 600° und es entweichen in ihr wahrscheinlich etwa 80% der entwickelten Gase durch die noch unverkokte Kohle nach der Ofenmitte hin. Das an der Seite der Kammerwand entweichende Gas wird als „Außengas“ bezeichnet im Gegensatz zu dem aus dem relativ kühlen Kohlenkern in den Gassammelraum übertretenden „Innengas“. Beide Gase sind von unterschiedlicher Beschaffenheit und es ist die Frage ungeklärt, ob die Heizung des Gassammelraumes schädlich oder nützlich ist.

Bei der Hochtemperaturverkokung, wie sie für die Erlangung eines guten Hochofenkokses erforderlich ist, fällt ein aromatischer Teer an,

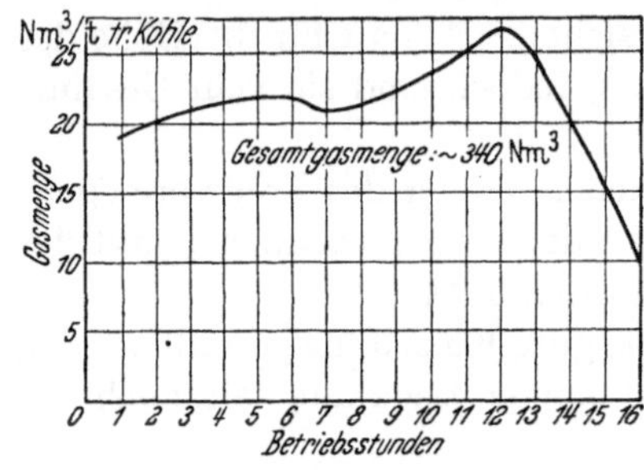

Abb. 136. Gasentwicklung während der Abgarung eines Koksbrandes (nach Stäckel und Lorenzen).

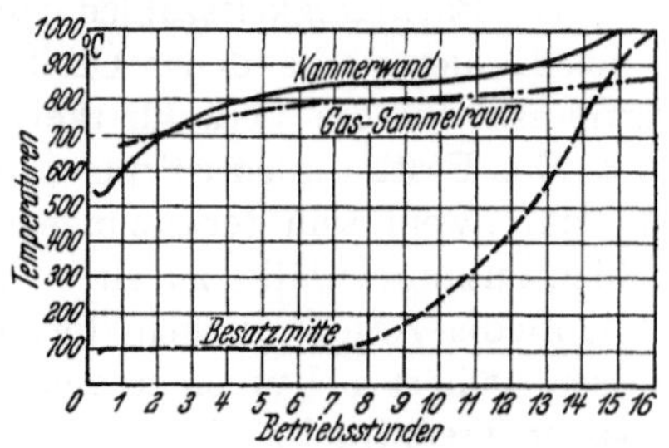

Abb. 137. Temperaturverhältnisse in der Kammer eines Koksofens (nach Stäckel und Lorenzen).

Zahlentafel 64. *Heizwert und Zusammensetzung der Koksofengase für einen Koksofen mit 900° Wandtemperatur während der Abgarung des Ofens (nach Engler).*

Betriebs-Std.	g NH_3 in 100 m³ Gas	Spez. Gewicht	Ob. Heizw. bei 0° u. 760 mm	Analyse des Gases (in Raumteilen) Luft %	N_2 %	CO_2 %	H_2 %	CH_4 %	SKW %	CO %
1	—	—	—	—	—	—	—	—	—	—
2	338	0,584	6411	9,38	5,28	5,0	30,52	40,17	4,05	5,6
3	1036,6	0,537	6375	—	—	—	—	—	—	—
4	1074	0,508	6259	5,1	3,79	4,45	39,65	37,46	3,8	5,75
5	1168,9	0,489	6246	—	—	—	—	—	—	—
6	1177,4	0,485	6097	7,45	5,17	4,6	40,89	32,49	3,8	5,6
7	1158,3	0,490	5884	—	—	—	—	—	—	—
8	959,1	0,496	5784	5,1	7,41	3,95	41,28	32,65	3,65	5,75
9	942	0,485	5873	—	—	—	—	—	—	—
10	937,4	0,487	6888	5,77	4,5	3,45	40,15	30,17	4,1	5,86
11	777,8	0,478	6093	—	—	—	—	—	—	—
12	694,7	0,447	5680	7,21	2,66	2,7	48,10	30,21	2,8	5,32
13	703,8	0,461	4789	—	—	—	—	—	—	—
14	528,5	0,335	4132	4,00	6,5	1,3	66,3	16,0	0,5	5,3
15	235,8	0,463	3495	—	—	—	—	—	—	—
16	130	0,321	3091	6,49	9,93	0,85	71,11	5,76	0,25	5,61
17	56,3	0,331	2859	3,85	14,41	0,8	71,92	3,53	0,2	5,3
18	32,8	0,376	2756	3,37	15,37	0,6	75,08	1,88	—	3,7

in dem Benzol, Naphthalin und Anthrazen vorherrschen, d. h. die ihrer Seitenketten beraubten aromatischen Kernsubstanzen.

Über die Menge des entweichenden Gases und über die Temperaturen in der Kammerwand, dem Gassammelraum und der Besatzmitte geben die Abb. 136 und 137 für eine Verkokung bei 16stündiger Garungszeit eine Auskunft[200]. Zahlentafel 64 zeigt die Zusammensetzung und den Heizwert der während der Abgarung eines Ofens austretenden Gase für einen Koksofen mit 900° Wandtemperatur.

Das Gesamtergebnis einer Hochtemperatur-Destillation von zwei verschiedenen Kohlensorten, die in Ottoschen Unterfeuerungsöfen eingesetzt waren, zeigt die Zahlentafel 65.

Zahlentafel 65. *Ergebnis der Hochtemperaturverkokung von zwei Kokskohlen des Ruhrgebietes (nach Spilker).*

		Zeche M. S.	Zeche D.
Koks	%	75,43	85,38
Flüchtige Bestandteile	%	24,57	14,62
	%	100,00	100,00
Die flüchtigen Bestandteile waren:			
Ammoniak	%	0,386	0,341
Teer	%	2,49	1,12
Wasser	%	6,21	2,57
Kohlensäure	%	1,46	0,67
Schwefelwasserstoff	%	0,31	0,20
Rohbenzol	%	1,27	0,54
Koksofengas	%	12,444	9,179
	%	24,570	14,620
Die Gasmenge betrug bei 760 mm Druck je Tonne Kohle:			
bei 0° trocken	m³	277,9	276,5
bei 15° feucht	m³	298,2	296,7
Die Zusammensetzung der Gase war:			
Schwere Kohlenwasserstoffe	%	4,6	1,7
Kohlenoxyd	%	7,1	3,9
Wasserstoff	%	51,4	65,3
Methan	%	34,7	26,8
Stickstoff	%	2,2	2,3
	%	100,0	100,0

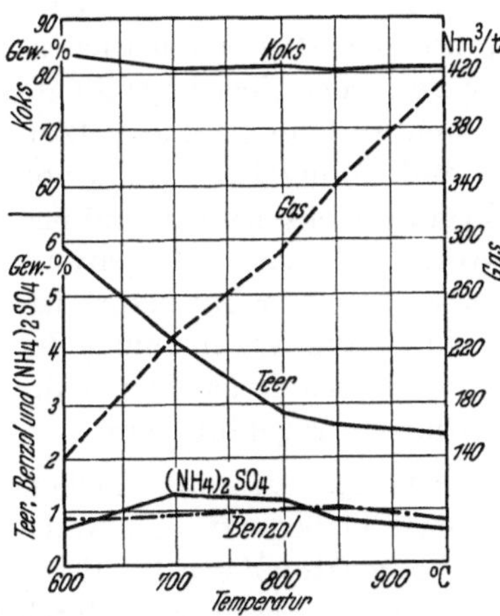

Abb. 138. Einfluß der Verkokungstemperatur auf das Ausbringen an Koks, Gas und Kohlenwertstoffe (nach Koppers).

Den Einfluß der Verkokungstemperatur auf das Ausbringen am Koks, Gas, Teer, Benzol und Ammonsulfat zeigt Abb. 138. Von der Temperatur besonders stark abhängig ist die entwickelte Gasmenge,

[200] Stäckel, W., u. G. Lorenzen: Mitt. a. d. Arbeiten der Fa. Dr. C. Otto & Komp.

aber auch die des Teers, dessen Menge von rund 6 % bei 600° auf rund 2,5 % bei 1000° zurückgeht. Normal ist für die Betriebe an der Ruhr eine Gasmenge von 300 Nm³/t und von 2,75 % Teer.

2. Die geschichtliche Entwicklung der Steinkohlenverkokung.

Die ersten Versuche, Steinkohle zu verkoken, sollen im 16. Jahrhundert am Meißner bei Kassel stattgefunden haben. In England begannen 1589 Prokter und Peterson sowie Dudley mit dem Verkoken von Steinkohlen. Man ging dabei ähnlich vor, wie es von der Herstellung der Holzkohle in Meilern bekannt war. Man wandte auf diese trockene Destillation zunächst den Ausdruck „Abschwefeln" an, wobei man vermutlich die stark riechenden Kohlenwasserstoffe irrtümlich für Schwefel hielt. Von England her wurden dann die Bezeichnungen Koks und Verkokung (coke, coking) übernommen. Die Zersetzungsdestillation der Kohle war für den Hochofenbetrieb notwendig, weil die meisten Sorten derart backen, daß sie im Hochofen für den Gebläsewind undurchdringliche Massen bilden.

Die ersten Koksöfen waren die Bienenkorböfen, deren Namen aus ihrer Form abgeleitet war. Nachdem sie zuerst in England gebaut worden waren, hatte Franz Haniel im Jahre 1821 den ersten Bienenkorbofen in Deutschland auf der bei Essen gelegenen Zeche Vereinigte Sälzer und Neuak errichten lassen; bald folgten weitere Öfen dieser Bauart. Sie bestehen aus einem kuppelartigen Gewölbe, in das die Kohle von oben eingeführt wird. In ihnen wurde ein so guter Koks erzeugt, daß sich diese Öfen in England sehr lange und in Amerika bis in die Gegenwart halten konnten, obwohl die Koksausbeute verhältnismäßig gering ist. Die Heizung der Bienenkorböfen erfolgt durch die Verbrennung der Destillationsgase im Ofen selbst, wobei dem oberen freien Raum die zur Verbrennung der Gase notwendige Luftmenge zugeführt wird.

In den Jahren 1847 bis 1869 wurden bei Obernkirchen und in Oberschlesien die sogenannten *Schaumburger*-Öfen viel benutzt. Es waren oben offene, durch zwei Backsteinmauern begrenzte Öfen. In diesen Seitenwänden und in der Ofensohle waren Kanäle ausgespart, durch welche der Ofeninhalt gezündet und die zur Abschwelung benötigte Verbrennungsluft zugeführt wurde. Die Koksausbeute betrug nur 50 bis 55 %, weil viel Kohle verbrannt wird. Die Rauchbelästigung, die bei diesen Öfen auftrat, führte zum Verbot der Errichtung neuer offener Öfen und dieses veranlaßte den Übergang zu geschlossenen Koksöfen. Zu diesen gehörten auch die Bienenkorböfen, die durch maschinelle Beschickung, Entleerung und Verladung vervollkommnet wurden. Sie wurden zu Batterien zusammengefaßt, nahmen etwa 6 t Tonnen auf und hatten eine Garungszeit von 2 bis 3 Tagen. In den USA. wurden im Jahre 1922 noch rund 22% der gesamten Erzeugung in Bienenkorböfen hergestellt.

Ein weiterer bedeutender Schritt in der Entwicklung der Koksöfen war die Herausnahme der Destillationsgase aus der eigentlichen Ofenkammer und ihre Verbrennung in besonderen, in den Kammerwänden liegenden Heizzügen. Ein erster Vertreter dieser Öfen war der Appolt-Ofen, der eine senkrechte Ofenkammer besaß und bei dem an Stelle der festen Ofensohle eine herunterklappbare Bodenplatte vorhanden war. Es folgten die ersten Öfen mit horizontaler Kammer, die durch seitliche, senkrechte Heizzüge mittelbar beheizt wurden. Als Beispiele seien genannt die Öfen von Smet, François-Rexroth und Coppée. Insbesondere von dem letztgenannten, in Belgien gebauten Ofen, der die senkrechten Heizkanäle von François-Rexroth und die schmalen, hohen Ofenkammern des Smetschen Ofens übernahm, leiten sich die heute im Betrieb befindlichen Öfen ab.

Im Ruhrgebiet wurden im Jahre 1876 die ersten Öfen des Systems Coppée durch die Firma Dr. C. Otto & Co. aufgestellt. Bei ihnen wurden die Destillationsgase direkt in die Heizzüge geleitet, d. h. daß noch kein Gas abgesaugt wurde.

Die Gewinnung der Kohlenwertstoffe begann in Frankreich. Im Jahre 1881 setzten dann die in technischem Maßstabe begonnenen Versuche von A. Hüssener in Essen und unabhängig davon bei der Firma Otto in Dahlhausen ein; gewonnen wurden durch Kondensation Teer und Ammoniak. Diese fielen in solchen Mengen an, daß man zunächst genügende Verwendungszwecke für sie ausfindig machen mußte. Der Teer war damals noch eine lästige „schwarze Schmiere".

Fast zur gleichen Zeit erfolgte die Einführung der Siemensschen Regeneratoren in den Koksofenbau durch G. Hoffmann zur Vorwärmung der Verbrennungsluft mit Hilfe der großen Wärmemengen der Abgase. Eine erste Anlage des Systems Otto-Hoffmann wurde im Jahre 1883 in Betrieb genommen. Sie besaß einen größeren Regenerator zur Vorwärmung der Verbrennungsluft sowie einen kleineren für die Wiederaufheizung des Gases. Diese Anlage war ein großer Erfolg. Die Menge der in diesen Öfen erhaltenen Erzeugnisse belief sich im Ruhrgebiet auf durchschnittlich 76% Koks, 2,75% Teer und 1,1% schwefelsaures Ammoniak, an der Saar dagegen auf 70% Koks, etwa 4% Teer und 0,85% Ammonsulfat. Die erste Großanlage in Deutschland zur Benzolgewinnung aus dem Kokereigas durch Waschen mit Teeröl baute Franz Brunck 1887 auf der Kokerei der Zeche Kaiserstuhl in Dortmund.

Bei der beschriebenen Entwicklung der Öfen hatte sich das Problem eingestellt, die großen Wärmemengen nutzbar zu machen, die in den aus der Beheizung der Öfen stammenden Verbrennungsgasen enthalten sind. Der zuerst eingeschlagene Weg war der, ihre fühlbare Wärme zur Dampferzeugung in besonderen Abhitze-Kesseln auszunutzen. Durch einen gut isolierten Abhitzekanal wurden diese Gase mit rund 1000° unter oder in die Kessel geleitet und dann mit etwa 300° dem Schornstein zugeführt. Koksöfen dieser Art werden als „Abhitze-Öfen" bezeichnet. Ihr Gasüberschuß beträgt etwa 25%. Sie haben heute nur noch in Ausnahmefällen eine Berechtigung.

Bei den Öfen nach dem Regenerativ- oder Rekuperativ-System wird die den Verbrennungsgasen anhaftende Wärme zur Erwärmung der Verbrennungsluft genutzt. Diese beiden Bauarten unterscheiden sich in der Weise, daß beim Rekuperator ein Wärmetausch durch die Trennungswände hindurch erfolgt, während beim Regenerativsystem die Wärme der Gase in den mit Gittersteinen gefüllten Räumen aufgenommen wird. Sind diese Regeneratoren genügend heiß, so wird umgeschaltet, indem der Gasstrom abgestellt und die zu erwärmende Luft solange hindurchgeführt wird, bis das Mauerwerk seine Wärme wieder abgegeben hat. Der Regenerator arbeitet somit intermittierend und erfordert eine regelmäßige Umstellung der Gas- und Luftführung, während das rekuperative System kontinuierlich arbeitet. Beide Ofenbauarten arbeiten mit großer Vollkommenheit und stellen von der erzeugten Gasmenge etwa 50 bis 60% als Überschußgas zur Verfügung. An diesem großen Erfolge ist besonders H. Koppers beteiligt, der durch eine planmäßige Verteilung des Heizgases und eine Vermehrung der Heizzüge eine bessere und schnellere Erwärmung des Ofeninhaltes erreichte.

Bei den beschriebenen Ofensystemen diente das aus den Destillationsgasen nach Ausscheidung der Kohlenwertstoffe verbleibende Starkgas zur Beheizung der Öfen. Nachdem man aber in den Gasanstalten bereits dazu übergegangen war, die Gasretorten mit Generatorgas zu heizen, um möglichst große Mengen Leuchtgas verfügbar zu haben, ging man vom Jahre 1911 ab dazu über, die Öfen derart auszubilden, daß sie wahlweise mit Schwachgas oder Koksofengas beheizt werden konnten. Dieser Ofentyp wird als *Verbundofen* bezeichnet; er hat besonders auf den Hüttenwerken Eingang gefunden, die ihr Gichtgas in diesen Öfen verwenden und das wertvollere Koksofengas höherwertigen Verwendungszwecken zuführen konnten. Bei dem Betriebe mit Schwachgas ist es notwendig, auch dieses Wärme aufnehmen zu lassen, weil sonst die Temperaturen in den Heizzügen ungenügend sein und auch die Wärme der abziehenden Gase nicht voll ausgenutzt werden würden.

Als die Aufgabe der Gegenwart kann die Verwendung möglichst des gesamten Koksofengases als Ferngas und die Gewinnung der Kohlenwertstoffe unter Ferngasdruck gelten.

An der Weiterentwicklung des Kokereiwesens nehmen in führender Weise die deutschen Koksofenbaufirmen F. J. Collin, Dortmund, Didier-Kogag-Hinselmann, Essen, Heinr. Koppers, Essen, Dr. C. Otto & Co., Bochum und C. Still, Recklinghausen teil.

3. Die Bauarten neuzeitlicher Koksöfen.

Da es nicht möglich ist, die von den verschiedenen Firmen lieferbaren Koksöfen mit allen Konstruktionsfeinheiten zu besprechen, soll an Hand der Abb. 139 der allgemeine Aufbau eines Horizontalkammer-Ofens mit regenerativer Beheizung besprochen werden. In dieser Abbildung gibt die linke Hälfte einen Schnitt durch eine Ofenkammer,

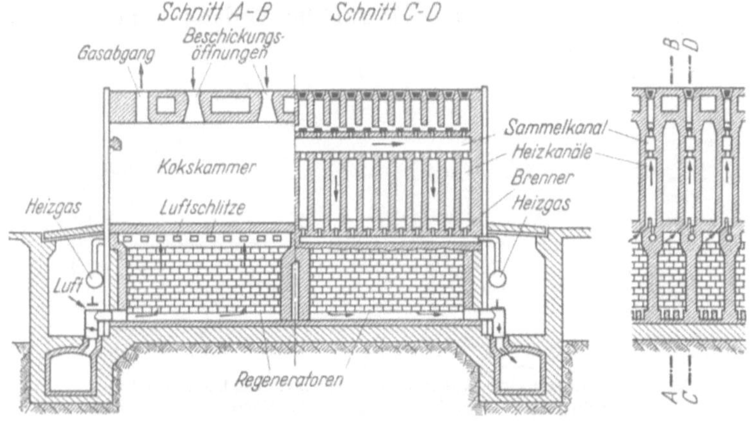

Abb. 139. Horizontalkammerofen mit regenerativer Beheizung (nach Zeichnung der Techn.-Wissenschaftl. Lehrmittelzentrale).

während die rechte Bildhälfte einem Schnitt durch die Heizzüge entspricht. Unter jeder Ofenkammer befinden sich zwei Regeneratoren. In der Zeichnung ist der linke Regenerator für den Eintritt der Verbrennungsluft geöffnet. Sie erwärmt sich in diesem und strömt dann den Brennern durch Schlitze zu. In den senkrechten Heizzügen wird das Heizgas verbrannt und die Abgase strömen durch den horizontalen Sammelkanal nach der anderen Ofenhälfte, wo sie die Ofenwände von oben nach unten strömend beheizen; schließlich geben sie ihre Wärme an den Regenerator ab, bevor sie durch den Fuchs zum Kamin gehen. Durch Umsteuerung in regelmäßigen Zeitabständen werden die Gas- und Luftströme geändert, so daß dann der aufgeheizte Regenerator die aufgespeicherte Wärme an die Verbrennungsluft abgibt.

Bevor auf Sonderbauarten einzelner Koksöfen bauender Firmen eingegangen wird, sei mit Abb. 140 an einem Schnitt durch eine Ofenanlage die maschinelle Gesamtausrüstung besprochen. Sie besteht aus der langen Kammer, die durch fünf Füllöffnungen von einem Füllwagen, der eine Ofenfüllung aufzunehmen vermag, gefüllt werden kann. Nach der Garung wird der Koks durch die Ausdrückmaschine herausgeschoben; diese Maschine führt ferner die Planierstange mit sich, mit deren Hilfe die beim Füllen entstandenen Kegelspitzen ausgeglichen werden, so daß der Gassammelraum frei bleibt. Die Ausdrückmaschine ist ferner mit einer Vorrichtung ausgestattet, mit deren Hilfe die Ofentüren auf der Maschinenseite abgehoben und auch vorgesetzt werden können. Der glühende Koks wird durch den Führungswagen, der die Koksofentüren auf der Löschplatzseite abzuheben und wieder einzusetzen vermag, in den mit einem schrägen Boden versehenen Löschwagen gedrückt. Dieser Wagen fährt ihn zum Löschturm, wo er abgebraust wird, und läßt ihn danach auf die Verladerampe rutschen.

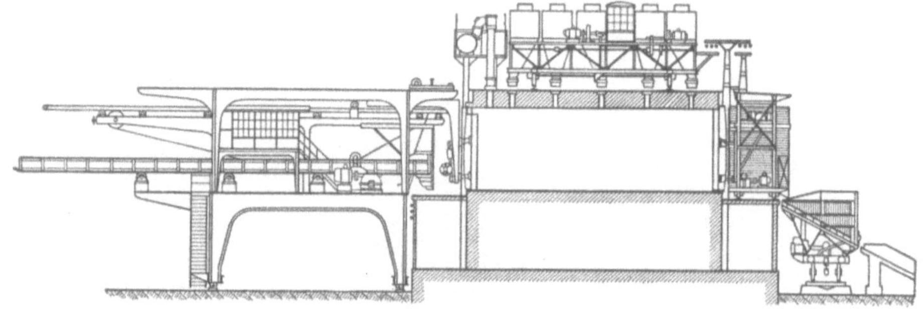

Abb. 140. Schnitt durch eine Koksofenbatterie mit Ausdrückmaschine, Füllwagen, Führungswagen, Löschwagen und Verladerampe.

Die einzelnen Kammern der Öfen waren zunächst recht breit. So hatte z. B. der Smet-Ofen eine Kammerbreite von im Mittel 745 mm, bei einer Länge von 7,8 m und einer Höhe von 1,5 m. Dabei betrug die Stärke der Zwischenwände 450 mm. Inzwischen ist die Breite der Kammern auf etwa 450 bis 500 mm und bei den sogenannten Schmalkammeröfen bis auf 350 mm zurückgegangen. Es zeigte sich in einem Falle, daß bei einer von 450 auf 350 mm verminderten Kammerbreite, d. h. bei einer Verengung um 22 %, die Garungszeit in der schmaleren Kammer um 57 % zurückging. Es wurde berechnet, daß auf gegebener Grundfläche bei Verwendung der 350 mm breiten Kammern die Durchsatzleistung der Batterie um 64 % höher war als bei 500 mm breiten Kammern. Im Saargebiet konnte in Schmalkammeröfen auf das Stampfen der eingebrachten Kohle verzichtet werden. Nicht alle Kohlen eignen sich jedoch zur Verkokung in schmalen Kammern.

Die Länge und Höhe der Kammern ist anderseits stark gestiegen. Die Durchbiegung der Druckstange und der freitragenden Planierstange begrenzen die Länge auf etwa 13 m. Mit der Höhe der Kammern ist man bis auf 6 m heraufgegangen. Das Erfordernis einer sehr gleichmäßig beheizten Wand läßt es jedoch nicht angezeigt sein, die Höhe weiter zu steigern, zumal auch die Ausdrückmaschinen allzu schwer werden würden. Öfen, die gestampft werden, sollten nicht über 4 m Höhe besitzen.

Die Nutzhöhe der Kammern liegt um 25 bis 30 cm niedriger. Der Nutzinhalt der Kammern neuzeitlicher Öfen liegt daher bei etwa 20 bis 32 m^3 und bei einem Schüttgewicht der Kohle von 750 kg/m^3 faßt eine Kammer 15 bis 25 t trockene Kohle. Die Kammern sind von der Maschinen- zur Löschseite hin erweitert, und zwar beträgt die Konizität etwa 10 cm. Diese Erweiterung dient der leichteren Drückbarkeit der Koksfüllung.

Das *Steinmaterial* für den Aufbau der Ofenkammern war lange Zeit Schamotte; ihr war entweder Quarzit beigemengt oder sie war mit hochfeuerfestem Ton gemagert. Im ersten Falle wurden die Steine als sauer und im anderen als hochbasisch bezeichnet. Die Schamotte und insbesondere die sauren Steine haben die Eigenschaft einer hohen Raumbeständigkeit, anderseits wird sie von Alkalien angefressen und die Kokswände werden dadurch aufgerauht. Im Jahre 1908 begann H. Koppers damit, die Wände einer Ofenanlage in Silikasteinen aufzuführen, was deswegen ein Wagnis war, weil dieser Stein eine starke Wärmeausdehnung besitzt. Diese aus Quarziten hergestellten Steine haben einen Gehalt von 94 bis 96 % SiO_2 und besitzen den Schamottesteinen gegenüber den Vorzug der erhöhten Feuerbeständigkeit und Wärmeleitfähigkeit, dazu außerdem größere Widerstandsfähigkeit gegen Anfressungen durch Alkalien. Die größere Wärmeleitfähigkeit der Silikasteine beträgt mindestens 9 %. So wurde bei diesen Steinen eine Wärmeleitfähigkeit von 0,0028 bei 100° und von 0,0031 bei 1000° gemessen. Für tongebundene Steine waren die entsprechenden Werte 0,0022 und 0,0027. In einer Anlage konnte nach Einbau der Silikasteine die Garungszeit von 30 auf 24 h herabgesetzt werden. Es ergab sich ferner ein größerer Gasüberschuß. Ein anderer Vorzug des Silikasteins ist seine hohe Scharfkantigkeit, die ein sehr gutes Passen und daher ein fugenarmes Mauerwerk ergibt.

Von starkem Einfluß auf die weitere Entwicklung des Koksofenbaues waren:

a) Leistungssteigerung,
b) Verringerung des Wärmeverbrauchs,
c) Freimachung von möglichst großen Mengen Starkgas,
d) Güte des Kokses,
e) Mechanisierung des Betriebes, zur Senkung der Kosten und
f) Erhöhung der Betriebssicherheit.

Eine Steigerung der Ofenleistung war bereits im Zusammenhang mit der allgemeinen Verbesserung der Öfen erreicht worden. So ging

z. B. vom Jahre 1880 bis 1910 die jährliche Leistung eines Ofens von 420 auf 1350 t herauf. Weitere Verbesserungen der Leistung erbrachten die erwähnte Verwendung der Silikasteine, die in verschiedenen Beziehungen durch Mechanisierung verbesserte Betriebsweise der Öfen und die Benutzung von Schmalkammeröfen. Eine weitere Verbesserung konnte von der Steigerung der Wandtemperaturen und der Sorge für eine gleichmäßig schnelle Abgarung erwartet werden. In letzterer Hinsicht wurden zwei verschiedene Wege beschritten. Koppers verjüngte den Querschnitt der Kammern von unten nach oben, weil die Flammentemperaturen in der Nähe der Brenner höher sind und die Wand daher im unteren Teil heißer ist, so daß hier der Koks früher abgart als im oberen Teil der Kammer. Die Firma C. Still in Recklinghausen ging dagegen von der „einstufigen" zur mehrstufigen Verbrennung über; sie läßt dazu das gesamte Heizgas wie bisher an der Sohle der Heizwand eintreten, die Verbrennungsluft jedoch, wie Abb. 141 zeigt, in Teilmengen über die Höhe der Züge verteilt. Sie erreicht damit eine so gleichmäßige Wandtemperatur, daß von unten nach oben in der Wand nur Temperaturunterschiede bis zu 20° festgestellt wurden. Auch in der Längsrichtung des Ofens betrugen diese Unterschiede nicht mehr als 20°. Unter Anwendung dieses Prinzips konnte es die genannte Firma übernehmen, bis zu 6 m hohe Öfen zu errichten. Die Kammern faßten dann 28 bis 29 t Kohlen und bei 18-stündiger Garungszeit ergab sich eine tägliche Ofenleistung von 36 t.

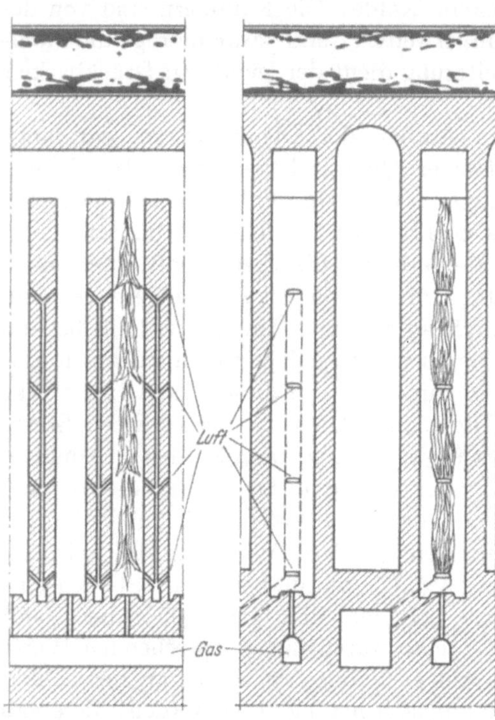

Abb. 141. Schematische Darstellung der mehrstufigen Beheizung des Still-Koksofens.

Da sich bei der einstufigen Beheizung die höchste Temperatur im unteren Drittel der Flammenhöhe entwickelt, was besonders bei Unterfeuerung mit Starkgas zu erheblichen Temperaturunterschieden in der Kammerwand in vertikaler Richtung führt, ist die Collin AG. in Dortmund dazu übergegangen, die Kammerwände nicht nur von der Sohle aus, sondern auch von oben her im halbstündigen Wechsel zu beheizen.

Ein Mittel zur Steigerung der Ofenleistungen wäre an sich auch die Erhöhung der Wandtemperatur. Die Temperatur des Hochofen-Kokses soll jedoch 950° nicht übersteigen, so daß diese Möglichkeit nur begrenzt genutzt werden kann. Es wird auf diese Frage noch zurückgekommen werden.

Unter den Ausrüstungsgegenständen der Koksöfen sind die *Ofentüren* wichtige Teile. In der langjährigen Entwicklung der Verkokung haben die Türen viele Stadien durchlaufen müssen, bis die Form der gut dichtenden und gut isolierenden Türe gefunden war. Als Typ einer neuzeitlichen Türe sei die von der Firma Dr. C. Otto & Co. gebaute selbstdichtende Ofentüre besprochen. Abb. 142 zeigt diese Türe in der Vorder- und Seitenansicht sowie im Querriß. Ihr Traggerüst sind zwei senkrechte U-Eisen (*1*), die mit einer die Dichtung tragenden elastischen Stahlplatte (*2*), an der die innere Wärmeschutzisolierung (*3*) angebracht ist, verbunden sind. Mit Hilfe von zwei untereinander verbundenen Schwenkriegeln (*4*), die in zwei Paar an den gußeisernen Türrahmen (*10*) angenietete Haken (*5*) eingreifen, wird die Tür angedrückt. Die waagerechten Versteifungseisen (*7*) haben an den Enden gabelförmige Aussparungen, in denen Andrückschrauben (*8*) lagern, welche auf diese Weise ein Nachstellen des Türbleches erlauben. An den Kanten dieses Bleches ist innen die Dichtung angeschraubt, die aus einem geschlossen umlaufenden Winkeleisen (*9*) besteht, dessen scharfe Kante Eisen gegen Eisen auf die bearbeitete Fläche des Tür-

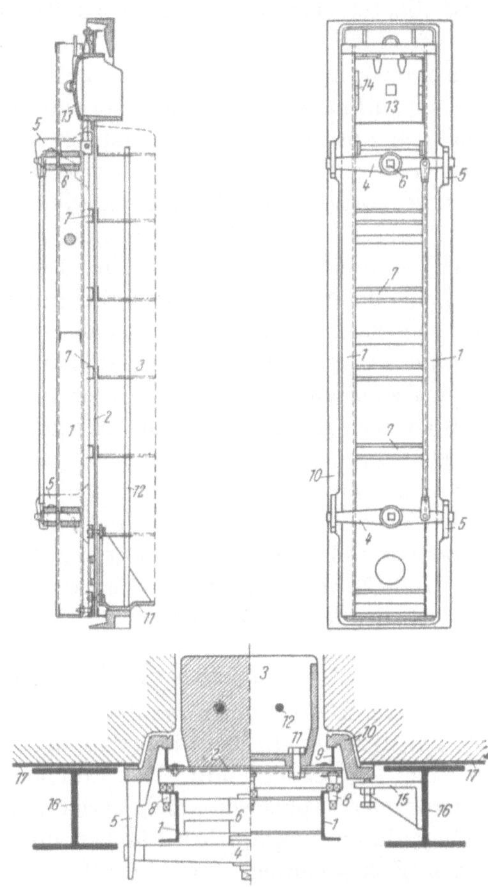

Abb. 142. Neuzeitliche Otto-Türe für Koksöfen aus Stahl mit Ausfütterung durch Sondersteine.

rahmens drückt. Auf der Innenseite trägt diese Tür eine Auskleidung mit feuerbeständigen Isoliersteinen, die auf einem mit der Stahlplatte verschraubten Tragschuh (*11*) ruhen und durch zwei senkrechte, parallel laufende Rundstäbe (*12*) festgehalten werden. Der Planierverschluß (*13*) wird durch zwei am Tragrahmen angebrachte Laufrollen (*14*) geführt und dichtet ebenfalls Eisen gegen Eisen.

Die Gase verlassen die Öfen mit 600 bis 800° durch das *Steigrohr*, von dem sie in die für alle Öfen gemeinsame Vorlage übertreten. Würden sie sich allmählich abkühlen, so würde sich zunächst ein pechartiger Dickteer ausscheiden, der Verstopfungen herbeiführen würde. Nachdem man entsprechende ungünstige Erfahrungen gemacht hatte, geht man so vor, daß das Rohgas plötzlich gekühlt wird, damit sich außer dem Teer ein dünnflüssiges Kondensat bildet, das durch die Vorlage leicht abfließt. Sowohl die Firma Koppers als auch C. Otto & Co. spritzen daher in den an das Steigrohr angeschlossenen Krümmer in das Vorlagenventil Ammoniakwasser ein. Dieses wird versprüht, kommt in innige Berührung mit dem Gas und spült alle Kondensate zum Teerabscheider, wo sich Teer und Ammoniakwasser trennen, so daß ein Teil des letzteren im Kreislauf wieder als Kühlmittel benutzt werden kann.

Es ist teilweise versucht worden, die Hitze der in den Steigrohren aufsteigenden Rohgase zur Dampferzeugung auszunutzen und es sind derartige Anlagen noch in Betrieb. Es hat sich jedoch ergeben, daß die große Zahl der zu überwachenden Kessel zu groß ist, um einen wirtschaftlichen Erfolg zu sichern.

4. Kühlen und Verladen des Kokses.

Bei der Besprechung der maschinellen Ausrüstung eines Koksofens ist schon ausgeführt worden, daß der aus dem Ofen gedrückte Koks in einen Löschwagen fällt. Das Löschen von Hand auf umfangreichen, horizontalen Kokslösch- und Verladeplätzen ist heute fast ganz verdrängt durch maschinelles Löschen und Verladen. Auch die mechanischen Koksschaufeln, wie sie auf den alten Bühnen die Handarbeit erleichterten, werden bei neuen Anlagen nicht mehr Verwendung finden. Als zwei der unter den heutigen technischen Verhältnissen den Anforderungen gerecht werdenden Einrichtungen seien die Lösch- und Verladeeinrichtungen nach den Plänen der Firmen Koppers und Dr. C. Otto abgebildet und kurz besprochen. Abb. 143 zeigt schematisch den Löschwagen (*3*), der den glühenden Koks über den Führungswagen (*2*) aufnimmt, damit in den Löschturm (*4*) fährt, wo er durch die Brause (*5*) abgelöscht wird. Danach fährt der Löschwagen zu einem Aufzug, dessen Gefäße ihn auf die Ausdampframpe (*8*) bringen. Durch Betätigung der Staurechen (*9*) kann er zu den Bunkern (*10*) weitergeleitet werden und geht dann über den Rollenrost (*11*), wo unter Ausscheidung von Kleinkoks und ungarer Kohlenreste der Grobkoks in den Verladebunker (*13*) gelangt.

Nach der Bauart Koppers, die Abb. 144 zeigt, läßt der Löschwagen nach dem Abbrausen des Kokses in einem Löschturm den Koks

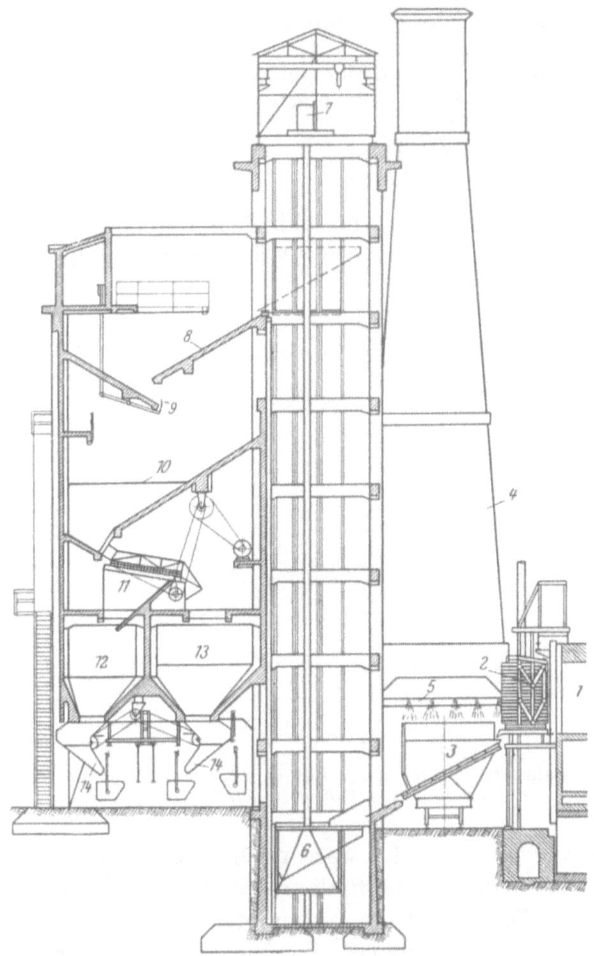

Abb. 143. Kokslösch-, Sieb- und Verladeanlage mit Kübelaufzug, Bauart Otto (nach G. Schneider).

zum Abdampfen auf eine schräge Rampe rutschen, von der er danach von einer Sieberei übernommen wird, die über eine gewisse Strecke verfahren werden kann. Die Sieberei nimmt den Koks mit einem Beckerwerk hoch und führt ihn einem Rollenrost zu, auf dem in schonender Weise die Trennung von fein und grob erreicht wird. Kann der

Grobkoks von dem Rost unmittelbar in Gichtkübel eingefüllt und gewogen werden, so sind die Bedingungen für eine schonende Zuführung des Kokses zum Hochofen besonders günstig.

Gegenüber den älteren Anlagen mit waagerechtem Koksplatz ergeben die beschriebenen Anlagen als Vorteile:

1. Verringerung der Arbeiterzahl,
2. Ersparnis von etwa der Hälfte des Löschwassers,
3. Geringeren Wassergehalt des gelöschten Kokses,
4. Gutes Aussehen und große Härte des Kokses,
5. Schonung der Arbeiter,
6. Geringeren Platzbedarf und
7. Große Leistungsfähigkeit.

Der *Wasserverbrauch* beim maschinellen Löschen beträgt bei einer Löschdauer von 40 bis 60 sec. etwa 1 bis 1,5 m³ je t Koks, wovon 0,4

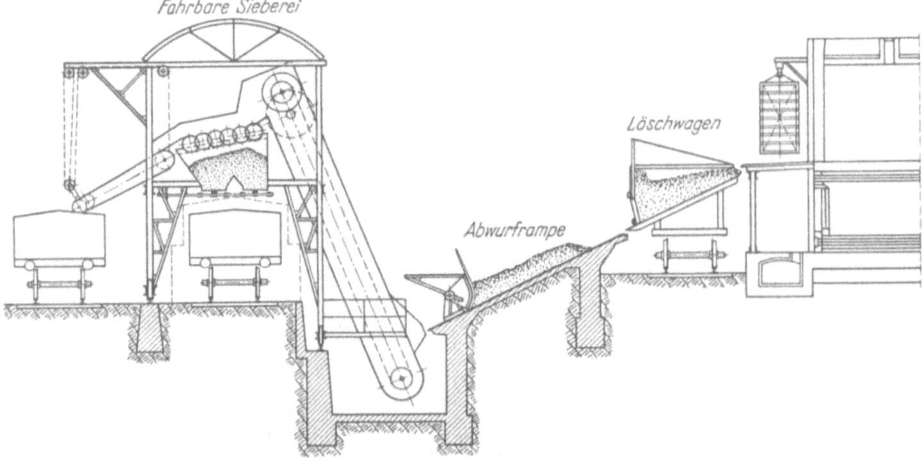

Abb. 144. Verfahrbare Verladeanlage mit eingebautem Rollenrost zur Absiebung des abgelöschten Kokses (nach H. Koppers).

bis 0,5 m³/t verdampfen. Es wäre auch möglich, den Koks trocken zu löschen und dabei seine fühlbare Wärme unter Erzeugung von 350 bis 420 kg Dampf/t Koks auszunutzen. Wegen der sehr hohen Kosten entsprechender Anlagen kommt dieses Vorgehen für Großkokereien solange nicht in Frage, wie die Höherbewertung des trockenen Kokses nicht festgesetzt ist.

5. Betriebszahlen der Kokereien.

Zur Ergänzung der bisherigen Ausführungen sind in der Zahlentafel 66 Betriebswerte von drei verschiedenen Kokereianlagen des Ruhrgebietes und in Zahlentafel 67 von drei Anlagen des Saargebietes genannt. Es handelt sich jeweils um eine Anlage, die von den Firmen Otto, Still und Koppers erbaut wurden. In beiden Zahlenzusammenstellungen ist als Kennzeichen der Leistung der Durchsatz je m² Heizwand angegeben und dieses Zahlen liegen bei etwa 210 bis 260 kg Kohle. Bei den Saarkokereien wird die eingefüllte Kokskohle meist gestampft, um auf diese Weise einen Koks von höherer Festigkeit zu erhalten. Das Raumgewicht der gestampften Kohle beträgt rund 920 kg/m³ gegenüber dem Raumgewicht der geschütteten Kohle von etwa 715 bis 750 kg/m³.

Zahlentafel 66. *Betriebszahlen von drei verschiedenen Kokereien des Ruhrgebietes (nach K. Rummel).*

Koksofenbatterie		E	F	G
Ofenzahl		45	54	50
Erbauer		Otto	Still	Koppers
Baujahr		1938	1938	1940
Ganze Länge	mm	—	—	13680
Nutzlänge	,,	12890	12150	12570
Ganze Höhe	,,	4000	6000	4000
Nutzhöhe	,,	3700	5640	3700
mittlere Breite	,,	450	450	410
Nutzraum	m³	21,5	30,8	19,5
Kohlenfüllung (trocken)	t	16,0	24,6	14,6
Kohlenfeuchtigkeit	%	—	11,4	11,8
Flüchtige Bestandteile i. Tr.	%	—	26,2	26,5
Betriebszeit	h	21,2	21,7	16
Kohlendurchsatz (feucht)	t	20,2	30,7	24,8
Kohlenberührte Wand	m²	95,5	137	95
Durchsatz je m² Wandfläche (feucht)	kg	212	224	261
Beheizungsart		Starkgas	Starkgas u. Schwachgas	Starkgas u. Schwachgas

Das Bestreben nach Kürzung der Garungszeit hat zu dem Erfolge geführt, daß in einer Kokerei des Ruhrgebietes in 450 mm breiten Kammern in zweimonatigem Dauerbetrieb die Verkokungszeit bis auf $11^3/_4$ Stunden herabgedrückt werden konnte.

Auf Grund statistischer Angaben wurden die mittleren Ausbeuten der Kokereien ermittelt, wie sie in der Zahlentafel 68 wiedergegeben sind.

In der Betriebsüberwachung der Kokereibetriebe kommt dem *Wärmeverbrauch* besonders große Bedeutung zu. Man kann ihn aufgliedern in:

a) den eigentlichen Wärmeverbrauch der trockenen Kohle (Verkokungswärme),

Zahlentafel 67. *Betriebszahlen von drei verschiedenen Kokereien des Saargebietes (nach K. Rummel).*

Kokereianlage		F	G	H
Ofenzahl		36	50	59
Erbauer		Still	Otto	Koppers
Baujahr		1935	1911 u. 36	1936
Länge der Öfen	mm	10320	10320	11900
Breite der Öfen	,,	350	530	450/480
Höhe der Öfen	,,	2300	2000	2500
Geschüttet oder gestampft . .		gestampft	gestampft	gestampft
Länge des Nutzraumes. . . .	,,	9260	9462	10174
Höhe des Nutzraumes	,,	2045	1850	2360
Breite des Nutzraumes. . . .	,,	320	rd. 500	414
Nutzraum	m^3	6,06	8,783	9,94
Stampfgewicht	kg/m^3	922	924	916
Feuchtigkeit der Kohle . . .	%	10,6	9,68	10,79
Aschegehalt der Kohle i. Tr. .	%	4,3	7,6	7 bis 8
Flüchtige Bestandteile der Reinkohle	%	33,2	31,5	—
Kohleneinsatz (feucht) je Ofen	kg	6320	8990	10750
Betriebszeit	h	19,22	23,5	24
Kohlenberührte Wand	m^2	37,87	35,0	48,0
Durchsatz je m^2 kohlenberührte Wand	kg/m^2 u. 24 h	209	262	224
Beheizung		Schwachgas regenerativ	Starkgas regenerativ	Starkgas regenerativ
Temperatur der Heizzüge . .	°C	1109	1276	1207

Zahlentafel 68. *Mittlere Ausbeutezahlen für die Gewinnung an Kohlenwertstoffen (nach statistischen Angaben).*

Auf 1 t Koks entfallen		an der Ruhr	an der Saar
Kokereiteer	kg/t Koks	39,2	55,2
Rohbenzol	,,	10,8	16,5
Reinstickstoff im Ammonsulfat	,,	2,7	4,8
Gasausbeute	Nm^3/t Koks	415	449
Gaswärmeausbeute	10^6 kcal/t Koks	1,75	1,94
Gasheizwert (H_0, entbenzolt) .	kcal/Nm^3	4215	4320

b) den Wärmeverbrauch für Verdampfung und Überhitzung der Feuchtigkeit,

c) den Wärmeverlust der Abgase und

d) den Wärmeverlust durch Strahlung und Leitung.

Die Güte einer Batterie in wärmewirtschaftlicher Beziehung kann nicht aus dem Wärmeverbrauch je Gewichtseinheit Kohle beurteilt werden, weil er sowohl von der Zersetzungswärme der trockenen Kohle als auch von der Verkokungs-Endtemperatur abhängig ist. Es sei hierzu bemerkt, daß man unter Zersetzungs- oder auch Spaltungswärme denjenigen Wärmebetrag versteht, der bei der Spaltung der Kohle, durch chemische Vorgänge bedingt, positiv oder negativ in Erscheinung tritt. Unter Verkokungswärme hat man dagegen den Wärmebetrag zu verstehen, der zur Überführung von Kohle in Koks aufzuwenden ist.

Nach einem Vorschlage von K. Rummel und H. Oestrich[201] hat man im Koksofenbau die Stoffbilanz verlassen und ist zur reinen Wärmebilanz übergegangen, die für die Beurteilung eines Ofenbetriebes gute Aufschlüsse gibt. Begründet ist dies dadurch, daß der Wärmebedarf der einzelnen Kohlenarten für die Verkokung verschieden ist. So haben geologisch ältere Kohlen eine höhere Verkokungswärme als jüngere Kohlen.

Ein Beispiel für eine Unterteilung der Verkokungswärme ist von K. Rummel für Saarkohle angegeben worden und in der Zahlentafel 69 wiedergegeben. Wie diese Zusammenstellung zeigt, setzt sich

Zahlentafel 69. *Unterteilung der Verkokungswärme von Saarkohle (nach K. Rummel).*

0,1 kg H_2O verdampft und überhitzt	— 94	kcal/kg feuchte Kohle
0,063 kg Asche auf Kokstemperatur erhitzt .	— 17	,, ,, ,,
0,837 kg Reinkohle verkokt		
fühlbare Wärme im Koks	—228	,, ,, ,,
,, ,, ,, Teer, Benzol und Stickstoff	— 16	,, ,, ,,
,, ,, ,, Destillationsgas . . .	— 90	,, ,, ,,
,, ,, ,, Hydratwasser	— 13	,, ,, ,,
Spaltungswärme	+105	,, ,, ,,
Verkokungswärme der feuchten Kohle . .	—353	,, ,, ,,

die Verkokungswärme zusammen aus der fühlbaren Wärme des Reinkokses, der Koksasche, der Destillationsgase, der Wärme für die Austreibung der Kohlenfeuchtigkeit, der Überhitzung des entstandenen Wasserdampfes und schließlich der Spaltungswärme. Es ist dazu zu bemerken, daß Saarkohlen im allgemeinen eine exotherme Wärmetönung ergeben in der Größenordnung von 50 bis 150 WE/kg Kohle; Ruhrkohlen sind dagegen nur teilweise exotherm, vielmehr meist schwach endotherm und oberschlesische Kohlen besitzen überwiegend endotherme Spaltungswärme. Wegen dieser verschiedenen Wärmetönungen kann die Verkokungswärme der feuchten Kohle nur als Restglied aus der Wärmebilanz einer Koksofenbatterie ermittelt werden.

[201] Rummel, K., u. H. Oestrich: Arch. Eisenhüttenw. Bd. 1 (1927) S. 403 bis 411; vgl. Stahl u. Eisen Bd. 48 (1928) S. 73.

Zahlentafel 70. *Brennstoffausnutzung und Ermittlung der Verkokungswärme für drei Kokereien des Saargebietes (nach K. Rummel).*

Kokereianlage	F		G		H	
	10^6 kcal in 24 h	%	10^6 kcal in 24 h	%	10^6 kcal in 24 h	%
Gaswärmezufuhr	156,4		220,69		297,0	
Feuerungstechnischer Wirkungsgrad der Unterfeuerung . .		84,7		85,4		79,7
Wärmeabgabe des Brennstoffs an die Batterie	132,5		188,47		241,2	
Unterteilung der Wärmeabgabe bezw. des Wärmebedarfs der Batterie.	29,5	27,3	—	—	—	—
Wandverluste der Batterie .	5,28	4,0	30,146	16,0	63,2	26,2
Chargierverluste der Batterie	1,341	1,0	3,817	2,0	—	—
Rest (Verkokung)	96,379	72,7	154,507	82,0	178,0	73,8
Kohlendurchsatz (feucht) . . . . . t/24 h	284,33	—	398,11	—	509,4	—
Verkokungswärme (feucht) . . . . . kcal/kg	339		388		350,0	
Feuchtigkeit der Kohle %	10,6	—	—	—	11,7	—
Temperatur des Rohgases °C	551	—	—	—	—	—
Wasserverdampfung . kcal	90,1	—	123	—	120	—
Verkokungswärme (trockene Kohle) . kcal/kg	277		306		261	

Einen Einblick in die Brennstoffausnutzung und die Ermittlung der Verkokungswärme gibt die Zahlentafel 70. Sie bezieht sich auf die drei Saarkokereien, deren Betriebszahlen bereits in der Zahlentafel 67 genannt wurden. Der feuerungstechnische Wirkungsgrad ist das Verhältnis der auf den Einsatz übertragenen Wärme zu der insgesamt zugeführten. Er liegt meist dicht bei 80 % und in der Spitze bei etwa 86 %. Die Brennstoffausnutzung, die im feuerungstechnischen Wirkungsgrad zum Ausdruck kommt, ist für Koksofengas etwa 0,9 bis 0,88 und für Gichtgas 0,88 bis 0,84 bei dem üblichen Luftüberschuß von 20 % und bei Abgastemperaturen von 200 bis 250°.

Einige Wärmebilanzen des *Vereins zur Überwachung der Kraftwirtschaft der Ruhrzechen* sind in der Zahlentafel 71 wiedergegeben. Die an erster Stelle genannte Bilanz eines alten Abhitzeofens zeigt im Vergleich mit regenerativ beheizten Öfen, daß die Nutzwärme fast auf das Doppelte gesteigert worden ist. Diese sehr bedeutende Verbesserung des Wirkungsgrades hat die entsprechenden Mengen des wertvollen Kokereigases für andere Verwendungszwecke verfügbar gemacht.

Der Unterfeuerungsverbrauch guter Öfen stellt sich auf etwa 500 bis 530 WE/kg feuchte Kohle mit etwa 10 bis 12 % Wasser. Bei der erwähnten Batterie mit 6 m Kammerhöhe (vgl. auch Zahlentafel 66,

Zahlentafel 71. *Wärmebilanzen von Kokereianlagen (nach Baum und Litterscheid).*

Kokereianlage		1	2	3	4
Bauart der Öfen . .		Abhitzeofen Starkgas	Regenerativ Starkgas	Regenerativ Starkgas	Regenerativ Schwachgas
Ofenzahl		75	65	40	40
Mittlere Ofenbreite	mm	530	450	350	450
Scheitelhöhe der Öfen	mm	2000	4500	3000	3500
Mittlerer Kohleneinsatz je Ofen .	t	7,3	21,18	8,14	12,56
Betriebszeit	h	30	28,8	12	18
Kohlenmenge (feucht)	t/24 h	438,0	1421,0	651,1	502,2
Wassergehalt der Kohle	%	10,6	9,25	11,42	11,8
Wärmeaufwand je kg durchgesetzte Rohkohle	kcal	1262,0	499,0	531,2	504,1
Wärmebilanz		%	%	%	%
Nutzbar:					
a) für die Verkokung	%	25,58	50,97	48,41	53,99
b) für die Wasserverdampfung .	%	13,69	17,34	20,06	20,19
Summe 1. . .	%	39,27	68,31	68,47	74,18
Verloren:					
a) Abgasverlust . .	%	43,40	20,06	19,10	16,31
b) Strahlung und Leitung . . .	%	13,84	11,63	12,43	9,51
c) Unverbranntes .	%	3,49	—	—	—
Summe 2. . .	%	60,73	31,69	31,53	25,82
Summe 1 + 2	%	100,00	100,00	100,00	100,00

Koksofenbatterie F) war der Brennstoffwärmeverbrauch besonders niedrig.

Der *Kraftverbrauch* von Kokereien stellt sich auf etwa 7 bis 12 kWh/t Koks. Davon entfallen etwa 18 % auf den Antrieb der Maschinen vom Füllen bis zum Verladen, 40 % auf die Gaserzeuger und 42 % auf den Antrieb von Pumpen bei der Gewinnung der Kohlenwertstoffe.

6. Übersicht über die Gewinnung der Kohlenwertstoffe.

Das im Steigrohr hochsteigende Rohgas enthält neben den permanenten Bestandteilen des Leucht- oder Stadtgases verschiedene wertvolle, aber daneben auch einige unerwünschte Stoffe, die aus ihm abgeschieden werden. Diese Stoffe liegen als ungesättigte Dämpfe vor; dabei ist die Anreicherung so groß, daß sie teils durch Kühlung unmittelbar abgetrennt werden können, teils können sie mit Hilfe von Lösungsmitteln herausgenommen werden und teils müssen sie auf chemischem Wege aus dem Gase beseitigt werden.

Die Zusammensetzung des Rohgases einer Batterie ist etwa folgende:

50	bis	59 %	H_2,
27	,,	36 %	CH_4 (d. h. gesättigte Kohlenwasserstoffe)
1	,,	5 %	schwere Kohlenwasserstoffe (einschl. Teer)
5	,,	10 %	CO,
1	,,	1,5%	CO_2,
		0,5%	O_2,
1	,,	6 %	N_2.

Sein Heizwert ist rund 5000 WE/Nm³. Je Nm³ enthält das Rohgas:

etwa	100	bis	125 g	Teer,
,,			30 g	Benzolkohlenwasserstoffe,
,,	7	,,	11 g	Schwefelwasserstoff,
,,	6	,,	9 g	Ammoniak,
,,	0,5	,,	1 g	Cyanwasserstoff.

Nach der Vorkühlung des Rohgases beim Übertritt aus dem Steigrohr in die Vorlage, die schon besprochen wurde, ist der weitere Verlauf der Kondensation abhängig von der Weise, in der das Ammoniak gewonnen wird. Dies kann indirekt, direkt oder halbdirekt geschehen.

Beim *indirekten* Verfahren, das schematisch in Abb. 145 wiedergegeben ist, werden die Kondensate vor den Kühlern abgezweigt und gelangen über einen Vorscheidebehälter in den Haupt- oder Teerabscheider. Das Gas durchströmt mehrere, indirekt wirkende Röhrenkühler, durch die es von einem Gebläse angesaugt wird; zwei weitere Kühler nehmen ihm danach die Kompressionswärme wieder ab und drücken das Gas durch die Ammoniakwascher sowie weiter zu den Benzolwaschern. Das Ammoniakwasser des Vorscheidebehälters dient zur Berieselung der Vorlage. Das aus dem Hauptabscheider abfließende Ammoniakwasser hat etwa 0,5 bis 0,6 % Ammoniak und wird in den Waschtürmen auf etwa 1,2 % angereichert. Der Destillation des Ammoniaks geht in bestimmten Fällen eine Herausnahme des Phenols und der Kohlensäure voraus, danach erfolgt unter Zusatz von geringen Mengen Frischdampf und von Kalk die Destillation des Rohwassers in Abtreibekolonnen. Soll Ammonsulfat hergestellt werden, so werden die in der Destillationskolonne entwickelten Dämpfe in einen Sättiger geleitet, in dem bei Zugabe von Schwefelsäure das Sulfat entsteht. An der Stelle von oder neben Sulfat kann auch verdichtetes Ammoniakwasser hergestellt werden.

Das *direkte* Verfahren unterscheidet sich von dem indirekten dadurch, daß das Ammoniak aus dem Gase nicht durch Wasser ausgewaschen, sondern unmittelbar mit Schwefelsäure gebunden wird. Beim *halbdirekten* Verfahren werden die Gase zunächst in Kühlern gekühlt, wobei sich der Teer und die fixen Ammoniumsalze in Wasser gelöst abscheiden. Erst danach wird das entteerte Gas durch ein Gebläse dem Sättiger zugeführt.

Die *Benzolgewinnung* erfolgt überwiegend durch das Waschölverfahren im kontinuierlichen Betriebe. Das Waschöl selbst ist eine Stein-

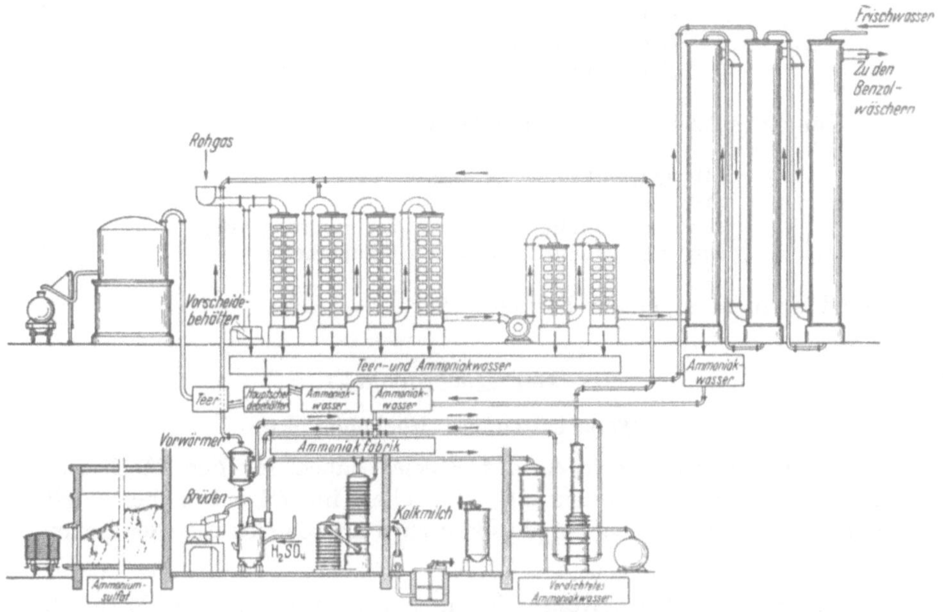

Abb. 145. Schema einer indirekten Ammoniakgewinnungsanlage (nach einer Zeichnung der Fa. Dr. C. Otto Comp. in Bochum).

kohlenteerfraktion, die zwischen 200 und 300° siedet. Mit ihm wird das benzolhaltige Gas in Türmen berieselt, wobei es das Benzol aufnimmt. Nach genügender Sättigung des Waschöls mit Benzol wird dieses mit Wasserdampf in einer Destillierkolonne abgetrieben. Die Dämpfe werden kondensiert und das Rohbenzol in Absitzgefäßen vom Wasser getrennt, während das vom Benzol befreite Waschöl wieder in den Kreislauf eingeführt werden kann. Eine vollständige Benzolauswaschung setzt kaltes Gas und kaltes Waschöl voraus. Beim indirekten Verfahren ist das Gas schon in der Ammoniakanlage genügend gekühlt, während man beim direkten und halbdirekten Verfahren die erforderliche Nachkühlung teilweise mit einer Naphtalinvorwaschung verbindet.

Nach der Herausnahme der Kohlenwertstoffe beträgt der Heizwert des Gases noch 4000 bis 4500 WE/Nm³.

Die Zusammensetzung des gereinigten Koksofengases ist in Abhängigkeit von der Kokskohle und der Betriebsweise der Öfen Schwankungen unterworfen. Folgende Zahlenwerte geben aber einen brauchbaren Anhalt:

H_2	53 %
CH_4	23 %
N_2	12 %
CO	7 %
CO_2	2,5%
Schwere Kohlenwasserstoffe.	2 %
Sauerstoff	0,5%

Für ein solches Gas gelten folgende Werte:

Litergewicht. . .	0,83 g
Spez. Gewicht . .	0,41 (Luft = 1)
1 m³ verbraucht .	4,04 m³ Verbrennungsluft,
1 m³ verbraucht .	0,8045 m³ Sauerstoff.

Die Flammentemperatur beträgt 2100°.

III. Der Hochofenkoks.

1. Eigenschaften des Hochofenkokses.

Zahlreiche Eigenschaften des Kokses haben für den Hochofenbetrieb wesentliche Bedeutung; sie sollen im folgenden behandelt werden, und zwar zuerst die physikalischen und danach die chemischen Eigenschaften.

Die *Stückigkeit* des Kokses ist im allgemeinen recht befriedigend, da bei normalem Verlauf fast der gesamte Kokskuchen in einer Korngröße über 30 mm anfällt bei größten Stücken von etwa 200 mm Durchmesser. Die Kammerbreite beeinflußt die Stückigkeit derart, daß die einzelnen Stücke nicht größer als die halbe Breite sind. Im übrigen wird die Korngröße des Kokses sehr stark von der Beschaffenheit der Kokskohle beeinflußt.

Der von der Teernaht zurückgelassene plastische Halbkoks schrumpft bei dem Festwerden parallel zur plastischen Zone zusammen und die dabei eintretende Rißbildung ist weitgehend von der Art der Kohle bedingt. Ein bei höherer Temperatur gebildeter Koks ist im allgemeinen kleinstückiger als ein solcher, der bei niedrigerer Temperatur erzeugt wurde. Magere Kohle und stärkerer Saugzug ergeben ebenfalls den rissigen „knabbeligen" Koks.

Nach der Korngröße werden beim Koks handelsüblich folgende Sorten unterschieden:

Hochofenkoks = Großkoks		
gesiebt:	Knabbelkoks .	60 bis 80 mm
	Kleinkoks 1 .	40 ,, 60 ,,
	,, 2 .	20 ,, 40 ,,
	Perlkoks . . .	10 ,, 20 ,,
gebrochen:	Brechkoks 1 .	60 ,, 80 ,,
	,, 2 .	40 ,, 60 ,,
	,, 3 .	20 ,, 40 ,,
	,, 4 .	10 ,, 20 ,,
	Koksgrus . . .	0 ,, 10 ,,

Unter „metallurgischem Großkoks" wird eine Stückgröße von über 40 mm verstanden, wobei 50% der Menge zwischen 50 und 70 mm liegen sollen und ein kleiner Prozentsatz 20 bis 40 mm zulässig ist.

Die *Festigkeit* des Kokses kann als Druck-, Sturz- und Abriebfestigkeit oder Zerreiblichkeit bestimmt werden. Am gebräuchlichsten ist die Prüfung der Festigkeit des Kokses in einer gedrehten Trommel, wobei sowohl die Abrieb- als auch die Sturzfestigkeit erfaßt wird. Für die Druckfestigkeit, die an besonders vorbereitetem Probekörpern bestimmt wird, verlangt O. Simmersbach bei gutem Koks einen Wert von 100 kg/cm^2, obwohl in einem 25 m hohen Ofen höchstens eine Druckbeanspruchung von 3 kg/cm^2 auftritt [202]. Da nach Messungen die Druckfestigkeit bei westfälischem Koks meist bei 120 bis 175 kg/cm^2 liegt, ist die vom Hochofen gestellte Forderung an die Festigkeit in der Regel voll erfüllt und es gibt daher keine Abnahmevorschrift für bestimmte Druckfestigkeitswerte.

Bei einer Saarkohle bewirkte das Stampfen eine Erhöhung der Festigkeit von 60 auf 120 bis 140 kg/cm^2, dabei wurde gleichzeitig 2 bis 3% mehr Großkoks erhalten.

Die Sturzfestigkeit ist in Amerika nach Vorschlägen von O. R. Rice bestimmt worden. Dabei wurde der Koks von etwa 50 mm Korngröße aus einer Höhe von 1,8 m viermal auf eine eiserne Platte fallen gelassen. Dieser viermalige Fall soll den vier Umladungen vom Wagen in die Kokstasche, von dieser in den Kübel, weiter in den Gichtverschluß und schließlich aus dem Gichtverschluß auf die Beschickung im Ofen entsprechen. Die Ergebnisse waren nicht eindeutig, so daß man auch in Amerika jetzt der Trommelprüfung den Vorzug gibt.

Die *Trommelprobe* geht auf Vorschläge von Simmersbach zurück. Gemäß den „Richtlinien für die Vergebung und Abnahme von Koksöfen" ist sie folgendermaßen auszuführen: Die aus 5 mm starkem

[202] Simmersbach, O., u. G. Schneider: Grundlagen der Kokschemie. III. Aufl., S. 228. Berlin: J. Springer 1930.

Eisenblech hergestellte Trommel hat 1 m ä. Durchmesser und 1 m ä. Länge. In ihrem Innern sind vier rechtwinklige Eisen aufgenietet, deren freie Schenkel 10 cm lang sind und die um 90° versetzt sind. Die Zahl der Umdrehungen beträgt 25 U/min. und die Dauer der Prüfung 4 min., so daß die Trommel bei jeder Prüfung 100 Umdrehungen machen muß. Eingesetzt werden 50 kg Koks, die aus einer Probe von etwa 600 kg mit Hilfe einer Gabel von 50 mm Zinkenabstand herausgezogen werden. Die Größe der Koksfestigkeit ergibt sich aus der anschließenden Siebung der getrommelten Probe, wobei der Anteil des Korns über 40 mm in Prozent der Gesamtmenge der Festigkeitswert ist. Bei gutem Koks stellt er sich auf etwa 80 bis 85%.

Neben dieser Auswertung gibt es noch die „*Ilseder-Wertzahl*". Sie ist darauf abgestellt, nicht nur die Trommelfestigkeit durch den Rückstand an grobem Koks, sondern auch die verbleibende Stückigkeit zu erfassen. Zu diesem Zwecke wird der Koks nach der Trommelprobe durch Siebung zerlegt in verschiedene Körnungen, deren jeweiliger Anteil in Prozent der gesamten Probemenge festgestellt wird. Alsdann werden die Kornklassen

Kornklasse	
über 100 mm	als A%
80 bis 100 ,,	
60 ,, 80 ,,	
40 ,, 60 ,,	als B%
20 ,, 40 ,,	als C%
10 ,, 20 ,,	
0 ,, 10 ,,	

zusammengefaßt. Beträgt der Kornanteil über 60 mm im ungetrommelten Koks D %, so errechnet sich die Ilseder Wertzahl zu

$$\frac{A \cdot 100}{D} - C .$$

Ein anderes Verfahren der Prüfung ist das der Hoesch AG., über welches von W. Wolf[203] berichtet worden ist. Bei ihm wird die zu prüfende Koksmenge mittels eines Kolbens aus einem Gefäß von etwa $^1/_3$ m³ Inhalt, das unten verengt ist, herausgedrückt. Die Querschnittsverengung führt zu starkem Reiben der Koksstücke. Festgestellt wird der Anteil des über 30 mm Lochung verbleibenden Kornes. Durch vergleichende Versuche ist nachgewiesen worden, daß die Sturz- und Abriebfestigkeit des Kokses zwei verschiedene Kokseigenschaften sind und daß aus dem Ergebnis des einen Prüfverfahrens nicht das einer anderen Prüfungsart abgeleitet werden kann.

Mit Hilfe der Bestimmung der Trommelfestigkeit sind verschiedene Einflüsse für die Güte des Kokses geklärt worden. So ist beispiels-

[203] Wolf, W.: Stahl u. Eisen Bd. 48 (1928) S. 33.

weise seine Festigkeit dann besser, wenn eine feuchte Kohle mit etwa 6 bis 8% Wasser eingesetzt wird gegenüber einer trockenen Kohle. Die Festigkeit des Kokses wird ferner in der Regel durch größere Feinheit der Kokskohle erhöht. Die Kammerbreite hat die Auswirkung, daß eine schmalere Kammer einen festeren Koks ergibt. Eine erhöhte Verkokungstemperatur bewirkt gleichfalls eine Steigerung der Koksfestigkeit, jedoch nur in gewissen Grenzen, deren Überschreitung zu einem rissigen Koks mit absinkenden Trommelwerten führt.

Die Ermittlung der Festigkeitswerte hat ferner erkennen lassen, daß bei der Mischung von gut und schlecht backenden Kohlen diese Werte nicht gradlinig ansteigen, sondern daß bei Zusätzen von gut backender zu einer schlechter backenden Kohle eine parabolisch verlaufende Kurve entsteht, gemäß der die Festigkeit bei geringen Zusätzen schon recht stark ansteigt, wie dies Abb. 146 zeigt[204].

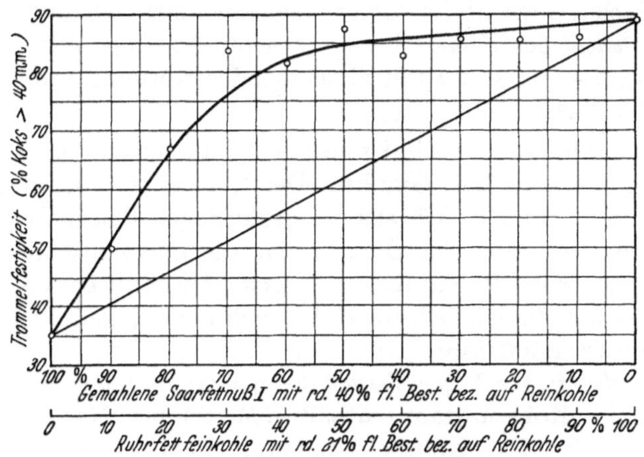

Abb. 146. Einfluß einer Mischung von gut und schlecht backenden Kohlen auf die Trommelfestigkeit von Koks.

Von Einfluß auf die Festigkeit des Kokses sind auch Zusätze von Feinerzen zur Kokskohle. So hatte nach W. Melzer[205] ein Zusatz von 10% Feinerz zu einer Mischung von 75% Ruhrkohle und 25% Durhamkohle bei einer Verkokung in breiten Kammern eine Erhöhung der Festigkeit um etwa 10% zur Folge.

Die *Porigkeit* des Kokses wird in der Weise beeinflußt, daß viel flüchtige Bestandteile der Kohle einen porigen Koks ergeben. Im allgemeinen liegen die Werte der Porigkeit in sehr weiten Grenzen zwischen 25 und 80%. Bei niedrigerer Verkokungstemperatur sind die

---

[204] Ruhrkohlen-Handbuch. 3. Aufl., S. 186. Berlin: J. Springer 1937.

[205] Melzer, W.: Arch. Eisenhüttenw. Bd. 4 (1930/31) H. 5, S. 225 bis 238.

Werte niedrig, während in stärker geheizten Systemen eine Zunahme der Porigkeit eintritt. Ruhrkoks hat meist eine Porigkeit von etwa 50%. Die Porenräume selbst haben nur in Ausnahmefällen kugelige Form. Ihre Größe wird von der Kohlensorte und vom Druck beeinflußt; sie sind im oberen Teil des Ofens meist größer als im unteren. Die Zellwandstärken zwischen den Poren bestimmen weitgehend die Festigkeit des Kokses.

Mit den Beziehungen zwischen Porigkeit, Schüttgewicht und Koksverbrauch hat sich A. Killing[206] eingehend beschäftigt. Er fand, daß bei weitgehender Mahlung von Ruhr-Kokskohle ein Porenraum von 52 bis 54% erreicht und dadurch auch ein sehr geringes Schüttgewicht von etwa 430 bis 440 kg/m^3 erzielt wurde, was eine günstige Senkung des Koksverbrauchs veranlaßte.

Die *Dichte* der Kokssubstanz ist im Mittel 1,9, während das scheinbare spezifische Gewicht im allgemeinen zwischen 0,8 und 1,1 liegt. Das *Schüttgewicht* des Kokses beträgt 0,4 bis 0,5 t/m^3. Für Brechkoks 2 ist es etwa 0,4 und steigt mit abnehmender Körnung zum Koksgrus auf etwa 0,5 t/m^3.

Dem Mineralbestand nach ist der Koks aufgebaut aus amorphem Kohlenstoff, Teerkoks und Graphit. Der letztere ist überwiegend aus Teerkoks, zum Teil aber auch aus der gasförmigen Phase abgeschieden worden. Ein Überstand der Öfen erhöht die unerwünschte Graphitausscheidung. Wie P. Ramdohr durch Anschliff-Untersuchungen nachgewiesen hat, finden sich im Koks auch noch unveränderter Fusit und Kohlenwasserstoffreste.

Über die *chemischen Eigenschaften* des Kokses ist folgendes zu sagen: Die aschenfreie Kokssubstanz enthält i. M. 96 bis 97% C, 0,5% H_2, 0,5% O_2 und 1,2% N_2. Ruhrkoks hat außerdem 1% S, während der Schwefelgehalt des Reinkokses von der Saar und auch aus Oberschlesien um etwa 0,4% niedriger ist.

Eine bei dreißig deutschen Hochofenwerken im Jahre 1942 durchgeführte Umfrage ergab, daß der von ihnen verarbeitete Koks folgende Asche-, Schwefel- und Feuchtigkeitsgehalte hatte:

Asche	Mittelwert . .	9,7 %
Schwefel	,, . .	1,09%
Feuchtigkeit	,, . .	7,8 %

Die *Entzündungstemperatur* des Zechenkokses an der Luft liegt bei 640°.

Eine Zusammenstellung der Analysenwerte von Koksaschen verschiedener Herkunft gibt die Zahlentafel 72. Das Verhältnis der

[206] Killing, A.: Stahl u. Eisen Bd. 51 (1931) S. 901 bis 908.

Säuren $SiO_2 + Al_2O_3$ zu den Basen Fe_2O_3, CaO und MgO wird angegeben:

für Koks aus Sachsen zu 1,0,
,, ,, ,, Oberschlesien ,, 1,5,
,, ,, ,, England ,, 2,4,
,, ,, ,, Saarrevier ,, 4,2,
,, ,, ,, Westfalen ,, 4,4.

Zahlentafel 72. *Analysenwerte von Koksaschen verschiedener Herkunft (nach dem Handbuch der Kokerei).*

Herkunft des Kokses	SiO_2 %	Al_2O_3 %	Fe_2O_3 %	CaO %	MgO %	$K_2O + Na_2O$ %	SO_3 %	P_2O_5 %	Mn_3O_4 %
1. Ruhrrevier .	41,65	28,49	14,18	5,60	2,05	4,11	2,37	0,56	1,07
	41,22	33,35	14,87	1,78	1,23	—	3,82	0,048	Sp.
	49,86	29,40	13,36	2,32	2,33	—	0,69	1,076	0,169
	41,93	28,68	18,92	1,32	1,56	—	2,035	1,224	0,324
	35,61	23,97	30,02	1,82	1,99	—	1,41	0,387	0,477
2. Aachener Bez.	39,90	27,62	16,83	4,48	2,02	5,15	2,13	0,55	1,23
	42,16	28,13	14,77	3,88	2,66	5,14	2,16	0,50	1,24
	41,86	28,11	14,78	3,42	2,23	4,69	2,99	0,72	1,03
	41,66	26,33	17,33	4,56	1,68	4,56	2,16	0,94	0,62
3. Oberschlesien	24,40	14,64	20,10	18,23	9,70	n. b.	8,63	0,16	0,50
	18,68	11,70	22,90	18,95	10,78	n. b.	15,06	0,35	n. b.
	34,40	14,98	26,19	12,28	6,25	3,32	1,03	0,52	0,90
	30,56	13,68	24,69	18,25	8,62	2,59	0,60	0,53	0,87
	29,49	15,25	24,41	17,42	8,97	2,02	1,05	0,40	0,84
	31,38	13,63	23,12	13,89	7,43	1,32	7,43	0,49	1,20

Der *Schmelzpunkt* der Asche aus westfälischem Koks liegt meist unter 1300°.

Der *Stickstoff* liegt im Koks in Verbindungen vor, über deren Eigenschaften nichts Genaues bekannt ist.

Der dem Hochofen sehr unerwünschte *Schwefelgehalt* des Kokses wird zum Teil zwar bei der Verkokung als Schwefelwasserstoff verflüchtigt, jedoch bleibt ein erheblicher Rest im Koks. Ganz zersetzt wird der Pyrit- und Sulfat-Schwefel, während erhalten bleiben oder gebildet werden Sulfidschwefel, freier Schwefel und wenig Schwefelwasserstoff.

Sehr zahlreich sind die Versuche gewesen, den Schwefelgehalt des Kokses zu vermindern. So hat man der Kokskohle gemahlenen Kalk zugesetzt, um ihn bei der Verkokung an den Kalk zu binden und um zu erreichen, daß er bei der späteren Verhüttung ganz in die Schlacke übergeht. Ferner ergab sich, daß Kohle und Koks mittels feuchten Wasserstoffs behandelt über 50% ihres Schwefels abgaben. Beim

Einleiten von Wasserstoff zur Kohle bzw. zum Koks während des Verkokungsvorganges wurden Minderungen der Schwefelmenge um bis zu 93% erreicht. Ferner wurde durch mehrstündiges Einblasen von Wasserdampf in den glühenden Koks ein beträchtlicher Teil des Schwefels ausgetrieben und es soll dieses Verfahren bisher das wirtschaftlichste sein. Praktische Anwendung haben aber alle diese Verfahrensvorschläge noch nicht gefunden.

Die von dem Hochöfner besonders beachtete und für ihn sehr wichtige Eigenschaft des Kokses ist seine *Verbrennlichkeit.* Es ist darunter das Verhalten des Kokses gegen Luft bzw. Sauerstoff, gegen Wasserdampf und Kohlensäure verstanden. Teilweise ist auch zwischen den Bezeichnungen Verbrennlichkeit und *Reaktionsfähigkeit* derart unterschieden worden, daß unter dem ersten Begriff das Verhalten gegen Luft und Sauerstoff verstanden, dagegen unter Reaktionsfähigkeit das Verhalten allein gegen Kohlensäure gemeint ist.

Sehr zahlreich sind die Versuche gewesen, die Verbrennlichkeit des Kokses zu bestimmen, aber es hat sich bisher keine bestimmte Methode zu ihrer Feststellung durchsetzen können; auch aus diesem Grunde erscheint es angebracht, keine Unterscheidung zwischen Verbrennlichkeit und Reaktionsfähigkeit zu machen.

Als ein einfaches Mittel, um einen Anhalt für die Verbrennlichkeit eines Kokses zu erhalten, kann die Bestimmung des Zündpunktes angesehen werden.

Unter den zahlreichen Versuchen zur Feststellung der Verbrennlichkeit haben diejenigen von F. Häusser und R. Bestehorn[207] besonderes Gewicht, weil sie in einem Schachtofen von 600 mm Durchmesser in technischem Ausmaße durchgeführt wurden.

Um die Verbrennlichkeit zahlenmäßig angeben zu können, wurde sie berechnet nach der Gleichung:

$$B = \frac{\Sigma C}{O_2} : \left(\frac{\Sigma C}{O_2}\right)_{max} .$$

In ihr ist unter ΣC der jeweilige Kohlenstoffumsatz verstanden und auf den dabei verbrauchten Sauerstoff bezogen. Dieser Quotient wird verglichen mit dem, der dem Kohlenoxyd-Kohlensäure-Gleichgewicht für die gleiche Temperatur entspricht. Für Temperaturen oberhalb 850°, die bei den Versuchen im Gasabzug vorhanden waren, konnte der Quotient des Gleichgewichts $= 2$ gesetzt werden, so daß, wenn CO_2 und CO den Kohlensäure- und Kohlenoxydgehalt des Ofengases bedeuten, die Verbrennlichkeit sich ergibt aus

$$B = \frac{CO_2 + CO}{2\,O_2} = \frac{CO_2 + CO}{2\left(CO_2 + \frac{CO}{2}\right)} .$$

[207] Vgl. Häuser, F.: Stahl u. Eisen Bd. 45 (1925) S. 878 bis 885.

Häusser und Bestehorn benutzten bei ihren Versuchen grundsätzlich die Kornklasse 70 bis 90 mm. Ihre Ergebnisse sind, daß höhere Ofentemperatur die Verbrennlichkeit, gleiche Ofenbreite vorausgesetzt, nicht verschlechtert, daß ein Überstand des Brandes für die Verbrennlichkeit in geringem Umfange nachteilig ist, daß schmale Öfen keinen viel leichter verbrennlichen Koks ergeben als breite Öfen, daß der Einfluß der Kokskohle auf die Verbrennlichkeit nur gering ist und daß schließlich der Zusatz von eisenhaltigen Stoffen nur in bescheidenem Ausmaße die Verbrennlichkeit erhöht.

Als dann aber auch der Einfluß der Stückigkeit auf die Verbrennlichkeit von den genannten Verfassern erprobt wurde, ergab sich eine sehr wesentliche Erhöhung dieser Eigenschaft, wie sie aus den Zahlenwerten der Zahlentafel 73 hervorgeht. Mit der kleineren Körnung ist damit für den Hochofen die Erhöhung der Verbrennlichkeit leicht erreichbar, insbesondere auch ohne besonderen Aufwand für Brechen von Großkoks, wenn schmalkammerige Öfen benutzt werden.

Zahlentafel 73. *Einfluß der Kokskörnung auf die Verbrennlichkeit (nach F. Häusser).*

Koks Nr.	Kokskörnung mm	Mittlerer Gehalt des Ofengases über die Versuchsdauer CO_2 %	CO %	Mittlere Verbrennlichkeit %	Bemerkungen
A 1	70 bis 90	12,9	12,9	66,8	Versuchsdauer 2,75 h
A 1	50 „ 70	9,7	18,9	74,9	
D 2	70 „ 90	12,2	14,0	68,1	Versuchsdauer 2,25 h
D 2	50 „ 70	10,6	17,0	72,4	
D 5	30 „ 50	3,9	28,6	89,4	

Nachdem von K. Bunte und Ratzel[208] eine Verhältnisgleichheit zwischen der Verbrennlichkeit von Koks und seinem Zündpunkt festgestellt worden war, ist von Melzer[205] ein Verfahren der Zündpunktbestimmung in gereinigtem Sauerstoff an gepulverten Proben ausgearbeitet worden, die sich in kurzer Zeit ausführen läßt. Er fand Werte zwischen etwa 520 und 660° und schlug vor, Koks mit einem Zündpunkt von 600 bis 630° als mittelverbrennlich und mit einem Zündpunkt oberhalb 630° als schwer verbrennlich zu bezeichnen. Aus seinen Bestimmungen ergab sich, daß ein aus der gleichen Kokskohlenmischung in breiten Kammern hergestellter Koks leichter verbrennlich ist, als der in einer Schmalkammerbatterie hergestellte.

[208] Bunte, K., u. Ratzel: Z. angew. Chem. Bd. 39 (1926) S. 132 bis 138.

Für die Verwendung eines leicht verbrennlichen Kokses im Hochofen hat sich mit Nachdruck H. Koppers[209] eingesetzt. Seine Gedankengänge haben zum Teil Zustimmung gefunden, wobei sogar die Meinung vertreten wurde, daß die leichte Verbrennlichkeit des Kokses nicht nur eine wichtige, sondern seine wichtigste Eigenschaft sei. Es wurden aber auch gegenteilige Auffassungen geäußert. Außerdem hat H. Bansen die Auffassung vertreten[210], daß die weitgehende Erörterung über die Bedeutung der Verbrennlichkeit des Hochofenkokses denen rechtgegeben habe, die diese Bedeutung in Abrede stellten. Im Hochofen sei noch nie die Grenze erreicht worden, bei der die Verbrennung des Kokses vor den Formen Schwierigkeiten mache. Er fügt hinzu, daß der Koks neben seiner Brennstoffeigenschaft nur die Aufgabe habe, Gerüst und Verteiler zu sein. Diese Aufgabe aber erfordere Schwerverbrennlichkeit und in erster Linie Festigkeit sowie eine der Beschickung angepaßte, gleichmäßige Stückigkeit.

Auf Grund von Beobachtungen über die Erzeugung an niedrigsiliziertem Roheisen bei im Hochofen verbrauchtem, leicht verbrenlichem Koks gelangte Melzer zu der Anschauung, daß zur Erzeugung von hochsiliziertem Eisen schwer verbrennlicher Koks erforderlich sei, wobei er die Frage offen ließ, welcher Koks der bestmögliche bei der Erzeugung von Thomasroheisen sei.

In neuerer Zeit ist das Problem wieder von E. Nowak[211] angeschnitten worden. Auf Grund eingehender Betriebsbeobachtungen vertritt er die Auffassung, daß sich gezeigt habe, daß man bei niedriger Windtemperatur und geringen Windmengen am besten mit einen leichter verbrennlichen Koks arbeite.

2. Anforderungen an die Beschaffenheit des Hochofenkokses.

Die im vorhergehenden als so wichtig bezeichneten Eigenschaften der Festigkeit und Stückigkeit sind im allgemeinen zur Zufriedenheit der Hochöfner in dem angelieferten Koks vorhanden. Dies ist auch der Grund dafür, daß Gewährleistungen für diese Eigenschaften meist nicht verlangt werden. Freilich wird dabei vorausgesetzt, daß ein guter, großstückiger Koks versandt wird, der frei von Koksgrus und ungarem Koks ist. Es kommt hinzu, daß die Auffassungen der Hochöfner über die für den Ofenbetrieb günstigste Stückigkeit nicht einheitlich sind. So fordert Koppers beispielsweise ein Korn von 20 bis 90 mm Kantenlänge, während man vordem meist einen grobstückigen Koks mit nicht unter 100 mm Würfelseitenlänge forderte. Aus der

---

[209] Koppers, H.: Stahl u. Eisen Bd. 41 (1921) S. 1173 bis 1183 u. 1254 bis 1262; vgl. auch Koppers-Mitt. 1922, H. 3, S. 75 bis 138.

[210] Bansen, H.: Stahl u. Eisen Bd. 46 (1926) S. 1018.

[211] Nowak, E.: Stahl u. Eisen Bd. 70 (1950) S. 829 bis 836.

Praxis des Betriebes hat A. Wagner[212] berichtet, daß der Koks zuerst bei 35 mm und später bei 20 mm vor der Begichtung abgesiebt wurde. Freilich spielte bei diesem Vorgehen die wirtschaftliche Seite die ausschlaggebende Rolle und Wagner verlangt in diesem Falle einen Koks von ganz befriedigender Sturz- und Abriebfestigkeit.

Bei Anwendung von nach Kornklassen getrennten Gichten hält es E. Senfter[213] unter wirtschaftlichen Gesichtspunkten für richtig, Koks bis herunter zu 10 mm Korngröße im Hochofen zu verwenden; insbesondere will er die beiden Kornklassen 10 bis 20 und 20 bis 40 mm jeweils für sich aufgeben und erreicht durch dieses Vorgehen, daß 97,3 % des angelieferten Kokses in den Hochofen gelangen. Dabei verzichtet er auf ein Brechen des groben Kokses, so daß dieser teilweise sehr grobstückig gegichtet wird.

Die auseinandergehenden Meinungen sind verständlich, wenn man die besonderen Erzverhältnisse und unterschiedlichen wirtschaftlichen Bedingungen der einzelnen Werke berücksichtigt. Bei Öfen, die langsam betrieben werden und bei denen daher die Windpressung nicht sehr hoch ist, kann man kleinstückigeren Koks verwenden. Wichtig ist ferner die Beschaffenheit des Erzmöllers; ist dieser feinkörnig und dicht gepackt, so ist es von Vorteil, zur Verbesserung der Gasdurchlässigkeit und der Windverteilung einen gröberen Koks zu verwenden.

Überwiegend wird die Meinung der Hochöfner dahin gehen, daß der Koks eine Stückgröße von 40 bis 120 mm haben sollte.

Das *Qualitätsabkommen* für Koks und Kokskohle, das schon erwähnt worden ist, enthält ganz bestimmte Abmachungen für die Gehalte an Wasser, Asche und Schwefel, die für die Lieferung an deutsche Hüttenwerke gelten. Danach ist die Freigrenze für *Wasser*

bei	Hochofenkoks		über	80 mm	mit	3,5	bis	4,5%
,,	,,		,,	60 ,,	,,	4,5	,,	5,5%
,,	,,		,,	40 ,,	,,	5,0	,,	6,0%
,,	Brechkoks I		60 bis	80 ,,	,,	7,5	,,	8,5%
,,	,,	II	40 ,,	60 ,,	,,	9,5	,,	10,5%

vereinbart. Über- oder Unterschreitungen werden je 0,1 % mit einer Prämie oder Buße von 0,11 % des Kokslistenpreises berechnet.

Für *Asche* ist die Freigrenze 9,8 bis 10,2 % bezogen auf Trockenkoks. Bei Unterschreitung des unteren Grenzwertes erfolgt für eine Verringerung des Aschegehaltes von 9,8 bis 9,0 % eine Vergütung von 0,2 % des Kokslistenpreises je 0,1 % Aschegehalt. Bei weiterer Verringerung des Aschegehaltes unter 9,0 % erfolgt eine Vergütung von 0,3 % des Kokslistenpreises je 0,1 % Verringerung des Aschegehaltes. Bei Überschreitungen des oberen Grenzwertes von 10,2 bis 11,0 %

[212] Wagner, A.: Stahl u. Eisen Bd. 45 (1925) S. 929 bis 938.
[213] Senfter, E.: Stahl u. Eisen Bd. 62 (1942) S. 1041 bis 1053.

erfolgt sinngemäß ein Abzug von 0,2% des Kokslistenpreises je 0,1% Aschegehalt. Bei Überschreitung von 11,0% erfolgt ein Abzug von 0,3% je 0,1% Überschreitung. Bei Überschreitung eines Aschegehaltes von 13,0% kann die Abnahme des Kokses verweigert werden. Diese Berechnung geht von der bekannten Erscheinung aus, daß ein um 1% gesenkter Aschegehalt eine Koksersparnis von etwa 2% bewirkt.

Die Freigrenze für *Schwefel* im trockenen Koks ist 0,9 bis 1,2% S. Je 0,1% Über- oder Unterschreitung der oberen und unteren Grenzwerte werden mit 0,3% des Kokslistenpreises bewertet.

Außerhalb des Qualitätsabkommens gilt als eine weitere Güteforderung ein grau-glänzend metallisches Aussehen im Bruch.

Über die Änderung des Kokswertes in Abhängigkeit von der Zusammensetzung werden folgende Angaben gemacht[214]:

Verringerung um	1% C verringert den Kokswert um	1,2%
Erhöhung um	1% H_2O vermindert den ,, ,,	1,5%
,, ,,	1% Asche an Stelle von H_2O vermindert den Kokswert um	0,67%
,, ,,	1% Asche an Stelle von C vermindert den Kokswert um	1,9%
,, ,,	1% Schwefel an Stelle von C vermindert den Kokswert um	2,0%

Es sei noch bemerkt, daß man seit fast drei Jahrzehnten bemüht ist, allgemeingültige Richtlinien zu geben, nach denen die Eigenschaften des Kokses für seine Verwendung im Hochofen richtig beurteilt werden können, ohne bisher voll zufriedenstellende Untersuchungsverfahren und Beurteilungsgrundlagen erreicht zu haben.

Der umfangreiche Schatz an Erfahrungen und wissenschaftlichen Erkenntnissen erlaubt es aber sehr weitgehend, aus für die Verkokung von Natur aus nicht oder wenig geeigneten Kohlen einen Koks zu erzeugen, dessen physikalische Eigenschaften für den Hochofenbetrieb voll zufriedenstellend sind. Während man früher anerkennen mußte, daß die Eigenschaften des Kokses allein von der Kohle bestimmt wären, ist man heute durch die Vorbereitung der Kohle und die Führung der Verkokung in der Lage, auch aus früher als ungeeignet geltenden Kohlen einen den Wünschen des Blashochofens sehr weitgehend gerecht werdenden Koks zu erzeugen; allerdings lassen sich keine einheitlich gültigen Anweisungen für die bei dem zu erzeugenden Koks günstigsten Bedingungen der Vorbereitung und Verkokung machen, vielmehr kann ein Vorgehen, das bei der einen Kohle zum Erfolge führt, in der Anwendung auf eine andere versagen.

Bedeutsame Erfolge sind bei der Herstellung eines brauchbaren Hüttenkokses aus hochflüchtiger lothringischer Kohle (Flammkohle

---

[214] Stahleisen-Kalender 1953, S. 89.

mit bis zu 45 % flüchtigen Bestandteilen) erzielt worden. Nach dem Verfahren von E. Bürstlein[215] wird die Siebung der angelieferten Kohle nach Zusatz von 0,1 bis 1 % Mineralöl vorgenommen und danach das Feingut 0 bis 2 mm, das vornehmlich aus Vitrit, Clarit und Fusit besteht, mit der auf unter 1 mm nachzerkleinerten, restlichen Kohle gemischt, die überwiegend durithaltig ist, aber auch durch Anreicherung auf einem Luftherd verbessert war. Ein anderer Weg ist in der Versuchskokerei Marienau beschritten worden. Er besteht in einer Trocknung und weitgehenden, gesonderten Mahlung in einem Schwebe-Mahltrockner. Die nichtbackende lothringische Kohle wird in einem Drehrohrofen geschwelt und 15 % Schwelkoks alsdann einer Mischung von 60 % lothringischer Fettkohle und 25 % Saarkohle zugesetzt[216,217].

3. Der Koks im Hochofenbetrieb.

a) Geschichtliche und statistische Angaben. Mit hoher Wahrscheinlichkeit hat der Eisenhochofen den Anlaß zur Verkokung der Steinkohle gegeben und diese Bemühungen besonders verstärkt, als bei steigender Roheisenerzeugung nicht mehr genügend Holzkohle zu beschaffen war. Als es in dem an Holz verarmten England besonders stark an Holzkohle mangelte, so daß die Eisenerzeugung stark absank, gelang es im Jahre 1735 A. Darby (dem Sohn), dauernd und ausschließlich mit aus Steinkohle hergestelltem Koks Roheisen zu erschmelzen. Wie sich dieser Erfolg auswirkte, zeigt die Tatsache, daß in England im Jahre 1806 von 161 Hochöfen nur noch zwei mit Holzkohle betrieben wurden. Der erste deutsche Koks wurde im Jahre 1765 in Sulzbach/Saar hergestellt und dort in der Folge auch ein Hochofen ausschließlich mit diesem Koks betrieben. Der erste Kokshochofen auf dem europäischen Festlande wurde 1785 in Le Creusot in Frankreich angeblasen. Verhältnismäßig früh hat ferner die Kokserzeugung und die Verwendung des Kokses bei der Eisendarstellung in Oberschlesien eingesetzt. Im Jahre 1796 kam als Folge der gewerbefreundlichen Politik Friedrich des Großen mit der Betriebsaufnahme auf der Hütte in Gleiwitz dort der erste deutsche Kokshochofen in Gang. Im Ruhrgebiet wurde der erste Kokshochofen auf der Friedrich-Wilhelm-Hütte in Mülheim/Ruhr im Jahre 1850 in Betrieb genommen, nachdem bis dahin zahlreiche Versuche, Koks aus westfälischer Kohle zu verwenden, ohne Erfolg geblieben waren. Ihm folgten sehr bald weitere Kokshochöfen im Ruhrgebiet; 1850 betrug die Zahl der Koksöfen an der Ruhr 448, im Jahre 1900 waren es bereits fast 10000. Dadurch

[215] Bürstlein, E.: Chal. et Ind. Bd. 31 (1950) S. 215 bis 232.

[216] Abramski, C.: Glückauf Bd. 88 (1952) S. 694 bis 698; vgl. auch Stahl u. Eisen Bd. 72 (1952) S. 1159 bis 1160.

[217] Abramski, C.: Brennstoff-Chemie Bd. 34 (1953) S. 51 bis 55.

stieg die Kokserzeugung im Oberbergamtsbezirk Dortmund von 73000 t im Jahre 1850 auf über 9 Millionen t im Jahre 1900.

Im Jahre 1913 hatte die deutsche Kokserzeugung bereits 26,7 Millionen t erreicht und sie stieg bis zum Jahre 1937 auf fast 41 Millionen t bei einem Wert von 623000000,— RM. Vom Inlandsabsatz gingen rund 50% in die Hochöfen.

Nach einem Jahresbericht der Deutschen Kohlenbergbau-Leitung betrug im Jahre 1950 die Gesamtkokserzeugung 27,33 Millionen t oder 90,7% der Erzeugung des Jahres 1936. Aus der Kokserzeugung und der Menge der eingesetzten Kohle errechnet sich ein Koksausbringen von 76%. Der Wärmeverbrauch je kg nasse Kohle betrug dabei für die Zechen- und Hüttenkokereien in den letzten Jahren etwa 600 kcal. Die im Dezember 1950 betriebenen 7920 Ofenkammern teilten sich folgendermaßen auf:

5551	Verbundöfen	mit	101665 m^3	Inhalt
2072	Regenerativöfen	,,	25626 ,,	,,
297	Abhitzeöfen	,,	2945 ,,	,,
7920	Öfen	mit	130236 m^3	Inhalt

Im Jahre 1951 betrug die Erzeugung an Zechen- und Hüttenkoks in der Bundesrepublik Deutschland 33,63 Millionen t, in der Deutschen Demokratischen Republik 0,35 Millionen t, im Saargebiet 3,77 Millionen t. Im Jahre 1952 war die Erzeugung der Bundesrepublik auf 34,11 Mill. t gestiegen. Für das Jahr 1949 liegt eine Erfassung der Weltkokserzeugung vor; sie stellte sich auf 162,49 Millionen t.

b) Der Koks im Hochofen. Dem Koks fallen im Hochofen drei verschiedene Aufgaben zu, nämlich das Roheisen aufzukohlen (Roheisenkoks), das Eisen und die Eisenbegleiter aus dem Möller zu reduzieren (Erzkoks) und den restlichen Wärmebedarf abzudecken (Heizkoks). Die Reduktion läuft in der Weise ab, daß sich sowohl bei der Verbrennung des Heizkokses wie auch bei der direkten Reduktion der Möllerstoffe Kohlenoxyd bildet, das seinerseits indirekt reduziert und zu einem anderen Teil im Gichtgas verbleibt. Die Menge des Erzkokses, gemessen in Kohlenstoff, ergibt sich je nach der Höhe der indirekten Reduktion folgendermaßen:

	Reduktion von Fe_2O_3			Reduktion von FeO		
indirekte Reduktion %	30	50	70	30	50	70
Erzkoks kg/t Roheisen	230	162	98	160	112	65

Damit läßt sich aus dem gesamten Koksverbrauch der Heizkoksbedarf feststellen, indem man von ersterem den Roheisen- und den Erzkoks abzieht.

Auf die Berechnung des Koksverbrauchs des Hochofens für die Erzeugung einer bestimmten Roheisensorte aus einem bestimmten Möller auf Grund wissenschaftlicher Berechnungsformeln kann hier nicht eingegangen werden, zumal diese recht verwickelt sind und eine zeitraubende Arbeit veranlassen. Hingewiesen sei dagegen auf das von F. Wesemann vorgeschlagene, vereinfachte Ermittlungsverfahren, bei dem der Rechnungsgang durch Auswertungstafeln erläutert wird[218].

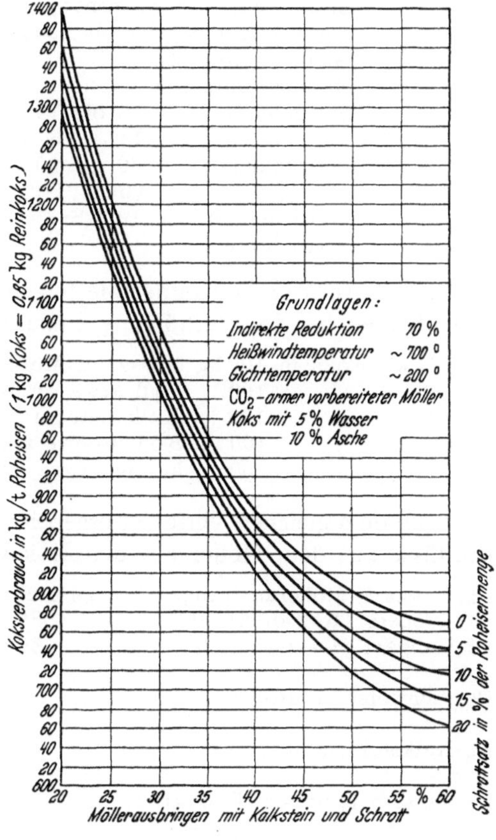

Abb. 147. Abhängigkeit des Sollkoksverbrauchs für die Erschmelzung von Thomasroheisen und Stahleisen mit und ohne Schrott (nach Senfter und Guthmann).

Als idealer Ofengang gilt es, daß der Koks nur vor den Formen verbrennt. Es hat sich jedoch bei einer eingehenden Untersuchung ergeben, daß zwischen dem Koksverbrauch und dem Anteil des vor den Formen verbrannten Kohlenstoffs keine bestimmte Abhängigkeit besteht. Es verbrennen im Mittel 80% des verfügbaren Kohlenstoffs vor den Formen mit dem Sauerstoff des Windes und der Rest mit dem Sauerstoff aus dem Möller. Eine gute Ausnutzung des Kohlenstoffs ist erkennbar durch das Verhältnis Kohlensäure zu Kohlenstoffoxyd im Gichtgas, das etwa 35:65 betragen soll.

Die Höhe des Koksverbrauchs der Hochöfen ist von den sechs Faktoren: Betriebsweise des Ofens, erzeugte Roheisensorte, Schlackenmenge, Reduzierbarkeit der Beschickung, Güte des Kokses und dem Schrottzusatz abhängig. Der Soll-Koksverbrauch für die Erschmelzung von Thomasroheisen und Stahleisen zeigt Abb. 147, der Berechnungen von E. Senfter und K. Guthmann zugrunde liegen. Ohne einen Zusatz von Schrott benötigt danach der Hochofen bei dem

[218] Wesemann, F.: Stahl u. Eisen Bd. 71 (1951) S. 873 bis 877.

sehr hohen Möllerausbringen von 60 % 770 kg Koks je t Roheisen und rund 1400 kg bei einem Möllerausbringen von nur 20 %.

Als Grenzwerte des Koksverbrauchs je t Roheisen nennt K. Rummel folgende Zahlen:

	kg Vergleichskoks je t Roheisen
Thomas-Roheisen	750 bis 1200
Stahleisen, Stammeisen.	800 ,, 1100
Siegerländer Sonderroheisen. . .	900 ,, 1100
Gießerei-Roheisen	950 ,, 1200
Hämatit-Roheisen	800 ,, 1200
Spiegeleisen mit 6 bis 14% Mn	1100 ,, 1500
,, ,, 14 ,, 30% ,,	1300 ,, 2000
Ferromangan ,, 30 ,, 60% ,,	1800 ,, 3000
,, ,, 60 ,, 80% ,,	2200 ,, 3500
Ferrosilizium ,, 12% Si. . . .	1700 ,, 2100
Ferrochrom	2500 ,, 3500

Nach Rummel sind ferner die folgenden Koksverbrauchzahlen für Teilaufgaben bei der Verhüttung einzusetzen:

24 kg Koks je 100 kg Nässe im Möller,
30 ,, ,, ,, 100 ,, Hydratwasser im Möller,
30 ,, ,, ,, 100 ,, Kalkstein im Möller,
35 ,, ,, ,, 100 ,, Kohlensäure aus Spateisenstein im Möller,
50 ,, ,, ,, 100 ,, kalkige Erze im Möller.

Nach dem gleichen Verfasser ergeben sich erfahrungsgemäß folgende Einflüsse aus dem Möller auf den Koksverbrauch:

1% besseres Möllerausbringen	ergibt	20 kg Koksersparnis je t Roheisen,
1% größerer Koksdurchsatz	,,	3% höhere Roheisenerzeugung,
1 t Gangart je t Roheisen	,,	300 kg zusätzlichen Koksverbrauch,
1% Schwefel im Roheisen	,,	30 kg zusätzlichen Koksverbrauch je t Roheisen,
1 t Kalksteinzuschlag	,,	400 bis 500 kg zusätzlichen Koksverbrauch je t Roheisen,
1% bessere indirekte Reduktion	,,	9 kg Koksersparnis je t Roheisen.

Den vorstehend genannten Zahlen liegt ein Vergleichskoks mit 8 % Asche i. Tr., 1 % S i. Tr., 7,5 % Feuchtigkeit und 84,175 % Kohlenstoff zugrunde.

Einen guten Einblick in die Abhängigkeit des Koksverbrauchs von der Schlackenmenge und von der Betriebsweise der Öfen gewährt Abb. 148 in Verbindung mit Zahlentafel 74. In der letzteren sind Betriebsdaten von Thomashochöfen des Ruhrgebietes, Süddeutschlands und des Saarbezirks zusammengestellt, aus denen sich ergibt, daß das Ruhrgebiet Höchstwerte der Gestellbelastung — es ist darunter der Koksdurchsatz in kg je m² Gestellquerschnitt und Stunde verstanden — und der Gichtgastemperatur, dagegen niedrigste Werte der indirekten

Zahlentafel 74. *Möller und Betriebsdaten von Thomashochöfen (verschiedener Gebiete nach F. Wesemann).*

Gebiet und Möller	Gestell-belastung kg/m² u. h	Gichtgas-temperatur °C	Anteil der indirekten Reduktion %	Schacht-arbeit[1] kg/t R. E.
1. Ruhrgebiet				
a) Schwedenerz und Minette unvorbereitet	1000 bis 1200	280 bis 320	35 bis 50	150 bis 250
b) Mischmöller (Inlandserze), z. T. unvorbereitet . . .	700 ,, 900	250 ,, 280	35 ,, 50	300 ,, 400
2. Süddeutschland Alb- u. Spalterze, Feinerz, nicht vorbereitet	450 ,, 500	170 ,, 200	60 ,, 75	700 ,, 800
3. Saargebiet				
a) Minette, nicht vorbereitet	500 ,, 600	130 ,, 180	60 ,, 70	800 ,, 900
b) Minette, vorbereitet	600 ,, 800	180 ,, 220	65 ,, 75	500 ,, 600

[1] Summe der Gehalte an Nässe, Hydratwasser und Kohlensäure je t Roheisen.

Reduktion aufweist. Die Abbildung weist anderseits die Abhängigkeit zwischen dem Koksverbrauch je t Roheisen und der Schlackenmenge

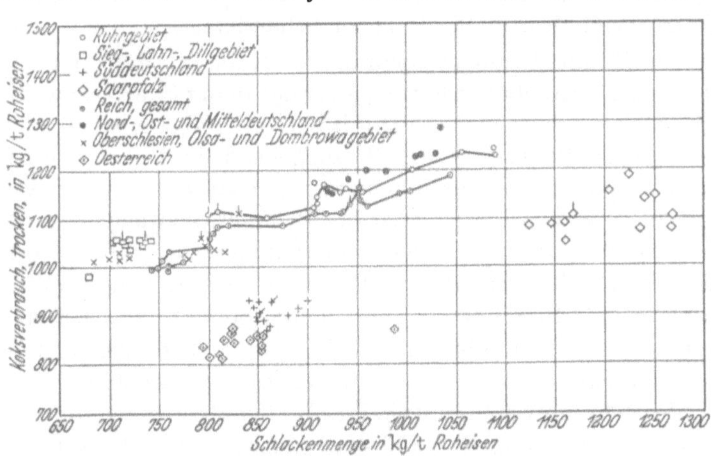

Abb. 148. Koksverbrauch und Schlackenmenge verschiedener Roheisen erzeugender Gebiete auf Grund statistischer Ermittlungen (nach Wesemann).

für acht verschiedene Eisenbezirke aus, die sich für die Monate Januar 1940 bis Februar 1941 aus den monatlichen Zusammenstellungen der früheren „Wirtschaftsgruppe Eisen-schaffende Industrie" entnehmen ließen. Es geht daraus hervor, daß insbesondere Süddeutschland und auch Österreich bei gleicher Schlackenmenge einen ganz wesentlich niedrigeren Koksverbrauch hatten als das Ruhrgebiet. An der Saar liegt dagegen die Schlackenmenge um rund 300 kg höher als bei den Hüttenwerken der Ruhr, was an sich einen um etwa 120 kg höheren Koksverbrauch der Saarhütten zur Folge haben müßte; trotzdem ist der Koksverbrauch des Ruhr- und Saargebietes fast gleich.

K. Die Vorbereitung des Zuschlagkalkes durch Brennen.

Der Vorbereitung des Hochofenkalkes durch Brennen kann unter besonderen Verhältnissen Bedeutung zukommen. Diese lagen wahrscheinlich für mehrere deutsche Hochofenwerke in den dreißiger Jahren vor, als regierungsseitig auf sie ein Druck ausgeübt wurde, sehr große Mengen kieselsäurereicher Erze mit geringen Eisengehalten in den Möller aufzunehmen. Beträgt doch bei manchen Inlandserzen, falls sie allein verhüttet würden, beim basischen Schmelzen der Kalksteinbedarf bis zu etwa 1600 kg/t Roheisen und selbst beim sauren Schmelzen teilweise mehr als 1100 kg/t Roheisen, während beim üblichen Möller der rheinisch-westfälischen Hochofenwerke nur zwischen 80 und 200 kg Kalkstein gesetzt werden. Da nunmehr wieder die wirtschaftlichen Zusammenhänge maßgebend sind, die eine günstigere Möllerzusammensetzung ermöglicht haben, erscheint es richtig, das Brennen des Zuschlagkalkes verhältnismäßig kurz zu behandeln.

Nachdem ältere Versuche, gebrannten Kalk im Hochofen zu verwenden, negative Ergebnisse hatten, ist er auf dem tschechoslowakischen Hochofenwerk in Kladno jahrelang mit gutem Erfolg verwendet worden. worüber von E. Baumgartner[219] eingehend berichtet worden ist, Diesem Werk ist das Verfahren auch patentrechtlich geschützt worden. Nachdem man in den Jahren 1927 bis 1929 gewissermaßen einen Versuchsbetrieb geführt hatte, der sehr günstige Ergebnisse brachte, entschloß man sich zweimal zum Bau von zwei großen Kalköfen, so daß das Werk ab 1929 nur noch mit gebranntem Kalk arbeitete. Die Beheizung dieser Öfen mit einer Höhe von 22,6 m und 6 m lichter Breite in der Brennzone erfolgte mit gereinigtem Gichtgas. Die Auswirkung des gebrannten Zuschlagkalkes bei der Erzeugung von Thomaseisen war eine Senkung des Koksverbrauchs von 1039 auf 868 kg/t Roheisen, das heißt um 171 kg oder um 16,5 %. Gleichzeitig erhöhte sich die Roheisenerzeugung bei dem mit 33,8 % unveränderten Möllerausbringen, bei gleicher Windmenge und gleicher Windtemperatur um

[219] Baumgartner, E.: Stahl u. Eisen Bd. 54 (1934) S. 509 bis 512.

19%. Unverändert blieb die Gichtstaubmenge, die Gichttemperatur und die Gaszusammensetzung. Das erzeugte Roheisen war bei gleicher chemischer Zusammensetzung heißer und gleichmäßiger.

Baumgartner kommt zu dem Ergebnis, daß das Verfahren um so wirtschaftlicher sei,

1. je höher der Kalksteinverbrauch je t Roheisen ist,
2. je teurer der Koks ist,
3. je geringer die örtliche Bewertung des zur Beheizung des Kalkbrennofens dienenden Gichtgases ist.

Es ist zu beachten, daß die in Kladno verarbeiteten Erze kieselsäurereich und kalkarm sind; sie werden zwar zum Teil geröstet, aber sie können wegen ihres Gefügeaufbaus nicht erfolgreich angereichert werden. Auch die Erhöhung des Möllerausbringens durch den Bezug reicher Auslandserze ist aus frachtlichen Gründen unvorteilhaft, so daß die Menge des zugeschlagenen Kalkes verhältnismäßig recht hoch ist.

Außer in Kladno ist auch in Jesenice (Jugoslawien) Kalkstein für den Hochofen seit 1938 unter Verwendung von Gichtgas gebrannt worden. Da der Kalkschachtofen nur mit kaltem Gichtgas betrieben werden konnte, ergab sich ein für den Hochofenbetrieb besonders geeigneter, fester Stückkalk mit einem Gehalt von 6 bis 10% CO_2[220]. Über die Auswirkungen, die sich daraus für den Hochofenbetrieb ergaben, liegen keine Zahlenangaben vor.

Die Möglichkeiten, dem Hochofen durch das Brennen des Kalkes einen Vorteil zu verschaffen, sind von K. Guthmann[221] eingehend erwogen worden. Auf der Grundlage der Ergebnisse von Kladno errechnet er eine Koksersparnis von 30 kg Koks, wenn an Stelle von 100 kg Rohstein dem Hochofen gebrannter Kalk zugeführt wird. Hiervon ausgehend und die chemische Zusammensetzung einiger deutscher Erze berücksichtigend hat er die in Abb. 149 dargestellten Verhältnisse auf der Grundlage berechnet, daß die Erze mit einer Schlackenziffer $p = 0{,}7$ bis 0,8 verhüttet werden. Gegenüber dem „normalen Möller" ergibt sich steigend bis zum Pegnitzer Roherz eine Koksersparnis bis zu rund 450 kg/t Roheisen. Bei basischer Verhüttung würden die Ersparnisse natürlich noch wesentlich günstiger sein.

Durch die Verwendung des gebrannten Kalkes entstehen die besonderen Kosten für das Brennen, die sehr weitgehend von den Kosten für den Brennstoff abhängig sind. Bei schnell durchgesetztem Hochofenkalk, der nach dem Brennen noch etwa 10 bis 25% CO_2 enthält, muß man mit etwa 1,5 t Kalkstein je t gebranntem Kalk rechnen. Der an-

[220] Guthmann, K.: Stahl u. Eisen Bd. 58 (1938) S. 1305 bis 1317.
[221] Guthmann, K.: Stahl u. Eisen Bd. 58 (1938) S. 857 bis 865.

fallende Kalkstaub kann gegebenenfalls in der Sinteranlage eingesetzt werden.

Sofern der Kalkstein als Möllerzuschlag gebrannt wird, dürfte Gichtgas der wirtschaftlich günstigste Brennstoff sein; von ihm werden etwa 700 bis 720 m^3 je t Kalkstein erforderlich sein. Es ergeben sich dann nach Guthmann auf der Grundlage der Preise des Jahres 1938 die in der Zahlentafel 75 aufgeführten Brennkosten. Es ist dazu zu bemerken, daß in der Spalte 5 das Gichtgas als Überschußgas angesehen ist, das nur mit den Gasreinigungskosten von 0,40 RM/1000 Nm^3 belastet ist. Von diesen Unterlagen ausgehend, hat Guthmann den

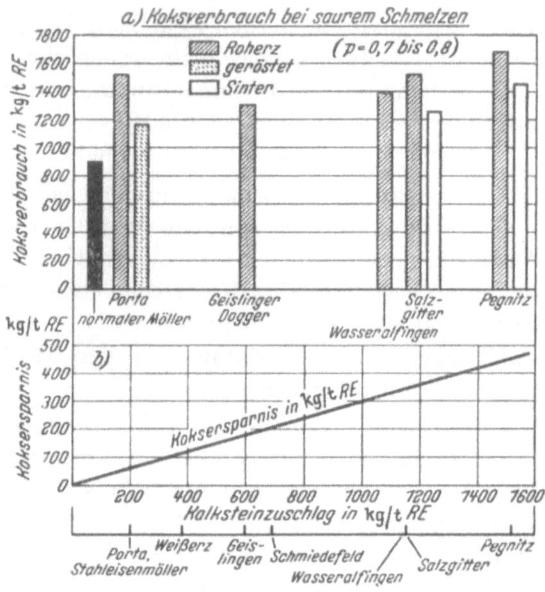

Abb. 149. Koksverbrauch und Koksersparnis bei Verhüttung von verschiedenen deutschen Eisenerzen mit gebranntem Kalk (nach K. Guthmann).

wirtschaftlichen Nutzen der Verwendung von gebranntem Kalk berechnet und gelangt je nach der Höhe des Bedarfs und den Kosten für das Brennen zu Ersparnissen von 0,59 bis zu 6,90 RM/t Roheisen beim sauren Schmelzen. Der Anreiz zum Kalkbrennen ist somit unter normalen Verhältnissen nicht besonders groß.

Auf Grund eines Verhüttungsversuches mit Salzgittererzen hat auch H. Schumacher[222] die Ersparnis errechnet, die bei Verwendung von gebranntem Stückkalk erzielbar ist. Er kommt zu einem Betrage von 5,19 RM/t Roheisen, wobei er in einem Falle II im Möller 1114 kg Kalk-

[222] Schumacher, H.: Stahl u. Eisen Bd. 59 (1939) S. 353 bis 361.

Zahlentafel 75. *Kosten des Brennens von Kalkstein bei Beheizung mit Gichtgas in einem Ofen von 150 t Kalkstein Tagesleistung (nach K. Guthmann).*

Kostenart	Bedienung, Verbrauch und Preis	Brennkosten in RM/t Kalkstein bei einem Preise des Gichtgases von		
		3,00 RM/ 1000 Nm³	2,50 RM/ 1000 Nm³	0,40 RM/ 1000 Nm³
Löhne	1 Mann je Ofen und Schicht	0,06	0,06	0,06
Brennstoff	710 Nm³ Gichtgas je t Kalkstein	2,13	1,78	0,28
Strom	31 kWh/t Kalkstein zu 0,02 RM je kWh	0,64	0,64	0,64
Instandhaltung . . .	—	0,20	0,20	0,20
Tilgung und Verzinsung	15%	0,50	0,50	0,50
Hilfsstoffe	—	0,02	0,02	0,02
Brennkosten	RM/t Kalkstein	3,55	3,20	1,70
Brennkosten	RM/t Hochofenkalk[1]	~4,70	~4,25	~4,00

[1] 1,35 t Kalkstein für eine t gebrannten Kalk.

stein führen mußte, wodurch ein Möllerausbringen von nur 22,8 % verursacht wurde. Der Koksverbrauch betrug dann 1535 kg/t Roheisen. In dem Vergleichsfalle wurden 651 kg gebrannter Kalk gesetzt und das Möllerausbringen stieg dadurch auf 27,4 %. Der Koksverbrauch stellte sich dann auf 1212 kg/t Roheisen, war also um 323 kg niedriger. Da die Menge der Möllerkohlensäure um 443 kg zurückgegangen war, ergibt sich ein Mehrverbrauch von 73 kg Koks je 100 kg Kohlensäure.

Dem Brennen des Hochofenkalkes ist auch von W. Lennings[223] Aufmerksamkeit geschenkt worden. Versuche, die er bei eisenreichen und eisenarmen Möllern mit sauerstoffangereichertem Wind durchführte, haben ihn zu der Auffassung geführt, daß sich neben dem Rösten oder Sintern der Erze die Verwendung von gebranntem Kalk als günstig und notwendig zur Erzielung höchster Wirkung bei Sauerstoffanreicherung erwiesen habe.

Bei diesen günstigen Beurteilungen des Kalkbrennens tritt die Frage auf, warum die älteren Versuche erfolglos waren. Ein Grund dürfte darin liegen, daß zu der Zeit dieser Versuche noch nicht mit derart hohen Mengen an Zuschlagkalk gerechnet wurde, wie sie sich aus der Entwicklung der Erzversorgung ergaben. Außerdem kann man vermuten, daß ein zu weicher Stahlwerkskalk Verwendung fand, der aus feuchten Erzen Feuchtigkeit und aus den Ofengasen unter Wärmeent-

[223] Lennings, W.: Stahl u. Eisen Bd. 63 (1943) S. 757 bis 767.

wicklung Kohlensäure aufnahm, wodurch die beabsichtigte Wirkung verhindert wurde.

Es erscheint aber richtig, die Dinge auch einmal von der Seite zu sehen, daß man vor allem die den hohen Kalksteinbedarf veranlassenden, kieselsäurereichen Erze verbessert. In diesem Falle würden nicht nur die Kosten für das Brennen des Kalkes in Fortfall kommen können, sondern der verminderte Kalksteinbedarf würde auch eine Kostenersparnis für den rohen Kalkstein veranlassen. In manchen Fällen werden die Erze schon aufbereitet und sie lassen sich dann, weil sie bereits „angefaßt" sind, bei nicht wesentlichen Mehrkosten wesentlich höher anreichern. Dabei könnte man vor allem an die wärmetechnisch arbeitenden Anreicherungsverfahren denken, die dem Hochofen die Schachtarbeit abnehmen und durch die Austreibung der vergasbaren Bestandteile außerdem beträchtliche Frachtersparnisse bringen können.

Weil zur Zeit nicht damit zu rechnen ist, daß in den Hochofenwerken gebrannter Kalk als Zuschlag benutzt wird, soll auf die Entwicklung und den Stand der Kalkbrennöfen hier nicht näher eingegangen werden. Es sei aber auf eine Arbeit von K. Guthmann hingewiesen, in der er diesen Gegenstand eingehend behandelt und auch eine Zusammenstellung des einschlägigen Schrifttums gegeben hat [224]. Da außer an ein Brennen des Kalkes in den Schacht-, Ring- oder Drehöfen auch ein Brennen auf dem Sinterband in Frage kommen könnte, sei erwähnt, daß nach Feststellungen von H. Schumacher dieser letztere Weg um mindestens 8% teurer ist als das Brennen im Schachtofen. Über die physikalischen Grundlagen, die für das Brennen von Kalkstein, Dolomit und Magnesit Bedeutung haben, liegt eine weitere Arbeit von K. Guthmann vor [225].

L. Besprechung von Betriebsanlagen.

I. Die Erzmischanlage der Sophienhütte in Wetzlar.

Bei dieser Anlage der Buderusschen Eisenwerke, die von H. Oberle eingehend beschrieben worden ist [226], handelt es sich um eine reine Mischanlage, da die angelieferten Erze weder gebrochen noch abgesiebt werden brauchen. Die Eisensteinvorkommen des Lahn- und Dillgebietes haben die Eigentümlichkeit, daß bei ihnen ohne jede Gesetzmäßigkeit Roteisenstein mit überwiegendem Kieselsäuregehalt und Flußeisenstein mit überwiegendem Kalkgehalt ineinander übergehen, so daß große Schwankungen in der Zusammensetzung der Fördererze auftreten. Die

---

[224] Guthmann, K.: Radex-Rundschau (1952) H. 4, S. 141 bis 160.
[225] Guthmann, K.: Stahl u. Eisen Bd. 69 (1949) S. 154 bis 158.
[226] Oberle, H.: Stahl u. Eisen Bd. 61 (1941) S. 529 bis 535.

starken tektonischen Vorgänge, denen das Gebiet unterworfen war, haben außerdem zur Entstehung vieler Gruben geführt, die Erze abweichender Beschaffenheit fördern. Infolgedessen hat das Hochofenwerk in Wetzlar von etwa 10 bis 12 Gruben, von denen einige einen aufbereiteten oberhessischen Basalteisenstein liefern, 22 verschiedene Erzsorten aufzunehmen. Von dem insgesamt angelieferten Erz sind 53 % Flußeisenstein, 36 % Roteisenstein und 11 % Brauneisenstein. Der Anteil an Feinerz unter 25 mm beträgt 32 %. Zur Erreichung einer guten Gleichmäßigkeit im Möller und zur Anwendung der als vorteilhaft erkannten „physikalischen Mölleraufgabe" wurde mit der Errich-

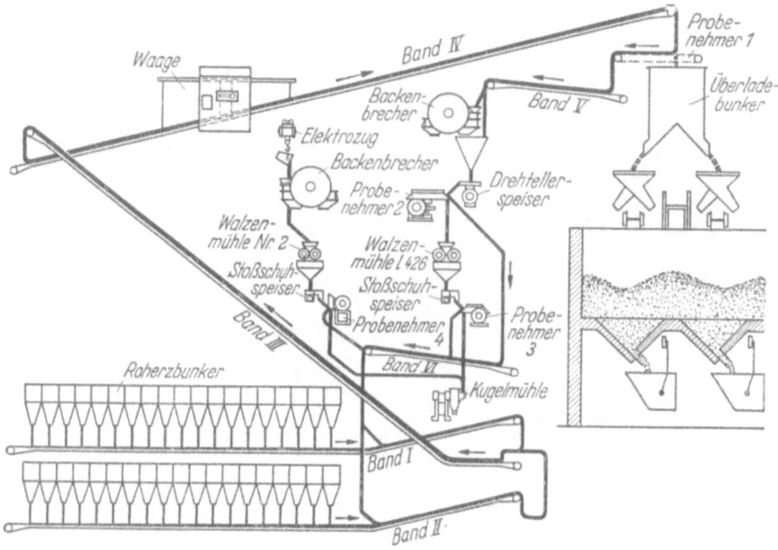

Abb. 150. Schematische Darstellung der Erzmischanlage nebst Stammbaum der Erzprobenahme auf der Sophienhütte in Wetzlar (nach H. Oberle).

tung der Anlage im Jahre 1937 begonnen. Einen wichtigen Teil derselben bilden 38 Bunker, von denen 26 für die Aufnahme von groben und zwölf für die Aufnahme von feinkörnigen Erzen dienen. Diese Bunker sind in zwei Reihen angeordnet und können mittels regelbarer mechanischer Vorrichtungen auf die unter ihnen liegenden Förderbänder austragen. Abb. 150 zeigt, wie diese beiden Förderbänder I und II ihr Gut auf das Band III werfen, und zwar geschieht dies über ein Hosenrohr, wie Abb. 151 erkennen läßt. Auf diese Weise werden aus den vielen einzelnen Sorten vier Mischerzsorten hergestellt, und zwar

1. eine grobe Roteisenstein-Mischung von saurer Beschaffenheit,

2. eine feinkörnige Rot- und Brauneisenstein-Mischung von saurer Beschaffenheit,

3. eine grobe Flußeisenstein-Mischung von neutraler bis basischer Beschaffenheit,

4. eine feinkörnige Flußeisenstein-Mischung von neutraler bis basischer Beschaffenheit.

Abb. 150 zeigt noch, daß die Anlage auch eine Probenahme umfaßt, in der sowohl aus den durchlaufenden Erzen als auch aus sonstigem, angeliefertem Gut Proben vorbereitet werden können. Nach der Probenahme geht das gemischte Erz über einen Übergabebunker in Selbstverteilerwagen, die es den vorhandenen Erztaschen zuführen; aus diesen geht es zu den Hochöfen weiter.

Abb. 151. Erzübergabe der Bänder 1 und 2 durch ein Hosenrohr auf das Förderband 3 bei der Erzmischanlage der Sophienhütte in Wetzlar (nach H. Oberle).

Die mögliche Förderleistung der Anlage ist 120 t/h und unter Berücksichtigung notwendiger Pausen 2400 t/24 h. Da der Hochofenbetrieb 650 t/24 h benötigt, wird die Anlage nur auf einer Schicht betrieben. Die Betriebskosten je t Durchsatz beliefen sich nach Oberle im Jahre 1940 auf:

Löhne	0,12 bis 0,14	RM/t
Energie (Strom und Preßluft) .	0,015	,,
Instandhaltung	0,04	,,
zusammen	0,18 bis 0,20	RM/t

Sie sind somit recht niedrig.

Der Nutzen, den die Mischanlage dem Hochofenbetrieb gebracht hat, ist deswegen nicht eindeutig erkennbar, weil sich nach ihrer Inbetriebnahme die Zusammensetzung der Erze verschlechterte. Einen Überblick über die recht günstigen Auswirkungen geben aber die Werte der Zahlentafel 76, in denen die Möllereinsätze und sonstige Betriebskennzahlen eines auf Gießereiroheisen gehenden Ofens in den ersten Halbjahren 1939 und 1940 — d. h. vor und nach der Inbetriebnahme der Anlage — gegenübergestellt sind.

Zahlentafel 76. *Möller- und Betriebskennzahlen (Schrott herausgerechnet) des Hochofenbetriebes der Sophienhütte in Wetzlar vor und nach der Inbetriebnahme der Erzmischanlage (nach H. Oberle).*

	Vor Inbetriebnahme der Erzmischanlage 1. Halbjahr 1939	Nach Inbetriebnahme der Erzmischanlage 1. Halbjahr 1940
Erzverbrauch . . . . kg/t RE	2542	2713
Kalksteinverbrauch . . . . . . ,,	405	480
Möllerausbringen . . . . %	33,97	31,31
Schlackenmenge . . . . kg/t RE	1047	1145
Koksverbrauch . . . . ,,	1301	1273
Abstiche mit über 0,06% S . . %	4,2	1,1

II. Die Erzvorbereitungsanlage in Corby (England).

Das gemischte Werk der Röhren herstellenden Firma Stewarts & Lloyd Ltd. hat zur Grundlage die in Mittelengland in der Grafschaft Northamptonshire auftretenden Juraerze. Diese sind stark phosphorhaltig und wurden nur zur Herstellung von Gießereieisen benutzt, bis man 1930 erkannte, daß sich aus ihnen über Thomasroheisen und basisch zugestellten Konverter ein billiger Stahl erzeugen ließ. In den Jahren 1934 und 1935 kamen dann drei Hochöfen zur Erzeugung von Thomasroheisen in Betrieb.

Für die chemische Zusammensetzung der in verschiedenen Tagebauen gewonnenen Erze werden folgende Werte genannt:

26 bis 32%	Fe	i. F.
6 ,, 15%	SiO_2	,, ,,
6 ,, 8%	Al_2O_3	,, ,,
3 ,, 5%	CaO	,, ,,
0,6%	P	,, ,,
15%	Feuchtigkeit.	

Es handelt sich um oolithische Brauneisenerze, die stratigraphisch dem unteren Dogger angehören. Die Mächtigkeit des Erzlagers beträgt etwa 3 bis 5 m; es wird von einem Deckgebirge überlagert, das etwa 8 bis 20 m dick ist. Der Abbau und die Verladung erfolgt mittels kräftiger Löffelbagger, deren Löffel rund 7 m³ Inhalt haben. Dieses Verfahren bedingt, daß die dem Hochofenwerk zugeführten Erze zum Teil sehr grobstückig sind; anderseits ist aber ein Teil des Erzes toniglehmig und feinkörnig. Infolge des Gehaltes an Ton und der erheblichen Feuchtigkeit, die mit der Witterung stark schwankt, neigt das Erz zur

Bildung von Ansätzen und zur Verstopfung in den Brechern und Siebvorrichtungen.

Die Vorbereitung dieser Erze geschah zuerst in einer Brechanlage, der ein Siebvorgang vorgeschaltet war, und durch Sinterung des Fein-

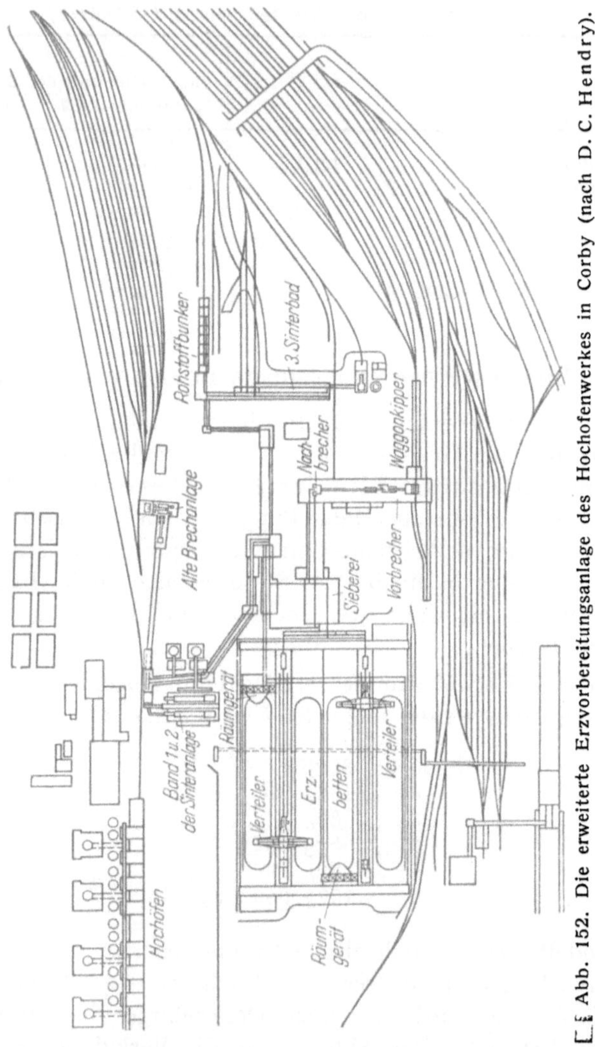

Abb. 152. Die erweiterte Erzvorbereitungsanlage des Hochofenwerkes in Corby (nach D. C. Hendry).

erzes unter 17 mm Korngröße. Es ergab sich, daß die getroffenen Einrichtungen nicht voll befriedigten und daß es wünschenswert war, das vorgebrochene Erz nachzubrechen und zur Erhöhung der Gleichmäßigkeit des Erzes eine Mischung auf Erzbetten nach Robins-Messiter vorzunehmen. Es wurde daher eine Erweiterung der Anlage vorgenommen, die im Jahre 1948 in Betrieb kam. Abb. 152 zeigt in einem Gesamtplan sowohl die alte Brechanlage, zu der die Sinterbänder 1 und 2 gehören, als auch die sehr umfangreiche Erweiterung, die aus einer Vor- und Nachbrechanlage mit nachfolgender Sieberei, in der die Korngrößen 0 bis 17 mm, 17 bis 37 mm und 37 bis etwa 70 mm hergestellt werden, besteht [227]. Die beiden gröberen Kornklassen, die auch getrennt gegichtet werden, gehen zur Erzbettenanlage, die aus vier 110 m langen Lagerplätzen besteht. Das Feinerz geht zur Sinterung, jedoch ist beabsichtigt, auch dieses Feinerz zuvor zu lagern, um auch bei ihm eine höhere Gleichmäßigkeit in der chemischen Zusammensetzung zu erreichen. Bei dieser Erweiterung der Anlage, die 800 t/h zu verarbeiten vermag, wurden mehrere Verbesserungen der ersten Ausstattung eingeführt. Abb. 153 ist ein Schnitt durch die neue Vorbrechanlage, in der die Vorabsiebung durch einen Stangenrost und einen nachgeschalteten Rollenrost erfolgt. Der Stangenrost besteht aus einer endlosen Stabkette, die um zwei Umkehrrollen gelegt ist und deren Stäbe paarweise derart verbunden sind, daß der eine Stab frei pendeln kann, wenn die Kette nach unten durchhängt. Dadurch reinigt sich der Rost selbst. Es folgt der Rollenrost, der ebenso wie der Stangenrost das Korn unter etwa 70 mm ausscheidet. Dieses wird mit Förderbändern weitergefördert und zur Schonung dieser Bänder sind in der neuen Anlage zwei kurze Bänder nahe unter den Rosten angeordnet, nachdem sich in der alten Anlage ein zu starker Verschleiß ergab, wenn der Durchfall des Rostes unmittelbar auf das tief gelegene Fördermittel stürzte. Das stückige Gut größer als 70 mm fällt einem Nockenwalzenbrecher zu, gessen Walzen 25 t wiegen und 180 U/min ausführen. Dieser Brecher zerkleinert auf unter etwa 150 mm; er vermag dabei Stücke bis zu 1,5 ×1,2×0,6 m Größe zu brechen. Gewählt wurde er, weil er sich auch bei dem klebrigen Erz nicht verstopft. Da der Verschleiß an den Nocken durch Aufschweißen ausgeglichen werden kann, wird auch ein häufiges Auswechseln des Brechers vermieden.

Bevor das so vorgebrochene Erz in der Nachbrecheranlage weiterzerkleinert wird, erfolgt wieder eine Absiebung des Korns unter 70 mm mittels eines Rollenrostes; der Rest wird zwei Kegelbrechern zugeführt, in denen alles Gut gleichfalls auf unter 70 mm gebrochen wird. Diese Bauart wurde gewählt, weil das härtere Grobkorn weniger klebrige Bestandteile hat und weil die Rundbrecher der Forderung gerecht werden, ein besonders gleichkörniges Gut zu liefern.

Es folgt das Zerlegen des Erzes in verschiedene Körnungen. Da das klebrige Gut selbst bei den besten Bauarten von Schwingsieben die Siebböden verstopft und da sich dies weder durch Langlochung noch

[227] Hendry, D. C.: J. Iron Steel Inst. (1947) S. 121 bis 135.

durch Beimischung von trocknem Gichtstaub vermeiden ließ, wurde ein Gerät aus vier kaskadenartig angeordneten Walzen, die kräftige radiale Leisten und Rillen bei einem senkrechten Abstand von etwa 1 m haben, eingeführt. Der Aufschlag des Erzes auf diesen Walzen, die 1,35 m Durchmesser und 62 Rillen von 30 mm Tiefe haben, bewirkt den Zerfall von vorhandenen Ballungen, und das feine Gut fällt danach durch die Rillen ab, während das gröbere Korn von den sich drehenden Walzen weiter mitgenommen wird und dadurch zum Aufschlag auf der nächst-

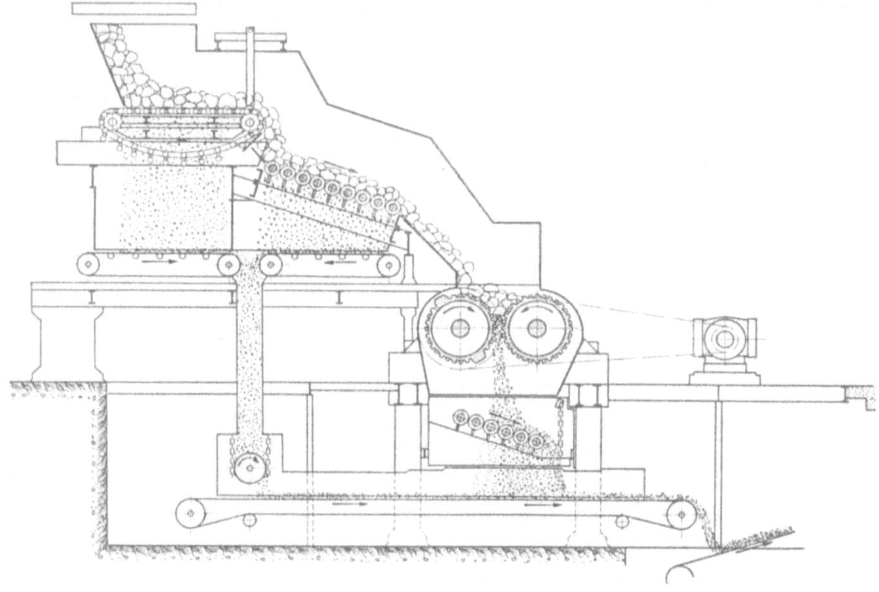

Abb. 153. Die Ausrüstung der neuen Vorbrechanlage auf dem Hochofenwerk in Corby (nach D. C. Hendry).

folgenden Walze gelangt. Unter jeder Walze ist noch ein kammartiges Gerät eingebaut, das die Rillen in den Walzen sauber hält. Von dieser Siebeinrichtung geht das Korn 17 bis 37 mm auf die beiden inneren und das Gut 37 bis 70 mm auf die beiden äußeren Erzbetten. Jedes Bett nimmt bei 6 m Höhe und 17 m Breite 8000 bis 9000 t auf. Bevor das Stückerz dem Hochofen aufgegeben wird, erfolgt noch einmal eine Aussiebung das Korns unter 17 mm; dabei werden die Siebböden durch Gasflammen beheizt, um Verstopfungen zu vermeiden. Eine Probenahme und eine Verteilerstelle, die aus einem Kontrollraum mit Leuchtschaltbild besteht, ergänzen die Anlage.

Bei der Weiterzerkleinerung des Feinerzes unter 17 mm auf die für die Sinterung geeignete Körnung sind Hammermühlen erprobt worden, deren Hämmer zur Herabsetzung des Verschleißes mit Hartmetall-

Schlagflächen versehen wurden. Danach erfolgt die Stückigmachung auf den drei Sinterbändern der Bauart Dwight-Lloyd. Von diesen haben die Bänder *1* und *2* eine Breite von 1,82 m und leisten je 750 t in 24 h. Durch die Austreibung des Wassers und der Kohlensäure steigt der Eisengehalt des Erzes von etwa 31 % auf 42 % im Sinter an.

III. Die Betriebsanlagen zur Anreicherung der Salzgittererze bei Watenstedt.

Zur Vorbereitung und Anreicherung der stark sauren und armen Erze der Lagerstätte von Salzgitter entstanden in der Nähe des Hochofenwerkes der „Hütte Braunschweig" drei Anlagen, nämlich die Erzvorbereitung bei Watenstedt, die Erzwäsche bei Calbecht und eine Krupp-Rennanlage bei Heerte. Im folgenden sind diese Anlagen beschrieben.

1. Die Erzvorbereitung Watenstedt.

Es handelt sich bei ihr um ein großzügig angelegtes Werk, das eine Brechanlage, Sieberei, Zerkleinerung, Erzbettenanlage, Aufbereitung nach dem Lurgi-Verfahren und Sinterei umfaßt und 16500 t/24 h durchzusetzen in der Lage ist. Die Roherze gelangen von mehreren Gruben auf einer Hochbahn in die Anlage, wobei ausschließlich Großraumwagen mit Seitenentleerung benutzt werden, die 50 bis 75 t Erz fassen. Mittels Plattenbändern wird die gesamte Erzmenge der Erzbrech- und Siebanlage zugeführt. Eine Übersicht über die Anlage gibt Abb. 154, welche den Mengenfluß schematisch wiedergibt. Das Vorbrechen geschieht auf sechs Nockenwalzenbrechern, deren Abmessungen bereits auf S. 52 genannt sind. Das gebrochene Erz geht mittels Gummiförderbändern zur Nachbrechanlage, wo es auf Universalschwingsieben in Korn über und unter 50 mm geteilt wird. Das Grobkorn wird auf zwölf Nockenwalzenbrechern auf unter 50 mm nachgebrochen; danach wird das gesamte Roherz auf Doppeldecker Vibrosieben in die drei Kornklassen 50 bis 25 mm, 25 bis 15 mm und unter 15 mm zerlegt. Die grobe und die feine Kornklasse gehen zur Erzbettenanlage, während das Korn 15 bis 25 mm in der recht erheblichen Menge von 500 tato der Sinteranlage zugeführt wird, wo es als Rostbelag verwandt wird. Von diesen drei Kornklassen wird durch selbsttätige Probenehmer Probe genommen. Die Erzbettanlage umfaßt 16 Betten, die bei 45 m Länge und 16 m Fußbreite 6 m hoch sind und je 3000 t Erz fassen. Auf diesen Betten gemischt geht das Erz von 25 bis 50 mm Korngröße im Gewicht von 4000 tato zur Verhüttung in den eigenen Öfen oder zu andern Hochofenwerken. Das übrige Stückerz wird, bevor es in der Lurgi-Anlage magnetisierend geröstet wird, auf Walzwerken auf unter 20 mm zer-

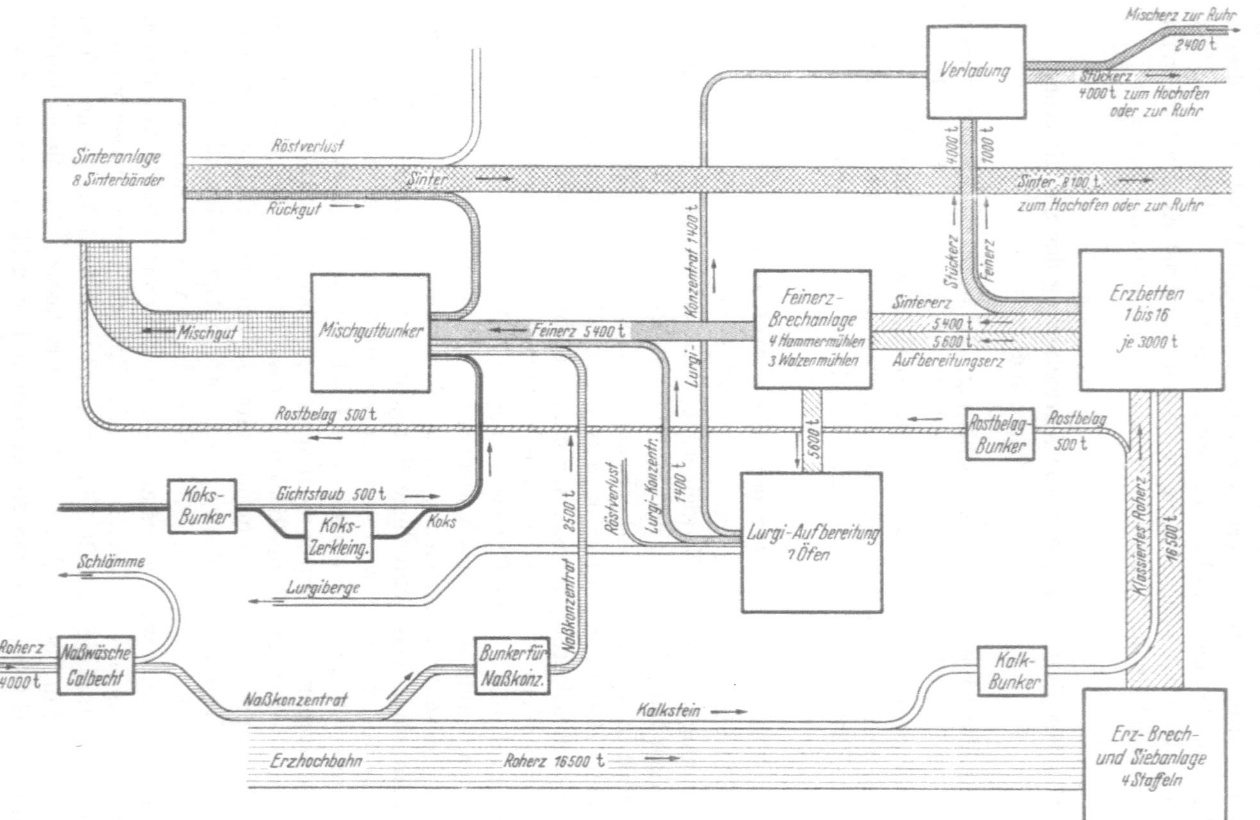

Abb. 154. Mengenflußbild der Erzvorbereitung der „Hütte Braunschweig“ in t/24 h (nach C. P. Debuch).

kleinert. Um die Leistung dieser Maschinen zu steigern, wurden ihnen nachträglich Vibrosiebe mit 20 mm Lochweite vorgeschaltet. Die vier Walzenmühlen haben einen Walzendurchmesser von 1150 mm und eine Walzenbreite von 700 mm; ihre Leistung beträgt 50 t/h. Die Lurgi-Anlage wird außerdem mit Feinerz unter 15 mm beliefert, das unmittelbar den Drehöfen zugeführt wird. Das übrige Feinerz unter 15 mm geht zur Sinterei, wird aber vorher durch Hammermühlen, denen Siebe von 8 mm vor- und nachgeschaltet sind, auf unter 8 mm zerkleinert. Der Sinteranlage sind 18 Mischgutbunker vorgeschaltet, die je 100 m³ Inhalt besitzen und die die vor der Sinterung zu mischenden Rohstoffe aufnehmen; es sind dies außer dem Feinerz das Konzentrat von Calbecht, Lurgikonzentrat, Gichtstaub, Rückgut und Brennstoff. Wie das Mengenflußbild zeigt, werden von der Wäsche Calbecht täglich 2300 t Naßkonzentrat angeliefert; außerdem wurden täglich 500 t Gichtstaub aus den eigenen Hochöfen erwartet. Für die Brennstoffversorgung der Sinteranlage dient ein Koksbunker und eine Zerkleinerungsanlage.

Die *Sinteranlage* besteht aus 6 Sinterbändern von 2,5 m Breite und 30 m Länge, die eine Leistung von je 1200 t Sinter besitzen. Vier davon kamen 1941 in Betrieb; über ihre Ergebnisse hat C. B. Debuch[228] folgende Angaben gemacht:

Monat	Erzeugung		Koksgrus/t	Gichtgas m³/t	Lohn RM/t
	in t	kWh/t			
Januar 1944 . .	145311	27,7	0,102	43,7	0,45
September 1944 .	178521	31,3	0,108	40,0	nicht ermittelt

Er fügt allerdings die Bemerkung hinzu, daß bei diesen Angaben zu berücksichtigen sei, daß infolge häufiger Fliegeralarme und ungelernter Arbeitskräfte kein ganz regelmäßiger Betrieb vorgelegen habe.

Die *Lurgi-Anlage* bestand aus acht Drehöfen von 50 m Länge und 3,6 m Manteldurchmesser, die in den Jahren 1941 und 1942 in Betrieb kamen und von denen inzwischen einer demontiert worden ist. Die Arbeitsbedingungen dieser Anlage und die erzielten Ergebnisse sind bereits auf S. 166 bis 167 beschrieben worden. Bei einem lichten Durchmesser der Öfen von 3,10 m haben sie 378 m³ Inhalt. Leistungsversuche ergaben, daß jeder Ofen mit 1150 t/24 h belastet werden konnte. Zur größeren Treffsicherheit, zur Minderung des Staubentfalls und zur Schonung der Inneneinrichtung des Ofens wurden die Öfen jedoch nur mit 800 t/24 h belastet. Es errechnet sich daraus eine spezifische Ofen-

[228] Debuch, C. B.: Stahl u. Eisen Bd. 66/67 (1947) S. 205 bis 212.

leistung von 2,1 t/m^3 Ofenraum u. 24 h. Das Röstgut wird in einer besonderen Zerkleinerungsanlage schonend auf Walzenbrechern unter 3 mm gebrochen und mittels Gleichstrom-Trommelscheidern getrennt. Bei dem Ergebnis mit einem Konzentrat mit rund 40 % Fe bei einem Eisenausbringen von rund 82 % ist zu berücksichtigen, daß die Anlage nur solche Erze erhielt, die sich für die Naßwäsche nicht eigneten und daß auch noch nicht die Rennanlage zur Verfügung stand, die solche Erze hätte abnehmen können, die sich wegen ihres Gefügeaufbaus für ein mechanisches Anreicherungsverfahren eigentlich nicht eignen.

2. Die Erzwäsche Calbecht.

Diese Anlage wendet die Läuterung an, allerdings in Verbindung mit einer schonenden Zerkleinerung, die derart angewandt wird, daß die natürlichen Bestandteile des Erzes, wie Ooide und Erzbohnen, möglichst vor einer Beschädigung bewahrt bleiben. Die Erze des Vorkommens von Salzgitter sind durchweg so fest und ihr Gehalt an Ton ist so mäßig — der Gehalt an Tonerde liegt ziemlich gleichmäßig bei 7 bis 9 % Al_2O_3 —, daß eine reine Läuterung nicht zum Ziel gelangen würde. Auf den Gruben „Hannoversche Treue“ und „Haverlahwiese“ werden jedoch besonders im Tagebau Erze gewonnen, die verhältnismäßig weich sind und deswegen einer Anwendung der Läuterung entgegenkommen.

Der Arbeitsgang der Anlage ist folgender[229]: Das Roherz wird zunächst in einem Nockenwalzenbrecher auf unter 100 mm vorgebrochen und danach auf zwei weiteren Brechern von gleichartiger Bauweise auf unter 50 mm nachgebrochen. Darauf folgt eine Siebung bei 10 mm auf Vibrationssieben. Der Durchfall dieser Siebe geht in die erste Läuterstufe, während der Siebrückstand erst auf Glattwalzwerken nachzerkleinert wird, bevor er auch der 1. Läuterung zugeteilt wird. Die Glattwalzwerke sind auf einen verhältnismäßig weiten Spalt eingestellt, um die Erzstücke jeweils nur anzuknacken und damit ihren Verband aufzubrechen. Nach dem Durchgang durch diese Walzwerke ist alles Erz auf unter 15 mm gebracht und wird in den von der Studiengesellschaft für Doggererze gebauten Maschinen durchgearbeitet. Diese bestehen in der 1. Stufe aus drei Trögen, von denen die beiden ersten Rührwerke enthalten, die in einer mit Schwertern spiralförmig besetzten Welle bestehen. In diesen Trögen wird das an Ton reichere Bindemittel der Erze weitgehend aufgeschlämmt. Danach tritt der dicke Schlamm in den Trog der Becherwerksstufe über, in dem das die Maschine im Gegenstrom durchfließende Waschwasser das Erzkorn vom Schlamm reinigt. Das gewonnene Halbkonzentrat hat 34 bis 35 % Fe und der die Maschine verlassende Schlamm 11 bis 12 % Fe. Das Halbkonzentrat

---

[229] Goltz, A.: Stahl u. Eisen Bd. 70 (1950) S. 505 bis 506.

wird einer Nachaufschließung zugeführt, in der zunächst mit Vibrationssieben das Feinerz unter 6 mm von dem gröberen Korn abgetrennt wird. Dieses wird dann wieder auf zwei Glattwalzwerken mechanisch auf unter etwa 4 bis 6 mm weiter aufgeschlossen. Danach folgt die 2. Läuterstufe, die in Maschinen gleicher Bauart vorgenommen wird, wie sie in der Hauptaufschließung benutzt werden; sie besitzen aber nur einen Rührtrog. Der Erfolg dieser 2. Läuterstufe ist ein Konzentrat, welches um etwa 10,5 % eisenreicher ist als das Roherz und dies bedeutet, daß im allgemeinen ein Konzentrat mit 38 bis 40 % Fe erzeugt wird. Die Schlämme der 2. Läuterstufe besitzen etwa 13 % Fe und dadurch stellt sich das Eisenausbringen auf etwa 76 %. Zahlentafel 77 bringt die Ergebnisse der Anlage, wie sie in den Betriebsjahren 1943 und 1944 erreicht wurden. Der tägliche Durchsatz beträgt etwa 3600 bis 4000 t; er verteilt sich auf vier parallel arbeitende Systeme, so daß sich der stündliche Durchsatz für jede Läutermaschine auf 38 t stellt. Der Wasserverbrauch beträgt je t Roherz etwa 3 m³ und der Kraftverbrauch 5 kWh.

Zahlentafel 77. *Ergebnisse der Naßaufbereitung Calbecht in den Jahren 1943 und 1944 (nach Debuch).*

Betriebsjahr		1000 t	Fe %	SiO_2 %	CaO %	H_2O %	Ausbringen Gewicht %	Ausbringen Eisen %	SiO_2-Fortbringen %
1943	Roherz	1265	27,20	27,06	5,89	8,80			
1943	Konz.	729	38,80	13,64	5,62	15,60	53,4	76,6	73,1
1944	Roherz	1288	28,07	26,61	5,29	8,40			
1944	Konz.	764	38,90	14,69	4,99	15,80	54,6	75,6	69,9

Ein wichtiges Glied der Anlage ist die Unterbringung der Schlämme mit der Rückgewinnung von Wasser. Calbecht steht ein Klärteich von 6 Mill. m³ Inhalt zur Verfügung. Da er höher liegt als die Aufbereitung, müssen die Schlämme 90 m hoch gepumpt werden. Etwa ein Drittel des Wasserverbrauchs kann aus dem Klärteich in die Anlage zurückgenommen werden.

Seit dem Zusammenbruch im Jahre 1945 hat die Anlage auch Stückerz anderer Gruben aufnehmen müssen. Dies hat dazu geführt, daß die Anreicherung etwas geringer wurde, aber es konnte das Eisenausbringen auf 76 bis 82 % gleichzeitig erhöht werden.

Die besprochene Aufbereitung kann als ein guter Erfolg gelten, weil sie auf an sich wenig geeignete Erze das einfache und billige Verfahren der Läuterung zur Anwendung bringt, indem sie diese mit einer schonend wirkenden, mechanischen Aufschließung koppelt.

Eine Vervollkommnung der Anlage ist in der letzten Zeit dadurch gelungen, daß an Stelle der starren Walzenmühlen von der Prallzerkleinerung Gebrauch gemacht wurde, bei der das Erz nach seinen natürlichen Gefügebestandteilen aufgespaltet wird. Wie A. Goltz über die neuen Erfolge berichtet hat[230], wird auf diese Weise ein Konzentrat mit 41 % Fe i. Tr. bei einem Eisenausbringen von 82 % gewonnen.

3. Die Krupp-Rennanlage bei Heerte.

Als den Hüttenwerken der Ruhr die Verpflichtung auferlegt wurde, Salzgittererze abzunehmen, entschloß sich die Fried. Krupp AG. in Essen, den auf sie entfallenden Anteil in einer Rennanlage in der Nähe der Erzgruben zu verarbeiten und die Luppen in Rheinhausen auf Thomasroheisen zu verhütten. Bei diesem Entschluß war maßgebend, daß die Durchsatzleistungen und Standorte der dem Konzern gehörenden Klassier- und Sinteranlagen die Übernahme der ihm aufgezwungenen Erze in Form eines höchstwertigen Konzentrates — möglichst also als Luppen — verlangten. Von den Reichswerken wurde der Firma Krupp dann in unmittelbarer Nähe der Erzvorbereitung und des Vorbahnhofs Heerte ein Gelände zur Verfügung gestellt, auf dem die Anlage auf Kosten der Firma Krupp und nach Plänen der Fried. Krupp-Grusonwerk AG. in Magdeburg errichtet wurde. Der Bau begann 1940 und sah die Aufstellung von zunächst drei Öfen von 70 m Länge und 4,2 m Durchmesser vor; zwei davon kamen im Februar 1944 in Betrieb, während der 3. bis zum Zusammenbruch nicht mehr fertiggestellt wurde. Abb. 155 gibt einen Schnitt durch die Anlage mit Angaben über die Maschinenausrüstung. Man kann drei Hauptabteilungen unterscheiden, nämlich die Vorbereitung der Rohstoffe, die Ofenanlage mit Zubehör und die Luppenaufbereitung. Die Maschinen zur Vorbereitung der Erze und des Brennstoffs sind im Bilde nicht wiedergegeben; der Umstand, daß das Erz auf unter 8 mm und der Brennstoff auf unter 5 mm gebrochen werden muß, bedingt aber auch in dieser Abteilung einen umfangreichen Maschinenpark. Nach D. Fastje[231] erfolgte die Inbetriebsetzung der Anlage ohne Schwierigkeiten; die von 3 auf 2 % verringerte Neigung des Ofens führte zu geringeren Abgastemperaturen und besserer Wärmeausnutzung. Fastje vertritt dazu die Auffassung, daß eine weitere Verlängerung des Ofens auf etwa 90 bis 100 m Länge die Wärmeausnutzung weiter verbessern würde. Beobachtungen führten auch zu dem Entschluß, dem 3. Ofen eine erweiterte Luppzone durch Erhöhung des Manteldurchmessers am Austragende auf 15 m Länge von 4,2 auf 5 m zu geben.

---

[230] Goltz, A.: Z. VDI Bd. 93 (1951) Nr. 22, S. 717 bis 718.
[231] Fastje, D.: Stahl u. Eisen Bd. 69 (1949) S. 319 bis 325.

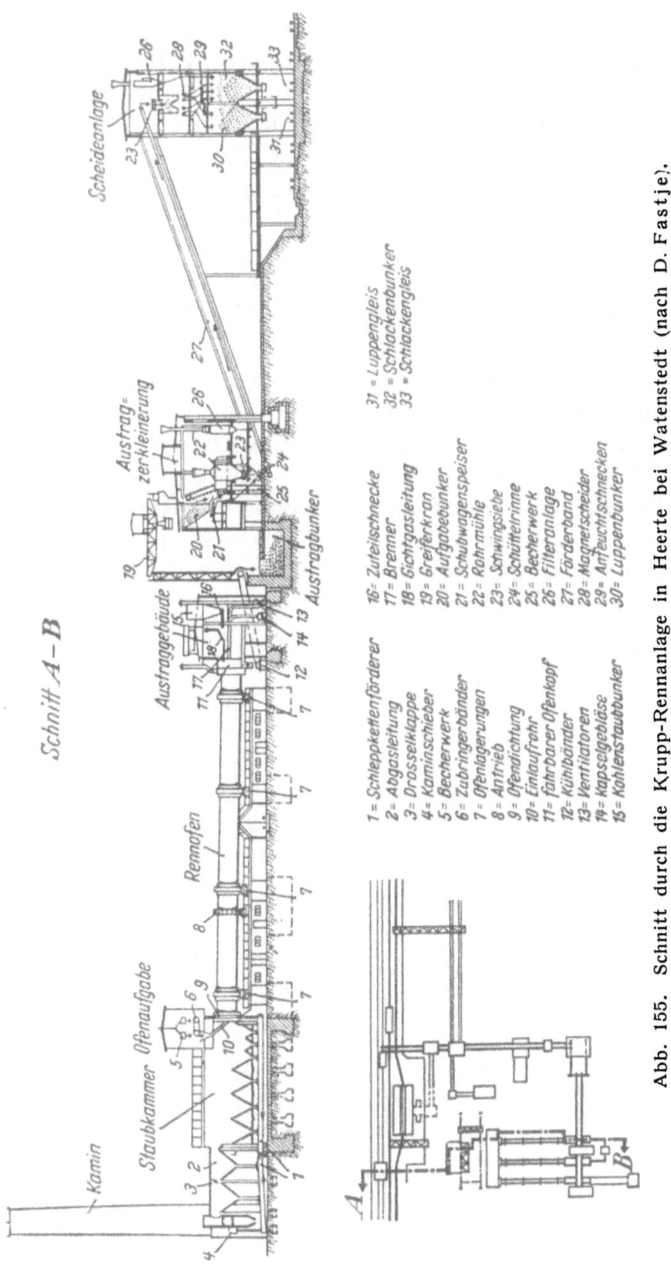

Abb. 155. Schnitt durch die Krupp-Rennanlage in Heerte bei Watenstedt (nach D. Fastje).

Der vorgesehene Tagesdurchsatz von 500 t Roherz wurde erreicht, ohne daß damit die Grenze der metallurgisch und wirtschaftlich günstigsten Ofenführung ganz erreicht worden wäre. Die Anlage lief jedoch nur 7 Monate mit einem Ofen auf Salzgittererz, da ihr dann die regierungsseitige Auflage gemacht wurde, Frankensteiner Nickelerze zu verarbeiten, um daraus nickelhaltige Luppen (mit 4 bis 6 % Ni) herzustellen. Die spezifische Leistung des Ofens mit 710 m^3 Inhalt ergibt sich bei 500 tato wie bei dem Borbecker Betrieb zu 0,7 t/m^3 Ofenraum u. 24 h.

In der Anlage wurden Erze von fünf verschiedenen Salzgittergruben verarbeitet, deren Eisengehalte zwischen 23,10 und 32,36 % und deren Schlackenziffer zwischen 0,189 und 0,269 lagen. Diese Schlackenziffer bedeutet, daß die Erze im Rahmen des Verfahrens selbstgehend sind. Das Ergebnis war ein Eisenausbringen von 92 bis 96 %; der Reinheitsgrad der Luppen entsprach nicht ganz den Erwartungen, da der Schlakkenanteil teilweise über 2 bis 3 % hinausging. Die Einsatzkosten stellten sich auf rund 43,— RM je t Luppen und die Erzeugungskosten auf rund 22,— RM je t Luppen, so daß die Betriebskosten je t Luppen etwa 65,— RM betrugen. Bei Berücksichtigung des Kapitaldienstes würden die Erzeugungskosten der Luppen RM 90,— bis 110,— betragen haben. Die besonderen Verhältnisse der Anlage hatten allerdings die Baukosten der Anlage nicht unerheblich erhöht.

Sachverzeichnis.

721/82/52